天然气长输管道施工技术

全 恺 黄 坤 编著

中国石化出版社

内 容 提 要

本书分析了我国天然气长输管道的发展概况、发展方向和各种特殊地形地貌对管道施工的不利因素；总结了现有的特殊地段大口径管道施工的技术现状、管道焊接技术、干燥技术及一般管道施工工序等；着重介绍了山区地段、高寒冻土、沙漠地区、水网淤泥、黄土地区、大型河流穿跨越等特殊地形地貌的地质特点以及各种特殊地段大口径天然气管道施工的重难点、施工的关键工序、方法和工程案例。

本书为特殊地段天然气施工提供技术支持，可以作为相关从业人员和专业技术人员的培训和学习参考资料，也可作为本专科生和研究生的学习材料。

图书在版编目(CIP)数据

天然气长输管道施工技术 / 全恺，黄坤编著.
—北京：中国石化出版社，2017.8
ISBN 978-7-5114-4648-0

Ⅰ.①天… Ⅱ.①全… ②黄… Ⅲ.①天然气输送-长输管道-管道施工 Ⅳ.①TE973.8

中国版本图书馆 CIP 数据核字(2017)第 202515 号

中国石化出版社出版发行
地址：北京市朝阳区吉市口路 9 号
邮编：100020　电话：(010)59964500
发行部电话：(010)59964526
http://www.sinopec-press.com
E-mail：press@sinopec.com
北京富泰印刷有限责任公司印刷
全国各地新华书店经销
*
787×1092 毫米 16 开本 23 印张 550 千字
2017 年 8 月第 1 版　2017 年 8 月第 1 次印刷
定价：80.00 元

前 言

随着陕京管道、西气东输管道、川气东送管道、中缅天然气管道等大型天然气管道相继建设投产，我国的天然气管道施工技术及装备取得了巨大的进步。从最初的三角架吊管、导链对口、人力挖沟等施工方法，逐渐发展到采用大型吊管机、挖沟机、内外对口器、管口整形坡口机、全自动焊接等施工设备及工艺，实现了挖沟、布管、对口、组装、下沟一条龙机械化施工，极大地提高了施工工效和工程质量，形成了一整套适用于天然气长输管道建设的行业、企业标准规范与施工作业规程。

川气东送管道是我国继西气东输管道工程后又一条横贯东西部地区的天然气能源大动脉。在施工建设中存在以下主要难点：

(1)管道跨区域多，地形地貌复杂。川气东送管道西起四川达州普光气田，跨越四川、重庆、湖北、江西、安徽、江苏、浙江、上海6省2市，穿越地貌类型包括山区、丘陵、平原、河流、沼泽和水网等。由于管道开挖扰动及回填，破坏沿线基本农田耕层土壤结构，并对周边环境产生影响；丘陵段开挖面及弃土弃渣极易造成新的水土流失；管道经过山地、沟谷和河道时，由于开挖，破坏了坡体支撑，极易引起崩塌、滑坡等重力侵蚀；堆积在沿线的弃土弃渣，易受暴雨洪水冲刷，淤积下游河道；管线多次穿越大、中型河流、公路和铁路，易于留下水土流失隐患。

(2)管道敷设距离较长，水土流失总量大，治理困难。川气东送管道干线总长2229km，导致因工程建设新增水土流失总量较大。由于管道路由多为偏远地区，交通十分不便，必须修建临时便道以满足施工装备和材料进场需要，临时道路施工和伴行道路的修建均带来水土流失。同时管线建设工期长达28个月，长时间建设过程给水土流失的治理带来很大的难度。

基于此，川气东送管道在施工中大量采用新技术、新工艺。在山区、沼泽、水网地带形成了独特的施工方法与措施，丰富和提高了我国大口径天然气管道施工技术水平。

本书根据川气东送管道的施工技术和经验，结合我国其他天然气管道的先进技术，总结出各种特殊地段大口径天然气管道施工的重难点、施工的关键工序和施工方法，包括山区地段、高寒冻土、沙漠地区、水网淤泥地区、黄土地区、大型河流穿跨越等，提供了可供参考的工程实例。

本书第一、第七章由西南石油大学黄坤编著，第二章由四川石油天然气建设工程有限责任公司陈豪编著，第三~第六章由中石化川气东送天然气管道有限公司全恺编著，第八章由中石化川气东送天然气管道有限公司李元编著。全书由西南石油大学黄坤教授统稿，四川科宏石油天然气工程有限公司张龙教授级高工主审。

在编写过程中得到中石化川气东送天然气管道有限公司、西南石油大学、四川石油天然气建设工程有限责任公司、四川科宏石油天然气工程有限公司和相关天然气管道的设计单位以及施工单位的大力支持，提供了大量珍贵资料，在此一并表示感谢。

本书作者参考和引用了许多中外文文献和企业有关操作规程，对本书参考文献中提及或未提及的论文(著)作者们表示衷心的感谢。由于作者学识和水平有限，书中疏漏、欠妥之处在所难免，恳请读者批评指正。

编著者

目 录

第一章 绪　论

第一节 天然气长输管道概述

一、大口径天然气管道概况

自20世纪60年代建设了第一条输气管道——巴渝线以来，经过50余年的建设，我国天然气管道行业有了很大发展，陆上的油气管道总里程约$12×10^4$km，覆盖了全国31个省市区，全国油气骨干管网构架已经逐步形成，已建成天然气管道$8.5×10^4$km，形成了以陕京一线、陕京二线、陕京三线、西气东输一线、西气东输二线、西气东输三线、川气东送等为主干线，以冀宁线、淮武线、兰银线、中贵线等为联络线的国家基干管网，干线管网总输气能力超过$2000×10^8m^3/a$。

(一) 西气东输一线

西气东输管道横贯我国东西，起点是新疆塔里木的轮南，终点是上海市西郊的白鹤镇，管道自西向东途经新疆、甘肃、宁夏、陕西、山西、河南、安徽、江苏和上海市等9个省(区)市。管道干线全长约3900km，设计输量$120×10^8m^3/a$(标准)，最大设计输量$122.63×10^8m^3/a$(标准)，设计压力10.0MPa，管径为ϕ1016mm。在采取相应措施后(如靖边以后增加压气站)，靖边-上海段管道可增输至$171×10^8m^3/a$(标准)。全线采用X70的管道输送用管：一级地区采用国产螺旋管，二、三、四级地区采用直缝埋弧焊管。管道穿跨越长江1次、黄河3次、淮河1次，其他大型河流8次，建设陆上隧道21条。

全线共设工艺站场34座，线路截断阀室138座，其中压气站10座(燃驱压气站6座、电驱压气站4座)。各压气站(哈密、红柳压气站为无人站)和分输站按有人值守无人操作设计，工艺站场可实现远控、站控和就地控制三种运行管理方式；采用SCADA系统进行远程数据采集和监控，所有线路阀室均按远控阀室设计。

(二) 西气东输二线

西气东输二线是我国首条引进境外天然气资源的战略通道工程，是目前世界上线路最长、工程量最大的天然气管道。管线起于新疆霍尔果斯首站，途经全国15个省区市、192个县级单位，止于香港。工程全长8704km。其中，干线霍尔果斯至广州段全长4978km，8条支干线总长3726km。

西气东输二线工程西起新疆霍尔果斯口岸，南至广州，途经新疆、甘肃、宁夏、陕西、河南、湖北、江西、湖南、广东、广西等14个省区市，干线全长4895km，加上若干条支线，管道总长度(主干线和八条支干线)超过9102km。西气东输二线配套建设3座地下储气库，分别为河南平顶山储气库、湖北云应盐穴储气库、南昌麻丘水层储气库。工程设计年输气能力$300×10^8m^3$，总投资约1420亿元，西段于2009年12月31日16时建成投产，东段于2011年6月30日投产，标志着中亚-西气东输二线干线全线贯通送气。

（三）西气东输三线

西气东输三线包括1条干线、5条支干线、3座储气库和1座LNG接收站，其中干线起自新疆霍尔果斯，途经新疆、甘肃、宁夏、陕西、河南、湖北、湖南、江西、福建、广东等10个省、自治区，干线总长约5200km，管径1219mm/1016mm，设计压力12MPa/10MPa，西段最大年输气能力为$300\times10^8m^3$；5条支干线分别为连接伊宁地区煤制气的伊宁-霍尔果斯支干线、向广东省供气的闽粤支干线、向湖南省南部地区供气的株州-郴州支干线、向福建省北区地区供气的福州-宁德支干线以及与陕京天然气管道系统相连接的中卫-靖边支干线，总长度约1650km；3座储气库分别为云应储气库、平顶山储气库和淮安储气库，总设计工作气量约$30\times10^8m^3$；1座LNG接收站为福州LNG接收站，设计接受规模为3.0Mt/a。西气东输三线在中卫与西气东输一线、二线及陕京线系统连接，在枣阳和吉安与西二线连接，在仙桃与忠武线连接。

西气东输三线西段(新疆霍尔果斯-宁夏中卫)和东段(江西吉安-福建福州)干线2012年10月开工，2013年西段建成投产，2016年东段建成投产。西气东输三线中段(宁夏中卫-江西吉安)2013年获得国家核准，2015年建成投产现还未开工建设。西气东输三线配套支干线、支线、储气库、福建LNG应急调峰站将根据资源和市场情况适时建设。

（四）陕京一线及陕京二线

陕京一线和陕京二线均起自陕西省靖边县，分别于1997年和2005年建成投产，终点分至北京市石景山区衙门口和大兴区采育镇，年输气能力$200\times10^8m^3$。目前，北京的天然气供应全部来自陕京管道。此系统由陕京一线、二线、三线、永唐秦管道、港清线(复线)、大港和华北储气库群以及配套管线等组成。

（五）陕京三线

陕京三线输气管道工程，西起陕西省长庆榆林首站，东至河北省永清县永清分输站。管线全长820km，管径1016mm，设计压力10MPa，设计年输气量$150\times10^8m^3$。

工程包括“一干一支干两库”，及干线(陕西榆林-北京采育)、支干线(北京琉璃河-北京西沙屯)及雁翎地下储气库和苏桥地下储气库。

管道干线起始于陕西省榆林市榆林首站，终止于北京市大兴区北京末站，途经陕西、山西、河北和北京4省(市)，全长约920km，设计压力10MPa，管径1016mm，年设计输量$150\times10^8m^3$。沿线共建设中间站场8座，分别为榆林首站、临县压气站、阳曲压气站、正定分输站、石家庄压气站、安平分输站、永清分输站和北京末站，其中临县压气站新建，其余站场与陕京二线已有站场合建。管道干线穿越太行山进入河北省，主要经过石家庄、衡水、保定、沧州、廊坊等地区，长度约390km；正定分输站、石家庄压气站、安平分输站和永清分输站位于河北省境内，全部与陕京二线已有站场合建。

管道工程支干线全部分布于北京市境内，长约116km，设计压力6.3MPa，管径1016mm，年设计输量$(30\sim43)\times10^8m^3$。

（六）陕京四线

陕京四线天然气管道，干线起自陕西省靖边首站，经榆林、鄂尔多斯、呼和浩特、乌兰察布、张家口、北京等地市，止于北京高丽营末站，全长1125km，管径1219mm，设计压力12MPa，年输气能力为$250\times10^8m^3$。配套建设西沙屯-高丽营-密云-马坊-香河-宝坻支干线管道，与陕京三线永清-良乡-西沙屯段、永唐秦天然气管道宝坻-永清段共同组成环北京天然气管网，总长约510km。

（七）川气东送

川气东送管道工程西起四川普光，东至上海，途经重庆、湖北、江西、安徽、江苏、浙江等8省市，经过29个地级市、63个县区、240个乡镇、1065个村、86529户。

管线包括1干5支，即普光-上海干线、达化专线、川维支线、江西支线、南京支线、金陵支线，总长2229km。全线设35座工艺站场、101座阀室，设计年输气量$120\times10^8m^3$，设计压力10MPa，干线管径为1016mm，钢管材质为X70。

川气东送管道横贯巴山蜀水、鄂西武陵、江汉平原和长三角地区。四川普光至湖北宜昌山区段管道全长约815km，沿线山峦起伏、沟壑纵横。管线经过的立架山、方斗山、齐岳山等海拔都在千米以上，最高海拔1731m，管道最高高程海拔达1716m，山地和丘陵地段占线路总长的85%以上，经过山头1115座；湖北宜昌-上海段水网交织、湖泊众多、堤垸纵横，尤其是苏浙沪地区独特的江南水网水系，给现场施工造成了很多难以想象的困难和挑战。全线7次穿越长江(盾构和钻爆方式5次、定向钻方式2次)，穿越总长15.3km；穿越山体隧道72处，总长92.7km；架设332m长、直径1016mm双管大型悬索桥一座；穿越大中小型河流501次，穿越公路1206次(其中高速公路50次)，穿越铁路32次，穿越塘渠30次；采取定向钻方式施工123次，顶管方式施工192次，大开挖方式施工1454次。管线沿途涉及拆迁房屋1275户，修筑施工便道376.7km。

（八）中缅天然气管道

中缅天然气管道工程中国境内段包括1条干线和8条支线(丽江支线、玉溪支线、都匀支线、河池支线、桂林支线、钦州支线、北海支线和防城港支线)。干线气源来自缅甸西部沿海勘探区块，缅甸境内首站位于缅甸西海岸兰里岛皎漂市机场西南约6.7km，在中国云南瑞丽市弄岛镇附近进入中国境内。干线沿线经过的主要城市和供气点为：潞西市、保山市、大理市、楚雄市、昆明市、曲靖市、安顺市，在贵阳市与中贵线连接，之后经过都匀市、河池市、柳州市、来宾市，最后管道在广西贵港市并入西气东输二线。干线线路长约1753.24km(其中云南境内913.67km，贵州境内521.37km，广西境内318.2km)，管径1016mm，设计压力10MPa。

中缅天然气管道在云南安宁配套建设地下储气库。储气库设计库容$14.29\times10^8m^3$，工作气量$9.9\times10^8m^3$，一期工程建库周期3年，2023年库容达到设计规模。同时配套建设储气库与干线管道的连接管道，总长47km。

（九）中贵天然气联络管道

继忠武线、兰银线天然气联络管道之后，新建了中贵天然气联络管道。该管道干线起自宁夏中卫市，经宁夏、甘肃、陕西、四川、重庆、贵州6省市区，止于贵州省贵阳市，全长约1600km，管径1016mm，设计压力为10MPa，设计年输量为$150\times10^8m^3$。中贵天然气管道在中卫首站与西气东输系统相连，在南部分输站与川渝管网相连，在贵阳末站与中缅天然气管道相连。该管道建成之后，将成为西北地区向西南地区的调气通道，并进一步完善国内天然气基干管网。该项目中卫-铜梁段已于2013年4月建成投产，铜梁-贵阳段于2013年建成投产。

《能源发展战略行动计划(2014~2020年)》提出目标，要加快天然气管网和储气设施建设。到2020年，天然气主干管道里程达到12×10^4km以上。“十三五”规划期间，新增天然气主干管道里程3.5×10^4km，年均增长需达到0.58×10^4km。

未来天然气管道建设主要是中俄天然气管道东线、新疆煤制气管道、鄂安沧煤制气管道、中海油煤制气管道、西气东输四线、西气东输五线等为主的主干管网，LNG 外输管道、地区联络线为主的联络管道，实现国产气与进口气、常规气与非常规气、管道气与 LNG 等间的不同属地、不同气源联通，建设完善华北、东北、长三角、川渝、中南等区域性管网。

二、天然气管道发展方向

当前，天然气管道业面临的挑战是在高寒、深海、沙漠、地震和地质灾害等恶劣环境下建设长距离、高压、大流量输气管道。因此，天然气输送管道发展方向如下。

（一）管径及管压

从陕京一线、涩宁兰管道管径 660mm、压力 6.3MPa，到西气东输一线、陕京二线、三线的管径 1016mm、压力 10MPa，再到陕京四线输气管径 1219mm、压力 12MPa，管径逐步增加，设计压力逐步提高。俄罗斯、伊朗等天然气大国已经建设了 1422mm 的输气管道，我国也将在西气东输五线西段采用管径 1422mm、压力 12MPa 的管道，年输气能力可达 $420\times10^8 m^3$。

随着管径的增大和压力的提高，在相同管道钢级条件下，单位管道长度耗钢量将快速增加。在管线口径和压力确定后，钢级每提高一个等级，可以减少用钢量约 10%。为节约钢材和降低制管难度，提升管道钢级将是发展趋势。

（二）管材强度

油气输送管道(特别是天然气管道)总的发展趋势是持续提高钢管的强度水平，以期最大限度地降低管道建设成本和输送成本，X80 是日本、欧洲、北美批量生产并正式投入使用的管线钢的最高钢级。X100 和 X120 管线钢也相继研制成功，正在进行工业性试验。

随着管道输送压力、管道直径的明显增大，提高钢管强度(即采用高钢级钢管)可以节约大量钢材，降低建设成本。目前，输气管道是通过采用大口径和高输气压力的技术措施来提高经济效益，因此，要求管材有较高的强度。据计算，一条输送压力为 7.5MPa、直径为 1400mm 的输气管道可代替 3 条压力为 5.5MPa、直径为 1000mm 的管道，可节省投资约 35%，节省钢材约 19%。对同一管径，如果输气的工作压力从 7.5MPa 提高到 10～12MPa，输气能力将提高 33%～60%，而且高等级可以降低钢管的壁厚，减少现场施工焊接的时间，从而降低钢材重量和建设成本。一般来说每提高一个钢级，可节约建设成本约 7%。

（三）管材韧性

钢管韧性是影响输气管道安全可靠的主要因素之一。管道断裂分为脆性断裂和韧性断裂两种形式。

脆性断裂是由低温、应力、裂纹缺陷 3 个条件共同作用造成的，其裂纹常在远低于管材屈服强度条件下突然发生。解决脆性断裂可以采用消除钢管裂纹缺陷和提高管材的断裂韧性两种方法，前者属于制管和施工应注意的问题，后者可通过提高本身性能指标来防止钢管断裂。

韧性断裂是指过大拉应力和裂纹缺陷同时存在的条件下，由细小裂纹逐渐扩展而最终造成的断裂。对输气管道而言，由于气体减压波速度较低，而钢管的开裂速度(裂纹扩展速率)往往较高，致使裂纹长度扩展，造成灾难性后果。提高钢管的韧性，可以降低裂纹扩展速率，从而达到止裂效果。如果输送的天然气富含 C_2～C_5，就需要钢管具有更高的止裂韧性值。因为天然气中 C_2～C_5 含量越高，即热值越高，其减压波速度越低。另外，埋地油气输送管道的最低运行温度一般为 0℃，但对于裸露管线(站场及悬跨管段等)，钢管的服役温度应按当地的最低温度考虑，才能确保管道的安全运行。在这种情况下，管线钢的韧性转变温度应低于当地的极限温度，并且在该温度下有足够的韧性。

（四）管材耐蚀性

天然气输送管道的腐蚀主要包括输送介质的腐蚀、冲刷腐蚀和外腐蚀。冲刷腐蚀一般通过控制流速，采用环形流动设计、大圆周半径弯头和三通进行控制。外腐蚀防护主要通过外防腐涂层和阴极保护。因此，冲刷腐蚀和外腐蚀对材质的影响不大。材质的耐蚀性主要考虑输送介质的腐蚀。

硫化物应力腐蚀开裂(SSCC)和氢致开裂(HIC)是含 H_2S 天然气输送管线主要失效模式，国外抗 SSCC 和 HIC 管线钢已自成体系。SSCC 和 HIC 的产生及严重程度取决于输送气体介质中的 H_2S 分压。国外批量供应的抗 HIC 管线钢主要是 X65 钢级，抗 HIC 的 X70 钢管也已研制成功，并在墨西哥的一条管道上使用。我国抗 SSCC 和 HIC 的管线钢的研发刚刚起步。

提高管材抗 HIC 能力的措施有：提高钢的纯净度，采用精料及高效铁水预处理(三脱)及符合炉外精炼；提高成分和组织均匀性，在降低硫含量的同时进行钙处理；钢水和连铸过程的电磁搅拌；连铸过程的轻压下技术；多阶段控制轧制及加速冷却工艺；限制带状组织等；晶粒细化，主要是在微合金化和控轧工艺上下功夫；尽量降低 C 含量，控制 Mn 含量及加 Cu 量。

油田腐蚀中，CO_2 腐蚀与防护的研究尚不够成熟，而 CO_2 腐蚀的后果却相当严重。用于从油气井到处理厂间的内部集输管道(未经脱水、脱 H_2S、脱 CO_2)以及脱 CO_2 不理想的输气管线，CO_2 腐蚀问题应引起足够的重视。我国含 CO_2 气田很多，但是抗 CO_2 腐蚀的管线钢的研究开发还比较薄弱。应加强抗 CO_2 腐蚀的管线钢的正确选择和合理使用，并注意研究价格较低的经济型抗 CO_2 腐蚀管线钢。

（五）抗大变形管线钢和钢管

通过地震多发区和地址灾害区的油气输送管道，要求钢管应具有抗大变形的能力，国外已经研制成功了具有抗大变形能力的管线钢。我国属于多地震国家，地质灾害(如滑坡、泥石流等)也比较严重，很需要开发这一类管线钢。

（六）钢/玻璃纤维复合管

随着管线输送压力的不断提高，对管线钢止韧性的要求也越来越高，已经超越现代冶金技术的极限。为了解决这一问题，国外研究开发了复合材料增强管(CRLP)，即钢/玻璃纤维复合管，它既利用了钢的强度，又发挥了玻璃纤维在止裂方面的优势，钢/玻璃纤维复合管可降低管道工程的材料成本、安装费用及焊接成本等，还可以取代传统涂层。目前国内在这一方面尚属空白，进行该产品研究开发，可在保证管道安全可靠性的同时，提高管道工程的经济性。

（七）天然气管道合资建设

随着我国天然气管道的进一步发展，在管道建设技术水平提高的同时，企业与地方关系协调难度逐步加大，合资建设天然气管道将是未来的发展趋势。目前，山东天然气管网建设采用了中国石油和地方政府合资建设模式；在西气东输三线管道建设过程中，中国石油引入了地方政府控制的投资者和其他所有制投资者。管道沿线政府和民企在管道建设中将发挥其灵活性、积极性、主动性等特点，不仅能够解决部分资金，又可顺利办理地方关系，在管道运行后也起到良好的看护作用。

（八）支线管道快速发展

2011 年 5 月 Pipeline Emergency 公布的数字显示，在美国天然气输配管网中，支线总长度是干线长度的6~7倍。“十二五”期间，我国大部分省份实现天然气管道“市市通”，“十三五”期间将实现天然气管道“县县通”，部分东部沿海省份将实现天然气管道“村村通”。随着我国干线、支干线天然气管网的进一步完善，为提高省内天然气调运的灵活性，更多省份将成立省管网公司。目前，广东、浙江、山西、山东等省份已成立天然气省管网公司，实现省内天然气一张网的经营模式。

（九）关键设备国产化

我国干线天然气管道所使用的压缩机组和大型球阀等关键设备初期全为进口设备，价格高且售后服务难。

为了打破垄断，提高我国重大装备国产化能力，保障国家能源安全，2009年国家能源局确定了以西气东输二线工程建设项目为依托，把20MW级高速直联变频电驱压缩机组国产化试制作为我国天然气长输管道场站关键设备重大科技专项之一，并按照国能科技［2009］243号《国家能源局关于长输管道关键设备国产化工作安排的函》的有关要求，进行国产电驱离心压缩机的研制。最终于2013年8月实现了在西气东输二线高陵压气站4台20MW级高速直联变频电驱压缩机组成功投产并平稳运行，并于2014年12月8日圆满完成20MW级高速直联变频调速电驱压缩机组新产品暨工业性应用鉴定。经现场工业性应用考核，主要技术指标均达到了国外同类产品的先进水平，部分指标居国际领先水平，这标志着我国长输管道压缩机组的国产化。随后，沈阳鼓风机集团股份有限公司为国内中石油、中石化长输天然气管道提供了53套机组。2015年陕西鼓风机集团有限公司也在长输管道压缩机国产化上迈出关键一步，为陕西省燃气集团提供3台燃驱离心机组，并于2016年1月完成了现场测试，经实际运行，主要技术指标达到国外同类产品的先进水平，2017年4月中国机械工业联合会对该机组进行了鉴定。同时，高压大口径全焊接球阀已通过出厂鉴定。待技术成熟后，它们将在新建干线天然气管道中推广应用，这不仅节省投资、方便售后维护，也必将推动关键设备国产化进程并带动国内其他行业的发展。

第二节　特殊地形地貌对管道施工的影响

随着国内长输油气管道建设的不断发展，管道施工技术及装备取得了巨大进步。从最初的三角架吊管、导链对口、人力挖沟等施工方法，逐渐发展到采用大型推土机、大型吊管机、挖沟机和内外对口器、管口整形坡口机、半自动焊接、全自动焊接等施工设备及工艺，实现了扫线、挖沟、布管、对口、组装、下沟一条龙机械化施工，极大提高了施工工效和工程质量。但是，由于国内长输油气管道经常在特殊地形地貌及恶劣环境下施工，常会遇到一些影响施工效率及施工质量的问题。本节针对沼泽和冻土融化地区等的岩石地段、沙漠地区等制约着管道施工效率和施工质量的主要问题，提出相应的解决方法。

一、山区

山区段地形地貌的共同特征是地形起伏较大，梁峁沟壑纵横，气候干燥，植被稀少，表层多为黄土，局部地段为土伏石，土层厚度为200~500mm。在上山、下山段时，山坡坡度较大，平均坡度均大于35°。

管线在山梁或黄土梁上敷设时，施工作业带狭窄，平均宽度约3~4m；冲沟、壑谷走向变化较大，谷底地质条件复杂，或有流水，或岩石裸露，“U”形河谷占绝大多数，施工时修筑施工便道和运、布管、管道组焊是十分困难的问题。对于生态环境特别脆弱地带，如果由于管道施工对环境造成破坏，将会引起大量的水土流失，使本来就十分脆弱的生态环境几乎无法恢复。因此在编制施工方案时，应切实注意对环境的保护。

山区管道施工最主要的问题是管道工程车辆在陡坡停留时极易发生溜车事故，主要是管道施工安全预防技术和装置存在不足。在防溜方面只有紧锁刹车、放置防滑枕木等办法，但如果坡度较大，紧锁刹车不能有效防止车辆下滑或溜车，防滑枕木因比较沉重，有时很难保证及时放置。针对山区管道易发生溜车事故，研制可折叠式液压防溜车装置，将其置于车辆的轮胎或履带后方，车辆停稳后，通过按钮操作，可实现防溜车的功能。

（一）山区滑坡地段

滑坡是指在边坡上的大量土体或岩体的边界产生剪切破坏。在重力或者其他力的作用下，土体或岩体以一定的加速度沿软弱面整体下滑，同所有的物理地质现象一样，滑坡是发生在一定的地貌、地形、地质、水文和气候条件下的。滑坡有很多不同的规模，其涉及的范围从几立方米的岩土物质小的下滑（例如在许多公路端面能观察到的）到几平方公里甚至上百立方米地层的巨大滑动。

滑坡是一种不良的地质现象，它对输送天然气的埋地钢制管道十分有害。虽然由于滑坡导致埋地管道事故不是很常见，但这种特定事故的发生可能是灾难性的，轻者可以使管道架空悬垂，严重的可以使管道断裂。并且灾害长度有时可以达到几十米甚至上百米。管线的泄漏或破裂不仅能立即导致火灾和爆炸，而且对环境会产生长期的影响。

滑坡在我国西部各省山区分布甚广，如在西北的黄土高原，滑坡就广泛分布。我国西气东输工程中天然气管道从新疆维吾尔自治区到上海，全长上千公里，经过不同省市，管线经过的地质条件纷繁复杂，在运行过程中常常受到滑坡的威胁。为了管道安全起见，管道不宜铺设在容易发生滑坡的不良地区；但要在滑坡广泛的地区建设管道，滑坡的威胁是不可避免的。

（二）山区岩石地段

岩石地段全是大的岩石，缺少必要的管沟回填细土。目前，国内施工中，如遇无回填细土的岩石段，先筛分细土，若无法筛得细土，则到远处运输细土；国外施工中，一般购买当地细土处理厂的细土，但因距离工地较远，运输效率较低。目前，国内的岩石粉碎机效率较低，最高的岩石粉碎机出料 10mm 时生产能力仅为 $35m^3/h$，而实际中需要的生产能力要求达到 $300m^3/h$。因此，有必要研制适用于山区施工的自行式、具有岩石破碎功能的管沟细土回填机，该设备应具有体积小、运转灵活、岩石破碎能力强、爬坡能力好等优点，可在山区狭小场地内完成岩石破碎和管沟回填。

（三）山区大落差地段

在山区敷设大口径管道时，往往会遇到大坡度、高落差的山坡，部分地段会由于地形地理及现场实际的限制，不适合或不能进行削降坡处理以降低坡度。纵观整个山区段，当山坡坡度位于 20°~30°时，难以直接进行机械作业，必须进行削降坡处理；而坡度大于 30°时，削降坡作业对环境的破坏过大，经济上不合理，不应进行削降坡处理，且部分地段因现场条件限制也不能进行削降坡作业，此时，不可能使用任何燃料动力设备进行管线的运输，只能采用卷扬机、轻轨和运管小车组成运布管系统。

二、高原冻土地区

多年冻土是指温度为负温或零温，并含有冰的土（岩），冻结状态持续在 3 年以上的土层称为多年冻土。多年冻土区在世界范围内分布极广，如加拿大北部、阿拉斯加、西伯利亚的绝大部分和我国的青藏高原、大小兴安岭地区等。中国现有的寒区线性工程主要分布在青藏高原多年冻土区。

在国外，由于高寒和冻土地区油气田的开发，多年冻土区管道建设得到了广泛重视，相应的科研工作也获得了迅速进展。尤其是加拿大、美国和前苏联，在多年冻土研究方面做了大量工作，取得了丰硕成果，在多年冻土地区铺设了多条油气管道，积累了宝贵的经验。

我国在实施能源战略的过程中，大力加强西部油气管道建设，有些管道工程要穿越冻土地带，在冻土地区铺设油气输送管道，将遇到很多技术难题和挑战：一方面，土体的冻胀和融沉会对管壁产生额外应力，在适当的条件下引起应力集中和塑性变形，甚至造成管道破坏；另一方面，埋设于冻土地带的管道会对周围环境产生扰动，造成冻土退化，反过来又影响管道安全。

冻胀破坏和融沉破坏是在多年冻土地区进行工程施工的最大威胁，特别是北半球国家一直为此困扰。20 世纪 50 年代以来，在道路和建筑物的工程处理上对此已有较多的研究，对于冻胀和融沉量大小的精确测定和预测以及相应的设计和施工方法做了大量的理论和试验研究，但令人遗憾的是，目前仍无法准确测定、计算和预测油气管道周围岩土的冻胀和融沉变形量。

冻胀是在冻结过程中水分在温度梯度下发生迁移而使土体发生膨胀的现象。水分子以薄膜水的形式从相对温暖区域向相对寒冷区域迁移，而迁移水冻结所产生的体积增大是非常明显的，土体的体积膨胀推动管道向上运动，引起翘曲，甚至拱出地面，使管道偏离原来的铺设路径。影响土体冻胀量的参数包括冻结深度、含水量、土体颗粒大小、温度梯度和土体压力等，由于管道沿线各参数的差异会引起土体冻胀量的不同，某些管段的上拱高度会比另外管段的上拱高度高，在某些管段将会产生过度弯曲，管道的过度弯曲又会引起进一步的变形，严重时会造成管道破坏。

融沉是由于冻土中的冻融化所引起的。在冻土地区，一般有两种不同性质的冻土带：一种是融化稳定区，当有外界热量输入而引起冻土融化后，其土质仍是稳定的；另一种是融化不稳定区，当有外界热量输入而融化后，土质就失去了支撑能力，而且，在融化不稳定区，由于融化深度、含冰量和土体颗粒大小等的不同，融沉量也是有差异的，从而会引起管道的弯曲。特别是在融化稳定区和不稳定区的过渡带，埋设于其中的管道将会出现较大的应变，可能造成管道屈服破坏。

三、水网淤泥地区

水网地区水系发达，河流、水塘、稻田比较密集，地下水位较高，大中型河流水量较大甚至通航。由于地下水位高，不易排水，致使在软土地基修筑施工作业带困难，机械进场作业不便、管沟开挖困难。水网地区虽乡镇级公路路况较好，道路等级较高，但路较窄，且被水网分割，路桥较多，路桥承载能力较低(约 5~7t)，管道施工大型设备难以通过。

水网地区管道施工的最大困难是施工道路，在雨季或随着水域季节性的涨落，大部分施工地区实际上是无路可行，为了保证管材运输和施工设备行走的需要，必须对原有的施工道路进行整修，必要时还应新修部分临时施工道路。

由于水网淤泥的地形特点，施工机械进出场和转场困难，管材无法运输，管沟不易成型。目前，水网淤泥地区施工时大都根据现场实际情况，采用挖明沟排水、作业带晾晒、正常组对焊接、沉管下沟的方法进行施工，还没有形成一套系列化的施工方法和专用施工设备。大型机械设备进入会造成地面返浆，从而给运管、设备转场和管道施工造成极大困难。目前，通常在这些地区的进入段用沙石、木板铺设伴行路，强行开入施工设备，如果车辆陷入不能前进时，再用其他未陷入的车辆(如推土机、吊管机)推拉而出，继续前进。这种施工方法效率低、突发事故多，严重影响管道施工速度，增加了施工成本。

针对水网淤泥地区管道施工遇到的实际困难，可采用工程技术方法研制新型底盘。该新型底盘应能够十分方便地安装在推土机、挖掘机、吊管机、焊接工程车等车辆的履带底盘上，能够有效地分离淤泥，防止车辆下陷。

四、沙漠地区

沙漠地区地形主要分为平坦沙滩、低矮沙丘及沙垄地段三种。管道穿过沙垄地段，库木塔格沙垄最为典型，其地形起伏较大，沙丘活动性比较强，相对高差在30~71m之间，沙垄成分以松散细沙为主，垄上细沙覆盖大于10~30m，垄间基岩出露，大面积沙垄给西气东输管道施工带来极大困难。在沙漠地区，管道运输较困难，由于沙漠的抗剪强度极小，因此常规的管道运输方式难以满足要求；同时管沟开挖也有一定困难，沟壁会发生坍塌，影响管道正常施工。

沙漠地区管道施工在长输油气管道施工中比较常见，西气东输管道、西气东输二线、中亚管道等管道工程，沿途都经过了相当长的沙漠地区。沙漠管道施工遇见的突出问题主要有3个：

① 沙漠抗剪强度小，沙漠地区地质条件差，车辆通行、运管困难。因此，对大多数沙漠地区来说，必须要有宽轮胎、四轮驱动的高架运输车辆。目前国内是租用车辆进行沙漠运管，一次一根，运管费用平均为600元/根；经常采用的另一种方法是采用宽履带设备牵引托管爬犁运管，效率低。因此，应根据实际情况，研制成本低、体积稍小、运转灵活的沙漠运管车。

② 沙漠地基承受沟上动载荷较差，采用常规的大型机械组合吊管下沟时，管沟容易塌方，施工不安全。因此，采用双侧沉管下沟的方式施工，不但可以达到设计埋深，而且可以避免施工隐患。

③ 沙漠风沙对施工设备的损伤极大，导致汽缸、活塞涨圈和活塞加速磨损。因此，应在设备上加装空气净化器并按计划检修。

五、黄土塬地区

湿陷性黄土对构筑物的破坏影响较大，据有关调查资料不完全统计，我国每年因黄土湿陷导致房屋裂缝、塌陷现象占黄土源地区房屋塌陷事故的7.59%，为此，国家颁布了《湿陷性黄土地区建筑规范》(GB 50025—2004)。

单就管道方面来说，根据现场踏勘所掌握的情况看，黄土地区对管道形成危害的侵蚀方式主要是由降雨所造成的水力侵蚀和重力侵蚀。沟蚀也是对管道危害最为严重的侵蚀方式之一。重力侵蚀的主要方式有滑坡、滑塌和崩塌等，若管道所敷设的斜坡发生上述灾害现象，土体会推动管道向地势低的方向移动，管道极易被破坏。这种危害主要表现在：

① 在雨水作用下，埋设后的管沟湿陷，形成汇水，导致管沟被掏空，管线裸露，危及管道及周围群众的安全。

② 在雨水作用下，埋设后的管沟湿陷，使管线经过的地段塌陷，危及管道并严重影响人们的日常生产、生活和交通。

③ 湿陷性黄土地表植被一旦被破坏，恢复和生长周期较长，造成生态破坏，使沙漠化加重，危及管道的安全。

④ 湿陷性黄土地区自然地貌在雨水作用下变化较大，易形成冲沟、腰现，危及管道的安全。湿陷性黄土地区地质灾害种类较多，有崩塌、滑坡、泥石流、地面塌陷、地裂缝、土壤侵蚀、泥沙淤积、土地沙漠化、土地盐渍化、黄土湿陷等，其中主要以崩塌、滑坡、陷穴、冲沟、地面塌陷、地裂缝为主。

（一）黄土崩塌与滑坡

黄土滑坡体大多由 Q_3 或 Q_{2+3} 黄土层组成。滑动面从后缘到前缘由陡转缓，前缘的滑床多沿古土壤、红土或基岩顶面发育，滑体剪出口常有泉水或渗水现象。已滑动的滑坡，形态上一般有圈椅状地形，后缘滑面呈不同高度的陡崖，往往易形成新的崩滑，老滑体在自然因素和新的人为活动因素作用下，一旦破坏已有的平衡，就会出现新的局部位移或整体复活。处于蠕动变形阶段的滑坡点，先期后缘出现拉张裂缝，逐步发育侧向裂缝，裂缝不断扩大延伸，而后坡体出现变形，滑体由蠕动到整体位移，直至前缘剪出。

黄土崩塌主要发生在坡角60°以上的黄土斜坡上，多是由平行于坡面的节理或卸荷裂隙发展而成。

（二）黄土陷穴

黄土经水的冲蚀与溶蚀而形成的暗沟、暗洞、暗穴等统称陷穴。在地形起伏多变、地表径流容易汇集的地方，在土质松散、垂直节理较多的新黄土中，最容易形成陷穴。湿陷性黄土的失陷性是产生陷穴的基因，而水的潜蚀作用是产生陷穴的诱因和动力。形成和扩展黄土陷穴的主要条件如下：

（1）湿陷性黄土土质

组成湿陷性黄土的细微颗粒极易遭受潜蚀并被水流带走，黄土物质成分中含有大量可溶盐，极易产生溶蚀作用，破坏黄土的内部结构，使其变得松软，宜于地下水渗透，加速了渗流作用的能力和机械潜蚀。湿陷性黄土又具有垂直裂隙及大孔隙，是地表水、地下水渗透的有利通道，为潜蚀和溶蚀提供了条件。

（2）气候及水文条件

干旱地区降雨量虽少但比较集中，尤其是在雨季，暴雨过后，大量地表水聚集在黄土低洼地带，再渗入地下成为潜流，冲蚀黄土从而产生陷穴。

（3）微地形特征

在地形起伏坡折变化较多处，特别是由缓坡突变为陡坡地段，极易形成陷穴。

（4）人的活动

不合理的改移沟道、堵截深沟，造成上游大量积水，增加水力梯度，使水渗入地下冲蚀土体，造成暗穴、暗沟；施工弃土不当、不整平，降雨后积水也会促成陷穴的产生。

（三）冲沟和地面塌陷

冲沟多由坡面侵蚀沟发展而成。按其发展阶段分为早期、中期和晚期3个阶段。坡面上径流集中到一定量后，形成地表漫流的层状水流，随着流量、流速增加，水流汇集到地表小凹槽内或黄土的垂直节理及构造节理，使冲刷能力增强，形成冲沟。冲沟是黄土高原最常见的侵蚀沟，横剖面呈“V”字形，纵剖面呈阶梯状。冲沟发育后，其谷坡属于沟谷地的范围，冲沟的谷坡上常有小的沟谷发育。

地面塌陷一般是指覆盖型及埋藏型岩溶地区地下岩溶洞穴上方的岩土体，在自然或人为因素作用下向下塌陷的作用和现象。对于 Q_3 黄土或新近堆积黄土，由于其具有湿陷性，在水的作用下，坡面上形成整体下沉，致使地面塌陷，破坏了坡面的整体性。

（四）地裂缝

黄土湿陷、失稳、地面沉陷等原因引起非构造地裂缝。非构造地裂缝一般规模小、形状不规则、无方向性，其形成受黄土垂直节理、降雨等控制。在降水条件下，黄土垂直节理被溶蚀掏空并继续延伸扩展，形成地裂缝，有时还伴随有黄土陷穴发生。该类型地裂缝多发育于离源边、沟畔相对较近的地带，当其延伸宽至源边时，即有可能诱发滑坡。

六、大型河流地区

近年来，随着全球长输管道建设步伐的加快，施工规模及建设水平均有显著提高。我国的长输管道在穿跨越河流的技术上也有很大提高。由于自然条件的制约，湖泊及大型河流等天然障碍在长输管道建设中是无法避免的。目前，国内天然气长输管道穿越河流的主要技术为跨越及穿越两种方式。

天然气长输管道穿越大型河流的施工，是目前长输管道施工中比较常见的一项穿越工程，也是一项系统工程。除了受水文地质条件、穿越长度及穿越位置的制约，还受到水利部门及季节因素的影响。应根据现场施工条件、技术因素以及对周边环境的影响选择最优的穿越方式。

第三节　特殊地段大口径管道施工技术现状

随着管道工业的快速发展，我国的管道施工技术得到了长足的进步与发展，形成了一整套适用于长输管道行业、企业标准规范与施工作业规程。在施工中大量采用新技术、新工艺，在山区、黄土塬、戈壁、沙漠、无人区、水网地带形成了独特的施工方法与措施。使我国管道施工水平跻身于世界先进水平。

长输管道特殊地带施工特点如下：

① 地形地貌对施工的影响。长输管道可能会遇到多种地形（如西气东输工程，自西向东途经戈壁、沙漠、黄上高原、山区、平原、水网等），地形地貌对施工有直接影响，所以要因地制宜，选择不同施工方法来满足工程需要。

② 气候条件对施工的彰响。长输管道沿线经过不同地区，各地区气候条件各有不同，如山区多雨易形成泥石流或引发山洪，水网地区雨水多引起洪涝灾害，永冻土地区气温低要采取低温施工措施等，对施工都有不同的影响。

③ 采用施工方式、技术要求不同。不同地区所用的施工方式不同，如山区依据山体坡度大小，采用沟上或沟下焊接方式；河流穿越可采用大开挖围堰、水平定向钻、隧道、跨越等方式穿越。

一、山区、黄土塬施工技术现状

山区、黄土塬地段，施工设备和管材运行困难，给管道施工带来诸多不便；尤其是山区陡坡地段管道安装更为困难。因此，有无施工便道、施工作业带的宽窄，是影响山区施工的主要问题。应根据管道走向、山势特点和湿陷性的土质特点，开辟施工便道、施工作业带，以满足钢管运输、施工机具设备的通行要求。在满足运输的条件下，根据地形组织适宜的组焊、安装施工方式，进行管道安装作业，在管道安装完成后组织进行完善的水工保护作业。

管线在通过黄土塬地区时，应尽量减小施工作业带的宽度和对地貌的破坏。对于一般的冲沟和边坡地段，施工作业带满足设备车辆通行即可，管线施工完成后，将破坏的沟坎做好水工保护，恢复地貌；对于较深的冲沟陡坡，管道采取猫洞的形式敷设，以防止对原有地貌的破坏，防止水土流失。管线预制好放入洞内后，将洞内空间用3:7灰土填实。

（一）沟下流水组焊上坡施工法

对于坡度<15°或15°<坡度<40°但作业带相对较宽的山区地形，采用沟下流水组焊施工法。此种施工方法与平原段的施工工序相同，先用吊管机布管，再进行后续的组对焊接作业。

（二）下坡施工法

对于15°<坡度<40°但作业带相对较狭窄的山区地貌，采用下坡施工法。先用吊管机布管，再从坡顶分别向两侧山坡下施工，最后在坡底连头。

（三）牵引施工法

对于坡度>40°且坡长较短的山区地貌，采用牵引施工法。此种施工方法没有布管工序，推土机开上坡顶，焊接机组在坡底，组对焊接一根钢管后，用推土机自身的卷扬机往山坡上拖一根，最后在坡顶连头。

（四）放坡施工法

对于坡度>40°且设备无法行走的特大陡坡段，采用放坡施工法。人工开挖管沟，没有布管工序，在坡顶预制管段，把管段通过钢丝绳固定在1~2台推土机上，探伤、补口合格后顺着管沟把管段顺坡放下来，最后在坡顶和坡底分别连头。

（五）山区隧道施工

在山区段若沟谷狭窄拥挤，管道顺沟敷设困难；或坡度陡峭，顺坡敷设困难；或山体不稳定，对环境影响较大时，设计会采用隧道穿越施工。隧道穿越对地面环境影响最小，可以直线通过障碍，安全可靠性高，并且可以作为管廊带通过，为以后的管道工程提供方便。

（六）黄土塬斜井施工

在黄土塬上最大限度地不破坏原始地貌的情况下，按照设计坡度和方向，在地面下进行人工打斜井；与此同时，在预制场地内进行管段预制，并在斜井完成后，利用管道自身的重力和机械的牵引力将管道安装就位的施工方法，称为斜井穿越法。当斜井坡度≤25°时，采用"双向牵控穿越法"；当斜井坡度>25°时，采用"单向牵控穿越法"。

二、高原冻土地区施工技术现状

永冻土是指常年土壤温度低于水结冰的温度，地表具多边形或石环等冻融蠕动形态特征的土壤。冻结的永冻土质地坚硬，硬度犹如钢铁。随着国家能源开发战略向纵深发展，高纬度、高海拔管道建设必不可少，其中的永冻土地带施工技术成为长输管道建设的关键技术之一，包括永冻土低温焊接配套机具技术、永冻土管道冬季压力试验技术、永冻土低温防腐保温管道补口工艺技术、永冻土开挖技术及永冻土回填技术等。

国内有关永冻土地带施工技术起步较晚，如中俄管道漠大线工程沿线通过连续岛状多年永冻土区，为保护大兴安岭生态环境和水冻土层，设计要求永冻土区在寒季施工，工序衔接紧密，减少管沟暴露时间，管道做好隔热防护。漠大线需穿越永冻土层，要保证冻土不塌陷、管道无变形，需要冬季预制、冬季施工和冬季补口，设计的“防腐+保温”复合管新型结构，在国内外长输管道工程中前所未有。

三、沙漠地区施工技术现状

在沙漠地区，管道运输较困难。由于沙漠的抗剪强度极小，因此常规的管道运输方式难以满足要求；同时管沟开挖也有一定困难，沟壁会发生坍塌，影响管道正常施工。

（一）施工方法

① 测量放线后，在作业带边界和管沟中心线处设置较明显的标志；

② 作业带开拓：采用接地比压小的推土机沿线进行扫线，清除沿线较高的沙丘地；

③ 管沟开挖：扫平作业带后，重新复核管沟中心线，再进行管沟的开挖。先利用推土机进行沿线位方向的纵推，推出底宽约 4.5m 的管带后，再用推土机横推，如此往复进行，直至管沟达到设计深度。考虑到风携沙的淤积及沙体本身的回积，管沟的深度应比设计深度加深 300mm，管沟的坡度根据现场情况确定；

④ 运管作业：将运管车上的防腐管倒运至拖管爬犁上，然后通过宽履带牵引车将防腐管运到管道组焊现场。用拖管爬犁倒运时，装卸钢管必须采用吊管机；

⑤ 布管作业：管沟成形后，采取吊管机在沟底行走进行布管及组对焊接作业。方式同一般地段施工。因沙的抗剪强度几乎为零，所以布管及焊接均以编织袋装沙作为管墩；

⑥ 组装焊接：组装焊接前，应设专人用清管器清管，再用压缩空气吹扫管内细沙，确保管内无杂物及沙粒。每次下班前，需沿施工作业带洒水以加强沙丘的稳定性，同时用防尘帽封堵管线，防止沙粒进入管线。回填前，解开作为管墩的编织袋封口绳，放掉袋内沙子，并将编织袋回收；

⑦ 管沟回填：管线组装焊接完毕，同样采用推土机进行管沟回填，回填应由专业人员指挥，尽量垂直管沟回填，防止斜推时因推土器撞击管道而使防腐层受到损伤。

（二）防沙固沙

通常情况下，沙漠地区地形主要有沙丘、沙垄以及少数较平坦的沙滩 3 种。管道在沙漠地区敷设完成后，有效固沙，防止沙丘移动吞没管线是施工的重要一环。通常情况下，采取种植草方格和设置阻沙栅栏的方法进行防沙固沙。

1. 种植草方格固沙

草方格主要由麦秆、谷杆制成。将新鲜的麦秆或者谷杆经过充分晾晒碾压后，保证其柔软不散碎的情况下，切割成 0.4～0.5m 长，在指定位置（一般为主风向方位以及管线方向）进行方格式埋设，埋设深度一般为 0.25～0.3m，露出地表的部分约为 0.15～0.2m。再将根部压实后，在方格内填沙，使其向外倾斜形成圆滑凹面。此种方法仅作为管道初期的防沙固沙方法，待管道敷设完毕，投入运营时，再采取种植草皮、灌木的方式。

2. 设置阻沙栅栏

阻沙栅栏主要由玉米杆、谷杆和铁丝制成。其具体设置方法为：将用玉米杆和谷杆交接编成的栅栏插入沙中，用铁丝连接起来。其中阻沙栅栏一般插入沙中的深度为 0.4m 左右，设置位置为主风向上方以及沙脊前 2m 位置处，同时为加强阻沙栅栏的强度，在迎风侧面设置 1m^2 的草方格，以此来形成防风沙掏蚀带。

四、水网淤泥地带施工技术现状

水网地带的管道敷设类型主要包括水田施工、季节性湿地施工、盐碱性沼泽和常年积水的水塘施工等。水网地带指水系发达、河渠纵横、水塘连接成片的网状水系结构，由于地下水位高，造成作业带及施工便道的修筑困难，钢管及施工设备的运输不便，管沟开挖成型、管线下沟、回填困难。因此必须采用合理的施工工艺，如便道修筑技术、水上运输管材、拉森板桩管沟支护工艺，深井降水施工工艺，挖泥船水下成沟施工工艺，沉管下沟施工工艺等，才能保证高效、高速、高质量地完成工程任务。如西气东输工程经过长江三角洲地区、忠武输气管道工程经过宜昌以东的平原水网地区，都属于典型水网地带。水网地带常用施工方法如下：

① 施工作业带开拓：采用围堰排水法、明沟排水法、轻型井点降水法、铺垫法等。

② 施工便道修筑方法：采用涵管法、桥上桥技术、沉箱便桥法、过流便桥法、舟桥便桥法等。

③ 防腐管和设备机具的水路运输：采用小河浮筒运管、大中型河流船只运管；设备运输采用搭建临时简易码头，利用轮渡技术设备转场及沉箱便桥技术设备进场。

④ 管沟开挖：采用湿地挖沟机进行挖沟作业，可采用轻型井点降水、钢板桩护壁、铺设浮板等方法进行配合。

⑤ 管线下沟方法：采用吊管机分阶段下沟法、预制管段下沟法、沉管下沟法、沟下组焊法等。

五、大中型河流穿跨越技术现状

长输管道中河流施工形式较多，依据河道的宽窄、水流的缓急、河床的深度、河底地质结构及河两岸的地形地势等，可采用多种施工方法，如大开挖围堰导流、定向转穿越、顶管穿越、盾构技术隧道穿越、钻爆技术隧道穿越、悬索跨越、斜拉索跨越、桥式连续梁析架跨越等。

对于管线穿越大型河流，可根据水文地质情况采用大开挖的形式穿越；对于枯水季节水流较小的河流，可采取先导流后截流的整体穿越的形式；对于河水较多的河流，可采取二次围堰导流、分段穿越的方式。为了有效控制穿河段管线的埋深，穿河段管沟的开挖采取台阶式的形式，即先用推土机按 1∶5 的坡比将沟槽推开，在距管沟深度 2m 的深度内形成一个 30m 宽的作业沟槽，成为一个二级台阶，然后再用挖掘机开挖最后的管沟，使沟深达到设计要求。穿越河段的管线在平整后沟槽内的二级台阶上进行组装焊接。

管沟开挖过程中，在穿越点的两侧设置集水坑，采用明沟排水的方式不间断地抽水，使管沟内的渗水基本排出沟外，满足管沟的开挖需要。

管沟开挖完成后，立即用测量仪器对管沟的标高进行测量，确保管沟达到设计要求的标高。管线下沟后及时作好稳管，防止管线漂浮。

对于地下水渗透能力较强的河流，在穿河的上下游应设置地下截水墙，同时在导流渠内加设防渗隔墙。

已成功应用的盾构技术隧道穿越有 2002 年西气东输工程的南京长江隧道穿越，由台湾中鼎公司承建，穿越长度 1920m；跨越工程如西气东输中卫黄河跨越，跨越长度 540m，是大型管道第一次跨越黄河。

第四节　焊接施工技术

焊接是长输天然气管道施工中最重要的工序之一，焊接质量直接关系着管道的运行安全及使用寿命。根据管道的材质、直径、壁厚及施工地点的地形、气候特征等因素，选择合理的焊接方法是管道焊接质量最根本的保障，同时也是提高工程效率、节省工程投资的有效途径。

天然气管道焊接施工现场特点如下：

(1) 复杂多变的地形地貌

长输天然气管道一般具有距离长、跨度大等特点，沿线可能会遇到戈壁、沙漠、高原、山区、丘陵、平原、水网等多种地形。地形地貌对管道焊接有直接影响，这就需要在不同地区有针对性地选择不同的焊接方法来满足工程的需要。

(2) 多样化的气候环境

长输天然气管道工程的施工地点多在野外，直接受当地自然环境的影响。风、雨、雪、温度、湿度等多样化的气候环境因素，对焊接方法及相应的防护措施都有不同的要求，应采取相应对策，以确保焊接质量。

(3) 多元化的人文环境

长输天然气管道一般都经过较多的地域，不同地域间的人文环境也存在差异。由于人文环境的多元化，施工中可能会遇到外界干扰，给现场焊接作业带来困难。

(4) 流动性的施工现场

长输天然气管道施工中的作业点随着施工进度而不断迁移，使得焊接作业也处于流动的状态，这就相应地增加了施工难度。

(5) 较低程度的机械化作业

长输天然气管道施工中，由于施工场地等因素的限制，使得机械化的焊接方法在现场适应性较差，因此焊接作业的机械化程度较低，这也制约着长输天然气管道的焊接施工。

一、焊条电弧焊(SMAW)

焊条电弧焊是利用电弧放电产生的热量将焊条与工件互相熔化并在冷凝后形成焊缝的过程。该方法适应性强、设备简单、操作灵活、移动方便，同时对现场操作的要求较低，是长输管道焊接中最常见的焊接工艺。依焊接方向和焊条不同，可分为纤维素焊条下向焊、低氢焊条下向焊、低氢焊条上向焊、混合型焊接四种方法。

(一) 纤维素焊条下向焊

纤维素焊条下向焊是目前国内长输管道普遍采用的焊接工艺，其根焊适应性强，具有单面焊双面成型的特性，普遍用于混合型焊接工艺中的根焊，也可用于填充和盖面，其采用的典型焊条为 E6010、E7010 等。

该焊接工艺主要适用于材质等级在 X70 以下的薄壁大口径管道焊接，具有优异的熔透和填充间隙能力，且熔敷速率高，根焊速率可达 10~15cm/min；缺点是纤维素焊条的含氢量较高，可达 40mL/100g，且焊缝的低温韧性和抗裂性较低氢焊条差。在寒冷地区焊接高强度管道时，应采取必要的焊前预热和层间保温措施，以防止产生裂纹。

（二）低氢焊条下向焊

低氢焊条下向焊采用低氢型焊条药皮，含氢量较低，一般小于10mL/100g，代表性焊条为E7015、E8018等。该焊接工艺获得的焊接接头具有优良的低温韧性和抗断裂性能，主要适用于材质等级高、大壁厚、焊缝韧性要求高、输送酸性气体或高含硫油气介质、在寒冷环境中运行的管道焊接，其焊接速度与纤维素焊条相当；缺点是根焊的速度较纤维素下向焊相比较慢，根焊适应性差，易出现未融合、未焊透、内咬边等根部缺陷，多用于管道的填充和盖面焊接。

（三）低氢焊条上向焊

低氢焊条上向焊具有优良的抗冷裂性能，即使焊接接头存在较大错边量，仍然具有较高的RT合格率，但焊接速度相对较慢，仅为8~12cm/min。采用的代表性焊条为E7016、E8016等。该焊接工艺多用于小口径管道的焊接，长输管道连头口、碰死口的焊接以及焊缝的返修。

（四）混合型焊接

① 根焊采用纤维素焊条下向焊、填充和盖面采用低氢焊条下向焊的焊接工艺。其优点在于：纤维素下向焊的根焊速度快，焊口组对要求低，根焊质量好，低氢下向焊填充和盖面速度快，层间清渣容易，盖面成型美观。该混合型方法多用于焊接韧性要求高、材质级别较高、输送酸性介质、在寒冷环境中运行的管道。

② 根焊采用纤维素焊条下向焊、填充和盖面采用低氢焊条上向焊的焊接工艺。主要用于焊接壁厚超过16mm的管道。

③ 根焊采用纤维素焊条上向焊、填充和盖面采用低氢焊条下向焊的焊接工艺。上向焊工艺对坡口的精度要求低于下向焊工艺，故该混合型焊接工艺多用于连头口、碰死口和返修口的焊接。

二、手工钨极氩弧焊

手工钨极氩弧焊又称手工钨极惰性气体保护焊，它是使用纯钨或活化钨电极，以惰性气体——氩气作为保护气体的气体保护焊方法。该焊接工艺具有焊接质量好、焊缝金属纯度高、焊缝根部耐腐蚀性能好及焊件变形小等优点。但手工钨极氩弧焊成本较高，要求焊前严格进行坡口清理，同时对焊接环境的要求也很高。由于钨极的载流能力有限，焊缝熔深浅，仅适合于壁厚较薄的管道。

三、全自动焊

自动焊接主要是以机械为载体达到自动化焊接的目的。由于天然气管道工程量较大，所以在焊接过程中，采取自动焊接技术具有较强的优势，且在工作效率、质量方面要比人工焊接更具优势。同时，自动焊接确保焊接的安全，尤其是整个焊接过程中受到外部因素的影响较小，但其主要是在管壁较厚和口径较大的焊接工作中采用。其不足在于需要消耗较高的成本，并且在维修和保养方面难度较大，因而在实际应用中存在一定的限制。

全自动焊接是管道焊接的一种新的焊接工艺，其特点是自动化水平高、焊接速度快、质量好，但受地形和施工环境影响较大。焊接方式主要分为内根焊和外根焊。除内根焊设备与内对口器为一体外，其他焊接设备主要由焊接小车、环型号可拆卸轨道、计算机自动控制箱、手持操作盒、笔记本电脑、气体配比器、气瓶和气体保护自动焊接电源组成。

目前应用较为广泛和成熟的焊接方法为内根焊工艺，其主要特点是焊接速度快，对于

ϕ1016 管线最快完成内根焊的速度可达 40s，外根焊速度最快可达到 800mm/min，因此全自动焊的焊接速度关键取决于管口的组对速度。由于全自动焊是一种新的焊接工艺，整机采用计算机控制，焊接过程中的工艺参数由计算机程序控制，自动化程度高，其焊接质量主要取决于焊接参数的控制和施工环境。因此，除了对管口的组对几何尺寸要求严格外，还要控制好焊接的各种参数，以及保护气体的纯度，同时现场的作业环境要保持地势平整，根据不同的作业环境选择不同的焊接参数。

（一）全自动焊特点

① 熔化气体保护焊技术。最具代表性的就是实心焊丝气体自动化保护焊接技术，由于其在焊接过程中对焊工方面的要求不高，所以在壁厚和管径较大的天然气管道工程中得到了广泛的应用，而实际中往往需要在野外作业，所以必须设置防风棚体，对管道的环缝采取全位置的焊接，同时还要加强焊接装备质量的控制，切实加强焊接控制系统的应用，才能更好地促进其自动化焊接技术水平的提升。

② 药芯焊丝焊接技术。主要采取自保焊和气保焊的方式进行焊接，所以其核心就是药芯。药芯中一般包含了钛合金、矿物质、透气剂，在适应性方面较强，且成本低、速度快，因而近年来得到了广泛的应用。

③ 电阻闪光对焊技术。该技术主要是在低电压和强电流交流电作用下实施，天然气管道的管端由于短时间内的温度较高，所以部分金属由于气化而被蒸发，因而主要是采取外加项锻压的方式，将两端熔化之后进行焊接，因而在实际应用中具有较高的技术优势。但在实际推广中仍存在一定的限制，对操作人员的专业技术水平要求较高，且不同的焊接环境对工艺技术质量的要求也不同。

（二）施工要求

1. 施工准备

① 首先完成系统的安装与连接，进行系统的检查和调试后，设定焊接工艺参数。

② 管口组对前，应认真清理管口两侧的铁锈和脏物，严格按焊接工艺规程的参数进行坡口的加工。

③ 组对的两个管段要保持轴线平行一致，其错边量和对口间隙应符合技术要求。

④ 管子要与地面的净空高度不小于 500mm。

⑤ 设置焊接作业棚。

2. 焊接操作

① 起弧前，调整焊枪和始焊位置，按下试气按钮，检查气体回路是否畅通。

② 将焊层确认键置根焊位置，按换向档确认键，确定设置参数。

③ 按下焊接开始按钮，焊接自动开始。

④ 焊工用遥控盒功能键控制熔池位置，确保电弧正常燃烧和跟踪焊道。

3. 注意事项

① 施焊的焊工必须经过培训，认真熟悉全套设备的基本功能，熟练掌握遥控盒面板各按键功能。

② 焊嘴的焊丝杆伸长度应控制在 8~10 倍的焊丝直径范围。

③ 焊丝起弧时，焊丝与母材应保持 3~5mm 距离，防止焊丝与母材直接短路，影响起弧效果。

④ 各焊层接头必须错开 10~15mm。

⑤ 对口时，两管口的错边量能为对口参数应严格控制在标准范围之内。

⑥ 焊接时，应在可移动施工作业棚内进行，严格控制风速和大气相对湿度，并保证管子处于平稳状态。

⑦ 焊接地线连接应牢固，防止地线与母材出现电弧烧伤。

⑧ 根焊接头要进行打磨，保证焊道的连续融合。

⑨ 对于内根焊，必须在完成第一遍外焊后方可撤吊管机、防止管子受力影响焊接质量。

⑩ 当焊丝快用完时，根据所焊管子直径提前更换焊丝盘。

⑪ 每次焊车更换轨道时，必须认真检查焊接小车是否与管子安装牢固，防止焊车脱落轨道。

⑫ 道次焊接前，必须在实验管道上对各种运行状态及技术参数进行认真校核，确认无误后方可进行正式焊接。

⑬ 由于野外环境因素的变化，焊接参数必须及时调整，检测结果及时反馈，对于出现的焊接问题及时进行分析处理，以减少过多的焊口返修。

（三）主要工序

1. 坡口加工

正常情况下一道单面坡口的纯加工时间为 2min，完成一道整口需要 8~10min。要保证坡口加工的顺利进行必须做到：坡口机性能完好、稳定；管子支垫要平衡牢固；操作熟练。

2. 管口组对

正常情况下组对一道焊口需要 2min，但如遇到错边量超标的管口，组对的时间将会延长。要保证正常组对必须做到：管口的内径、周长要在规定的数值内；组对管工和吊管机操作人员要配合训练，同时还要有较强的处理问题的能力。

3. 管口预热

利用环形火焰加热器对焊口预热的时间：在环境风速小于 3m/s 时，夏天需要 3min，冬天则需要 5min。

4. 正常情况下，内焊的纯焊接时间为 2min，内焊机的清理、校准需要 1min。正常组焊一道口需要 8~10min，如果要保证组焊速度必须做到：组对顺利，能够一次组对成功；在平直地段根焊完成后可撤下内焊机，但需要保证作业带平整、管墩高低一致、无外力作用；在弹性敷设等特殊地段，最好在焊完热焊后再撤内焊机较好。

5. 外焊

外焊机的每层焊道层通常为 2~3mm，外焊机应根据管壁厚度进行配备，焊接布置形式上可采用大流水作业完成(指每道工序分别由不同的焊接车完成)，也可采用小流水作业完成(指由一台焊接车完成一道焊口除根焊外的所有层次焊接)。

（四）全自动焊接中易出现的问题及措施

1. 根焊

① 根焊成型不好，焊道中部出现鼓楞，与坡口两侧形成夹角，容易造成热焊层夹层未熔合。应改善混合保护气体比例、注意坡口几何尺寸和调整焊接参数。

② 焊接中，有时出现根部未焊透。主要保证坡口组对尺寸符合规范要求，控制混合气体的配比含量。

③ 焊接过程中出现焊漏现象，焊丝背面穿丝。应调整混合气体的比例并检查坡口，注意焊接参数与焊丝的匹配。

④ 焊道中出现条形气孔。应做到：一保证现场焊接环境；二保证检查焊材不要潮湿；

三保证坡口干净；四保证保护气体纯度。

2. 填充

① 同样的焊接参数，不同的焊口焊接完成后，焊缝余高不同。此时应注意坡口加工尺寸一致，不要盲目地调整焊接参数。

② 同一道焊口，两侧焊接小车参数相同，但焊接质量不同。这时需检查保护气体焊接电源，以及焊工操作技能。

③ 焊接过程中出现异常声音。应经常检查和清理焊枪嘴。

④ 焊接控制箱电缆和电源电缆分开放置，防止出现控制程序混乱。

3. 参数问题

(1) 电流

焊接电流是影响焊缝成型的主要因素之一，它决定焊道的熔深，在焊接过程中出现的未溶合主要是由于焊接电流过小造成的。

(2) 电压

焊接电压决定焊缝金属的熔宽，当焊缝金属不能覆盖焊道两个边缘时，主要是由于焊接电压过小或焊枪摆不够。

(3) 保护气体

气体流量和纯度直接影响焊道的保护效果，施工时要确保气体的纯度，同时根据实际情况控制流量。

(4) 焊接速度

焊接速度太快会使焊缝金属的熔深和熔宽都减小，并且易产生未熔合、咬边等缺陷；反之，易产生熔池金属温度过高，导致金属流淌和烧穿。

(五) 经验总结

根据焊接过程中出现的问题，应控制焊接质量(包括坡口几何尺寸和焊口组对、现场操作和参数控制、作业环境)，为此应做到：

① 必须设专人加工坡口，保证坡口尺寸一致，并用焊接检验尺校验。

② 对坡口边缘必须清理干净。

③ 确保组对间隙、错边量等参数。

④ 由于管材规格尺寸偏差，施工时做好钢管级配的选择。

⑤ 保证管材焊接的预热温度和层间温度。

⑥ 焊工要达到熟练操作，能够处理焊接过程中出现的问题。

⑦ 做好现场的环境防护，保证焊接环境。

(六) 施工能力

不同的焊接管径和壁厚焊接速度不同，以 ϕ1016mm×14.6mm 为例，正常情况下，其焊接能力见表 1-1。

表 1-1　施工能力示意图

施工能力	一个台班(50 人)	
	日工作 8h	日工作 10h
日焊接口数/口	45	60
月焊接口数/(口/km)	1350/15.5	1800/20.7

全自动焊工艺不同于半自动焊，半自动焊可以单一作业，而全自动焊是一个系统工程，其焊接速度主要受辅助工序的影响，所以施工时可采取必要的提高工效的措施，合理科学的组织。提高工效的措施主要包括：施工现场满足作业环境；管材和焊接材料达到质量要求；施工设备善保养良好；坡口加工符合规范；焊接参数熟练应用；现场组织措施得当。

（七）焊接中应注意事项

1. 恶劣天气的影响

由于目前所采用的管道自动焊均采用气体保护焊，对环境风速的要求是≤2m/s，所以管道自动焊防风措施直接影响着管道的焊接质量和焊接效率。在恶劣的气候下如不采取相应的措施，将会造成机组停工。为了保证正常施焊，机组必须加强防风措施、提高焊接预热温度和层间温度、操作人员增加劳保(如加厚的口罩、风镜等)等相应的措施。

2. 焊接设备的匹配

在施工时，由于内焊机的组对焊接时间快(正常约8~10min/道口)，而用外焊机焊接其他焊层的时间要长(正常情况下，热焊需8 ~10min/道，填充、盖面焊需要14 ~16min/道)，所以外焊机的合理匹配也很重要。

3. 管材的供应

为了更好地发挥自动焊的优势，在施工中管材的供应要有保障，避免施工中的脱节现象。

4. 管口质量的要求

国产管由于制管工艺的限制，大口径螺旋焊缝管的螺旋焊缝外的圆度较差，造成组对时螺旋焊缝处的错边偏大，如果错边量超标，需将管子退出，转动管子到合适位置后再进行组对，这样就延长了组对时间，如果不行还需换管子。如果管口质量好，组对一道焊口只需2min左右；反之将延长组对时间。因此，管口质量的好坏是影响施工进度的一个非常重要的因素。在施工中，要采取在布管前对管口进行级配检查，尽量减少组对时出现转管、调管的现象。表1-2是一组在焊接前级配检测的部分管口数据。

表1-2　自动焊机组用管管口检查数据统计表

mm

序号	钢管号	周长		管径一		管径二	
		左	右	左	右	左	右
1	HB1105	3197	3193	1019	1017	1017	1014
2	BJ52354	3193	3194	1015	1014	1017	1019
3	BJ4370	3195	3194	1015	1016	1013	1017
4	SS23979	3196	3196	1019	1017	1016	1015
5	BJ4753	3195	3195	1019	1013	1018	1016
6	LY3650	3193	3192	1012	1017	1016	1016
7	LY500423	3194	3194	1019	1015	1017	1015
8	HB697	3195	3196	1013	1017	1013	1016
9	LY2872	3195	3187	1017	1012	1016	1018
10	HB5542	3197	3204	1017	1019	1015	1016

（八）施工建议

① 在施工部署上，应将全自动焊机组安排在线路比较平直的施工区段，保证焊接作业

能够连续实施，杜绝各种干扰和阻碍。

② 为了提高焊接速度和焊接质量，对于管材应进行级配选管，尽量减少管口的组对偏差，同时按不同的焊接方式对坡口进行加工，保证组对参数满足工艺要求。

③ 由于管材质量直接影响着管道的组对质量，所以对钢管厂家的选择上，要保证管材规格，保证管径的尺寸偏差，以减少组对时错边量。对于全自动焊管材最好使用同一厂家的产品。

④ 对于全自动焊丝，除了选择质量好的焊丝外，最好使用同一种型号和批号，以避免由于更换焊丝所造成焊接参数的经常调整。从使用效果看，同一厂家的产品由于批号不同，焊接的效果也会出现明显差异，所以在选择供货厂家时要保证产品在实际工程中的应用，控制好产品质量。

⑤ 由于全自动焊接速度快，因此要求无损检测必须及时、准确。焊接参数一旦设定，焊接设备将由电脑控制始终按一个数据进行焊接，为了保证焊接质量和减少不必要的返修，在施工全面展开前应进行试焊，并及时进行检测，反馈焊接质量信息，对于焊接过程中出现的问题进行分析，调整焊接参数设置，直到满足焊接要求后再进行快速焊接。因此建议采用全自动超声检测。

⑥ 为了提高焊接速度，尽量缩短辅助施工作业时间，管道组对采用 3 台吊管机进行，其中 1 台用于坡口加工和布管、另 2 台用于交替对口，为了防止焊口受力，必须再完成第一遍外根焊后才能撤离吊管机，同时作好管墩支撑。为了减少自动焊接设备的移动和焊接参数的校定，一般采取固定作业完成外焊所有焊道比较好。在施工中，根据对口速度，可以随时增减外焊设备。

⑦ 受对口的影响，根焊设备必须保养好，以保证焊接的正常进行。为防止由于根焊设备出现故障而影响施工，最好备用一台根焊设备，同时准备充足常用的备品备件。

四、半自动焊

在天然气管道工程中，除了人工焊接技术外，还可以采取半自动焊接技术。半自动焊接是一种十分重要的焊接技术，具有不可或缺的作用。与手工下向焊接的方式比较而言，不仅劳动强度低，而且具有较高的效率和较低的成本，尤其是在焊接质量上容易控制。缺点是根焊焊缝质量难以控制，因此其主要是在管道填充和盖面焊接施工中应用。

（一）特点

① 采用二氧化碳活性气体保护焊接技术时，主要考虑到此类气体不仅属于活性气体，而且二氧化碳的成本较低，所以利用这一技术进行保护焊接时，不仅成本低，而且效果明显。其不足是在焊接过程中难以对熔深进行控制，也难以控制飞溅的范围，因此在进行半自动根焊工作中，主要采取 STT 半自动焊接技术。具体就是确保基本值和峰值电流的精确控制，从而确保熔滴过度的问题得到有效控制，优化大口径管道的根部焊接质量，避免出现从单面的焊接变成双面的焊接问题，且在全位置实施单面焊接时还能确保焊接的稳定性，有效控制飞溅范围，加上焊缝处理质量较好，因而在焊丝的利用率较大。在焊接过程中，必须对周边的风速进行严格控制，一般应低于 2m/s，否则就会对焊接质量带来影响；若超过这一风速，就必须在现场焊接过程中加强对焊接环节的保护。

② 采用基于自动保护药芯的半自动焊丝焊接技术。这一技术主要是将焊接药物填充到管状的焊丝之内，避免了气体充填带来的繁琐，从而利用管状焊丝中包含的焊接药品和金属

元素就能进行焊接。且整个焊接过程能有效确保焊接质量，其电弧具有较强的稳定性和较强的熔敷效果，因而在工艺适应性方面较强，加上其成本低和焊接质量较高，因而在焊接中得到了广泛的应用。其不足在于主要适用于填充与盖面的焊接施工。

半自动焊是现在长输管道最常用的一种焊接方法，目前，所采用的半自动焊主要的焊接方法为：手工电弧焊根焊；自保护药芯焊丝半自动填充、盖面；STT 半自动焊根焊；自保护药芯焊丝半自动填充、盖面。

（二）焊接材料

根焊焊条	标准号：AWS A5. 1	E6010	牌号：BOHLER FOX CEL	ϕ4. 0mm
填充焊丝	标准号：AWS A5. 29	E71T8-Ni1	牌号：HOBART 81N1	ϕ2. 0mm
盖帽焊丝	标准号：AWS A5. 29	E71T8-Ni1	牌号：HOBART 81N1	ϕ2. 0mm

（三）接头设计

接头形式：对接坡口形式：复合型（见图 1-1）或 V 型（见图 1-2）钝边：（1. 6±0. 4）mm。

坡口角度：复合型下层为 55°~65°，上层为 26°~30°；V 形：44°~50°。

对口间隙：2. 0~3. 0mm；错边：小于 1. 6mm；余高：小于 1. 6mm。

焊接层次：根据壁厚适当增加填充焊层数。

盖面焊缝宽度：每边比外表面坡口宽 0. 5~2. 0mm。

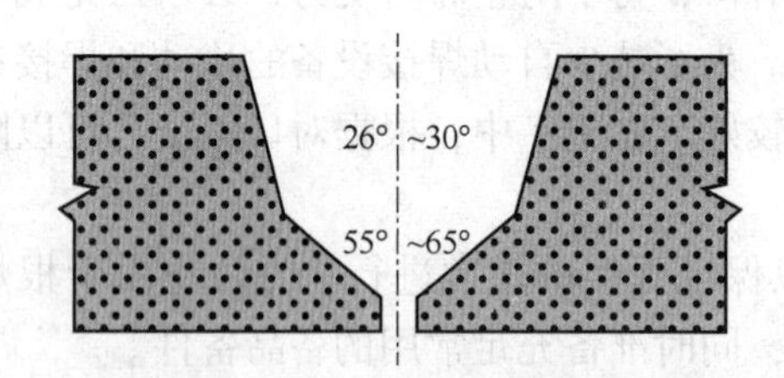

图 1-1　半自动焊复合型坡口形式

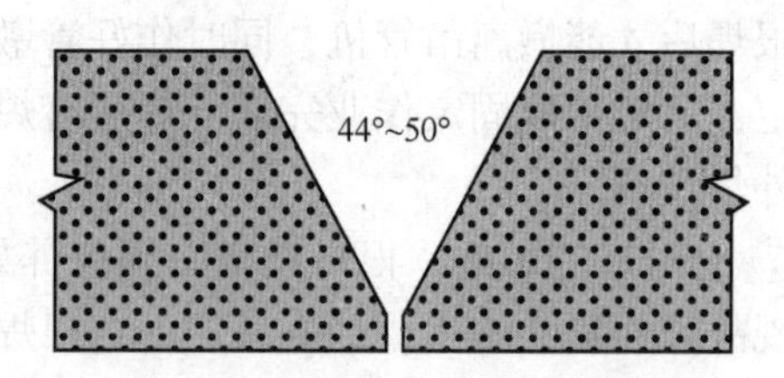

图 1-2　半自动焊 V 型坡口形式

（四）焊接准备

破口加工：破口机管位置：水平固定（5G）；

对口方式：内对口器；

预热温度：≥100℃；

预热方式：中频或火焰加热；

根焊设备：下降外特性直流电源、林肯 STT 焊机；

外焊设备：平外特性直流电源及相匹配的送丝机。

（五）工艺要求

焊接方法：纤维素型焊条根焊，自保护药芯焊丝半自动填充盖面；

焊接方向：下向；

根焊与填充时间间隔：不大于 10min；

层间温度：根焊道与热时层间≥80℃，其他焊道层间≥60℃；

焊丝干深长度：焊丝直径的 10~15 倍。

1. 焊接规范

焊接规范见表 1-3。

表 1-3　焊接规范

焊道	焊材牌号	直径/mm	极性	电流/A	电压/V	送丝速度/(m/min)	焊接速度/(cm/min)
根焊	BOHLER FOX CEL	4.0	DC-	70~130	24~37	—	9~14
填充	HOBART 81N1	2.0	DC-	160~270	17~22	70~130	17~25
盖面	HOBART 81N1	2.0	DC-	150~260	17~22	70~130	17~25

2. 焊接环境要求

环境温度：大于5℃；

环境湿度：小于90%，RH；

环境风速：小于8m/s。

由于半自动焊已经比较成熟，这里就不在叙述。此外，还有相应的手工焊以及连头和返修焊接工艺。手工焊根焊和热焊采用纤维素焊条(E6010、E8010)，填充和盖面采用低氢型焊条(E8018)。施工时主要用于不便于流水作业的难点地段；连头时根焊采用上向，其他焊道采用下向；返修时全部采用上向。

(六) 试验与检验

以上只是代表性地对全自动焊和半自动焊进行了简单的阐述，施工时具体的焊接工艺要求根据焊接工艺评定执行。

焊接工艺评定的制定，应具体根据管材的规格和材质，由焊接权威机构进行试验。除进行外观和无损检测外，还应在焊接实验室内对焊缝进行破坏性试验，检验的方法主要有：拉伸实验、刻槽实验、冲击实验等。所获得的实验值应超过管材本身的应力值。

根据实验结果，确定焊接工艺评定满足工程施工要求后，才能在现场实际工程中使用。施工时应严格按照焊接工艺评定所确定的焊接参数进行，以确保焊接质量，具体应注意以下内容：坡口的几何尺寸；对口间隙；错边量；螺纹焊道；预热温度；同一焊道间层间温度；焊口返修时要保证整道口的预热温度；连头时不能进行强行组对，控制好作业时间；下沟时要控制好吊装距离和管段的受力。

(七) 无损检测

随着国内管道工程建设的发展，我国的管道焊接技术和质量水平都有了很大提高，相应的无损检测技术也有了很大改善，已逐渐与世界接轨，如全自动超声检测、射线管道爬行器等。特别是国内近几年涩宁兰、兰成渝、西气东输等工程的建设，在无损检测工作上积累了大量的宝贵经验，严把了管道焊接质量关和提供了可靠的质量保证，这将对陕京二线工程的建设质量提供可靠的保驾护航。总结以往的检测经验，根据管道不同焊接方式常出现的缺陷，以及不同无损检测方式的特点，对陕京二线工程无损检测提出以下建议(供参考)。

1. 半自动焊建议采用射线检测

射线检测直观，可分为管内检测和管外检测。采用管道爬行器检测方式，在国内外都已得到广泛应用，尤其是对半自动焊和手工焊的检测。同时，射线检测技术在我国已经是一种成熟的检测技术，所受的制约相对较少，无论是焊接评定和现场操作都已经经过了工程的验证。针对半自动焊接所产生的焊接缺陷和射线检测的特点，采用射线检测更能准确地反映出焊接的质量。

2. 全自动焊建议采用全自动超声波检测

全自动超声波检测是一种自动化程序相当高的检测方法，尤其适合于全自动焊的无损检测，它可以紧跟焊接速度，及时反馈焊接缺陷信息，保证管道焊接能够根据检测结果进行焊接参数的调整，使焊接质量得到保障，对于现场焊接质量的控制起到相当重要的作用，避免了由于焊接缺陷不能及时反馈而造成不必要的返修。

全自动超声波检测与传统的射线检测相比，对面积型缺陷如未溶合更加敏感。对于层间未熔合和发生在热焊区的未熔合，使用射线检测几乎无法发现，而全自动超声波检测完全可以检测。统计结果证明，全自动超声检测的检出率高、结果可靠，对危害性缺欠非常敏感。

3. 两种检测方式比较

射线检测与超声波检测是两种不同的检测方式，下面就检测经验将两者的特点进行如下比较。

（1）灵敏度

全自动超声波检测与X射线照相属于两种性质不同的检测手段，两者对检测缺陷的反应互有所长。射线检测对何种类型缺陷（如气孔、夹渣）敏感，检出率很高，对面积型缺陷（如未熔合、裂纹等）不敏感，易漏检；而超声波检测恰恰与之相反。而半自动焊易产生体积型缺陷，全自动焊易产生面积型缺陷。

（2）功效

X射线爬行器透照需要如下环节：装胶片、电瓶充电、装车、行车、现场组装爬行器、调机、贴片、透照、起片、暗室处理、底片评定、签发报告、整理归档。后续工作由于需要一定的时间，检测报告结果有利于控制自动焊质量。

全自动超声波检测需要如下环节：装耦合剂、电瓶充电、行车、现场校准（第一次校准，以后每10道口或1h校准一次）、组装轨道、扫查、缺陷判读、签发报告、整理归档、结束一天工作的最终校准。现场即可出检测结果，有利于控制焊接质量。

（3）成本

射线检测所用的检测材料费用比全自动超声波要高一些，但全自动超声波检测设备成本要比射线检测设备高得多，超声波试块制作也需要一定的费用，每一种壁厚和坡口型式都要有对应的试块。

（4）检测报告结果

超声波现场可直接出结果，射线需要24h出结果。因此，从焊接工艺、焊接方法及缺陷型式，针对不同的缺陷采用不同的检测方法。

为了能充分体现全自动焊的优势，确保焊接质量，建议全自动焊采用全自动超声波检测，半自动焊采用射线检测。

五、管道焊接方法的选用原则

长输油气管道焊接方法的选择主要依据管道的材质、直径、壁厚、输送压力、介质性质及施工现场状况等因素，进行综合分析、考虑。合理可靠的管道焊接方法，对于保证焊接质量、提高管道建设效率、节省工程投资具有重要意义。

（一）管道材质

随着管道等级的增高，焊接接头热影响区的脆化倾向性增大，根部焊道冷裂倾向及对介质的腐蚀敏感性增强，焊接接头的韧性下降。对于材质为X70以下的管线钢，多采用纤维素焊条下向焊、混合型手工下向焊，也可采用半自动焊和全自动焊。而对于X70以上的管线钢，一般选用混合型手工下向焊、半自动下向焊或全自动焊。对于输送硫氯含量高的石油天然气管道，若采用双相不锈钢、INCONY 合金，精确控制焊接时的热输入量对焊接质量至关重要，如对于 S31803 双相不锈钢，铁素体含量应在 40%~60%，需严格控制热输入量和层间温度，否则将严重影响管道的耐蚀性能。自动焊因焊接线能量可以精确控制而使其成为高强度长输油气管道焊接的首要选择。

（二）管道直径和壁厚

对于直径小于 323mm 的管道，一般多采用手工焊条电弧焊；对于直径大于 323mm 的管道，且多层焊接时，从工程进度考虑，一般采用纤维素焊条下向焊(根焊)+药芯焊丝自保护半自动焊(填盖)的焊接方法。对于大口径、大壁厚管道，自动焊应作为优先选择，即直径大于 610mm、壁厚大于 8mm 的长输管道，为提高焊接效率和质量，首先考虑熔化极气体保护自动焊，如西气东输二线冀宁支干线 X80 管线钢(管径 1016mm×15.3mm)即采用该焊接方法，其次考虑手工电弧焊+自动焊或手工电弧焊+半自动焊混合型焊接，如西气东输二线涩宁兰输气管道工程(全长 953km)X70 管线钢(管径 660mm×10.3mm)采用两种先进工艺：纤维素焊条(根焊)+气体保护自动焊(填盖)和纤维素焊条下向焊(根焊)+药芯焊丝半自动焊(填盖)。小口径薄壁管则考虑采用氩弧焊打底，氩弧焊或焊条电弧焊填充、盖面的方法。

（三）输送介质

管道用于输送酸性介质，或者对焊缝有较高的韧性要求时，可采用熔化极气体保护焊(GMAW)或低氢焊条电弧焊，因该焊接工艺含氢量较低，焊接高强度管线钢可获得稳定的焊接质量。四川普光高含硫油气集输管道工程 L360MCS(管径 508mm×22.2mm)管线钢采用金属粉芯气体保护半自动下向焊(根焊)和手工电弧焊上向焊(填盖)组合式焊接方法，而四川龙岗高酸性气田管道工程 L360QCS(管径 406.4mm×16mm)管线钢采用钨极氩弧焊(根焊)和手工焊条电弧焊(填盖)组合式焊接方法。

（四）地形环境

不同地形特征下的施工现场选择的焊接方法差异较大，如在山区、水网等地形条件较恶劣的地区，因场地限制，自动、半自动焊接设备无法进场，一般采用手工焊条电弧焊；在平原等场地条件较好的地区，比较适于采用半自动焊或自动焊。

（五）气候环境

风、湿度等气候环境同样会影响焊接方法的选择，如在风力较大、自然气候条件较恶劣的地区，自保护药芯焊丝半自动焊(FCAW-S)因具有良好的抗风性能而被广泛应用；而在阀室、站场等施工现场，由于场地相对密闭，受风速等自然条件影响较小，具备良好的焊接环境，多采用钨极氩弧焊(根焊)+手工焊条电弧焊焊(填盖)的焊接方法。

第五节　天然气长输管道干燥技术

为了排除新建天然气长输管道的隐患和缺陷，投产前必须进行试压，用水作介质进行管道试压时，试压清管后管道内仍有少量水。在投产前如果不进行干燥，则易造成管道冰堵，影响输气质量。因此，天然气长输管道在投产前必须进行干燥处理。

天然气长输管道干燥是指水压试验后、干燥前的清管操作，其目的是除去管道中的液态水。除水应达到的效果是管道中的绝大部分水已被除掉，除个别低洼段外，只在管内壁留下一层薄薄的水膜。水膜厚度与管道内壁的粗糙度大致相当，新建管道内壁的粗糙度一般在 50~150μm 之间，有内涂层管道内壁的粗糙度≤10μm。另外，管道内壁越光滑、清管器的密封性能越好，水膜厚度就越小。对于西气东输干线管道来说，管道内壁有内涂层，其粗糙度≤10μm，若除水效果好的话，水膜厚度能达到10μm甚至更低。

天然气管道干燥可采用由多枚清管器组成的清管列车一次完成，也可多次发单枚清管器分步完成，采用哪种方式视管道具体情况而定。对于长距离的海底天然气管道，一般情况下是发清管列车除水，清管列车前试压用水被排出管道，推动清管列车前进的是干空气、氮气、天然气等干燥介质，除真空干燥法外，干燥也随之进行。有时，清管列车的头部和尾部还含有凝胶段塞，头部为水基凝胶段塞，起密封、润滑作用，既可防止前部的水向后窜漏，又可减少清管器的磨损；尾部为柴油基凝胶，起密封作用，可防止气体向前窜漏。对于陆上天然气长输管道，由于可分段试压、分段除水，一般采用多次发单枚清管器的方式进行，距离长时也可以采用发清管列车的方式进行。

一、输气管道干燥

天然气长输管道投产的一般程序是：清管→试压→除水→干燥→置换→投产。试压包括强度试验和严密性试验。由于气体的压缩性大，能储存巨大的能量，在管道出现裂纹的情况下可能导致裂纹失稳扩展甚至爆炸，因而用气体试压有很大风险，几乎不被采用。世界各国的规范一般推荐用水或其他经过批准的液体作为试压介质。试压一般是分段进行的，根据地区等级、管材屈服强度并结合地形分段确定。天然气长输管道在采用水进行试压后，虽然经清管器扫线除水，但地势低洼地段的积水以及附着在管壁的水膜仍很难通过简单的清管方式加以清除，管道中残留的液态水会引起以下几个方面的危害：

① 管道中的液态水是造成管道内部腐蚀的主要原因。天然气中的少量酸性气体（如H_2S、CO_2等）在有水的条件下能生成酸性物质，使管道内部产生危害较大的应力腐蚀。内部腐蚀是影响管道系统使用寿命及可靠性的重要因素，是造成管道事故的主要原因，因内部腐蚀而造成的事故在输气管道事故中占有很大比例。

② 管道中的液态水是形成天然气水合物的必要条件之一。天然气水合物是天然气与水在一定条件下形成的一种类似冰雪的白色结晶固体。形成水合物的条件，首先管道内必须有液态水存在或天然气处于水蒸气的过饱和状态；其次，管道内的天然气要有足够高的压力和足够低的温度。在具备上述条件时，还必须有一些辅助条件，如压力的波动、气体因流向突变产生的扰动、晶种的存在等。天然气水合物一旦形成后，会减少管道的流通面积，产生节流，加速水合物的进一步形成，进而造成管道、阀门和一些设备的堵塞，严重影响管道的安全运行。

③ 管道中液态水在低温时还会造成管道低洼处的冰堵，冰堵的产生也会影响管道的安全运行。

④ 管道中液态水的存在会降低天然气的输送能力，造成管道输送能力下降。

⑤ 管道中液态水的存在还会使天然气的含水量升高，从而导致供气品质下降，影响对供气品质要求严格的用户的正常使用。

天然气长输管道中的液态水的危害性极大，在管道投入运行之前，必须进行除水、干燥处理，除去管道中的液态水，同时对管道进行干燥处理，使管道中气体的水露点达到规定的要求。管道内空气露点达到-18℃以下时，即使管道干燥后不马上投产，而是进行10个月的密闭，管道内壁也不会发生腐蚀现象。另外，空气露点即使下降到-30℃、-40℃甚至更低，空气的含水量也没有明显增加；而高于-20℃时，空气的含水量则剧增。国外一般将-

20℃作为干燥的最终标准。除了干燥管道外，还应对所输天然气进行净化处理，使其水的压力露点满足GB17820—1999《天然气》规定的比最低环境温低5(一般为-5～16℃)的要求，确保天然气长输管道长期、安全、稳定地运行。

管道除水合格后就可以进行干燥了。天然气长输管线的干燥方法很多，且每种干燥方法又有其优缺点。目前，国内外天然气长输管道常用的干燥方法有干燥剂法、流动气体蒸发法、真空干燥法等，其中干燥剂法根据所使用的干燥剂不同又可分为甲醇干燥法、乙二醇干燥法和三甘醇干燥法；流动气体蒸发法根据所使用的气体不同，又可分为干空气干燥法、氮气干燥法和天然气干燥法。表1-4是各种干燥方法的比较。

表1-4　各种干燥方法比较

项　目	干燥剂法	流动气体蒸发法			真空干燥法
		干空气干燥法	氮气干燥法	天然气干燥法	
干燥成本	比较高	最低	昂贵	低	较低
干燥时间	较短	最短	较短	极长	较短
干燥效果	较好	很好	很好	较差	最好
适应范围	海底管道居多	不受区域限制，受管径、长度的影响相对较小	只适用与小范围的管道干燥	不受任何限制	适用于较大管径
应用情况	趋于淘汰	应用最多、最广	受气源泉限制	长距离大口径、高压、温度较低管道不适用	海底管道、较大口径管道应用较多

二、干燥剂法

干燥剂法一般用甲醇、乙二醇或三甘醇等吸水性很强的醇类物质作为干燥剂，干燥剂和水可以任意比例互溶，从而达到除水、干燥的目的。同时，所形成的溶液中水的蒸汽压大大降低，残留在管道内的干燥剂可降低水合物的形成温度，所以又是水合物抑制剂，能抑制水合物的形成。在实际应用过程中，由于乙二醇和三甘醇的价格较为昂贵，故一般选用甲醇作为干燥剂。

甲醇干燥法严禁采用干空气作为清管器的推动力，可采用氮气或天然气，多数情况下是在投产前直接采用天然气。在两个清管器间夹带一定体积的甲醇，甲醇可吸收管道内的液态水，形成一定的甲醇浓度梯度，使管道内壁吸附一层甲醇薄膜，达到彻底脱水干燥的目的。

国外最早采用两个清管器夹带一段甲醇的两球法，此后，在两球法的基础上，又发展了三球法甚至多球法。与两球法相比，三球法、多球法能使残留在管内壁上的液膜中甲醇浓度更高，甲醇损耗量更小。从理论上讲，如果经甲醇干燥后，残留在管道内壁上的薄膜中甲醇浓度大于50%，就可保证管道中不会形成水合物。在实际应用中，往往控制最后接收到的甲醇浓度高于80%，有的甚至高于95%，达到99%的也不少见，目的是防止水对管道内壁的腐蚀，因为干燥过后管道内壁会残留一层甲醇薄膜，管道低洼地段也会存留一定量的甲醇，尽管甲醇的浓度远远高于作为水合物抑制剂的最低浓度，足以保证不形成水合物，但仍含有少量的水，会与天然气中的酸性气体生成酸性物质，使管道内部产生危害较大的应力腐蚀。采用甲醇法干燥后，通过干燥天然气的持续吹扫，一段时间后，天然气的露点即可达到要求。如果对接收的天然气的品质有严格要求时，就需要在管道末端安装临时除水装置，以除去天然气中的水分，直到管道中的残留水全部挥发完毕，进而使管道达到彻底干燥的状态。

(一) 甲醇干燥法特点

1. 优点

① 甲醇来源丰富，价格便宜，干燥成本低。

② 适用范围广，可用于陆上和海底不同管径、不同长度天然气管道的干燥。

③ 一次可干燥的管道长度仅受清管道器性能的限制。

④ 与输气工程投产的衔接性好，干燥完成的同时即可投产。

⑤ 在低温环境下依然有效。

⑥ 是施工工期最短的干燥方法。

2. 缺点

① 清管器的密封性、耐磨性要好，否则甲醇消耗量大，干燥效果差。

② 甲醇有剧毒、易燃、易爆，对环境污染严重，现场操作的技术难度和危险比其他干燥方法大。

③ 对现场使用的设备有防爆要求。

④ 由于甲醇和天然气都极易燃烧，将影响工地上其他设备的正常使用，尤其是工地必须的热工设备等，而其他干燥方法则无影响。

⑤ 管道内壁环氧涂层与甲醇长时间接触，会对内涂层产生破坏作用，可使内涂层变软或降解。

⑥ 不适用于含硫天然气管道和高纯度石化管道的干燥。

⑦ 投产后的一段时期内，天然气品质将受到影响。

(二) 干燥工艺

甲醇干燥法常用的干燥工艺有两种：管道预先除水后的甲醇干燥工艺和管道充满水时的甲醇干燥工艺。

1. 管道预先除水后的甲醇干燥工艺

管道预先除水后的甲醇干燥工艺见图 1-3。

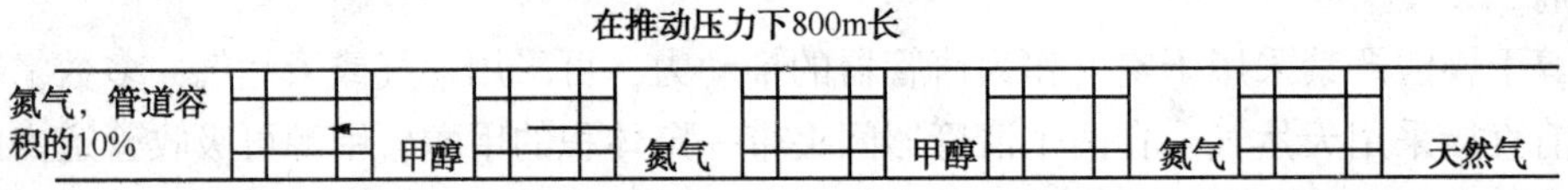

在推动压力下800m长

氮气，管道容积的10%　甲醇　氮气　甲醇　氮气　天然气

图 1-3　管道预先除水后的甲醇干燥工艺图

由图 1-3 可知，管道预先已进行过除水操作，清管列车的前面是氮气段，要求体积最小等于管道总容积的 10%，以确保空气和易燃、易爆的甲醇完全隔离。清管列车含 5 枚清管器，其中两个段塞是甲醇，两个段塞是氮气，相互交叉起分离甲醇的作用，最后一枚清管器的作用是刮扫残余甲醇，推动清管列车前进的是天然气，这种工艺常用于陆上天然气管道的干燥。甲醇用量通常是管道中残留水量的 3~4 倍，残留水量的计算需要根据除水后水膜厚度算出以水膜形式存在的水量，加上可能在低洼地段存留的水量，由于低洼地段存留的水量无法估算，可用以下经验公式计算每个甲醇段塞的体积：

甲醇段塞的体积(L)= 0.7×管道直径(mm)×管道长度(km)

2. 管道充满水时的甲醇干燥工艺

管道充满水时的甲醇干燥工艺见图 1-4。

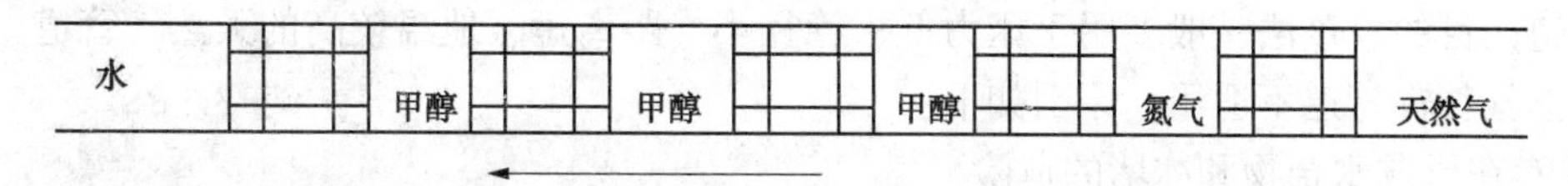

图 1-4　管道充满水时的甲醇干燥工艺图

由图 1-4 可知，管道没有预先除水，清管列车除水和干燥是一次完成的。清管列车通常含 5 枚清管器，其中前 3 个段塞是甲醇，最后一个段塞是氮气，推动清管列车前进的是天然气，这种工艺常用于海底天然气管道投产前的干燥。每个甲醇段塞的体积一般是陆上管道的 2 倍，至少需要 3 个甲醇段塞。当然，也可以适当减少每个甲醇段塞的体积，而增加甲醇段塞的总个数。

需要指出的是，用甲醇法干燥天然气管道时，由于甲醇具有易挥发、易燃、易爆的特点，推动清管列车前进的一般是天然气，干燥结束后可直接投产。也可用氮气推动清管列车前进，这样做的优点是如果有特别的原因，如甲醇量不足、清管器性能太差造成窜漏严重等使干燥效果不符合要求时，可重复干燥直至符合要求，但成本很高。严禁使用干空气推动清管列车，即使在使用了很长的氮气隔离段的情况下也不允许，因为一旦残留在管壁上的甲醇挥发进入空气当中，很容易引起爆炸事故。

在实施甲醇法干燥时，要始终保持甲醇与空气完全隔绝。甲醇在注入管道前，应先取样测定其浓度。发第一个清管器前要将足够量的氮气充入管道(氮气的用量取决于管道的长度，一般占管道总容积的 10%以上)，以避免干燥作业时发生爆炸事故。随后用氮气将每一枚清管器推入管道，然后关闭阀门，将清管器发射装置减压，注入第一段塞的甲醇。用同样的方法将第二枚清管器推入管道，紧接着采用同样的方法注入第二个段塞的甲醇和推入第三枚清管器，注入甲醇段塞的数量根据预先制定的方案而定。随后将天然气(或氮气)引入管道，清管列车开始运行。清管列车的运行速度一般为 2~10m/s，通过控制气体进入管道的阀门来控制清管列车的运行速度，用安装在接收装置排气孔上的旋杯风速计连续检测，同时还要在沿线适当位置设置仪器，监测清管器的前进速度。清管列车上、下游的压力也要连续监测，若干燥段沿途没有太大的高差，保持上述速度的压力为 0.2~0.5MPa。所有到达接收装置的甲醇通过接收装置下面的阀门排放到甲醇储罐内，储罐应事先充氮并有接地装置。接收的每批甲醇都应取样测其浓度，取样时在段塞前后各取 2 个以上的样，其浓度按平均值计。如果最后到达的甲醇段塞的浓度高于预先设计的值，则认为干燥效果达到要求。

甲醇干燥法可用于陆上和海底不同管径、不同长度天然气管道的干燥，一次可干燥的管道长度仅受清管器性能的限制，在低温环境下依然有效，但不适用于含硫天然气管道和高纯度石化管道的干燥。研究表明，管道内壁环氧涂层与甲醇长时间接触，会对内涂层产生破坏作用，可使内涂层变软或降解，因此不适用于有内涂层的天然气管道的干燥。

三、流动气体蒸发法

流动气体蒸发法的原理：流动的干燥气体在管道里与残留在管道内壁及低洼处的水接触后使水蒸发并带出，进而达到干燥的目的。这种气体可以是干燥的天然气、氮气或空气，所以流动气体蒸发法又可以分为天然气干燥法、氮气干燥法和干空气干燥法。

（一）天然气干燥法

天然气干燥法是在管道清管、除水、置换结束后，利用干燥的天然气携带水分进而达到干燥管道的目的。该法一般多用于压力低、管径小、距离短、地温较高的天然气管道，对大口径天然气长输管道不适用，原因如下：

① 存在形成水合物和冰堵的危险。

② 管道中残留水会与天然气中的酸性气体生成酸性物质，使管道内部焊缝处和无内涂层的部位产生危害较大的应力腐蚀。

③ 干燥时间很长。

④ 天然气含水量饱和后，其品质已受影响，无法满足对气质要求高的用户的正常使用，只能白白烧掉，不仅浪费严重，而且污染环境。

（二）氮气干燥法

利用流动的氮气带走管道内残留水分来达到干燥目的的方法，即为氮气干燥法。氮气一般由液氮汽化得到。

1. 氮气干燥法的优点

氮气的含水量很低[标准大气压(101.33kPa)下露点低于-70℃]，比干空气法干燥管道效果更好、速度更快。

2. 氮气干燥法的缺点

氮气耗量较大，购买液氮和将其运往工地的费用较高；氮气排放量太大，存在安全隐患，易造成排放口周围人员窒息死亡事故。另外，将液氮转化为氮气时，还需要液氮汽化装置。

氮气干燥法通常用于干燥地处于工业园区的管道、输送酸性天然气的管道或海上输气主管道的海上平台和陆上工艺支线管道。因为输送酸性天然气管道要求的露点很低(标准大气压(101.33kPa)下低于-50℃)，采用其他干燥方法很难达到要求。例如1991年在卡塔尔进行的北训穹顶计划，输送的天然气就富含H_2S，管道的干燥就采用了氮气干燥法。要干燥非酸性天然气长输管道，露点达到-20℃就够了，采用这种方法意义不大。因此，氮气干燥法不适用于大口径天然气长输管道的干燥。

（三）干空气干燥法

干空气干燥法是采用经过除油、过滤和脱水的干燥纯净压缩空气吹扫管线，使管道内壁附着的水分蒸发，并将管道内的湿空气排出管外，达到干燥管道的目的。

1. 优点

干空气干燥法早在20世纪80年代初就被国外所采用，世界各地的各种天然气长输管道都有采用过该法进行干燥的实例，并且一直沿用至今。干空气干燥法之所以被广泛采用，是因为它具有以下优点：空气来源广不受地区限制；空气可以任意排放，无毒、无味、不燃、不爆、无安全隐患；既适用于陆地管道，也适用于海底管道；受管径、管道长度的影响相对最小；干燥成本低；易与管道建设和水压试验相衔接；干燥效果均匀一致，露点可达到-25℃以下。

2. 实施工艺

采用干空气干燥法时，实际施工工艺有两种：①在通干空气吹扫的同时，间隔一定时间通泡沫清管器辅助干燥；②只用干空气连续低压吹扫。前一种工艺由于泡沫清管器的辅助作用，干燥速度较快，但由于泡沫清管器较易磨损，一般只适用于干燥距离较短的管段，一次可干燥的最长距离在150km左右；后一种工艺可干燥很长的管道。典型的干空气干燥工艺曲线如图1-5所示。

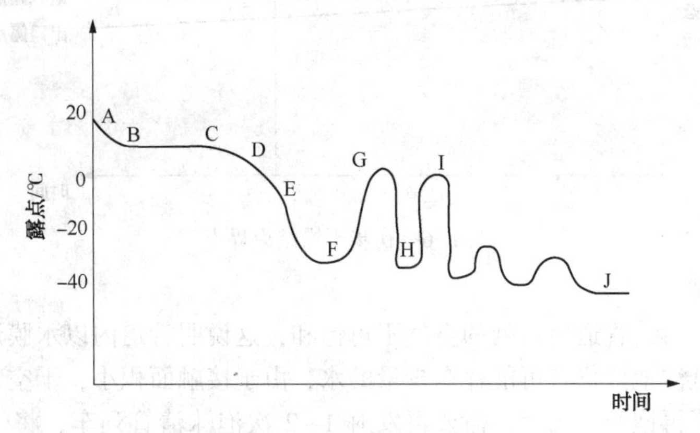

图1-5　干空气干燥工艺曲线

图1-5中，最初A→B的下降是由于水蒸发引起的降温所致(一般为0.5~2℃)；从C点开始，干燥平衡被打破，空气不再饱和，表明管道内大部分或全部的液态水已经蒸发完毕，继续干空气吹扫，将很迅速地降低管道内的露点；达到F点后，停止干空气吹扫，如果管道内的某些地段还存在液态水，液态水会蒸发补充到管道内的空间，导致露点上升(G点)；间隔一段时间后，重新开始干空气吹扫，在较短的时间内就能将露点将下来(H点)；经过几次间隔吹扫，最终能达到完全清除管道内存在的液态水，并将露点降至-20℃以下。

从理论上讲，随着时间的推移，管道出口处的空气露点可达到-40℃以下(图中F点)，这是最理想的状态。但在实际施工中，除了对干燥要求较高的管道(如输送酸性天然气管道)外，干燥终点没有必要达到F点，一般达到E点(-20℃)就足够了。因为在1atm下，-20℃露点的空气含水量仅为0.8835g/m^3，相当于在管道内壁上的残留水为1.3~2.1mg/m^2。在管道投产前10个月内对管道没有腐蚀，干燥后即使不马上投产也不会腐蚀管道内壁。

3. 步骤

对于陆上天然气长输管道分段采用第一种工艺干燥时，操作主要可分为以下六个步骤：

(1) 初步擦拭

在除水操作完成后，管道中大量的水已除去，但仍有不少水聚集在管道底部和低洼地段，需要进一步用泡沫清管列车将水推成水膜。清管列车由3~5枚泡沫清管器组成，需要发射5~10次，每次间隔24h，清管列车的运行速度为15~20km，推动压力为0.2~0.3MPa。通过泡沫清管器的机械效应和吸收作用，逐渐减少管道中的残留水，直至接受到的泡沫清管器干燥无水时即可结束这一步骤。此时，管道中的残留水主要以水膜的形式存在。国外天然气管道干燥的经验表明，在经过有效的初步擦拭之后，管道内壁只残留一层水膜，其厚度大约为管道内壁粗糙度的1~3倍。

(2) 初步干燥

利用露点为-40℃的干空气对管道进行低压吹扫，此时管道的干燥面将从头至尾展开，直到管道出口处的空气不再饱和，当所测露点差值达5℃时，初步干燥就完成了。这一阶段对使用的干空气的要求是：露点-40℃；压力低，接近大气压；温度高，约为40~50℃；流速高，约为2~5m/s。初步干燥结束界点见图1-6。

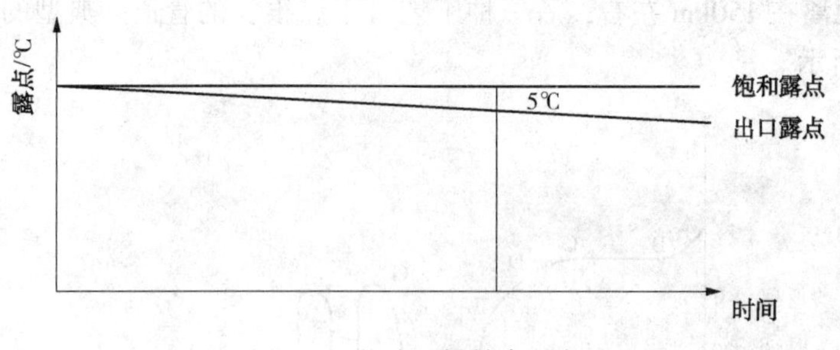

图 1-6　初步干燥结束界点

（3）中间擦拭

初步干燥结束后，管道出口处的空气不再饱和，这说明管道内以水膜形式存在的水已基本除去，但管道低洼地段仍有可能存在少量的水，由于接触面积小，干空气流量大，导致管道出口处的空气不再饱和。因此，需要再发射 1~2 次泡沫清管列车，将管道低洼地段的水推成水膜，清管列车运行参数同第一步。根据接收到的清管器的干燥程度，决定是否需要再次擦拭，直至接收到的泡沫清管器干燥无水。

（4）深度干燥

进一步用露点为-40℃的干空气对管道进行低压吹扫，直到管道出口处的空气露点温度持续 5h 低于-30℃时，深度干燥结束。这一阶段使用的干空气的要求是：露点-40℃；压力低，接近大气压；温度低，约 20℃；流速慢，约为 1~2m/s。深度干燥结束时的曲线见图 1-7。

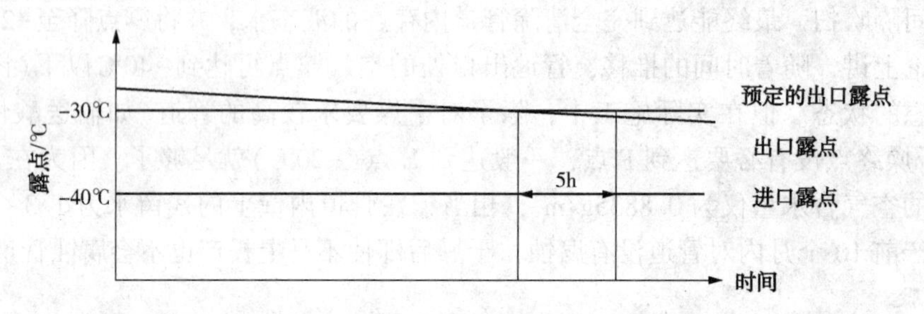

图 1-7　深度干燥结束时的曲线图

（5）密闭稳定、观察

干燥刚结束时，管道内全是干燥空气，关闭两端阀门，将管线置于轻度超压（0.11~0.15MPa）的环境下密封 24~48h 进行稳定观察。

（6）验收

验收阶段的目的是检查管道内是否还存在残留水分。密闭稳定、观察后，用露点为-40℃的干燥空气缓慢（1m/s）推动一枚泡沫清管器，把管道内的空气排出，在此过程中，连续测量管道出口处的空气露点，如果测得的露点升高不超过 10℃，则认为干燥效果很好，可以通过验收；若露点升高超过 10℃，则应继续进行吹扫干燥，并重复密闭稳定、观察步骤，直到管道出口处的露点符合要求。验收阶段的曲线见图 1-8，曲线中的波峰说明管道局部存在水分，但这些水分已汽化成水蒸气被带出管道。

在整个干燥过程中，应监测以下工艺参数：管道进口处空气的压力、温度和露点；管道出口处空气的压力、温度和露点；管道进口处空气的流量；每道工序所用的时间。

4. 影响干空气干燥效果和时间的因素

① 空气的最初含量。理论上使用的干空气越干，干燥时间越短。但实际干燥施工是一

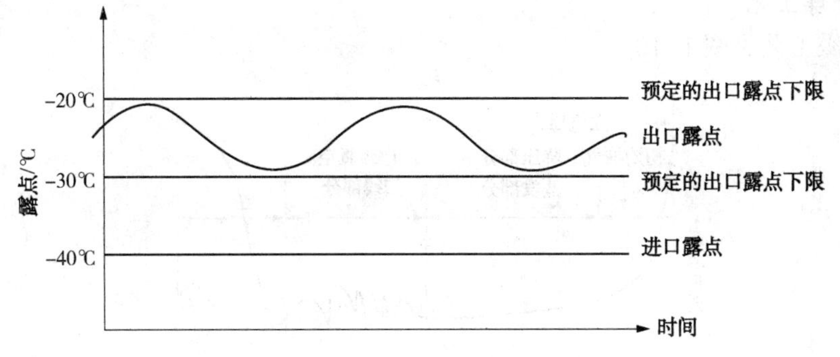

图 1-8　干燥结束曲线图

般采用露点为-40~-50℃的干空气，很少采用更低的露点。因为露点低于-50℃的干空气对缩短干燥时间的能力越来越小，而相应的制取费用却越来越高。

② 环境温度。管线所处的环境温度越高。越有利于水分的蒸发，同时干空气的吸水能力越大，干燥效果越好。

③ 管道内的残留水量。根据经验，没有内涂层的管道用清管器扫水后，可以使管内残留水量减小至相当于管道内壁只有一层 0.05~0.1mm 厚度的水膜。

④ 干空气的流量。干空气流量越大，干燥时间越短，但 5~8m/s 的干空气流速在效果和经济上都比较好，再增加干空气的流速对于干燥的效果影响不大。

⑤ 液态水的分布状态。在干燥初期，管道内的液态水聚集在管子的较低部位，如间歇发送泡沫清管器，可以将水推成薄膜，增大了与干空气的接触面积，提高干燥效果。

使用干空气进行干燥时，要使干燥时间最短就要用尽可能干的热气体，在尽可能弱的压力下且气体流量尽可能地大。管道中水的分布状态也会影响干燥效果和时间，在管道内间隔一定时间使用泡沫清管器，以便更好地摊开残留在管道内的水。当然，干燥时间最短不一定是最经济，应综合考虑影响干燥时间的主要因素，控制其在一个合理的范围内才是较佳选择。

四、真空干燥法

在压力很低的情况下，水可以在很低的温度下就沸腾汽化。真空干燥法就是利用这一原理，在控制条件下不断地用真空泵从管道中往外抽气，降低管道中的压力，直至达到管壁温度下水的饱和蒸汽压，此时残留在管道内壁上的水沸腾而迅速汽化，汽化后的水蒸气随后被真空泵抽出。不同温度下水的饱和蒸汽压、汽化后的体积见图 1-9。

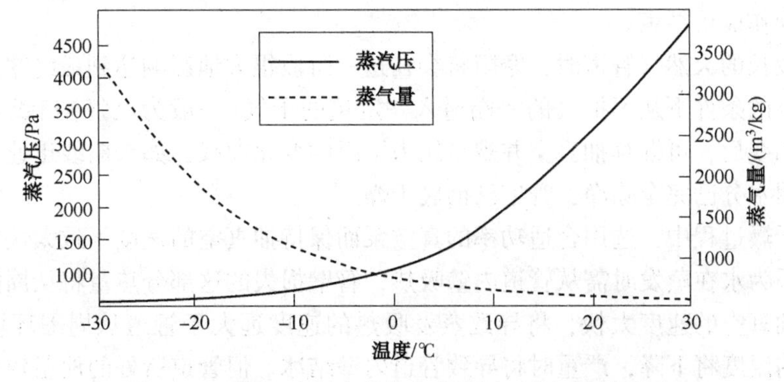

图 1-9　不同温度下水的饱和蒸汽压、蒸气量关系图

(一) 干燥工艺

真空干燥工艺见图 1-10。

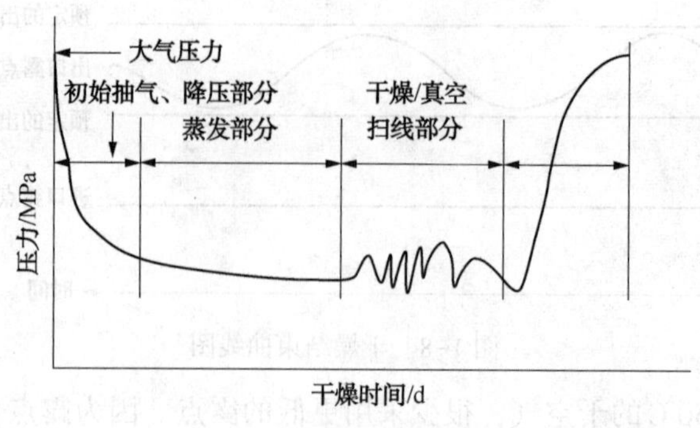

图 1-10　真空干燥工艺图

1. 第一阶段：初始抽气、降压阶段

这一阶段目的是除去大部分残留在管道中的水蒸气和空气，降低管内压力。在这期间，管内压力迅速降至管内温度下水的饱和蒸汽压。如果管道存在较大的漏点，此时可以发现并修补。

2. 第二阶段：蒸发阶段

这一阶段是干燥的主要过程，耗时很长。在此过程中，随着管内压力达到饱和蒸汽压，残留在管道内壁上的水分开始大量蒸发。由于真空泵仍在继续工作，使管内压力不断降低，同时水分不断蒸发以弥补压力损失。若管道残留水分不多，管道与周围热交换畅通，那么管内温度基本不变，管内压力可基本保持在饱和蒸汽压一线。这一过程将持续到所有水分蒸发完为止，产生的水蒸气被抽出，压缩后排入空气中，以避免在真空泵或喷射器出口结冰。

这一阶段的目的是除去大部分残留在管道中的水蒸气和空气，降低管内压力。在这期间，管内压力迅速降至管内温度下水的饱和蒸汽压。

3. 第三阶段：真空干燥阶段

在第二阶段，管道中的水分已全部蒸发，为了除去这些水蒸气，真空泵继续工作，压力开始再次降低，直至真空泵所能达到的最低压力。显然，管道的密闭性能很高时才能完成此过程。由于几乎所有的空气已被抽出，而且管道内壁所有的液态水都已蒸发，所以管道中的压力可看作是水的蒸汽压，由此可直接计算出露点。一旦达到预定值，就可认为管道已干燥，真空干燥作业可结束。

在干燥较长的天然气管道时，摩阻将会在这一阶段很大地影响达到最终露点的速度，此时可在抽真空的条件下从不抽气的一端通入一定量的干气(一般为氮气)扫线以加快干燥速度。用氮气扫线后，可继续抽真空并观察压力下降的变化曲线，如果曲线迅速下降且没有水平阶段，表明水分已完全除净，管道已彻底干燥。

在真空干燥过程中，选用合适功率的真空泵而保持抽真空的速度不致太快是一个非常重要的问题。因为水在蒸发时需从管道内壁吸热，管壁损失的这部分热量将从周围环境中吸热补充。如果抽真空的速度太快，将导致蒸发吸热的速度远大于管道从周围环境中吸热的速度，这时管内温度将下降，严重时将导致管道内壁结冰。但管道所处的地温较高时，这个问题就不会有太大影响。

（二）影响干燥时间的主要因素

不管采用何种干燥方法，干燥前的擦拭效果都极大地影响干燥所需的时间，管道中残留的水分越少，干燥时间越短。真空干燥法通常用于小直径管道的干燥，擦拭后水分含量约在 $50g/m^2$(擦拭效果好)至 $70g/m^2$(擦拭效果一般)。此外，真空干燥过程的时间还受以下因素影响：

(1) 管内温度

这一因素的影响是双重的，温度越高，水的饱和蒸汽压越高，相应使水沸腾汽化所需的真空度越小，干燥过程也就越易于进行。此外，温度越高，单位质量水汽化后的体积越小，如果真空泵抽出量不变，干燥效率也就提高了。

(2) 管道的直径与长度

管道长度增加、直径减小会阻碍水蒸气流动，会促使要抽出的水蒸汽凝结，降低水蒸气抽出量，从而延长干燥时间。

(3) 环境温度

环境温度的提高可改善真空泵喷射器功能，从而缩短干燥时间。

(4) 环境状况与水积聚程度

第二阶段过程中，水分吸收热量沸腾汽化，引起管内温度下降，管道外部环境与管道的热传递或多或少都能补充一部分热量损失。如管道外部环境属热的良导体，且热容量大，则热传递畅通，热量能及时充分地补充，管内温度在汽化过程中基本保持稳定；反之，如热传递不充分，管内温度下降，水的饱和蒸汽压就会因此进一步降低。在蒸发过程中，管道末端特别是低洼积水处管内压力可能降到低于 610.8Pa，这个压力相当于 0℃水的饱和蒸汽压，于是便有结冰的危险，这将使管内压力进一步降低，给人一种干燥工作已完成的错觉，因此时管内还残余有固态的水。在真空操作中，为了避免压力降到610.8Pa 以下，可注入氮气加热管道(配合使用清管球)，也可关闭真空泵阀，使其自然升温。

（三）真空干燥完成后的验收方法

1. 露点法

与干空气干燥法一样，用在标准大气压(101.33kPa)下测量露点的方法来判断干燥的终点。先将管道充满惰性气体(通常是氮气)，直到管内压力达到 0.11~0.13MPa，然后将其静置 24~48h，再测量气体的露点。

2. 压力法

这一方法是要求管道的最终压力达到预定露点下的真空压力，此压力应当比水的饱和蒸汽压低(如露点-20℃，压力 103.2Pa)。使用这一方法必须确定管道中没有结冰，因为结冰现象会导致错误的结果。

3. 压力稳定法

隔离所干燥的管道并根据不同气温控制管内压力，如果压力不再变化，或者压力升降不超过某一程度(这可能是由于空气进入或气温升高造成的)，干燥工序即告完成。此种方法实施难度较大，但可以充分显示管内有气体进入。

4. 其他

国外从事天然气管道干燥的公司还采用另一种方法来判断干燥的终点，即用氮气扫线后，继续抽真空并观察压力下降的变化曲线，如果曲线迅速下降且没有水平阶段，表明水分已完全除净，管道已彻底干燥。

几种方法中，最简单易行的是露点法，这一方法使管道处于轻度超压下，能有效防止空气进入，因而更加安全，尤其是在干燥后不紧接着引入天然气的情况下。

(四) 真空干燥法的优缺点

1. 真空干燥法的优点

① 干燥效果好，可靠性高，是较为理想的干燥方法。

② 能达到很低的露点，在使用氮气扫线后最低能达到-68℃。

③ 设备占地较小。

④ 可在管道的一端作业，这对于海底管道和平行管道非常适用。

⑤ 能满足环保要求，不会产生明显的废物。

⑥ 易于投产时天然气的输入。

2. 真空干燥法的缺点

① 大口径、长距离管道容积大，干燥所需时间很长。

② 干燥设备费用较高。

③ 受管道密闭性和残留水量的影响极大，同时管内温度对干燥时间也有较大影响。

第二章　天然气管道施工基本工艺

第一节　施工组织设计

当今，管道施工技术与装备的总体发展趋势是向规模的机械化、自动化、大型化及专业化发展。国外管道工程公司大多拥有配套的施工机具，整个施工过程已基本实现机械化。可以说，目前的管道施工技术基本上能适应任何困难条件下的输气管道施工。

长输油(气)管道干线工程，点多线长，施工过程中流动性快且大。施工组织设计是指导施工准备和组织施工的全面性技术经济文件，是指导现场施工的法规。

管道施工工序流程图见图 2-1。

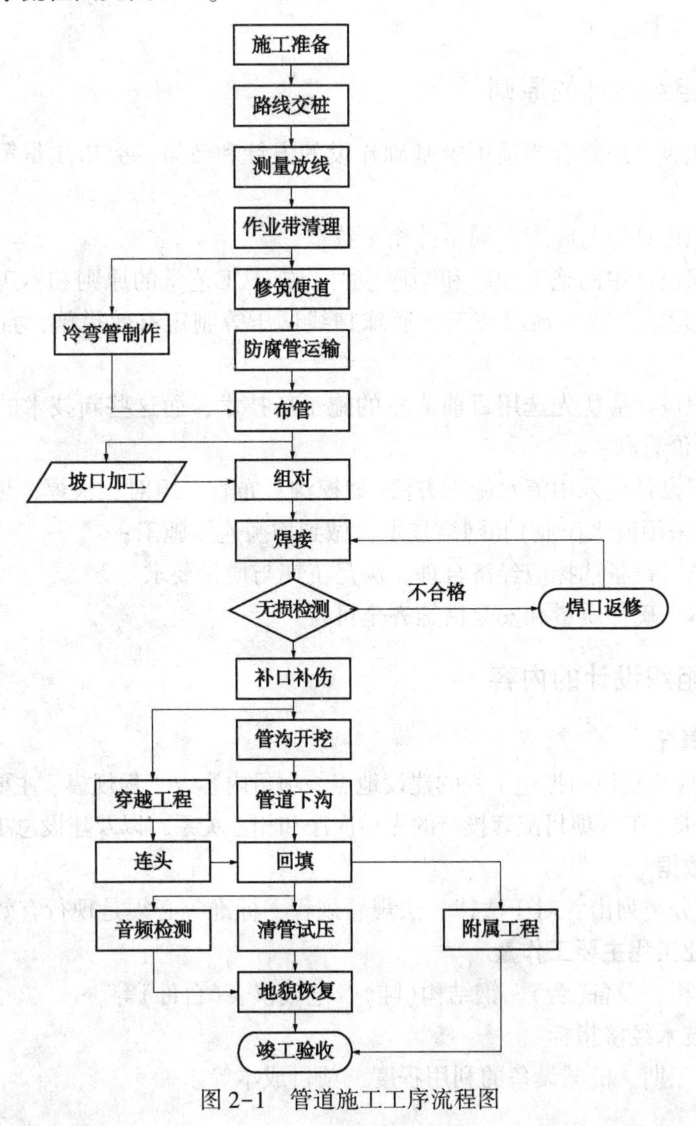

图 2-1　管道施工工序流程图

一、施工组织设计的任务和作用

1. 任务

施工组织设计的基本任务是：根据国家(或建设单位)对建设项目的工期要求，选择技术上可行、经济上合理的施工方案(包括确定施工顺序，选择施工方法和机具，确定施工进度，制定技术组织措施，制定质量保证和安全生产措施，计算劳动力、材料、机械设备需要量)，科学、合理地组织全部生产活动，以期在整个工程施工上达到耗工少、工期短、质量高、造价低的最佳效果。

2. 作用

施工组织设计的主要作用如下：

① 确保管道干线建设计划和设计项目付诸实现；

② 指导施工准备和物资技术供应；

③ 统筹规划、协调施工中的各种关系；

④ 对生产各个环节做到心中有数，主动调整施工中的薄弱环节，及时处理可能出现的问题，保证施工顺利进行。

二、施工组织设计的原则

① 施工组织设计应符合当前国家基础建设的方针和政策，突出质量第一、安全第一的原则；

② 施工组织设计应与施工合同条件相一致；

③ 施工组织设计中的施工程序和顺序应符合施工工艺学的原则和本工程的特点，对原材料准备、钢管运输、特殊地段施工、通球扫线试压等制定有效措施，且在工序上应有所考虑；

④ 施工组织设计应优先选用目前成熟的施工新技术，而这些新技术的使用对本工程的质量、安全与造价有利；

⑤ 施工组织设计应采用流水施工方法(如挖沟、布管、组对、根焊、热焊、盖帽焊、检测、防腐补口等采用流水作业)和网络技术，做到均衡连续施工；

⑥ 施工人员、设备选择应经济合理，满足工期与质量要求；

⑦ 降低成本，确保质量和安全措施齐全可行。

三、施工组织设计的内容

(一) 工程概况

工程概况中应概括说明拟建工程的建设地点、项目内容、工程规模、主要工程实物量、施工条件、投产要求、工程项目配套投产的先后次序和相互关系，以及建设总工期和投产日期。

(二) 编制依据

编制依据应分类列出，对于法律、法规、规程、标准等必须是现行有效的。

(三) 各专业工程主要工作量

包括建筑面积、设备(台)、钢结构(吨)、电气仪表(台件)等。

(四) 主要技术经济指标

包括人力、工期、机械设备的利用程度、项目成本等。

(五) 项目组织机构及各类管理体系

指项目部的组织机构和HSE管理体系、质量管理体系、特种设备质量保证体系等。

(六) 人力资源计划

应包括高峰期人数、月平均人数、逐月累计人工数及总人工时等。

(七) 物资供应和大型机械设备计划

物资计划应依据业主提供的到货计划，结合施工进度安排进行编制。设备计划应包括设备名称、规格型号、数量、进出场时间、来源等。

(八) 施工总进度计划

进度计划图表通常用横道图或网络图表述。

(九) 施工平面布置及说明

内容可参照《建筑施工组织设计规范》GB/T 50502中的规定。

(十) 主要施工方案简述

主要施工方案是指施工技术复杂、施工难度大，或采用“四新”技术，对工程质量起关键作用的方案，如脚手架、起重吊装、临时用电、季节性施工等专项方案。

(十一) 项目质量规划及主要保证措施

包括：质量目标和要求，质量管理组织和职责，监检单位、质监单位、监理单位和合同对质量控制提出的主要要求，关键项目的施工质量控制点。

(十二) 生产和生活临建设施的安排

包括水、电源、气、汽等。

(十三) HSE规划环境保护及主要保证措施

包括：HSE管理承诺及方针、目标，管理组织机构及职责、管理所需要的资源配置，工程的风险评估和控制措施，文明标化工地标准与管理及环保措施等。

(十四) 项目成本控制措施

包括成本管理责任体系、成本指标高低的分析及评价、成本控制措施等。

(十五) 项目风险识别及防范措施

包括风险因素识别、评估、防范对策、管理责任等。

(十六) 项目信息管理措施

明确与项目组织相适应的信息管理程序及控制要点。

第二节　线路交桩及测量放线

一、线路交桩

(一) 概述

线路交桩工序流程图见图2-2。

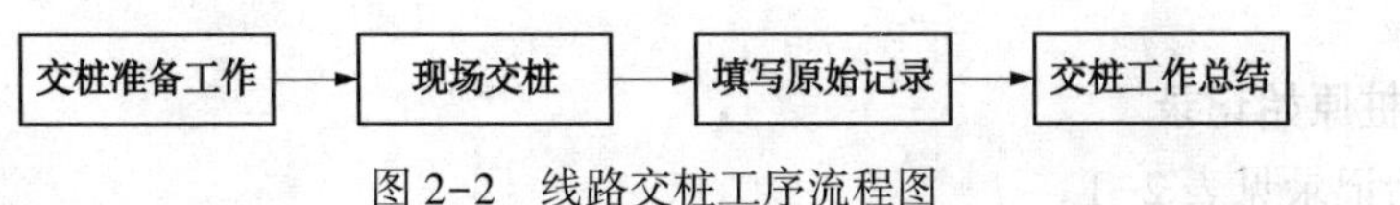

图2-2　线路交桩工序流程图

管道线路交桩工序，是在设计院完成详细勘察阶段，其成果已得到甲方认可之后，设计者向施工单位进行交桩的工作。施工单位可以根据施工经验，就地形地貌的变化、临时突发事件向设计者和甲方提出局部改线的合理化建议。其建议可参考以下原则和规定进行：

① 线路应力求顺直，以缩短长度。尽量使线路减少同天然和人工障碍物的交叉，并应同穿(跨)越大、中型河流位置选择一致；选线时应考虑沿线动力、运输、水源、建筑材料等条件。

② 线路应避开城镇、工矿企业及其规划区；

③ 不应使线路通过飞机场、火车站及海港码头等区域，以及滑坡、塌方、泥石流等不良区域。

④ 地震烈度七度以上震断裂带以及电站、变电站和电气化铁路等产生杂散电流的影响区内不宜敷设管道。

⑤ 线路应避开军事禁区及军工企业、国家重点文物保护区、国家自然保护区、城市水源区等区域。

⑥ 埋地管线同地面建构筑物最小间距应符合下列规定：与城镇居民点或独立的人群密集的房屋之间的距离，不宜小于15m；与飞机场、海(河)港码头、大中型水库和水工建筑物、工厂的距离不宜小于20m；与一二级公路平行敷设时，其距离不宜小于10m；当输油管同铁路平行敷设时，输油管应敷设在距离铁路用地范围边线3m以上；与军工厂、军事设施、易燃易爆仓库、国家重点文物保护单位的最小距离要同有关部门协商确定；敷设在地面的输油管道同建(构)筑物间的最小距离应按上述规定的间距增加1倍；当输油管道与架空输电线路平行敷设时，其间距不应小于本段电杆的最大高度；输油管道与埋地通信电缆、其他用途的管道平行敷设时，其最小距离应符合国家现行标准《钢质管道及储罐防腐设计规范》的规定。

(二) 接桩准备工作

① 交桩前业主和设计单位共同将管线走向向地方政府及有关部门备案，并取得同意。

② 施工单位在交桩前应充分熟悉图纸及有关资料。

③ 参加交接桩各单位应做好野外现场工作的设备、物资、生活等准备，包括车辆、图纸、地图、测量、记录等必要工具以及现场标志物等。

(三) 现场接桩

① 由业主或监理组织设计单位、施工单位参加现场交接桩工作，接桩人员由施工单位技术部门会同施工现场技术人员组成(减少二次交桩之误)，接收设计单位设置的线路控制桩和沿线路设立的临时性、永久性水准基标及与水准基标相联系的固定水准基标。线路控制桩应与施工图纸对应交接，两者准确对应，控制桩上应注明桩号、里程。

② 交桩工作应在开工前2个月内进行。施工单位应做好相应的原始记录，达到指导放线和施工的目的。

③ 对丢、缺的控制桩和水准基由设计单位恢复后方可交桩，交桩后发生丢失由施工单位在施工前予以恢复。

④ 施工单位应对线路定测资料、线路平面图和断面图进行详细审核和现场校对，防止失误。

(四) 交桩原始记录

交桩原始记录见表2-1。

表 2-1　交桩原始记录表

桩号		桩类型	
里程/km		地面标高	
管底高程		管沟挖深	
角度		曲线半径	
交桩单位代表： 年　月　日		接桩单位代表： 年　月　日	
监理代表： 年　月　日		业主代表： 年　月　日	

注：①具体方位、参照物应画草图并标注两个方向的控制尺寸；② 可单记一个桩或连续几个桩。

二、测量放线

随着我国管道事业的发展，管道的设计到施工日趋成熟。根据输油工况和管线沿途的地质、土壤状况，广泛采用一条管线的管材多级变壁厚，几种形式的防腐涂层；管线敷设还尽可能优先采用弹性敷设和冷弯管组合、热煨弯头与冷弯管(曲率半径 $R=40DN$)相配合的方式，以适应管线走向所要求的转角。并且不允许动用火焰切割修制弯管管口，更不准修制斜口进行连接。所以管道放线要按一定的操作程序进行，以便提高工作质量。测量放线工序流程如图 2-3 所示。

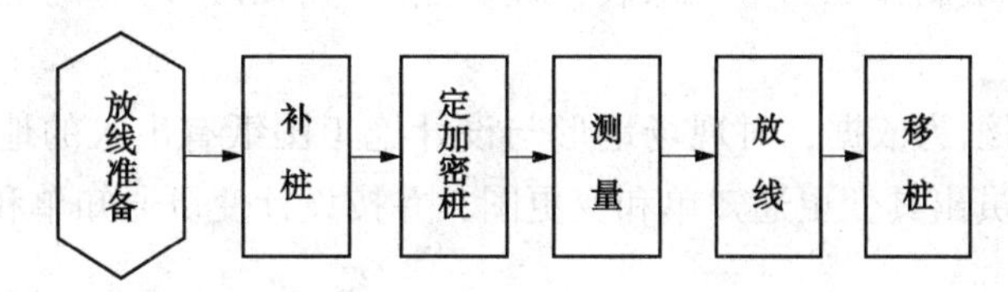

图 2-3　测量放线工序流程

(一) 测量放线准备工作

测量放线由施工单位自行组织完成。测量放线之前应做如下准备工作；

① 准备放线区段完整的施工图及相关设计文件。

② 交接桩记录及认定文件。

③ 符合精度要求的完好的测量仪器。

④ 足够的木桩、花杆、彩旗和白灰等相关用具。

⑤ 放灰线的材料和工具。

⑥ 在放线过程前，与有关部门联系，取得管线穿越公路、河流、光缆、地面及地下障碍物、林区、经济作物区等的通过权。

(二) 仪器检查与校定

测量放线常用仪器有经纬仪、水准仪、激光测距仪，必须经法定检验部门检定合格并在有效期内方可使用。

（三）补桩

对丢失的控制桩、转角桩，根据交桩记录进行测量补桩。

（四）定加密桩

① 施工测量需测定出线路中线，每 100m 设置一个“百米桩”，根据设计图纸设置纵向变坡桩、曲线加密桩、标志桩。

② 纵向变坡桩：当纵向转角大于 3°时，应设置纵向变坡桩，并注明角度、曲率半径、切线长度和外矢距。

③ 变壁厚桩：钢管变壁厚的各分界点处加设变壁厚桩。

④ 穿越标志桩：在各种穿越起、止点处设置穿越标志桩。

⑤ 百米桩：线路直线管段每 100m 设置一个百米桩。

⑥ 曲线加密桩：当采用弹性弯曲和冷弯弯管处理水平或竖向转角时，在曲线的始点、中点、终点曲线上设桩，曲线段中间隔≤10m 内设置曲线加密桩，并注明角度、曲率半径、切线长度和外矢距。对竖曲线段中挖深达到一定深度时，同时放出管沟的上口开宽边界线。

⑦ 各桩均注明桩型、桩号、挖深。

⑧ 在沟渠、公路、地下管道、电缆、光缆穿越段的两端，线路阀室的两端及管子壁厚变化分界处设置标志桩。地下障碍物标志桩注明穿越名称、埋深和尺寸；管子壁厚变化分界处标志桩注明变化参数、起止里程。

（五）测量

① 依据线路平面、断面图、设计控制桩、水准标桩进行测量放线。主要采用 GPS-RTK 进行测量，在 GPS 信号差的地段采用全站仪测量，测量放线中对测量控制桩全过程保护。

② 测量完毕后，编制施工测量成果表，提供热煨弯管和冷弯管的准确度数，为优化线路提供依据。

③ 测量以施工图纸为依据，对现场地形与设计施工图纸有出入的地段，及时与设计人员联系，要求设计人员出具变更通知单和变更图，并按设计变更通知单和变更图进行测量。

（六）放线

① 线路中心线和作业带界桩定位后，采用白石灰或其他颜色鲜明、耐久的材料按线路控制桩和曲线加密桩放出线路中线和施工占地边界线。

② 根据招投标文件及设计图纸要求和现场拟定的焊接方式确定放线的宽度。

③ 在划线过程中，当管线经过村庄、农田、林区、经济作物区、地面及地下障碍物地段时，应积极与地方各有关部门和人民联系，共同看线，现场确认。

④ 对局部线路走向有重大争议地段，施工单位应及时向监理、业主反映，并采取措施。

⑤ 如需改线，经设计人员同意后应重新进行测量放线。

（七）移桩

在划线完毕、清扫施工作业带之前，应将所有管线桩平行移动至堆土一侧的占地边界以内，且距边界 0.3m。移桩的位置应垂直于管道中线且至中线的距离相等。

（八）施工记录

测量放线记录见表 2-2。

表 2-2　测量放线记录表

<table>
<tr><td colspan="2">工程名称</td><td colspan="2"></td><td>放线班组</td><td colspan="2"></td></tr>
<tr><td colspan="2">仪器名称及型号</td><td colspan="2"></td><td>仪器台数</td><td colspan="2"></td></tr>
<tr><td colspan="4">控制桩测量放线记录</td><td colspan="3">转角处理方式(角度/曲率半径)</td></tr>
<tr><td>桩号</td><td>里程</td><td>实测转角</td><td>与图纸角度差</td><td>弹性弯曲</td><td>冷弯弯管</td><td>热煨弯头</td></tr>
<tr><td></td><td></td><td></td><td></td><td></td><td></td><td></td></tr>
<tr><td colspan="7">放线加桩记录(纵向变坡桩、变壁厚桩、穿越标志桩、百米桩、曲线加密桩)</td></tr>
<tr><td>加密桩号</td><td>类型</td><td>里程</td><td colspan="2">地上构筑物简述</td><td colspan="2">地下构筑物简述</td></tr>
<tr><td></td><td></td><td></td><td colspan="2"></td><td colspan="2"></td></tr>
<tr><td colspan="3">放线单位:
放线人员:
日　期:</td><td colspan="2">监理单位:
监理代表:
日　期:</td><td colspan="2">业主代表:
日　期:</td></tr>
</table>

第三节　施工作业带清理与施工通道修筑

一、准备工作

① 扫线指挥人员应检查放线工作状况，如管道中心线及施工作业带边界线是否顺直完整，所有桩位是否移到规定的弃土边界线内，且距边界线 0.3m 处。

② 熟悉本段扫线区域内的地质状况、地貌、地面设施、地下构筑物及各类情况预定的处理措施。

③ 准备好必备的施工机具。

二、施工作业带清理

施工作业带清理工序流程如图 2-4 所示。

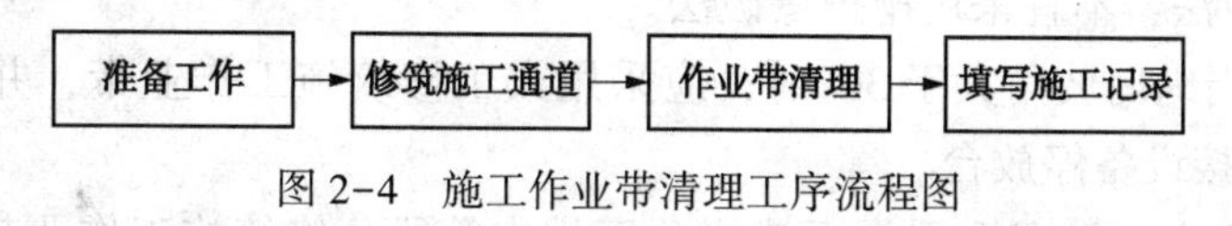

图 2-4　施工作业带清理工序流程图

(一) 一般地段

一般地段是指平坦的戈壁、荒地段。根据管道施工占地宽度，采用机械或人工将占地范围内的杂草、树木、石块等清除干净，沟、坎、陡坡等处应予以平整，不得影响施工机具通过。

（二）农田、树林及果园地段

① 农田段应选择适当的季节，尽量减少农民的损失，并征得沿线农民的支持。

② 施工作业带在通过灌溉、排水渠时应采用预埋涵管等过水设施，不能妨碍农业生产。

③ 在树林及果园段应尽最大可能压缩作业带宽度，最小宽度可取 6m。

（三）沼泽地段

① 季节性沼泽地，施工时要选择合理的施工季节，在不能通过爬行设备的地段，采用垫戈壁碎石土工艺，具体做法见图 2-5。

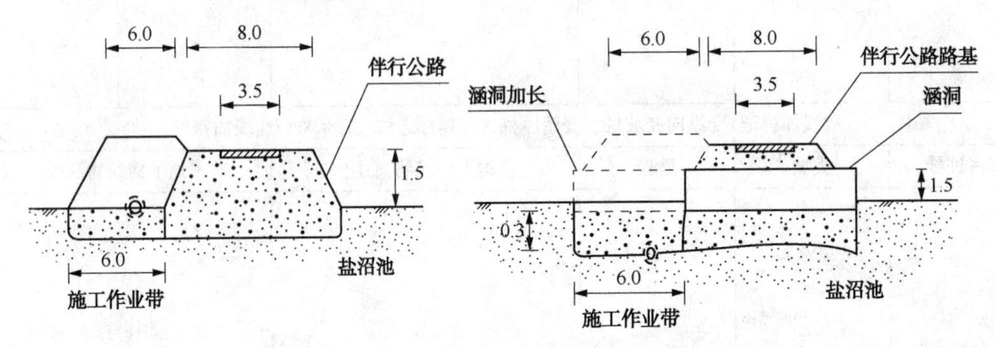

图 2-5 工艺示意图

② 盐碱沼泽地（如新疆艾丁湖洼地，接地比压小于 $0.3kg/cm^2$，人行走困难），可以将戈壁碎石在伴行公路西侧连接公路碾压，碾压高度只要达到自然地面即可。碾压密实度一般为 $1.9t/m^3$，碾压宽度为 6m。

（四）沙丘地段

① 当管线局部地段为移动沙丘时，扫线要紧密结合管线组装焊接、挖沟、回填等工序，宜快速分段完成上述全部工序。

② 作业带深度与沙丘以外的自然地面平齐，作业带宽度据沙丘状况，在施工现场做试验确定，由监理人员认定。

（五）山区丘陵地段

① 对施工作业带内及附近有可能危及施工作业安全的滑坡、崩塌、岩堆等应彻底清除或采取有效防护措施。

② 管道沿分水岭山脊线敷设时，应铲土开拓、平整施工作业带，其宽度为 8～12m。

③ 在有横向坡度的山坡上修筑施工便道或作业带，应符合下列规定：当横坡坡角为 10°～20°时，可直接在斜坡上挖填土修筑；当横坡坡角为 20°～30°时，应铲土修筑；当横坡坡角超过 30°时，必须修筑挡土墙；在山脊或坡上修筑施工作业带和施工便道时，可采用松动爆破或定向爆破法，不宜采用抛掷爆破法。

④ 在山区，当纵向坡角大于 30°时，应采用人工修筑施工作业带，并每隔 60m 修筑一个 14m×14m 的焊接设备停放台。

⑤ 在河床、河谷、沟谷和受泥石流影响区域内管段，修筑施工作业带应与组装焊接工艺紧密相接，且不得在洪水期施工。

三、施工通道修筑

施工通道是连接施工作业带与现有运输道路之间的道路。施工通道的修筑步骤如下：

① 熟悉图纸，了解掌握施工地区冲沟、村庄及现有的道路等的分布情况。

② 对管道沿线进行实地勘察，确定临时施工通道的位置，并选择修筑方法。

③ 已有公路的地段，依托原有的公路进行机械设备及管道的运输。

④ 对计划利用的已有道路进行调查，主要包括：路面情况、转弯半径、承载能力及桥涵承载能力等。

⑤ 需增开公路路口处，提前与公路主管部门联系，办理有关手续。

⑥ 通过区域应尽可能选择地势较高的荒地。

⑦ 在荒地、非耕地处等地质情况良好地段修筑施工便道、通道时，需采用推土机平整后，用机械压实的方式进行修筑。

⑧ 当在河谷的湿地、低洼处或地基承载能力弱的地方修筑施工便道、通道时，修筑前应根据实际情况，首先采用人工或机械将表层熟土、软泥放至一侧；然后采用树枝、苇把等材料，按直径300mm为一捆，挨捆平铺在清理后的地表上，在树枝层上面铺垫黏土层，边铺边压实，压实后的土层为200mm，增加其层间黏结力。最后再将砂土(或碎石)分层压实、整型，其厚度不小于300mm。

⑨ 对于施工通道横穿水渠、排水沟等位置，采取埋设过水管的方式，以保证原有过水通道畅通：用涵管顺沟、渠放置，保证足够的过水量，然后在管上铺垫砂袋或直接推土，形成便桥。

⑩ 便道跨越小型河流时，如原有桥梁承载能力不足，则采用装配式钢桁架梁轻型钢便桥(工厂制作、现场拼装)。

⑪ 对于施工便道、通道与干线公路连接处，应采取有效措施，以保护公路路面、路肩和边沟。在路边有排水沟处埋设过水涵管，并按公路部门要求设置路标。

⑫ 根据总体施工方案，编制施工通道修筑方案，上报监理人员审批。

四、安全措施

① 大型施工机具与架空高输电线路的安全距离，必须满足表2-3要求。

表2-3　安全距离

输电线路电压/kV	最大垂直安全距离/m	最小水平安全距离/m	
		开阔地区	途经受限制地区
<1	3.0	交叉时为8m，平行时设备最高位置加高3m	3.0
1~10	4.5		3.5
35	7.0		5.0
60~110	7.0		5.5
154~220	7.0		6.0
330	8.5		7.0

注：最小水平安全距离指边线与施工设备边缘之距离。

② 推土机、装载机、压路机等大型机械应保持良好的运行状态，不得带故障作业，发现异常应及时修理。

③ 在斜坡地带作业时，应有良好的锚固措施，防止测滑倾覆。

④ 雨季施工时应注意防洪，炎热季节时注意操作人员防暑、设备防晒。

⑤ 临时停车场应平坦，车辆、设备摆放整齐，间距合理，停置方向应便于紧急情况时的移动。无论工间休息或夜晚停车，设备都要有人看管，防止被盗、破坏。

⑥ 施工带清理或修筑施工通道中需爆破作业时，要按爆破安全操作规程操作。

第四节 管沟开挖

长输管道施工采用吊管机、内对口器、二孤焊等先进设备进行机械化施工时，要保证工程质量，提高工效，管沟开挖应根据不同的地段采取不同的方法进行施工。

① 一般地段：管沟开挖工序应滞后管子对口组装工序 50m 为宜。将 2 台对口用的吊管机布置在组装管的两侧，一台进行对口，另一台事先将下沟待组装的管子吊起调节好"水平"及"对中"位置，这样 2 台吊管机在管子两侧交替进行对口作业，充分利用了"施工作业带"宽度，使机械化流水作业线流畅地进行下去。

② 山区冲刷地段：雨季下雨时，山区里形成的突发性洪水会把开挖的管沟变成汇洪沟，冲毁管沟和施工作业带，管子里於满大量泥沙，甚至使已组焊好的管线发生折裂(该现象已发生过几次)，因此管线在山区冲刷地段施工时，施工期应尽量避免在雨季。若要在雨季施工，一定要与当地气象台取得联系，注意天气动向，在下雨之前将已组焊防腐好的管线管端封好口，下沟回填。为了做到这些，施工进程可以适当放慢，注意管沟开挖、管子组装焊接、无损检测、下沟回填各工序的衔接。

③ 沼泽地、石方山区段：管沟开挖要与修建"施工作业带"结合起来考虑，避免土石方作业出现二次"进退场"，增加施工成本。

④ 高水位和季节性沼泽地段：由于该地段耐力低，管道机械设备不能进入，可以将此地段施工暂时"放一下"，待到地表"上冻"能进行机械化作业时再施工。建议在上冻前，先用人力将官沟挖深至当地的冰冻线，然后上盖 200 ~300mm 厚度的谷草保温防冻。这样可以省去爆破冰冻层的工序而直接用"单斗挖沟机"开挖剩余深度的管沟，从而加快施工进度，降低成本。

⑤ 参考"美国 API 施工规程，长输管道管沟开挖施工中，甲方和设计人员不宜硬性规定各类土质管沟的边坡比，而应注重管沟宽度、不直度和深度是否达到规范的要求，管沟的边坡比应根据施工方法、施工机具、土质的类别和含水量等具体情况，在管沟现场做试验段，由施工单位和监理人员共同确定，这样可以节省大量的土方量，降低成本，并能加快施工进度。

⑥ 确定一条长输管线的安装质量是否优良，日后能否保证管道安全运行的重要因素之一是这条管道在山前区门路冲刷段、水渠、冲沟、河流等特殊地段的管线埋深是否合理，并达到设计要求。因此，在施工中要高度注意，即使放慢施工进度，也要达到设计埋深，这样做与日后"亡羊补牢"的做法相比较可谓是事半功倍。

一、准备工作

准备工作工序流程如图 2-6 所示。

(一) 整体计划

在管沟开挖前，每个投标段的施工单位应根据如下因素编制周密的管沟开挖整体计划：

① 业主要求管线工程完成的工期计划。

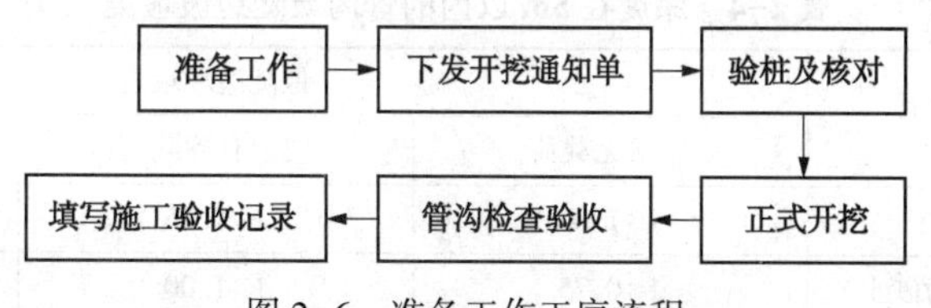

图 2-6 准备工作工序流程

② 由业主负责提供防腐成品管的供应计划。

③ 各类地质状况和地貌的管沟开挖最佳开、竣工日期。

④ 在山前区、冲刷段、特殊地段管乐观开挖与管道组装焊接、下沟回填工序的衔接。

⑤ 在山区石方地段、沼泽地段管沟开挖与施工作业带相结合的最佳方案。

⑥ 除石方地段、沼泽地段等特殊地段外，为提高工效，增加管线组焊时的机械作业面，管沟开挖工序应滞后管子对口工序，二者距离相差约 50m 为宜。

（二）下发管沟开挖通知单

管道施工单位应根据管沟开挖整体计划，向管沟开挖单位发出每段管沟的开挖通知单，并由专人进行协调和指导。管沟开挖通知单应包括如下内容：

① 施工进度和设计要求。

② 管沟深度、沟底宽度及管沟边坡比的试验步骤和方法。

③ 特殊地段管沟开挖弃土与施工作业带清理的结合措施。

④ 管沟开挖的弃土方位和应预留的运输道路位置。

⑤ 地面沟渠位置及地下物位置情况。

⑥ 管道防腐涂层及各类标志桩的保护要求。

⑦ 管沟开挖单位应根据管沟开挖通知单的要求，向施工人员做好技术交底，并做好教育工作。

（三）验桩及核对

在管沟开挖通知单发出后，由监理、管道施工单位和管沟开挖单位组成联合小组，依照设计图纸和管沟开挖通知单对开挖管段的所有标志桩(已平移到距离堆土侧边界线 0.3m)进行验收和核对，确认无误后在管沟开挖通知单联合签字，承担责任。此外应对各类标志桩作明显标记，避免管沟开挖时弃土掩埋标志桩。

二、管沟开挖

（一）一般规定

① 在管沟开挖前，应进行移桩。转角桩按转角的角平分线方向移动，其余轴线桩应平移至堆土一侧施工作业带边界线内 0.2m 处。对于移桩困难的地段可采用增加引导桩、参照物标记等方法来确定原位置。

② 管沟开挖主要采用机械开挖，在每段管沟开挖初始段对不同的土质做试验。确定试验数据时，需考虑如下因素：施工机械的侧压、震动、管沟暴露时间等。

③ 管沟开挖前应制定切实的施工安全措施，并加以落实。湿陷性软土地段、地下水位小于沟深地段及深度超过 5m 的管沟坡比，可根据相邻工序的施工方案，采用明渠排水、井点降水、管沟加支撑等方法(见表 2-4)。

表 2-4　深度在 5m 以内的管沟最陡边坡坡度

土壤类别	最陡边坡坡度 i		
	坡顶无载荷	坡顶有静载荷	坡顶有动载荷
中密的砂土	1∶1.00	1∶1.25	1∶1.50
中密的碎石类土(填充物为砂土)	1∶0.75	1∶1.00	1∶1.25
硬塑的粉土	1∶0.67	1∶0.75	1∶1.00
中密的碎石类土(填充物为黏性土)	1∶0.50	1∶0.67	1∶0.75
硬塑的粉质黏土、黏土	1∶0.33	1∶0.50	1∶0.67
老黄土	1∶0.10	1∶0.25	1∶0.33
软土(经井点降水)	1∶1.00	—	—
硬质岩	1∶0	1∶0	1∶0

注：当冻土发生融化时，应进行现场试验确定其坡度。

④ 沟谷、河谷地段管沟开挖前(特别是山间沟谷、河谷通道狭窄、两侧陡峭地段)，先对高于作业面的作业区域(包括作业带外)进行检查，对凸出的松石、孤石进行清理，避免在石方爆破、管沟开挖过程中，因施工中的震动及降雨造成作业带附近的松石、孤石滑动而对作业带内的施工人员、设备造成损伤。施工作业过程中，应随时进行检查，对发现的危险及时进行清理，必须先清危再施工。

⑤ 在穿越已建管道、埋地光电缆、地下涵洞等地下障碍物时，障碍物两侧 5m 范围内，应采用人工开挖。对于重要设施，开挖前应征得其管理方的同意，并应在其监督下开挖管沟。

⑥ 管沟沟底宽度应根据管道外径、开挖方式、组装焊接工艺及工程地质等因素确定。深度在 5m 以内的管沟沟底宽度应按下式确定。

$$B = D_m + K \tag{2-1}$$

式中　B——沟底宽度，m；

D_m——钢管的结构外径(包括防腐、保温层的厚度)，m；

K——沟底加宽裕量，m，按表 2-5 取值。

表 2-5　沟底加宽裕量 K 值　　m

条件因素	沟上焊接				沟下焊条电弧焊接			沟下半自动焊接处管沟	沟下焊接弯管、弯管及碰口处管沟
	土质管沟		岩石爆破管沟	弯管、冷弯管处管沟	土质管沟		岩石爆破管沟		
	沟中有水	沟中无水			沟中有水	沟中无水			
沟深 3m 以内	0.7	0.5	0.9	1.5	1.0	0.8	0.9	1.6	2.0
沟深 3~5m	0.9	0.7	1.1	1.5	1.2	1.0	1.1	1.6	2.0

注：当采用机械开挖管沟时，计算的沟底宽度小于挖斗宽度，沟底宽度应按挖斗宽度计算。

⑦ 管沟开挖时，应将挖出的土石方堆放在与施工便道相反的一侧，距沟边不小于 1m。在耕作区开挖管沟时，表层耕作土应靠作业带边界线堆放，下层土应靠近管沟堆放。山间沟谷、河谷地段由于通道较窄，且局部还存在极其狭窄的瓶颈地段，山间沟谷、河谷是排水、泄洪的通道，开挖的土石方应堆放在地形较为开阔、平坦的地段，土石方堆放不得缩小原有河沟的过水面积，不得抬高原有河沟底的高度，以保证排水、泄洪通畅。

⑧ 遇到与管道交叉的沟渠和地下构筑物时，应与地方有关部门协商议定开挖方案。

⑨ 管道与电力、通信电缆交叉时，其垂直净距不得小于 0.5m；管道与其他管道交叉时，管道除保证设计埋深外，应保证两管道间垂直净距不得小于 0.3m。

⑩ 管沟成型后，应进行检查，管沟检验项目、检验数量、检验方法及合格标准应符合表 2-6 规定。

表 2-6　管沟开挖标准

mm

内　容	允许误差	内　容	允许误差
管沟中心偏移	≤150	管沟底宽	-100
管沟标高	+50，-100	变坡点位移	<1000

（二）耕作区管沟的开挖

在耕作区开挖管沟时，应将表层耕作土与下层土分别堆放：表层土靠近边界线，下层土靠近管沟侧。

（三）山前区平原地段的管沟开挖

在山前区平原地段施工时，要防止洪水对管沟的冲刷。每段管沟的开挖应与管道组装焊接、下沟回填紧密结合，完成一段开挖一段。结合中短期天气预报，每段长度不宜超过 1.5km（不留死头）。

（四）山区石方段管沟开挖

① 对石方段的管沟，在安全条件允许时可采用爆破方法开挖，但应充分考虑爆破时对周围环境可能产生的不良影响，严格控制装药量和抛掷方向，并制定和施行相应的安全防护措施，采用爆破方法开挖管沟应在布管前进行。石方管沟开挖时，应与施工作业带清理工序一同考虑。

② 石方段的管沟应符合下列要求：沟壁不得有棱角和已松动的石块；沟底标高应比设计管底标高超挖深 0.2m，并清理平整；粒径 100mm 以上的石块应稳固地堆放在管沟上口边缘。

三、管沟开挖检查验收

管沟开挖完毕后，挖沟施工单位应根据设计要求和挖沟通知单的要求进行自检。自检合格后，向管道安装单位提交管沟验收申请报告，监理和管道安装单位收到申请报告后应及时组织检查验收，应填写管沟开挖施工验收记录，办理交接手续，进行下道工序。

四、管沟开挖的安全要求

① 交叉作业及石方爆破时，沿途应设警戒人员，各主要路口应设警示牌，并设专人看护。

② 开挖管沟时应由实验确定边坡比，以免发生塌方事故。开挖过程中如遇到流沙、地下管道、电缆以及不能辨别的物品时，应停止作业，采取必要的措施后方准施工。

③ 管沟开挖作业中应自上而下进行，不准掏洞。两人同时在沟内作业时，间距应为 2~3m；挖出的土方应堆在管沟无焊接管一侧，且距沟边不少于 0.5m，堆积高度不准超过 1.5m。

④ 雨后及解冻后开挖管沟时，必须仔细检查沟壁，如发现裂纹等不正常情况时，应采取支撑或加固措施，在确认安全可靠后方准施工。非工作人员不准在沟内停留。

⑤ 在靠近道路、建设物等地带开挖管沟时，应设置昼夜醒目标志，并征得有关部门同意。

⑥ 当先焊管线后挖管沟时，沟边与焊接管中心的净距离应不小于 1.0m。

第五节　防腐管的运输与管道布管

一、防腐管的运输

长输管线的管子防腐厂选址，目前我国一般有两种形式：一种是管线附近建“就地防腐厂”；另一种是将防腐厂建在制管厂。运输防腐管子应注意如下事情：

① 考虑管子运输的综合费用，降低成本。

② 在吊装、运输、堆放的全过程中，采取有效措施保护管子涂层不受损伤。

③ 当一条管线需要几种类型和壁厚的管子时，要严格分类运输堆放，不得混淆。

④ 尽量使用专用管子拖车运输，降低费用。并捆扎牢靠，确保运输途中不发生“滚管”和“射管”现象。

防腐管运输工序流程图如图 2-7 所示。

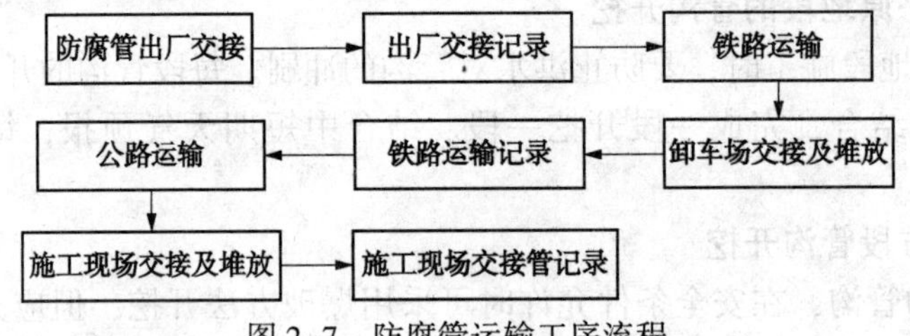

图 2-7　防腐管运输工序流程

(一) 防腐管出厂交接

在防腐厂中已做好防腐涂层的管子，在装运之前，应由负责装车单位与防腐厂指定质保人员共同检查验收防腐管的数量、管子及防腐层表面质量情况及出厂检验合格证单据。需逐根进行检查，检查内容包括：核对管号，查看出厂合格证；检查防腐层外观是否完整、光洁，有无刮伤等缺陷；管体有无压扁、摔坑、弯曲等；管口有无保护圈、有无碰伤等。

(二) 装车交接管记录填写

① 对管体和防腐层检验合格的管子，填写铁路接管记录表；对管体或防腐层有缺陷的管子予以挑出，留厂返修，装车方不予接受。

② 相同壁厚的管子应装在一起，当一种管子装不满一槽车时，只可同另外一种管子混装，但要有明确记录(见表 2-7)。

表 2-7　钢管承运接收单

货物名称及规格					
货车编号		发货站			
到站		收货人		日期	
管号		钢管检查情况		防腐层检查状况	
接管负责人： 日期：		监理负责人： 日期：		业主代表： 日期：	

（三）铁路运输

1. 铁路货车条件

运输管子的每节货车只准装运钢管，而不准与其他货物混装。货车槽内各个面上不得有可能会损伤管子的金属突出物，如采用有突出的铆钉。型钢等物的货车，则要求有加厚支承条或增加侧柱保护，以防止管子在运输中与突出物接触。

2. 支承条与垫块

① 管子必须放在垫木上，每端必须用楔块固定，楔块的高度至少为150mm，楔块的边缘与管径相适应。

② 禁止使用金属支承条。当货车装运管子时，应提供车侧保护，因为管子可能碰撞在车帮上。车帮不平时，所需要的垫块应摆放在车帮与立柱之间，并固定在立柱上。

③ 支承条的厚度应大于车槽内部突出物的高度50mm，宽度不小于150mm，每节车的支承条至少为4条，支承的间距均匀。装车的管子应保持基本水平，两端最大水平误差小于6mm。调整水平用的垫块应紧固在支承条上。

④ 管子应装成叠垒式。

⑤ 带涂层的直缝管装车时，管体间可相互接触。带涂层的螺旋管则不允许管体间相互接触，应在每根管子上至少包敷3条宽度不小于100mm、厚度不小于10mm的橡胶垫圈。

⑥ 每节车厢应设管端保护，如果管子端部距离车厢端部的间隙小于1.5m，应用壁厚至少为30mm的木板或类似物牢固地装在车厢端部，管子端部不得接触尾端车门。管子两端与车厢间应留有不小于300mm的间隙，以利装卸。

⑦ 每节车厢上部应有捆绑与紧固装置，当采用钢丝绳、钢带做捆绑物时，管子上应垫有木板。一个管长上至少应设置两处绑扎与紧固钢带。

⑧ 每列运管列车上应有制管厂或防腐厂的代表人员作为压运员，负责协调铁路运输中的问题。

（四）管子装卸

① 防腐管装卸应使用尾钩，装卸管子时应防止损坏管口。尾钩宽度应大于60mm，深度应大于60mm，与管子接触面做成与管子相同的弧度。

② 在吊装过程中，钢管与吊绳的夹角不宜小于30°。以12m管子为例，吊绳单边长不得小于7m，以免产生过大横向拉力损坏管口。

③ 吊装中需有专人指挥，管子两端应设晃绳使卸放位置准确。

④ 起吊和卸管时应轻起轻放，避免管子与其他物体或管子之间相互碰撞；严禁使用撬杆滚滑的方法卸车。在卸吊钩及吊车转动时，应将管子两端的吊钩同时卸掉，并控制好晃绳以防尾钩损伤管口和防腐层。

⑤ 捆扎用具可采用钢丝绳外套厚度不小于7mm的胶管(胶管内层含线或布)，也可采用内衬聚乙烯材料的宽钢带。

吊装示意图见图2-8。

（五）卸车场交接

① 管道施工单位组织人员和设备于铁路货场接收铁路运来的防腐管。

② 由施工单位代表、防腐厂压运人员和铁路车站管理人员依照铁路货运单和“钢管承运接受单”，对每节车厢的管子逐根进行清点和检查，并填写材料交接单。清点和检查工作应

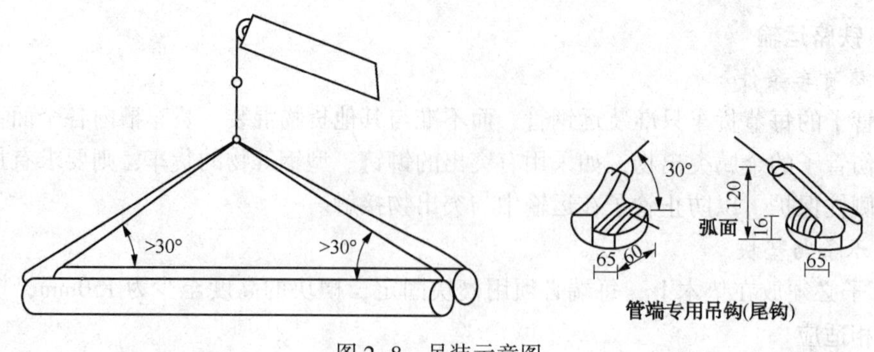

图 2-8　吊装示意图

尽量快速进行。

③ 对属于铁路运输过程中管体与防腐层损坏的管子，要分别堆放，分清责任，依照铁路运输规章和装卸合同，仲裁赔偿或维修，并填写管子损坏记录表。

④ 未损坏的合格防腐管，要逐一填入材料交接单中。吊装时应准确分类，并按照各施工单位调度排定的计划装车。

（六）防腐管公路运输

① 运管需用长度适当的拖车，管子超长不得超过 3m。拖车与驾驶室之间要有止推挡板。

② 装运应按调度计划进行，每车只装运指定规格类型的同一种管子。当无调度计划时，管子运到工地堆管现场时需有计划人员接车，并指定卸车位置。卸车后由司机和验收人员共同填写“防腐管运抵现场检查验收记录”（见表 2-8），不得自行卸放管子。

表 2-8　防腐管运抵施工现场检查验收记录

从　　（何地）运抵　　（第　号桩）					
司机姓名		汽车牌照		管子规格	
管号	长度	涂层破损面积/（m^2/处）	管体或管口损坏/（m^2/处）	修复意见	接管人员签字
施工单位代表： 年　月　日		监理代表： 年　月　日		业主代表： 年　月　日	

③ 汽车运输时其底部软垫层的橡胶板厚度不得小于 15mm，宽度不得小于 100mm。层间垫层的橡胶板厚度不得小于 5mm，宽度不得小于 100mm。当钢管长度大于 6m 时，每种垫层沿管长不得少于 3 处。

④ 管子在车辆上运输时应有捆扎措施，捆扎用具接触管子的部位要衬垫软质材料，以免损伤防腐层，捆扎应牢固。

⑤ 堆放时管子底部与层间都要加软垫层，严禁撬、滚、滑动管子。

⑥ 施工单位应对运抵的防腐管逐根检查验收，并与运输单位办理交接手续。对不合格的管子要分清责任，由责任方承担责任。发生此类问题时需要业主代表或现场监理在交接手续上签字。

⑦ 防腐管的堆放及标识：

a. 防腐层制做完毕的钢管，应在管端管子内壁上标明钢管的材质、壁厚、长度和防腐层类型、等级、生产厂家以及日期。厂家已标注的项目只要清晰，则不需重新标明。

b. 防腐管堆放底部应用两根枕木垫起，枕木间距为 4～8m，枕木最小宽度为 100mm。防腐管离地面不得小于 100mm，枕木与防腐管及防腐管相互之间应垫上橡胶板或草袋等。管堆边缘的枕木上应有固定的楔型木块，以防止管子滚落。

c. 为区别钢管的类型及壁厚，在钢管的两端距管口 600mm 处，各涂刷一道色环，其环向涂刷长度应大于 2/3 周长，宽度应大于 30mm，见表 2-9。

表 2-9　类型及壁厚色环涂刷分类

序号	管子类型	壁厚/mm	色环颜色
1	直缝 UOE 管	7.1	红色
2	螺旋管	7.1	不涂任何颜色
3	直缝 UOE 管	7.9	橙色
4	直缝 UOE 管	8.7	黄色
5	螺旋管	8.7	灰色
6	直缝 UOE 管	9.5	绿色
7	直缝 UOE 管	10.3	蓝色
8	直缝 UOE 管	11.1	白色

（七）运输及堆放的安全要求

① 所有车辆、设备应保证处于完好状态，不得带障作业。

② 运管子时严禁超高，高出拖车立柱或车厢部分不得超过管径的 1/3，立柱必须齐全牢固。装车时管下应垫稳，全车捆牢后方可起运（一般货车拖管另行规定）。

③ 运管材的车辆应中速行驶，避免急刹车以防止管子移动、移位伤人。

④ 运管车辆只能在现有的道路或已平整、压实的施工道路上行驶，不允许随意在无路地段行驶。

⑤ 管子运抵施工现场时，应选择地势平坦的场地堆放。管堆底层应掩牢，靠近村镇。路口或可能有人攀登的现场应设置“禁止攀登”、“管堆危险”等警告标志。

⑥ 大的管子储存地需设围栏与警卫。

⑦ 大量储存管子时，应根据不同直径分类堆放，堆与堆之间应留出必要的通道，主要通道宽度不得小于 5m，不同管径防腐管在堆管场的最大堆放层数见表 2-10。管垛必须掩牢，上层管子必须整根落入下层两管之间以防止滚动。

表 2-10　最大堆管层数

管径 DN/mm	$DN\leqslant200$	$200<DN\leqslant400$	$400<DN\leqslant600$	$600<DN$
堆管层数	10	7	5	3

⑧ 在管堆上吊运管子时，必须自上而下一层层吊，严禁从下层抽吊。

二、管道布管

长输石油管道机械化施工作业，管子运输环节大致是这样的：在“就地防腐厂”或“火车货运站”由施工单位自代的 16T 或 8T 轮式吊车将已做好防腐涂层的钢管吊装到专用拖管车上，通过公路施工通道运至施工作业带，大约每间隔 400~600m 由跟随的轮式吊车把钢管从拖管车上卸下，堆放在一堆。然后再由吊管机布管——将每根钢管首尾衔接，相邻两管口呈锯齿形分开。

若地面承载力较低，拖管车行车困难时，可由吊管机在前牵引。目前，我国引进的美国 Catpeler 吊管机起吊能力有 27T、45T、70T 三种类型。为省去吊车，可以将部分吊管机的爬杆起吊高度加高到。吊管机加高爬杆后，扩大了吊管机的应用范围，用它可以从拖管车上卸管，在施工营地转移时，也可以吊装营地的空调露营房、油罐、水罐等大体积物体而基本不使用轮式吊车。这种爬杆加高后的吊管机，安装上配重块后可以担任大径管线布管对口和下沟作业。

做好防腐涂层的管子从防腐厂出厂，装车运至"施工作业带"，到管子对口组装、焊接、下沟的各工序不应接触硬物和直接放在地面上。目前比较好的作法是根据管径用加长的麻袋装满谷糠代替土墩作为支墩支承管子，这样可以节省一台"打土墩"的单斗挖沟机。更重要的是，在新疆等昼夜温差大的地区，对于像石油沥清之类的软防腐涂层，若管线组焊 3~5 天后不下沟回填，由于温差引起管线热胀冷缩的蠕动，使管线与土墩接触的部位摩擦损坏，甚至防腐涂层出现"脱裤子"的现象。用麻袋代替土墩，即使管线组焊好以后 20 多天不下沟，管子防腐涂层也不损坏(在新疆轮一库输油管线验证过)。这种麻袋装谷糠代替土墩作为管子支墩的方法可以重复利用，每只仅重 15kg 左右，容易搬运，节省工程成本。

管道布管工序流程图如图 2-9 所示。

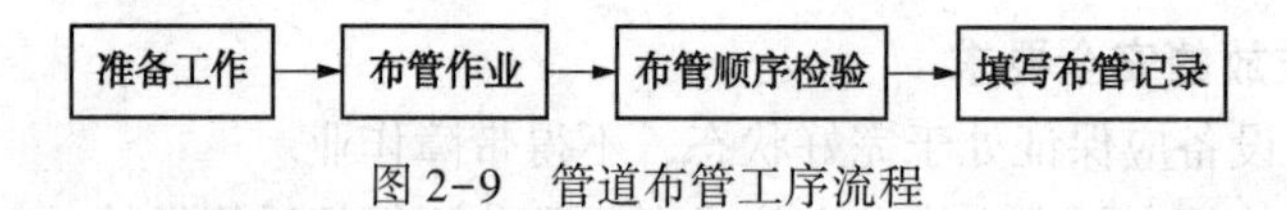

图 2-9　管道布管工序流程

(一) 布管准备

① 布管前参加布管的技术人员和机械手要熟悉工作区段的设计图纸，明确控制桩位在何处、不同类型管子布管前放在何处、应该布在何处。

② 布管人员要对沿线道路、各段施工作业带地形、地质情况了解清楚。

③ 布管人员要掌握施工组织、调度人员的计划安排，布管与组装工序相配合，合理安排工期，发挥各工序人员和设备的效益。

④ 布管用的吊管机、吊车、拖拉机等设备运转状况良好。

⑤ 为保证安全，采用管端(尾钩)形式吊管时，端钩的口部要做成与管子圆弧一致的形状，宽度(或弧长)不得小于 60mm，钢丝绳与管子的夹角要大于 30°，布管前应由监理人员对端钩和钢丝绳进行检验。

⑥ 管子两侧应设置稳固的支撑，支撑可用软土堆、带有橡胶软垫的枕木、装有软土或植物碎粒的麻袋或草袋，支撑高度应为 300~500mm。严禁使用硬土块、冻土块、石块、碎石堆做支撑。支撑应设置在距两侧管口 0.5~1.5m 的位置上。

(二) 布管作业

布管作业应在管道组装前不长于 5 天进行。

① 布管必须按设计图纸的管子布置顺序进行，现场应准确区分各种管子类型、壁厚、防腐层类型及等级，使布管准确有序。

② 布管应在施工作业带的组装一侧进行，且管子距管沟边缘的最小距离应不小于 0.5m。

③ 布管时应注意首尾衔接，相邻两管口应呈锯齿形分开。布管的间距应与管长基本一致，每 15~20 根管核对一次距离，发现过疏或过密时应及时调整，如图 2-10 所示。

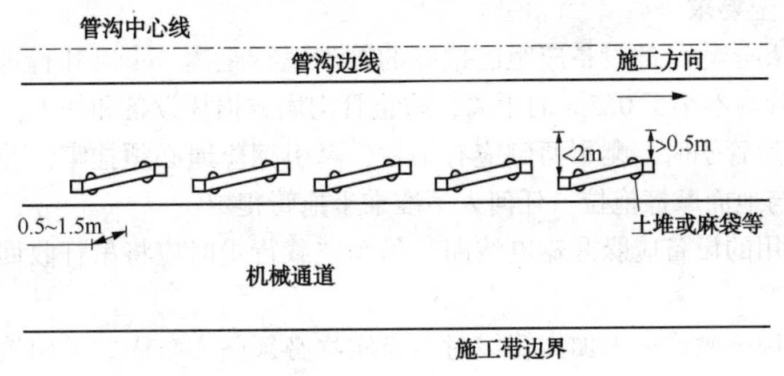

图 2-10　布管示意图

④ 如施工受地形、地质环境限制，需用爬犁运输布管时，应同汽车运输一样，在底层管子相互之间以及捆扎都要采取相应的保护措施(可加护拦设施)。

⑤ 在坡地布管时，要注意管子的稳固性，支承墩宽度应加大，管子应摆放平整。坡度超过5°时，应在下坡的部位设置支挡物；坡度大于15°时，应停止布管，待组装时从堆管平台处"随用随取"进行施工。

⑥ 在吊管和放置过程中，应轻起轻落。管子悬空时应在空中保持水平，不得斜拉歪吊，钢管不得在地上拖拉。吊运中不得碰撞起吊设备、其他管子及周围物体。

⑦ 遇有水渠、道路、堤坝等构筑物时，应将管子布设在位置宽阔的一侧，而不应直接摆放其上，但应预留出恰当的长度。

⑧ 遇有冲沟、山谷时，应使布管与组装保持尽可能短的时间，不可提前布管。

(三) 布管质量检查

1. 每段管子布完之后，应对布管段进行实地走行核对

① 管子壁厚分布是否与图纸相符，变壁厚处是否准确，应插入的厚壁管段是否正确，弯头的预留位置对否。

② 防腐层的类型是否符合图纸要求。

③ 管子摆放位置是否合适，稳定性如何。

④ 冲沟、山谷等地质不良地段的布管情况。

2. 每天每班布管结束后，填写布管检查记录，布管检查时依此记录逐段进行核对、签字。布管检查记录见表 2-11。

表 2-11　布管检查记录

工程名称				布管班组				
布管区段	管子类型	色环颜色	区段长度	布管根数	支垫物	管于损伤记录		布管人签字	检查人签字
						管体	防腐层		
						1			
						1			
施工单位代表： 日期：					监理代表： 日期：				

（四）布管安全要求

① 布管时，吊运管子的设备应距已挖好的管沟平行距离 3m 以外行进或停置。管子摆放应距已成形的管沟不小于 0.5m 的距离，防止管沟塌方损坏设备和伤人。

② 用爬犁拖运管子时，爬犁两侧应有护栏，牵引钢丝绳必须挂牢，并将管子与爬犁捆牢，不准使管子与地面摩擦拖拉。任何人不准乘坐拖管爬犁。

③ 布管时使用的设备应躲开输电线路，吊车空载行走时应将吊杆收回原位，以免发生碰撞事故。

④ 施工中采用土墩或垫木加高管线时，充实物必须坚实牢固。采用软土墩垫高时，应两边高、中间低；用垫木垫高时，垫木两端应加楔型垫块，防止管线滚动伤人。

第六节　管道组对与焊接

目前，长输管道施工管口焊接发展出许多种焊接方法，主要的有向上焊、下向焊、手工半自动焊、气体保护焊、全自动焊、挤压电阻焊等。在我国，广泛采用的是下向焊和手工半自动焊，它可以与先进的管子内对口器、吊管机等设备相配合，使长输管道施工可以实现机械化流水作业法施工。与气体保护焊、全自动焊、挤压电阻焊相比，具有使用辅助设备少、故障率低的优点。只要搞好焊工培训(一般需 1 年周期)，其焊接速度和综合效益与其他焊接方法相比更高，可靠性更强。目前我国几家大型长输石油管道施工专业化公司已完全掌握了下向焊和手工半自动焊方法，一个 40 人机械化流水作业线平均每天可以组焊直径 610mm 的管线 600m(约有 50 个接头)，已达到了国外先进工业化国家的组焊水准。

建立野外焊管基地，把每根管子焊成约 24m 的“二联管”，其焊接方法有手工焊、手工打底根焊随后各焊道采用埋弧焊一次成形以及全焊道埋弧焊和电阻焊等形式。对口方法是管子支架上采用外对口器或内对口器。其组焊作业的自动化程度由低到高，目前在国外有很多种形式。二联管的优点是管子可以转动，焊接始终处在平焊位置上，容易保证焊接质量。由于在工棚内做组焊，作业不受天气影响；可以减少工地现场焊接和防腐补口的工作量。因此，地形条件较平缓条件下应尽量采用“二联管”施工工艺。我国中石油管道二公司在新疆轮一库输油管线施工中较成功实现了二联管施工工艺，共投入人员 14 人、一台日本产埋弧焊角焊机、二台硅整流电焊机、一台吊车，虽然是很简易的二联管作业线，但焊接达 60km，取得了较好的经济效益。

要提高管线的组装焊接速度和质量，必须采用流水作业施工工艺，其焊接接头可以采用薄层多焊道，每层焊道厚度一般不大于 1.5mm，保证焊接缺陷不大于 1mm。根径，每层焊道可以采用 2~4 名焊工同时施焊，实现了一个管子接头在 10min 之内完成的速度，充分发挥吊管机和其他设备的利用率，从而达到提高工效的目的。流水作业线的关键环节是对口和根焊，应培训和投入最优秀的工人。对口作业应不少于 2 机且分别布置在管子的两侧。

在管子对口工序中，我国现有规范规定，对口时对管口不准进行任何形式的锤击修口，这条规定给采用内对口器对口管子带来很大困难，降低了管子的对口速度。美国 1994 年版 API 标准规定，“在管子对口根焊开始后，不准对管口进行校正”。据此，在根焊施焊前对管子局部错口用紫铜平锤接触管子进行间接锤击校正是可行的，对管口不会造成伤痕和冷工硬化。在新疆库一都输油管线采用了此方法并取得了较好效果。

关于焊口清根，美国 API 标准规定每层焊道的溶渣和飞溅物不宜用砂轮打磨，而应使用电动钢丝锯清除，只是要求2名焊工完成的焊缝开始段用砂轮磨去接头处15~20mm，以防有未焊透缺陷。对根焊焊道，如果用砂轮过度打磨，产生高温后急剧冷却会出现根焊道裂纹。

管道干线用钢管，其材质按API5L标准有X42、X46、X52、X56、X60、X65、X70、X80等，但不论管线选用何种钢号，都应按规范做焊接工艺评定，并据此认真培训焊工，考试合格后上岗，从而保证焊口质量。

管道施工机械设备正常是保证施工速度和质量的关键因素，应组织流动性、专业化的供燃料油和设备维护保养队伍，这样可以提高工效，降低成本。

对口组焊工序流程图如图2-11所示。

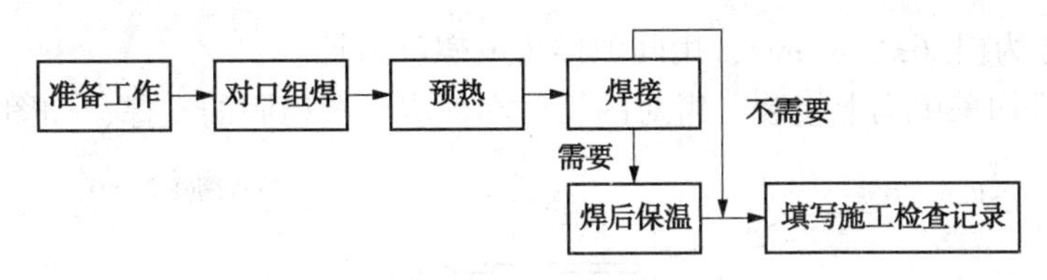

图2-11　对口组焊工序流程

一、准备工作

① 检查上道工序管口清理的质量。

② 检查施工作业带是否平整、顺畅。

③ 保证所有设备的完好性。若对口器是由ϕ529mm改装的，必须保证对口器的中心与管子中心重合。气源的工作压力应大于1.0MPa。

④ 每位焊工必须持有本工程的焊接考试合格证，由监理人员确认后，方能上岗。

⑤ 施工人员应熟悉本工序的施工作业指导书。

⑥ 电焊条的储存和运输应按照厂家的要求执行，规格型号必须符合设计要求。

二、对口组焊

① 除连死口和弯头处，管道组装应采用内对口器。

② 对口前应再次核对钢管类型、壁厚、防腐等级及坡口质量，必须与现场使用要求相符合。

③ 对口时使用的吊管机数量不宜少于2台。起吊管子的尼龙吊带宽度应大于100mm，且尼龙吊带应放置在活动管已划好的中心线处进行吊装。

④ 管口组装要求见表2-12。

表2-12　管口组装要求

序　号	检查项目	组装规定
1	螺旋缝或直缝错开间距	不得小于100mm弧长
2	相邻环缝间距	不得小于2倍管外径
3	错边量	小于或等于1.0mm

a. 焊后错边量要求≤1.6mm，为防止焊接变形、错口超标，管口组装时应控制错边量≤1.0mm。

b. 对口后，在根焊施焊前，若存在大于 1.0mm、长度在 240mm 内的局部错口，可用图 2-12 所示方法矫正。但根焊开始后，不得对管口进行任何校正。

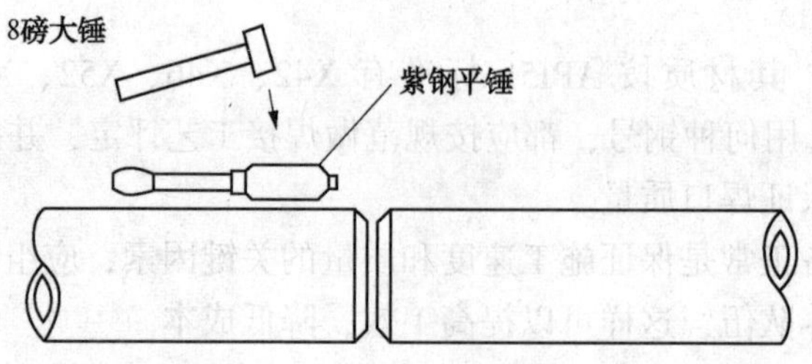

图 2-12　局部错口矫正示意图

c. 对口间隙为(1.6±0.4)mm，用间隙样板或螺丝刀控制。

⑤ 一般地段均采用沟上组装，组对的管口端部应设置稳固的支撑，如图 2-13 所示。

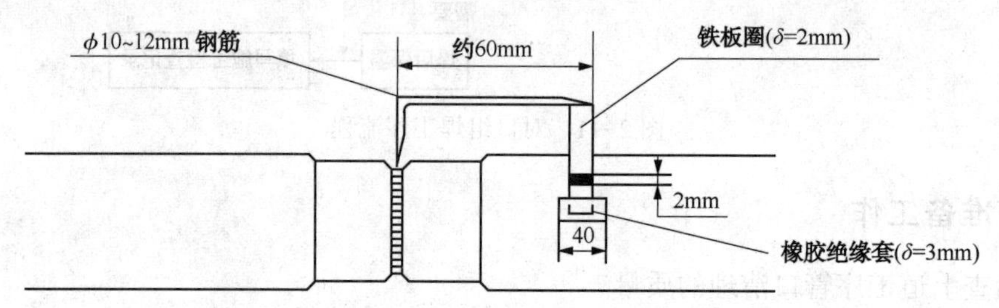

图 2-13　沟上组装示意图

⑥ 特殊地段的管道组装

a. 当在纵向坡角>15°或横向坡角>10°的坡地进行组装时，应对管子和施工机具采取锚固或牵引等措施，以防止发生位移。

b. 当纵向坡角<20°时，钢管组装应自上而下进行；当≥20°时，可在坡顶将管组焊完毕，再吊运或牵引就位；当坡地较长时应采用沟下组装，自下而上进行。

c. 当横向坡角>18°时，应采取沟下组装的方法。

d. 水平转角大于 50 的弹性弯曲管段，在沟上组装时，应在曲线的末端留断。

⑦ 旁站监理应监督此工序的全部过程。

三、预热

X65 管材属于高强钢，焊前必须预热以消除内应力。

① 预热温度：100~120℃，实际操作时应高于该值 20~30℃，以保证施焊所需温度。

② 预热宽度：坡口两侧各大于 75mm。

③ 测温方法：测温笔或表面温度计。

④ 预热方法：应保证管口加热均匀。常用的方法有火焰加热、中频感应加热等。

⑤ 预热后若管口污染，应清除污染后重新预热。

⑥ 预热完毕应立即施焊，以保证焊接所需温度。

四、焊接

(一) 技术要求

① 全位置下向焊接应遵循薄层多遍焊焊道的原则，层间必须用砂轮或电动钢丝锯清除

熔渣和飞溅物，外观检查后方可焊下一层焊道。

② 焊机地线应尽量靠近焊接区，应用卡具将地线与管表面接触牢固，避免产生电弧。

③ 严禁在坡口以外管表面引弧。

④ 每相邻两层焊道接头不得重叠，应错开20~30mm。

⑤ 层间温度应大于100℃，根焊完成后应尽快进行下一焊道焊接。

⑥ 若使用内对口器，则根焊完成100%方可撤离；若使用外对口器，则根焊完成50%时才能撤离。

⑦ 焊接过程中，发现缺陷应立即清理修补。盖帽焊完成后，应迅速检查焊缝质量，若缺陷超标，应趁焊口温度未降及时修补。

⑧ 手工焊过程中，应避免焊条横向摆动过宽。对壁厚11.1mm的管子宜采用排焊。

⑨ 每处修补长度应大于50mrn，相邻两修补处的距离小于50mm时，则按一处缺陷进行修补，每处缺陷允许修补二次。各焊道的累计修补长度不得大于管周长的30%。

(二) 焊接规范

焊接规范见表2-13。

表2-13 焊接规范

焊道名称	根焊	填充	盖帽
焊条牌号	5P+	NR-207	NR-207
直径/mm	4.0	2.0	2.0
极性	焊条接负	焊丝接负	焊丝接负
电流范围/A	100~200	180~220	180~220
电压范围/V	23~25	18~20	18~20
焊接速度/(in/min)		90	90

(三) 施焊环境要求

当不具备下述条件时，如无防护措施应停止焊接作业：雨天、雪天。风速超过8m/s。相对湿度超过90%。

(四) 焊后保温

当环境温度低于5℃时，应采取焊后保温措施，防止焊道急骤降温。

① 焊后先不打掉药皮，这样可起到焊道缓冷，待焊道冷却后再敲掉药皮，把焊道清理干净。

② 焊道完成后立即采取保温缓冷措施，保温材料可用毛毡和2m×1m×50mm的石棉被。具体作法：用喷灯烘烤石棉被至80℃以上，然后立即将完成的焊口趁热裹上并盖上毛毡，用橡皮带捆紧，保温时间至少在30min以上。

第七节 焊缝质量检查与返修

焊缝质量检查与返修工序流程图如图2-14所示。

一、准备工作

① 熟悉本工程焊缝质量检查的标准和规范。

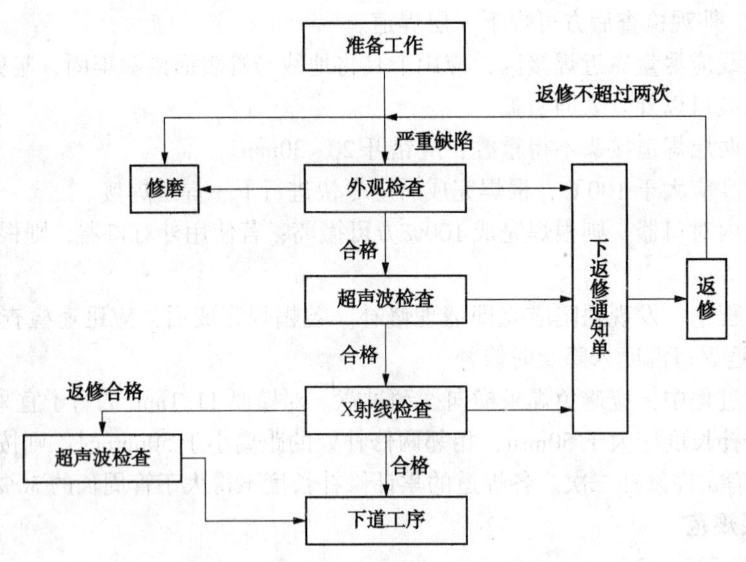

图 2-14　焊缝质量检查与返修工序流程

② 熟练掌握无损检测的操作规程。

③ 焊口返修人员应熟悉并掌握本工程焊接返修工艺。

④ 无损检测人员必须持证上岗。

⑤ 保证检测设备的完好性、准确性。

二、外观检查

用目视法和焊接检验尺检查焊缝表面或成型质量。

① 焊缝表面不得有裂纹、未熔合、低于母材等缺陷；若有，必须返修。

② 外观检查合格后方能进行无损检测。X 射线检查应在被检查焊口完成 24h 之后进行。

三、超声波检查

(一) 超声波探伤仪

① 使用 A 型显示脉冲反射式超声波探伤仪，其工作频率范围为 1~4MHz，探伤仪应配备衰减器或增益控制器，步进级每档不大于 2dB，总调节量应大于 60dB，水平线性误差不大于 1%，垂直线性误差不大于 5%。

② 在设备首次使用及每隔 3 个月应检查探伤仪的垂直线性和水平线性。

(二) 探头

① 采用工作频率为 4~5MHz、前沿距离不大于 12mm、晶片有效面积不大于 96mm 的方晶片探头。探头的接触面应与管壁对中，吻合良好。

② 探头在钢中的折射角应符合表 2-14 要求。

表 2-14　探头折射角或 *K* 值选择

管壁厚度/mm	探头折射角/(°)	探头 *K* 值
5~8	71.5~68.2	3~2.5
>8~30	68.2~56.3	2.5~1.5

③ 探头主声束垂直方向的偏离不应有明显的双峰，水平方向偏高角不应大于 2°。

（三）超声波检测系统性能

① 系统有效灵敏度余量必须大于评定线灵敏度 100dB 以上。

② 超声束的近场分辨率应大于 6dB。

③ 探头及系统性能必须按表 2-15 的规定进行检查。

表 2-15　检查周期

检查项目	检查周期	检查项目	检查周期
前沿距离	每次使用及每阳 6 个工作日	分辨率	每次使用、修补后及每隔一个月
折射角或 K 值	每次使用及每隔 6 个工作日	偏斜角	每次使用前
灵敏度余量	每次使用、修补后及每隔一个月		

（四）试块

① SGB 试块用于测定探伤仪、探头和系统的性能以及对仪器进行调整和校验。SGB 试块适用范围见表 2-16。

表 2-16　SGB 试块适用范围

编 号	弧面半径 R	适用管外径 ϕ
SGB-6	平面	>600

② SRB 试块用于比较焊缝根部未焊透深度。

（五）检验前准备

1. 探伤面

检验区域的宽度应是焊缝本身加焊缝两侧各 10mm。探头移动区的确定如下：

（1）采用直射法探伤时，探头移动区域大于 P：

$$P = \delta_K + 50 \tag{2-2}$$

式中　P——探头移动区，mm；

δ——板厚，mm；

K——折射角正切值。

（2）采用一次、二次反射波探伤时，探头移动区 P：

$$P = n\delta_K + 50 \tag{2-3}$$

式中　n——反射次数（一次反射时 $n=2$，二次反射时 $n=3$）。

检验频率应在 4~5MHz 范围内选择，推荐选用 5MHz；探头角度应依据被检管线壁厚、预期探测的缺陷种类，按有关图表来选择。

2. 耦合剂

① 应选用适当的液体或糊状物作为耦合剂，耦合剂应具有良好的透声性和适宜的流动性。典型的耦合剂为机油、甘油等。

② 在试块上调节仪器和检验产品应采用相同的耦合剂。

（六）仪器调整与校验

① 时基扫描线刻度按比例调节，可代表缺陷水平距离、简化水平距离、深度 h 或声程 s；应在 SGB 型试块上作时基扫描调节，扫描比例依据工件厚度和选用探头角度来确定。

② 距离-波幅曲线（DAC 曲线）：DAC 曲线应按所选用的仪器探头系统在标准试块上实

测值(波幅)绘制。曲线由判废线 RL、定量线 SL、评定线 EL 组成。实测绘制的 DAC 曲线为基准线，各线灵敏度见表 2-17。

表 2-17　距离-波幅曲线灵敏度(DAC)

管壁厚度 δ/mm	5≤δ≤30
判废线 RL	DAC-2dB
定量线 SL	DAC-8dB
评定线 EL	DAC-14dB

受检表面耦合损失应计入距离-波幅曲线(DAC)，在最大跨距声程内最大传输损失差在 2dB 内不计。在整个检验范围内，曲线应处于荧光屏满幅度的 20%以上。如果做不到，可采用分段绘制的方法。

③ 为发现和比较根部未焊透深度，应在 SRB 试块上测定人工矩形槽的反射波幅度。

④ 每次检验前应在 SGB 试块上对时基扫描线比例和距离-波幅曲线(DAC)灵敏度进行调节或校验，校验点应不少于 2 个。

⑤ 每连续工作 4 小时或检验工作结束后，应对时基扫描线和灵敏度进行校验，校验在 SGB 试块上进行。

⑥ 扫描调节校验时，如发现校验点反射在扫描线上偏移超过原校验点刻度读数的 10%或满刻度的 5%(两者取较小值)，则扫描比例应重新调整；前次校验后已经记录的缺陷，位置参数应重新测定，并予以更正。

(七) 检验

① 检验人员应了解管材的性质、厚度、曲率、组对情况、坡口型式、焊接方法、焊缝种类、焊缝余高、焊缝宽度及沟槽等情况。

② 采用单面双侧直射法及一次反射法或二次反射法。

③ 探伤灵敏度应不低于评定线灵敏度，对未焊透缺陷的探测灵敏度应不低于 SRB 试块人工矩形槽反射波峰值点高度。

④ 扫查速度不大于 150mm/s，相邻两次探头移动间隔至少有探头宽度 10%的重叠。

⑤ 对波幅超过评定线的反射波应根据探头位置、方向、反射波在荧光屏上的波形和位置及焊缝情况判定是否为缺陷。为探测纵向缺陷，探头应垂直焊缝中心线做矩形扫查或锯齿形扫查，探头前后移动范围应保证能扫查全部焊缝截面及热影响区。

⑥ 对反射波幅位于或超过定量线的缺陷，以及判定为根部未焊透的缺陷，应确定其位置、最大反射波所在区域和缺陷长度，波幅测定允许误差为 2dB。

⑦ 缺陷最大反射波幅与定量线 SL 的 dB 差，记为 SL±dB。

⑧ 缺陷位置以获得最大反射波的位置表示，根据相应的探头位置和反射波在荧光屏上的位置确定，以焊缝周向分度点为起点，沿介质流出方向投影，顺时针进行标记。深度标记是以缺陷最大反射波的深度值表示。

⑨ 当缺陷反射波只有一个高点时，降低 6dB 相对灵敏度法测定缺陷指示长度；当缺陷反射波起伏变化，有多个高点时，则将缺陷两端反射波极大值之间探头的移动长度定为指示长度。

⑩ 缺陷指示长度小于 10mm 时，按 5mm 计；

⑪ 相邻两缺陷各向间距小于 8mm 时，将两缺陷指示长度之和作为缺陷的指示长度。

(八) 缺陷评定及检验结果的等级分类

如缺陷信号具有裂纹等危害性缺陷特征，其波幅不受幅度限制，均评为Ⅳ级。如不能准确判定，应辅以其他检验方法作综合判定。缺陷反射波幅位于定量线以下的非危害性缺陷均评为Ⅰ级。最大反射波位于Ⅰ区的缺陷以及波高不大于 SRB 试块人工矩形槽反射波峰值点的未焊进缺陷，应根据缺陷的指示长度，按表 2-18 的规定予以评定。

表 2-18　缺陷等级分类　mm

评定等级	开口缺陷(未焊透)	非开口缺陷(条形缺陷)
Ⅰ	不允许	不允许
Ⅱ	4%L，最大可为 12	4%L，最大可为 25
Ⅲ	8%L，最大可为 25	8%L，最大可为 50
Ⅳ	超过Ⅲ级者	超过Ⅲ级者

注：① L 为管道焊缝长度。

② 口单侧未焊透，按非开口缺陷处理。波高大于等于 SRB 试块人工矩形槽反射波峰值点的未焊透缺陷应评为Ⅳ级。反射波幅位于判废线或Ⅲ区的缺陷，无论指示长度如何均评为Ⅳ级。

四、X 射线检查

(一) 透照条件

① 在满足穿透力的前提下，宜使用较低管电压。

② 射线源至工件上表面距离 L_1(mm)应按下式计算：

$$L_1 = 10EL_2^{2/3} \tag{2-4}$$

式中　E——射线源焦点尺寸，mm；

L_2——工件上表面至胶片距离，mm。

(二) 胶片类型

建议使用天津产工业用射线胶片，不准许使用任何医用射线胶片。

(三) 增感屏

① 类型：铅泊增感屏。

② 厚度：如表 2-19 所示。

表 2-19　厚度标准

射线源种类	前屏厚度/mm	后屏厚度/mm
低能 X 射线(400kV 以下)	0.05~0.16	≥0.10

(四) 像质剂

像质剂的型号、规格应符合要求，环焊缝透照时，像质指数应符合表 2-20 要求。

表 2-20　透照厚度标准　mm

要求达到的像质计指数	线直径	透照厚度
14	0.160	>6~8
13	0.200	>8~12
12	0.250	>12~16

注：①用双壁单影法透照时，像质指数按此表规定的数值。

② 不得用增加显影时间来弥补透照曝光不足。

（五）底片暗室处理

胶片应按胶片说明书或有效方法处理。处理溶液应保持良好状况，应注意温度、时间和抖动对冲洗效果的影响。自动冲洗时，应精确控制传送速度及药液的补充。

（六）底片黑度

允许范围为 1.2~3.5。

（七）透照工艺

① 焊缝及热影响区的表面质量应经外观检查合格。

② 管道焊缝进行倾斜透照时，倾斜角度或水平位移应符合下列规定：对于外径大于 50mm 的管道，倾斜角度宜为 7°；平位移的距离 S_o 应按下式计算：

$$S_o = (b + g)L_1/L_2 \tag{2-5}$$

式中 S_o——水平位移，mm；

b——焊缝宽度，mm；

g——椭圆投影间距，mm；

L_1——射线源至管外径的距离，mm；

L_2——管子直径，mm。

③ 管道透照前，应根据设备穿透能力、增感方式、管道直径、壁厚等选择最佳曝光条件，进行工艺试件透照。

④ 像质计、标计、搭接标计的摆放应符合下列规定：底片应清晰显示像质计、中心标计和焊缝编号的影像。百分之百透照时，还应显示搭接标记的影像；像质计应放在胶片的 1/4 处，当放置在胶片的一侧时，应做对比试验以达到相应的像质指数；定位标记及管道焊缝编号距焊缝应至少为 5mm；对管径大的环焊缝，应在底片上清楚显示 100%检查的标记。

⑤ 散射线的屏蔽应符合下列规定：在透照时，应充分银制辐射场范围，对于背散射应充分屏蔽；暗盒背面应附有“B”字，若在底片较黑的背影上出现“B”字较淡影像，说明背散射防护不够。

（八）底片质量

① 底片有效评定区域内不应有因胶片处理不当而引起的缺陷或其他妨碍底片评定的缺陷。

② 底片上像质计影像位置应正确，定位标记和识别标志齐全，且不掩盖被检焊缝的影像。

五、返修

（一）返修口认定

① 焊缝缺陷超过允许范围时，应进行修补。

② 管线环焊缝应符合 X 射线和超声波检查验收标准焊缝经无损探伤检验，若不符合标准的规定，则需要进行返修。

（二）如果是下列情况之一的，焊口应割掉重焊

① 需返修的焊缝总长度超过焊口周长的 30%。

② 需去除根焊道的返修焊缝总长度超过焊口周长的 20%，裂纹长度超过焊缝长度的 8%。

③ 任一部位的补修累计次数超过 2 次。

④ 当发现不允许的裂纹时，应报告监理公司或业主。一般情况下应割除裂纹的焊口重焊，对裂纹的返修需经过业主或监理公司同意。

第八节　管沟下沟回填

沟下组焊的管道组焊、检测合格后或沟上组焊、整体下沟的管道各种检测合格后，应及时组织管沟回填，确保管道在沟下的稳定性。

一、下沟准备工作

① 编写回填施工计划，有针对性地编写特殊地段回填施工方案。

② 检查管道防腐层，碰伤处应立即修补好并复检合格。

③ 确认阴极保护测试引线焊接牢固并引出地面。

④ 确认管道就位、埋深合格，管沟内积水清理干净，特殊地段已按设计要求做好保护措施。

二、细土回填

细土回填(一次回填)应在管道下沟后及时完成，应注意：

① 石方段管沟细土应回填至管顶上方300mm，细土的最大粒径不应大于10mm。

② 戈壁段管沟，细土可回填至管顶上方100mm，细土最大粒径不应超过2mm。

③ 黄土塬地段管沟回填应按照设计方案做好垫层及夯实。

④ 陡坡地段管沟回填宜采取袋装土分段回填，与护坡保坎等构筑物施工同期进行。

三、原土回填

原土回填(二次回填)后，应高出地面300mm以上；应覆盖于管沟上口面，加高部分应做成梯形；耕作区管沟回填应先回填底层土，然后回填耕作土。对回填后可能遭受洪水冲刷或浸泡的管沟，应按设计要求采取分层压实回填、引流或压砂袋等防冲刷和防管道漂浮的措施。石方段回填时，石头粒径不得大于250mm，可采用人工或机械将石块破碎后再回填。

四、特殊地段回填

① 山区石方段无土(或少土)管沟回填，可采用袋装土保护管道后，再采用开挖石方进行回填，另外可以采用碎石机械将石方破碎到符合要求后再进行回填。

② 陡坡段管沟回填时宜采取袋装土分段回填。

③ 水网沼泽管沟回填时，为避免管沟塌方造成管道上浮埋深不够，管段就位后要立即回填，回填时由中间向两端逐步进行。当地下水位较高、土壤渗透系数较大时，管道下沟后，先在管沟内回填若干隔水墙，然后逐段抽净管沟内积水，并及时回填。

五、夯实回填

有密实度要求的地段，应夯实回填。首先取用于回填的土样送有资质的试验机构采用标准击实的方法取得土样的最大干密度和最优含水量等有关资料。

(一) 取样试验

施工时，在夯实或压实后，要对每层回填土的密实度进行检测，一般采用环刀法(或灌砂法)，通过取样测定填土的密实度是否符合要求；或可采用轻便触探仪通过锤击数来检验填土密实度。

(二) 夯实方法

夯实回填一般采取人工打夯和机械打夯的方法。

① 人工打夯：首先将填土初步整平，采用木夯或铁夯、石夯，举高不小于 0.5m，一夯压半夯，按次序进行，每层填土的铺土厚度不大于 200mm，每层压实一般 3~4 遍。

② 机械打夯：管沟夯实回填机械宜选用小型打夯机，常用的有蛙式打夯机、柴油打夯机、电动立夯机等，一般填土厚度不宜大于 250mm。

六、安全措施

① 管沟内有积水时，应先进行排水；无法排水时，应边下沟边回填或分段压管，以防管线漂浮。

② 管沟回填前要检查，确认管沟内无人、动物和遗留物品时方可进行回填作业。

③ 回填作业要防止损坏管线外防腐层。

④ 山区地段回填时，要在坡脚设置警戒标志和设置挡护措施，避免回填作业时滚石、塌方造成安全事故。

第九节　特殊地段施工 HSE 规范

健康(Health)、安全(Safety)与环境(Environment)管理体系(简称“HSE 管理体系”)是国际石油界公认的安全环境与健康管理共同遵守的规则。组织有丰富管道施工经验的 HSE 管理人员，编制具有纲领性的项目 HSE 计划和手册，指导整个项目的 HSE 管理。在此基础上，针对本工程各个地段和各个工序的特点、难点，再详细编制现场 HSE 控制程序文件，该文件要突出 HSE 现场控制重点，现场可操作性要强。

一、HSE 风险识别与评价

1. HSE 风险识别

危害识别框图见表 2-21。

表 2-21　危害识别框图

项　目	意外事故	原　因	危　害	涉及岗位
作业带清理	水土流失	本工程采用铲车进行作业带清理	破坏环境	施工班长、管工、操作手
作业带清理	破坏地下管线	对地下障碍物不了解	财产损失	操作手、施工班长
管线卸车	吊车支腿下陷	管材卸车采用吊车进行卸车，存在吊装作业，吊装时，起重工对吊装现场地质情况未深入了解，吊车支腿保护措施实施不到位	财产损失	起重工

续表

项　目	意外事故	原　　因	危　害	涉及岗位
管线卸车	钢管掉落伤人	(1) 管材卸车采用吊带进行卸车，吊带绑扎不合理，工序未经过认真却认 (2) 吊装时，吊车挂钩没有保护措施，导致钢管脱落，对不符合要求的管挂钩没有进行标识或标识不清 (3) 施工现场组织不当，非施工人员进入现场 (4) 吊带断裂，起重工未详细检查吊带的状态	人员损伤 财产损失	生产组织、起重工
管线卸车	吊车倾翻	(1) 起重工未能履行自己的责任 (2) 操作手对吊车的状态评估不够，对吊车没有进行足够的检查 (3) 违规操作，起吊重量超过吊车的最大载荷重量	人员伤害 设备损害	班组成员、起重工
布管	钢管掉落伤人	(1) 管材装爬犁时采用吊带进行装车，吊带绑扎不合理，工序未经过认真却认 (2) 吊装时，吊管机挂钩没有保护措施，导致钢管脱落，对不符合要求的挂钩没有进行标识或标识不清 (3) 施工现场组织不当，非施工人员进入现场 (4) 吊带断裂，起重工未详细检查吊带的状态	人员损伤 财产损失	生产组织、起重工
布管	吊管机倾覆	(1) 起重工未能履行自己的责任 (2) 操作手对吊管机的状态评估不够，对吊管机没有进行足够的检查 (3) 违规操作，起吊重量超过吊管机的最大载荷重量	人员伤害 设备损害	班组成员、起重工
布管	管材滚动、滑落伤人	(1) 爬犁上堆管太多，操作人员违规操作 (2) 爬犁上做人，人员违规操作 (3) 爬犁制作不合理，没有防滑措施，施工前未能评估爬犁的使用状态，没有作出正确的安全风险评价	人员伤害	班组成员
布管	管线挤压伤人	(1) 操作时，违规操作，对工序没有进行风险评估或评估不够 (2) 钢管堆放处不平整，没有采取保护措施		
管线组对	粉尘、噪音、飞溅伤害	(1) 未按照施工要求穿戴劳保 (2) 施工设备没有进行安全评估，设备不符合HSE管理规范要求	人员伤害	管工、电焊工
管线组对	机械砸、挤压伤人	(1) 管线组对采用人工倒链进行管线组对，施工时，没有对施工机具进行风险评估 (2) 施工人员违规操作	人员伤害	操作手、管工

续表

项目	意外事故	原因	危害	涉及岗位
管线焊接	眼睛伤害	(1) 弧光伤害，违反HSE管理规定，施工人员穿戴劳保 (2) 未戴护目镜，违反错作规程，铁屑焊渣飞溅	眼睛受伤外伤、失明	焊工
管线焊接	烧、烫伤	(1) 电焊溶渣、火花飞溅，防护措施不到位，风险评估不足，导致采取措施部到位 (2) 操作人员违反HSE管理规定，未穿戴好劳动保护用品	火灾、人员烧烫伤	焊工
管线焊接	触电	(1) 电焊机漏电、短路，焊接前未对设备进行评估，对设备的状态了解不足 (2) 电焊把线、超大型级破损、老化，电焊工在操作时，对工具的检验不到位，没有对设备状态进行评估 (3) 本工程采用的是胶轮式移动电站，操作时，没有对移动电站进行接地处理	人员伤亡、设备损毁	焊工
管线焊接	噪声污染	(1) 发电机噪声未采取防护措施 (2) 所选用的焊接设备不符合HSE管理规定	人员听力受损、长期导致耳聋、神经系统受损	发电工
管道补伤、补口	矽肺、中毒、环境污染	(1) 防腐工违反操作规程未穿戴劳保 (2) 选用的材料不符合HSE管理规范 (3) 补口材料为聚乙烯，防腐工违反HSE管理规定，随意丢弃工业垃圾	人员伤害	防腐工
管道补伤、补口	烧伤、烫伤	(1) 没有按照操作规程穿戴劳保 (2) 违反操作规程操作 (3) 对施工过程的风险评估不足，导致保护措施不到位	人员伤害	防腐工
管道补伤、补口	火灾	聚乙烯补口带需要用火焰加热，防腐工未能按照操作规程进行施工，随意摆放火把		
管道补伤、补口	粉尘、飞溅伤害	(1) 补口除锈采用喷砂除锈，除锈工违反操作规程，未穿带护目镜、头盔、口罩等劳保 (2) 对设备状态认识不足，作出错误判断	人员伤害	除锈工
管沟开挖	被掩埋	管沟采用机械开挖，管沟内部的操作属于进入受限空间作业 (1) 没有对进入管沟前和进入管沟后的潜在风险进行评估 (2) 没有预测在管沟内活动时可能产生的潜在危害 (3) 没有考虑到管沟上方的人员、设备的活动对管沟内人员的影响 (4) 管沟开挖未采取相应的放坡措施，导致管沟塌方 (5) 施工人员在沟下作业时，地面没有监护人员	人员伤害	各种岗位

续表

项目	意外事故	原因	危害	涉及岗位
管沟开挖	人员掉入沟内	管沟周围没有设置明显的标识	人员伤害	生产、安全管理人员
套管穿越施工	被掩埋	套管基槽采用机械开挖，清槽作业采用人工作业，属于进入受限空间作业 （1）没有对进入基槽前和进入基槽后的潜在风险进行评估 （2）没有预测在基槽内活动时可能产生的潜在危害 （3）没有考虑到基槽上方的人员、设备的活动对基槽内人员的影响 （4）基槽开挖未采取相应的放坡措施，基槽周围没有采用支护措施 （5）施工人员在沟下作业时，地面没有监护人员	人员伤害	各种岗位
套管穿越施工	人员、车辆掉入沟内	（1）套管基槽周围没有设置警戒带 （2）套管基槽周围没有设置围堰作为缓冲墙	人员伤害	生产安全管理人员
管线下沟	管线掉落伤人	（1）管线下沟时采用吊带进行下沟，吊带绑扎不合理，工序未经过认真确认 （2）吊装时，吊管机挂钩没有保护措施，导致钢管脱落，对不符合要求的管挂钩没有进行标识或标识不清 （3）施工现场组织不当，非施工人员进入现场 （4）吊带断裂，起重工未详细检查吊带的状态 （5）监护工作不到位	人员损伤 财产损失	生产组织、起重工
管线下沟	吊管机倾覆	（1）起重工未能履行自己的责任 （2）操作手对吊管机的状态评估不够，对吊管机没有进行足够的检查 （3）违规操作，起吊重量超过吊管机的最大载荷重量	人员伤害 设备损害	班组成员、起重工、操作手
管线下沟	管线挤压伤人	（1）操作时，违规操作，对工序没有进行风险评估或评估不够 （2）管线没有采用稳管措施	人员伤害	班组成员、起重工
管线下沟	被掩埋	管线在下沟时，人员进入管沟内部的操作属于进入受限空间作业 （1）没有对进入管沟前和进入管沟后的潜在风险进行评估 （2）没有预测在管沟内活动时可能产生的潜在危害 （3）没有考虑到管沟上方的人员、设备的活动对管沟内人员的影响 （4）管沟开挖未采取相应的放坡措施，导致管沟塌方 （5）施工人员在沟下作业时，地面没有监护人员	人员伤害	各种岗位、起重工
管沟回填	人员、设备被掩埋	管沟回填采用铲车进行机械回填 （1）在回填前，沟下的人员及设备没有及时撤离 （2）铲车没有人进行监护、指挥	人员伤害财产损失	各种岗位

续表

项目	意外事故	原因	危害	涉及岗位
管线吹扫、试压	粉尘、污水等杂物排放	操作人员没有按照施工措施进行施工	环境污染	HSE监督员、班长
管线吹扫、试压	爆炸	通球采用压缩空气作为动力： (1) 操作人员违规操作 (2) 设备不过关，施工人员没有对施工设备进行使用评估 (3) 压风车过载使用 (4) 防护措施不到位	人员损伤设备损坏	
夏季作业	中暑	高温、缺水	人员伤害	各种岗位
夏季作业	氧乙炔瓶和氩气瓶爆炸	操作人员违反操作规程将氧气、乙炔在烈日下暴晒	人员伤害	电火焊工
交通运输	翻、撞车	(1) 路况差、视线不好 (2) 车辆性能不良，驾驶员疲劳驾驶 (3) 驾驶员技术差，临危措施不当 (4) 违反交通规定，弯道超车、抢道、车速过快、酒后驾驶 (5) 雷雨、大雾、大风雪天气未采取措施	人员伤亡、严重导致群死群伤、财务损失	驾驶员、行人、乘车人
交通运输	火灾、爆炸	(1) 运输中氧气、乙炔混装 (2) 油箱漏油 (3) 车辆电气线路短路	人员伤亡、财产损失、附近民居、建筑、设备损毁	驾驶员
交通运输	货损事故	(1) 运载途中未对所载货物进行运输安全检查 (2) 车厢后挡板挂钩脱落 (3) 途中住宿货物被盗	财务损失、影响工程进展	驾驶员
营地卫生	流行病	(1) 对当地流行病不了解 (2) 了解但不知其危害性未采取有效控制措施	大量人员染病、高热、昏迷、腹泄、呕吐极难控制	全体员工
营地卫生	食物中毒	(1) 食物腐烂、变质、未烹饪熟 (2) 盛装食物餐具不洁，被污染 (3) 饮用水不符合卫生标准 (4) 恶意投毒	呕吐、腹泄、脱水、昏迷、恶重导致死亡、多为集体中毒	全体员工区
营地卫生	环境污染	(1) 生活污水无排水沟 (2) 生活垃圾乱倒乱扔 (3) 生活用煤质量低劣	水源污染、传播疾病	全体员工
营地卫生	火灾	(1) 食用油温度过高燃烧 (2) 使用电炉、取暖炉千万超负荷，引起火灾	人员烧伤、财务损失	炊事员

2. 风险评价

风险评价见表2-22。

表2-22(a)　风险评价危险等级

项目	事　故	可能性等级	危险等级
风险评价	火灾爆炸	D	I
风险评价	机械伤害	C	I
风险评价	触电	C	I
风险评价	钢丝绳断裂	D	Ⅲ

续表

项目	事　故	可能性等级	危险等级
风险评价	吊件坠落	D	Ⅰ
风险评价	火灾	C	Ⅱ
风险评价	交通事故	C	Ⅱ
风险评价	流行病	D	Ⅰ
风险评价	环境污染	C	Ⅰ
风险评价	食物中毒	D	Ⅰ

注：Ⅰ表示特别重大事故，Ⅱ表示重大事故，Ⅲ表示较大事故，Ⅳ表示轻微的。

表 2-22(b)　危害性事件的可能性等级说明

可能性等级	说明	单个项目具体发生情况	引发事故发生情况
A	频繁	在评价周期内频繁发生(大于 2 次)	评价周期内发生过
B	很可能	在评价周期内出现过(1~2 次)	上次评价周期内发生过
C	有时	在上次评价周期内发生过	最近 2 次评价周期内没有发生，但以前发生过
D	极少	一直没有发生，但有可能发生	不易发生，但有理由可预期发生
E	不可能	极不易发生，以至于可以认为不会发生	不易发生，但并不能保证不发生

3. HSE 风险消除及控制措施

HSE 风险消除及控制措施见表 2-23。

表 2-23　HSE 风险消除及控制措施

项目	意外事故	控制措施	控制岗位	检查人
作业带清理	水土流失	(1) 把施工活动限制在作业带内 (2) 对作业带内的植被尽量采取保护措施	管工	HSE 监督员、班长
作业带清理	破坏地下管线	在开工前，对管线所经过区域进行全面的检查，探明管线所过区域内的所有构筑物	操作手 班长	HSE 监督员、技术员
管线卸车	吊车支腿下陷	管材卸车采用吊车进行卸车，属于吊装作业；吊装前起重工必须对吊装现场进行考察，收集吊装的各种信息，为吊装工作做好准备	班组长 起重工	HSE 监督员、检查员、技术员
管线卸车	钢管掉落伤人	(1) 施工前，要充分考虑吊装安全技术，确保安全 (2) 严禁使用无出厂检验合格证的吊带，吊带必须符合实际载荷 (3) 吊装时，起降和下落时保持均匀速度，摆动时慢速，避免吊杆或支架抖动，禁止载荷撞击吊杆和支架 (4) 指挥人员、操作人员一定要树立安全第一的思想 (5) 吊装工作执行操作规程和技术规范，检查绳、卡等吊具的安全性能，吊装时要专人警戒、监护，工件下禁止站人和其他作业 (6) 吊装作业人员禁止骑在吊件上和随吊车升降 (7) 工具、工件要放在工具袋和安全可靠的地方，不能随手抛掷工具、边角余料	班组长 起重工	HSE 监督员、检查员、技术员

续表

项目	意外事故	控制措施	控制岗位	检查人
管线卸车	吊车倾翻	(1) 整个吊装过程的指挥工作全部由起重工指挥，其他无关人员不允许参与指挥工作 (2) 操作手在吊装工作前，必须对吊车的状态进行检查、评估，不允许不合格的吊车进入吊装现场	班组长 起重工	HSE 监督员、检查员、技术员
布管	钢管掉落伤人	(1) 施工前，要充分考虑吊装安全技术，确保安全 (2) 严禁使用无出厂检验合格证的吊带，吊带必须符合实际载荷 (3) 吊装时，起降和下落时保持均匀速度，摆动时慢速，避免吊杆或支架抖动，禁止载荷撞击吊杆和支架 (4) 指挥人员、操作人员一定要树立安全第一的思想 (5) 吊装工作执行操作规程和技术规范，检查绳、卡等吊具的安全性能，吊装时要专人警戒、监护，工件下禁止站人和其他作业 (6) 吊装作业人员禁止骑在吊件上和随吊管机升降 (7) 工具、工件要放在工具袋和安全可靠的地方，不能随手抛掷工具、边角余料	管工	HSE 监督员、班长
布管	吊管机倾覆	(1) 整个吊装过程的指挥工作全部由起重工指挥，其他无关人员不允许参与指挥工作 (2) 操作手在吊装工作前，必须对吊管机的状态进行检查、评估，不允许不合格的吊管机进入吊装现场	管工	HSE 监督员、班长
布管	管材滚动、滑落伤人	(1) 严格按照操作规程办事 (2) 爬犁上的管材堆放不高于 3 层 (3) 爬犁上不允许坐人 (4) 在制作爬犁时，用毛毡等防滑、软质材料作为铺垫，防止管线	管工	HSE 监督员、班长
布管	管线挤压伤人	(1) 在操作前，对整个布管作业进行安全评估，作出风险识别，并对施工人员进心安全交底 (2) 摆放钢管的管墩必须平整；钢管在堆放到管墩上时，必须采取稳固措施	管工	HSE 监督员、班长
管线组对	粉尘、噪音、飞溅伤害	(1) 施工现场，设置警戒带，严禁无关人员靠近 (2) 员工穿戴好劳保用品	管工	HSE 监督员、班长
管线组对	机械砸、挤压伤人	(1) 在施工前，必须考核各种施工设备的状态是否能够满足 HSE 管理要求 (2) 各种工种必须严格按照各自的岗位职责和施工管理规范进行施工	管工	HSE 监督员、班长
管线焊接	眼睛伤害	(1) 按照操作规程施工，佩戴护目镜，劳保着装 (2) 避免长时间接触弧光 (3) 在施工区域周围设置警戒带，严禁闲杂人员进入施工现场	电焊工	HSE 监督员、班长

续表

项目	意外事故	控制措施	控制岗位	检查人
管线焊接	烧、烫伤	(1) 在施焊前，做好工序的安全评估工作，根据风险评估，建立可行的安全保护措施 (2) 操作时穿戴好劳保	电焊工	HSE 监督员、班长
管线焊接	触电	(1) 在进行焊接前，对所有施工设备进行评估，检查设备状态，不符合 HSE 要求的设备不允许进入施工现场 (2) 移动式电站做好接地	电焊工、电工	HSE 监督员、班长
管线焊接	噪声污染	(1) 所用的设备必符合 HSE 相应标准 (2) 检查发动机的隔音罩是否合格，不合格的要立即更换，直到符合 HSE 管理要求为止 (3) 员工一年进行一次体检 (4) 在施工场所，员工劳保必须穿戴合格	电焊工	HSE 监督员、班长
管道补伤、补口	矽肺、中毒、环境污染	(1) 补口用的聚乙烯补口带必须符合设计和 HSE 管理要求 (2) 防腐工必须严格按照岗位操作规程进行施工 (3) 在进行防腐施工时，做到工完料尽场地清	防腐工	HSE 监督员、班长
管道补伤、补口	烧伤、烫伤	(1) 严格按照操作规程工作 (2) 在施工前，根据施工实际，对工程进行安全评估，根据风险评估，制定相应得安全措施及办法 (3) 严格执行 HSE 管理办法，劳保穿戴齐全，避免事故发生	防腐工	HSE 监督员、班长
管道补伤、补口	粉尘、飞溅伤害	(1) 施工现场设置警戒带，禁止闲杂人员进入施工现场 (2) 在进行施工前，进行安全评估，根据工程特点，进行安全交底 (3) 防腐工在喷砂除锈时，必须佩带防护面具，佩戴口罩、佩带护目镜等防护措施	除锈工	HSE 监督员、班长
管沟开挖	被掩埋	管沟采用机械开挖，管沟内部的操作属于进入受限空间作业 (1) 在进入管沟前，对进入管沟前和进入管沟后的潜在风险进行评估 (2) 根据风险评估进行预测在管沟内施工时可能发生的危害 (3) 在管沟内施工时，考虑管沟上面的人和设备的活动对管沟下造成的影响进行预估 (4) 由于迪那 2 区块的土质为戈壁，管沟在开挖时，以 1:0.5 的放坡系数进行放坡，并且每隔 50m 开挖一处逃生通道，施工人员在施工时，自带梯子，以便发生塌方时，及时逃出管沟 (5) 在管沟开挖时，必须有专人在沟上进行监护	班长	HSE 监督员、生产组织者
管沟开挖	人员掉入沟内	(1) 在管沟周围设置明显的标识 (2) 加强人员的教育工作	班长	HSE 监督员、生产组织者

续表

项目	意外事故	控制措施	控制岗位	检查人
套管穿越施工	被掩埋	套管基槽采用机械开挖，基槽内部的操作属于进入受限空间作业 (1) 在进入基槽内施工前，对进入基槽前和进入基槽后的潜在风险进行评估 (2) 根据风险评估进行预测在基槽内施工时可能发生的危害 (3) 在基槽内施工时，考虑基槽上面的人和设备的活动对基槽下造成的影响进行预估 (4) 由于基槽开挖处的土质为戈壁，基槽在开挖时，以1:0.5的放坡系数进行放坡，并且在基槽周围采取支护措施，施工人员在施工时，自带梯子，以便发生塌方时，及时逃出管沟 (5) 在基槽内施工时，必须有专人在沟上进行监护	班长	HSE监督员、生产组织者
套管穿越施工	人员、车辆掉入沟内	在路边或通道边设置昼夜醒目标志，并且在基槽周围设置围堰作为缓冲墙	班长	HSE监督员、生产组织者
管线下沟	管线掉落伤人	(1) 施工前，要充分考虑吊装安全技术，确保安全 (2) 严禁使用无出厂检验合格证的吊带，吊带必须符合实际载荷 (3) 吊装时，起降和下落时保持均匀速度，摆动时慢速，避免吊杆或支架抖动，禁止载荷撞击吊杆和支架 (4) 指挥人员、操作人员一定要树立安全第一的思想 (5) 吊装工作执行操作规程和技术规范，检查绳、卡等吊具的安全性能，吊装时要专人警戒、监护，工件下禁止站人和其他作业 (6) 吊装作业人员禁止骑在管线上和随吊管机升降	班组长 起重工	HSE监督员、检查员
管线下沟	吊管机倾覆	(1) 整个吊装过程的指挥工作全部由起重工指挥，其他无关人员不允许参与指挥工作 (2) 操作手在吊装工作前，必须对吊管机的状态进行检查、评估，不允许不合格的吊管机进入吊装现场	班组长 起重工	HSE监督员、检查员
管线下沟	管线挤压伤人	(1) 在下沟前，对风险进行预估，根据预估结果，建立相应的安全措施 (2) 管线下沟后，采取稳管措施，避免管线滑动	班组长 起重工	HSE监督员、检查员

续表

项目	意外事故	控制措施	控制岗位	检查人
管线下沟	被掩埋	管线在下沟时，人员进入管沟内部的操作属于进入受限空间作业 （1）在进入管沟前，对进入管沟前和进入管沟后的潜在风险进行评估 （2）根据风险评估进行预测在管沟内施工时可能发生的危害 （3）在管沟内施工时，考虑管沟上面的人和设备的活动对管沟下造成的影响进行预估 （4）在开始下沟前，调查施工环境，熟悉逃生通道，在施工时，沟内摆放足够的梯子，以便发生事故时，及时逃出管沟 （5）在管线下沟时，必须有专人在沟上进行监护	班组长 起重工	HSE 监督员、检查员
管沟回填	人员、设备被掩埋	管沟回填采用铲车进行机械回填 （1）管沟在回填前，必须将管沟内的人员、设备清除干净 （2）铲车必须有专人进行监护和指挥	班组长 操作手	HSE 监督员、检查员
管线清管、试压	粉尘、污水等杂物排放	（1）严格按照施工措施进行施工 （2）对施工的潜在危害进行预估，建立切实、可行的安全措施 （3）粉尘、污水排放口选择在人员稀少的冲沟处	班组长	HSE 监督员、检查员
管线清管、试压	爆炸	（1）在清管、试压工作开始前，进行风险评价，对潜在的危害进行预估，根据危害建立完整的安全措施 （2）对进入施工现场的设备进行严格的审查，对不符合 HSE 管理要求的施工设备严格进入施工现场 （3）对已经进入现场的施工设备进行备案，严格按照设备的参数进行运行，并且做好完整的维护、维修及运转记录 （4）做好防护措施	班组长	HSE 监督员、检查员
夏季施工	中暑	施工现场常备开水，施工班组配备急救药水	班组长、后勤管理人员	HSE 监督员
夏季施工	氧、乙炔瓶和氩气瓶爆炸	（1）采取挡荫措施，严格要求摆放距离，氧气、乙炔的摆放净距不小于5m，氧气乙炔远离明火净距不小于10m （2）建立完整的施工安全措施	火焊工	HSE 监督员、班组长
交通运输	翻、撞车事故	（1）路况不好放慢车速，保证安全 （2）保证睡眠充足，精力充沛，保证车辆性能良好，坚持进出厂检验制 （3）文明行车，礼貌载客，严格执行道路交通管理条例，严禁酒后驾车 （4）提高技术水平，临危不乱，处变不惊	班组长 驾驶员	HSE 监督员、检查员、调度员

续表

项目	意外事故	控制措施	控制岗位	检查人
交通运输	火灾、爆炸	(1) 严格执行易燃易爆物品运输管理条例，氧气、乙炔严禁混装 (2) 随时检查油箱情况，发现问题及时修理、更换 (3) 保持出气线路绝缘良好，发现隐患及时排除 (4) 车上配备灭火器	班组长 驾驶员	HSE 监督员、检查员
交通运输	货损事故	(1) 运料单与所载货物相符，检查货物捆绑情况 (2) 开车前检查车况，所挡板挂钩完好，锁定 (3) 途中住宿锁好车门，给店主交待看管事宜	班组长 驾驶员	HSE 监督员、检查员
营地管理	营房倒塌、火灾、触电	(1) 烟头禁止随处乱扔 (2) 电气设备应绝缘良好，保证通风散热 (3) 保证零线可靠接地	管理员	HSE 监督员、检查员、
营地管理	燃料火灾、爆炸	(1) 易燃易爆材料堆放处或仓库区距建筑物和其他区域不小于 20m，并设置警示标志 (2) 氧气、乙炔瓶要摆放在距作业点 5m 外的上风方向，两瓶间距 5m 以上，距明火 10m 以上 (3) 氧气、乙炔气瓶禁止高温曝晒，应在堆放点搭设遮阳棚，防止温度过高发生爆炸	班组长 管理员	HSE 监督员、检查员
营地管理	生活垃圾、污水引起环境污染、引起病疫	生活垃圾进行深理，保持环境卫生、清洁	管理员	HSE 监督员、检查员
营地管理	地方性传染疾病、死亡	(1) 施工现场配置急救箱和药品 (2) 咨询预防措施	管理员	HSE 监督员、检查员
营地管理	与地方、民族发生冲突、伤害	(1) 遵守当地法律法规，尊重当地风俗习惯 (2) 与当地公安机关联系，保障员工生命安全	管理员	HSE 监督员、检查员
营地管理	食物中毒	(1) 按照有关规定进行食品的采购，运输储存 (2) 食堂里配备冷藏设施及消毒柜。防止食物变质，对餐具进行消毒	炊事员 管理员	HSE 监督员、检查员
营地管理	洪水	编制《防洪应急预案》、加强应急反应程序，积极进行防洪演练	管理员	HSE 监督员、检查员
营地管理	人员失踪	(1) 严禁单独外出 (2) 严禁非假外出 (3) 严格执行组织纪律 (4) 外出时按照规定路线，不得任意更改	管理员	HSE 监督员、检查员
营地管理	蚊蝇叮咬	(1) 安装纱窗等措施 (2) 发放驱蚊物品，如清凉油，风油精	管理员	HSE 监督员、检查员
营地管理	中暑	(1) 防暑降温措施 (2) 生活用品佩戴齐全	管理员	HSE 监督员、检查员

二、山区地段施工 HSE 规范

在山区地段施工，HSE 管理显得尤为重要，因为设备在陡坡作业、石方段爆破作业、河谷段雨季施工、隧道施工、冬季施工及营地的卫生管理工作等都是施工中要面对的难题。因此，必须通过宣传教育等手段，使广大职工对 HSE 管理体系有深刻认识和了解，正确认识实施 HSE 管理的重要性和必要性，掌握 HSE 管理的标准、规范。

1. 培养 HSE 管理理念

首先，严格用工制度，建立健全考核、培训、持证上岗制度。定期对上岗职工进行强化性的 HSE 技术岗位培训，使每一个职工从理论上都知道本岗位上每一个工序的技术要求和规程措施上的 HSE 要求，达到"应知"要求，并做到时间上、制度上有保障。特别加强要害工种的专业培训和调岗工种的换岗培训，如对电气焊工、电工、操作手等特殊工种，要进行复训。对于特种作业人员必须持证上岗，坚决杜绝无证上岗，坚持"不懂本岗位作业标准的职工不准上岗"和"不按本岗位作业标准作业的职工下岗强制培训并按违章处罚"的原则。

其次，增强预防为主的 HSE 管理理念，提高员工的风险意识。项目部和各施工机组制作了大量的 HSE 管理警示牌和管理标语，在施工现场不同的作业面和具有不同风险等级的位置，都有相应的 HSE 警示标志和标语，有效引导和提示员工的行为；在作业带周围拉起警戒线，有效地防止无关人员进入施工现场，对维护施工现场的安全生产起到保障作用。

2. 强化现场 HSE 监督检查

在山区管道施工时，项目部 HSE 监督员每天到现场进行巡回检查，以项目 HSE 管理体系文件为依据，查隐患、纠违章，发现问题及时按程序处理，确保监督检查到位，确保各施工现场工作始终处于受控状态。各机组 HSE 监督员负责组织自查自检活动，坚持日查、周检、月总结制度。对查出的隐患不仅仅限于整改，重要的是分析问题、查找根源、举一反三，制定相应的防范措施，避免类似事件重复发生。同时，对每次活动内容都认真做好记录。

3. 严格火工品使用管理

针对山区施工工程量大，炸药、雷管使用量多的情况，可以成立火工专业组，加强对施工现场火工品的监督检查，对工作人员特别是爆破特殊作业人员的各种相关资质进行检查，对安全技术交底和技术交底记录进行检查，强化对火工品在运输、使用和存放过程中的管理。

4. 建立健全应急救援体系

① 加强应急救援中心的建设，认真调查分析、策划。在应急救援中心，配备必要的应急抢险人员和物资，加强日常应急培训和演练，随时应对突发事件的应急救援，将环境和人员财产损失减少到最小程度。

② 制定总体应急预案和瓦斯应急预案、火工品事件应急预案、隧道塌方应急预案等专项预案。

③ 要求参建各单位在编制 HSE 管理方案的同时编制相应的应急预案，报监理和项目部审批，积极与当地应急救援机构建立联系，按要求进行应急演练。

通过从上述几个方面进行重点控制，再结合日常的监督检查，使得在山区长输管道施工中的 HSE 管理工作取得更加切实的效果，可以做到把事故隐患消灭在萌芽状态，避免和杜绝重大事故的发生。

三、高寒冻土地段施工 HSE 规范

（一）基坑开挖及支护 HSE 措施

① 基坑施工的支护安全方案：基坑深度不足 2m 时，原则上不再进行支护，按规范要求放坡。若与相临建筑物、管线、道路较近或地质情况较差时仍需支护。

基坑深度超过 2m 但小于 5m 时，坑壁土质为砂土、粉土，湿度为稍湿状态下，周围没有其他荷载时，可根据规范放坡或边坡采取踏步台阶式。雨季、坡壁土质不良或周围有附加荷载时需要进行支护。所有开挖的基坑堆土必须在基坑开挖线 2m 以外。基坑必须作临边防护。基坑超过 1m 时，四周必须设置梯子，标识逃生路线，基坑上、下必须设置逃生通道。

② 基坑开挖的土方放在边坡稳定线以外，堆土不得过高，以免滑坡塌方。

③ 基坑开挖的土方不得堵塞安全通道，不得掩埋已有的消防栓、警告牌等设施。

④ 不得扩大破坏树木及植被，必须破坏的要及时恢复。

⑤ 基坑开挖的土方除回填及平整外及时运走，保持环境清洁。

⑥ 机械开挖必须注意未拆除的架空线路，避免架空线路破坏。

（二）模板工程 HSE 措施

① 支撑系统的立柱底部垫板应平整，垫板长度至少应能承受两根立柱并确保垫板的强度和稳定性。

② 支撑系统的立柱间距必须符合设计要求：沿立柱高度方向每 2m 应设双向水平拉结，拉结杆端部与坚固物连接，当无坚固物时，设置纵向和横向剪刀撑。

③ 模板安装前应向操作班组进行安全技术交底，并通知相关专业施工人员及时配合。

④ 在安装过程中，模板及其支撑有防倾倒的临时固定设施。

⑤ 模板拆除前确认混凝土强度达到规定，混凝土强度未达到规定严禁提前拆模。

（三）钢筋工程 HSE 措施

① 各种钢筋设备使用前要检查试运，不得带病作业。

② 钢筋调直到末端时，人员必须躲开，以防甩动伤人。

③ 多人合运钢筋，起、落、转、停动作要一致，人工上下传送不得在同一垂直线上。钢筋堆放要分散、稳当，防止倾倒和塌落。

（四）混凝土工程 HSE 措施

① 使用震动棒应穿胶鞋，湿手不得接触开关，电源线不得有破皮、漏电。

② 施工现场的落地混凝土及散在运输路上的混凝土及时清理干净，做到工完料净场地清。

（五）脚手架工程 HSE 措施

脚手架施工必须按已批准的脚手架施工方案操作，必须注意脚手架底支垫牢固，脚手架的立杆、横杆间距、连墙杆必须符合规程要求，连墙杆、剪刀撑的数量、间距必须符合规程规定。

（六）原有设施的保护

施工中要特别注意未拆出或待拆的站内、站外地下、地上光栏、电缆、电线、管道等设施的保护，对地下设施必须做到“先明确，后标识，再保护”。

(七) 冬季施工 HSE 措施

① 对特种作业人员等规定穿绝缘鞋、防滑鞋施工。

② 进入施工现场必须戴好安全帽，高空作业系好安全带，班前各班组长要进行安全交底，五级以上大风应停止高空作业，夜间施工要有足够的照明。

③ 风雪后施工时，应先将道路、操作平台等积雪清除干净并对供电线路进行检查，防止断线造成触电事故。

④ 对特殊工种，如架子工、电焊工等，结合冬施特点进行安全培训教育。

⑤ 指定专人负责清理路面、上下马道等，采取防滑措施。现场排水管道、管沟等均提前疏通，定期清理。雪后及时将架子上的积雪清扫干净，并检查马道平台，如有松动下沉现象，务必及时处理。

⑥ 冬季施工期间加强边坡的监测，安排专人监护边坡，防止冻融等造成边坡失稳。

⑦ 现场材料码放应距离基坑边 3m，严禁超高码放，并定期观测基坑边坡位移情况。

四、沙漠地段施工 HSE 规范

(一) HSE 风险识别与控制

1. 编制依据

①《建筑施工现场环境与卫生标准》(JGJ 146—2004)。

②《建筑施工安全检查标准》(JGJ 59—99)。

③《建筑施工高处作业安全技术规范》(JGJ 80—91)。

④《施工企业安全生产评价标准》(JGJ/T 77—2003)。

⑤《建筑机械使用安全技术规程》(JGJ 33—2001)。

⑥《施工现场临时用电安全技术规范》(JGJ 46—2005)。

⑦《建设工程施工现场供用电安全规范》(GB 50194—93)。

⑧《手持式电动工具的管理、使用、检查和维修安全技术规程》(GB 3887)。

⑨《设备机械完整性管理标准》。

⑩《挖掘作业安全管理标准》。

⑪《进入受限空间安全管理便准》。

⑫《临时用电安全管理标准》。

⑬《高处作业安全管理标准》。

⑭《吊装作业安全管理标准》。

⑮《安全工作许可证管理标准》。

⑯《承包商安全管理标准》。

⑰《工作安全分析管理标准》。

⑱《安全培训管理标准》。

⑲《事件管理规定》。

⑳《现场应急管理通用标准》。

㉑《设备质量保证手册》。

(二) 施工安全措施

为了使项目部施工作业面现场及从事施工活动的人员、设备机具、材料、设施管理符合健康、安全、环境体系的要求，制定本办法。

① 项目部实行全过程管理，对现场调度、工程质量、施工技术、施工工期、劳动保护、文明施工、工程资料、质量认证、治安保卫等管理工作负全面责任。

② 施工作业队根据项目部编制的《项目 HSE 作业计划书》和《HSE 技术交底卡》进行学习与培训，并层层交底。

③ 对施工过程中出现的安全事故或隐患、意外险情，人力不可抗拒的自然灾害的抢险，项目部应立即启动应急预案。

④ 项目部对施工作业场所进行整体规化、布局合理，原材料、成品、半成品堆放整齐、合理、有便道和安全通道，做到工完料尽、场地清。

⑤ 施工作业场所各种标志齐全、指示明显，所设坑、沟、池、梯、台必须符合规定。

⑥ 施工作业人员按规定劳保着装，无违纪现象。

⑦ 脚手架材料和脚手架的搭设必须符合规程要求。

⑧ 电器设备、容器、箱式野营房等必须有避雷、接地装置，并符合要求，能源管理无跑、冒、滴、漏及长明灯现象。

⑨ 施工作业现场有总体施工平面布置图，设计符合要求。

⑩ 施工现场警示标志：施工现场应按照 GB 2894—2008《安全标志及其使用导则》的规定，设立安全禁止标志、警告标志、指令标志及提示标志，且设置数量和设置位置应满足安全警示的需要，其中包括：施工现场醒目处设置注意安全、禁止吸烟、必须系安全带、必须戴安全帽等标志；施工现场及道路坑、沟、洞处设置当心坑洞标志；施工现场较宽的沟、坑及高空分离处设置禁止跨越标志；射线作业按规定设置安全警戒标识线，并设置当心电离辐射标志；吊装作业区域设置警戒标识线并设置禁止通行、当心落物等标志；高处作业位置设置必须系安全带、禁止抛物、当心坠落、当心落物等标志；仓库及临时存放易燃易爆物品地点设置禁止吸烟、禁止火种等标志；氧气瓶、乙炔瓶存放点设置禁止烟火、当心火灾等标志；电源及配电箱设置当心触电等标志；临时电缆(地面或架空)设置当心电缆标志；设置紧急集合点标志。

(三) 文明施工措施

① 绘制好总体平面布置图，应布局合理，文明责任区划分明确，并有明显标记。同时设置明显的标牌，标明工程项目名称、工程概况及建设单位、设计单位、监理单位、项目经理和技术负责人的姓名、开工日期及计划交工日期。

② 工地建设的项目策划、临建设施满足总平面图设计要求，现场施工符合作业指导书及工艺流程设计要求，工序衔接交叉合理，有严格的成品和半成品保护措施及制度，机具设备使用合理，施工作业满足消防和安全要求。

③ 施工现场所有管理人员、施工人员都必须佩戴胸卡(上岗证)，同时按照有关要求统一着装；定期对现场人员进行培训教育，做到语言文明、行为文明，提高其文明意识和素质。

④ 临时设施按照总平面图合理布置，建筑材料、构件、料具分类堆放，需临时集中存放的要悬挂标牌。现场垃圾及时清运，做到工完料尽场地清。现场道路应设排水系统，保持平坦、整洁。

⑤ 施工现场应设置禁止、警示、指令、提示标识，并配以相应的警示语句。合理悬挂安全生产宣传和警示牌，主要施工部位、作业点和危险区域以及通道口悬挂有针对性的安全警示牌。

⑥ 施工现场建立健全消防防火责任制和管理制度，配备足够、合适的消防器材及义务

消防人员。现场的消防出入口、紧急疏散通道等应符合消防要求，设置明显标志。易燃易爆物品配备专用消防器材，并有专人负责管理。

⑦ 施工现场应备有应急器材，急救人员应掌握常用的急救措施，能够使用简单的急救器材。防止粉尘、噪声、固体废弃物、泥浆、强光等对环境污染和危害，禁止焚烧有毒、有害物质。

⑧ 施工现场应做到防止污水、大气、噪声(振动)污染，有效减少施工对环境的影响。对施工中产生的废料不可乱弃乱放，应按要求运往指定地点进行处理存放；对易于造成环境污染的施工材料，在运输、存放及使用过程中，应采取有效措施，将污染降到最小限度。大型临时设施的场地、弃渣场坡面应按设计要求进行复垦或绿化。在水源保护区内不得取土、弃土、破坏植被，并不得堆放任何含有有害物质的材料或废弃物。

⑨ 现场进行的各项施工操作，必须按施工前的施工操作安排，或按相应的有关规定进行做到层次清楚，紧张有序，杜绝违章操作和野蛮施工。

⑩ 现场各类机械设备停放应合理，摆放整齐，并应根据需要设置机动车辆冲洗设施。施工现场原材料、中间产品堆码整齐，标识牌要及时更新。

⑪ 施工车辆行驶的便道应进行日常性养护，保证晴天行车无扬尘，雨后行车无积水，不影响当地群众正常生活、生产和通行。

⑫ 积极配合相关监督检查单位或人员对文明施工情况随时监督检查，对提出的不能满足文明施工要求的地方要及时整改。

⑬ 施工前应了解施工现场的文物、古迹、爆炸物、电缆、地下管线等情况。不得随意占用或破坏与施工现场相邻的公共设施场所，不得影响道路通行。

⑭ 施工结束后做好监时占地的恢复工作，对施工中占用的地方道路、桥梁等做好恢复工作。

五、水网淤泥地段施工 HSE 规范

(一) 健全组织机构，确定风险应对原则

1. 分析项目特点，健全组织机构

长输管道施工是一项综合性的野外施工系统，在水网淤泥地区施工过程中具有 4 方面的特点。

① 线长、点多，受不同地区地理、地形、地质的影响，尤其是穿越高等级公路、河流、沟渠的风险很大。

② 野外露天作业，在雨季施工时设备移动非常困难，管沟容易塌方。

③ 与农田水利、铁路、公路、电力、通讯和航运等地方有关行业部门容易产生矛盾。

④ 全系统的安全受到区域、环境、人员和设备等各个方面的影响，项目环保方面的要求比较高。

针对以上特点，在水网淤泥地区输气管道施工时应建立完善的 HSE 监督机构。

2. 了解现场实情，明确风险应对原则

在施工准备期间，组织经验丰富的相关成员到现场进行勘察，结合水网淤泥地区的特点，明确施工中风险控制重点是保证施工作业人身和财产安全，防止环境污染，建设安全绿色的管道工程。为了将施工风险降低到最低限度，创造良好的健康、安全与环境文化，确定了风险应对的 4 项原则。

① 建立和保持科学的 HSE 体系，提供充分的资源保证。

② 遵守国家及施工所在地的法律、法规，主动接受政府相关的依法监督和管理。

③ 促进提高员工健康、安全和环境意识，改善员工的劳动生活环境，最大限度地满足员工的健康、安全需求。

④ 追求零事故、零伤害的施工管理目标。

（二）综合调研，识别水网地区施工风险

通过组织现场勘察和相关人员集思广益，风险识别和应对领导小组分别针对大口径管道水网淤泥地区施工的各个工序进行了风险评估分类、事故易发性分级和危险评价指数矩阵分析，认真地辨明造成这些风险的原因，并采用检查表的形式一一列出，下发到每个班组的 HSE 监督员，并通过班前会对现场作业人员进行宣传贯彻。

（三）因地制宜，采取多种方式消减风险

在明确了水网淤泥地区管线施工存在的风险及其产生原因之后，工程项目部制定了《水网地区风险消减计划和措施》，采取资源配置、人员培训、现场演练和现场采取相应的技术措施、安全防范措施的方法，预防、监控和消减施工风险。

大力开展人员培训工作，提高人员风险应对意识。开始施工前，组织各类管理人员和作业人员进行各类相关知识、技能的培训，风险识别、应急演练是培训的重要内容。在培训过程中，既进行了理论培训，又聘请了当地的卫生、环保部门专业人员进行实地讲解，并根据项目应急程序进行火灾、触电、机油污染、管沟塌方等项模拟风险的应急演练，从而提高项目管理和作业人员的风险意识和应对能力。

在水网淤泥地区施工的过程中，实施上述风险识别和风险消减管理措施，最大限度地降低了在水网淤泥地区管道施工的风险，在保证施工安全的前提下，不仅丰富和完善了大口径长输管道水网施工方法，而且保证了施工进度、安全风险控制和质量控制目标的实现。

六、黄土塬地段施工 HSE 规范

（一）管理重点

在施工中安全第一，应根据现场的地形、气候特点，加强安全管理，提高安全防范意识，杜绝安全事故的发生。安全管理要重点做好以下工作：

① 根据黄土地区气候特点，雨季来临时，雨量大、时间短，易造成泥石流、山体滑坡等自然灾害，规定设备、车辆、管道等严禁停放或堆放于陡坡处，需停放于密实度较高、稳定性较好、相对可靠的区域。

② 为保证梯田处施工安全，应做好焊前的安全防范工作，如开挖管沟时，为防比塌方，管沟坡度应适当加大或进行支护；焊接时，必须在焊接处设置防塌棚，保护沟下工作人员的人身安全；在焊口附近的管沟边缘应设置逃生坡道或搭设逃生爬梯，一旦发生塌方，便于人员疏散和逃逸。

③ 陡坡施工时，必须采取可靠措施固定管道，防止滑管、滚管；应将陡坡坡顶处的管道焊接完毕，坡顶管道产生的摩擦力足以克服沿斜坡方向的下滑分力，方可进行陡坡施工，以防止管道下滑引发危险。

④ 抗滑桩施工中，重点加强防滚石、防坠落、防垮塌的安全管理。各类机械设备、运输道路、料石场、生活设施要布置合理，同时布设排水系统，防止泥石流的发生。在抗滑桩孔口周围设置围栏网，孔内设置避护板，防止土石滚入孔内伤人。出渣提引器操作手安全带

要系在孔口围栏上，防止滑落孔内，并注意观察孔内情况，禁止强行提升，避免提引器坠入孔内。孔内壁要按规程浇注快凝水泥沙浆，凝固后方可进行下一步施工。孔内如需爆破，由专职爆破员（或当地爆破站人员）根据周围施工环境把握药量，减少震波，加强通风。

⑤ 格构锚杆施工中，重点加强斜坡锚杆钻机平台的稳固性和防尘工作。在斜坡搭设脚手架平台要注意接口处的牢固性，上面铺设竹排扎牢，锚杆钻机的导向支架牢固，防止因振动而垮塌。锚杆钻机施工中喷出的粉尘，除采用防尘罩降低粉尘浓度以外，还应重点加强个人防护，配戴防尘口罩。格构干砌石的运输作业中，卷扬机操作手要服从专人指挥，掌握运输车的停开。卷扬机开动时，运输车的前后人员要避开，防止牵引绳断开导致车、石冲下伤人，以及钢丝绳弹起伤人。

⑥ 加强用电安全管理。电线要统一高架，做到一机一闸，加装漏电保护器，经常检查电线胶皮是否破损。在潮湿的孔内施工要设置低压照明，防止触电事故的发生。

⑦ 做好危险源的识别，提前做好安全防护措施，施工现场设立相应的安全标志。对工人做好岗前安全教育，考试通过后方可进行现场施工；定期发放劳保用品；做好日常的安全检查工作，存在的安全隐患应提出书面整改措施，并监督执行。

（二）管理对策

黄土地区属大陆性干旱、半干旱季风气候，降雨主要集中在7、8、9月三个月，降雨过程短，加之区内独特复杂的地形地貌特征和植被稀少的自然条件，降水入渗率很低，大部分以洪水的形式沿沟谷排泄，形成山洪暴发；黄土塬区黄土以粉粒为主，结构疏松，黄土的完全崩解时间仅为几秒至几分钟，浸水后粒状架空结构体系迅速崩解，其抗冲蚀能力极差，因此，对长输管道危害很大。在以往管道施工及运行中经常出现的问题有：冲沟、向源侵蚀导致管线暴露、悬空；嵝岘两侧洪水侵蚀，管线暴露、悬空；陡崖或高陡边坡塌方破坏管线；滑坡摧毁管道；管沟上部被水冲刷，管线暴露；管沟底部被水冲刷，管线悬空；汇水源及过水道横向摧毁管沟；穿跨越支墩被水冲毁或管线暴露、冲毁。在黄土地区的管道施工采取地基预处理、干砌石护坡、挡土墙、截水墙、排水沟、护墙、锚固墩等主要施工手段，结合地表排水等综合治理措施，尽量减轻由于黄土的湿陷性给施工带来的影响。

此外，在施工过程中，安全生产管理的难点多：一是工艺和工种多，如挖掘机削方整形、抗滑桩支档孔内开挖（爆破）、格构锚杆施工、工程材料的运输；二是施工环境差，如工作面窄，时有塌方、滚石，施工区内居民的干扰及安全问题；三是施工队伍多、民工多，工作相互协调性差，民工安全防范意识差；四是立体交叉，昼夜施工，工序协调难度大，安全生产管理的盲点多。针对以上施工现场的施工特点及安全管理难点，采取以下对策：

① 制定地质灾害治理施工安全管理办法，建立安全生产管理网络。可考虑以施工项目部为管理单位，成立安全技术管理部，配备专职安全员，此外各工程处也可配备兼职安全员，组成安全管理网络。

② 针对每个工种制定安全操作规程，对上岗员工进行安全培训，并进行考试，建立安全教育培训档案，特种作业人员要求持证上岗。专职安全员佩戴袖标实行全天候巡视，对违反安全生产规定的人员当场进行处罚。开展定期评选安全生产流动红旗和安全示范岗活动，建立健全生产现场的安全约束和激励机制，做到奖罚分明。

③ 加强立体交叉作业的安全管理。严格做到生活区与生产区分离，每个工区用围栏分隔。在上下工区和工序交叉处设立专人指挥，协调解决各工序的矛盾。兼职安全员挂牌负责本工区的安全管理，服从专职安全员的统一管理，专兼职安全员共同担负起安全管理的责

任，扫除安全管理盲点。

④ 建立完整的工程安全监测网络和安全事故应急预案。通过使用测斜仪监测钻探孔、GPS 监测手段监测滑坡、塌方等事故，采取前缘抛石反压、中部削方减载、局部支档加固等应急措施，有效控制滑体的进一步发展，确保施工中的安全生产。

基于湿陷性黄土施工的专业化强度大、施工质量及其技术要求高、出现施工质量事故引起负面影响大的特点，要对湿陷性黄土地区的大口径输气管道施工实行全方位的 HSE 管理，需对施工中的各因素进行细致全面的考虑，并制定系统化、规范化的管理体系，从而在保障施工人员安全、施工环境恢复的基础上达到平稳供气的目标。

七、大型河流地段施工 HSE 规范

(一) 施工现场

① 施工现场物料要堆放整齐，易燃、易爆、易腐蚀、有毒物品不得随地乱放，设专库存放并符合防火、防爆、防腐蚀、防失散的安全要求。

② 任何人进入施工现场必须戴安全帽，施工人员工作前要穿戴相应合格的劳动保护用品。操作旋转机械严禁戴手套，不许穿高跟鞋、拖鞋、凉鞋等进入施工现场作业。

③ 进入施工现场人员，班前不准饮酒，要坚守岗位，不准打闹、睡觉或启动别人的机械设备。

④ 施工现场设立明显的安全标语和警示标志。

⑤ 施工现场的临时电线要用绝缘良好的橡皮线或塑料线，架设高度室外不低于 3.5m，禁止在树上、金属设备上或脚手架上挂线，不准用金属线绑扎电线。

⑥ 施工现场的临时油库和气瓶库等要配备足够的灭火器材和工具，周围 10m 以内不准有火源。

⑦ 现场的危险作业区域，如吊装现场、射线作业区等，应有明显的警告标志，禁止非工作人员入内。

⑧ 夜间施工现场应设置固定的、足够的照明设施。

⑨ 现场的电焊软线应合理布置，避免和吊装钢丝绳交叉。电焊软线应绝缘良好，接头应有护套。钢丝绳应避免拖地拉拽，以免磨损。

⑩ 现场施工应尽量避免多层垂直作业。

(二) 吊装作业

① 所有参加施工人员须遵守安全操作规程，按规定穿戴劳保用品。

② 风力达五级以上时，不准进行吊装作业。

③ 吊装时须有专人指挥。

④ 与吊装无关人员应离开现场，并在安全区与危险区临界处设专人监视。

⑤ 吊装就位后，需采取可靠的固定措施，其拉线地锚等应牢固可靠。

(三) 高空作业

① 从事高空作业的人员，要定期检查身体，患高空作业禁忌症的人员，不得登高作业。

② 高空作业现场应设置合格的脚手架、吊架、靠梯、栏杆、安全网等防护措施。高空作业必须系安全带，安全带必须拴在施工人员上方牢固的物件上(非尖棱角的部位)。

③ 高空作业的梯子必须牢固，踏步间距不得大于 400mm，挂梯的挂梯回弯部分不得小于 100mm，人字梯应有坚固的铰链和限制跨度的拉链。

④ 遇有六级以上大风或暴雨、大雾天气时，应停止登高作业。

⑤ 高空作业人员使用的工具必须放入工具袋内，不准上下抛掷，施工用料和割断的边角料应有防止坠落伤人的措施。

（四）清管试压

试压区域由安全部门设置专门警戒线，并设置“试压危险，注意安全”的警示牌，所有控制阀门挂上醒目的标志，吹扫口严禁对准装置区、高压线、通讯线、建筑物等，无法避免时必须设置隔离墙。非工作人员必须远离吹扫口，吹扫放空口 50m 范围内设专人警戒，设专人检查连接管及设备、管线的压力变化情况，设专人监测和指挥空压机的升压。空压机是高压设备，非工作人员必须远离，严禁在空压机附近吸烟及动火。

（五）交通运输

加强对车辆的派车用车管理，坚持每周的驾驶员安全学习，教育驾驶员严格按照国家及公司的有关规定做好安全行车，严禁开快车、酒后开车、弯道超车、开带病车。

（六）焊接作业安全措施

① 电焊机一次接线应由电工操作，二次接线可由电焊工来接。电焊机应完好，罩盖、壳、仪表齐全完好。

② 电焊机壳应接地或接零。

③ 二次接线焊接电缆的绝缘保持良好。焊机空载电压较高时，因焊工大量出汗或衣服潮湿以及在潮湿地点焊接作业，在作业地点用绝缘垫板与管子进行隔离绝缘。

④ 防护用工作服、帽、面罩、鞋盖、手套等须干燥，面罩不漏光，工作服要钮扣齐全，脚盖应捆在裤筒里，上衣不应束在裤腰里，以免接存飞溅的焊渣。

⑤ 焊接作业地点周围 5m 内不应有易燃易爆物品。

⑥ 电气焊作业前，穿戴好防护用品、检查工具设备，确认安全后方准作业。

⑦ 输、储氧气和乙炔的工具和设备要严密，禁止用紫铜材质的连接管连接乙炔管。输、储氧、乙炔的工具设备冻结时，不准用明火烘烤。

⑧ 氧气瓶、乙炔发生器瓶的放置要避开输电线路垂直下方，距明火在 10m 以上，氧气瓶与乙炔发生器间距不小于 5m。

⑨ 两岸埋地管线采用沟下焊作业时，先支好安全凳，并检查沟壁有无裂纹、松动、塌方的可能，否则须采取支撑或加固措施，在确认安全可靠后才能下沟施焊。非工作人员不准在沟内停留。

⑩ 在工作地点移动焊机、更换保险丝、检修焊机、改接二次线时必须切断电源。推拉闸刀开关时，必须戴绝缘手套。移动把线时，任何人不得在其首尾相接的危险圈内，防止把线受力后伤人。

⑪ 管道组焊现场，氧气、乙炔胶管与电线、电焊软线要合理布置，不能混合交叉在一起，电焊软线及氧炔胶管要牢固绑在工作地点的支架上，焊接材料要放在稳妥方便的地方。

⑫ 停止作业时，随即切断电源和气源，焊钳放在安全的地方。

⑬ 有人触电时，立即切断电源，或用绝缘体使之脱离电源，必要时进行人工呼吸抢救。

（七）环境保护措施

① 配备专用垃圾、施工废弃物回收垃圾车 1 辆和若干回收垃圾的工具。

② 各工种的施工废弃物不准随地乱扔，焊条头、焊渣、砂轮片、短截铁丝等小件废弃物放在随身携带的盛装容器内，大件废弃物堆放在施工现场指定的临时堆放点，歇工时放置

于工地废弃物回收桶内。

③ 各种废油集中回收送到处理厂。

④ 对可燃垃圾进行焚烧处理时，灰烬倒入污水坑内。

⑤ 对垃圾进行深埋处理时，不能选择易于侵蚀和污染地下水的地方。

⑥ 处理污水时，不能污染地面水和地下水。

⑦ 机械设备加油要采取防止漏油措施，以免油品泄漏造成对周围环境的污染。

⑧ 空压机(车)的排污管，用专用容器盛接，以免其污物的排泄造成污染。

第三章　山区输气管道施工

第一节　山区地形地貌

一、地形地貌

山区段地形地貌的共同特征有：地形起伏较大，梁峁沟壑纵横，气候干燥，植被稀少，表层多为黄土，局部地段为土伏石，土层厚为200~500mm。管线在上山、下山段时，山坡坡度较大，平均坡度均大于35°，大落差的坡度达到80°左右。

（一）山区滑坡地段

滑坡是指在边坡上的大量土体或岩体的边界产生剪切破坏。如在重力或其他力的作用下，土体或岩体以一定的加速度沿软弱面整体下滑，同所有的物理地质现象一样，滑坡是发生在一定的地貌、地形、地质、水文和气候条件下的。滑坡有很多不同的规模，其涉及的范围从几立方米的岩土物质的下滑到几平方公里甚至上百立方米地层的巨大滑动。

滑坡是一种不良的地质现象，它对输送天然气的埋地钢制管道十分有害。滑坡导致埋地管道事故不是很常见，但是这种特定事故的发生可能是灾难性的，轻者可使管道架空悬垂，重者可使管道断裂，有时可达到几十米甚至上百米。管线泄漏或破裂不仅立即导致火灾和爆炸，而且会对环境产生长期的影响。

滑坡在我国西部各省山区分布甚广，在西北的黄土高原滑坡广泛分布。西气东输工程中，天然气管道从新疆维吾尔自治区到上海，全长上千公里，经过不同省市，管线经过的地质条件纷繁复杂，在运行过程中常常受到滑坡的威胁。为了管道的安全，管道不宜铺设在容易发生滑坡的不良地区，但是在滑坡广泛的地区建设管道，滑坡的威胁是不可避免的。

（二）山区岩石地段

岩石地段全是大的岩石，缺少必要的管沟回填细土。目前，国内施工中，如遇无回填细土的岩石段，先筛分细土，若无法筛得细土，则到远处运输细土。国外施工中，一般购买当地细土处理厂的细土，但因距离工地较远，运输效率较低。目前，国内的岩石粉碎机效率较低，最高的岩石粉碎机出料10mm时生产能力仅为35m^3/h，而实际中需要的生产能力要求达到300m^3/h。因此，应研制适用于山区施工的自行式、具有岩石破碎功能的管沟细土回填机。该设备应具有体积小、运转灵活、岩石破碎能力强、爬坡能力好的优点，可在山区狭小场地内完成岩石破碎和管沟回填。

（三）山区大落差地段

在山区敷设大口径管道时，往往会遇到大坡度、高落差的山坡，部分地段由于地形地理的限制及现场实际的限制，不适合或不能进行削坡处理以降低坡度。纵观整个山区段，当山坡坡度位于20°~30°时，难以直接进行机械作业，必须进行削降坡处理；而坡度大于30°时，削降坡作业对环境的破坏过大，经济上不合理，不应进行削降坡处理，而且部分地段因现场条件限制也不能进行削降坡作业，此时，不可能使用任何燃料动力设备进行管线的运输，只能采用卷扬机、轻轨和运管小车组成运布管系统。

二、施工难点

在山区管道施工中，管线在山梁或黄土梁上敷设时，施工作业带狭窄，平均宽度约 3~4m；冲沟、壑谷走向变化较大，谷底地质条件复杂，或有流水，或岩石裸露，“U”形河谷占绝大多数。施工时，修筑施工便道、运布管、管道组焊是十分困难的问题。一定要通过时，需要加强区域性地质调查，避免在陡坎和半坡上敷设管道，要尽量选择在缓坡处和山梁上通过。特别慎重选择制高点和转角点，因为这两点关系到通过山区的总体走向。

此外，还应针对山区坡陡、沟多的特点，结合地形地貌修筑各种水工保护工程，采取设置截水墙、挡土墙、护坡、护底和管下涵等措施。对于生态环境特别脆弱地带，如果由于管道施工对环境造成破坏时，将会引起大量的水土流失，使本来就十分脆弱的生态环境几乎无法恢复。因此在管道施工时，应切实注意对环境的保护。

在许多实际工程中，输气管道都会经过部分山区以及高落差地段。对于高落差、大口径管道来说，由于其吨位重，加上地形复杂，因此在管道的运输、转运以及安装方面增加了较大难度。在施工中应根据各自不同的地形特点采取相应的技术措施。

对于陡坡段山区管线施工，其技术难点主要体现在如下几个方面：

① 施工顺序的选择：施工顺序的选择直接影响整个施工方案的确定和实施，是先施工陡坡段还是先施工缓坡段，陡坡段是从下而上施工还是自上而下开始施工，是先进行陡坡段土建施工还是先进行陡坡段安装施工，这些都是需要解决的难点。

② 陡坡段运管是极其困难的。任何动力设备都不可能在这样的坡度上重负荷行走，并且必须保证整个运管过程安全、可控。

③ 陡坡段组焊难以实施。在陡坡段，管线如何吊离运管设备？在组焊时，管线需要上下左右移动进行微调，如何实现？管线处于悬吊状态时，受重力向下的分力的影响如何消除？这些问题需要解决。

④ 隧道内外的通讯困难。在陡坡段，对讲机比缓坡段受限更大，其有效距离不足 300m，而程控电话不能实现各处实时、可视通讯，不便于卷扬机操作手操作控制。如何实现实时、有效的通讯畅通，对确保陡坡段的施工安全具有至关重要的作用，也是顺利施工、有效指挥的前提。

⑤ 陡坡段施工的安全至关重要。在陡坡段施工，必须确保操作人员的安全和施工过程安全可控，稍有不慎就将造成重大安全事故。

三、施工流程

根据山区地区的地貌特征，在敷设输气管道前要设计合理的施工方案。山区地段施工流程如图 3-1 所示。

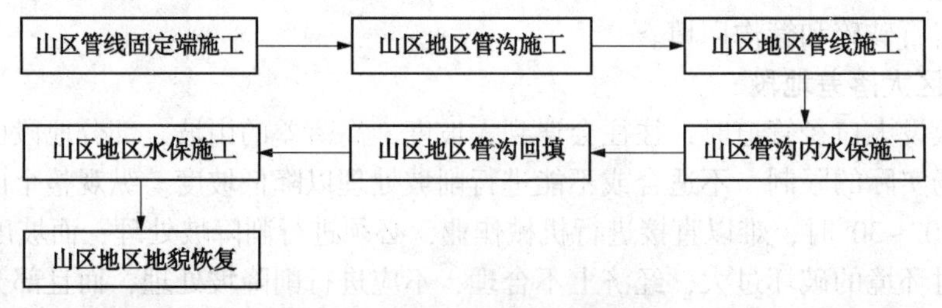

图 3-1 山区地段施工流程图

第二节　山区关键施工工序

山区地段管道敷设施工难度较大，在施工中关键的施工工序有：施工通道修筑，管道开挖，管道的运输和布管，管道穿越。

一、测量放线

① 准备交接桩的材料、用品和工具，设计单位向施工单位对测量控制桩、线路中线桩进行交接，施工单位采用手持亚米级高精度 GPS 复测。

② 管道线路测量前，由施工项目部技术负责人组织技术人员及有丰富机械施工经验的安装工、起重工、测量工、机械操作手组成线路勘察组，对各类地形、各桩段的施工方法及采取的措施进行详细分类和规划，并绘制施工工艺平面布置图，以便指导各工序统一协调作业。

③ 根据设计控制桩和中线桩，按照规划的详细布管工艺方法组织测量工作，用 GPS-RTK 或全站仪放出管沟中心线及作业带占地边线，以白灰或小红旗做明显标记。山地管道放线应根据设计文件对作业带的宽度要求及作业带修筑方式确定作业带宽度和占地边线的位置。

④ 测量放线时以设计蓝图为依据，并应考虑对管道走向和纵向变坡的优化，测量时与施工作业带及便道紧密结合并统筹考虑土石方降坡和堆填，避免出现埋深不足或埋设太深的问题。

⑤ 每一个测量组配备具有机械化作业施工经验的技术员 1 名、测量工 2 名，利于合理设置变坡点。

⑥ 测量时可以在每一处地形变化点设桩(即一坎一桩)，并在该桩上设定挖深，但切忌把每一点都作为管道安装的纵向变坡点使用，只能作为地形变化点便于计算调整角度、校核埋深及指导扫线、挖沟使用。

⑦ 遇高陡坎(壁)需设置管道变坡点时，坎(壁)顶部点位的设置应距坎(壁)外边缘保持一定的距离，以满足地基对机械的承载力要求。

⑧ 设置变坡点时应考虑两弯头(管)间连接时规范规定的最小短节长度或一定长度内焊口数量的限制要求(如最小短节 1.5m、8m 长内焊口数不超过 3 道)，尤其对于热弯+冷弯、冷弯+冷弯(冷代热)组合时，由于冷弯管的曲率半径大、弧长较长，将导致两弯头(管)间的中心距离增长。

⑨ 由于受地形、地物及征地宽度等条件限制，管道线位置宜设在紧邻占地边缘一侧：一般斜切山坡段设在高侧、其余的多设在邻近交通方便一侧，另一侧留作作业带和施工通道，但不宜频繁交叉变换施工通道和管道的相对位置。

⑩ 在穿跨越段的两端，地下管道、电缆、光缆穿越段的两端，线路阀室的两端及管线直径、壁厚、材质、防腐层变化分界处，应设置分界标志桩。地下障碍物标志桩应注明穿越名称、埋深和尺寸，管径、壁厚、材质、防腐层变化分界处标志桩应注明变化参数、起止里程。

二、施工作业带

(一) 施工作业带清理

① 清除作业带范围内的附着物，拆除建构筑物、移除电杆等障碍物。

② 调查并标记地下障碍物的类型、埋深等，与产权单位联系落实迁出或联合保护措施，并进行保护。

③ 林地清理时，先砍伐树木周围的灌木丛、幼树，并清除出人员撤离通道，以便伐木工在树倒下时顺利撤离；然后再清理危险树木(烂根、干枯、悬空等易倒伏的树木)。伐木时，将作业带内需要砍伐的树木用红色油漆标示。伐木前，先从各个方向观察，选择倒树的方向，保证伐木作业的安全。

④ 清除表层耕作土，堆放在作业带边缘一侧；对土层稀薄地段，采用袋装土进行保护。

(二) 施工作业带修筑

山区施工作业带修筑与沟边便道结合进行，作业带的坡度一般控制在17°以内。施工作业带的形成可以通过作业带扫线和管沟开挖堆土平整压实形成。由于受地形、地物及征地宽度等条件限制，其管道线位置宜设在紧邻占地边缘一侧，一般斜切山坡段设在高侧、其余的多设在邻近交通方便一侧，另一侧留作作业带和施工通道，但不宜频繁交叉变换施工通道。狭窄地段作业带位置见图 3-2。

图 3-2　狭窄地段作业带布置

作业带的平整、修筑方法主要有以下 7 种类型：

① 沿山脊修筑：将山脊平整，挖方放置在两侧压实作为作业带的一部分，填方外侧砌筑永久性或临时性挡土墙防土石下滑，如图 3-3 所示。

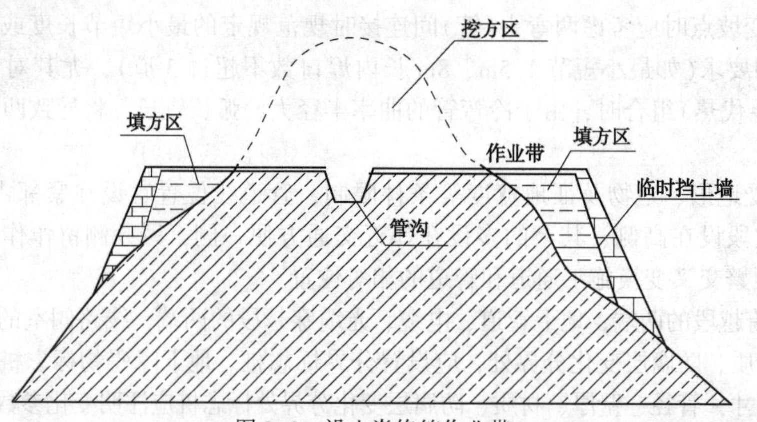

图 3-3　沿山脊修筑作业带

② 沿横坡修筑：横坡段沿管道方向挖出平台，挖方堆放在横坡下侧，边缘用袋装土或块石堆码成临时挡土墙。压实填方作为作业带的一部分。在横坡修筑作业带时，坡度超过30°必须在下侧修筑侧向挡土墙，20°～30°间根据实际予以考虑。侧向挡土墙可堆码袋装土

或使用块石干砌，以避免土石方下滑造成环境破坏，如图 3-4 所示。

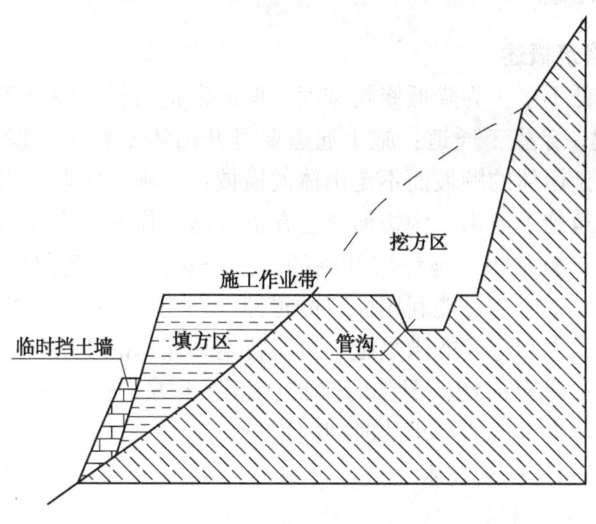

图 3-4　沿横坡修筑作业带

③ 纵坡沿坡地、梯田地：作业带的开辟采取半挖半填的方法，就地平衡土石方，以减少运输工作量。作业带成型后，在挖方区域开挖管沟，以利管道安全，如图 3-5 所示。

④ 管道通过窄脊地形：采取在两侧袋装土砌筑挡墙后推填土形成作业带，如图 3-6 所示。

图 3-5　沿纵坡修筑作业带

图 3-6　沿窄脊地形修筑作业带

⑤ 当山坡坡度大于 25°且无法形成连续作业带的陡坡时，可形成“断头路”，在“断头路”尽头处平整出一块 10m 宽、20m 长的车辆调头场地。

⑥ 管道通过山间烂泥田、水塘、沼泽时，采用玉米杆、笆茅杆或树枝捆成直径为 500mm 的杆捆，均匀铺垫在湿地沼泽上面，在其上再铺 300mm 土层形成便道，当地面下 0.8m 内含水量较低且地面有一定承载力时，可通过直接换土 0.5m 厚，形成作业带。

⑦ 当施工作业带通过沟渠时，采用埋设过水涵管形成作业带和便道，如图 3-7 所示。

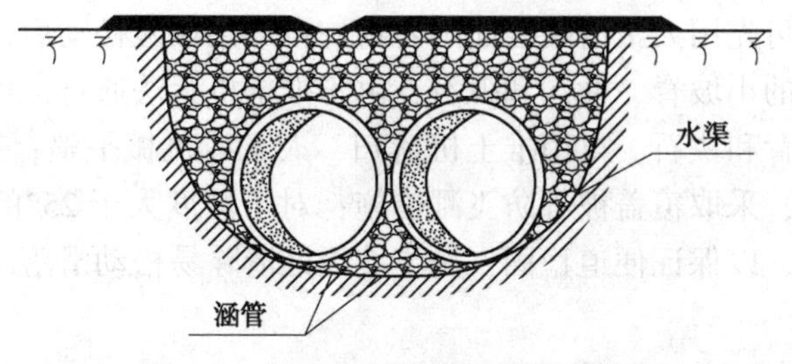

图 3-7　施工作业带通过沟渠示意图

三、施工通道修筑

（一）施工通道修筑概述

山区地段地势高低不平，为降低修筑难度，保证设备通行，应合理选择修筑路线，一般沿管线平均 3km 修建一条施工通道；施工通道要避开山体不稳定地段，尽量在坡度变化较缓的地方修筑，尽量走山体的顺坡而不走山体的横披；当施工作业带因遇陡坡断头时，还需分别在坡顶或坡脚修筑施工通道、沟边通道；在沿着施工作业带内修筑并贯通全线时，通道应选择在作业带内地形较平坦、地势较开阔的一侧修筑，另一侧留作管沟开挖、管道敷设用；修筑施工连通道时，应尽可能利用原有的道路，对有利用价值的道路进行拓宽、推填、平整、碾压，使其承载力和宽度能满足施工机械行走和操作的要求，无需做泥结石或碎石路面。施工过程中，根据路面损伤情况随时维护；山区土方工程应在发生泥石流、山洪、石崩、持续暴雨和雪崩等灾害可能最小的时期内进行。

（二）常用的施工通道修筑技术

1. 在横坡上修筑施工通道

管道沿横坡敷设时，由于横坡容易造成滚管以及施工设备损坏，为保证设备及施工作业人员的人身安全，施工作业带一般不宜出现大于 8°的横坡，因此在进行作业带开拓时，其目标就是将横向坡度降至 8°以下，如图 3-8 所示。

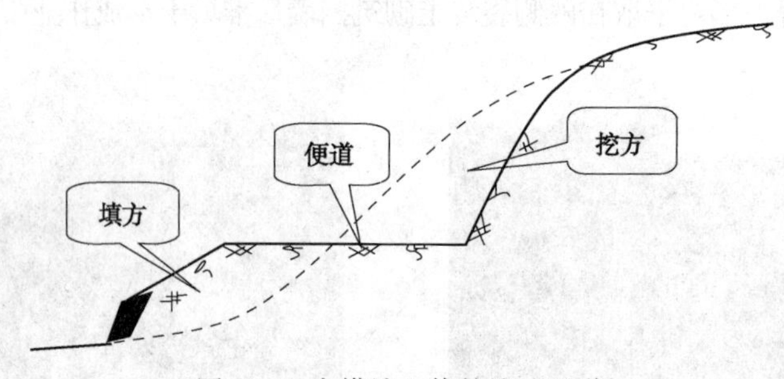

图 3-8　在横坡上修筑施工通道

针对现场自然横坡的具体情况，需采取如下措施：在地势较为平缓的山间台地或坡度小于 10°的平缓地段，应尽量利用施工作业带，以减少施工工程量与征地面积；坡度为 10°~20°时，可直接在斜坡上挖填土修建；坡度为 20°~30°时，需在作业带填方坡脚处修建挡土墙护坡，并在地表松软或易滑坡的地段打桩加固并用毛石砌筑，以保证施工作业带安全可靠；坡度超过 30°时，在必要的地段应绕行修筑施工便道，并可通过修建分级式护坡，确保作业带保持稳固，墙体宽度可随高度变化；对于坡度较大的长、陡地段，可修筑“之”字形施工通道，在通道与管线交叉处修筑设备停放平台。

当斜坡为黄土土质时，可用单斗挖掘机和推土机进行挖填方、降坡、碾压，人工配合修整；斜坡为基岩时，可先用人工清除表面附着物，再采用爆破松动后机械或人工方式进行平整；对局部凹凸不平的小坡脊、冲沟和孤石，由于推土机无法通行，可采用爆破方式或岩石开凿机粉碎突出的坡背和块石，再用推土机清扫、人工或机械平整；当线路上空有电力线、附近有公路、民宅时，采取覆盖被等防飞溅措施；对于坡度大于 25°的地段，填方坡脚处要用块石或袋装土堆砌，以保证便道稳固，挖方坡顶处清除易松动滑落的孤石或土石方，保障车辆通过安全。

2. 在纵坡上修筑施工通道

位于纵坡(梯田或台地)上的施工通道可采用挖高填低的施工方法，如图 3-9 所示。

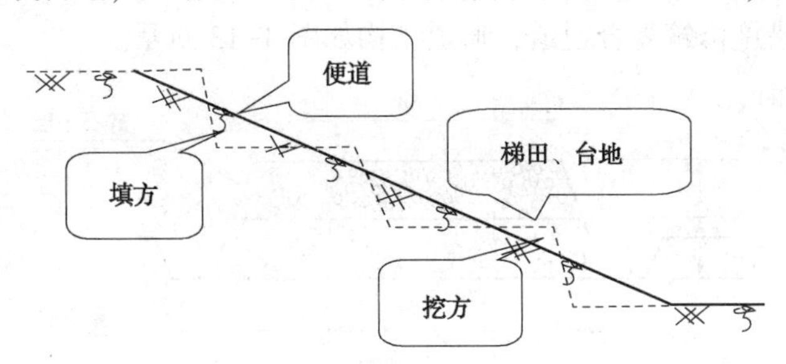

图 3-9　在纵坡上修筑通道

当斜坡为梯田、台地时，可用单斗挖掘机和推土机进行挖填方、降坡、碾压，人工配合修整；对于石质山坡地，可采用爆破后机械配合人工就地挖填方降坡的方式修建。

3. 在其他特殊地段修筑施工通道

(1) 需劈(削)山段修筑施工通道

在劈削山段，可采用堆码砂袋、填土堆砂袋堡坎、砌石等措施将原有道路加宽，如图 3-10所示。

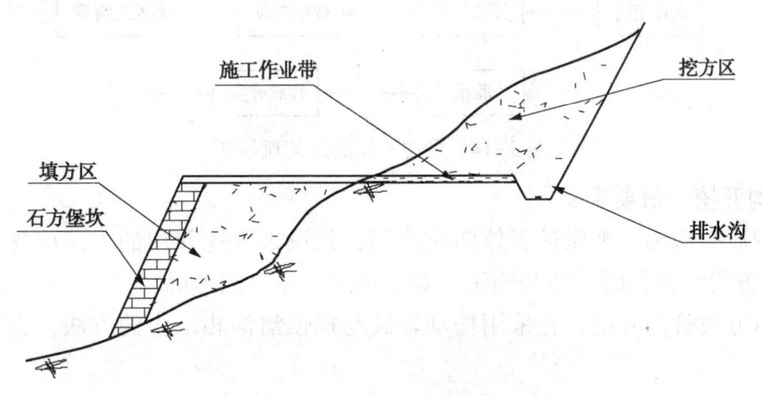

图 3-10　需劈(削)山地段施工通道

(2) 与公路衔接处修筑施工通道

施工通道与公路连接处，采用编织袋装土进行铺垫，保证通道与公路平缓，过渡不至损坏公路和路肩。当路边有排水沟时，应埋设过水涵管，如图 3-11 所示。

(3) 与沟渠交汇处修筑施工通道

施工通道修筑与不能断流的沟渠交叉时，修筑便道前应预埋过水涵管，或根据现场实际情况架设钢结构便桥，如图 3-12 所示。

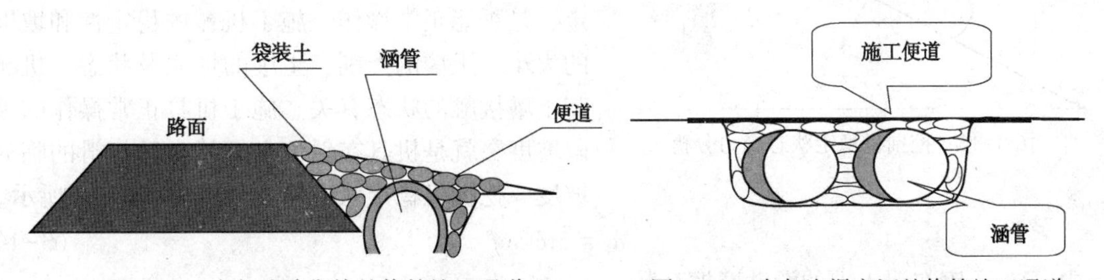

图 3-11　在与公路衔接处修筑施工通道　　图 3-12　在与沟渠交汇处修筑施工通道

(4) 河谷及冲(洪)积地段修筑施工通道

河谷地带和山坡坡脚处的冲(洪)积地段，地下水位较高，地质松软，具有湿陷特性，此时采取地基强化措施修筑复合通道，通道结构如图 3-13 所示。

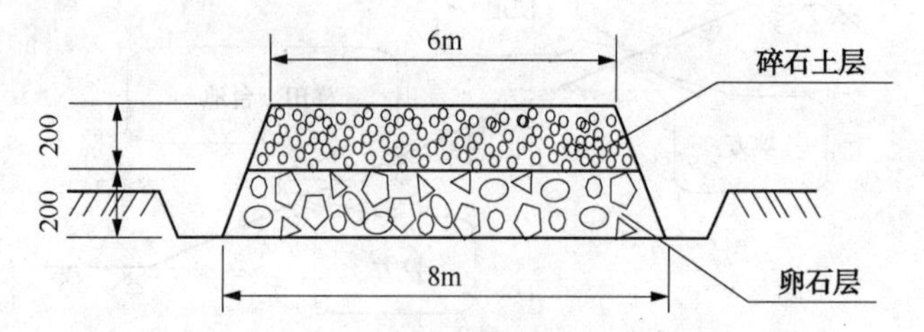

图 3-13　在河谷及冲(洪)积地段处修筑施工通道

四、管沟开挖

(一) 管沟开挖概述

管沟开挖是埋地管道线路工程中一项关键的工序，管沟质量的好坏直接影响埋地管道的施工质量。管沟开挖的工艺流程如图 3-14 所示。

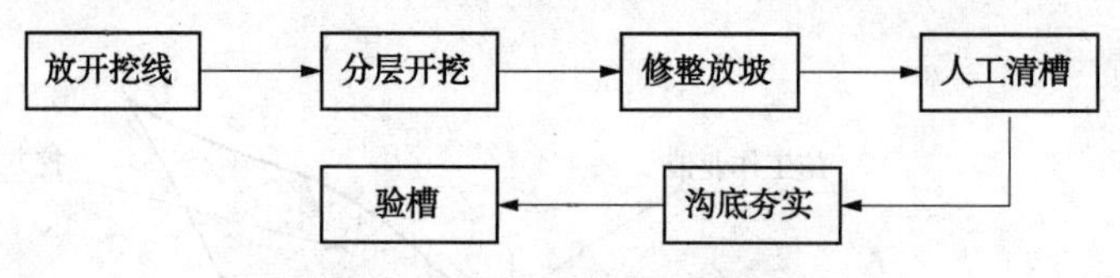

图 3-14　管沟开挖的工艺流程图

(二) 管沟开挖一般要求

① 对石方段的管沟，为保护管体防腐涂层，其爆破开挖管沟的工序应先于布管、管线组焊工序；石方管沟开挖时，应与施工作业带清理工序一同考虑。

② 山区石方段管沟开挖，宜采用松动爆破与机械清沟相结合的方法，也可采用岩石挖掘机开挖。

③ 石方、卵石段管沟深度应比设计要求的深度超挖 200mm，以便设置铺垫层来保护管道腐蚀层。管沟沟壁不得有欲坠落的石头。

④ 施工机械在纵坡上挖沟，必须根据坡度的大小及土壤的类别、性质及状态，计算施工机械的稳定性，并采取相应措施，确保安全操作。

(三) 常用的管沟开挖技术

1. 纵坡上用机械开挖管沟

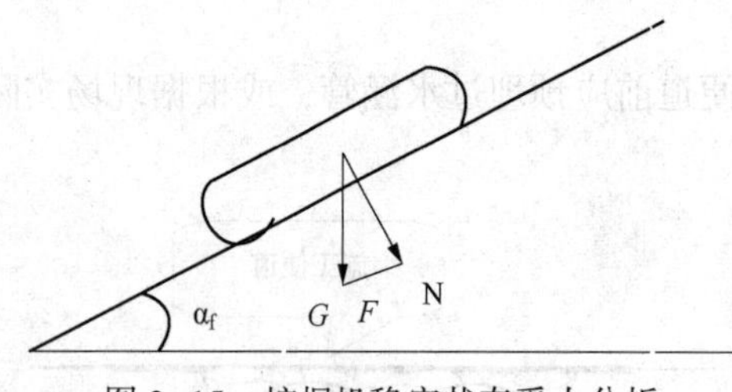

图 3-15　挖掘机稳定状态受力分析

施工机械在纵坡上挖沟，必须考虑其是否稳定，是否能正常操作。施工机械的稳定性和坡度的大小、土壤的类别、土壤的性质及状态、机械和土壤接触的状态有关。施工机具正常操作的极限坡度，就是机具在斜坡上开始自动打滑的临界坡度。挖掘机稳定状态受力分析如图 3-15 所示。

$$a_f = \arctan f \tag{3-1}$$

式中　f——钢在泥土上的滑动摩擦系数；

a_f——计算临界坡度，(°)。

稳定安全系数采用 1.5 时，极限坡度 $a_j = a_f/1.5$，计算结果见表 3-1，供参考。

表 3-1 钢在各种土壤上的摩擦系数和极限坡度

土壤种类	摩擦系数 f	$a_f/(°)$	$a_j/(°)$
亚黏土、湿黏土	0.30	16.7	11.1
干燥亚黏土和黏土	0.38	20.8	13.9
砂土和砾石土	0.36~0.40	19.8~21.8	13.2~14.5
压实石质土	0.45	24.2	16.2
爆破石质土	0.5	26.6	17.7

① 在没有黏性的土上：

$$H = KQg(\sin\alpha - \cos\alpha\tan\varphi) \tag{3-2}$$

式中 H——机具不下滑所需的拉力，N；

K——机具稳定安全系数。$K>1$ 时，机具稳定；$K<1$ 时，不稳定；为保证机具安全操作，取 $K \geqslant 1.5$；

α——纵坡坡度，(°)；

φ——土壤内摩擦角，(°)；

g——重力加速度，$g = 9.81\mathrm{m/s^2}$；

Q——机具的质量，kg。

② 在有黏性的土上：

$$H = [Qg(\sin\alpha - \cos\alpha\tan\varphi - CF)] \tag{3-3}$$

式中 C——机具与土壤之间的啮合力，$\mathrm{N/m^2}$；

F——机具与土壤的接触面积，$\mathrm{m^2}$。

求出 H 后，就可以计算钢丝绳直径。也有一些特殊情况，例如：雨天在松土地面上挖沟时，不论坡度如何，施工机械必须用拖拉机等拖住施工，该拖拉机必须放在斜坡顶部。

2. 横坡上开挖管沟

在横坡上开挖管沟时，如果横坡等于或大于 8°，需先修台基，为线路提供施工场地，并保证管线运行时所需的正常维护管线的条件，台基一般宽 9m 左右，内侧 3m 宽部分供修筑边沟和管沟，外侧 6m 宽部分供施工机械通行，弯曲地段上台基宽度应增加 1.4~3m。

台基修筑分两种类型：一类是一半是挖方，一半是填方，填方用于通行施工机械，如图 3-16 所示；另一类是不利用弃土，台基全部开挖出来，如图 3-17 所示。第一类适用于坡度在 18°以下的斜坡，第二类适用于坡度超过 18°的斜坡地带。

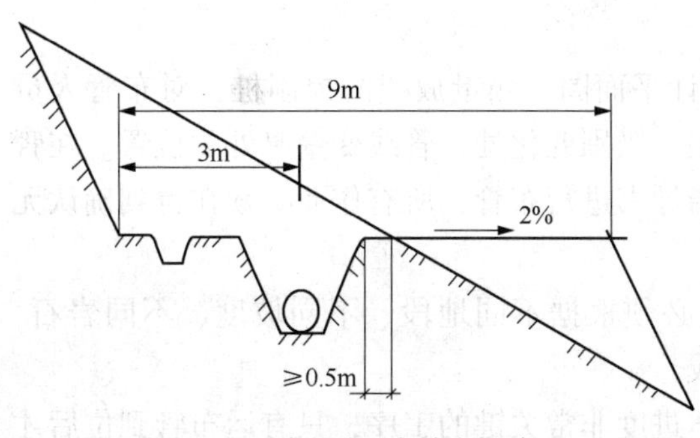

图 3-16 半挖方-半填方土台基

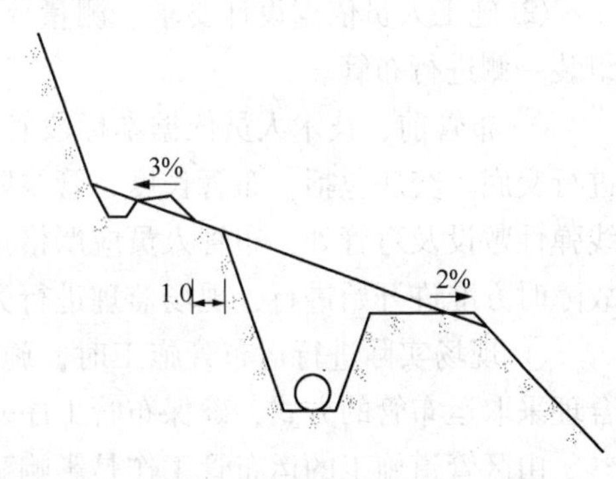

图 3-17 全部开挖台基

3. *石方段开挖管沟*

在安全条件允许时可采用爆破开挖，但应充分考虑爆破时对周围环境可能产生的影响，严格控制装药量和抛掷方向，并制定和实行相应的安全防护措施。采用爆破开挖管沟应在布管前进行。

（四）管沟开挖安全保证措施

① 健全 HSE 管理体系，施工现场设专职 HSE 监督员。管沟开挖前，开展由项目负责人、技术员、安全员和有丰富施工经验的操作工人参加的危害识别，并运用 PHA 法进行风险评价，对开挖过程中可能发生的危害和可能造成的损失进行估测，制定相应的风险削减措施和应急反应计划，形成作业计划书。

② 在山区地段施工时，为防止管沟暴露时间过长引起沟壁塌方，采用分段流水作业法，提高管线的综合施工进度。

③ 挖掘机在山区陡坡（坡度大于 15°）开挖时，应从上向下操作，铲斗可以断续地起到锚固作用，比较安全。

④ 阴、雨、雾、霜等不良天气条件下，管沟开挖作业塌方、机械打滑的风险进一步加大，尤其是山区地段易受滑坡、泥石流等地质灾害的威胁。应密切注意天气变化，避免在不良天气开挖作业。

五、运布管技术

（一）管道布管

管道运输是指通过运管车辆将防腐管从防腐厂或火车站货场，通过公路运至物资中转战，然后配送到施工工地的过程。布管是把管线所需的管段沿规定路线散开，使各根管道首尾相接。

在山区地段敷设输气管道，由于沿线地形起伏较大、表面岩石不规则出露、遍布陡坡长坡、河谷纵横、道路崎岖，不像平原施工易于修出大型机械能施展开的施工便道和施工作业带，给管道敷设带来巨大困难。由于大落差山区运布管施工的特殊性，为了确保整个施工过程的安全，依照国家的相关法律法规和安全应采取以下措施：

① 在运布管前，成立运布管作业领导小组，设置运布管组织管理机构，需由工程技术人员、起重工、机械操作手组成，明确每一作业人员的职责，所有参与作业人员都必须进行安全知识培训，考核合格取得安全资格证书后方能上岗。

② 施工人员依据设计要求、测量放线记录、现场控制桩、标志桩，在施工作业带管道组装一侧进行布管。

③ 布管前，技术人员依据本标段管线的设计平面图、测量放线的控制桩，对布管人员进行交底。交底包括：布管长度，管线防腐类型，级别变化处，管线变壁厚处的位置。在管线弹性敷设及弯管处，布管人员应严格按施工指导书进行布管，所有作业必须在得到确认无故障时方准许开始进行，现场监理进行旁听。

④ 现场实际进行运布管施工时，施工人员必须根据不同地段、不同坡度、不同岩石，合理采取运布管的方式，确保布管工序一次完成。

山区管道施工的运布管工作是影响工程总体进度非常关键的工序，只有运布管到位后才能开展组装焊接等后续工作。解决了山区地段运布管技术，等于解决了山区施工最大难点。

（二）防腐管运输与保管

在山区地段施工时，有些地段防腐管不能一次拉运到位，需进行二、三次倒运，才能到达施工作业带。

1. 一次倒运

在进行防腐管倒运的过程中，防腐管的一次倒运应当注意配合工程的进度来运输，保证工程的正常进行；另外，一定要在运输前对管材的管径、等级、厚度、材料等标准进行严格控制。在运输成品管道时，应注意对交通安全的影响，避免管子伸出车体外面过多，还要注意不能超载，一般单次运输 4 根左右。通常情况下，在施工过程中为了保证管道的完整性，会在装卸管道时使用专用吊钩，首先选用符合管道装卸的吊钩弧度，然后在吊钩表面套上橡胶或其他保护材料；还要注意装卸秩序，防止管道之间的碰撞，这样能够有效避免管口的损坏。

2. 二、三次倒运

从集散场至作业带堆管场的倒运称为二、三次倒运，道路依托为县乡道路、伴行路和施工便道。防腐管的二次倒运一般采用小型运输车或四驱炮车将防腐管从集散场倒运至作业带附近的集中堆管场，对可通行汽车的作业带沿沟边便道倒运至作业带内的布管堆管场。管道三次倒运主要采用履带爬行设备沿沟边便道将集中堆管场的防腐管倒运至布管堆管场。防腐管运输如图 3-18 所示。

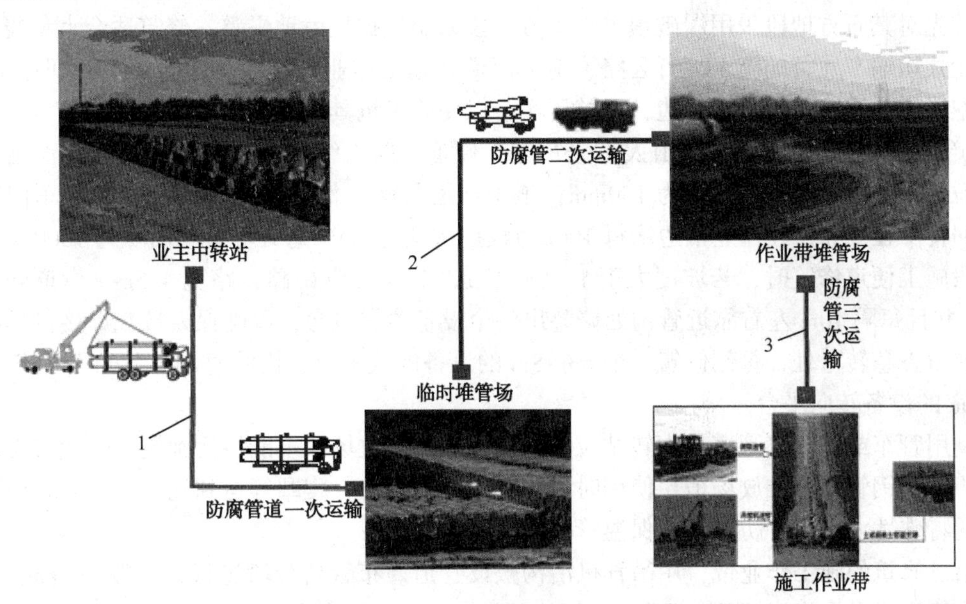

图 3-18　防腐管运输示意图

1—省国道路运输；2—县道、乡村路运输；3—施工作业带运输

3. 防腐管的堆放与保管

实际施工地区的地形十分复杂，地势高低不平，所以在很多情况下需要先将管道运输到交通便利的堆管场，根据现场施工的实际情况，来设定管道的放置地点，总之一定要便于施工。堆管场负责管道的存储和转运，不可避免的会用到吊装等工序，这样就需要保证一定的上方空间，避免对公共设施造成破坏；还需要选择远离耕耘区来建设堆管场，避免对施工以外的工作造成影响。

堆放管道时应该注意如下几点：

① 临时堆管场应选择在地势较高处，防止被洪水冲刷和浸泡。钢管应堆放在平整的地表上，不允许在斜坡处堆放，并应去除地表附作物及石块等，管道堆放场地应有1%~2%的坡度以排雨水，并在四周设置有排水沟。

② 应对堆管场地平整、压实，以保证承载能力。每层防腐管之间应垫放软垫，管垛支撑应以管子的中部对称布置，防腐管管底与地面的净距≥0.2m，管垛支撑4道均布，管端距端部支撑的距离为1.2~1.8m，管垛与管子的接触面宽度≥0.4m，管垛支撑用砂袋或填充软质物的编织袋。

③ 钢管的堆叠层数不超过管道直径和壁厚及防腐涂层类型的安全上限。管道堆放的两端应恰当地封闭，以防止任何异物进入。管堆的边缘下层钢管应用楔子楔住，以防止任何异常移动。

④ 不同壁厚、防腐等级的防腐管、热煨弯头以及冷弯管等，应分开堆放，并标识清楚。

⑤ 管子堆放过程中，应加强对外防腐层及内涂层的保护，管子两端临时封堵，防止异物进入管内。

⑥ 堆管场设置“禁止攀爬”等安全警告标志，并安排专人看守。

（三）常用的运布管技术

1. 伴行路地段布管技术

首先对其石方地段采用爆破填平，土方地段采用挖掘机就地平整，修筑适合大型履带机械或轮式运输车通行的施工伴行公路、施工便道和施工作业带。在靠近山体一侧开挖管沟，把开挖管沟的土铺在伴行路旁边，平整压实，以便施工机具行走。施工便道的宽度为4.5m，采用铲土或爆破推高就低，劈山人工修筑施工便道，路面结构为碎石级配或碎石泥结石路面，粒径在20mm以下，厚度为150mm；施工便道与施工作业带交叉处修筑运管车回转场地，回转半径25m；在作业带边缘每100m修建一处堆管场，每处堆管场面积约1000m^2。特殊地段施工便道修筑时，若坡度大于1.5°应修成“Z”字形盘山路，路宽4.5m，弯道处路宽10m，并且每隔10m左右靠近管沟处修整出一个设备停靠缓台，以确保人员、焊接机具的安全；在山谷急转弯处，每侧修筑1个6m×8m的设备停放平台，沿线每隔0.5km处修筑1个6m×8m的设备转向平台。

利用管车或槽车将管道从中转站拉至施工作业带堆放场，不能拉运到施工作业带堆放场地的，拉到钢管临时堆放场地，使用时再用槽车和吊管机、爬犁等运到施工作业点。由于山区段的特殊性，不能将防腐管、保温管一次性运至作业带。

沿已修筑的施工作业带，用吊管机沿沟敷设管道。布管要分段进行，一般每1km一段。管子在管沟里呈锯齿形摆开，且相邻管口错开0.6~1.0m，管子两端需垫土袋，防止冰雪进入及滑管。

2. 山区台田地段布管技术

在山区台田地段，按管道敷设走向可分为垂直等高线或斜交（纵坡段）和平行等高线（横坡段）两种情况，不同情况敷设方案各有不同。

（1）管道走向垂直等高线或斜交（纵坡段）布管方法

① 稍平坦但机械难以进入地段。除采用人工抬管方式外，还可采用炮车人工牵引。炮车指只能拉运1根钢管的轮式自制运具。如现场地势较平坦，临时堆管场至作业带内均较平整，致使轮式车辆方便运行，则可采用此法。

② 地形坡度大于15°，不超过25°地段。该种路段采用人工牵引炮车已不安全，多采用人工抬运布管方式施工。因存在坡度宜将人均负重控制在30kg以内，确保人员安全和抬管效率。

③ 地形坡度大于25°地段。炮车放到管沟内牵引，利用管沟沟壁防止炮车翻覆，利用自制绞盘或卷扬机牵引炮车。此法优点是不用电源，搬运、安装简单。

④ 地形坡度大于30°地段。采用卷扬机牵引小炮车由坡顶向坡底方向布管，布管时应根据地形情况确定采用2个或1个小炮车。对于无起伏的陡坡可采用2个炮车布管；而对于有一定起伏的陡坡地段，若采用2个炮车，则在变坡位置钢管的防腐层容易被破坏，同时也无法牵引，故采用1个炮车较为合适。此法既简单又经济可行，降低了施工难度，工作效率高，但必须解决电源问题。

⑤ 当山体一侧较陡，而另一侧相对较缓时，采用溜管布管法。将钢管从较缓一侧运到坡顶，再从坡顶将钢管顺放到较陡一侧的管沟内，采用此方法应将管沟内硬质物清除干净，垫上细土，并将钢管用草袋子包裹以保护防腐层不受损伤。钢管到山顶管沟时，用四腿架将钢管缓慢向前送，送到一半钢管即将失去平衡下溜时，将四腿架拆掉人工溜管。

⑥ 对于坡度很大并且管沟上下都由硬度较高的岩石构成，作业带难以成型，布管、组对及焊接设备较难到达操作位置，应选用索道施工法。

（2）管道走向平行于等高线(横坡段)布管方法

横坡段布管施工不同点在于施工便道和施工作业带的修筑方式以及水工保护类型。当横坡坡角为10°~20°时，可直接在斜坡上挖填土修筑施工作业带；当坡角为20°~30°时，应尽可能挖方修筑施工作业带，为防止土石滚落造成水土流失，通常采用草袋护坡；坡度大于30°时，为防止地面径流、渗水侵蚀和土体滑动影响施工作业带的稳定及管道安全，减少对坡下植被的破坏，修筑施工便道和施工作业带时需要砌筑片石挡土墙；为防止在修筑便道及开挖管沟爆破时散石滚到山坡下，在山体外侧设置挡石栅栏，挡石栅栏采用Φ108mm×6mm钢管焊接，Φ6~8mm钢丝网编制而成，石栅每组防护长度根据每次爆破长度确定，以30~40m为宜。钢管嵌入岩石内，固定钢管采用人工开槽：长×宽×深为0.8m×0.3m×1.0m，用混凝土灌浆稳固。

即使沿管沟方向坡度不大，若没有作业带，布管也很困难，遇到此类地段，在管沟开挖时应考虑采用人工沟下抬管方式布管，将管沟拓宽。

3. 自制爬犁布管

坡度20°~30°地段，考虑采用自制爬犁布运管。若管材进到山脚，在山顶平整一块20m×20m平地，布置1台10t卷扬机。作业带开挖宽度根据现场地形确定，爆破开挖管沟，平整管底，用做自制爬犁行车路。用运管车将3PE防腐管运到山脚临时堆管场，然后用吊管机和挖掘机配合将管子运到卷扬机作业区，用吊管机将3PE防腐管放在自制爬犁上，爬犁直接放在斜坡上避免山脚的弯点，再通过山上10t卷扬机将防腐管沿管沟向上单根运送，利用操作平台将防腐管吊到管沟内事先摆好的土袋上，避免和沟底直接接触。采取稳管措施，防止溜管，稳管采用在沟壁打孔安装固定，施工坡脚平直段，然后采用正装法将管子由下向上组对焊接。每间隔2根管安装管道固定支架，对管道进行固定以防止倾斜，固定支架通过与预埋件焊接进行安装。

若管材进到山顶，前期作业与山脚相同，用吊管机将3PE防腐管放在自制爬犁上，爬犁直接放在斜坡上，再通过山上10t卷扬机将防腐管沿管沟向下单根放送，利用操作平台将防腐管吊到管沟内事先摆好的土袋上，避免和沟底直接接触。同时采取稳管措施，防止溜管，稳管采用在沟壁打孔安装固定钢索。在坡脚第一根管材放送到位后，将爬犁卷放回到放第一根管位置，放送第二根管，待斜坡上管材全部到位后，拆除绞管装置，在施工坡脚平直段采用正装法将管子由下向上组对焊接。每间隔2根管安装管道固定支架，对管道进行固定以防止倾斜，固定支架通过与预埋件焊接进行安装。

4. 沟内运管小车布管

在坡度大于30°的山坡段，吊管机及山地坦克在运管及布管时几乎无法行走，不宜提前布管。可边进行管道组焊边用设在坡顶的卷扬机(可以使用加长钢丝绳的吊管机或带绞盘的推土机)牵引运管小车，在管沟内把管子运至山坡上，向下倒运管子。若不需要倒运管子，可以运一根组焊一根，利用管线自身锚固，可避免产生滑移，如图3-19所示。也可从山顶向下运管进行组焊，具体方法如下：首先在山脚或山顶的施工作业带边修筑临时的堆管场，把需用的管子分批集中堆放于此；然后根据线路各段的需要，按照对号入座的原则，运用沟内运管小车，逐渐将管段转运到各施工作业点。

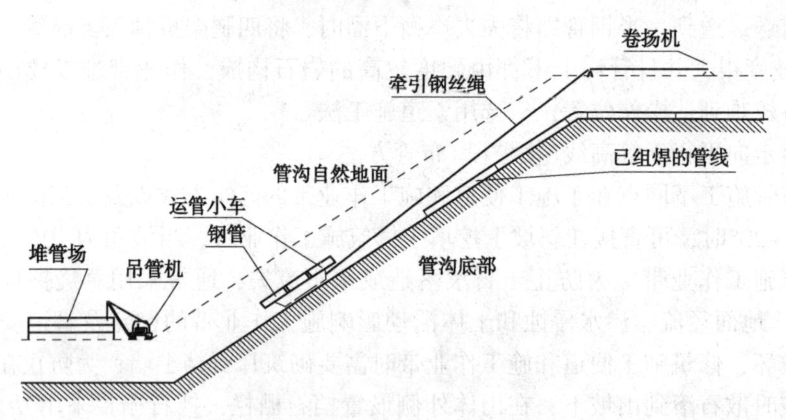

图3-19　沟内运管小车布管

5. 联管法布管

联管法布管一般用在坡度超过45°的较短陡坡(一般少于5根管长)地段。在山顶或坡脚修筑的施工作业平台上将管子连接成管段(二、三联或多联管)，利用吊车或吊管机将管段放入沟中。当陡坡地段较长时，可利用山下卷扬机牵引管段、山上卷扬机后溜的方式进行布管，如图3-20所示。采用该方法施工时要注意防腐层的保护，需在防腐层外先用胶皮或麻袋捆绑至少一层保护层，再用竹片等物包扎一层保护层后才能牵引溜放，遇石方沟地时不能采用该方法。

图3-20　多联管沟中布管

6. 索道布管

索道运布管是利用带有升降管道装置的索道系统实现对山势陡峭、山坡坡度≥30°的长陡坡和整体呈“U”字但山坡面起伏变化频繁的纵长坡地形、深切的冲沟和峡谷地形的运布管技术。其核心是索道设计技术，根据地形特点和荷载大小，依据悬索抛物线理论的力学计算分析，确定承载主索和起重索、牵引索的规格，按照结构力学理论计算桅杆高度及结构形式，管纵断面如图3-21所示。由于其具有跨距大、支架少、机动灵活、占地面积小、植被破坏少、降本节时、安全性高等诸多优点，在涩宁兰、忠武线、西南油气田北内环、中贵线等项目中广泛应用。

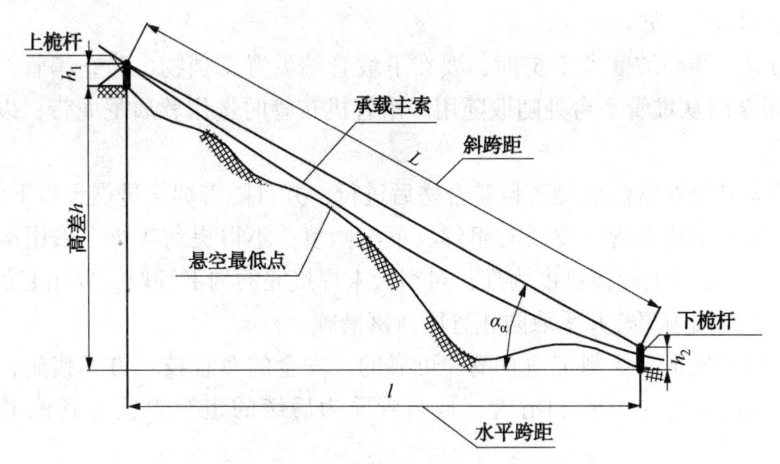

图 3-21　索道布管纵断面示意图

在无法修筑施工作业带的地段，可通过架设索道，管子、机具等通过索道进行运输。坡顶、坡脚架设“人”字桅杆，如图 3-22 所示，安装主索滑动小车、钢丝绳、滑轮组、卷扬机牵引布管。

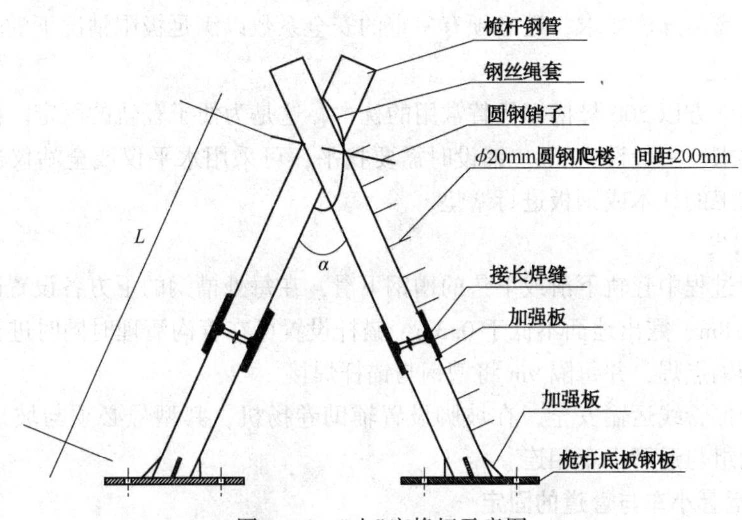

图 3-22　“人”字桅杆示意图

（四）管道布管施工应注意的问题

① 布管时要按设计图纸要求进行壁厚、防腐层类型、防腐等级的分界点与设计图纸要求一致。

② 布管时管道呈锯齿形摆放。沟上布管时，管与管首尾相接处宜错开一个管径，以方便管内清扫、坡口处理及起吊，管道边缘与管沟边缘还要保持一定的安全距离，其值要符合规定的要求。沟下布管时，管子首尾相接处要留有 100mm 间距，吊管机布管吊运时宜单根管吊运。

③ 山区石方段地段布管时，应在管子两端距管口 1. 2~1. 8m 处设置稳固的支撑，可用软土堆或装填软土的编织袋或草袋，支撑的高度以不接触地面硬物为准。严禁使用冻土块、

硬土块、碎石土、石块做支撑。为满足管道组对焊接要求，每个管子下面应设置至少 1 个管墩，管底与地面的距离为 0.5~0.7m。管墩可用土筑并压实或用装填软土的编织袋或草袋垒筑。所有管墩应稳固、安全。

④ 坡地布管，线路坡度大于 5°时，要在下坡管端设置支挡物，防止串管。线路坡度大于 15°时，待组装时从堆管平台处随取随用。吊管机布管时选用软质尼龙带，以免在运布过程中损伤防腐层。

⑤ 石方段布管要在管沟成型、检验合格后进行，并且随着焊接进展逐根下沟、组对。

⑥ 冲沟及河谷地段布管后要及时组焊、下沟回填，不得提前布管。采用沟下组对焊接时，布管长度以满足当天焊接进度为准，对当天未焊接完的沟下管段，要用起吊设备将多余管段放到沟上(特别是雨季)并采取防止管段滑落措施。

⑦ 针对不同的地形，要制定适宜的、可靠的、安全的布管技术方案措施，斜坡、陡坡段布管必须采取措施防止滚管和滑管，且布管要为后续的组对焊接等其他工序提供有利条件。

六、陡坡段轻轨运布管技术

(一) 轻轨铺设

1. 轻轨选择

轻轨选择应满足强度要求，还必须有一定的安全系数以满足极限情况下的强度要求。

2. 轻轨的铺设

轻轨铺设时下方以 200 号槽钢代替常用的枕木，这是为便于轻轨的固定。槽钢的间距应满足轻轨强度要求，一般设为 2m。铺设时需要找平，可采用水平仪或全站仪进行测量，当不平时用现场加工的枕木或钢板进行塞垫。

3. 轻轨的固定

为防止运管过程中轻轨下滑或下垫的槽钢下滑，在每处槽钢的下方各设置两个锚杆，锚杆埋深不低于 0.8m、露出地面不低于 0.3m，锚杆设置可在管沟清理时同时进行。为固定轻轨，将轻轨与槽钢点焊，并每隔 9m 将槽钢与锚杆焊接。

另外，为确保管线运输安全，在坡脚设置辅助卷扬机，其型号必须与坡顶的卷扬机相同，通过动滑轮组与运管小车相连。

(二) 轨道运管小车与管道的固定

按管道的外径，轨道运管小车制作成半圆形结构，上部设置管卡，管道与下车之间用螺栓进行连接，并夹紧管道。管道与运管小车之间采用胶皮等软材料隔离，以保证管道防腐层的完整性。在轨道小车 12 点方向焊接滑轮支架，自上而下已焊接完成的管道上间隔一定距离设置一个滑轮支架，用于牵引钢丝绳的导向。

(三) 管线组焊时的移管与卸管

陡坡段采用小机组沟下组焊，根据管径大小及地形配置 2 机组或 4 机组。山地海拔较高时，冬季气温低，冬季组焊应注意严格按照焊接工艺规程进行焊前预热及焊后缓冷。

1. 焊接电源

在陡坡上架设低压电缆，连接发电设备(发电机组、移动电站)提供焊接电源。架设低压电缆应注意用电安全，必须采用三相四线制。

2. 组焊与布管的顺序

斜坡布管时，应布管一根立即组焊一根，以避免过早布管，导致钢管下滑串管。

3. 组焊

组焊时使用吊管机吊管组对，吊管机作业时同样使用推土机或其他适宜在陡坡行走的大型设备作为配重。

4. 陡坡组焊的管段锚固措施

陡坡组焊需防止组焊后的管段下滑。在组焊陡坡段管道前，坡顶或坡底平缓段至少应有一段已组焊好的管道与陡坡段管道连接，以起到锚固陡坡段管段的作用。当坡顶或坡底均无法先组焊管道且陡坡距离较短时，可采用以下措施：

① 当由下往上组焊时，下方的管沟应不挖通，管沟末端视土质情况采用加钢板或浇筑混凝土挡墙，管段末端焊接钢板后顶住钢板或混凝土挡墙。当自上往下组焊时，应在管段端部焊接牵引头，使用地锚和钢丝绳锚固。

② 管线组对时，需要进行上下左右微小的移动以满足组对的需要。因使用卷扬机作为动力，其前后移动可由卷扬机完成；上下微小的移动可使用千斤顶进行，即在已完成的管段前端使用 50t 的千斤顶、在待组焊的管线两端使用 10t 的千斤顶进行上下调节，以满足组对需要；左右微小的移动可使用 1 个 20t 的千斤顶进行。管道组对与焊接如图 3-23 所示。

图 3-23　管道组对与焊接

(四) 轻轨运布管技术

大口径管道在山区敷设时，往往会遇到大坡度、高落差的山坡，部分地段会由于地形地理的限制及现场实际的限制，不适合或不能进行削降坡处理以降低坡度。纵观整个山区段，当山坡坡度位于 20°~30°时，难以直接进行机械作业，必须进行削降坡处理；而坡度大于 30°时，削降坡作业对环境的破坏过大，经济上不合理，不应进行削降坡处理，而且部分地段因现场条件限制也不能进行削降坡作业，此时，不可能使用任何燃料动力设备进行管线的运输，只能采用卷扬机、轻轨和运管小车组成运布管系统。

大口径管道可以采用把卷扬机和拉力钢筋混凝土地锚安装固定在操作平台的适当位置，在管沟沟底敷设轻型轨道的方法进行布管。按设计走向在陡坡上爆破开挖出管沟，在一定宽度平直的管沟中铺设轻轨、安装脚手架、组焊小平台及攀梯。管道就位后，从上往下进行滑管、组对、焊接、防腐。敷设轻型轨道布管如图 3-24 所示。

① 若管材进到山脚，在山顶平整一块 20m×20m 平地，布置 1 台 10t 卷扬机。管沟爆破成型后，在管沟内布置 15kg/m 轻轨，用 20 号槽钢固定在管沟内的预埋件上，用运管车将

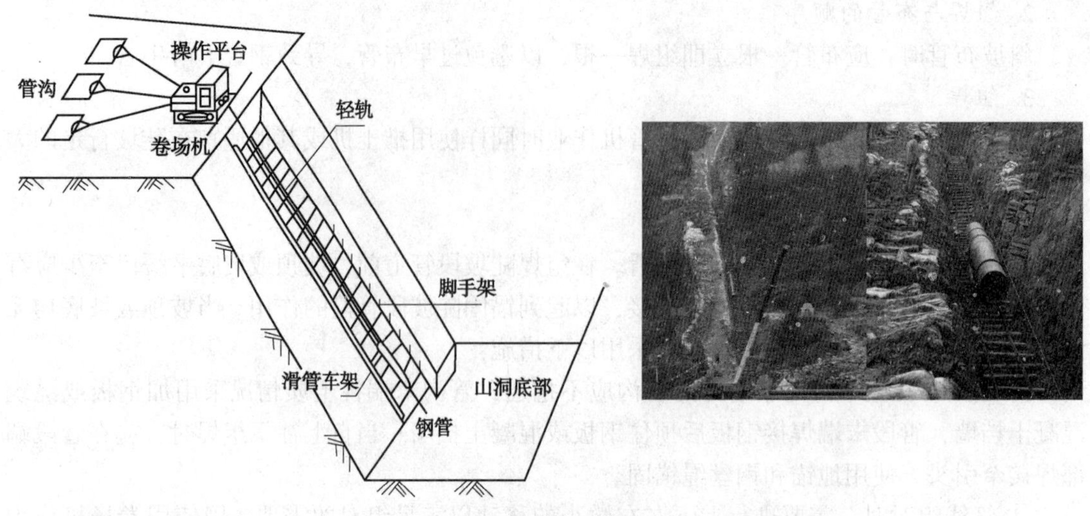

图 3-24 敷设轻型轨道布管

3PE 防腐管运至山脚临时堆管场。然后用吊管机将管子运到卷扬机作业区，用 25t 吊车将 3PE 防腐管放在轻轨上的滑车上，由吊管机配合进行组对。焊接完成外观检查合格后，通过 10t 卷扬机将组对到一起的防腐管沿轻轨向上绞运，前进 12m 左右停止卷扬机。组对、焊接下一根管材。直到第一根管材到达山顶，停止卷扬机工作。开始施工坡脚直管段，连接直管段和斜坡管段之间的弯头，将斜坡上的管段采取稳管措施。对管道进行固定防止倾斜，固定支架通过与预埋件焊接进行安装。稳管完成后拆除卷扬机。

② 若管材进到山顶前期作业与山脚相同。完成外观检查合格后，通过 10t 卷扬机将组对到一起的防腐管沿轻轨向下放送，前进 12m 左右停止卷扬机，在滑道上安装滑车。滑车之间用钢索进行连接，组对、焊接下一根管材，直到第一根管材到达山脚。停止卷扬机工作，施工坡脚直管段，连接直管段和斜坡管段之间的弯头，将斜坡上的管段采取稳管措施，对管道进行固定以防止倾斜。固定支架通过与预埋件焊接进行安装，稳管完成后拆除卷扬机。上述工序结束后，拆除轻轨和脚手架的同时，完成水工保护。

③ 若管道较重，可以先将每根防腐管在吊装至运管小车上之前用电火花检漏仪采用 25kV 电压检漏，发现漏点按设计规范补伤。利用 10t 卷扬机牵引小车，将钢管沿轨道从下往上牵引到位，然后采用从上往下组对焊接，配合千斤顶，外对口器对口。焊接电源放置在坡顶和坡底，电源与焊机连接电线沿管沟固定在沟壁上。每一个焊位上方修筑一个挡墙，防止滚石伤人，焊坑处安置安全防护网，在陡坡沟内施工时，所有施工人员均配置安全带。

（五）陡坡段的安全措施

陡坡段施工必须强化安全措施，主要是防止滚石和加强人员保护。具体措施：在陡坡的坡脚设立拦截墙以保护公路上的行人和车辆安全，拦截墙由袋装土临时挡土墙、搭设的单排脚手架及在脚手架上挂设的竹排组成；加高每根组焊管道的袋装土临时支墩，形成 1.5m 高的挡墙，以阻挡管沟内的土石方滚动；为施工人员配发加长的安全带，防止人员滑落；施工人员在陡坡上下时，必须使用带挂钩的铁梯，梯子上端用挂钩扎入土中，下端扎入管沟内的土方处并踩实，沟顶必须有人看护；为指挥人员、卷扬机操作手、组焊人员配备对讲机，以便沟通、指挥。

七、管沟回填

① 石方段管沟需先做300mm细土垫层，细土的最大粒径不得超过10mm。对水土易流失的陡坡、陡坎地段，可采取编织袋装土包裹在管道周围，其厚度不得小于300mm。

② 山区段的回填应与沟内截水墙等水工措施结合进行，采用先水工、后回填的方式，以利于对细土的保护。

③ 回填前，清除管沟内积水、石块和其他杂物后立即回填。地下水位较高时，如沟内积水无法完全排除，制定保证管道埋深的稳管措施。

④ 管沟回填前将阴极保护测试线焊好并引出，待管沟回填后安装测试桩，并测量阴极引线的坐标，做好标记。

⑤ 细土回填后，立即通知光缆施工单位安装硅管。

⑥ 回填原土石方时，石头的最大粒径不得超过250mm。

⑦ 管沟回填土高出地面300mm，用来弥补土层的沉降。

八、地貌恢复

① 山区地貌恢复与水工保护、水土保持措施同步进行。

② 回填完成后，将扫线开挖分离的耕作土均匀覆盖在施工扰动的地表，恢复耕种能力。

③ 疏理排灌系统，确保畅通。

④ 弃渣处理应征得地方环保部门、业主及EPC的同意，土方弃渣可以采取就近平整，石方弃渣宜采取外运，集中倾倒至地方环保部门指定的弃渣点，并在表面采取覆土等措施，以满足植物生长的要求，弃渣场地低矮部位设置挡渣墙，以防止水土流失。

⑤ 全石方段在回填后，在表面覆盖袋装土。

第三节　山体隧道施工技术

大口径管道难以翻越的山体采用打隧道的方式穿越，减少管道爬坡难度，以最大限度降低施工难度。增加部分隧道，可以减少管道爬坡难度，消除管道施工时的安全隐患。规避了与地方规划的冲突，并减少了植被破坏，最大限度地保护了自然环境，大大降低了水工保护、水土保持的工作量，同时为今后的安全运行创造了条件。

进行隧道穿越施工时，因山势所限，隧道往往有坡度，其落差也有大有小。在隧道施工中，对于大口径管道隧道内施工时，坡度在10°以下的隧道与10°以上隧道施工方案截然不同，10°以下可采用同一种施工方案，10°以上时必须采取特殊的施工方案。在实际工程中以10°为界，将坡度在0°～10°的隧道命名为缓坡隧道，将坡度在10°以上的隧道命名为陡坡隧道。

一、测量放线

测量放线前要做以下准备工作：备齐放线区段完整的施工图及相关设计资料；备齐交接桩记录；检查校验测量仪器；备足木桩、花杆、彩旗和白灰等相关用具。

依据穿越平面图、断面图、设计控制桩、水准标桩进行测量放线。采用GPS定位，全站仪进行测量，测量放线中对测量控制桩全过程保护。隧道穿越进出洞口外的线路中心线和作业带界桩定好后，采用白石灰或其他鲜明、耐久的材料，按线路控制桩放出线路中线和施工占地边界线。测量隧道内变坡点位置及变坡度数及管道进出隧道洞口的出土点、入土点，管墩、锚固墩位置，并在隧道壁上用油漆做出标示。隧道洞口外施工作业带的宽度为30m，即隧道穿越起止桩至隧道洞口之间的线路段距离。

二、修筑施工便道

一般情况下，隧道的一侧都有开凿隧道时修筑的简易便道，但由于隧道完工时间较长，大部分便道已经消失，施工前需要重新整修施工便道。对距离较短的隧道需要在一侧修筑便道，距离较长的隧道必须两侧都有进场便道。进场便道一般宽度为4m左右，用山皮石碾压铺垫，要利于挖掘机或吊管机行走。在隧道口要清理出一块堆管平台，将管子用机械运上山，堆放在隧道口。管堆下面铺垫土袋，以免损伤防腐层，同时便于往隧道内倒运。

三、管沟开挖

根据山体隧道的地质情况，采用不同的方法开挖管沟。只要工程机械能够进入的地方都采用机械开挖，机械不能够进入的地方，如陡坎地段，可采用人工开挖。石方地段都采取爆破技术，机械出渣，人工修边捡底。

（一）爆破施工的工艺流程

山体隧道中有大量的石方段管沟需要进行爆破施工，爆破施工的工艺流程如图3-25所示。

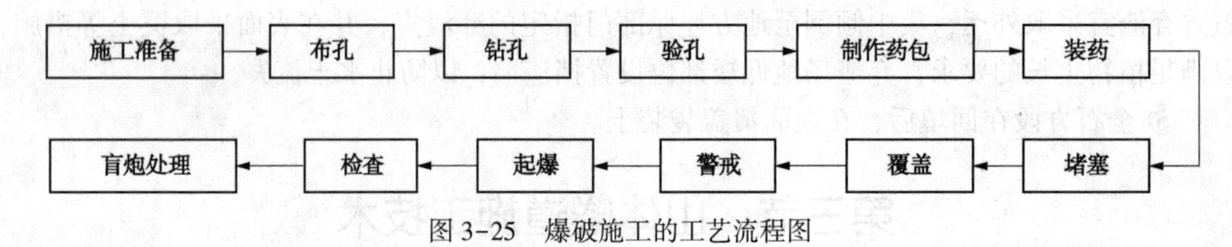

图3-25　爆破施工的工艺流程图

1. 布孔

技术组应按爆破技术设计严格布孔，不得随意更改，标示清晰。

2. 钻孔

施工组应按标示的孔位进行钻孔，保证孔深、孔位准确，倾斜钻孔时应严格掌握角度，不随意挪动孔位，确保钻孔数量、质量达到要求。

3. 验孔

技术组应对钻好的炮孔进行验收，检查孔位、孔深、角度是否符合要求，不合格的重钻。

4. 制作药包

按照计算好的单孔药量、单个药包重量进行制做，分层装药时，可用导爆索联接每层装药。分段延时爆破时，应严格区分雷管段位，不能混淆。严禁私自添减药量。

5. 装药

在确认炮眼合格后，即可进行装药工作。装药时要注意起爆药包的安放位置，一般采用反向起爆。在装药过程中，当炮眼内放入起爆药后，要接着放入一、两个普通药包，再用木制炮棍轻轻压紧，不可用猛力去捣实，防止早爆事故或将雷管脚线拉断造成拒爆。

6. 堵塞

堵塞的材料有沙子、黏土、岩粉等，将其做成炮泥，轻轻送入炮眼，用炮棍适当加压捣实。

7. 覆盖

为了防止个别碎石飞散，保护建筑物和人员的安全，对爆破体进行覆盖，覆盖的材料有荆笆、竹笆、胶皮、钢丝网等，也可对需保护的建筑物(如门、窗玻璃等)进行覆盖、遮挡等。爆破体覆盖示意图如图 3-26 所示。

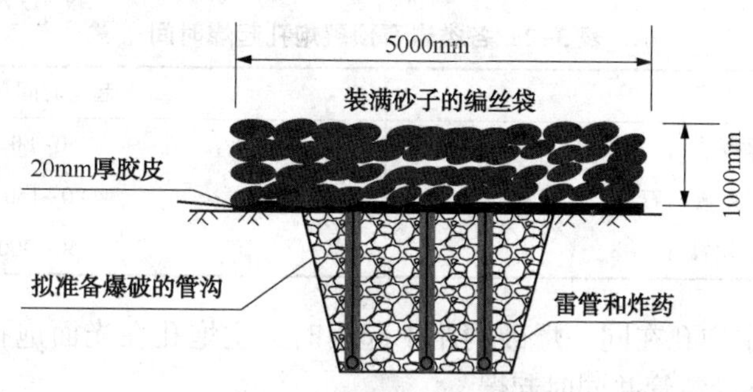

图 3-26 爆破体覆盖示意图

8. 警戒

根据施工方案中设定的警戒范围，要在指挥部的统一指挥下适时派出警戒，做到令行禁止，警戒显示一目了然。

9. 起爆

在确定警戒完好后，根据爆破技术人员的命令，准确起爆。起爆器应由专人负责。

10. 检查

在起爆完规定的药包后，警戒未解除前，技术组应对爆破现场进行检查，没有发现盲炮时，应及时解除警戒。如有拒爆、漏爆等盲炮现象，应及时报告、处理。

11. 盲炮的处理

产生盲炮一般有三种情况：一是雷管未爆，炸药也未爆，称为全拒爆；二是雷管爆炸了，而炸药未被引爆，称为半爆；三是雷管爆炸后只引爆了部分炸药，剩有部分炸药未被引爆，称为残爆。要预防盲炮，首先应该对储存的爆破材料定期检验，爆破前选用合格的炸药和雷管以及其他的起爆材料；在爆破施工过程中，要清理好炮眼中的积水，在装药和堵塞时，必须仔细地进行每一环节，防止损坏起爆药包和折断雷管的起爆线路。产生盲炮后，应立即封锁现场，由原施工人员针对装药时的具体情况，找出拒爆原因，采取相应处理措施。处理的方法有二次爆破法、爆毁法、冲洗法。

(二) 爆破施工技术措施

1. 预裂爆破和光面爆破

为了使边坡稳定、岩面平整，在边坡处宜采用预裂爆破或光面爆破。其主要参数如下：

① 炮孔间距应根据工程特点、岩石特征、炮孔直径等确定。预裂爆破的炮孔间距一般为炮孔直径的 8~12 倍，光面爆破的炮孔间距一般为炮孔直径的 10~16 倍。

② 装药集中度应根据岩石的种类、炮孔间距、炮孔直径和炸药性能等确定。

③ 装药偶合系数应根据岩石强度、炮孔间距和炸药性能合理选择，使炸药完全爆炸，并保证裂面(或光面)平整、岩体稳定。

④ 光面爆破最小抵抗线长度应根据岩石特征、炮孔间距等确定，一般为炮孔间距的1.2~1.4倍。

⑤ 预裂炮孔或光面炮孔的角度应与设计边坡坡度一致，每层炮孔底应尽量在同一水平面上。

⑥ 靠近预裂炮孔的主炮孔的间距、排距和装药量应较其他主炮孔适当减小。当预裂炮孔和主炮孔在同一电爆网路中起爆时，预裂炮孔应在相邻主炮孔之前起爆。各类岩石预裂炮孔起爆时间如表3-2所示。

表3-2　各类岩石预裂炮孔起爆时间

岩石类型	起爆时间/ms
坚硬岩石	50~80
中等坚硬岩石	80~150
松软岩石	150~200

⑦ 光面炮孔与主炮孔在同一爆破网路中起爆时，主炮孔在光面炮孔之前起爆，且各光面炮孔应使用同一重量雷管并同时起爆。

⑧ 当采用预裂爆破降低爆破地震时，预裂炮孔较主炮孔稍深，预裂长度和宽度均应符合设计要求。

2. 修筑施工作业带及管沟开挖

① 爆破作业后，经检查没有哑炮或爆破遗留物，挖沟人员和机械方可进入挖沟作业现场。

② 修筑施工作业带，清除爆破碎石，以便人员和车辆通行。作业带的宽度为20m。

③ 当横向坡角超过30°时，应修筑挡土墙。打桩方法：钢桩规格为ϕ50mm×6mm，钢管每1m一组，然后用竹笆做挡墙，再进行作业带修整。采用砌石墙时，墙体宽度根据高度而改变，每1m高墙，增减0.3m，顶层宽度为0.3m。如图3-27所示。

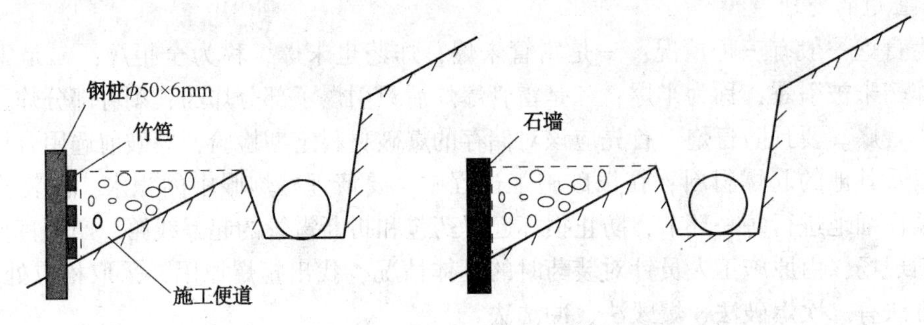

图3-27　挡土墙处理示意图

④ 在施工现场条件允许的情况下，首先使用挖掘机械开挖管沟。

⑤ 在运输不便的地方，利用碎石机粉碎石碴，使粒径小于10mm，用于管沟砂垫层。

⑥ 管沟开挖要保持顺直，无急弯、无尖石。沟内无积水、无塌方，沟底平坦。管沟深度和坡度应符合设计要求。

四、炮车运管和布管

布管的质量直接影响组合焊接的速度，应给予足够重视。布管工序流程如图3-28所示。

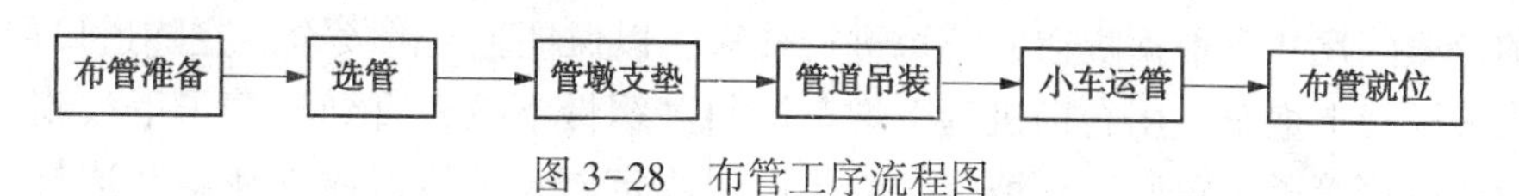

图 3-28　布管工序流程图

在坡度较小的山体隧道($6°\leqslant\alpha\leqslant12°$)不采用铺设轨道，而采用 1 台四轮拖拉机机头作为牵引，牵引自制炮车直接进入隧道内进行运布管施工技术；在坡度相对较大的山体隧道($12°\leqslant\alpha\leqslant20°$)可采用 2 台四轮拖拉机机头作为牵引，1 台在前拉，1 台在后推动运管炮车进行运布管。

（一）布管准备

布管前，操作人员对布管设备进行检修，保持设备运转良好，并准备好布管用的吊具、垫管用的沙（土）袋等材料。布管作业前，由技术人员对布管的施工人员、操作手等进行技术交底，熟悉图纸资料，明确控制桩位置、管道进出隧道出入土位置。布管人员应了解隧道的宽度、高度、底板坡度及管道在隧道内的布管位置。编制隧道内布管排版图，在隧道外完成下料和管口级配，并对管口进行喷砂除锈，按照干膜法要求完成底漆施工。按照排版图在隧道壁画出钢管的布放位置。

（二）隧道内运布管

由于隧道较窄，运管、布管的炮车只能人工进行操作，而且车身不能太长，在隧道内要能够灵活掌握，特别是在有拐角的隧道内。隧道内管道的运输如图 3-29 所示。

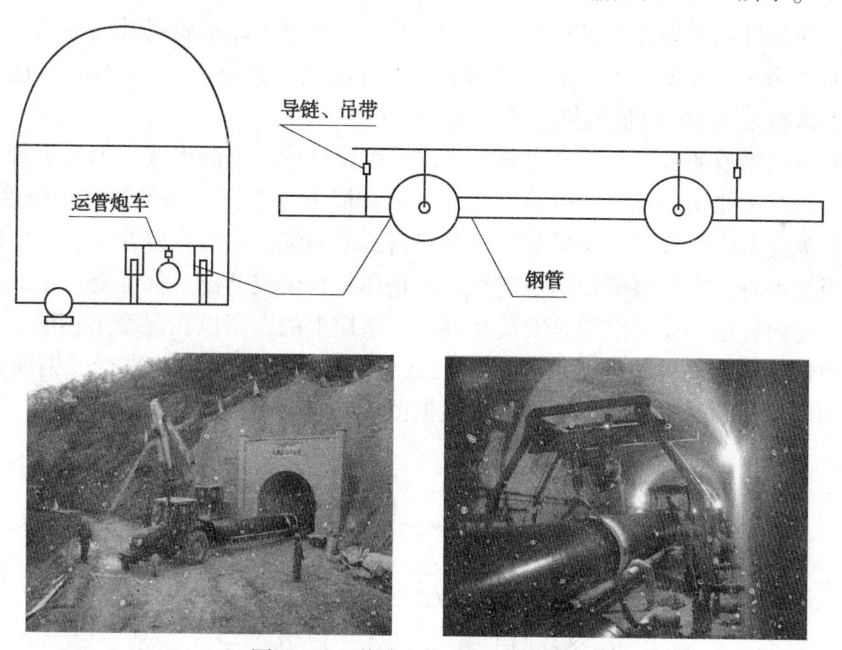

图 3-29　隧道内管道运输示意图

炮车要有刹车措施，以保证布管的安全，防止在倾斜隧道中发生危险。在有拐角的隧道内布管时，炮车的前轮可以用轮式电焊机的前轮，可以使用转向装置。

布管时，在隧道口用挖掘机或吊管机将管子装上炮车，然后人工推入隧道中，从内向外依次布管。布管时，管子的下部要用编织袋装土铺垫，防止石子破坏防腐层。如果是距离较长没有坡度的隧道，可以以隧道的中心为分界点，两测同时布管，这样可以加快布管的速度，缩短工期。对于有斜井的隧道，可以以斜井和平巷的交界点为分界点，平巷用人工推炮车布管，斜井用卷扬机牵引炮车布管。卷扬机布置在斜井的进口处，用地锚固定。卷扬机的功率和钢丝绳的尺寸要根据隧道的长短进行核算，以保证施工的安全。在隧道口用挖掘机或吊管机将管子装上炮车，用卷扬机牵引炮车沿斜井缓慢下放，直到将管子下放到预定位置，放下手拉葫芦将管子布置好。斜坡上的管子需要固定以免下滑，通常在斜井边打一根锚杆，用手拉葫芦固定。如果斜井内的扶手锚杆非常坚固，也可以用来固定管子。

五、隧道混凝土垫层浇注

为了便于管道的安装与维护，隧道(圆断面)需进行混凝土垫层浇注。由于隧道断面较小、作业空间狭窄、作业线路较长，给混凝土浇注带来很大的困难，使得隧道内的混凝土浇注与地面的混凝土浇注并不相同。浇筑工艺流程如图3-30所示。

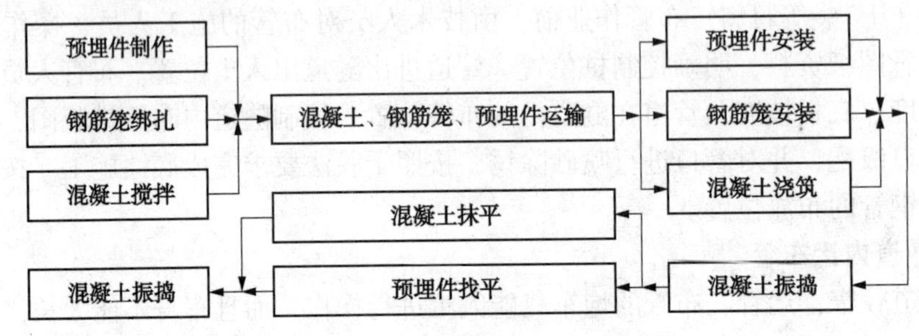

图3-30　垫层浇筑施工工艺流程图

混凝土搅拌机位置设置在竖井井口附近，龙门吊下方，以不妨碍其他施工为宜。混凝土的垂直运输采用5~10t龙门吊，吊筒采用漏斗型开闭式，大小以1.5~2m^{3}为宜。混凝土的隧道内水平运输采用10t轨道电机车牵引拖车形式。

根据隧道内管道的布置情况，混凝土垫层可以设计成不同的形式。但是不管采用何种形式，混凝土浇注中使用的模板，应符合如下要求：模板应具有足够的强度、刚度和稳定性，不得产生较大变形；模板表面应平整、拼缝严密，不漏浆；模板内侧在浇注前应均匀涂刷脱模剂；模板支护时，应确保模板的稳定性，防止模板移位或凸出，保证混凝土成型质量。

由于隧道内管道的安装支架是安装在混凝土垫层上的，所以在混凝土垫层的设计上，一般会有预埋钢件和钢筋骨架。预埋件和钢筋笼预制在北岸的预制场进行，钢筋笼每段3m，把成型的预埋件和钢筋笼运输到隧道内，根据图3-31所示位置进行安装。

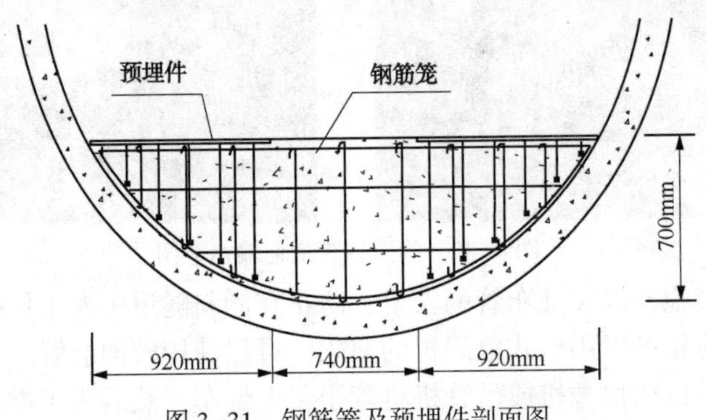

图3-31　钢筋笼及预埋件剖面图

由于是双管并行敷设，在放置预埋钢件时要对其位置进行精准测量，避免发生预埋钢件距离过近或过远，影响到后期管线的正常敷设。在浇注混凝土的同时，应协调好轨道拆除、钢筋骨架运输放置和混凝土浇注的施工顺序。

长距离隧道内的混凝土运输时间较长，可以利用混凝土运输的空闲时间进行轨道拆除；运输混凝土的电机车从隧道内返回时，将拆除下来的轨道运出；钢筋骨架与混凝土交替运输，以保证混凝土浇注的连续性。

混凝土浇注时，为保证施工的顺利进行，需在待浇注混凝土的正上方放置好跳板，跳板需距离混凝土成型面有一定的距离，保证混凝土正常成型。由于前期浇注的混凝土较后期浇注的养护时间长，为了加快施工进度，在后期浇注的混凝土中应添加早强剂，缩短养护时间。施工中，如果隧道两端均具备浇注条件，应从隧道中间开始向两端同时浇注。

六、隧道通风和照明

在隧道焊接位上风向一侧安装一台鼓风机，通过软质送风管向隧道送风，另一端安装一台引风机强制通风，使隧道内空气流通。施工前进行空气置换，排出施工产生的废气，以保证隧道内施工人员的安全，送风管采用直径500mm的软质管，在管道焊接一侧沿洞顶敷设，利用风速仪测量隧道内的风速，保证隧道内风速控制在4~7m/s。

采用发电机组做电源，动力电源电缆在隧道内沿管道焊接侧敷设，用ϕ4mm燕尾钉将其固定在隧道岩壁上，燕尾钉用射钉枪沿石缝射入，固定间距为2m，自然装高为2m。用钢钎或冲击电锤在排水沟一侧高约2.5m处打直径为25mm、深约300mm的孔，插入蜡木杆，以固定照明线路和灯具。电源电缆接头用自动空气开关过渡，接于电源侧。自动空气开关加装绝缘板固定于隧道侧壁上，自然装高1.5m。如果隧道内潮湿，应采取电气防潮措施。照明采用三相四线制，电源线选用BV-0.5kV、4mm^{2}塑料导线。隧道内每20m设一盏60W白炽灯，每个焊位设一盏1000W碘钨灯。电源到照明灯的导线采用2.5mm^{2}普通胶质线。

七、管道组对和焊接

（一）管道组对

组对前复核管子壁厚、防腐层规格。清理管口与管道组对、焊接工序的时间间隔不宜过长，以避免二次清理。

对口要求严格按照焊接工艺规程执行，特别是严格控制对口间隙，管口处螺旋焊缝或直焊缝错开100mm以上。隧道内管道组对采用外对口器，起吊设备采用隧道专用运管车。

组对前用白色记号笔把每根管子的管号、长度和壁厚记录到钢管的外涂层上，并保留这些数字，以便获取准确的钢管记录。严禁用锤击方法强行矫正管口。连头时不得强行组对。隧道内的焊口组对不能使用机械设备，只能使用导链架。导链架的顶部做成和隧道顶部弧度一样的弧形，便于调整管道的位置，保证隧道壁和管道的安全距离。组对采用外对口器，严格按照操作规程要求进行施工。

（二）管道焊接

隧道内的管道用小型山地焊机进行焊接。将发电机组放置在隧道口的一侧，将电源电缆牵引到隧道内，在隧道内设置小型控制电源箱，与山地焊机相连。隧道内较为潮湿，焊接用的焊条、焊丝必须按要求进行烘干和保温，以保证焊接的质量。管道焊接必须严格按照线路焊接规程进行施工。

焊道的起弧或收弧处应相互错开30mm以上，严禁在坡口以外的钢管表面起弧；必须在每层焊道全部完成后，才能开始下一层焊道的焊接。根焊完成后，用电动砂轮机修磨清理根焊道表面的熔渣、飞溅物、缺陷及焊缝凸高，修磨时不得伤及钢管外表面的坡口形状；隧道内组对焊接完成后，待管口温度降低后用钢丝刷把焊口处余渣等清理干净，用密封带包扎好。填充焊接时，由于坡口宽度增加，焊丝要作适当的摆动；为避免发生熔池满溢、气孔和夹渣等缺陷，要适当控制焊接速度以保持熔池前移。盖帽焊前坡口应填满，剩余坡口深度不应大于1.6mm，盖帽焊接的送丝速度应与填充焊的相同或略低一些。焊接时焊口两侧的防腐层必须用橡胶板加以保护，以防破坏防腐层。

隧道内通风用轴流风机可能会对管道焊接产生影响，施工时采取以下措施排除影响：一是将风机设置成活动式，挂在隧道上顶面环片螺栓上，以减少对焊接的影响；二是经实测距轴流风机30m处风速不超过0.5m/s，可满足焊接规范要求，因此在施工时随时移动轴流风机，保证在焊口30m外。

八、检测、返修

穿越段管道全部环向焊缝及与一般线路段连接的管道碰死口焊缝均应进行100%射线照相和100%超声波探伤检验。其检测应符合《石油天然气钢质管道无损检测》(SY/T 4109—2005)的相关规定，Ⅱ级以上焊缝为合格。

无损检测中发现缺陷超标的焊口，由监理人员向施工单位下达返修通知，并由双方负责人签字认可。按照返修通知单找出不合格焊口，并确定缺陷位置后进行返修焊接。在返修完毕后，向监理人员提交焊口检测申请表。

九、管墩砌筑、管卡安装

管道防腐完成后，用袋装土砌筑的临时管墩对管道进行临时支垫，然后在设计要求的管墩位置按照混凝土管墩尺寸支模，按照设计要求进行管墩浇筑。输气管道在隧道内均安装在已浇筑好的钢筋混凝土支墩上，支墩间距一般为18m，具体间距按照施工图执行。管墩顶面设预埋件，采用管卡固定。所有钢构件均采用热镀锌防腐。

用移动吊架将管道吊装就位，此时必须进行电火花检测，对发现的漏点及时进行补伤，电火花检测合格后才能安装管卡，管卡与管道之间用$\delta=10$mm的胶皮衬垫，以保护管道绝缘层。

第四节　小断面隧道支护技术

山体隧道能否安全、按时完工是大口径输气管道施工成败的关键，小断面隧道支护是制约整个工程的关键瓶颈。通过对在地质条件允许的情况下，实现掘进、初支、二衬同步施工的施工技术研究及实现掘进、初支、管线安装、二衬施工顺序的施工技术的研究，探索可以缩短隧道施工周期的施工方法。

一、技术特点

（一）隧道支护工艺的指导思想

目前国内外大多数隧道的设计与施工都是以“新奥法”为指导思想。“新奥法”是“新奥地利隧道修建方法”的简称，其英文为“New Austria TunnelMethod”，常简写为“NATM”，是由奥地利工程师在20世纪60年代总结隧道建造实践经验的基础上创立的。

新奥法的核心思想是最大限度地发挥围岩的自承作用，施工原则是“短进尺，弱爆破，早喷锚，柔支护，早封闭，勤量测”。以喷射混凝土、锚杆加固和量测技术为三大支柱的新奥法，有一套尽可能保护隧道围岩原始强度、容许围岩变形但又不导致出现强烈松弛破坏，及时掌握围岩和支护变形动态的隧道开挖与支护原则，使隧道围岩变形与限制变形的结构支护抗力保持动态平衡，使施工方法具有很好的适应性和经济性。

但是，硬岩隧道与软岩隧道开挖用新奥法应有区别。处于软弱破碎围岩中的浅埋隧道，无法利用围岩的自承能力，不允许围岩有较大变形，也就不能用一次柔性支护等，开挖和支护必须在短时间内完成，初期支护必须很快闭合；软岩中衬砌了的隧道是以“管”的形态工作的，通常采用地层预加固和具有足够强度和刚度的预支护等方法，才能提高和利用围岩的自承能力。这就是硬岩与软岩隧道应用新奥法的本质区别。

（二）隧道支护的分类

在隧道设计中，隧道支护按照使用目的来分，可以分为防护型支护、构造型支护和承载型支护；根据采用的材料和系统来分，可以分为木支撑、钢支撑、锚杆和金属网支护、喷混凝土支护以及组合支护等。

一个理想的支护结构应该满足以下五点要求：

① 与周围围岩大面积牢固接触，保证支护与围岩体系作为一个统一的整体。

② 重视早期支护的作用，它是永久支护的第一步。

③ 要允许隧道与支护体系产生有限制的变形，以充分发挥两者的共同作用。

④ 必须保证支护结构架设及时。

⑤ 作为支护结构要根据坑道围岩的动态(位移、应力等)及时进行调整和修改，以适应不断变化的围岩状态。

（三）隧道支护时间分析

隧道开挖后的应力状态有两种：一种是开挖后的二次应力状态仍然是弹性的，隧道围岩除因爆破、地质状况、施工方法等原因可能引起少许松弛外是稳定的，在这种情况下，围岩自身满足稳定性要求，只需采用防护型支护，如喷浆、喷射混凝土等即可实现支护；另一种情况是围岩开挖后，隧道围岩产生塑性区，此时隧道要采取支载型支护结构，相当于在隧道周边施加一阻止围岩变形的阻力，从而改变围岩的二次应力状态。

根据支护时间优化基本理论，若支护设置过早，支护结构本身所承受的围岩载荷压力大，对其强度要求也较高。同时由于离开挖面太近，不利于施工作业。但是支护参与工作时间太迟，就会因初始变形未加控制而导致隧道围岩迅速松弛、崩塌。所以过早或过迟都将对围岩和支护结构的共同作用构成不利影响，从而不能有效地形成坚固的承载环。

（四）隧道支护施工工艺现状

目前隧道支护工艺主要是指超前支护、初期支护和二次衬砌等支护工艺。

1. 超前支护

对于超前支护，常用的有管棚支护、超前小管棚及小导管注浆、超前锚杆预支护等方法。管棚可以有效地把隧道掘进临空面传下来的载荷和土体自身荷载向掘进面前后转移，起到抑制地面和土体竖向位移以防止掘进过程中土体坍塌的作用，能较好地在不稳定地层中进行超前支护。

虽然管棚效果和可靠性都很高，而且施工实例也很多，但由于大管棚有一定仰角，随着向前施工，管棚与拱顶间悬土将越来越厚，常采用小管棚辅助支撑；当管棚打入后会出现末端下沉量过大的问题，经常要在初期支护拱顶背后注浆，保证管棚和初期支护之间不形成空洞；因此，这种支护方法费工、费时、费料。并且从可施工的长度、精度、平面线性、断面变化等条件考虑，在整座隧道全长内采用是有困难的，一般只在洞口部位作加强用，洞内部则采用超前小管棚及小导管注浆等方法。

2. *初期支护*

初期支护通常采用钢支撑、锚杆和喷射混凝土、钢筋网的组合支护工艺，有时也用到钢纤维喷射混凝土。喷射混凝土是隧道施工中最基本的支护形式和方法之一，因其在隧道岩壁上立即喷射一层混凝土，实现对开挖后的围岩快速封闭，与围岩表层岩石共同作用，且能渗入围岩裂隙、封闭节理、加固结构面，从而提高围岩整体性和自承、自稳能力，在隧道施工中被广泛应用。但是，喷射混凝土工艺具有其自身的局限性，工艺繁琐、工程质量不稳定，施工进度慢、效率低，延误支护时机，增加了隧道险情的发生几率。

锚杆作为新奥法的主要支护手段之一，在隧道支护中的作用也是举足轻重的。严格控制锚杆间距、根数、长度、角度、杆体类型、锚杆拨力、锚杆与网片及钢拱架的焊接是非常重要的。但是，由于设计者对锚杆作用机理理解各异，在设计参数的选取上也存在很大出入。在施工中，经常使用砂浆锚杆和 ZW 药包锚杆作为隧道初期支护的主要手段。但是围岩破碎、松散、偏压等不利地质条件下施工，初期支护中，锚杆的施工质量往往成为初期支护质量保证的焦点问题，特别在采用复合衬砌施工的隧道工程中，初期支护中锚杆的作用显得更为突出。

3. *二次衬砌*

二次衬砌包括拱部衬砌、边墙衬砌和仰拱衬砌。目前隧道二次衬砌一般用模注混凝土，整体台车施工，而且已经形成一套很完备的施工工艺。但在施工时，有时也会出现台车上浮、衬砌环接缝处错台、下部气泡多、拱部油迹不均、环节缝参差不齐及漏浆、二次衬砌顶部脱空等现象。这种支护方法繁琐，施工进度很慢，并且撤模时间较长，二次衬砌的承载力通常要靠钢筋和混凝土的强度来提高，因而混凝土的承载力也受到了很大约束。

（五）小断面隧道支护技术特点

根据隧道断面的大小，隧道可以划分为小断面、中断面、大断面和特大断面四类。具体尺寸如表 3-3 所示。

表 3-3　各类断面尺寸

断面分类	小断面	中断面	大断面	特大断面
断面积/m^2	<20	20~35	35~120	>120
等效直径/m	<4.5	4.5~6.5	6.5~12	>12

小断面隧道具有断面小、在施工中存在空间有限、交叉工序多、大型高效机械无法运用等问题，施工难度大，工程质量较难控制。对于长隧道而言，由于距离较长，给供电、供风、排水、排烟、出渣等一系列工序带来了困难。

在施工方面，小断面隧道由于受到断面尺寸的限制，在有限的空间内施工，工序交叉多，互相干扰大；在同一工作面上，钻孔、爆破、出渣等工作只能周期性循环进行；混凝土衬砌时，模板安装、衬砌钢筋制作及混凝土浇注困难。

在设备方面，由于隧道断面较小，无法在施工中运用高效的大型机械设备和自卸运输车辆，而且普通台车往往不能满足小断面施工的要求，需要针对实际特点，设计建造新型台车；同时，小断面施工也影响到洞内管线的布设，从而总体影响机械化施工配套。因此，小断面隧道的施工存在较大困难。

尽管小断面隧道有种种困难，但它还是有一定的优越性，具有单位长度开挖量少、出渣量少、安全支护方便等优点。只要施工组织措施得当，小断面隧道的施工困难是可以克服的。

二、初期支护施工

初期支护是在喷射混凝土、锚杆、钢筋网和钢架等支护中进行选择，组成不同的支护形式。

（一）喷射混凝土

1. 喷射混凝土的作用

喷射混凝土对围岩节理、裂隙起充填作用，将不连续的岩层层面胶结起来，并产生楔效应而增加岩块间的摩擦系数，防止岩块沿软弱面滑移，促使表面岩块稳定。喷射混凝土有一定黏结力和抗剪强度，能与岩层黏贴并与围岩形成统一承载体系，改善喷层受力条件。喷射混凝土能及时分层施喷，喷层虽薄但具有较高的早期强度，这样一来，喷层能控制围岩变形，即使围岩仍有较大变形，但不致产生坍塌，从而提高围岩的自承作用。喷射混凝土能使隧道周边围岩尽早封闭，防止围岩进一步风化。

2. 喷射混凝土的作业要求

（1）施工准备

材料方面：对水泥、砂、石、速凝剂、水等的质量要进行检验。水泥、速凝剂最好是新鲜的，并经相容性试验合格。砂、石含土含水率应符合要求。

机械及管路方面：喷射机、混凝土搅拌机等在使用前均应检修完好，就位前要进行试运转。管路及接头要保持良好，要求风管不漏风、水管不漏水。

其他方面：检查开挖断面，严禁欠挖，欠挖处要补凿到符合设计要求。敲帮问顶、清除浮石，用高压水冲洗岩面，将附着于岩面的泥污和虚碴冲洗干净。对渗漏水较大的地方或渗漏水密集处做好引排水处理。

（2）操作方法

① 风压、水压及水灰比控制。为了保证喷射混凝土的质量，降低回弹率、减少粉尘，喷射作业时要求风压稳定，压力大小调整适当。风压一般要比水压高50~100kPa，要求在喷头水环处形成水雾，使干拌合料充分湿润。干喷时，水灰比的控制只能凭操作工的经验目测掌握。如喷射的混凝土易黏着、回弹小、表面湿润光泽，说明水量合适。如表面无光泽、回弹物增加、灰尘飞扬、混凝土不密实，则说明水量小；如果表面塑性大或出现流淌、滑动现象，说明水量大。

② 喷射角度与喷射距离。喷嘴与岩面的角度，一般应垂直于受喷岩面。但在边墙时，宜将喷嘴略向下俯10°左右，使混凝土束喷射在较厚的混凝土顶端。

喷嘴与岩面的距离，一般保持在0.8~1.2m。操作工应视具体情况，选用适当的喷射距离。

③ 喷层厚度。每一次喷射混凝土的厚度，拱部为5~6cm，边墙为7~10cm。

④ 喷射顺序。喷射的顺序应先墙后拱，自下而上。如岩面凸凹不平，应先喷凹处找平，然后向上喷射。喷射时喷嘴料束应呈旋转轨迹运动，一圈压半圈，纵向按蛇形进行。为使喷层表面平整，喷射完后应对表面扫射一层。此时喷射顺序应自上而下，喷头料束呈横扫方式

运动，不能旋转或停留。

（二）锚杆

锚杆根据锚固方式和杆体材质可分为砂浆锚杆、药卷锚固锚杆、自进式注浆锚杆；根据用途，可分为径向锚杆和超前锚杆。

① 锚杆的作用：悬吊作用、组合梁作用、加固作用。

② 悬吊作用：由于隧道围岩被节理、裂隙或断层切割，开挖爆破震动可能引起局部岩块失稳，采用锚杆将不稳定岩块悬吊在稳定的岩体上，或将应力降低区内不稳定的围岩悬吊在应力降低区以外的稳定岩体上。在侧壁则用锚杆阻止岩块滑动。

③ 组合梁作用：在水平或倾角较小的层状岩体中，锚杆能使岩层紧密结合，形成类似组合梁结构，能增加层面间的抗剪强度和摩擦力，从而提高围岩的稳定性。

④ 加固作用：软弱围岩开挖后，使洞内临空面变形较大，当坑道周边布设系统锚杆，向围岩施加径向压力而形成承载拱后，便与喷射混凝土共同承受围岩的形变压力，可减少围岩的变形，提高围岩的整体稳定性。

系统锚杆应沿隧道周边呈梅花形均匀布置。在隧道横断面内，锚杆方向宜与周边垂直。在层状围岩中，锚杆的方向宜与岩层面垂直。

在锚杆受力较大的区段，锚杆多因下述两种原因失效。第一种是由于锚杆本身的强度不够被拉断；第二种是由于锚固力不足而被拉出(施工现场多为这一种)。锚固力不足表现为锚杆与黏结材料间或黏结材料与围岩间的黏结力不足。可采取三种措施提高锚杆的支护效果：采用高强度锚杆或大锚杆直径，增大钻孔直径，增加锚杆根数。

（三）钢架

在自稳时间较短的围岩中修建隧道，如果在喷射混凝土及锚固锚杆的砂浆尚未达到所须强度之前就须对开挖岩面进行支护时，应采用钢架。钢架架设后可立即起到支护作用。另外，当围岩压力大或变形发展较快时，也应采用钢架，加强初期支护。

钢架安装前，应检查开挖断面的中线及高程。钢架安装应符合下列要求：

① 安装前应清除底脚下的虚碴及其他杂物，超挖部分应用混凝土填充。安装允许偏差横向和高程均为±5cm，垂直度允许偏差为±2。

② 钢架各节间宜以螺栓连接，不得任意割断钢架。

③ 沿钢架外缘每隔 2m 用楔子楔紧。

④ 在各排钢架之间应设置纵向钢拉杆。设置拉杆是为了保证钢架在架立后、尚未被喷射混凝土固定前沿纵向的稳定性。在喷射混凝土后也能增加纵向刚度，从而改善纵向受力结构。

三、二次衬砌施工

（一）二次衬砌技术准备

1. 二次衬砌对开挖方法、初期支护的施工要求

① 短台阶法是在软弱围岩中采用的办法之一。该方法是把开挖和支护都错开一段，支护工作量不相对集中。上部完成后，紧接着开挖下部并及时支护，形成全断面的支护。应特别强调的是，台阶法实际上是全断面法的变种，要保证围岩稳定，应强调仰拱的及时封闭。

② 对于大跨度洞室，不宜采用全断面开挖，用中壁法、双侧壁法则是比较好的施工方法。更坏的地层应优先考虑双侧壁导坑法施工。

③ 在小断面、长隧道施工中，某一段落为断层破碎带，岩性破碎软弱，未进入该段前用全断面法施工，进入该段后若改变施工方法常常会给施工带来很多困难。如果该段段落不长，则不必改变施工方法，此时，可适当增加投入，用超前支护及预加固的强支护手段向前掘进。

④ 当围岩非常松散时，除及时作初期支护外，应尽快施作二次衬砌，这样才能保证围岩不发生垮塌，避免产生过大的松散压力。二次衬砌可以承担部分荷载，不必教条地坚持在初期支护与围岩完全稳定后才施作二次衬砌。如在含松散软弱围岩的洞口段与不密实的土层施工时，应及时施作二次衬砌并尽快封闭衬砌环。

2. 正确对待围岩的应力释放与变形问题

① 隧道开挖后，围岩内的应力以变形的形式缓慢释放，高应力释放和大变形在一般浅埋隧道中比较少见，只有在深埋高地应力(包括构造应力)的地层，以及具有膨胀特性的围岩内才出现。对大变形的隧道，要用强有力的初期支护，待初期支护与围岩稳定后再作二次衬砌，因早作衬砌是有危害的。

硬岩的应力释放表现为岩体本身受剪破坏、岩爆的弹射、鳞片状的脱落、沿节理面的松弛脱落，一般观测不到明显的变形，及时喷锚支护是最好的支护手段。

② 无论是在大变形或一般变形情况下，初期支护都要及时。如变形不大，初期支护可一次到位(初喷+短锚杆+复喷)。大变形时，喷锚及时施作，随后采用加强长锚杆及其他各种支护手段。

3. 软弱围岩隧道二次衬砌施作

对于高地应力的硬岩隧道，测量围岩变形的目的是为了让围岩变形达到一定程度，利于地应力释放，尽量发挥围岩的自稳能力，从而最大限度地减少二次衬砌所承受的压力，以尽量减小衬砌厚度。二次衬砌时机选择应根据围岩特点来调整。

① 一般稳定性较好的围岩，可在总变形量达到约 80% 且围岩变形基本收敛停止后进行二次衬砌。此时初期支护应能承担围岩的全部荷载，二次衬砌承担由于围岩的蠕变产生的附加荷载。

② 对于极软弱破碎围岩或不密实的土层围岩，或特浅埋隧道(埋深小于隧道跨度)，初期稳定是靠及时支护取得的，不按要求作好初期支护就会不断变形而坍塌。所以，应尽早作初期支护，并保证有足够的刚度。二次衬砌也必须尽快施作，不必强调周边位移速率，让二次衬砌分担部分荷载并无害处。任意加强初期支护会造成经费和施工工期的增加，对初期支护补强不当还易造成塌方。较早用二次衬砌来承担因初期支护不足而产生的荷载，对安全有利。但这绝不意味着减少或省去初期支护，初期支护仍应按要求施作。特浅埋隧道的衬砌可按全土柱荷载设计。

③ 对围岩持续大变形情况，要靠初期支护的加强取得变形稳定后再作二次衬砌。如果过晚进行二次衬砌，软弱地层有可能坍塌。因为一般来说围岩变形有两种：黏弹性变形和黏塑性变形。黏弹性变形是有限的，而黏塑性变形理论上是无限的，如果不采取支护手段，塑性变形范围会扩大，初期支护会承受越来越大的不均匀的变形压力，最终造成坍塌。

(二) 施工程序

混凝土衬砌施工程序如图 3-32 所示。

1. 检查开挖断面

采用“断面检测仪”检测开挖断面，对隧道均直线段每隔 20m 检查一个断面，对欠挖部分进行二次开挖处理，使其满足衬砌厚度要求，对超挖部分采用与衬砌同级混凝土回填。根

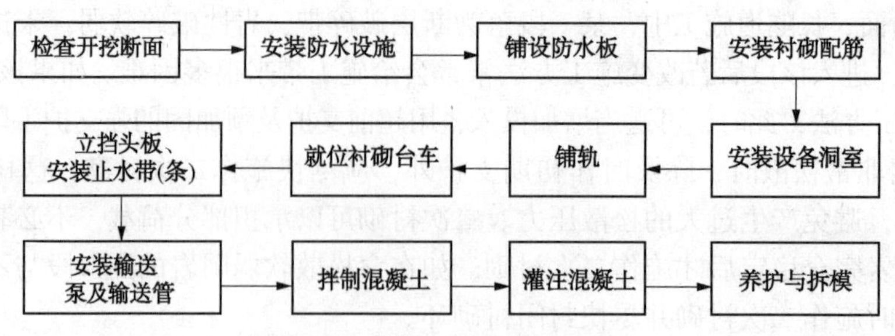

图 3-32　混凝土衬砌施工程序图

据监控量测结果，在确定衬砌段围岩稳定后方可进行衬砌。

2. 安装防水设施

在隧道内铺设防水板之前安装纵横向波纹管盲沟，设置于两边边墙墙脚处，横向每 10m 一环，纵横向盲沟采用三通管联结，通过 MF7 塑料盲沟横向将衬背渗水排入右侧 300mm×300mm 排水沟。

3. 铺设防水板

防水板采用奇封(QIFENG)防水板，从拱顶开始向两侧下垂铺设，边铺边进行热合机双焊缝黏接，铺设时与喷射混凝土凹凸不平处相密贴，防水板固定时留出搭接余量，固定时根据基层实际平整情况在适当部位应增设固定点。

4. 安装衬砌钢筋

衬砌钢筋根据不同的衬砌厚度，竖向钢筋分 $\phi23$ 及 $\phi20$ 钢筋两种，横向钢筋分 $\phi12$ 及 $\phi8$ 钢筋两种。在自制钢筋台车上人工安装，钢筋安装前先测量放线，确定架立筋位置，然后安装圆弧钢筋，圆弧钢筋安装顺序先外层、后内层，先下后上，衬砌钢筋安装如图 3-33 所示。钢筋焊接采用单面搭接焊，焊缝长度不小于 10 倍钢筋直径。

图 3-33　衬砌钢筋安装

5. 安装消防洞室

消防洞室模板采用木模拼装，按设计里程及标高安置，加固采用铁丝与衬砌钢筋及台车绑扎牢靠。设备洞预埋管及预留槽加固牢靠，防止混凝土浇筑过程中产生偏位，预留管(槽)中为方便线路安装穿有铁丝。

6. 铺轨

因衬砌台车为自行式，在钢轨上行走，钢轨采用 I43 轨，铺钢轨时首先测量放出隧道中线及轨顶标高，铺轨时根据钢轨到中线的距离及轨道标高铺设，衬砌台车走行轨下铺一层枕木，枕木尺寸为 30cm×15cm，枕木底标高为填充混凝土顶面标高，枕木间距为净距 50cm。

7. 衬砌台车就位

台车就位采用洞外安装自行进洞的方法。台车在施工现场安装完毕后，首先调整台车的轴线，使其与隧道的轴线基本重合；然后铺设轨道，枕木和钢轨必须符合要求，铺设后轨距误差控制在±30mm 以内；轨道和枕木必须用道钉固定，防止台车行走时发生危险；枕木间距的误差不得大于 70mm。以免钢轨被压断；装试台车合格后，在确保台车上下、左右无障碍的情况下，启动行走电机，操作台前行至待衬砌部位，前后反复动作几次，使台车结构放松，停在正确的衬砌位置，关闭行走电机，并在行走处用木楔或使用阻车器制动。

台车就位制动后，锁定卡轨器把台车固定在轨道上，然后通过交替启动竖向油缸和侧向油缸，使模板立于设计位置。台车通过测量定位，测量时主要检测拱顶设计标高及边墙两边到中线的距离，为满足沉降要求，衬砌台车的拱顶模板外侧标高高于该处隧道拱顶净标高5cm。台车净空尺寸经测量达到要求后进行加固锁定，锁紧竖、横向千斤顶，安装加固支撑，保证台车定位稳固。台车移位示意图如图 3-34 所示。

8. 立挡头板、安装止水带

衬砌台车就位准确，加固稳固后立挡头板，挡头板采用厚为 5cm 的木板，挡头板根据现场具体超欠挖情况安装，挡头板一端紧顶初期支护，另一端用螺丝锁紧在衬砌台车上，并采用斜撑顶紧。档头板与止水带同时安装，在挡头板上钻一$\phi10$ 钢筋孔，将加工成型的 $\phi8$ 钢筋卡由待模筑混凝土一侧向另一侧穿入，内侧卡紧一半止水带，止水带安装于衬砌中心位置。

图 3-34　台车移位

9. 安装输送泵及输送管

输送泵的出口布置一段长度不小于 10m 的水平管路，使混凝土压出机体后可获得必要的动能，以克服输送过程中的阻力。在安装混凝土输送管时尽量减少弯头数量。输送管路的出料端采用软管，以方便出料操作，扩大浇筑面积，而不需要变更钢管位置。

10. 拌制混凝土

混凝土由拌合站集中生产，通过混凝土罐车运至工地，混凝土强度等级为 C30、选用 po42.5 号水泥，砂石料为当地开采，外加剂为 SKD-9 防水剂，水泥、砂石料及外加剂均经过试验室严格筛选检查，配合比例如下：水泥∶砂∶碎石∶水∶外加剂 = 1∶2.11∶2.8∶0.47∶0.02，坍落度为12～16cm。

11. 灌筑混凝土

灌筑混凝土由下而上进行，灌筑时混凝土堆应成辐射状，边墙灌筑至拱脚附近时中断1～2h(但不超过终凝时间)，等边墙混凝土下沉基本稳定后再灌筑拱顶混凝土。为了避免灌筑时边墙两边混凝土量不等而产生过大偏压，两边混凝土灌注对称进行，混凝土面高差不大于 1.5m。边墙和拱脚部分的混凝土振捣采用插入式振捣器，振捣时轻插慢拔，随灌筑随捣固，使混凝土表面平整、光滑，内部密实。拱顶混凝土利用输送泵的输送压力，通过封拱器直接压入，模板顶部设封拱器三个，浇筑完成后，附壁式振捣器振捣 5min。

12. 养护与脱模

混凝土浇筑完毕凝固强度达到 2.5MPa 以上时拆模，拆模时按以下操作顺序进行：拆挡头板，操纵垂直油缸，顶升托架与模板联结；拆除侧向千斤顶和侧向油缸机械插销；拆除模板收拢铰和翻转铰处的对接螺栓，放下其余脚手板，松开基脚千斤顶；收拢翻转模板；同步下降垂直油缸，使模板收拢到穿行状态。脱模后立即洒水养护，洒水养护次数以混凝土表面保持湿润状态为佳，养护周期为 7 天。

（三）掘进与二次衬砌同步施工技术

根据施工段围岩特点，实行短进尺、强支护、早封闭的施工原则，对掘进工作面、台车工作面和其他工作面进行合理布置，确定穿插施工节点，循环作业，解决了掘进开挖与二次衬砌同步施工的主要技术难点；达到在二衬施工的同时，小型自卸出渣车辆能在台车下自如通行。同时对水泥浆泵送口设置、水泥浆振捣系统的设置等内容进行优化，确保二衬施工质量。

对于小断面隧道支护，实现二次衬砌和掘进同步施工，首先要有适用的衬砌台车，同时要着力解决掘进、二次衬砌各工序同步施工相互干扰问题，以及物料运输的矛盾等主要问题。加工中的台车与加工完成的台车如图 3-35、图 3-36 所示。

图 3-35　台车加工现场

图 3-36　加工完成的台车

结合衬砌台车的设计，确定总体施工方案：

① 二次衬砌与掘进施工平行作业，二者保持适当距离，避免施工相互干扰。

② 隧道模筑混凝土衬砌采用 2 台衬砌台车从隧道进出口两端分别向中间逐段施工，衬砌台车长 9.0m，混凝土衬砌施工时，采用人工与输送泵同时对称灌注，防止钢模台车偏移。

③ 辅助洞室开挖、支护、矮边墙施工应超前衬砌台车施工。

④ 防水板铺设应超前相应的衬砌台车作业。

⑤ 混凝土在洞外集中拌制，采用有轨方式运送到灌注点。

自行设计、制作小段面隧道二次衬砌专用台车，合理布置工程施工所需工作断面，达到掘进与二衬同步施工的目的，大大缩短施工周期。具体二衬施工及台车布置措施如下：

1. 开挖方法选择

小断面隧道爆破开挖有两种方法：全断面爆破开挖和分台阶爆破开挖，两种方法施工工序依次为：测量→钻眼→装药→放炮→排烟→出渣。由于受到断面小的影响，在开挖中选择机械钻眼，适用机械较少，一般只能采用人工手风钻钻眼。

（1）全断面法

全断面开挖为整个断面同时开挖，由于受到断面高度的影响，人工钻眼时需先打下半部炮眼，然后用台架打上半部炮眼。

（2）分台阶法

分台阶法开挖时，先施工下台阶，预留拱腰以上作为上台阶，然后上下台阶同时钻孔爆破。

（3）全断面法和分台阶法的比较分析

隧道开挖时，在基本掌握钻爆技术、装渣机械使用正常后，还要加快施工进度，需要从钻孔方面争取时间。采用分台阶法施工，先施工下台阶，预留拱腰以上 60~80 cm 作为上台阶，上下台阶相距 8~10m，然后上下台阶同时钻孔爆破，一起出渣，上台阶需要钻的基本上都是周边孔；同全断面法开挖相比，当全断面开挖下半部炮眼打完时，分台阶法开挖上、下半部炮眼全部打完，分台阶法开挖省去了上半拱周边钻孔时间。因此，相对于全断面法，分台阶法可有效节省钻爆时间，促进工程进度向前进展。

2. 仰拱施工

二次衬砌按“仰拱(铺底)先行”的工艺组织施工。隧道模筑混凝土衬砌采用2台衬砌台车从隧道进出口两端分别向中间逐段施工，衬砌台车长9.0m，混凝土衬砌施工时，采用人工与输送泵同时对称灌注，防止钢模台车偏移。施工中以插入式振动棒捣固为主，辅以附壁式振动器振固。每次灌注混凝土约35 m^3，整个浇捣过程约需时4~5h。

施工原则按“仰拱(铺底)先行”的工艺对Ⅳ型支护段组织施工，为了保证绝对的安全，在进洞口Ⅴ型支护段采取仰拱跟进施工的方法。仰拱开挖-钢筋安装-混凝土浇筑，整个施工过程按5m一个工作单元跳段组织施工，保证掘进开挖弃碴车辆利用栈桥通过运碴。

施工过程中，首先沿隧道中心线将仰拱分成左右两个半幅施工，先浇注的半幅仰拱距离隧道中心线一定距离。在半幅分缝处留置施工缝，预留出钢筋接头，以便与另半幅仰拱钢筋焊接。仰拱浇注段长度与按照设计要求的变形缝位置结合设置，并根据拱墙台车长度确定。

仰拱混凝土强度达到一定值后，在其上施工片石混凝土，并与前方仰拱混凝土同时作业。半幅施工完成后，另半幅与仰拱混凝土施工流水作业，中间留出中心排水沟位置，施工时预埋横向排水管。片石应距离模板5cm以上，片石间距应大于粗骨料的最大粒径，并应分层渗放，捣鼓密实。

3. 钢筋安装

按照隧道的设计施工图，Ⅳ、Ⅴ型二衬支护均为钢筋混凝土；Ⅲ型二衬支护为素混凝土，为保证掘进与二衬穿插施工的重要节点，将钢筋安装工班分为6班，每班5人进行多点面、不间断倒班作业。

钢筋网是利用固定模架进行加工制作而成。拱部钢筋网现场制做，边墙钢筋网制成网片进洞安装。安装工作是在初喷混凝土后进行，钢筋网安装时中线、高程和垂直度均由测量严格控制，其倾斜角不大于2°，钢筋要平直，扭曲不得大于2cm。并与锚杆、钢插管焊接连成整体，在喷混凝土时不得晃动，在两榀钢筋网之间环向每米设一根纵向连接钢筋。钢筋网应顶紧初喷混凝土，若有孔隙时应设楔子背紧。钢筋网根据岩面起伏铺设，并与锚杆焊接连接在一起。图3-37所示为隧道衬砌时钢筋的绑扎与焊接图。

图3-37 钢筋的绑扎与焊接

绑扎钢筋应尽量减少现场焊接，若必须焊接，应在防水板上面加垫木板或石棉板隔热层，以防防水板被烧坏；钢筋与模板间设足够数量和强度的混凝土垫块，确保钢筋的保护层厚度。

4. 管线布置

在二次衬砌台车进入隧道时，必定会受到掘进施工所使用的风、水、电管线通风设施的影响，合理地布局风、水、电管线将有效消除穿插作业中的冲突。具体布置如图3-38所示。

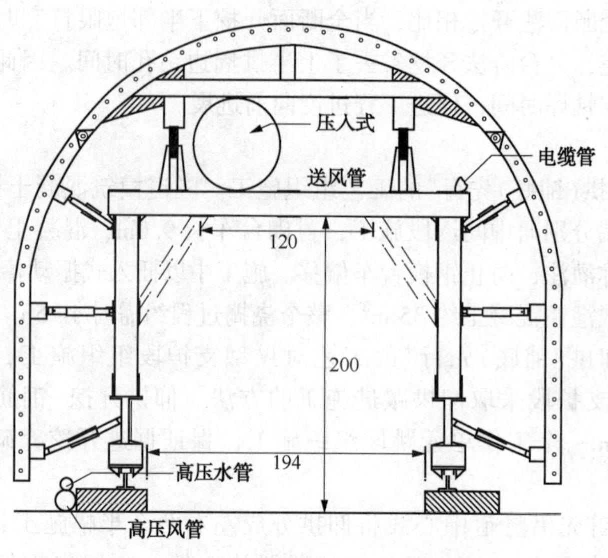

图 3-38　台车线路布置示意图

(1) 通风管穿越台车

如果隧道掘进所配置的通风管直径为 600mm，必须保证其在不间断通风的前提下顺利穿越衬砌台车方可实现同步衬砌。为此，在衬砌台车顶模和横梁之间预留不小于 700mm 的通风管穿越通道；为保证通风管在衬砌台车腹内的顺直，在软管通道的底梁上每隔数米焊接一个半圆形通风管的限位圈，风筒通道的上梁用钢筋焊接成网格状进行防护；通风管在二次衬砌台车通过后，利用台车尾部的支架在台车脱模后就可把风筒悬挂在隧道拱顶位置，其高度满足在停风状态下不影响运输车辆通行。

(2) 供水管线过台车

掘进机的专用供电电缆、照明与通讯线在随掘进向前延伸过程中预留由隧道洞壁向矮边墙下移的富裕量，在辅助洞室、矮边墙施工时移动到矮边墙侧面的临时支架上并用套管进行防护。

掘进机的供水管根据隧道的水文地质条件以及施工排水量测算，供水管可安放在仰拱预制块中心水沟内，但必须采用支架架设，以免占用更大的排水空间。在保证正常供水的同时，在主供水管道上每隔一定距离设置一个高压水阀，即使水井控制室变频柜出现故障也能防止主管道内的水吸出影响掘进。每隔 100m 左右设置一个中压水阀，为洞室开挖和衬砌施工提供方便。

(3) 供电线路布置及防护

隧道内应设高压电缆为掘进施工供电，每隔一定距离设置一个 T 形快速接头，为模板台车系统供电。修补台架上设置一个变压器，向衬砌施工供电。高压电缆通过衬砌作业区时布置在矮边墙台阶下，用槽钢反扣保护。

5. 穿插施工作业的节点控制

进行隧道掘进开挖与二次衬砌同步施工的主要难点是：隧道洞体较长、断面小，出碴通道与二衬施工作业面形成重大冲突，且通风困难。因此，要做好掘进与二次衬砌的穿插施工，必须避开掘进开挖的出碴时段，合理布置穿插施工节点。二次衬砌穿插施工如图 3-39 所示。

图 3-39　二次衬砌穿插作业

对于掘进、二次衬砌同步施工，不能按照一架两模的模式进行间隔式作业。对穿插施工的节点合理控制，是掘进、二次衬砌同步施工的关键。同步施工采用穿插法作业方式，即两部台车同时从隧道的进出口向中部逐段施工。掘进机在前方掘进的同时，衬砌台车在后段进行衬砌。同时，由小型运输车不断将弃渣外运。由于衬砌施工作业面比较分散，包括开挖、矮边墙、防水板、衬砌等作业班组，穿插法可以保持作业面相对集中，节省管理人员，方便管理，有利于灌注混凝土质量的控制。两部台车连续作业，避免了一部台车连续施工时，因混凝土龄期短、强度低，在搭接接头处出现却楞掉角、裂缝的质量问题。且方便测量施工，便于工程管理。

6. *混凝土施工*

在灌注作业现场设置电铃或有线电话等通讯设施，以利于和地面混凝土下料口值班人员联系，随时控制混凝土的用量。

(1) 仰拱铺底混凝土施工

为保证仰拱混凝土的密实度和流动性，仰拱混凝土坍落度宜为 12~14cm，采用人工插入式振捣器振捣。用插入式振捣器振捣时，要轻提轻放，以免破坏防水层和背贴式止水带。仰拱混凝土为非承重结构，强度达到 2.5MPa 即可拆模，拆模后立即用麻袋片覆盖洒水养护，防水混凝土养护不少于 14 天。

(2) 拱墙混凝土施工

拱墙混凝土为钢筋混凝土，为保证混凝土的流动性，坍落度宜采用 14~16cm，粗骨料采用级配良好的碎石。混凝土浇注时应由下而上分层灌注，每层灌注高度不超过 40cm，采用附着式平板振捣器和人工插入式振捣器充分振捣。每层的浇注顺序应从混凝土已施工端开始，以保证混凝土施工缝的接缝质量和便于排气。混凝土灌注过程中应始终有技术人员和有经验的技术工人现场值班，组织好放料、停料及振捣时机，特别应注意混凝土泵送满后的刹尖停泵时机，严禁强行泵送，既要保证拱顶混凝土饱满又要避免压垮模板台车。根据洞内的混凝土硬化时的强度增长规律和施工经验，混凝土拆模一般在 24~36h 后进行，拆模后混凝土应立即养护，采用专人洒水，养护时间不少于 14 天。台车脱模后，下一组就位前应对台车表面涂刷水溶性脱模剂，采用自制喷淋式设备沿台车表面均匀涂刷，以避免脱模剂污染钢筋和脱模时混凝土黏附在台车上。

(3) 混凝土施工注意事项

编制混凝土的浇注方案，制订详细的混凝土供应方式、现场质量控制措施、混凝土浇注工艺流程、混凝土施工路线、混凝土灌注及养护、防止混凝土质量通病的措施等，报监理审批后实施。

混凝土灌注前应对模板(或台车)、钢筋、预埋件、预留孔洞、施工缝、变形缝、止水带等进行检查，清除模板内杂物，隐蔽验收合格后，方可灌注混凝土。混凝土灌注过程中应随时观察模板(或台车)、支撑、防水板、钢筋、预埋件、预留孔洞等情况，发现问题及时处理。

在台车拱部离两端头各100cm以及台车中部，制造时预留$\phi 50$锥形检查孔3个(兼作排气孔)，当混凝土灌注时，用锥形铁棒堵塞此孔，并在混凝土初凝前将此棒拔出，以检查混凝土灌注是否密实，此孔在二次衬砌背后回填注浆时，可作为注浆孔用。

7. 掘进开挖弃渣外运

小断面隧道出渣运输是施工中的一大难题，根据开挖断面，装载机械能够进出，但不能灵活装渣，必须设置临时洞室。运渣车先停放在洞室，然后装载机至掌子面装上石渣后，再后退至洞室，将石渣装上运渣车，如此循环装渣。由上述装渣过程可知：如果洞室离掌子面较近，则开挖洞室较多，经济性差；如果洞室离掌子面较远，则装载机需要反复来回行走，一方面装渣时间较长，另一方面造成洞内严重污染。如果采用装载机装渣，势必增加施工成本或严重影响施工进度，因此必须选择适合小断面隧道的装渣和运输机械。为此，隧道正洞采用无轨运输方式施工。选择ZL-30小型装载机装渣，小型自卸车出渣。

装渣时，挖装机行至掌子面石渣附近，然后自卸车行至挖装机尾部，自卸车料斗位于运输槽最高处的正下方，由装载机铲斗向集料板扒石渣，再由工作机构将石渣推进运输槽，同时由运输槽内的链板把石渣向上输送，到达运输槽顶部后，石渣下落至自卸车料斗中，最后由自卸车将石渣运至洞外。

隧道工程风管采用600 mm直径风管，二衬及洞内其他附属工作施工安排在隧道正洞开挖的同时从隧道两端向中部同时进行。小型自卸车车身宽1.65 m，二衬台车预留的空间能满足小型自卸车通行，行车速度控制在15km/h以内，行车间距大于规范60m的要求，确保不发生同向行驶车辆追尾。

当隧道出渣、进料车较多的情况下，为了减少干扰、灵活调车、确保安全、加速车辆周转、提高运输能力及保证各工序的正常施工，每隔100m设一条错车道并确保车辆能调头。洞内采用色灯信号及电话通信，加强施工调度。

两台衬砌台车与掘进同步作业，运输量大大增加，运输对于总体施工速度的影响将更为突出，特别是在运输车辆通过衬砌台车以及更多的岔道时必须妥善解决：统筹安排各工序作业时间，辅助洞室爆破开挖与出渣在掘进整备时间完成；科学布设洞内道岔，通过左开与右开渡线道岔的合理搭配，实现车辆调度自如；加强风管延伸质量控制，避免出现由此而影响台车行走；加强轨道、道岔的巡察保养；统一指挥，总体协调各工序可能出现的矛盾，确保掘进的同时，加快衬砌速度。

8. 铺底及排水沟施工

每个仰拱作业单元完成仰拱浇筑后，进行铺底混凝土及排水沟浇筑，排水沟模板采用6m长的定型钢模板；浇筑铺底混凝土时预留出管墩位置；由于洞内多工序同时进行，运输车辆等可能对铺底混凝土表面造成一定的污染和破坏，在结束洞身掘进后适当的时候，对整个隧道的铺底混凝土及排水沟进行一次清理、修整。

四、隧道施工监控量测

施工监控量测是在隧道开挖过程中，使用各种量测仪表和工具对围岩变化情况和支护结构的工作状态进行量测，及时提供围岩稳定程度和支护结构可靠性的安全信息，预见事故和险情，作为调整和修改支护设计的依据，并在复合式衬砌中，依据量测结果确定二次衬砌施工的时间。

监控量测可分为必测项目和选测项目。必测项目包括洞内外观察、水平净空变化量测、拱顶下沉量测、浅埋隧道地表下沉量测。

（一）洞内观察

开挖工作面的观察，在每个开挖面进行，特别是软弱围岩条件下，开挖后应立即进行地质调查。若遇特殊不稳定情况时，应派专人进行不间断的观察。

1. 对开挖后没有支护的围岩观测

① 节理裂隙发育程度及方向。

② 开挖工作面的稳定状态，顶板有无坍塌现象。

③ 涌水情况，包括涌水的位置、涌水量、水压等。

④ 底板是否有隆起现象。

2. 对开挖后已支护地段围岩动态的观测

① 是否发生锚杆被拉断或垫板脱离围岩现象。

② 喷混凝土是否有裂隙和剥离或剪切破坏。

③ 钢架有无被压变形情况。

（二）监控量测资料的整理与反馈

监控量测的目的是通过对围岩和支护的变位、应力量测，反馈到施工上，及时调整施工组织和支护系统，保证隧道施工安全。当位移速率无明显下降，而此时实测位移值已接近表中所列数值，或喷层表面出现明显裂缝时，应立即采取补强措施，并调整原支护参数或开挖方法。

二次衬砌的施作应在满足下列要求时进行：各测试项目的位移速率明显收敛，围岩基本稳定；已产生的各项位移已达到预计总位移量的 80%～90%；周边位移速率小于 0.1～0.2mm/d，或拱顶下沉速率小于 0.07～0.15mm/d。

五、衬砌混凝土冬季施工措施

为保证隧道衬砌混凝土正常施工，不影响衬砌施工进度，车坝、隧道衬砌混凝土冬季施工主要采取洞外防寒及洞内保暖两种措施。洞外防寒主要是拌合站及骨料堆料区，拌合站防寒采用保暖棚及保暖棚内取暖措施，保暖棚采用 10cm 厚彩板房作为外围结构，以利于保暖和防火；在保暖棚内设火炉增温，对骨料堆放区、料斗区域及混凝土搅拌区域进行加热升温。搅拌用水通过高压锅炉加热，与蓄水池循环，保证热水搅拌混凝土，水池内设有温度计，及时掌握水温，水池内热水(≤60℃)与拌合站自动上水系统连接，保证混凝土拌合热水在 45～60℃。洞内保暖措施是在洞口采用按洞门形式特制棉被包裹洞门口，防止洞外冷空气吹入的方法。二衬混凝土施工时在台车内侧生火炉加温，每侧下部生火炉 5 个，中部生火炉 3 个，交替布置，保证模板温度。洞内保温后温度在 10～15℃，保证混凝土入模后不受冻。

第五节　大落差山区气压试验

一、概述

在大落差山区地段，沿线山峰林立、悬崖高耸、坡陡沟深、高差悬殊，地形地貌极其复杂。所有压力管道在安装或验收前都要进行压力试验，根据管道用途和工作介质，可选用水或空气作为试验介质。如果有条件最好以水作为试验介质，这样便于检查，操作时也更安全。但有些情况下，不适合用水作试验介质，这样就需用空气来做压力试验。

(一) 水压试验与气压试验的对比

管道强度试压介质分为压缩空气和水两种。试压介质与管道设计压力、管径、管道强度、管材的韧性及焊接质量有关。根据《输气管道工程设计规范》GB 50251—2015 的规定，位于三、四级地区的管段及站场内的工艺管道应采用水作为试验介质。传统上类似末站的站场均采用水压试验进行强度试验。水具有不可压缩性，管道内试压介质的减压速度大于管道的开裂扩展速度，因此，不会造成管道的大段破裂和严重的次生灾害。另外，水压试验可消除钢管的残余应力，充分暴露管材的缺陷。

1. 水压试验

用水作试验介质，危险性相对较小，但也存在着以下问题：

① 输气站场工艺系统中大部分设备及管道位于地面上，但又有一部分汇气管埋在地下，如按常规方法采用水作为试压介质，则地下汇气管内存水将无法排出。这既增加了输送气体的湿度，增加了产生管道冰堵的可能性，又减少了管道的有效截面积，从而降低管道的实际输气量。

② 水压试验后需对管道进行干燥处理。对于施工工期要求比较紧张的工程，很难满足要求。

③ 施工现场水的来源和排出处理均十分困难。

2. 气压试验

用压缩空气做试压介质，在管道存在缺陷而在试压中出现泄漏或破裂时，由于管道内试压介质的减压速度小于管道的开裂扩展速度，在管道止裂韧性不能满足止裂要求时，会造成管道的大段破裂和严重的次生灾害。因此，在管道的设计和制管标准上均有针对管材止裂韧性的要求。采用空气作为试压介质应十分谨慎。《输气管道工程设计规范》规定，在以下条件同时满足时，站场内的工艺管道可采用空气作为试验介质：试压时最大环向应力小于50%管道屈服强度(三级地区)；最大操作压力不超过现场最大试验压力的 80%；所试验的是新管子，并且焊缝系数为 1.0。

根据气压试验的特点，它适用于以下三种情况：

① 水源不足，或从别处引水试压难度较大，管线较长、试验后排水困难的场所，如口径较大的室外埋地管网。

② 气温较低，用水试压后，水不能完全排净，有冻裂危险的场所。

③ 改、扩建工程的管道试压。由于用户已经使用，若做水压试验，一旦泄漏，将造成较大损失。

根据《工业金属管道工程施工规范》GB 50235—2010 的规定，承受内压的钢管，气压试验压力为设计压力的 1.15 倍。

（二）气压试验工艺流程与设备

气压试验的一般工艺流程如图 3-40 所示。

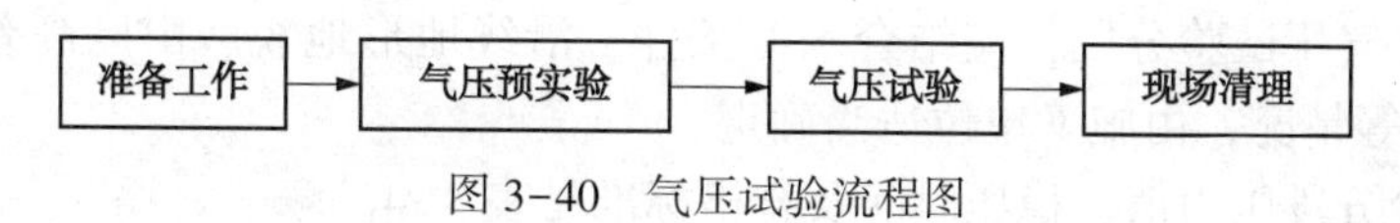

图 3-40　气压试验流程图

气压试验所需机具设备有空气压缩机、压力表、气压计、温度计、毛刷、小桶及其他施工工具(如电焊机等)。

（三）安全措施

气压试验时，应划定禁区，无关人员不得进入。空气压缩机使用时应采取以下安全措施：

① 输气管应避免急弯；打开压缩空气阀前，必须事先通知工作地点的有关人员。

② 空气压缩机出口处至被试的管道系统不准有人工作，压力表、安全阀和调节器等应定期校验，保持灵敏有效。

③ 发现气压表、机油压力表、温度表、电流表的指示值突然超过规定或指示不正常，发现漏水、漏气、漏电、漏油或冷却液突然中断，安全阈不停放气或空压机声响不正常等情况且不能调整时，应立即停车检修。

④ 严禁用汽油或煤油洗刷曲轴箱、滤清器或其他空气通路的零件。

⑤ 停车时应先降低气压。

管道试压时，应使用经检验合格的压力表，操作时要分级缓慢升压，稳压后方可进行检查。非操作人员不得在盲板、法兰、焊口、丝口处停留。修理工作必须在泄压后进行。

（四）工程难点

① 管线地处山区，部分地段试压根本无法取水，水压试验条件不具备。

② 连续陡坡段分布、落差大，即使进行单段水试压，低点压力达到管材屈服强度值时，高点压力值却达不到强度压力值；如分小段进行水压试验，势必连头处在峭壁上，无法实施。

二、工程技术方案

（一）管道气压试验原则

① 各标段位于一、二级地区的管段可采用气体作为试压介质，介质应为洁净、无粉尘的干空气。

② 三、四级地区应采用洁净水作为试压介质，不可采用气压试验。

（二）管道气压试验分段

1. 基本原则

① 单体穿(跨)越必须采用水压试验。

② 现场施工条件能满足管道水压试验时，尽可能不采取气压试验，气压试验分段试压长度不宜超过 18km。

③ 气压试验分段应结合单体穿(跨)越工程位置、阀室位置、地区等级等情况，由施工单位确定。

④ 单独试压的线路截断阀及其他设备可不与管线一同试压。

2. 管道气压试验分段

① 气压试验分段原则：利于达到试压目的，并减少段落划分，减少连头数量，降低现场施工难度和强度，保证工程质量。

② 线路工程气压试验分段，应结合水源条件、沿线地形地貌、山区高差、交通、阀室位置、地区等级等情况，由施工单位适当确定。

③ 气压试验分段压力值、稳压时间及合格标准见表3-4。

表3-4 气压试验分段压力值、稳压时间及合格标准

地区等级		强度试验	严密性试验
一级地区	压力值/MPa	1.1倍设计压力	设计压力
	稳压时间/h	4	24
二级地区	压力值/MPa	1.25倍设计压力	设计压力
	稳压时间/h	4	24
三级地区	压力值/MPa	1.4倍设计压力	设计压力
	稳压时间/h	4	24
四级地区	压力值/MPa	1.5倍设计压力	设计压力
	稳压时间/h	4	24
合格标准		无变形、无泄漏	压降不大于1%试验压力值，且不大于0.1MPa

说明：GB 50369—2014规范14.1.6规定：输气管道位于一、二级地区的管段宜用水作试压介质，在高寒、陡坡等特殊地段可采用空气做试压介质。输气管道位于三、四级地区的管段应采用水作试压介质，管道水压试验水质应符合设计要求。对于特殊地段的管道试压，在三、四级地区有时也选用气压试验，但必须严格按照设计要求进行。

（三）气压试验升、降压

① 试压时的升压速度不宜过快，压力应缓慢上升，每小时不得超过1.0MPa。当压力升至0.3倍和0.6倍强度试验压力时，应分别停止升压，稳压30min，并检查系统有无异常情况，如无异常情况继续升压。

② 达到强度试验压力后，稳压4h，不破裂、无泄漏为合格。

③ 严密性试验应在强度试验合格后进行，并且稳压24h（稳压时间应在管端压力平衡后开始计算），压降不大于1%试验压力值，且不大于0.1MPa为合格。

④ 从强度试压完成后开始降压直至严密性试压开始，应至少保证24h的时间间隔，并且应保证管道内的压力处于稳定状态。

⑤ 在试压管道出现泄漏或试压合格后泄压放气时，要控制泄压速度，在大于70%试验压力范围内，每小时泄压不超过1.0MPa 。

（四）气压试验技术要求

① 每次试压后对试压用仪表进行重新校验，校验合格后方可使用。

② 气压试验留头点应利于管线连头，管端不宜留在低洼、转角点及地下水位高、设备难于二次进场的地方。

③ 为确保临时管线和阀门的安全可靠，在通球试压前应将试压短节单独进行试压，试验压力不低于强度试验压力的1.25倍，稳压2h，合格后方可使用。若经过阀门供货商的允

许，也可与试验管段一起试验。

④ 气压试验封头使用前应进行强度试验，强度试验压力为设计压力的1.5倍，稳压2h，无泄漏、无变形、无爆裂为合格。

⑤ 气压试验可选标段的首端或末端作为储气罐，即先做首端或末端管道的清管、测径、试压，泄压气可作为下一段管道的清管、测径用气和部分试压用气。

⑥ 检漏人员在现场查漏时，管道的环向应力不应超过钢材规定的最低屈服强度的20%；在管道的环向应力首次开始从钢材规定的最低屈服强度的50%提升到最高试验压力，直到又降至设计压力为止的时间内，试压区域内严禁有非试压人员，试压巡检人员亦应与管线保持6m以上的距离。距试压设备和试压段管线半径50m以内的圆形区域为试压区域。

⑦ 气压试验的气体排放口不得设在人口居住稠密区、公共设施集中区。

（五）试压过程中的HSE管理及风险评价和控制措施

① 组织技术、安全管理人员，完成试压过程中的风险识别、评价，并制定出相应的消减措施。通过培训学习，让所有参与施工的员工了解到试压过程中的风险因素和消减措施。

② 在施工作业带应设置必要的警戒标志和警戒线，在进行试压、加压时应设置隔离带。

③ 在作业中要有高效的通讯设备，以方便各成员之间的即时交流。

④ 试压期间遇到紧急情况时立即启动应急预案。

⑤ 收发球装置必须安全可靠，在收球端应有安全人员巡视，设置警戒区，在清管试压期间离排放口300m范围内无人畜进入危险区。

第六节　工程案例分析

一、工程概况

齐岳山陡坡段管道工程位于利川市齐岳山山脉和利川盆地交界处。齐岳山陡坡段原始地貌中有多个坡面，局部地段坡度超过80°。山体表面土层较薄，厚约150mm，约有一半作业带为全石方段。位于ELC129—ELC131-3桩，全长900m，高差384m，在中、下两个陡坡中间有一段（长约100.5m）坡度较小（分别为12°和9°）。齐岳山陡坡段沿线没有道路、便道，设备无法进场。齐岳山上部施工如图3-41所示。

图3-41　齐岳山上部施工图

二、工程特点和难点

① 安全风险系数大。地势险峻，常发生滚石、滑坡，人几乎无立足之地。

② 落差大，坡度陡，因此在陡坡段运管是极其困难的。在这样的坡度上，人行走尚且手脚并用，常用的吊管机、挖掘机都不可能在这样的坡度上重负荷行走，并且必须保证整个运管过程安全、可控。

③ 管沟开挖难。开挖的管沟要做到与需要安装轻轨地段的坡度一致；平整度必须满足轻轨的安装条件，对管沟底部进行人工找平、局部稳固填充；不允许管沟沟壁直上直下，保

证现场施工的安全。

④ 隧道内外的通讯困难。在陡坡段，对讲机比缓坡段受限更大，其有效距离不足300m，而程控电话不能实现各处实时、可视通讯，不便于卷扬机操作手的操作控制。如何实现实时、有效的通讯畅通，对确保陡坡段的施工安全具有至关重要的作用，也是顺利施工、有效指挥的前提。

⑤ 工期紧。由于利川市5、6月份正处梅雨季节，经常下暴雨，对施工进度、质量、安全影响极大，必须在5月雨季来临前顺利完成该陡坡段管线。

三、施工技术方案的确定

（一）施工顺序的选择确定

陡坡段的施工顺序决定着陡坡段和缓坡段的施工顺序，因此必须先确定陡坡段的施工顺序：

1. 土建安装顺序的确定

陡坡段因坡度较大，土建施工时材料运输、弃渣外运极其困难，必须采用轻轨辅助施工技术，如果先进行管道安装施工将无足够的空间，无法保证土建施工的质量，无法实现轻轨辅助施工。

如果土建支墩尚未施工就进行安装施工，管线固定将难以实现，在如此陡的坡度上，管线无固定进行连续施工其危险性是不言而喻的，理论计算管线下滑力为：

$$G \cdot \sin\alpha = 0.431t/m \cdot \sin25^\circ = 0.431t/m \cdot 0.423 = 0.182t/m$$

则陡坡段完成时下滑力为：$627m \cdot 0.182t/m = 114.2t$

显然，管线下滑力巨大，在管线施工过程中就应随时进行管线固定，以克服管线下滑的危险。

综上所述，应先进行陡坡段的土建施工。

2. 陡坡段安装施工顺序的确定

因大溪亮隧道分缓坡、陡坡两部分，如果陡坡段安装施工由上而下进行，管线运输则必须从下而上，此时需经过缓坡段及两段的分界点，经过简单的作图可确定，在25°的坡度上长达12m的大口径管道是无法通过分界点的，这样管线整管运输将无法实现，因此陡坡段安装施工由上而下不可取，只能采用自下而上的安装施工顺序。

3. 陡坡段和缓坡段施工顺序的确定

陡坡段管线下滑力巨大，仅靠导向支墩固定是不够的，应同时依靠缓坡段管线和出口后埋地管线同时加以固定，方可确保克服陡坡段管线下滑力，确保管线施工安全。同时，陡坡段安装自下而上进行，先施工缓坡段及出口管线并不影响陡坡段管线的施工。

（二）陡坡段运管方案的确定

在缓坡隧道，管线运输一般采用动力设备作为牵引动力、专用轮胎式运管小车进行，此时，管线及运管设备的重力所导致的下滑力小于设备的牵引力。因陡坡段坡度较大，任何动力设备均难以重负荷行走，只能采用卷扬机作为牵引动力、专用轨道式运管小车进行管线运输。

（三）陡坡段管线组焊方案的确定

在缓坡隧道，管线运输卸管、组焊时一般采用特制龙门架或专研的电动液压起吊架进行，而在陡坡段，因坡度大，专研的电动液压起吊架价格较高，且在这样的受限空间内维修更换极其困难，可靠性不高，不宜采用；如果仍简单采用缓坡段使用的特制龙门架，在这样的坡度上，龙门架自身固定都极其困难，更不可能实现吊起重达 6 t 的管线后进行前后移动以便于组焊。为保证管线起吊后的安全、便于前后移动，应给予龙门架一个牵引力，其牵引动力只能考虑卷扬机，同时为保证龙门架有足够的牵引力且行走平稳均衡，在其两侧同时给予相同的牵引力，即在两侧各使用同型号的卷扬机。为便于起吊和增设牵引力，应研制联合倒链龙门架，此设备应设两个起吊点，以保证管线起吊平稳，并便于组对时上下左右移动进行微调，同时应在联合倒链龙门架前增设滑轮组。

综上所述，管线组焊时应采用卷扬机进行牵引，联合倒链龙门架进行管线组队、焊接。

（四）隧道内通讯方案的确定

陡坡段施工，除了采用缓坡段隧道通常采用的对讲机通讯和程控电话通讯方案外，应增设先进的视频通讯系统，以确保通讯的畅通、实时，便于隧道内外的联系，实现隧道内的可视、可控。

（五）隧道内安全措施的强化

陡坡段因坡陡易滑，应在管线两侧增设安全防护栏，为施工人员增设龙门架倒链操作平台、组焊操作平台、焊接操作平台等安全措施，以确保施工时操作安全。

四、施工工序

（一）施工便道修筑

齐岳山陡坡段桩 ELC131 至 ELC131-2 存在多个坡面，新修便道 1300m，以便挖掘机和卷扬机等施工机具和设备到达中间缓坡。

（二）管沟开挖

爆破管沟时，在沟边一定距离内，根据坡度间隔约 8~15m 修建临时土方堆放平台，并设置挡土栅拦；管沟爆破从上至下，先爆破第一个陡坡。在第一个陡坡坡脚处设置挡土栅拦。爆破前先清除作业带表层土，用编织袋装好，堆放在管沟两边的临时堆放平台；管沟开挖时，沿沟底两侧各修筑一条人行踏步，宽约 0.5m，满足施工人员在沟底行走。

沿管沟两侧沟壁从坡顶至坡脚各布置一条攀登绳，沿攀登绳，间隔 2m 向沟壁打入斜 45°固定钢桩，并将攀登绳固定在固定钢桩上面。辅设轨道前，检查沟壁、沟底，保证沟壁无突出、无松动石块，沟底平整，满足轨道铺设要求。

（三）运布管及组焊

每根防腐管在吊装至运管小车上之前用电火花检漏仪采用 25kV 电压检漏，发现漏点按设计规范补伤。利用 10t 卷扬机牵引小车，将钢管沿轨道从下往上牵引到位，然后采用从上往下组对焊接，配合千斤顶，外对口器对口。焊接电源放置在坡顶和坡底，电源与焊机连接电线沿管沟固定在沟壁上。每一个焊位上方修筑一个挡墙，防止滚石伤人，焊坑处安置安全防护网，在陡坡沟内施工时，所有施工人员均配置安全带。

（四）无损检测机补口

管道组对焊接完成一道口后按设计要求立刻进行无损检测，检测合格后立即进行补口。

五、安全措施

针对该地段地形，在施工时，项目部采用了船形爬犁运布管，并配合千斤顶组对焊接的施工方法，这样既克服了运布管的困难，又减轻了工人的施工强度。为确保顺利施工和创优活动顺利进行，项目部决定在该管线施工中做到严格按规范要求抓文明施工和安全管理，保证现场整齐有序、美观大方，实实在在抓安全，确保安全生产。主要安全措施如下：

① 卷扬机要认真锚固，确保安全、稳定、不移位。

② 倒向滑轮要装稳、装结实，确保安全可靠。

③ 山坡上要修筑“之”字形人行通道，确保施工人员安全上下。

④ 沟槽两侧安装安全绳，保证施工人员在沟槽内攀爬安全；

⑤ 沟槽两侧布置安全网，确保无松石滚落伤人。

⑥ 每一个对口点，在沟槽内修筑对口平台，尽量为施工人员创造一个良好的作业环境。

⑦ 每一个焊位上方修筑一个挡墙，防止滚石伤人。

⑧ 沟下作业人员必须戴上安全带，确保脚下滑动时的人身安全。

⑨ 严格按两个暂行规定布置施工现场。

第四章　高寒冻土地区输气管道施工

第一节　高寒冻土地区地形地貌

一、高寒冻土地区地理地貌特点

高寒地区具有海拔高、常年低温、冻土常年不化等特点，例如我国的黑龙江北部、青藏高原等地。高寒地区冻土层最本质的构造特征是冰的存在，其特点是：冻结的土质较坚硬，其硬度犹如钢铁，如果再含有其他砂石类的土壤，则其硬度可接近合金。在这样的冻土层中铺设管道的艰难程度是可想而知的。冻土层地区的土壤断面图见图4-1。

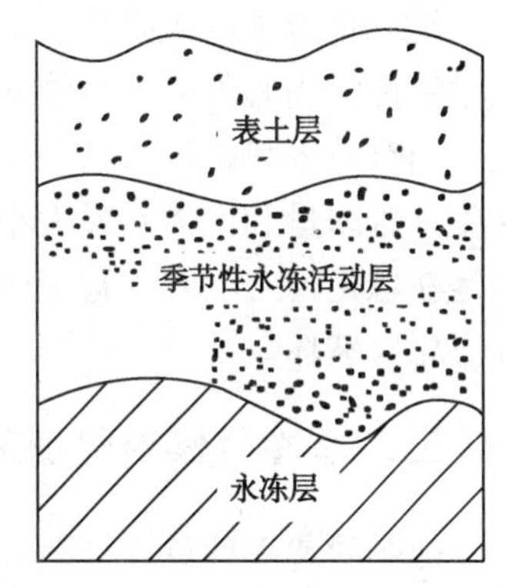

图4-1　冻土层地区的土壤断面图

从图4-1可以看出，寒冷地区管道所经过的永冻层地区土壤可分为三层：最上一层为表土层，厚度100~150mm；表土层下面为季节性冰冻活动层，厚度为300~1800mm；再下为永冻层，厚度超过了300m。季节性冰冻活动层是随着冬、夏的交替而结冰、融化，温度有时在0℃以下，有时在0℃以上。永冻层的温度一直保持在0℃以下，即使在最炎热的季节，永冻层仍处于冰冻状态。永冻土层的类型如下：

① 冷永冻土层。该永冻层保持在-1℃，最低可达-12℃，如山的北坡就是这种永冻层，它可允许较大的外界热量输入(如管道向外散热)而不融化。

② 暖永冻层。该永冻层正好保持在0℃左右，有少量的外界热量输入就会导致融化。

③ 融化稳定区。这是指永冻层有外界热量输入而融化后，其土质是不稳定的，这种永冻层的土质主要由淤泥、黏土和细砂组成，且排水较差，这种永冻层一旦融化后，就会失去支撑能力。

二、施工难点

国外对于高寒和冻土地区油气田的开发，使多年冻土区管道建设得到了广泛重视，相应的科研工作也获得了迅速进展。尤其是加拿大、美国和前苏联，在多年冻土研究方面做了大量工作，取得了丰硕成果，在多年冻土地区铺设了多条油气管道，积累了宝贵的经验。

我国在实施能源战略的过程中，大力加强西部油气管道建设，有些管道工程要穿越冻土地带，在冻土地区铺设油气输送管道将遇到很多技术难题和挑战：一方面，土体的冻胀和融沉会对管壁产生额外应力，在适当的条件下引起应力集中和塑性变形，甚至造成管道破坏；另一方面，埋设于冻土地带的管道会对周围环境产生扰动，造成冻土退化，反过来又影响管道安全。冻胀破坏和融沉破坏是在多年冻土地区进行工程施工的最大威胁，特别是北半球国家一直为此困扰，20 世纪 50 年代以来，在道路和建筑物的工程处理上对此已有较多的研究，对于冻胀和融沉量大小的精确测定和预测以及相应的设计和施工方法做了大量的理论和试验研究，但令人遗憾的是，目前仍无法准确测定、计算和预测油气管道周围岩土的冻胀和融沉变形量。

冻胀是在冻结过程中水分在温度梯度下发生迁移而使土体发生膨胀的现象。水分子以薄膜水的形式从相对温暖区域向相对寒冷区域迁移，而迁移水冻结所产生的体积增大是非常明显的，土体的体积膨胀推动管道向上运动，引起翘曲，甚至拱出地面，使管道偏离原来的铺设路径。影响土体冻胀量的参数包括冻结深度、含水量、土体颗粒大小、温度梯度和土体压力等，由于管道沿线各参数的差异会引起土体冻胀量的不同，某些管段的上拱高度会比另外管段的上拱高度高，在某些管段将会产生过度弯曲，管道的过度弯曲又会引起进一步的变形，严重时会造成管道破坏。

融沉是由于冻土融化所引起的。在冻土地区，一般有两种不同性质的冻土带，一种是融化稳定区，当有外界热量输入而引起冻土融化后，其土质仍是稳定的；另一种是融化不稳定区，当有外界热量输入而融化后，土质就失去了支撑能力，而且在融化不稳定区，由于融化深度、含冰量和土体颗粒大小等的不同，融沉量也是有差异的，从而会引起管道的弯曲。特别是在融化稳定区和不稳定区的过渡带，埋设于其中的管道将会出现较大的应变，可能造成管道屈服破坏。

三、寒冷气候对管道施工的影响

高原高寒地区常年低温，施工时影响工程进度和质量的不利因素很多，尤其表现在以下几个方面：

（一）日照时间减少

我国以及世界上高寒地区，大致都遵循这样一个事实：由于地球是一个不发光的倾斜的不规则球体，太阳光线从遥远的地方射来，会导致在整个地球表面所得光热不均匀，赤道地区太阳高度角大，太阳辐射强烈，所得光热多，而越往南北两极地区，太阳高度角越来越小，所得光热也很少，大部分高寒地区平均昼长不足 10h。

（二）低温的影响

随着气温急剧下降，各类安全风险也随之伴随，尤其是冰雪天气造成的路滑形成的安全风险、人员冻伤造成的人员伤害、设备无法正常启动，降低了生产效率，给生产进度带来极大的影响。

（三）生产成本的增加

按照业主的整体生产部署，项目部为确保整体进度的推进，在现有的人员设备上必须增加人员及设备、物资投入，增加了项目部的固定成本。同时又受天气的影响，冬季进度产值无法和正常施工相比，最终造成项目成本的扩大。

（四）工效的降低

根据以往的工程和现阶段受天气影响的进度来看，进度降效情况比较严重，主要体现在以下几个方面：

1. 运布管

由于单车装载数量变少，车速下降，管材管件的运输效率大大降低；受气候影响，布管机组每天的布管数量也会降低。

2. 管线焊接作业

对比机组正常焊接，冬季焊接吊装设备行走缓慢，人员衣服较厚(工效下降)且需定时取暖，吊装点需进行除霜、加热，管口组对、加热、根焊，热焊等均需填充盖面焊接。严重降低焊接效率。

3. 焊口防腐作业

防腐剂组冬季施工对比正常情况下防腐施工，各工序都会消耗更多时间，如钢管除湿、喷砂除锈、底漆涂刷、烤制收缩袋、中频回火等。

4. 管沟开挖

从11月份到12月份，随着连续低温，冻土层逐渐加厚至1.5~2.5m，需增加破碎锤、松土器及其他措施。在开挖过程中，除表层冻土需做破碎开凿外，中间土也会出现水分凝结情况，土层膨胀，造成垮塌的风险，需要做破冰处理，同时也增加了开挖难度。

5. 管沟回填

因管沟开挖后，受极冷天气影响，等待焊接完成具备回填条件时，许多土方已经冻结成块，回填时必须破碎和回填同步进行。

6. 河流穿越

管道在穿越冻土区域河流时，除因冻土造成的开挖工作难度增加以外，正常土在开挖过程中会因含水率较高、管沟形成垮塌而增加的工作面外，裸露在外的土石方也会因天气寒冷形成新的结冰情况，需做破冰土处理，穿越挖出的土方也会因裸露时间增加形成冻土，回填时需做破碎。根据设计要求，部分河流穿越须作混凝土稳管或加重块稳管，冬季期间，混凝土制品施工难度大，对于必须施工的混凝土制品，不仅要在浇筑过程中增加速凝剂，还应加强温度保护。

7. 单体试压

按照施工规范要求，单体穿越完成后应按规定时间试压。因冬季寒冷，试压取水及试压保温是严重问题，对部分水资源匮乏区域，小河流基本上存在结冰现象，试压用水需从村镇取水后租用运水车进行运输至试压现场，试压注水前需将水加温至80℃后方可注水，注水过程中需作管材保温措施，同时在当日低温时不进行强度试压，避免因温度底，管内水结冰膨胀至管材或焊口爆裂，试压结束后迅速回填掩埋。

第二节　高寒冻土地区关键施工工序

一、一般冻土地段施工工序

一般冻土地段施工工序见图4-2。

二、施工便道(便桥)修筑

施工便道按照《油气管道伴行道路设计规范》(Q/SY 1443—2011)及公路相关规范进行设计和施工。

(一) 施工便道修筑流程

施工便道修筑流程见图4-3。

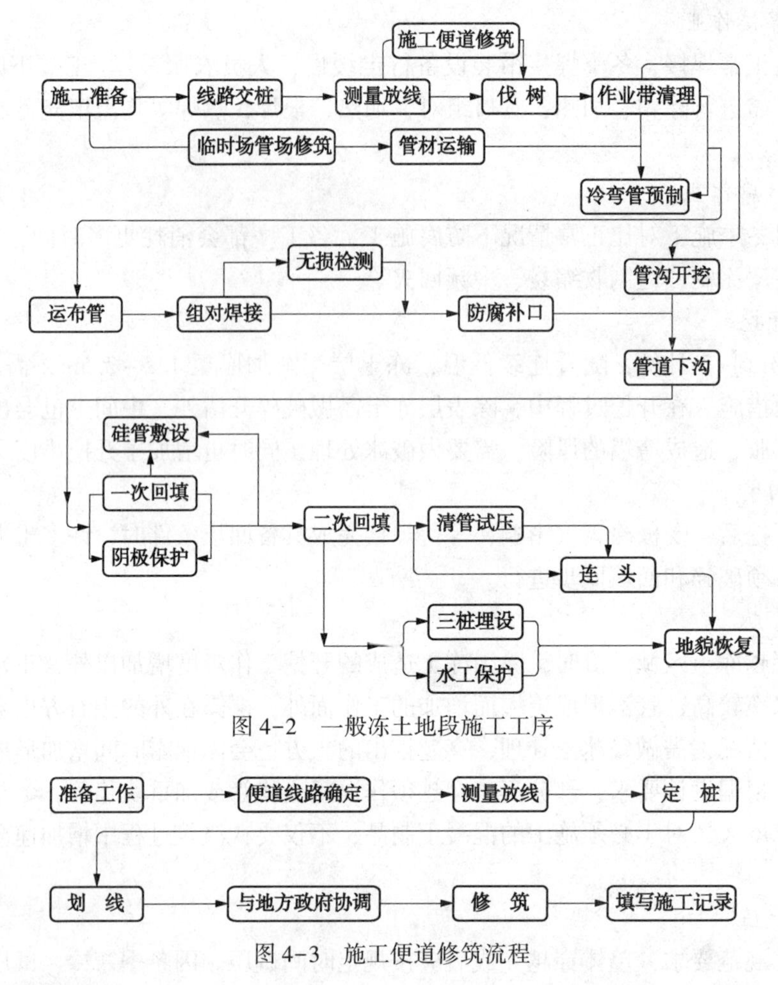

图 4-2 一般冻土地段施工工序

图 4-3 施工便道修筑流程

（二）施工便道修筑原则

① 管道位于距离等级公路较远地段，为方便施工机具进场，需要修筑施工便道。

② 由于林区资源宝贵，尽量不修筑或者少修筑施工便道，尽量选择从作业带运送管材及材料，通向作业带的施工便道尽可能利用与作业带相交的乡村道路，以减少占地和修筑工作量。

③ 施工便道尽量利用天然地面顺坡排水，防止地表水在便道两侧聚集，必要时应设置排水设施。排水工程以挡水埝为主，避免开挖排水沟。

④ 按发包人的要求，施工便道和沟通道路在施工完成后，简易整修为抢维修进场道路。整修道路建设贯彻“四不”原则：不测量、不勘察（地质、水文）、不征地、不变更产权，只整修路面、局部维修路基，增设必要标志。为了充分利用原有道路、少占地，一般情况原有道路线形不予调整，需要调整路段按新建设计。

（三）施工便道修筑环保要求

① 施工便道、伴行道修筑所需填料以“集中取土”为原则，不得在便道两侧取土；做好施工中的土石方调配工作，线路工程产生弃渣时，均匀覆盖在作业带上方，减少弃土（渣）量，弃土场弃土应以“先挡后弃，合理堆弃”为原则。

② 在山地、丘陵、坡上和坡脚处修筑施工便道和伴行道时，高坡侧需做积水引排措施，

以免形成以路为堤的积水坑。

③ 施工车辆和施工机械严格按规定线路行驶，避免驶入无便道的高含冰量多年冻土分布地段，碾压便道外的冻土苔原。

④ 严格按照设计要求布设取、弃土场，取、弃土场布设应避开下列地段：热融滑塌等冻融侵蚀发育地带，高含冰量多年冻土地带，横坡明显的坡地边缘地带，呼玛河自然保护区内河流河床及河漫滩地，植被发育良好的地带，野生动物栖息繁殖地和野生动物迁徙主通道，沼泽湿地分布区。严禁设置在河道、湖泊和沼泽湿地、自然保护区的核心区和缓冲区。

（四）一般段施工便道修筑

① 施工便道要平坦，具有足够的承压强度，能保证施工机具设备的行驶安全。施工便道的宽度一般为4m，并根据现场需要设置会车处，弯道和会车处的路面宽度应大于10m，弯道的转弯半径应大于18m。特殊地段以批准的施工组织设计为准。

② 修筑施工通道的同时要把会车场地及堆管场一并修好。对于施工通道和公路连接处，要采取有效措施对公路和路肩加以保护。对路边有排水沟的要埋设过水涵管，并按公路管理部门要求设置路标。

③ 施工便道充分利用现有乡间、山区小路，对其进行拓宽、推填、垫平、碾压、加固（见图4-4）。顺坡地段，纵向坡度小于15°的便道，可直接顺坡修建，转弯半径不小于18m；当便道长度超过2km时，每300~600m设一处错车道。横坡地段，施工便道与作业带同时开辟，靠近施工便道侧作为管道敷设位置。施工便道修筑可采用机械推扫、压实的方法。

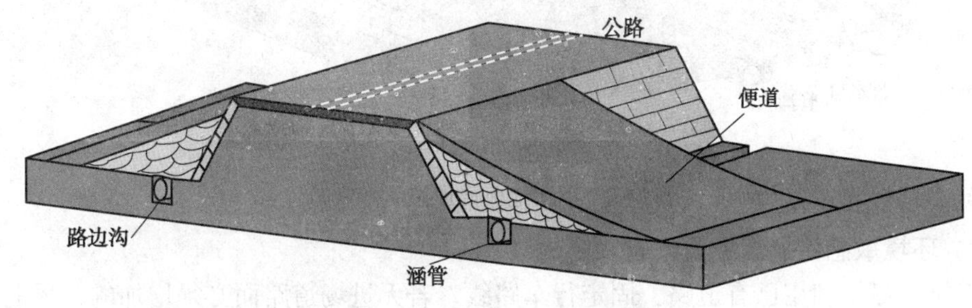

图4-4 便道修筑示意图

④ 桥梁引道路面面层采用15cm厚级配碎石路面，表面设2cm砂土磨耗层。路面垫层采用30cm碎石土，路面两侧不设路缘石。一般路基为6.5m宽，路面为3.5m宽。

（五）多年冻土区施工便道修筑

① 多年冻土区施工便道修筑时，不能清除掉地表植被，可利用积雪修筑施工便道。冰雪便道的优点是：就地取材，填筑方便，经济实用，维修简便。暖季来临，冰雪便道自行消失，对多年冻土环境的干扰较小。

② 为保护多年冻土环境，施工便道一般应采用填方。设置单车道时，在适当距离修筑会车平台。应尽量避免挖方，必须挖方时，应采取严格的隔热、保温措施，防止因施工便道修筑引起多年冻土环境的衰退。

③ 便道所需填料亦应贯彻“集中取土”的原则。少冰冻土与多冰冻土地段确需在便道两侧取土时，取土坑与便道中线的距离不得小于15m。

④ 施工便道应利用天然地面顺坡排水，防止地表水在便道两侧聚集，必要时应设置排水设施。排水工程应以挡水埝为主，尽量避免开挖排水沟。

⑤ 填筑冰雪便道时，应先将便道范围地面的积雪用压路机整平、压实，并浇水冻结，使之形成坚硬、可靠的便道底基层。冰雪便道底基层完成后，用推土机或人工将两侧积雪推至路中，整平后用压路机压实，浇水冻结。为增加冰雪便道路面的摩擦力，可在表面撒一些砂砾石土。

⑥ 冰雪便道只能供汽车等用轮胎行走的施工机具行使。履带式施工机械，由于雪冰便道的路面强度较低，不宜上路。

(六) 沼泽地区便道施工

沼泽地区便道施工示意图见图 4-5。

① 沼泽地段修筑施工便道时，在道路两侧修筑临时土堤，并在道路和土堤之间修排水沟，土堤尺寸根据当地实际情况确定，排水沟和原有排水系统连通。用水泵将施工便道范围内的水抽排到土堤外侧，晾晒后修筑便道。当承载能力能够满足运输车辆运行要求时，可用推土机推扫平整后，机械压实。

② 对于承载力较差的软土地基段的施工便道修筑，可利用较宽乡间路，采取底层铺树木废料等，上面垫砂石对其进行加固，以满足设备通行需要。此方法可以大大增加便道的承载力。

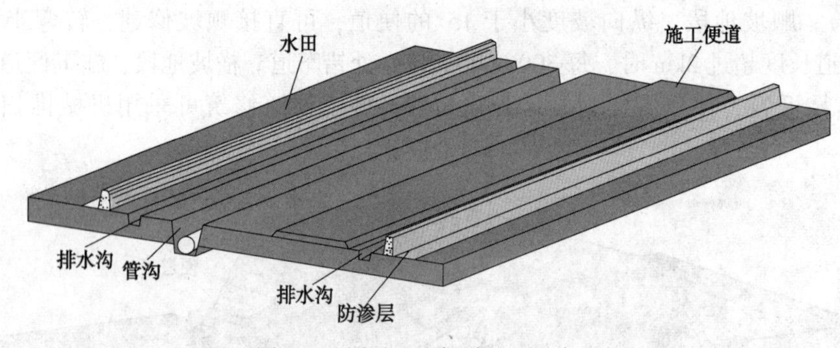

图 4-5　沼泽地区便道施工示意图

(七) 环境敏感区施工便道修筑

施工便道尽量利用已有道路，固定行车路线。若无进场道路而必须增加的，提前将进场道路的数量和位置上报保护区管理单位审批。施工便道在与保护区公路交界处的排水沟上通过时，要埋设涵管，保证其排水通畅。

(八) 山区内便道修筑

山区地貌见图 4-6。

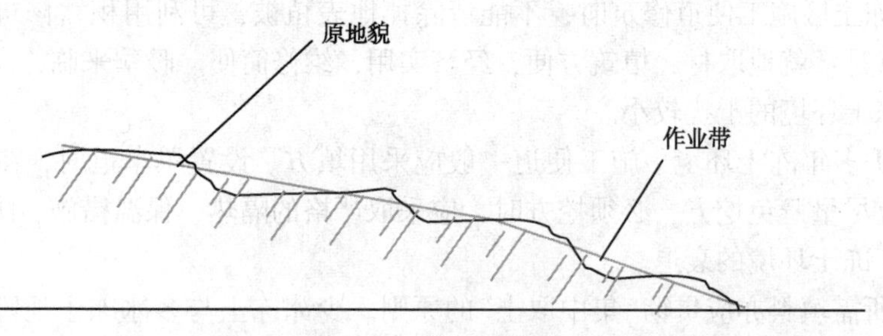

图 4-6　山区地貌

管道沿纵坡修筑施工便道，采用推土机辅助人工沿纵坡直接修筑，石方段先爆破后修筑。对于管道横切山坡施工段，可直接在斜坡上挖填土修筑施工便道作业带。见图 4-7。

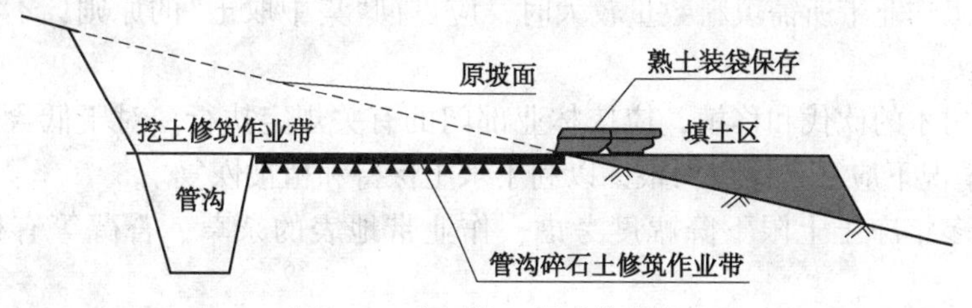

图 4-7　山区施工便道作业带

（九）穿越地下构筑物便道修筑

① 施工便道经过埋设较浅的地下管道、光缆等地下构筑物或设施时，要与权属单位及时联系，商定保护措施。

② 临时道路在漠大线管道上通过时，为保护已建管道安全，确定的通道位置及施工中的临时防护措施应与运营单位沟通。采用钢过桥跨越已建管道，钢过桥制作符合初步设计提供的《跨越管线临时钢过桥构造图》要求。

三、施工作业带清理

（一）一般要求

① 施工作业带宽度严格按照施工图要求执行，林区施工带控制在 22m 以内，作业带清理采用挖掘机等设备施工。不清理作业带地表的杂草、苔藓等有机层。

② 扫线过程中保留线路控制桩在原位。桩位难以保留的，将控制桩沿转角平分线（或其延长线）移至施工作业带堆土一侧的边缘，并在焊接一侧施工作业带边缘加设一桩位，三桩位在一条直线上。

③ 清理和平整施工作业带时，将标志桩平移至管线作业带边界处，施工时注意保护线路标志桩，如果损坏要立即补桩恢复，以便施工过程中能及时对管线进行监测。见图 4-8。

图 4-8　作业带清理

④ 进行作业带扫线和施工便道修筑时，应针对当地地质灾害的特点，尽量减少土地扰动、削方，并采取措施，避免滑坡和塌方。

⑤ 填筑施工作业带时，应在指定取土场进行，不得在作业带内或作业带附近取土。

（二）多年冻土段作业带清理和修筑

多年冻土段作业带清理和修筑应注意以下要点：

① 为维持和改善多年冻土环境的热平衡，多年冻土地段的施工作业带修筑应尽量采用填方，贯彻“宁填勿挖”的原则。

② 填筑施工作业带所需填料数量较大时，应贯彻“集中取土”的原则，不得在作业带内或作业带附近取土。

③ 作业带树木的砍伐和移植，应按林业部门的有关规定执行。对于低含冰量地段，在不影响施工的情况下应尽量保留树根，以利于水土保持和植被恢复。

④ 从减小多年冻土上限下降幅度考虑，作业带地表的杂草、苔藓等有机层应尽量不清除。

⑤ 高含冰量多年冻土分布地段，植被清理应在寒季进行，以减少对多年冻土的扰动；低含冰量多年冻土分布地段，植被清理可在一年中方便的任何时间进行，但林区林木砍伐宜在冬季进行。

⑥ 作业带排水应尽量采用挡水埝，一般情况下，不宜开挖排水沟。挡水埝距管道中心线的距离不宜小于5m。挡水埝尺寸：顶宽0.5~0.8m；高0.6~0.8m；边坡坡度1∶1。挡水埝的迎水侧应作冲刷防护。

⑦ 减小对多年冻土环境的影响，作业带宽度应控制在20m以内。

⑧ 作业带工作垫层时，为减少对施工作业带多年冻土的扰动，尽可能保留地表腐植土层。

⑨ 冰量地段中夹杂低含冰量地段时，施工作业带的清理按高含冰量多年冻土地段要求施工。

（三）沼泽地区施工作业带清理和修筑

沼泽地区施工作业带清理和修筑应注意以下要点：

① 沼泽湿地地段和高寒冰多年冻土地段管道施工作业带的清理和制作，宜在寒季进行。在条件允许的情况下，作业带垫层的制作应优先考虑修筑冰雪覆盖层。

② 沼泽段施工作业带内，土壤长期被水浸泡，地基承载力不能满足管材运输、施工设备行走的需要。在作业带边缘修筑拦水坝、开挖排水沟，将作业带内的积水通过排水沟排到作业带以外，再进行晾晒。排水沟的尺寸可根据实际情况确定。晾晒后，再根据其承载情况进行作业带的修筑。对于晾晒后还不能满足承载力要求的地段，铺设枕木或钢管管排以增加承载力。对于原有水道的地段，应在施工作业带内加设涵管，以确保水流畅通。

③ 在地表承载力较小的地段，可采用树干、树枝等制作施工作业带，即将树干、树枝排列好，作为作业带底基层，再在树干、树枝上填筑作业带路面层。

④ 为防止施工机械对作业带地表植被层的破坏，施工机械的行走部分应采用低压强轮胎、履带。

图4-9为作业带修筑。

图4-9　作业带修筑

四、防腐管的保管

① 防腐管堆放时，应根据防腐管规格、级别分类堆放，底部应垫软垫层，垫高200mm以上。管垛设4道支撑，支撑采用沙袋或填充软质材料的编织袋，接触宽度不小于0.4m。冬季可使用袋装雪作为管墩缓冲层，铺垫宽度大于500mm。

② 防腐管的最大堆放层数不超过3层(见图4-10)。运到工地上的防腐管应堆放在施工作业带地面平坦且地势较高处，并均匀分布管垛，每垛防腐管数量不超过30根，在施工现场露天存放时间不超过3个月(日照强的地区在夏季时，存放时间以不超过2个月为宜)。

图4-10 管材存放

③ 防腐管堆放时，管垛支承以管垛的中部为基准，均匀对称地配置，以便使载荷分布均匀，管端距端部支承的距离为1.2~1.8m。用枕木作为支承的管垛两侧应设置木楔，外侧相邻两防腐管之间用U形管卡固定，以防滚管。

④ 在冻土、石方地段堆管时，采取底部垫枕木、砂袋等有效保护防腐、保温层措施。

⑤ 临时堆管场的钢管，必须进行管口临时封堵，以防雨雪及沙尘等杂物进入管内。

五、布管

布管前，检查管口的椭圆度，若管端轻度变形，可以使用机械方法加以矫正；如变形较大，应予切除。需要加工坡口的钢管，应在施工现场完成。全自动焊接布管管墩考虑在管沟一侧进行，管墩支撑中间间距宜为7~8m，高度不宜低于500mm，单个支撑的长度不宜低于3.5m，两管墩之间的距离宜为36~37m。每个管墩上宜放置3根钢管且保持平行，间距宜为100~150mm，方便后续坡口作业。如图4-11所示。

图4-11 布管

布管时管子的吊装(运)使用专用吊具，吊管钢丝绳或吊带的强度满足吊装使用的安全要求，吊钩与管口接触面与管口曲率相同，宽度不小于60mm，爬犁运管时管子与爬犁之间采用软质材料隔开。履带吊管或吊管机吊管时，单根吊运。在吊管和放置过程中，轻起轻放，防止碰伤钢管防腐层和管口。吊管机吊管行走时，要有专人牵引钢管，避免碰撞起重设备及周围物体。

沟上布管，管与管首尾相接，相邻两管口宜错开一个管口，成锯齿形布置，以方便管内清扫、坡口清理和起吊，管道的边缘距管沟的边缘应≥1.5m。

沟下布管，应有专人指挥，用牵引绳牵引，将管子放在管沟中心。管子与管子之间首尾相连，管内清理、洗口、管口打磨在管子吊起时进行。防腐管首尾应留有100mm左右的距离，并将防腐管首尾错开放置。防腐管两端必须进行封堵，以保证防腐管内部的清洁。

沼泽湿地段，可采用推土机拖拽爬犁的方式进行运布管，运管中不得使管子与地面拖拉摩擦，卸管时，不得使用滚、撬、拖拉管子的方法；坡地布管时，在防腐管低端管口垫置装土编织袋防止滑管或滚管；山区陡坡段，可采用山地吊管机进行运布管；冻土及石方地段应先进行管沟的松动爆破作业，再进行布管，布管时每根钢管下面应设置2个管墩，用袋装软体物质作为管墩。

保温管的运布管，按照以下要求施工：

① 管垛下管墩宜设两道，均匀对称布置。防腐(保温)管堆放时距地高度大于500mm。管垛外侧设楔形支撑固定，防止滚管。管墩采取墩顶铺垫袋装砂或细土，冬季可使用袋装雪作为管墩的缓冲层，铺垫宽度不小于500mm。

② 保温管堆放不得超过2层。

③ 为防止大雪等杂物进入管体，每根管材两端需进行可靠的临时封堵，在施工过程中再拆除。

六、管道组对焊接

(一) 管口清理

钢管内外表面管口两侧150mm范围内应清理干净，不应有起鳞、磨损、铁锈、渣垢、油脂、油漆和影响焊接质量的其他有害物质。管口两侧20mm范围内应采用机械法清理至显现金属光泽。当日清理的管口应当日使用，避免管口锈蚀及污物腐蚀对焊接质量产生影响。

(二) 管口组对

组对时优先采用内对口器组对。在无法采用内对口器时，采用外对口器。在应用内对口器时，对口器不应在钢管内表面留下刻痕、磨痕和油污。钢管组对时不应敲击钢管的两端，不应强力组对，两相邻管的制管焊缝(直焊缝、螺旋焊缝)在对口处应相互错开，距离不应小于100mm。见图4-12。

使用吊管机进行焊口组对。起吊管子的吊带应满足强度要求，不损伤防腐层。吊点应置于已划好的管长平分线处。

在纵向坡度地段组对应根据地质情况，对管子和施工机具采取稳固措施，坡度较大时，采用山区特种施工设备进行组对。山区石方地段采用沟下组对，组对前应根据测量角度准备好弯管，采用对号入座的方法进行安装。

管口组对若有错边，应均匀分布在整个圆周上，严禁采用锤击方法强行组对。根焊道焊接后，禁止校正管子接口的错边量。使用外对口器，应根据“焊接工艺规程”的要求进行装卸。

图 4-12　对口器

使用内对口器时，根焊完成后撤离对口器，移动时，管子应保持平衡，冬季焊接时，根焊和热焊完成后，撤离对口器。使用气动内对口器时，空压机供气压力和流量要满足对口器的要求；使用外对口器时，在根焊完成 50%以上方可拆卸，所完成的根焊分为多段，且均匀分布，组对吊装设备在根焊完成后方可撤离。见图 4-13。

图 4-13　焊口组对

(三) 管道焊接

1. 焊前预热

预热采用电加热或中频加热的方式进行(见图 4-14 和图 4-15)，且应能够确保焊口在 10min 内达到预热温度，且整个焊口温度均匀。预热温度和道间温度应按焊接工艺规程的要求执行。为了提高施工效率，可提前对管口预热，组对完成后再进行一次预热补温。

图 4-14　中频加热带

图 4-15　电伴热带

温度测量采用接触式测温仪或测温笔，距管口 25mm 处的圆周上均匀测量预热温度，保证预热温度均匀。达到焊接工艺规程要求后立即进行根焊道焊接。

环境温度在5℃以上时，预热宽度应为坡口两侧各不小于50mm。环境温度低于5℃时，预热宽度应为坡口两侧各不小于75mm，预热后应清除表面污垢。寒季焊接时，宜对管端进行提前预热，使钢管内外壁的水汽完全烤干。提前预热不应破坏钢管的内涂层和外防腐层。预热温度应提高20~30℃，预热温度100℃左右，但不应大于170℃。根焊开始前，若焊口温度低于规定的最低预热温度，应重新对焊口进行预热。

2. 管道焊接

管道焊接必须按照经批准的工艺规程进行焊前预热。分层施焊时，禁止在坡口以外的管壁引弧。焊前在防腐层两端缠绕一周宽度为800mm的保护层，防止焊接飞溅灼伤。焊道的起弧或收弧处相互错开30mm以上。焊接起弧在坡口内进行，焊接前每个引弧点和接头必须修磨。在前一焊层全部完成后，开始下一焊层的焊接。根焊完成后，用角向磨光机修磨、清理根焊外表面熔渣、飞溅物、缺陷及焊缝凸高。修磨不得损坏管外表面的坡口形状。

在下列任一种焊接环境下，没有妥善的防护措施严禁施焊：

雨雪天气；大气相对湿度大于90%；环境温度低于5℃；纤维素焊条手工电弧焊，风速大于8m/s；低氢型焊条手工电弧焊，风速大于5m/s；药芯焊丝半自动焊，风速大于8m/s。

当日焊接完成的管道，需要进行临时封堵，焊接完成需要下沟的管段必须进行满焊封堵，以免冰雪雨水等进入管道内部。

管口预热应符合焊接工艺规程要求，环境温度在5℃以上时，预热宽度宜为坡口两侧各50mm。环境温度低于5℃时，采用中频电感应加热或电加热的方法进行管口预热，预热宽度宜为坡口两侧各75mm。预热时，保证在预热范围内温度均匀。预热温度采用红外测温仪在距管口25mm处测量。

焊丝每次引弧前，将端部去除约10mm。各焊道应连续焊接，并使焊道层间温度达到规定的要求。焊口完成后，必须将接头表面的飞溅物、熔渣等清除干净。焊接施工中，应按规定认真填写“焊接工艺记录”。

为保证盖面焊的良好成型，填充焊道宜填充(或修磨)至距离管外表面1~2mm处。可根据填充情况在立焊部位增加立填焊。盖面焊缝为多道焊时，后续焊道至少宜覆盖前一焊道1/3宽。

焊接缺陷消除、返修应符合《焊接工艺规程》和《钢质管道焊接及验收》(GB/T 31032—2014)的相关规定规定。焊接过程中发现的缺陷应立即清理修补。修补过程中应保证层间温度。每处修补长度大于50mm，且小于或等于200mm。若相邻两修补处的距离小于50mm时，按一处缺陷进行修补。

(四) 冬季焊接施工

1. 冬季布管

① 钢管支撑土墩采用土墩加草垫或土墩加袋装土(袋装雪)的方式。

② 冻土地段应先进行管沟的爆破作业，再进行布管；布管时每根钢管下面应设置2个管墩，宜用袋装软体物质作为管墩。

2. 冬季管口组对

① 管口组对前去除管外端距管口1m范围内的冰霜及管内的所有积雪或冰霜。

② 对管口进行除锈前，应对管端300~500mm内管道进行加热，然后采用钢丝刷打磨，直至露出金属本色。

③ 高含冰量多年冻土区管道施工，当采用土墩时，土墩上方应放置石棉被或草垫子，也可采用木制管墩。

④ 管口组对其他要求同暖季焊接。

3. 冬季焊前预热

① 预热采用电加热或中频加热的方式进行，且应能够确保焊口在10min内达到预测温度，且整个焊口温度均匀。

② 预热温度和道间温度应按焊接工艺规程的要求执行。

③ 为了提高施工效率，可提前对管口预热，组对完成后再进行一次预热补温。

④ 温度测量采用接触式测温仪或测温笔，距管口25mm处的圆周上均匀测量预热温度，保证预热温度均匀。达到焊接工艺规程要求后立即进行根焊道焊接。

⑤ 环境温度在5℃以上时，预热宽度应为坡口两侧各不小于50mm。环境温度低于5℃时，预热宽度应为坡口两侧各不小于75mm，预热后应清除表面污垢。寒季焊接时，宜对管端进行提前预热，使钢管内外壁的水汽完全烤干。提前预热不应破坏钢管的内涂层和外防腐层。预热温度应提高20~30℃，预热温度100℃左右，但不应大于170℃。根焊开始前，若焊口温度低于规定的最低预热温度，应重新对焊口进行预热。

4. 冬季管道施工

① 管口预热经测温合格后应立即进行根焊，保证管口温度不致于降低过快，焊接过程中采用电加热带继续对管道进行加热，加热温度控制在100℃左右。

② 内焊机(内对口器)必须在完成焊道全周长的根焊和热焊后方可撤离。

③ 根焊完成后用红外测温仪对焊道层间温度进行测量，当测量温度达到80℃以上，方可进行填充焊接、盖面焊接施工。

④ 为保证低温条件下焊接质量，每道焊口应连续焊接完成，日休及工休期间不得遗留未完成焊口。

⑤ 低氢性焊条焊前应按产品说明书要求进行烘干、保存及使用；当天未用完的焊条应回收存放，重新烘干后首先使用，重新烘干的次数不得超过2次。焊接过程中，如出现焊条药皮发红、燃烧或严重偏弧时，应立即更换。

5. 冬季焊后缓冷

管道焊后缓冷应采用电加热带或石棉被覆盖焊道进行缓冷。当采用石棉被进行焊后缓冷时，应先将石棉被加热到80℃以上，然后立即用石棉被将完成的焊口趁热包好，用橡皮带捆紧，保温时间30~40min。待焊道冷却到环境温度后再进行清渣。

(五) 外观检查

① 焊接完成后，首先由承包商自己进行焊道外观检查合格后，现场监理检(复)查确认合格，然后提出无损检测。

② 盖面焊接结束后，清理表面飞溅和污物，为无损检测做好准备工作。进行焊道外观检查时，不符合要求的位置应进行修补，对修磨过的位置应作出标记，以保证无损检测的顺利进行。

③ 表面清理及外观检查完后，焊工应用保温被将焊口进行包裹，保持温度缓慢降低。

④ 施工机组在距每道焊口(包括站站场工艺管线)500mm处喷涂焊口外观自检表并填写实测数据，记载焊口相关信息(该表记载管材号、管线长度、焊口编号、检查时间、检查人、焊口外观各点的错边、余高、焊缝宽度等实测信息)，以此作为焊口的“身份证”。

（六）焊接材料存放和使用

① 设专人保管和发放焊接材料，并做好发放及回收记录、气象记录及烘烤记录。

② 每个批号焊接材料必须具有质量证明书、合格证、复检报告，进口材料还应有商检证明。

③ 在干燥通风的室内存放，保持干燥，码放焊材的货架离地高于 300mm，离墙大于 300mm，且堆放高度不超过规定的层数。

④ 在保管和搬运时应避免损害焊接材料及包装，包装开启后，应保护其不致变质，凡有损害或变质迹象的焊接材料不得在工程中使用。

七、防腐补口

（一）补口补伤工艺

① 全线管道采用无溶剂环氧底漆+辐射交联聚乙烯热收缩带补口，干膜安装工艺，底漆干膜厚度 200μm，热收缩带胶层厚度 1.5mm，高密度基材厚度 1.0mm，总厚度 2.5mm。喷砂采用喷砂设备，预热采用中频感应加热设备保证补口质量，补口底漆涂层的外观检查、附着力检测、涂层厚度检测、电火花检漏严格按照设计规范要求执行。

② 保温管道防腐层补口采用双组分无溶剂环氧底漆+黏弹体+聚丙烯保护带。双组分无溶剂环氧底漆干膜厚度 200μm；黏弹体胶带厚度 1.8mm，搭接不小于 20mm。

③ 补伤采用辐射交联聚乙烯补伤片和补伤棒，对大于 30mm 的损伤，采用补伤片+热收缩带方式进行修补。补伤方式及施工验收执行《埋地钢质管道聚乙烯防腐层》（GB/T 23257—2009）。

（二）一般工序

1. 热收缩带安装工序

热收缩带安装工序见图 4-16。

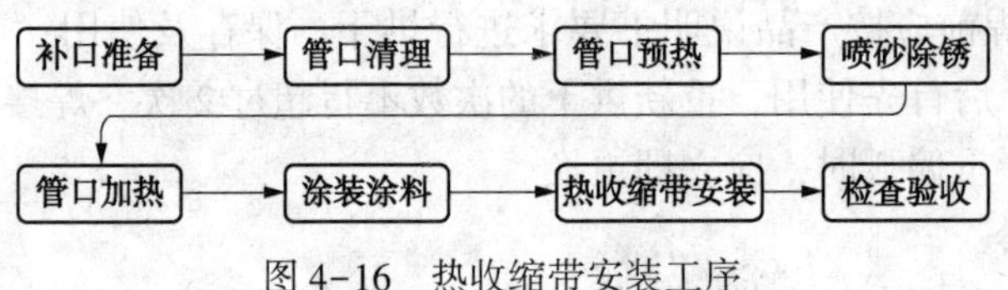

图 4-16　热收缩带安装工序

2. 保温管补口施工工序

保温管补口施工工序见图 4-17。

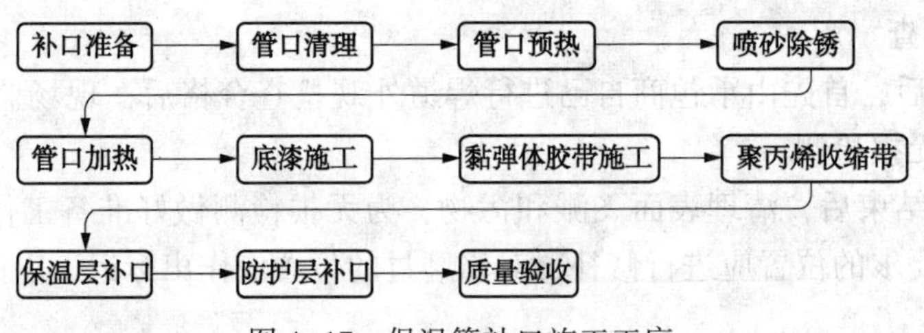

图 4-17　保温管补口施工工序

（三）热收缩带防腐补口施工

1. 管口表面处理

① 母材防腐层端部有翘边、生锈、开裂等缺陷时，应进行修口处理，一直切除到防腐

层与钢管完全黏附处为止。

② 管口除锈前，对有霜冻或水气的管口表面进行预热，钢管预热采用中频加热方式，预热温度50~60℃，持续3~5min。加热完毕后，方可进行喷砂除锈。

③ 采用喷砂除锈方式，管口表面处理质量达到Sa2.5级。喷砂除锈采用的石英砂应干燥，颗粒均匀且无杂质，粒径在2~4mm之间。喷砂工作压力宜为0.4~0.6MPa。

④ 喷砂除锈后应立即进行涂装，超过2h或当出现返锈或表面污染时，在涂装前重新进行表面处理。

⑤ 除锈完毕后将焊口及焊口两侧涂层上的粉尘清除干净。

⑥ 喷砂时注意安全防护，不得损伤补口区以外防腐层。

2. 管口加热

除锈完毕后对焊口进行加热，用红外测温仪测量管顶、管侧、管底4点温度，温度达到要求后即刻进行热收缩套(带)的安装。

3. 涂刷底漆

① 将固化剂缓慢地倒入树脂中，混合搅拌均匀后涂装。涂覆过程中，应随时用湿膜测厚仪检测湿膜厚度。

② 采用中频感应加热方式，非冬季施工段3LPE管道涂层表干后可进行下一道收缩带安装工序，冬季施工的管道应确保涂层达到实干后进行下一道工序，或利用下一道安装收缩带时烘烤和回火的热量保证底漆实干。

③ 冬季施工时，根据现场试验确定收缩带烘烤和回火的热量。与收缩带配套无溶剂环氧底漆安装时间4~5min，保温管内的双组分无溶剂环氧底漆安装时间30~35min。

4. 热收缩套(带)安装

3LPE防腐管道补口在涂料性能检测合格后，方可进行热收缩带的安装。收缩过程中采用火焰烘烤10~12min，用指压法检查胶的流动性，赶出气泡。采用中频加热设备对收缩带进行回火，回火时间10~15min。普通聚乙烯热收缩带的安装及质量检查应满足《埋地钢质管道热熔胶型热收缩带补口技术规定》。

(四) 保温管防腐补口

1. 保温管防腐层补口

保温管防腐层补口采用双组分无溶剂环氧底漆+黏弹体+聚丙烯保护带。双组分无溶剂环氧底漆干膜厚度200μm；黏弹体胶带厚度1.8mm，搭接不小于20mm；聚丙烯保护带符合设计要求。粘弹体胶带技术要求遵照《黏弹体防腐材料技术规格书》CDP-S-OGP-AC-017-2013-2执行。

(1) 双组分无溶剂环氧底漆施工

双组分无溶剂环氧底漆施工与3LPE收缩带安装时底漆涂刷工序施工相同。

(2) 黏弹体胶带施工

黏弹体防腐胶带采用缠绕搭接方式施工，缠绕时间2~5min。粘弹体胶带的安装及质量检查应满足《埋地钢质管道黏弹体胶带防腐补口技术规定》。

(3) 聚丙烯保护带施工

黏弹体胶带施工完毕后，立即进行聚丙烯保护带安装。聚丙烯保护带的安装按照设计文件及材料厂家的说明书施工。

2. 保温管保温层补口施工

采用预制好的聚氨酯瓦块现场拼装，将预制好的聚氨酯瓦块外表面进行修整，尺寸应略大于接头间钢管尺寸，留0~5mm正偏差。保温层安装完毕后，采用20mm×0.5mm不锈钢带进行捆扎，每道口不少于2道，安装时间5~10min。

3. 保温管防护层补口施工

防护层补口安装采用粘弹体胶带+聚丙烯保护带，施工方法与保温管防腐层补口相同。图4-18为聚氨酯瓦块安装，图4-19为防护层安装。

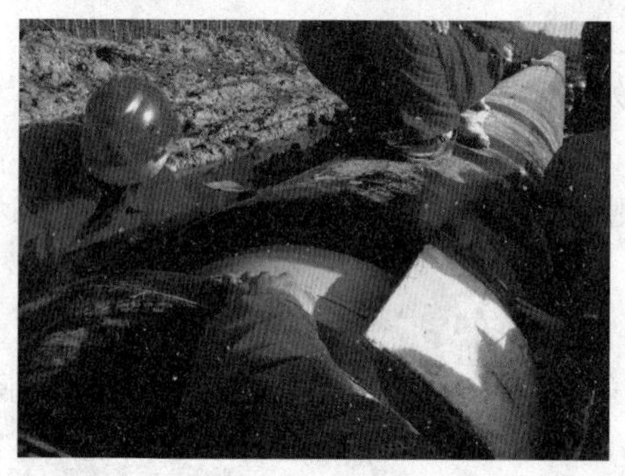

图4-18 聚氨酯瓦块安装

图4-19 防护层安装

（六）热煨弯管防腐补口

① 热煨弯管与直管段之间的环焊缝应先采用无溶剂环氧底漆+辐射交联聚乙烯热收缩带（带示温图案）补口，施工方法与一般热缩带防腐补口相同。

② 热收缩带补口完毕后再缠绕聚丙烯冷缠带，以将热煨弯管端部的双层熔结环氧粉末涂层裸露部分密封。

③ 热收缩带收缩后，仅与工厂预制的双层熔结环氧粉末涂层搭接，均不与工厂预制的聚丙烯冷缠带搭接，但应尽量减小热收缩带与聚丙烯冷缠带之间的缝隙（即热煨弯管端部的双层熔结环氧粉末涂层裸露部分）。

④ 聚丙烯冷缠带带宽100mm，缠绕时，胶带之间的搭接率为50%~55%。现场缠绕的聚丙烯冷缠带与热收缩带，以及与工厂预先缠绕的聚丙烯冷缠带之间的搭接宽度均应≥50mm。

（七）防腐质量控制措施

① 冬季补口施工、雨天、雪天、风沙天、风力达到5级以上、相对湿度大于85%时，不应进行露天补口施工。施工环境温度低于5℃时，应采取防风保温棚、保温车（气罐、补口材料的储存需要）等防护措施，保证补口质量。

② 管道进行表面喷砂除锈前，应将补口部位的钢管预热至露点以上至少5℃的温度。冬季低温施工时，喷砂前钢管表面预热应采用中频感应加热方式，预热的温度在50~60℃。

③ 为避免低温补口施工时管内有过堂风，在补口施工前应用特制管端封堵器将补口管道一端管口封堵。

④ 涂刷底漆前应对补口部位进行预热，保证钢管表面温度在35~50℃。

⑤ 双组分无溶剂环氧底漆应按照产品使用说明书的要求进行调配，加热温度按照供应商的要求，一般不超过120℃。

八、管沟开挖

（一）管沟开挖的季节选取

① 对于一般地段，允许在施工和运营期间融化的少冰、多冰冻土地段，可在任何季节施工，以方便施工为原则。

② 对于需要保护冻土的富冰、饱冰、含土冰层及冻土沼泽等地段，管道施工应选取在寒季进行。

（二）一般地段管沟开挖

管沟开挖见图 4-20。

图 4-20　管沟开挖

① 应依照设计图纸和管沟开挖通知书，对开挖段的控制桩和标志桩、管线中心线进行验收和核对，确认无误后方可进行管沟开挖。

② 管沟开挖前应对沿线构筑物以及光（电）缆和地下管道进行详细调查，了解其位置、埋深，施工开挖严禁对地下建、构筑物造成破坏。管道与电力通信电缆交叉时，其垂直净距不小于 0.5m；管道与其他管道交叉时，管道除保证设计埋深外，还要保证两管道间净距不小于 0.3m。

③ 管沟开挖采用以机械为主、人工为辅的方式进行，在能够确定地下设施准确位置的地方，地下设施两侧各 3m 范围内应采用人工方式开挖管沟，并对开挖出来的地下设施给予必要的保护；对于重要地下设施，开挖前应征得其产权部门同意，必要时应在其监督下开挖。

④ 在管沟开挖前应进行移桩，注意对桩的保护，待管沟回填后及时移回。

⑤ 管沟开挖应按管道中心灰线进行控制。

⑥ 施工时，发现土壤参数与设计数据不符时，应中断作业，报告监理，由其组织设计代表到现场采取措施解决。

⑦ 在管沟开挖之前，要将管沟上口宽度内的耕植土或腐殖土与生土分离放置，表层不小于 0.5m 深的耕作土或腐殖土应靠边界线堆放，下层土应靠近管沟堆放。两层土分离时用一台挖掘机挖土，用另一台挖掘机将耕植土或腐殖土倒土到作业带的边缘位置单独堆放。如管沟开挖产生大量尘土时，应采取抑尘措施。剥离的表层土只能用于表层土恢复，不得用于任何其他用途。

⑧ 开挖完成后，应对沟底标高进行测量，直线段每 50m 测 1 点，纵向变坡及水平转角处每处应至少测 3 点，保证管道埋深符合设计要求。经监理验收合格后，方可进行管道下沟

或布管（沟下组焊）。

⑨ 深度在5m以上的管沟开挖，可采用放缓坡比、阶梯式开挖、加支撑、集水井及井点降水等方式，并设置警戒标志。

⑩ 直线段管沟应顺直；曲线段管沟应圆滑过渡，并应保证设计要求的曲率半径。侧向斜坡地段的管沟深度，应按管沟横断面的低侧深度计算。

（三）石方段管沟开挖

石方段先进行管沟开挖，后进行组对焊接。对于需要先组对焊接的，或施工过程发现有岩石或冻土等需要爆破的，在管道周围设置木排遮挡等保护措施。具体措施详见《并行段管沟爆破施工方案》。

（四）坡地管沟开挖

① 山区段管沟开挖应在发生泥石流、山洪、石崩、持续暴雨和雪崩等灾害可能性最小的时期内进行。

② 山前冲积平原地段管沟开挖，应防止洪水对管沟的冲刷。管沟开挖应与管道组对、焊接、下沟、回填紧密结合，开挖一段，完成一段，每段长度不宜超过1.5km，每段回填后应及时进行水工保护施工。

（五）多年冻土区管沟开挖

冻土破碎见图4-21、松土器施工见图4-22。

图4-21　冻土破碎

图4-22　松土器施工

① 多年冻土分布地段的管道工程暖季施工时，应该贯彻“分段开挖，快速施工”的原则。

② 当多年冻土区高含冰地段管沟在暖季施工时，在不作边坡临时隔热防护时，管沟的允许暴露时间约为6天；作边坡临时隔热防护时，管沟的允许暴露时间可延长为15~18天。

③ 施工过程中，如果地基多年冻土出现严重衰退和融化，威胁管道工程施工和安全时，应及时向设计单位和监理单位报告，并及时采取有效措施，对管道多年冻土地基进行处理。

④ 对于要求冬季施工的富冰、饱冰冻土地段，为减少开挖难度，可以在日平均气温低于0℃且施工机械具备进场条件时，先进行管沟开挖，为避免在管道下沟前管沟内积雪，可进行松散回填，等管道具备下沟条件时，再将管沟挖开。

⑤ 管沟开挖后，如管沟沟底发现地下冰层或含土冰层，应将冰层清除，并用粗颗粒土回填。

⑥ 根据地质改变情况，每50~100m由有经验的岩土工程技术人员做一次管沟开挖记录。管沟开挖记录要在开挖后1~12h内完成。记录内容包括冻融过渡段、腐植层厚度、土壤类型、是否有卵石及地表情况等。

(六) 高水位地段管沟开挖

① 地下水位高的地段，管沟开挖时，一般采用明沟降水方式开挖，即在管沟内间隔10~30m设积水坑，用泵将水排出沟外。纵坡段管沟应由坡下向坡上开挖，将积水坑放在坡下角。

② 沼泽地段管沟开挖宜在寒季进行，当在暖季施工时，应因地制宜，可采用明渠排水、井点降水、管沟支撑等措施。利用修筑的施工便道，采用挖掘机侧向开挖或在挖掘机下加垫承重浮板的方法。

(七) 饱冰富冰地段管沟开挖

地下出水结冰现象严重，管沟开挖时必须一次成型，堆土一侧预留挖掘机行走的位置，方便管道下沟前进行沟内清冰。见图4-23。

图4-23 管沟清冰

(八) 管顶埋深

① 管道在通过林区石方段时，确定管顶埋深1.2m，管沟超挖0.3m。换细土至管顶0.3m；

② 管道埋深要求见表4-1。

表4-1 不同地段回填土深度

位 置	埋深/m		光缆埋深/m	细土回填至管顶高度/m
松岭区(AD)	一般段	2.0	1.5	0.5
	石方段	1.2	0.9	0.3
加格达奇区(AE)	一般段	2.0	1.5	0.5
	石方段	1.2	0.9	0.3

(九) 管沟坡度

管沟在土壤构造均匀、无地下水的地段，沟深小于5m且不加支撑时，管沟边坡可按规范要求确定。沟深大于或等于5m时，应分台阶开挖，且台阶宽度不宜小于2m。

在水文地质条件不良的地段，管沟边坡应试挖确定；机械开挖时，管沟边坡土壤结构不得被搅动或破坏。

管沟边坡坡度在尚无详勘资料和土壤物理力学性质时，可按表4-2取值。

表 4-2　沟深小于 5m 时的管沟边坡最陡坡度表

土壤类别	边坡坡度(高：宽)		
	坡顶无荷载	坡顶有静荷载	坡顶有动荷载
中密砂土	1：1.00	1：1.25	1：1.50
中密的碎石类土(充填物为砂土)	1：0.75	1：1.00	1：1.25
硬塑的粉质黏土	1：0.67	1：0.75	1：1.00
中密的碎石类土(充填物为黏性土)	1：0.50	1：0.67	1：0.75
硬塑的粉质黏土、黏土	1：0.33	1：0.50	1：0.67
老黄土	1：0.10	1：0.25	1：0.33
软　土(经井点降水后)	1：1.00	—	—
硬质岩	1：0	1：0	1：0

注：软土、轻亚黏土、粉砂及高地下水位段管沟的边坡比按 1：1 或 1：1.25 考虑，若寒季施工按 1：0.2 考虑。

九、管道下沟回填

(一) 下沟准备

① 在将要下沟的区段内人员集中的通行路口设置醒目标志，提醒过往人员和车辆注意安全。

② 根据设计阴保要求，施工单位应将下沟区域内的阴保电缆(如测试桩电缆、同沟敷设排流铜线等)安装完毕并检查合格。

③ 下沟管段一般不大于 5km。一个作业(机组)施工段，沟上放置管道的连续长度不宜超过 10km。管道下沟应在确认下列工作完成后方可实施：

管道焊接、无损检测已完成，并检查合格；防腐补口、补伤已完成，经检查合格；管沟深度、宽度已复测，符合设计要求；管沟内塌方、石块、冻土块/冰块、积雪已清除干净；碎石或石方、冻土地段沟底按设计要求处理完毕且沟底细土(最大粒径不超过 10mm，粉碎冻土或粉碎石方)垫层已回填完毕；对下沟段内的地下隐蔽物或其他穿越障碍物保护完善。

④ 对于将要下沟管道留头的管端必须用盲板满焊封堵，防止进入淤泥、水等杂物。

⑤ 对吊管机及吊具进行安全检查，确保其处于安全工作状态。管道下沟使用的吊管机满足发包人和设计文件要求。严禁单机作业，以免发生滚沟事故。下沟前应对吊管机进行安全检查，确保使用安全。

⑥ 吊具使用尼龙吊带或橡胶辊轮吊篮。使用前，对吊具进行吊装安全测试。

⑦ 保证工具和材料齐全，电火花检漏仪工作正常。

(二) 管沟验收

① 组织测量技术人员根据设计要求对管沟线位、沟底标高、沟底宽度进行复测，以保证其深度达到设计要求，弹性敷设弯曲半径达到设计要求，变坡点能保证管道埋深。对不符合设计要求的管沟，应进行修整直至符合设计要求。

② 沟内管道截水墙等水保工程开槽验收工作应随管道验沟时一同进行，截水墙开槽验收合格后方可组织管道下沟或管道组对、焊接施工(石方段)。

（三）细土垫层

① 下沟前，清除沟内的塌方、石块，管沟深度必须满足设计要求，冻土、石方(卵石)段管沟，按设计要求应预先进行土质置换，沟底回填300mm厚的细土，细土最大粒径不得超过10mm。

② 石方和冻土段管道下沟前，承包商应对细土垫层进行测量，并做好相应记录，自检合格后，报监理复验，复验合格后才能进行管道下沟作业。

（四）电火花检漏

管道下沟前，应使用电火花检漏仪按设计要求的检漏电压100%检查防腐层，如有损伤应及时修补。对管体3PE防腐层应用高压电火花检漏仪检查，检漏电压不低于15kV，对环氧粉末防腐的热煨弯管，应用低压电火花检漏仪检查，检漏电压不低于4kV。

（五）管道下沟

管道下沟见图4-24。

图4-24　管道下沟

① 管道下沟环境温度不应低于-30℃。

② 管道下沟时，注意避免与沟壁刮碰，必要时在沟壁垫上木板或草袋，以防擦伤防腐层。起吊点距管道环焊缝距离不小于2m，起吊高度不大于1m，起吊点间距不超过24m(装配试压重块管段应根据实际情况确定)。

③ 管道下沟时，在人员集中的通行路口设置醒目标志，并安排专人巡防，无关人员不得进入现场。

④ 管道下沟应根据管径大小、现有地形等情况选择吊管机的吨位和数量，严禁单机作业，以免发生滚沟事故。

⑤ 管道下沟时，管段被吊起后不能拖动，轻轻放至沟底，吊管机不能放空档下落。

⑥ 管道下沟应平稳地放置于沟底，使管道轴线与管沟中心线重合，其横向偏差应符合规范要求，否则应进行调整，直至合格。

⑦ 对设计要求稳管的地段，应按设计要求进行稳管处理。管道下沟后，管道应与沟底表面贴实且放到管沟中心位置。如出现管底局部悬空应用细土填塞，不得出现浅埋。

⑧ 管道标高应符合设计要求，管道下沟后应对管顶标高进行复测，在竖向曲线段应对曲线的始点、中点和终点进行测量，并填写相应的表格。满足编制竣工图的需要。

（六）数据采集

① 管道下沟后，使用GPS及时采集数字化信息，弯头、变壁厚、站场、阀室两端和管道施工特殊点单独测量，以环焊缝为基点，测每一点管顶标高和三维坐标，并按业主规定及时填入管道建设项目管理信息系统。

② 管道标高应符合设计要求，管道下沟后应对管顶标高进行复测，在竖向曲线段应对曲线的始点、中点和终点进行测量，满足编制竣工图的需要。应按规定填写测量成果表、管道工程隐蔽检查记录。

（七）管沟回填

① 回填前，再次对管沟进行检查，保证管沟内无杂物。管道下沟经监理检查合格后，方可进行回填。一般地段管道下沟后应尽快回填。易冲刷地段、高水位地段、河流道路穿越点、人口稠密区等应立即回填，石方段细土回填，石方段管沟验收合格后，必须按照设计图纸先在沟底回填300mm厚细土，细土回填经监理复测验收合格后方可进行沟底布管、组焊工作。

② 回填前，如管沟内有积水，将水排除，立即回填。地下水位较高时，应制定保证管道埋深的稳管措施，报监理批准后实施。

③ 管沟回填前，将阴极保护测试线焊好并引出，或预留出位置暂不回填。

④ 冻土回填前应进行粉碎，做为管底及管周回填细土用粉碎冻土及岩石最大粒径不应超过20mm，所用冻土及岩石不得含有冻结的腐殖土或泥炭质土及大块冰雪。

⑤ 对于寒季施工地段及石方段，管沟回填前应利用粉碎冻土进行细土回填，细土的最大粒径不应超过10mm。

⑥ 管道下沟后，经测量验证管道埋深符合设计要求，并在数字化数据采集完毕后，核实沟内是否存在未完施工项目(如截水墙、硅芯管、人手孔、测试桩、交流干扰防护、强电冲击屏蔽防护、临时牺牲阳极、压块等)，确定施工先后顺序再进行细土覆盖。

⑦ 采取两次回填、第一次回填，使用一台挖掘机将土方放入管沟内，直至管顶光缆敷设高度，铺设光缆后，按设计要求进行保护，再进行二次回填，并及时敷设警示带；二次回填使用两台挖掘机同时进行，加快回填速度。

⑧ 回填土用的岩石和碎石块的最大粒径不应超过250mm。若回填的原状土最大粒径大于250mm，则需进行粉碎后方可回填。

⑨ 用机械设备进行管沟回填时，不得在管顶覆土上扭转设备，以防止回填过程中管道受碾压而损坏管道及其防腐层。

⑩ 一般地段的管沟回填应留有沉降余量，回填土宜高出地面0.3m以上。对于回填后可能遭受地表汇水冲刷或浸泡的管沟，回填土应压实，压实系数不宜小于0.85，并应满足水土保持的要求。

⑪ 对回填后可能遭浸泡的管沟，应按设计要求采取分层压实回填、引流或压砂袋等防冲刷和防管道漂浮的措施。

⑫ 山区段管沟回填。在山区沟下焊接的管道以及下沟后的管道，在当天必须完成压管措施，防止管道漂管；防腐补口后3日内完成管沟一次回填。

⑬ 石方段管沟回填。回填岩石、砾石、冻土段的管沟时，应先将岩石、砾石、冻土等

粉碎至最大粒径不超过20mm、回填至管顶以上0.3m且距离地面不大于1.5m后，方可用原状土回填。对于坡度大于6°的纵坡石方段管沟，应采用袋装细土(石方粉碎土)进行管底换填300mm，并包覆管道至管道上方300mm，采用细土对袋间间隙填实，然后回填原土石方，石块的最大粒径不得超过250mm。石方段细土的最大粒径不应超过10mm。

⑭ 多年冻土段管沟回填。多年冻土段管沟内积冰必须清除，清除后沟底不得残留孤块、尖锐冰块，沟底表面残留冰体大小不应大于50mm，积冰冰块应堆积在作业带边缘，严禁堆放在管道一侧；冻土回填前应进行粉碎，粉碎按粒径级别分为二级：一级粉碎后的冻土及岩石最大粒径不应超过20mm，不得采用冻结的腐殖土或泥炭质土及大块冰雪，做为管底及管周回填细土用。二级粉碎后的冻土及岩石粒径不应超过250mm，用于管沟上方回填土用。

在多年冻土区及季节性冻土区，不冻胀、弱冻胀、不融沉、弱融沉区段采用此方法较为有效，换填用粗颗粒土可分为粗料和细料两种，粗料和细料中粒径小于0.075mm颗粒的含量不大于15%。管底300mm以下换填料采用粗料；管底300mm以上换填料采用细料。

对于寒季施工地段，管沟回填前应利用一级粉碎冻土进行细土回填，细土的最大粒径不应超过20mm，细土层压实之后厚度不小于300mm。土方冻土段细土应回填至管顶上方800mm，石方冻土段细土应回填至管顶上方300mm，然后回填二级粉碎冻土，回填冻土块的最大粒径不得超过250mm。若采用冻土粉碎，不得采用冻结的腐殖土或泥炭质土。冻土破碎机应具有耐低温性能，并能够装载在挖掘机上，利用挖掘机动力进行粉碎。

管沟回填前，应将沟底积水、积雪和杂物清理干净，整平沟底，而后按设计要求进行换填。管道就位后，管沟的换填、回填应连续作业，一次完成。

为减小管沟回填土体的融化下沉量，管沟回填时宜分层压实。回填冻土块径不应大于250mm，高含冰量冻土地段管顶回填土高出地面的高度，一般不宜小于管沟回填深度的15%，以防止回填土压密下沉后，在管道位置形成积水沟渠，引发管道地基热喀斯特病害。

高含冰量多年冻土区的管沟需要在冻土来年融化后进行再次回填。回填应选择在来年寒季进行，并同时做好管道沿线植被恢复工作。

⑮ 管道标识(警示)带铺设：对于开挖段管沟，在输油管道的正上方设置管道标识(警示)带，用以保护管道及通信设施。由于管道埋深与光缆埋深存在一定差异，为兼顾保护管道和通信光缆(或硅管)，管道标识(警示)带埋设于光缆或硅芯管上方500mm处。敷设标识(警示)带时应注意保证其敷设在管道上方，兼顾到管道和光缆两方面，标识(警示)带的字体向上。

十、地貌恢复

① 管沟大回填完成后，在1周内开展沟上水工保护、水土保持工程措施施工；水工保护、水土保持、管沟回填完成后，承包商必须尽快开展地貌恢复和土地复垦工作，地貌恢复及土地复垦工作不得滞后管沟回填1个月；水工保护、水土保持、地貌恢复和土地复垦工作保证在合同规定的土地补偿期内完成。

② 沿线施工时扰动的挡水墙、田埂、排水沟、便道等地面设施按原貌恢复。设计有特殊要求的地貌恢复，根据设计要求恢复。

③ 将作业带内的所有取土坑、土堆填平和推平，恢复原地形地貌。管沟回填剩余的弃渣，堆放在地形平缓、坡面汇水量较小或地面开阔的地方，把风化严重、质地松软的弃渣堆放在下部，质地坚硬不易风化的弃渣填在上部，并碾压，以延缓风化和水土流失。

④ 大开挖穿越河流的河岸、河床除恢复原来的地貌以外，按设计的要求进行岩石防护基础处理，以保护管道。

⑤ 由于管沟回填的冻土难以压实，回填的冻土及管沟处多年冻土还存在来年暖季的融化下沉问题，因此，对于高含冰量多年冻土区的管沟需要冻土来年融化后进行多年冻土融沉恢复。多年冻土融沉恢复应选择在来年寒季进行，多年冻土融沉恢复后，做好管道沿线植被恢复工作。

水工保护见图 4-25，地貌恢复见图 4-26。

图 4-25 水工保护

图 4-26 地貌恢复

第三节 工程案例

一、工程概况

中俄管道漠大段位于北纬 530°和北纬 460°之间，施工区段位于黑龙江省塔河县、漠河县境内，冬季漫长，气候极度寒冷、复杂多雨，管线沿线地形地貌复杂多变，管道途经很多的大小河流、湿地、沼泽地、永久冻土，原始森林等特殊艰险地段，其中，第 1 标段管线全长 41. 2km，2009 年 10 月到 2010 年 4 月共焊接管道 28. 16km，管线防腐保温补口 27. 16km，管线开挖、管线下沟、回填复土 29. 45km，进行了额木尔河的单独试压；第 2 标段管线全长 51. 268km，2009 年 10 月到 2010 年 4 月共焊接管线 35. 42km，管线防腐保温补口 30. 42km，管线开挖、管线下沟、回填复土 37. 57km，进行了盘古河、大西尔根气河、古鲁干河的单独试压；第 3 标段管线全长 66. 51km，2009 年 10 月到 2010 年 4 月共焊接管线 47. 72km，管线防腐保温补口 47. 72km，管线开挖、管线下沟、回填复土 56. 18km。

二、施工工艺流程

施工工序流程见图 4-27。

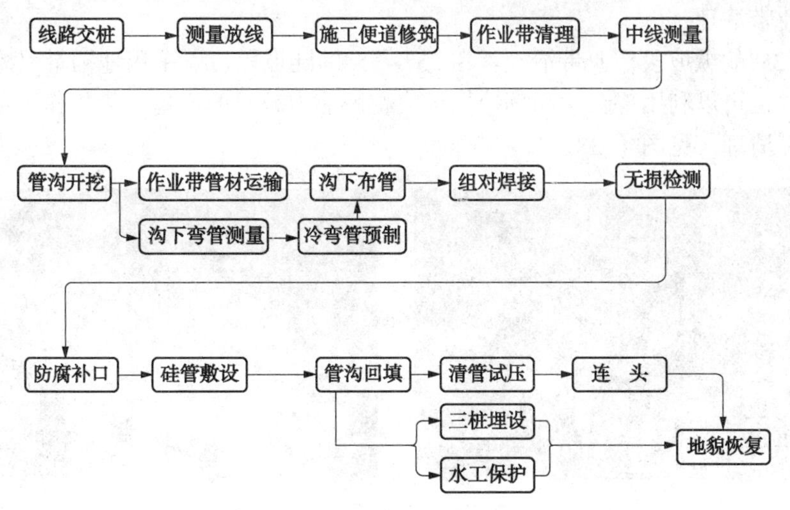

图 4-27　施工工序流程

三、测量放线

① 测量放线由参加接桩的测量技术人员主持；测量所用的仪器必须经法定计量部门校验合格且在有效期内使用。

② 做好准备工作，如放线段的施工图、交接桩记录及认定文件、测量仪器、对讲机、木桩、标笔、白灰、红布条和钉桩工具等。

③ 使用 GPS 和全站仪，根据控制桩测定管道中心线和边线，按照施工图纸要求设置辅助控制桩，并在桩上注明桩号、里程、高程、转角角度等。

④ 在测量管道中心线的同时要测出作业带的边线，根据地形情况每 50~100m 钉一个加密桩，作业带的宽度要符合设计要求。

⑤ 对于图纸上标明或经过咨询了解到有地下障碍物的地方要设置标志桩，并在桩上标明障碍物类型、埋深等已知数据。

四、便道修筑

① 施工便道可在伴行路修完后修筑，尽可能减少工程量。施工便道修筑平坦并具有足够的承载力，能保证施工车辆、设备的行驶安全。

② 施工便道修筑时，尽量不破坏地表植被和原有地形，沿低洼地带或田间小道修筑；并不得损坏原有水利设施，路面一定分层夯实。

③ 施工便道利用已有道路时，对狭窄路段需将原有道路加宽。

五、作业带清理

① 施工前，施工单位会同地方政府有关部门对施工作业带内地上、地下各种建(构)筑物和植(作)物、林木等进行清点造册。

② 清理和平整施工作业带时，保护线路控制桩，如有损坏及时补桩恢复。

③ 表层风化严重的碎石地段，可采用大功率挖掘机直接进行清理。

④ 大于 15°的纵坡：施工前根据设计图纸明确管沟中心线位置，确认施工作业带的边桩有无丢失，在作业带清理时不要超出边界线，本标段山区段作业带宽度为 20m。直接使用挖

掘机进行作业带清理。

⑤ 大于25°的纵坡段作业带清理：在25°~35°的陡坡段可以采用地锚牵引挖掘机直接进行作业清理，也可以利用一台大功率挖掘机或爬坡能力较强的山地运管机作为地锚牵引挖掘机进行作业带清理。见图4-28。

图4-28 牵引施工示意图

⑥ 横坡段清理：对于管道中心线位置与在役管道位置高差小于4m的横坡，可直接沿一线的地表向横坡一侧切入3~4m，将作业带修整为坡度较小的缓坡。对于管道中心线位置与在役管道位置高差小于4m的横坡，可在距离一线地表高差1m处向横坡一侧切入，修整为坡度较小的缓坡作业平台。对于管道中心线位置比在役管道位置低的横坡段，沿管道中心线清理出设备行走宽度的缓坡，清理过程中注意对在役管道进行保护。

六、精确放线

使用GPS沿清理完成的作业带再次进行放线，按照图纸所示的坐标测出管道中心线即管沟开挖中心线的位置，并将每根管材定位定桩。见图4-29。

图4-29 定位桩

七、管沟开挖

（一）管沟开挖

管沟开挖的深度要符合设计要求，侧向斜坡地段的管沟深度要按照管沟横断面的低侧深度计算，焊口位置需要在管沟开挖时挖出操作坑，操作坑的尺寸要能满足放置沟箱。坡段的水工保护位置在管沟开挖的同时进行沟槽的开挖，这样避免了二次开挖，同时也减少了土石方量。

（二）横坡段管沟开挖

为防止开挖的土溜滑至作业带外，管沟开挖前，先在横坡段作业带的下侧打桩，做支护。然后，利用挖掘机进行管沟开挖。见图 4-30。

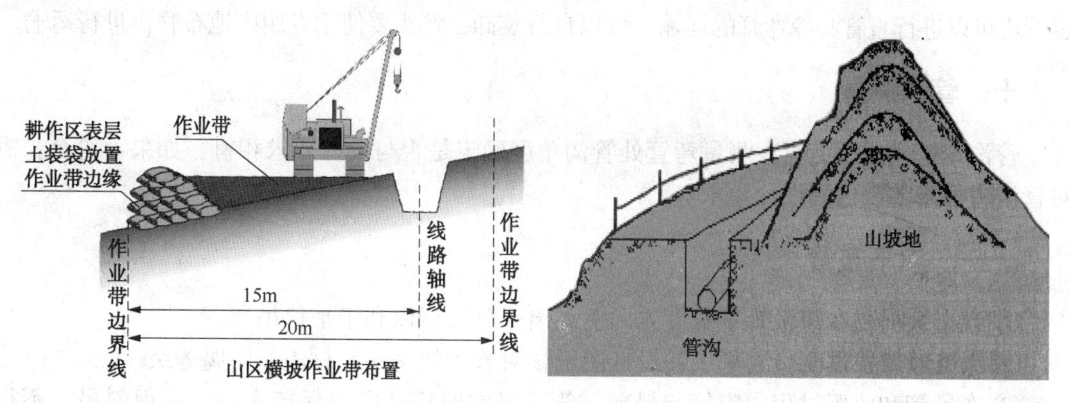

图 4-30　横坡段管沟示意图

（三）石方管沟开挖

① 石方段管沟开挖，采用松动爆破与机械清沟或人工清沟相结合的方法，也可采用带粉碎装置的岩石挖掘机开挖。

② 石方段管沟采用松动爆破施工时，应先进行管沟开挖，后进行组对焊接。对于需要先进行组对焊接的特殊段，采用挡板保护管道。

③ 松动爆破施工时，防止对临近的地上、地下建构筑物产生不利影响。

④ 石方段管沟开挖时，宜超挖 300mm，并应垫上 300mm 细土。侧向斜坡地段的管沟深度，应按管沟横断面的低侧深度计算。在纵向倾斜地段上的管沟应采取必要的预防措施，以防止管沟成为排水管的现象。在横向倾斜地段上的管沟也应采取必要的预防措施，以防止地面滑坡。管沟沟壁不应有松动的石块，沟底不得有石块。

八、铺垫细土垫层

① 石方段和卵(砾)石段管沟沟底先铺垫粒径不大于 20mm 的细土，细土铺垫厚度为 300mm。

② 对于土层较厚的区段或附近河流有细砂的区段，可采用人工或机械筛细土的方式解决细土来源问题，对于没有细土来源的地段，采用碎石机破碎或购买符合粒径要求的细土进行细土回填。

九、钢管倒运

① 作业带内的管材运输要在管沟开挖完成并通过监理验收合格后进行。

② 在坡底部设置临时堆管场。

③ 采用炮车、吊管机利用作业带或施工便道进行二次倒运。

④ 沿施工作业带运输防腐管时，运输车辆靠近管沟边缘的车胎(履带)与管沟或地坑边缘的距离不小于 1.5m。

⑤ 防腐管堆放时，根据防腐管规格、级别分类堆放，底部垫软垫层 200mm 以上。

⑥ 吊管机吊管时，必须单根吊运，并打开配重铁。在吊管和放置过程中，要轻起轻放，防止碰伤防腐层和管口。吊管机吊管行走时，要有专人牵引防腐管，避免碰撞起重设备及周围物体。

⑦ 陡坡地段，用山地运管机从距离作业带最近的堆管场向作业带内进行管材运输，山地运管机可以进行直管和冷弯管的运输，可以自行装卸，弯头要使用专用山地布管机进行运输。

十、管沟测量

管沟开挖成型后，再次测量弯管处管沟角度确定是否与设计要求相符，如果不符合，需对管沟进行修整，达到设计要求。

十一、沟下布管

① 在布管前要在每根管子长度方向上划出平分线，以利于平稳吊装。

② 布管时要根据测量成果表和设计图纸核对管子的壁厚、材质、防腐等级。

③ 在吊管和放置过程中应轻起轻放。管子悬空时应在空中保持水平，不得斜吊，不得在地上拖拉防腐管。

④ 在沟下布管前将管内的杂物清理干净，同时用电火花检漏仪对每根管子进行检漏，发现防腐层破坏或其他漏点后立即按要求进行补伤。

⑤ 坡度较大地段，布管按照自坡底向坡顶的顺序进行，在每两根管子管口之间垫上方木或木板，防止管口损伤。

十二、组对焊接

组对焊接应按照焊接工艺规程要求施工。

当坡度大于15°并小于25°时，无法进行流水作业，采用沟下焊接顺序施工的方法进行施工。对于大于25°陡坡，可采用以下施工方法：

1. 整体预制吊装法

对于陡坡管道敷设长度较短的地段($L \leqslant 50m$)，可在坡上或坡下合适地点进行整体预制及防腐等工序施工，然后用吊管机或吊车直接将预制好的管段吊放就位。石方段施工，沟底铺设细土编织袋，为防止尖石破坏防腐层，采取用柔性物(草袋、毛毡)将管道包裹，外包竹片、硬质塑材等措施进行包裹。见图4-31。

图4-31　整体预制

2. 牵引法

对于设备难以到达的斜坡地段，如果陡坡管道敷设的长度较长（$50m<L\leqslant120m$），可选择陡坡上方卷扬机牵引的施工方法。施工前首先对管材防腐层进行保护，用柔性物（草袋、毛毡）将管道包裹，（滑撬）管端焊封头。坡顶设置卷扬机，从下向上组对焊接，利用卷扬机向上牵引就位。见图 4-32。

图 4-32 管段牵引滑撬牵引单根钢管

3. 采用山地设备施工

对于坡地施工，利用山地设备吊装管道，选择焊接工程车进行焊接施工。当坡度过大，设备无法行走时，将焊接电源放置在山底或山顶，通过电缆线连接焊机进行施工。山区管道焊接按照焊接工艺规程执行，保证焊接质量。见图 4-33。

图 4-33 山地布管机组对焊接

十三、管沟回填

① 管沟回填前将阴极保护测试线焊好并引出，待管沟回填后安装测试桩。

② 回填前，如管沟内有积水，应排除，并立即回填。

③ 在进行管沟内水工保护和小回填施工前，需要对水保的沟槽进行人工修整，满足设计要求。

④ 管子在沟内就位后，除预留段外，应及时进行管沟回填。

⑤ 一次回填用的细土尽量从现场取用，筛细土时要使用"人"字形大网格筛子，网眼尺寸要符合回填细土的粒径要求；当现场细土量不能满足施工时需要提前从山外运入细土

⑥ 在山区沟下焊接的管道以及下沟后的管道，在当天必须完成压管措施，防止管道漂管；防腐补口后 3 日内完成管沟一次回填。

⑦ 回填岩石、砾石、冻土段的管沟时，应先将岩石、砾石、冻土等粉碎至最大粒径(不宜超过 20mm)回填至管顶以上 0.3m 且距离地面不大于 1.5m 后，方可用原状土回填。

⑧ 回填土用的岩石和碎石块的最大粒径不应超过 250mm。若回填的原状土最大粒径大于 250mm，则需进行粉碎后方可回填。

⑨ 对于坡度大于 6°的纵坡石方段管沟，应采用袋装细土(石方粉碎土)进行管底换填 300mm，并包覆管道至管道上方 300mm，采用细土对袋间间隙填实，后回填原土石方，石块的最大粒径不得超过 250mm。石方段细土的最大粒径不应超过 10mm。

袋装土包裹管道见图 4-34。

图 4-34　袋装土包裹管道

十四、施工材料和设备

寒带地区冬季设备的使用和保养不当，会导致设备的故障率极高，严重情况下造成设备的重大损坏，影响施工，因此高寒地区冬季施工时主要采取以下行之有效的设备使用和保养措施，减少设备故障发生几率。

① 根据环境温度及时更换燃油、机油、液压油、齿轮油、防冻液以及其他润滑油酯，避免因油料标号达不到要求，损坏设备。

② 施工过程中，发动机油更换成寒带地区专用机油，更换寒带专用的液压油，定期对机械传动部分进行烘烤，传动部分也采用寒带专用黄油润滑。

③ 为设备的发动机、液压系统加预热保温装置，既保证设备在低温条件下能启动运转，又可缩短启动预热时间，为现场施工节省大量时间。

④ 对空气瓶加装加热保温装置增加气体压力，防止保护气不足影响焊接质量。对于焊接电源设备采用保温毯或保温被进行保温，保护电源内的电子元件不受低温影响，确保输出电源稳定。

⑤ 为空压机加装电伴热装置，防止间歇时间空压机冻住，同时在空压机出气口加装空气干燥装置，减少压缩空气中的水含量。每天对整个气路用酒精或煤油进行冲洗，除掉气路中的水分，确保对口器使用的空气为干燥的压缩空气。

⑥ 定期对燃油箱进行清洗，去除因温度低所结冻的蜡。发动机油箱内的进油管采用非金属管，防止结蜡堵塞。

⑦ 低温条件下起吊设备的起重量要低于额定起重量，并定期对钢丝绳、吊具等主要起吊部件进行检查。

⑧ 当环境温度为-20～-40℃时，设备发动机定时熄火，停半小时运转半小时；温度为-40℃以下时，设备发动机24h不熄火，保证设备不停转从而避免设备冻结，空载转速要在1200～1300转以上，防止气门积炭过多损坏发动机。

⑨ 延长设备预热时间，特别是液压设备，液压油过多会损坏发动机。

第五章　沙漠地区输气管道施工

第一节　沙漠地区地形地貌

一、地形地貌

沙漠地区地形主要分为平坦沙滩、低矮沙丘及沙垄地段三种。管道穿过沙垄地段，库木塔格沙垄最为典型，其地形起伏较大，沙丘活动性比较强，相对高差基本在30~71m，沙垄成分以松散细沙为主，垄上细沙覆盖大于10~30m，垄间基岩出露，大面积沙垄将会给输气管道施工带来极大困难。在沙漠地区，管道运输较困难。由于近年来能源战略的调整，加快了石油天然气管道的建设，特别是大口径长输管道的施工显得尤为重要。输气管道在沙漠中敷设，有的地段有移动沙丘；沿线村庄较多，管道经过耕地较多；地形平坦，防风林带较多；穿(跨)越工程较多。然而沙漠的抗剪强度极小，因此常规的管道运输方式难以满足要求；同时管沟开挖也有一定困难，沟壁会发生坍塌，影响管道正常施工。

二、施工难点

沙漠地区管道施工是长输油气管道施工中比较常见的，西气东输管道、西气东输二线、中亚管道等管道工程，沿途都经过了相当长的沙漠地区。沙漠管道施工遇见的突出问题主要有3个：

① 沙漠抗剪强度小，沙漠地区地质条件差，车辆通行、运管困难。因此，对大多数沙漠地区来说，必须要有宽轮胎、四轮驱动的高架运输车辆。国内目前是租用车辆进行沙漠运管，一次一根，运管费用平均为600元/根；经常采用的另一种方法是采用宽履带设备牵引托管爬犁运管，效率低。因此，应根据实际情况，研制成本低、体积稍小、运转灵活的沙漠运管车。

② 沙漠地基承受沟上动载荷较差，采用常规的大型机械组合吊管下沟时，管沟容易塌方，施工不安全。因此，采用双侧沉管下沟的方式施工，不但可以达到设计埋深，而且可以避免施工隐患。

③ 沙漠风沙对施工设备的损伤极大，使汽缸、活塞涨圈和活塞加速磨损。因此，应在设备上加装空气净化器并按计划检修。

第二节　沙漠地区关键施工工序

一、施工便道的修筑

施工便道原则上利用已有道路扩建，对被风沙淹埋路段进行清理，无法清理时需重新修筑道路。便道的修筑按下列步骤进行：

① 由专业的测量人员确定便道走向，使用GPS对便道走向进行定位。当遇到交叉路口时，设置标识，标明便道走向。

② 使用装载机清除阻断道路的沙子及其他障碍物，低洼处用白浆土铺垫，并浇水使其硬化，其他地段铺垫级配碎石或直接清理到硬底层即可。

③ 做好便道日常维护。便道使用过程中，由于重车的反复碾压，使表层浮土增厚，影响车辆行驶甚至陷车。为此配置1台装载机每天晚上进行清理，并在路面洒水，清晨气温较低水会与浮土混合冻结，形成硬化层，便于车辆行走。

二、接桩与测量放线

沙漠中没有任何参照物可以利用，且沙丘移动速度快，管道中线桩极易被沙掩埋。管道测量放线使用先进的GPS定位，既可以放出管道中心线，又可以复核转角桩位置是否正确。在管道中线上设置百米加密桩，并插上红旗作为标志，当遇到丘峰较高的，在峰顶加设红旗作为标志，避免施工过程中因视野受限影响施工。在管道中轴线左右各6m处放出作业带边线，并插旗作为标志。

三、施工作业带修筑

(一) 平直地段作业带施工

固定沙丘、半固定沙丘等地段地面起伏相对较小，施工前测量放线，确定管道走向位置，再由装载机及推土机进入施工区段推扫。由于沿线交通可依托条件较差，顺管道方向基本无公路，机耕道较少，施工时可依托县乡干道，因此需要修筑大量的施工便道。施工便道修筑完成后，根据测量放线的结果进行管道中心线的定位，并测量边线位置进行标识，一般地段(沙丘、固定沙丘，纵坡<10°，横坡<8°)施工作业带宽度为28m，林木较多处适当减小作业带宽度。进入施工作业带后，使用推土机(装载机配合)进行施工作业带推扫，采取“推高填低”的方式进行作业带沙丘的推扫，清理作业带上杂物。

在作业带推扫成规则平直面或曲面后，进行管道位置精确测量，以测量的中心线为准，按照施工要求进行布管、管口组对及焊接等施工作业。

(二) 陡坡地段作业带施工

对坡度较大的陡坡地段，诸如较大规模的河流穿越，常会面临作业带不顺畅，运、布管困难；陡壁处施工设备无法到达且作业场地狭小，组对困难等问题。因此，此类地段的作业带修筑对施工进度有很大的影响，施工时应采用以下施工步骤：

① 按照测量放线结果，修筑施工便道(施工便道坡度需满足吊管机行走要求)。

② 在管沟与施工便道交叉点处开拓施工平台，平台尺寸需满足施工机械作业的要求。

③ 挖掘机在管道中心线上开挖管沟。

④ 组焊时先组焊顶端处管道，将陡坡处管道沿施工便道布到组焊地点，从顶端顺序组焊到坡底。

四、管沟开挖及回填

大口径长输管道的沙漠段管沟不易成型，地耐力差，采用常规大型机械组合吊管下沟时，管沟容易塌方，安全风险大。而且采取此种方式所消耗的设备维修保养费用远远超过预期的价格，因此，根据以往的施工经验，采取两侧开挖沉管下沟的方法进行管道下沟。

作业带推扫完毕后，进行管道中心位置的测量标识，并在作业带上进行布管、管口组对、焊接、无损检测、外观检查及防腐补口补伤，并对已焊接的管段进行防腐层漏点检测。这些工序经检查合格后，进行管沟开挖及回填，管沟开挖的尺寸按照设计要求进行施工，管道最低埋深要符合标准规定的1.2m。

（一）钢板桩支护开挖方法

沙漠地区开挖管道沟槽时，为了减小土方量并保障施工安全或因受场地限制而不能放坡时，可设置钢板桩支护体系来确保土方边坡的稳定。采用钢板桩支护的方式开挖沟槽的施工顺序须遵循图5-1流程。

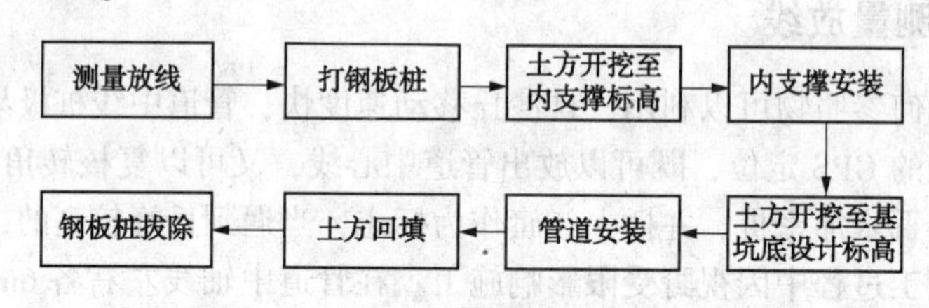

图5-1　钢板桩支护开挖沟槽流程图

钢板桩支护方法的技术要点如下：

① 钢板桩有固定规格，长度的选取应由沟槽深度及钢板桩入土深度共同确定。

L(钢板桩计算总长)$=h$(沟槽深度)$+t$(钢板桩入土深度)

t值应由计算得出。

② 沟槽宽度应由管道规格及施工方式确定。如受场地等因素限制，挖掘机不能在钢板桩外侧作业，只能沿沟槽纵向挖土时，沟槽宽度应考虑挖掘机的宽度及作业半径。

③ 管道安装完成后，进行分层回填，先回填至内支撑位置，拆除内支撑后再继续回填至地面，再拔除钢板桩。钢板桩拔除后留下的桩孔必须及时做回填处理，也可在拔桩时灌水边振边拔并回填沙子。

（二）沉管施工方法

沉管法下沟是对在沟上已组焊防腐完成的管道不用吊管机，而是直接开挖管沟，利用管道自身重力沉入沟底的下沟方法。主要用于沼泽、湿地、沙漠等管沟难以形成或大型吊管机无法通行的管道施工地段。当管道在自重力下沉到沟底后，另两台挖掘机立即回填，恢复地貌。

沉管施工工艺流程图见图5-2。

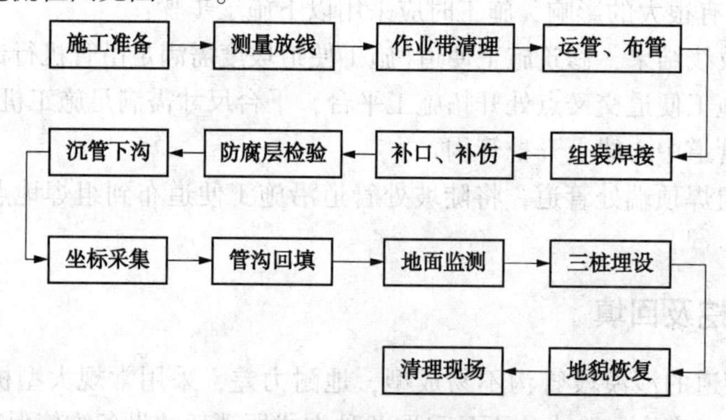

图5-2　沉管施工工艺流程图

下面对沙漠平直地段、地下水位较高的沙漠地段以及纵向坡地段的沉管施工工艺作简要介绍。

1. 沙漠平直地段施工

采用2台挖掘机在管道两侧分别开挖，相互配合，同步前进。管沟开挖过程中，管道下方土方由于管道的压力以及挖斗侧面的推力作用将塌落到沟底，挖掘机从侧下方将其挖出，直至挖掘到设计管道埋深后，挖掘机边后退边继续开挖。

在两侧开挖沉管施工中，需要注意挖掘机、堆土位置与管沟边缘要保证1~2m的安全距离，设置压重块的地段堆土位置与管沟边缘保持2.5m的安全距离，其中内侧0.5m放置压重块，沟底宽度2.2~2.5m。当管道就位20~30m时，及时进行压重块的安装。压重块可提前在预制厂按设计图纸进行预制，混凝土保养期过后，调运至施工地点。安装压重块前，先对地上防腐管按规定进行电火花检漏合格后，再在管道上固定胶皮，胶皮间隔为4m。之后，使用吊管机吊运压重块至固定胶皮上。双侧开挖时，沉管采取防护措施，确保管道安全、准确就位。需遵循以下施工步骤：

① 用2台单斗挖掘机分别在管道两侧以“八”字形同步开挖，将挖掘机挖斗伸到管子下部，挤松管下部中间的沙土，用挖斗将沟内虚沙土刨出，2台挖掘机相互配合，同步前进，确保支撑钢管两侧的沙土是在钢管重力作用下同时塌落，钢管不受扭曲力影响而落在原位置。

② 同步前进开挖时，挖掘机中轴距管道边2m，保证挖掘机旋转倒土时不碰到管道，挖掘机挖斗边缘与管道边缘最小距离200mm，保证开挖时挖掘机不损伤管道绝缘层。

③ 管沟开挖时，应从管道的一端向另一端顺序开挖，或从中间向两端开挖，保证管道有应力释放空间。不得从两端向中间开挖，避免管道在挖沟碰头处拱起，沉不到沟内。

④ 管沟开挖时，在挖掘机挖斗活动范围内的管道上铺设胶皮，保证施工过程中不损伤绝缘层。

⑤ 施工中在已有地下障碍物处要留头，待下沟后进行沟下连头。开挖过程中如果发现没有预见的电缆光缆、管道等地下障碍物，要根据情况积极与权属单位进行协调，在无法断缆断管的情况下，采用切截管段的方式，下沟后连头。

⑥ 遇到地下光缆、电缆、管道等重要设施以及乡村给排水管道时，障碍物两侧5m范围内应采用人工开挖，不许使用机械施工。

⑦ 为保证埋深，在设计要求的挖深基础上加深0.2m。

2. 地下水位较高的沙漠段施工

① 采用边开挖、边排水、边压重、边回填的方法，排水使用泥浆泵排到50m以外。

② 管沟开挖依旧采取两侧沉管下沟的方式进行，开挖前确定好可排水点，并将挖掘机、泥浆泵、发电机、压重块、胶皮等施工设备、材料准备就位。

③ 先对地上防腐管按规定进行电火花检漏合格后，再在地面上进行固定胶皮的缠绕，胶皮厚度5mm，宽度1000mm。沿管道周向缠绕，胶皮接口处留在管道下半部位置，然后用150mm绝缘胶带沿管道周向固定胶皮，绝缘胶带间隔300mm，胶带搭接长度300~500mm。

④ 进行管沟开挖时，在管沟内挖集水坑，集水坑比沟底深0.5~1.0m，将潜水泵放置于集水坑内全时进行排水，排水点选择在作业带上或沙漠低洼处，排水点必须保证距离开挖点50m以外。

⑤ 随着管沟开挖长度的增加，起始端管道沉到要求位置。当管道开挖沉管20~30m时，

放置在距离管沟边缘2.5m处的压重块吊装就位，进行压重块的安装。

⑥ 在管沟开挖、压重块安装等作业过程中，保持机泵全时排水。

⑦ 对于水位较高的沙漠地段，在管道端部进行必要的封堵，以防止水渗入管道。

3. 纵向坡地段施工

为防止开挖过程中弯管边侧管道由于弯管下沉而拱起，从而产生应力大而无法沉入沟底的现象，采用4台挖掘机在纵向坡地段下部弯管处向两侧分别开挖，每侧设置2台挖掘机，管道下方的土方由于管道的压力以及挖斗侧面的推力作用将塌落到沟底，挖掘机从侧下方将其挖出，直至弯管沉至设计深度，然后挖掘机边后退边向两侧继续开挖。

4. 施工注意事项

在作业带推扫及管沟开挖施工中，需要注意以下几点：

① 在纵向坡地段，需要注意挖掘机、堆土位置与管沟边缘保持1~2m的安全距离。设置压重块的地段堆土位置与管沟边缘保持2.5m的安全距离，其中内侧0.5m处放置压重块，沟底宽度2.2~2.5m。

② 管沟开挖时应从管道的一端向另一端顺序开挖，或从中间向两端开挖，保证管道有应力释放空间。不得从两端向中间开挖，避免管道在挖沟碰头处拱起，沉不到沟内。

③ 管沟开挖时，在挖掘机挖斗活动范围内的管道上铺设胶皮，以保证施工过程中不损伤绝缘层。

④ 在施工中，要随着管沟开挖的不断推进，随时对管沟深度、沟底宽度进行复测，保证管沟开挖质量符合设计要求。直线段每30m测1点，特殊地段每50m测1点，纵向变坡点及水平转角点每处应至少测3点。

⑤ 与管沟开挖同步进行，每50m长度范围内至少测量1个点的管顶高程，以保证达到设计管顶埋深。

⑥ 在开始沉管下沟时，不能把管道端头一次性下到沟内，而要在地面保留一定的长度，使下段的焊接工作能够在地面上进行，这样可以减少一个管沟内的连头。

五、管材运输及布管

（一）防腐管的运输

① 运管使用专用的拖管车辆，管子超出车后的长度不得大于4m，装管高度不得超过2.4m。

② 每车宜装运同一种规格的管子。当管子运到指定地点卸车后，由运管人员、现场接管人员共同对防腐管进行检查，填写检查记录，并移交相关检验、运输单据。

③ 运管车辆必须限速行驶，避免急刹车，防止管子移位，破坏防腐层。

④ 拖管车底部采用不小于15mm的橡胶板或其他柔性材料作软垫层，其宽度不得小于100mm。防腐管应采取包敷橡胶圈或其他隔离圈措施。

⑤ 采用尼龙带进行捆扎，捆扎物接触管子的部位要衬垫软材料。

（二）防腐管的保管(堆放)

① 运至施工现场的防腐管在卸管时，应逐根检查，填写检查记录，承运方代表签字，对每根管的管口损伤和防腐层破坏点应记录清楚明白，作为原始资料待查。

② 管材存放地以施工作业带为主，只在特殊地段修建临时堆管场。

③ 防腐管堆放时，应根据防腐管规格、级别分类堆放，底部应垫软垫层，垫高200mm

以上。底部防腐管的外侧应设固定管子的楔型物，楔型物的硬度应小于防腐层的硬度。楔块的边缘应与管径相适合，防腐管应同向分层码垛堆放，堆管高度不宜超过4层。

（三）布管

1. 管道加工与管道组对

（1）坡口加工

① 钢管切口面应平整，不得有裂纹，与管子中心线垂直，其不垂直偏差不得超过1.5mm，毛刺、凹凸、缩口、熔渣、氧化铁、铁屑等均应清除干净。

② 在修整清除有害的缺陷时，打磨后的管子必须是圆滑过渡的表面，打磨后的壁厚不得低于管子壁厚的90%，否则应将管子受伤部分整段切除。

③ 凡是大于公称直径2%的凹坑、凹痕，必须将管子受伤部分整段切除，禁止用电焊进行修补或将凹坑敲击整平。管口椭圆采取千斤顶管内矫正，见图5-3。

④ 用砂轮机及钢丝刷清理管端坡口，清理时注意保护管子防腐层。

⑤ 不同壁厚的管道组对，根据规范要求，可采用链条式坡口机加工过渡坡口；连头处可采用火焰切割。

⑥ 坡口加工前，按“焊接工艺规程”的要求编制“坡口加工作业指导书”；由专门人员进行坡口加工施工，严格按作业指导书的规定加工和检查坡口，并填写坡口加工记录。

⑦ 运至现场的防腐管如有坡口保护器，应注意坡口保护器的完整性，当天焊接完毕后应做封堵(如管帽)将坡口保护好，并注意防腐管内不得进入杂物。

⑧ 不同壁厚的管道组对，根据规范要求，可采用链条式坡口机加工过渡坡口。

⑨ 在施工中的临时休息期间，应及时用管帽对管口进行封堵(见图5-4)，避免泥水、杂物等进入管内。在防腐管运至现场前，委托相关厂家制作临时防腐的聚乙烯材料管帽，具体制作数量按照标段内管线安装长度而定，并考虑一定的损耗量。

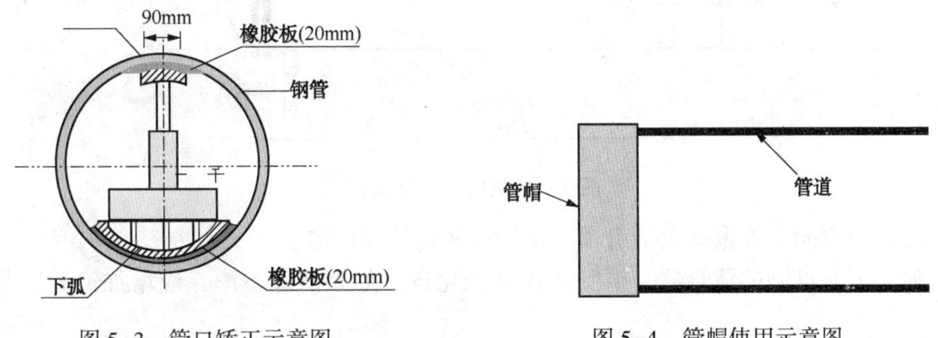

图5-3　管口矫正示意图　　　图5-4　管帽使用示意图

（2）组对检查

组对完成后，由组对人员依据标准规定进行对口质量自检，并按标准要求填写组对记录。同时由焊接人员进行互检，检查合格后按标准要求填写工序交接手续，然后进行焊接施工。管口组对的错边量≤1mm，对口间隙严格按照焊接工艺规程。管口组对规定见表5-1。

表5-1　管口组对规定

序号	检查项目	规定要求
1	坡口	符合“焊接工艺规程”要求
2	管口清理(100mm范围内)和修口	管口完好无损，无铁锈、油污、毛刷

续表

序号	检查项目	规定要求
3	管端螺旋焊缝或直缝余高打磨	端部 10mm 范围内焊缝余高打磨掉，并平缓过渡；采用自动超声波检测时，端部不小于 150mm 范围内余高打磨掉
4	两管口螺旋焊缝或直缝间距	错开间距不小于 100mm
5	错边量	小于等于壁厚的 1/8，且连续 50mm 范围内局部最大不应大于 3mm，错边沿周长应均匀分布
6	钢管短节长度	不小于 0.5m
7	相邻和方向相反的两弯管中间直管段长	不小于 1.5m
8	管子对接	不允许割斜口。由于管口没有对准而造成的 3°以内偏斜，不算斜口
9	过渡坡口	厚壁管内侧打磨至薄壁管厚度，锐角为 14°~30°

(3) 管道清管施工

清管作业白天进行，用清管器进行清管，清管器运行速度为 4~8km/h。清管器要通过全部试验管段。清管作业时不得使用黄油或者类似物质的润滑清管器。按以下三步对管线进行清管和测径。临时收发球装置见图 5-5。

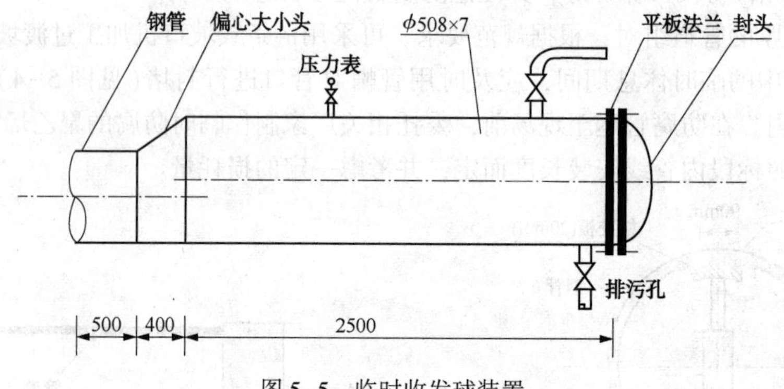

图 5-5　临时收发球装置

① 通直板双向 8 片聚酯盘清管器，清除固体物质和碎屑。

② 通带尼龙盘刷的清管器，清除灰尘和氧化皮。如果清除不净，应增加清管次数继续清理。

③ 通泡沫清管器，清除水气和氧化皮。要求至少使用 2 个泡沫清管器(发射间隔时间为 1h)。

如果清管器卡在管道内，应设法增压推动。增压一般不超过管线设计压力，而且不能超过发射和接收筒的额定压力。如果确定含水是造成卡壳的原因，采用更高的压力以利于水的移动。如果使用这种办法仍然不能使管内清管器移动，就割管取出，然后修补管道，或者换用额定压力更高的发射筒。

清管的验收标准是：管道不会排出灰尘；泡沫清管器到达收球筒的时候，增重不超过有关标准及设计要求，同时也没有明显的变色。

清管完成后，拆除临时接收器和发射清管器用的发射头，然后用封头密封，防止管内进入灰尘、水或异物，保证试验管段试压时内部清洁。

六、流动沙地段机械防护措施

(一)工程机械防护措施的原理

沙漠地区敷设管道时，主要的问题是如何保护所埋管道不致因覆盖的沙被风吹走而暴露出来。因为集沙过程[气流中沙粒运动的主要形式包括跃移、悬移和蠕移。沙粒沿气流方向运动时，沿程(下风向)不断降落和起跳，当沙粒降落后不再移动，该过程为集沙过程]对管道敷设是有利的，集沙在很大程度上可以解决风蚀问题。工程机械防护措施的原理即为通过用各种覆盖物将沙质表面与风力作用完全隔离，或在流沙表面上设置机械沙障，用于降低地表风速，削弱风沙活动，以创造集沙条件，防止管道周围沙子被风吹蚀。其防护措施主要适用于流动沙丘、半固定沙丘及沙地的治理。

(二)工程机械防护措施及施工方法

结合沙漠地区沙丘类型，工程机械防护措施应用较广的有高立式沙障、低立式沙障、草方格沙障及黏土沙障等。

1. 沙障类型选择

对于流动沙丘，根据沙丘高度、沙丘移动方向、主风向、管道敷设位置等条件，沙障类型宜选用高立式、低立式两种透风结构型式。对半固定沙丘及沙地宜选用草方格沙障或黏土沙障等。

2. 沙障类型及施工方式

(1) 高立式沙障施工

该法主要用于阻拦前移的流沙，使之停积在其附近，达到切断流沙、抑制沙丘前移和防止沙埋危险的目的。这种沙障一般用于沙源丰富地区、草方格沙障固沙带的边缘，作为辅助性措施。

采用杆高、质韧的柴草，长0.7~1.3m(管道范围内长度为0.85~1.45m)，露出地面0.5~1.0m，埋入地下0.2~0.3m(管道范围内埋入地下0.35~0.5m)，根部培沙高出地面0.1m。这种方法是在设计好的沙障条带位置上，人工开挖沟深0.2~0.3m(管道范围内沙障沟深0.35~0.5m)，将柴草均匀直立埋入，扶正踩实，填沙0.1m，柴草露出地面0.5~1.0m。

(2) 低立式沙障施工

采用较软的柴草，露出地面0.2~0.3m，埋入地下0.15~0.2m(管道范围内埋深0.3~0.35m)。将柴草按设计长度切好，顺设计沙障条带线均匀放置线上，草的方向与带线正交。用脚在柴草中部用力踩压，柴草埋入沙内0.10~0.15m，两端翘起，高0.2~0.3m，用手扶正，基部培沙。沙障的规格可根据不同地段的风速情况进行选择。

(3) 草方格沙障施工

草方格沙障是用麦草、稻草、芦苇等材料，将草直接插入沙层内，在流沙上扎设成方格状的半隐蔽式沙障。草埋入沙中深度约为150~200mm，露出地面高度约为200~300mm。草方格的边厚为50mm左右，用铁锹将沙踏实使之牢固。草方格沙障不仅能起到固沙作用，而且可以保护栽植的和播种的固沙植物免受风蚀和沙埋，同时还可改善沙地的水分状况，有利于植物的成活和生长。采用较软的柴草，露出地面0.2~0.3m，埋入地0.15~0.2m(管道范围内埋深0.3~0.35m)。隐蔽式沙障高出地面0.05~0.10m。此方法用压草方式设置，即用湿麦草摊于设障线上，以锹下压入沙，两端合拢，外露0.05~0.1m。

(4) 黏土沙障施工

少数地方沙层较浅，或沙丘附近有碱滩地、黏土等，可采用黏土压沙，堆成土埂，作为沙障。将黏土直接堆放于设障线上，均匀摊成高0.15~0.25m，底宽约0.45~0.75m的土埂。

3. 其他防护措施

(1) 化学固沙措施

化学固沙措施是在流动沙地上喷洒化学胶结物质，使其在沙质表面形成一层有一定强度的防护壳，隔开气流对沙层的直接作用，达到固定流沙的目的。目前国外用作固沙的胶结材料主要是石油化学工业的副产品，如乳化沥青、高树脂石油、橡胶乳液和油-橡胶乳液的混合物等。

(2) 植物防护措施

沙漠地区气候干燥，冷热剧变，风大沙多，自然环境十分严酷。在这种条件下，植物固沙的成败在很大程度上取决于固沙造林植物品种的选择，原则上应以当地的品种为主，因为它适应当地的自然环境，成活率高。

植物固沙又称为生物固沙，是通过封育和栽种植物等手段，达到防治沙漠、稳定绿洲、提高沙区环境质量和生产潜力的一种技术措施，是沙漠治理最有效的途径。对管道而言，植物治沙的内容主要包括建立人工植被或恢复天然植被以固定流动沙丘；保护封育天然植被，防止固定半固定、沙丘和沙质草原向沙漠化方向发展等。

沙丘极端干旱，流动性大、持水力差，直接种植易被风蚀，难具成效，若辅以沙障等人工措施，则固沙效果较佳。可先采用草方格固沙后再种植灌木。草方格用麦草、沙蒿等植物制作，尺寸为1m×1m。灌木的行株距为1m×1m，种植的灌木主要为羊柴、沙柳和柠条儿等。草方格宽度迎风面按40~80m确定，背风面按30~50m确定。

第三节 工程案例分析

一、工程概况

以新疆和田河气田地面建设工程产品气外输及供水工程为例。

1. 建设规模

外输输气管道线路131.58km；中间截断阀室3座；输气管道出厂截断阀室1座；清管站1座(含增压)；水源站1座，水源井3座；集水管道(钢丝网骨架塑料管)3km；输水管道(高压玻璃钢管线管)35km。

2. 工程特点

本工程行政区域划属墨玉县，管道均沿沙漠公路敷设，沙漠公路西侧有一条*DN*350已建管线，为避免施工干扰及破坏原有管道，新建外输管道于沙漠公路东侧敷设。

3. 自然条件

墨玉县的气候属暖温带干燥荒漠气候，四季分明，夏季炎热，干燥少雨，春季升温快，秋季降温快，降水量稀少，光照充足，无霜期长，昼夜温差大。年平均气温11.3℃，1月平均气温-6.5℃，7月平均气温24.8℃，极端最低气温-18.7℃，年平均降水量为36~37mm，蒸发量2239mm，无霜期177天，年日照时数为2655h，部分地区有小型冲沟，管线地貌单元属沙漠和局部低山区，线路沿线出露地层主要为粉砂、强风化泥质粉砂岩和局部分布的粉土。管线沿线地势起伏较大，植被稀少，管线沿线地下水水位埋深浅的地段地表盐渍化明显，管线穿越段地下水矿化度普遍较高。

二、施工组织设计

(一) 管道施工工序流程

管道施工工序流程见图5-6。

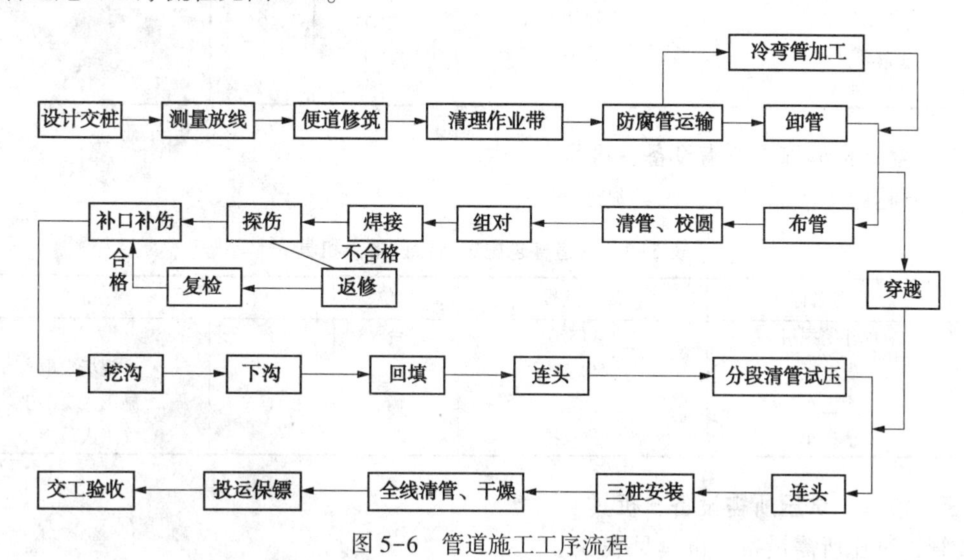

图5-6　管道施工工序流程

(二) 大开挖穿越公路施工步骤

大开挖穿越公路施工步骤步骤有：测量放线；穿越告知；管沟开挖；架设便桥；管道施工；移除便桥；管道穿越；原土回填；埋设盖板；道路恢复。

三、施工机具

(一) 单个管道施工机组的主要施工机具、设备

管道施工机组主要施工机具、设备见表5-2。

表5-2　管道施工机组主要施工机具、设备

序号	设备名称	规格型号	单位	数量	备注
1	吊管机	DGY-25	台	1	布管
2	推土机	PD165YS	台	1	布管
3	内对口器	Φ508	台	4	自制
4	铁牛二弧焊	东拖	台	1	返修
5	管道人	DZ-80	台	2	焊接、电源
6	二弧焊接车	半自动	台	8	
7	防风棚		个	4	
8	烤把		套	4	
9	液化气罐		瓶	10	
10	中巴客车	40座	辆	1	
11	指挥车	庆铃	辆	1	

续表

序号	设备名称	规格型号	单位	数量	备注
12	红外线测温计	ST80	个	1	
12	焊条烘干箱	YGCH-G-60	个	1	
13	砂轮机	φ125/φ100	台	8	
14	吊带	8T	条	15	
15	临时盲板	Φ508	个	20	
17	爬犁	自制	台	2	
18	风速仪	电动式	台	1	
19	焊条保温桶	电加热式	个	6	
10	液压式千斤顶	2. 5t	个	2	
21	倒链	2t	个	4	

(二) 管道穿越施工所需设备、机具

管道穿越施工所需设备、机具见表5-3。

表5-3 管道穿越施工所需设备、机具

序号	设备名称	规格型号	单位	数量	备注
1	单斗挖掘机	CAT320	台	1	大开挖
2	发电机	50kW	台	1	现场发电
3	中巴车	40座	辆	1	施工人员乘坐
4	值班车	解放双排	辆	1	施工人员乘坐

(三) 清管、试压所需设备、机具

清管、试压所需设备、机具见表5-4。

表5-4 清管、试压所需设备、机具

序号	设备名称	型号规格	单位	数量	备注
一	清管设备				
1	空气压缩机组	27. 7m³/min、2. 5MPa	台	4	通球、扫水、测径
2	空气压缩机组	10m³/min、15MPa	台	1	试压、通球、扫水
二	试压设备				
1	离心泵	280m³/h、H=90m	台	2	管道充水
2		86m³/h、H=600m	台	2	
3	高压泵	15m³/h、25MPa	台	1	管道升压
4		7m³/h、25MPa	台	1	
5	潜水泵	*DN*100	台	6	抽、排水
6	钢制水罐	Q235A Ó=6mm 钢板制作	座	1	保证蓄水量约80m³
7	水过滤器		台	2	试压水过滤
三	辅助设备				
1	发电机组	K4100D	台	4	
2	单斗挖掘机	CAT320	台	2	土方开挖
3	拖车	40t	辆	1	施工设备倒运

续表

序号	设备名称	型号规格	单位	数量	备注
4	平板车	25t	辆	1	施工设备、管材拉运
5	油罐卡车	8t	辆	1	现场设备加油
6	水罐车	10t	辆	2	施工现场用水
7	双排货车	1t	辆	3	现场值班及领料拉运
8	江铃越野		辆	2	指挥、协调
9	压力天平	LG. 41-QY	台	1	
10	压力图表记录仪	M160116	套	2	
11	温度图表记录仪	-50~50℃	套	4	管壁、土壤测温
12	压力表	Y-150 0. 25 级 0~20MPa	块	10	压力显示
13	流量计		台	1	

(四) 管线干燥施工所需设备、机具

管线干燥施工所需设备、机具见表 5-5。

表 5-5　管线干燥施工所需设备、机具

序号	设备名称	规格型号	单位	数量	备注
一		起重、运输设备			
1	汽车式起重机	QY-16T	台	1	
2	汽车式起重机	QY-8T	台	1	
3	双排座汽车	1. 25~1. 75t	台	2	
4	载重汽车	16t	台	4	
5	平板拖车	奔驰/1926AS/32 32t	台	1	
6	皮卡车		台	6	
二		主要施工设备			
1	阿特拉斯 XRVS976	27. 5Nm³/min 2. 5MPa	台	4	
2	无热再生干燥机	WAD-100 100Nm³/min	台	2	
3	除油过滤器及后冷却器		台	3	
4	真空泵	莱宝 RA13000	台	1	
5	柴油发电机	100kW	台	1	
三		焊接设备			
1	林肯电焊机	DC400	台	2	
四		检验、试验设备			
1	压力表	0~2. 5MPa	块	4	
2	压力表	0~1. 6MPa	块	4	
3	露点仪	DM70 便携式	台	2	
4	真空计	CTR90	台	2	

(五) 土建队主要施工机具、设备

土建队主要施工机具、设备见表 5-6。

表 5-6　土建队主要施工机具、设备

序号	设备名称	规格型号	单位	数量	备注
1	混凝土搅拌机	JZC350	台	2	
2	钢筋截断机		台	2	
3	钢筋校直机		台	1	
4	钢筋弯曲机		台	2	
5	平板振捣器		台	2	
6	插入式振捣器		台	2	
7	混凝土路面破碎机	LP20T	台	1	泥岩破碎
8	推土机	PD165YS	台	2	扫线
9	翻斗车		辆	1	
10	单斗挖掘机	CAT320	台	6	管沟开挖
11	装载机	LW500F	台	6	管沟回填
12	全站仪	TC600	台	2	测量放线
13	手持 GPS	GPS 72	台	1	测量放线
14	RTKGPS 定位仪	S80	台	1	测量放线
15	经纬仪	DT-02C	台	1	测量放线
16	皮卡		台	2	
17	发电机	50kW	台	2	现场施工供电
18	潜水泵	4 水泵工供	台	6	降水
19	水准仪		台	2	

四、施工步骤

(一) 管道施工步骤

1. 设计交桩

① 线路交桩由业主或监理组织，设计单位和施工单位共同参加，在现场进行交接桩工作。

② 接桩人员接受设计单位设置的线路控制桩和沿线设立的临时性、永久性控制桩等。

③ 对丢失的控制桩、转角桩在由设计人员重新定位认可后进行现场补桩。

2. 测量放线

① 测量放线要放出管道轴线，并设置百米桩；确定线路中心线走向。在线路轴线上根据设计图纸要求，设置施工作业指示标识桩。在标识桩上注明：纵向变坡桩、变壁厚桩、变防腐涂层桩、曲线加密桩、穿越标志桩等；控制桩上注明里程、角度、曲率半径、切线长度、外矢矩、地面高程、管底高程和挖深，便于对号入座及施工。

② 当采用冷弯管处理水平或竖向转角时，应在曲线的始点、终点设桩，并在曲线段上设置加密桩，间隔应不大于 10m。并在标桩上注明曲线曲率半径、转弯角度、切线长度和外矢矩。见图 5-7。

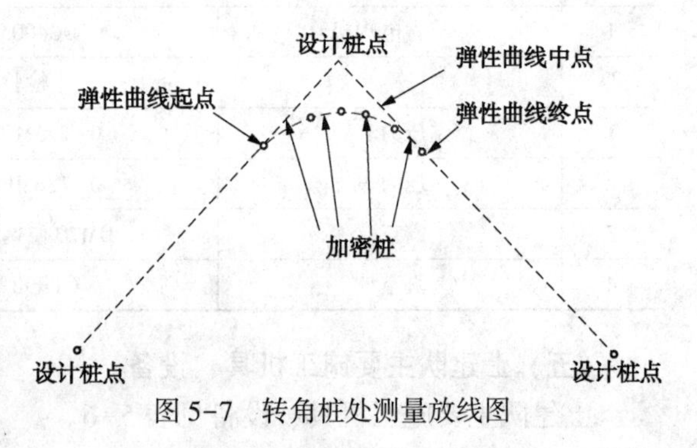

图 5-7　转角桩处测量放线图

③ 当采用弹性敷设处理水平、竖向转角时，在曲线的始点、中点及终点设桩，并在曲线段上设置加密桩，间距≤10m。曲线的始、中、终点桩上注明曲线曲率半径、转弯角度、切线长度和外矢矩。弹性敷设的曲率半径应 $R\geqslant1000D$(D 为管道外径)。

④ 在穿越段、地下障碍物的两端及线路站场的进出站段、阀室的上下游的管线壁厚、材质、防腐层变化分界处设置标志桩。地下障碍物的标志桩上，应注明障碍物名称、埋深和尺寸；管道线路管壁厚、材质、防腐层变化分界处标志桩上注明变化参数，起止里程。

⑤ 线路轴线和施工作业带边界线定桩后，用白石灰(或警示带)沿桩放出边界线。施工作业带边界线在作业带清理前放出，线路轴线在布管前或管沟开挖前放出。

3. 扫线及作业带清理

① 施工作业带以测量放线的中线标志为准，作业带宽带原则上不得超出设计要求。

② 清理和平整施工作业带时，要先将原线路控制桩平移至管线作业带堆土侧边界线内 0.2m 处，施工时注意保护线路控制桩，如果损坏应立即补桩，以便施工过程中能及时对管线进行检测。

③ 本标段施工作业带为 14m。管道施工作业带断面设计如图 5-8 所示。

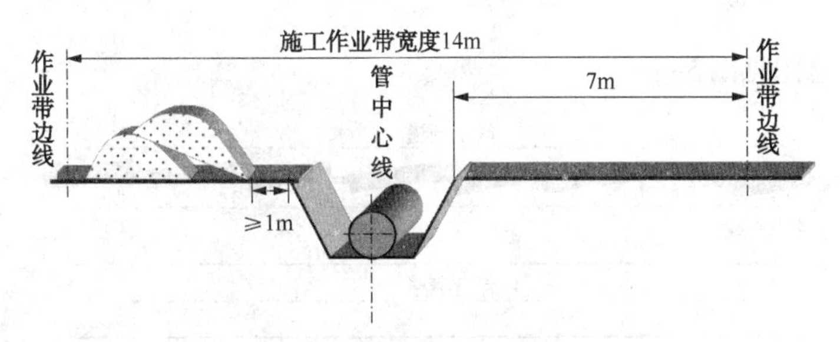

图 5-8　管道施工作业带断面示意图

④ 施工作业带清理前，对作业带进行放边线工作，然后进行作业带内的地上、地下各种建(构)筑物和植(农作)物、林木等进行清点造册，并协同有关单位办理好征(占)地、拆迁等有关手续。

⑤ 施工作业带应与标桩的路线完全一致；施工作业带清理之后要依据平移后的控制桩恢复管道中心线标志桩，并注明变壁厚的位置、转角的角度、防腐层变化、特殊地段的起止点等。图 5-9 为防腐管装车。

图 5-9　防腐管装车

⑥ 在清理作业带过程中，根据现场实际需要修筑好施工便道；施工便道主要是便于运管车队能够顺利进入作业带，沙漠地段便道宽 6m，结构为风积沙推平后铺 1 层土工布，再回填 200mm 厚土洒水压实，便道平均长度根据现场实际进行确定。

4. 布管

① 布管时使用专用吊具，强度要满足所吊重物的安全要求，尾钩与管子接触面与管子曲率相同，起吊后钢丝绳与管子轴线的夹角不小于 30°。

② 布管前，使用麻袋装沙/土的形式制做管墩，地势平坦地区管墩高度为 0.4~0.6m，地势起伏较大地区应根据地形变化设置。管墩就地取土筑成，并压实。管墩与管道接触位置采用装细土麻袋作为衬垫。现场取土不便时，用车到附近运细土或现场筛细土装麻袋作为管墩，管线下沟后可将麻袋中细土用作回填。

③ 布管前，由专人测量管口周长、椭圆度，以实现管道组对时管口的最佳搭配，确保管口组对质量，为焊接创造良好的条件。

④ 布管在施工作业带管道组装一侧进行。依据设计要求、测量放线记录、现场控制桩、标志桩，将管子布放在设置好的管墩上，管与管应首尾相接，相邻两管错开一个管口，成锯齿形布置。

布管施工示意图见图 5-10。

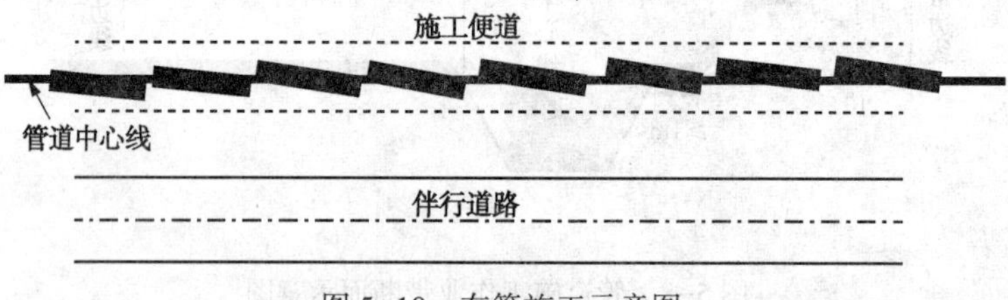

图 5-10　布管施工示意图

5. 管道组对

① 管口按设计和规范要求准备完毕，组对用的对口器完好，测量用焊道检测尺经检定合格并在检定周期内。

② 再次复核管子壁厚、防腐层规格、坡口类型及加工质量，必须符合现场使用要求。

③ 采用拖布和自制简易清管器对管道进行清管。为保护管道内壁，清管器与管子接触处绑扎海绵，且绑扎物为尼龙绳等柔软的材料。自制简易清管器清管图见图 5-11。

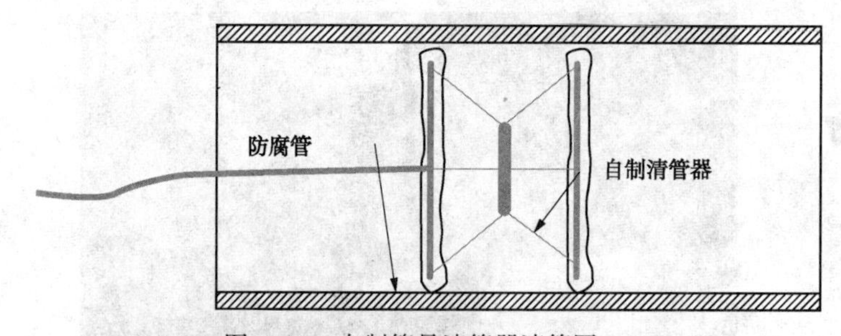

图 5-11　自制简易清管器清管图

④ 一般平坦地段，采用沟上组对(包括弹性敷设的管段)，对口采用外对口器。

⑤ 对口时采用 1 台吊管机进行组对。吊管采用专用尼龙吊带(宽度大于 200mm)，吊点设在管长中心线处。

⑥ 组对时，管道的坡口、钝边、对口间隙、错边量等尺寸必须符合有关规定。如有错边，将错边量均匀分布在整个圆周上，严禁用锤击方法强行管口组对。完成根焊后，禁止校正接口的错边量。用砂轮机及钢丝刷清理管端不小于 50mm 宽内壁和管端(100±10)mm 宽外防腐层上的泥、水、铁锈等污物，将管子内杂物清除干净，清管时应注意保护管子内壁。

⑦ 为方便连头施工，在安排分段时，连头点选择在交通方便、地势较高且平坦及操作条件好的地方。下沟前，连头口用临时盲板封堵。在管道组对焊接起始端、管道组焊末端及待连头的管口，用管帽临时封堵开口管端，防止人员、水、杂物等进入管内。

（二）大开挖穿越公路施工步骤

1. 管道施工

施工前，首先铺设钢便桥或铺设临时通车便道保证公路畅通。每块钢便桥宽 1.1m、长 6m，按现场路面宽度分片组装、间断焊；根据该工程大开挖穿越施工点多的特性，共预备 8 块钢便桥，以便能够循环使用；钢便桥为槽钢和钢板焊接结构，钢便桥摆放位置和钢便桥结构如图 5-12 所示。挖沟时按设计要求的边坡系数进行放坡，防止塌方。

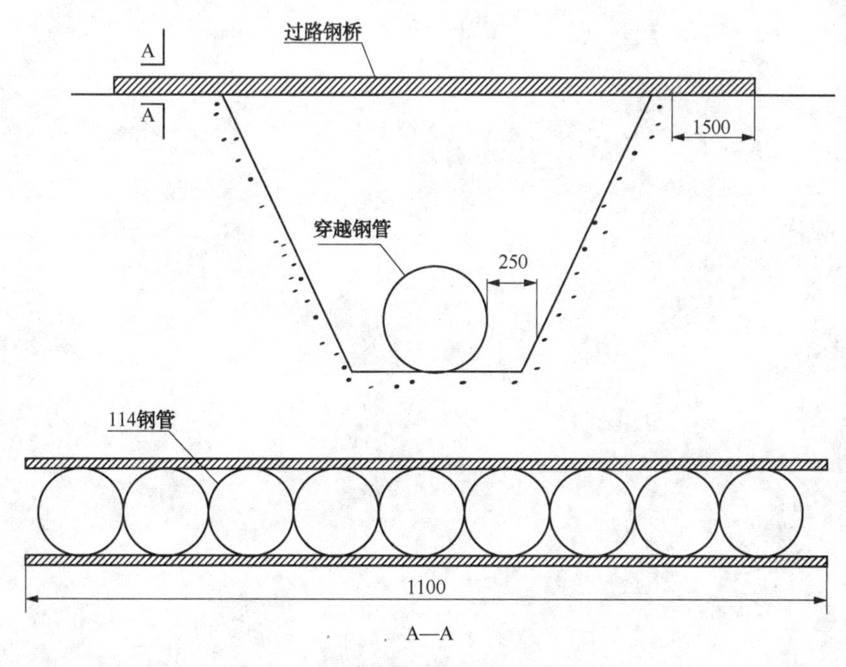

图 5-12　钢便桥摆放位置和钢便桥结构

2. 管道穿越

① 施工机组在施工到该区段时，直接将该区段所需的穿越管段预制好；预制好的管段两端用盲板封死，防止雨水及杂物进入管道。

② 大开挖穿越公路工作由管道穿越小组来完成，穿越机组到达该穿越处时，首先移除钢便桥。

③ 移除钢便桥后，按照设计要求清理管沟后，用吊管机将管线下沟，下沟的管道必须在管道中线上，偏差不允许大于 150mm。

④ 管道下沟检查合格后，尽快进行管沟回填工作。

⑤ 原样恢复道路，穿越工作结束。

3. 施工安全措施

① 管沟开挖时，必须保证其边坡比，以防止管沟跨塌伤人。

② 管沟开挖的堆土堆放在开挖公路一侧，以免影响钢便桥正常通车。

③ 设置明显警戒标识。

④ 设专人指挥过往车辆通过。

⑤ 钢管安装完毕后，及时组织回填夯实，恢复路面。

第六章　水网淤泥地区输气管道施工

第一节　水网淤泥地区地形地貌

一、地貌特点

水网、淤泥地段其土质为含水量较大的黏土，地表层300~500mm以下为饱和淤泥质黏土，地耐力差、不易成沟；遇到雨季，地表水、地下水丰富，淤泥质黏土受到水的长时间浸泡后，表层土质松软，该种地段受压或在开挖过程中基底土壤结构发生破坏，土质变软，泥泞不堪，甚至液化流动，使天然地基承载能力大为降低。

水网地区水系发达，河流、水塘、稻田比较密集，地下水位较高，大中型河流水量较大甚至通航。由于地下水位高，不易排水，致使在软土地基修筑施工作业带困难，机械进场作业不便、管沟开挖困难。水网地区虽乡镇级公路路况较好，道路等级较高，但路较窄，且被水网分割，路桥较多，路桥承载能力较低(约5~7t)，管道施工大型设备难以通过。

根据现场踏勘，水网地区管道施工的最大困难是施工道路，在雨季或随着水域季节性的涨落，大部分施工地区实际上是无路可行，为了保证管材运输和施工设备行走的需要，必须对原有的施工道路进行整修，必要时还应新修部分临时施工道路。

由于水网淤泥的地形特点，施工机械进出场和转场困难，管材无法运输，管沟不易成型。目前，水网淤泥地区施工大都根据现场实际情况，采用挖明沟排水、作业带晾晒、正常组对焊接、沉管下沟的方法进行施工，还没有一套系列化的施工方法和专用施工设备。大型机械设备进入会造成地面返浆，从而给运管、设备转场和管道施工造成极大的困难。目前，通常在这些地区的进入段用沙石、木板铺设伴行路，强行开入施工设备，如果车辆陷入不能前进时，再用其他未陷入的车辆(如推土机、吊管机)推拉而出，继续前进。这种施工方法效率低，突发事故多，严重影响了管道施工速度，增加了施工成本。

针对水网淤泥地区管道施工遇到的实际困难，可考虑采用工程技术方法研制新型底盘的方式解决。该新型底盘能够十分方便地安装在推土机、挖掘机、吊管机、焊接工程车等车辆的履带底盘上，能够有效地分离淤泥、防止车辆下陷。

以上这些特点增加了大口径输气管道施工的难度，同时也对大口径输气管道施工技术提出了更高的要求。

二、施工难点

由于水网地区地貌的特殊性，所以大口径输气管道施工工程无法按照一般平原地段的施工方法进行长距离流水作业施工，工程施工难度大。具体的施工难度有以下几个方面。

① 穿越工程量大。主要表现在两个方面：一是河流多、水塘多，大部分河流都具备通航能力；二是等级公路多，密布的河流、水塘之间穿插着大量的等级公路，使得工程穿越次数增多，穿越工程量加大。

② 弯头多。因为穿越工程的增加，使弯头的使用数量大大增加。

③ 大型设备、管材等的运输和进场困难。管道所经地段多为水田、水塘和河流，现有的乡间道路路面狭窄，拱桥较多，地下水位高，地基承载力较低，大型设备、管材运输无法直接进场和进行正常作业。

④ 传统的施工方法、施工工艺不能直接应用。由于这一地区河流纵横，水塘、鱼塘连接成片，已定的线路走向又无法回避，因此有些地段没有施工作业带，钢管运输、布管、组对焊接、探伤、补口、下沟等工序无法实施。在成片水塘地段，常用的河流、沼泽等穿越施工方法不能直接应用。

因此，针对大口径输气管道所经过的不同地形，在施工通道的修筑、施工作业带开拓、管道运输、管沟开挖等工序中应采取相应的施工方法。

第二节　水网淤泥地区关键施工工序

一、施工作业带开拓

（一）施工作业带清理

1. 排水、降水

（1）围堰排水法

在水田地段施工作业带两侧修筑挡水坝，阻挡灌溉的地表明水挡水坝的高度为1m，采用挖掘机在作业带的两侧开挖宽1m、深1m的排水沟，并每间隔20~30m开挖一条纵沟，将两条排水沟连通，形成一个排除地表水的网络。排水沟的返土堆放到作业带两侧形成挡水坝。待积水排放干净后晾晒，以增加土壤承载力。

（2）轻型井点降水法

在土壤渗透系数为0.5~5m/d、地下水位在0~5m的地段采用井点降水方法降低土壤中水的含量。轻型井点的布置以200m长为单位，进行交替作业。

2. 修筑排水沟渠

排水沟应在作业带上修筑，其宽度1m，深度0.5~0.8m，沟内应铺垫聚乙烯薄膜。对于地上水塘应将水塘堤坝挖开与排水沟连接排水，直至高出排水沟底标高的水全部排完，然后再用水泵抽出余水。对于水塘水面低于自然地面的，直接用水泵抽水，排水工作要连续，直至完成，排水时昼夜设专人值班，查看水流情况以防跑水、漏水。

3. 淤泥的处理

（1）浅淤泥段

对于淤泥较浅的水网地段，在水排完后，晾晒3~5天，用湿地推土机将作业带淤泥推至作业带以外。

（2）深淤泥段

对于淤泥较深的水塘，在水排完后，立即组织人员用高压水枪将淤泥冲制成悬浮液，然后用泥浆泵将其排除水塘外指定位置，自然排水晾晒干燥后装车拉至指定地点。测量人员重新放线，放出管道施工作业带边线和中心线。

（3）挡淤坝的修筑

清除淤泥后，两侧用袋装土砌筑挡淤坝，坝体宽度为600mm，高度比淤泥深度高

150mm。在作业带上铺垫土工布，然后购土人工摊土 300mm 压实。当河底清淤后承载力仍极低时，可先在河底铺垫一层土工布后，然后沿作业带安装枕木串或钢承压板。

（二）作业带便道修筑

施工作业带便道应平坦，并且有足够的承压强度，应能保证施工机具设备的行驶安全。施工作业带便道应平行于管沟，修在靠现有运输道路一侧。施工作业带便道修筑的宽度根据现场具体情况确定，但是保证每 2km 设置一个车道。

1. 明沟降水修筑施工作业带便道

由于水网淤泥段管线地下水位普遍较高，对于沿线所经过的水田、菜地等地段的便道修筑，采用在施工作业带的两侧开挖明沟进行排水，以降低地下水位，明沟开挖尺寸为 0.6m 宽×0.6m 深，每隔 100m 左右在明沟内低洼处挖掘积水坑，明沟内的积水采用潜水泵抽水外排至附近的水沟。开挖明沟所挖出的土方用于施工作业带两侧修坝，以阻挡两侧因下雨或其他原因造成的地面积水。

2. 铺设防沉板便道

对于施工作业带范围内地面土质较软的地段（如鱼塘、河流、低洼等地段），采用在施工作业带上铺设防沉板的方式来保证施工设备机具的顺利通过。防沉板可实现重复利用。

（三）作业带的晾晒和平整

1. 作业带的晾晒

充分利用当地日照时间长、太阳辐射强、蒸发量大、湿度小的特殊气候特征，通过挖掘机来回多次翻晒作业带表层土的方式，加快水分蒸发，使干燥土层厚度在 1.2~1.5m。

2. 作业带的平整

采用挖掘机平整作业带，并用 20t 吊管机配合来回碾压，保证作业带平整、密实。用 40t 吊管机现场试验，作业带已满足了设备行走的承载需要，可以进行下一步施工。

二、施工通道修筑

（一）施工通道的概述

水网淤泥地区因河流、水塘、水田密集，地下水位高，淤泥含量多，造成作业带及施工通道的修筑困难，钢管及施工设备的运输不便，管沟开挖成型、管线下沟、回填困难，采用常规的管道敷设方法已经不能适应工程施工需要，若不采用相应的技术措施，将无法保证施工的顺利进行。因此必须采用合理的施工工艺，才能保证高效、高速、高质量地完成工程施工任务。

（二）常用的施工通道修筑方法

1. 涵管法

对于一些小的灌溉农田沟渠，可敷设过流涵管，涵管数量根据水渠里的水量而定。施工时先在沟底用草袋装土铺垫一层，压实，放置混凝土涵管，涵管周围采用编织袋装土填实后使用推土机压实，保证施工设备的通行。竣工后，将涵桥拆除恢复地貌。对于水面宽度在 5m 以内的沟渠，采用埋设涵管或铺设空腹梁桥通过的方法。涵管法铺设施工便道如图 6-1 所示。

2. 桥上桥技术

一般乡镇级公路上的桥梁不能承受运输钢管或设备的重量。对这样的桥梁，在桥宽小于 10m 时，可采用桥上桥技术解决，如图 6-2 所示。

图 6-1　涵管法铺设施工便道

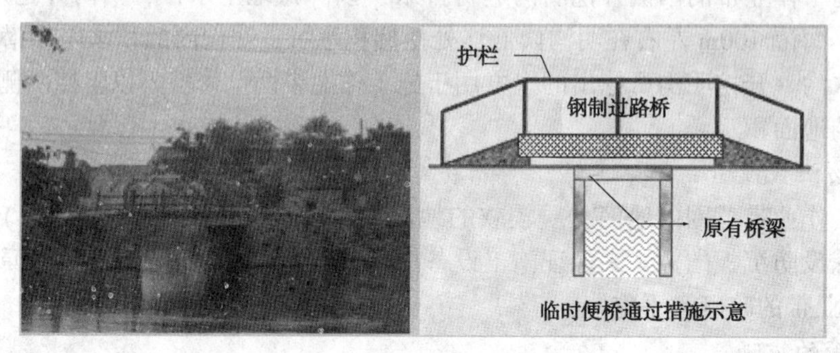

图 6-2　承载力不足的桥梁加固

首先用人工将桥的两端整平，当路面宽度小于 4m 时，采用草袋装土砌筑压实加宽路面，两端铺垫 4m×0.25m 枕木 4 根，吊装过路桥板(尺寸 10m×1m)4 块，安装钢制引桥，用螺栓固定。便桥宽度 4m。

3. 沉箱便桥法

沉箱便桥法适用于宽度在 10~20m 的河流之间、水深不大于 2m 的沟渠、河流。沉箱数量为每条河流根据宽度设置 2~4 个。沉箱应能在水面划行，到达现场时采用水泵注水，使之沉入水底以作桥墩之用。若是通航河流，可专门配备吊车吊装桥板保证船只通航的需要，如图 6-3 所示。

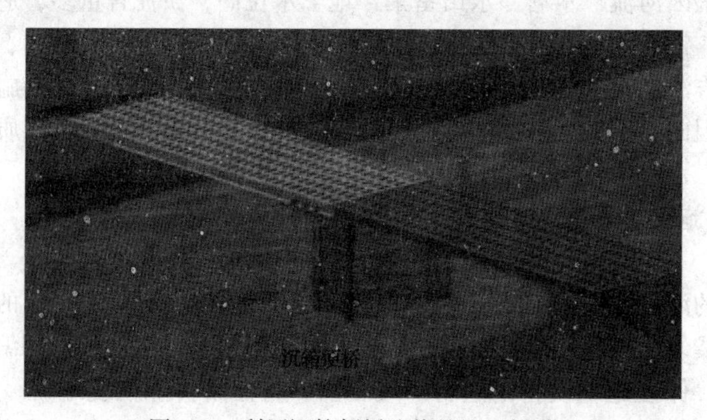

图 6-3　利用沉箱便桥法修筑施工便道

4. 过流便桥法

对于可截流的河流沟渠，沿作业带两侧采用袋装土筑两条坝，并在坝两侧打槽钢或轻型板桩进行加固支护，其中一条坝上口宽度应大于 4m，并在坝顶铺设浮板以保证设备的通行。

较为大型的过河便桥能断流河流，首先采用两台单斗挖掘机挖土配合推土机推土降坡，将河道两岸土坝推平，利用土坝上的土修筑过河便道，如图 6-4、图 6-5 所示。降坡后将形成小于 6°的坡度，利于机具设备行走。

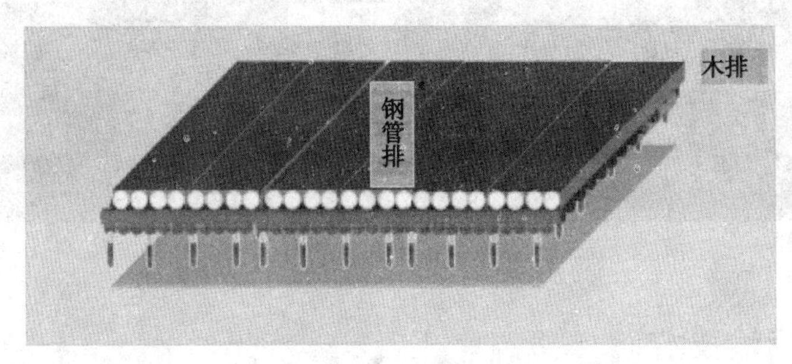

图 6-4　修筑过河施工便桥(一)

图 6-5　修筑过河施工便桥(二)

降坡的同时，从河的两岸分别用推土机向河道内推土，边筑堤、边碾压，形成两岸桥墩。由于河堤土质松软、承载力较低，在推入河内的土中间每隔 0.4m 打 ϕ150mm×6m 的圆木打桩，全部打木桩以支撑便桥路面，同时用 8 号铁丝横向捆扎圆木，形成一个整体后铺设钢板桥，形成 10m 宽的施工便道，施工机具设备可从上面通过。为保证所筑堤坝能通过吊管机等大型机具设备，便道上每铺 300mm 厚度的土，中间铺一层稻草，以增加便道的承载力。

5. *舟桥便桥法*

舟桥便桥法(如图 6-6 所示)适用于水量较大、水面较宽的河流。搭设舟桥前先将河岸两侧堤坝进行降坡，以便设备行走。对于水面宽度在 5～15m 的河流，采取架设管桥或钢浮桥的方式构成施工便道，以便设备直接通过。对于水面宽度在 15～30m 的河流，采取架设贝雷桥的方式。对于水面宽度大于 30m 且无法筑坝的河流，采用冲锋舟牵引浮箱的方式通过，如图 6-7 所示。

图 6-6　利用舟桥修筑施工便道

图 6-7　冲锋舟牵引浮箱

三、防腐管运输技术

水网地区河流密布纵横，成网状分布，且河道稳定，河面不宽，但常年水量相对稳定，多数河流湖汊通航。利用其便利的水网通道，采用浮筒加人工或机械、船只运输管材、冲锋舟配合军用浮箱完成设备转运，解决无运管道路而无法通过施工作业带进行倒运钢材和设备的难题(如图 6-8 所示)。

图 6-8　钢管利用河流的运输方式

(一) 小河浮筒运管

利用浮筒进行人力撑船、民用船牵引或两者结合的方式解决小河水上运管的问题。其方法为在方便装卸钢管的河岸处设置临时码头，利用履带吊装卸钢管，用搭设浮桥的浮筒两根一组固定(直径为 ϕ900～1300mm)，每一组浮筒上放置一根防腐管，防腐管与浮筒接触的位置铺设胶皮对防腐层进行保护。采用人工或动力牵引数组浮筒进行运管。

(二) 大中型河流船只运输

对于因大型河流阻断或作业带靠近大河的情况则采用大吨位船只运输，并在河岸靠近作业带的若干位置设置临时码头，以便于防腐管的装卸。用军用浮箱拼装成浮船倒运全部施工设备，采用民用钢船运输管材及混凝土压重块、草袋护坡和浆砌石护坡的措施用料等。减少陆地倒管布管的难度，提高施工速度。

(三) 临时简易码头的建设

租用民用船将运输搭建码头用料，如袋装土、木桩(直径为 250mm)、钢板(厚度为 20mm)和履带吊、单斗、路基排等机具；设备、措施用料等运至码头搭建施工现场。夯打木桩的长度为 4m，夯进基层土的深度不小于 2m，但桩群最低一排桩顶比水面高出不大于 200mm，桩与桩的间距为 600mm，桩体为群桩布局，面积为 6m×8m。桩群单桩连接成排，排桩连接成群，使用 *DN*100 的钢管电焊连接。在桩群的空间部位用袋装土填塞密实。将吊装码头钢板就位于群桩之上，码头面板与河岸搭接长度为 1. 5m，搭接部分用锚固桩锚固，在码头面板上加防滑筋，防滑筋采用 ϕ20mm 的螺纹钢，防滑筋间距为 250mm，码头面板保持不大于 10°的坡度。

四、管沟开挖

(一) 水网淤泥地段管沟的开挖

对于水网淤泥地段，采用湿地挖掘机配合钢制浮板进行管沟开挖，以解决普通设备无法进场的问题。配备桩锤、单斗挖掘机、钢板桩、槽钢来辅助成沟，配备水泵、泥浆泵和各种功率的发电机来加强管沟的排水。考虑井点降水方案，先将地下水降至沟底以下再进行开挖，以保证管道的足够埋深。

(二) 沟渠底部淤泥较深地段的开挖

1. 长臂挖掘机成沟施工方法

此方法适用于宽度不大于 15m 且沟渠底部淤泥深度 0. 5m 的小型河渠，主要是采用长臂单斗站在两岸的管沟中心线上进行管沟开挖，如图 6-9 所示。

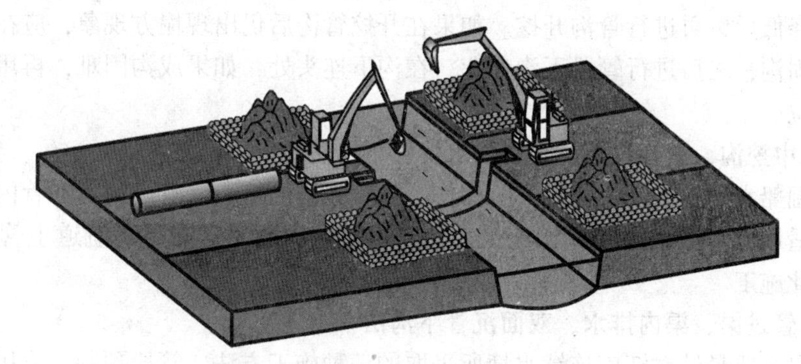

图 6-9　长臂挖掘机成沟施工示意图

2. 挖泥船法水下成沟施工方法

水下管沟开挖采用挖泥船。在施工时，当土层过厚时，实行从上至下分层开挖；亦可实行一次掏底法，挖泥船以水枪破土。保证不间歇，均匀地吸入浓度较高的泥浆。为此喷枪破土与吸头吸泥要达到最佳的配合。

管沟挖成后，沟底不平整，为了清理管沟的凹凸不平部分采用自制清沟爬犁，由两条钢丝绳来回拖拉清沟爬犁，再对管沟进行测量，对于超挖部分测出其具体位置和深度差值，计算出填沙需要量，用货船运沙到位，人工向活动布沙筒放沙。

五、管段下沟

(一) 管段二次下沟法

用挖掘机开挖管沟，每隔 24m 左右留 1m 的土墙；用吊管机将下沟管段吊到管沟中心；用挖掘机从管段两侧降低土墙；用吊管机微吊管段，人工从两侧清理平整管沟，达到合格标准后放下管段。采用该方法，两台轻型吊管机即可满足施工需要。

(二) 双面沉管下沟法

在管中心线上组焊钢管(或组焊后吊装到中心线)；用两台挖掘机从钢管两侧开挖管沟，采取措施保护防腐层，并控制沟底标高，使钢管随之沉到沟底。这种方法的优点是在地耐力差的地段下沟不用吊装设备，缺点是开挖和回填量大。这种方法的每天下沟进度在200m左右。

（三）单面沉管下沟法

采用2~3台70t吊管机吊装管段，紧靠管沟用2台以上的挖掘机开挖管沟，每成沟几十米立刻下沟，之后立即进行一次回填。该下沟方法只适用于水网这样的特殊地段，其特点是每次下沟距离短，不至于造成滚管，也容易控制塌方，施工速度较双面沉管法略快一些。

（四）沟上二接一管，沟下直接组焊下沟法

在沟上将2根钢管提前组焊并补口；开挖管沟（每次开挖的长度为两根管长）；将二接一管吊入沟下直接组焊。该方法的优点是将沟下组焊的时间缩短了一半，提高了施工效率。在作业时，管沟内应不间断地排水，直至补口作业完成为止。在地下水位高、容易塌方的地段，应打入钢板桩固沟。在塌方严重、无法成沟的地段，应先打入钢板桩，再进行挖沟作业。

（五）井点先降水、后开挖管沟的管段下沟法

在地下水位较高、管沟下部为沙土层、成沟困难、塌方严重的地段，提前进行井点降水，待水位降低后，再进行管沟开挖。如果在开挖管沟后仍出现塌方现象，应在沟内侧埋入钢板桩进行固沟，之后进行管段下沟作业。在沟下连头处，如果成沟困难，再用井点降水的方法降低水位。

（六）水中挖沟、漂管过河、管内注水沉管下沟法

采用挖掘船水中挖沟；将已组焊、探伤、补口完毕的管段漂管过河；在管内注水沉管下沟。该方法适用于水域地段的管道施工，在穿越通航河流时，需得到航道主管部门的同意后，方可按此施工。

（七）漂管过渠、渠内排水、双面沉管下沟法

漂管过渠主要是针对江南连续水塘所采取的一种施工方法。管段预制，采用轨道车依次运、布管，分段组焊；管段漂管过渠；渠内排水；管段连接；双面沉管下沟。该方法完善了大口径管道水网施工机具的配置，解决了大型吊管机不能进场的问题。

（八）定向钻穿越法

定向钻穿越方式是近几年在国内较为流行的一种施工方式，施工技术已非常成熟，它具有施工简单、敷设层位较深、减少施工作业带临时征地面积等多个优点。对于水网地区的通航河流、连片水塘和鱼塘、高等级公路等的穿越都提供了强大的技术保障。

采用上述施工方法，成功解决了水网地区大型设备进场和下沟的问题，甚至使用中型、轻型设备就可以满足施工需要，而且减少了使用数量，减轻了大型设备运输的负担。

六、稳管回填

管段沉降后测量管道标高，达到设计要求后，利用浮箱组载40t履带吊装马鞍型压重块逐个安装在就位的管段上（重块安装前，将重块与管道之间的橡胶皮与重块黏结牢固，防止重块吊装过程中胶皮脱落）。重块吊装就位时，潜水员配合水下扶正。然后进行管沟回填：将岸边晾晒好的河泥运至河内进行管沟回填。回填过程中，由测量人员跟踪测量，确保回填的质量。管沟回填完后，在管道两端适当位置围小堰并露出管头，为以后连头做准备。管沟回填完后，先采用空气压缩机吹扫管段内的积水，待积水大量排出后，在管段两端安装临时清管装置，利用空压机推动四皮碗式清管器，清除管段内积水。

第三节　水网淤泥地区无土围堰技术

在管道穿越水深较浅、水域较大的水塘时，可以采用土堤围堰技术将水塘从中间截断的方法。有土围堰采用袋装土、圆木杆(槽钢)、竹排、防水布等砌垒围堰，筑双坝截流。但是输气管道在水网淤泥地区沿途穿越河流、鱼塘较多，当地用于围堰的可利用土方少，大部分需外购且价格高。因此，采用无土围堰技术解决部分河流的穿越是一种较好的施工技术。

一、施工工艺原理

采用标准钢板桩围堰，利用钢板桩相互啮合、互为支护的特点形成围堰，进行抽水、清淤、管道组焊、管沟开挖、管道下沟回填等后续工序施工。施工时沿穿越管段走向，垂直于河面依次打入双排钢板桩，将河流或水渠截断，形成一段完全独立的水域。当双排钢板桩内水被抽干后，钢板桩一侧受横向水压力，会出现一定的弹性变形。此时水压力在纵向方向上出现分力 P_z(如图 6-10 所示)。由于 P_z 的作用，钢板桩会相互拉伸，挤压啮合表面，达到密封的效果。在适用范围内，水压力越大，密封效果越好。

一般情况下，钢板桩自身的弯曲强度足以支撑水压力。但由于河床地质条件的差异，钢板桩入泥部分的支撑能力变量较大。所以，在大型河流穿越中为确保安全作业，还要利用钢管桩，进行分段加强支护。利用水的浮力原理，打桩设备站在驳载体上进行打桩作业。驳载体可采用驳船或由浮箱拼装而成，应具有相当的稳定性及承载能力，安全系数应大于 1.5。一般在水深、可通航地段，宜采用驳船；不可通航地段，宜采用浮箱拼装而成。

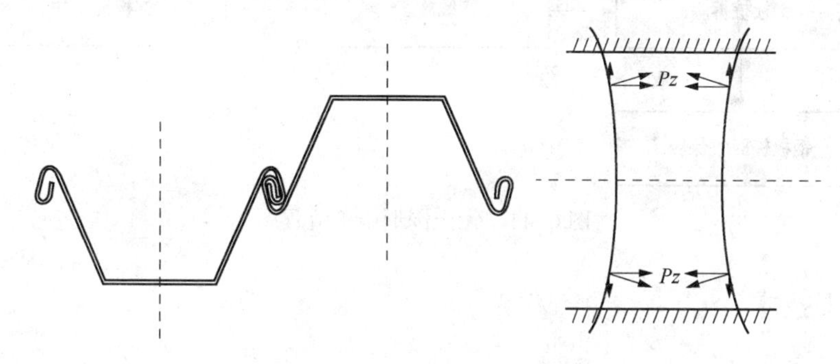

图 6-10　钢板桩受力示意图

二、钢板桩围堰的特点

① 钢板桩围堰适用于当地用于围堰可利用土方少或外购成本高、河床为非石方地质的地方。

② 钢板桩采用自密封设计，在其适用范围内，水压越大，密封效果越好。

③ 出现局部泄漏时处理方法简单。由于钢板桩局部变形所造成的的泄漏情况，可采用防水布在迎水面对泄漏处两侧进行包裹的办法进行处理，简单快捷。

④ 可以有效避免塌陷情况发生。为防止钢板桩倾倒，可采用管桩支护或钢索牵引约束，可完全避免以往堤坝坍塌的情况出现。

⑤ 对环境破坏、影响小。采用钢板桩围堰处理河流、鱼塘等水网淤泥地段，不仅减少了对河流的污染，也避免了管线施工时对作业带以外河床的影响。

⑥ 在穿越量较大时，钢板桩围堰有着较好的经济效益。相比传统方法，虽然增加了设备方面的投入，但其高效率、高质量、可重复利用的特点弥补了这方面的投入。

三、施工流程

无土围堰施工技术，主要是采用标准钢板桩围堰的方式穿越河流和水渠，适用于可断航的河流和水渠。该工艺有效解决了在外界环境无法提供取土源时，不再依靠传统的堆土围堰大开挖的作业方式，是一种实用的、先进的穿越技术和方法。无土围堰施工流程如图 6-11 所示。

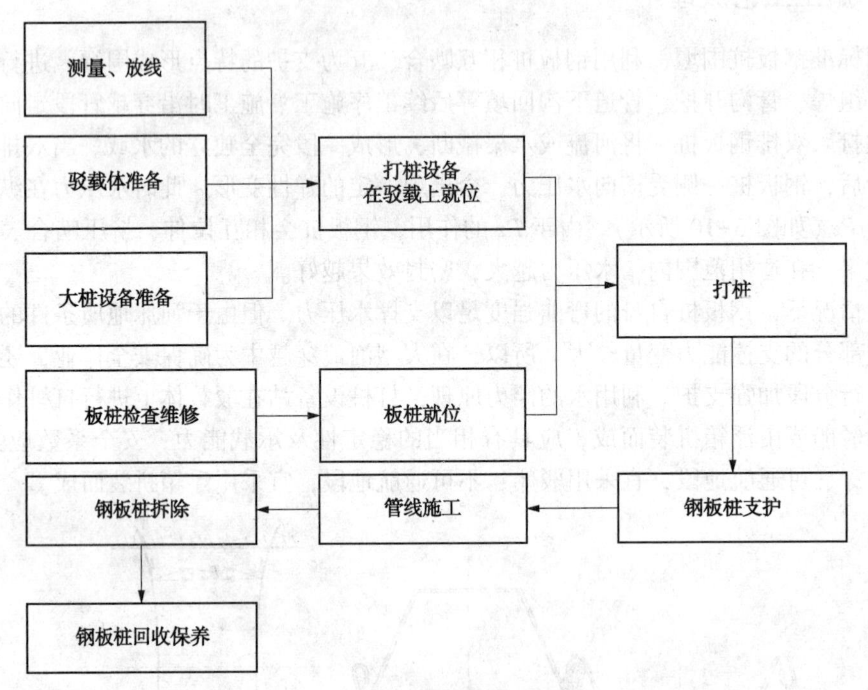

图 6-11　无土围堰施工流程图

四、施工技术

(一) 测量放线

采用无土围堰技术，应首先确定围堰位置。根据平面图用经纬仪确定并标记管道穿越位置；参考管道穿越断面图中管道埋深、管沟开挖坡度、宽度以及河床表面需清理的淤泥层面积、厚度等参数计算开挖土石方量；确定围堰之间的距离，计算时必须考虑到开挖管沟时管沟塌方、土石方回淤以及能够堆积的高度，确保施工时开挖出来的土石方能在围堰内堆积而不影响管道穿越施工时的机械行走、管段焊接、防腐检漏及管道下沟等作业。

(二) 驳载体和打桩作业准备

驳载体可租用驳船、浮箱或自行制作浮箱，为了运输和连接方便，自行制作的单个浮箱的体积不宜过大，一般为 3m×2m×1. 5m 或 5m×2m×1. 5m。

浮箱可在水中、也可在岸上拼装，用履带吊将其吊入水中。浮箱拼装采用夹环和螺栓连接和固定，并在浮箱的顶部采取均压措施，铺设钢板或槽钢，避免浮箱局部受力过大造成损坏，保证设备平稳安全作业。

打桩设备一般采用履带吊携带打桩锤，就位时，在驳载体和河岸之间架设钢制跷板梁，履带吊携带打桩锤自行开到驳载体上。

（三）钢板桩检查维修

钢板桩的结构及质量直接影响钢板桩围堰的工作质量。为避免钢板桩出现局部泄漏的情况，在使用前必须对钢板桩进行校正。钢板桩不得出现过大的弯曲、扭转变形，特别是钢板桩的工作啮合表面不得出现间隙过大或过小及局部损伤等情况。如出现上述问题，可以采用局部修补或热煨变形等手段对钢板桩进行校正。

在使用前，对钢板桩做一定的防锈蚀处理是保证钢板桩可重复利用的重要手段之一，也是落实环境保护要求的方法之一。防腐前，必须对钢板桩进行除锈打磨，特别是工作啮合表面，然后在工作啮合表面涂敷黄油等润滑防腐材料，在其余表面喷涂油漆等防锈材料即可。

（四）打桩作业

先必须保证第一块钢板桩纵向垂直，横向方向与放线方向保持一致。第一块钢板桩决定了整个钢板桩围堰的方向，如果相邻钢板桩在横向方向上出现一定的夹角，虽然可以装配，却导致工作密封面接触减小，会出现局部泄漏；当夹角过大时，甚至会导致钢板桩密封面严重变形。

钢板桩间相互啮合，由人工进行方向校正和精确定位。桩锤的下降速度、锤击频率和力量应适中，防止瞬间受力过大，导致钢板桩变形。作业时注意观察钢板桩的受力状态，如果出现局部阻塞，需进行校正。钢板桩受水压发生变形后，产生的横向分力是钢板桩密封的条件，但如果横向分力过大，会导致河岸受力过大，严重时会导致板桩围堰坍塌。所以，需在河岸两侧加大钢板桩的入泥深度和钢板桩围堰的宽度，一般应超出河岸两侧 1.2m 以上。

（五）钢板桩的支护

钢板桩围堰成型后，为确保堰坝安全，特别是大型围堰，应对钢板桩进行支护。支护方式可采用管桩支护或钢丝绳牵引约束，也可同时使用。钢管桩一般使用 ϕ426 螺纹焊管，长度要大于钢板桩 2~3m，入泥深度要大于钢板桩，与钢板桩的间距不得过大，且不得对钢板桩施加过大的背向水压力的推力。

（六）管道穿越施工

钢板桩围堰成型并支护后，即可进行抽水、清淤、管道组焊、管沟开挖、管道下沟回填等后续工序施工。在抽水过程中，随着堰内中间水位的降低，施加在两侧钢板桩上的水压力也逐渐加大。排完积水，将泥土首先堆积在围堰挡水桩与加固支撑桩之间，以加固围堰、防止塌堰。穿越管段施工时，要时刻注意钢板桩的变形及泄漏情况。钢板桩堤坝如果出现局部泄漏，是由于局部密封面变形造成的。在处理时，可以使用防水布作为隔水层铺设在支撑板前面，并通过防渗漏处理，最终形成围堰。应根据河水深度、宽度选用防水布，要求一道围堰使用一整块防水布。铺设时，将防水布展开，一边压入河底淤泥之中，宽度约 0.7m，并在上面压上部分泥土，所覆盖泥土不得有石块等硬物，以防止损坏防水布，确保围堰的防渗漏能力。防水布另一边搭在支撑板上并超过支撑板一定宽度，加以适当绑扎，避免落入水中。铺设防水布时，在长度和宽度方向均应保留一定的余量，不得张紧或受力。

管沟开挖完成后，采用水浮法拖管过河、排水沉管或其他方式将管段就位，然后进行管沟回填。施工完成之后，拆除围堰、清理现场，进行水工保护等后续工作。

（七）安全注意事项

在钢板桩围堰施工中，驳载体的稳定性、打桩过程中人员的安全及管线施工过程中钢板桩的受力状态三个方面是应该特别注意的环节。

① 驳载体拼装成型后，需要对其受力情况进行校核，并采取相应的保证措施。可以采用加强连接点强度来增加驳载体的稳定性，并在驳载体上面敷设钢板或型钢来达到均匀分布压力的目的。

② 打桩过程主要是一个吊装的过程。在起吊过程中，由于采用人工进行方向及位置的确定，所以要时刻注意人员的安全。这就需要保证设备有良好工作状态，例如：钢丝绳、覆带吊、钢板桩与桩锤的连接等；同时，在操作过程中，必须严格按照工序进行施工。

③ 管线施工过程中，钢板桩堤坝由于水力的影响，受力状态是不断变化的，所以施工时，应随时注意钢板桩堤坝出现的任何变化，及时采取措施。

第四节 不同水网淤泥地区施工技术

一、大中型湖塘地段

大中型湖塘一般都积水较深，水域较宽，无法进行常规作业，必须根据水域的具体情况采取不同的施工方法。

(一) 定向钻穿越

① 对于水面宽度 1 km 左右的湖塘，优先选用水平定向钻进行穿越施工。

② 对于河网密集区的小型池塘，可采用定向钻一次穿越几个。

(二) 漂浮牵引法穿越

① 常规的穿越湖塘施工方法是采用漂浮牵引法施工。

② 施工时应根据水域情况及现场场地情况确定施工方法。

③ 当水域不太宽且现场有足够的施工场地时，可将全部穿越管段组焊在一起，牵引就位。

④ 当水域较宽且现场施工场地不够时，可将穿越管段组焊成管条，然后逐段牵引就位。

⑤ 当水域过宽难以牵引时，则在水域中建立临时工作场，成为水上的中继站，用来组装管道及其他作业。中继站使用拼装式浮船，用水上打桩机打桩锚固。

(三) 水下管沟开挖

① 拉铲法：当穿越水域水面较窄、水深及沟深较浅、土质松软时，采用拉铲进行水下管沟开挖。

② 气举法或液化法：当穿越水域的水面较宽、水位较深、土质松软时，采用气举法或液化法进行水下管沟开挖。

③ 挖泥船法：一般适用于水面较宽、水深适中、土质松软的水下管沟开挖。在封闭水域使用的小型挖泥船应是可拼装的。当水底土质松软时，采用吸扬式或喷射式挖泥船，当土质较硬时，采用抓斗式或轮斗式挖泥船配合施工。

④ 单斗挖掘机开挖：将长臂液压式挖掘机安装在由浮筒组装的驳船上进行水下管沟开挖，适合各种土质，施工简单，是在现有装备条件下进行水下管沟开挖的一种较实用的方法。

(四) 稳管加重的施工

① 水下管道的稳管方式有很多种，国内较常用的是混凝土连续覆盖层及卡瓦式压块，

这两种形式都可在管段预制时同时施工，并随管道一起发送就位。

② 混凝土连续覆盖层施工时要有足够的养护时间，以保证混凝土强度满足要求。

③ 压重块与钢管接触面，要按设计要求安装橡胶板式塑料板隔离，上下两块卡瓦间要用不锈钢螺栓紧固。

（五）漂浮物的选用

① 当钢管安装压块或进行混凝土连续覆盖后，管子自身产生的浮力已不能使管段漂浮在水面，必须安装悬浮设施。

② 悬浮物要求容量小、防水且有足够强度、成本低等特点。

③ 一般条件下可用大油桶、聚乙烯泡沫塑料块等作为漂浮物，当水深较深时应用薄钢板卷制浮筒，并对浮筒内部充压 0.15~0.2MPa，以抵消过大的外部压力。

（六）管道下沟就位

① 在湖塘一端平坦处，沿管中心线将穿越管段组焊在一起或组焊成几段管条，并安装压重及浮筒。

② 如钢管不加压块等稳管设施时，则不需安装浮筒，自身产生的浮力即可漂浮。

③ 发送时可根据现场情况采用吊管机发送或沿管中心开挖管沟后引入湖水，然后将管段吊入沟中牵引就位。

④ 牵引发送前要认真检查水下管沟深度，并预先清理。清理塌方可采用吸泥泵等设备。

⑤ 采用漂浮牵引法施工时，先将管道牵引到管沟中心位置，去掉漂浮物，使其深入沟底，没有悬浮物的则向管中灌入清水，沉管至沟底。

⑥ 采用管条法施工时，在岸边设一工作平台，发送一段后，在平台上将第一段管条与第二段管条组焊在一起，并进行无损检查及补口，然后继续牵引，随接长随发送，直至管段被牵引至对岸。

⑦ 采用中继站法施工时，根据现场情况确定中继站的位置和数量。施工时要组织足够的人员和设备并缩短工序间的时间，突击施工，直至全部穿越管段牵引就位。

（七）管沟回填

① 水下管沟回填应按设计要求施工，设计无要求时，可用编织带装土，由船运至管沟上方进行抛填。

② 对无加重的管道可在编织带的上部抛填块石。抛填前应检查管顶编织带回填情况，确保有足够的厚度，防止管子被损坏。

（八）恢复地貌

① 清除河道内的多余土石方、施工便道、施工余料、泥浆池及其他一切杂物，保证河道畅通。

② 拆除挡水坝，先拆下游坝、后拆上游坝，拆除时从坝中心开始向两边进行。

③ 用推土机回填导流沟，并及时恢复河两岸地貌。

④ 按设计要求进行护岸施工。

二、小型池塘、鱼塘地段

我国南方地区池塘较多，由于长年积水，腐殖质多、淤泥厚，且多为糊状，土质差，在开挖时不易成沟，施工较困难。小型池塘的穿越施工应安排在冬季清淤季节进行，采取排水或筑坝排水后，大开挖的方法进行穿越施工。主要施工工序如图 6-12 所示。

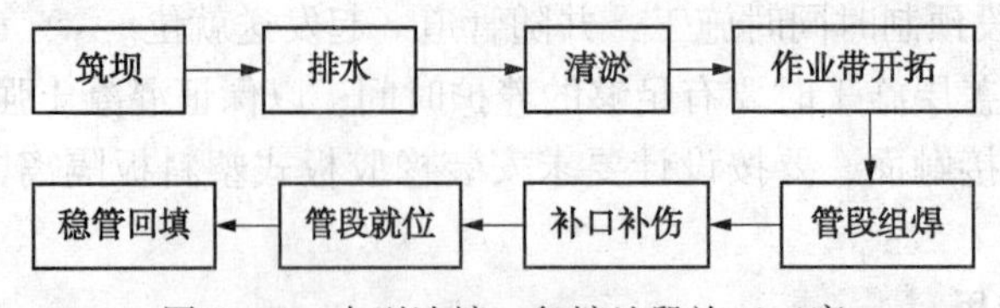

图 6-12　小型池塘、鱼塘地段施工工序

（一）筑坝排水

① 较小的池塘，直接将水排干。较大的池塘不允许排干时，根据管道穿越池塘的位置，在管道中心线的一侧或两侧筑坝后，将水排干。

② 筑坝时，坝体与管沟中心线要有足够的距离，以保证施工需要和坝体稳定。坝体采用纺织带装土，错迭码放。两边用 ϕ150mm 木桩或钢管加固。坝顶宽 3m，坡比 1∶1，坝体高出水面 1m。迎水面铺塑料布或无纺布挡水。

③ 用水泵抽排坝间积水，抽水前在池塘低点挖积水坑，将潜水泵放入积水坑内。

（二）清淤及作业带开拓

① 用高压水枪冲击淤泥，液化后用泥浆泵将泥浆排至指定地点，或用人工清除淤泥。

② 使用湿地推土机对池塘底部进行推扫、平整。

③ 采用人工或湿地挖掘机沿作业带边缘开挖排水沟和集水井，采取明沟排水措施进行降水。

④ 按要求沿管道中心线修筑施工便道。

（三）管段组焊及就位

① 当管道中心线距池塘岸较近且穿越段较短时，管段可在岸上沿管沟方向预制，使用吊管机或吊车下沟就位。

② 一般情况在池塘内施工便道上沿管道中心线预制管段，使用吊管机下沟就位。

（四）管沟开挖

① 管沟开挖使用 PC200 宽履带挖掘机，并可使用浮板增加土壤承载力。挖出的土尽可能远离管沟，以减少对沟壁的压力。

② 沟可采用大坡比或台阶式开挖。

③ 地下水位较高时，根据现场情况采取明沟排水或井点降水措施进行降水。

④ 为增加管沟边坡的稳定性，可采取打入槽钢或钢板桩等措施。

⑤ 管沟开挖在穿越管段组焊、补口并检验合格后进行。挖沟时要连续开挖，一次成型，然后立即进行管段下沟、回填。

（五）管沟回填及地貌恢复

① 管沟就位后要立即回填，回填时由中间向两端逐步进行。

② 回填结束后拆除挡水坝，按要求进行地貌恢复。

三、水田地段

水田地段由于长期受水浸泡，土壤含水率较高，承载能力差，给施工便道修筑、管材运输、管沟开挖等施工带来很多困难。水田地段管道施工的关键技术是排水清淤、作业带加固和管沟开挖。主要施工工序如图 6-13 所示。

（一）作业带开拓及施工便道修筑

① 作业带开拓最好选择在水稻收割后进行，如必须在有水情况下施工，应先在占地边

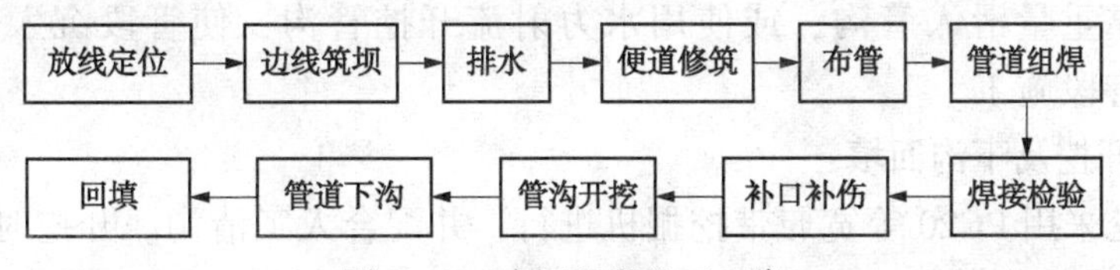

图 6-13　水田地段施工工序

界处筑坝，将作业带水排尽，晾晒几天后再进行作业带开拓。

② 用机械或人工清除作业带内的一切树木、杂物、构筑物，并用推土机将作业带扫平。

③ 如施工不能在放水插秧前完成，则提前按要求在占地边界处筑坝，并保证原有过水通道畅通。

④ 按要求沿作业带修筑施工便道，保证道路畅通。

⑤ 根据现场情况开挖排水沟，保证作业带的排水。

(二) 筑坝排水

1. 修筑挡水坝

在施工作业带两侧修筑挡水坝阻挡灌溉的地表明水，挡水坝的高度为 0.5m，用人工在作业带的两侧开挖 0.5m 深的排水沟，并每间隔 20～30m 开挖一条纵沟将两条排水沟连通，形成一个排除地表水的网络。排水沟的返土堆放到作业带两侧形成挡水坝。

2. 排水

作业带两侧的挡水坝修建完后，用潜水泵抽水，将水排放到水田边的水沟内，水泵用二弧焊机的发电机作为动力。

(三) 布管

① 当现场道路能够满足运管车辆通行要求时，可用汽车吊卸管，用吊管机布管。

② 当运管车辆无法通行时，可用履带牵引车牵引宽脚爬犁或船形爬犁运管，用吊管机布管。当吊管机无法行走时，可用加宽履带吊卸管、布管。

③ 为防止管内进入泥水，布管时应在管两端底部放置软垫，高度不小于 0.5m。

④ 对先布管后挖沟段，布管前先沿线试挖深坑，确定管沟边坡，以便计算确定布管中心线和管道中心线间的距离。

(四) 管道安装

① 沟上机械化流水施工。当现场土壤密实，承载能力高，管沟成型后边坡稳定，满足吊管机作业要求时，可按一般地段组织机械化流水作业。当土壤承载能力不足时，可修施工便道满足吊管机作业要求，在便道上组织流水作业，进行管道组对、焊接、补口作业。采取井点降水方法降水，提高土壤承载能力，管沟成型后，用吊管机下沟。

② 沟下组装。当表层硬土下面为淤泥质土时，即使采取井点降水措施后，管沟还是发生塌方，吊管机无法进行下沟作业时，可进行沟下组装作业。挖沟前，按要求将钢板桩以相互结合的形式打入土壤内，钢板桩的长度等于管沟深加上 1.5m，钢板桩打在距管沟边缘 0.5m 处。采用井点降水法，将地下水位降至沟底以下 0.5m。然后进行管沟开挖，管沟边坡比为 1 : 1。沟下组对时采用履带吊，可单根组对，也可根据现场情况，将单管焊成双联管后进行沟下组对。

③ 沟上组装，沉管就位。当局部地段土壤承载力不足，不能满足吊管机作业要求时，可采用沟上组装、沉管就位的方法施工。施工时使用履带吊在地面上完成组装、焊接、补口施工。然后将管段两端封堵，并充水。采用湿地挖沟机在管道侧下方开挖

管沟，使管段靠重量滑入管沟，或使用水力射流开挖管沟，使管段沉入沟底。此种方法适合较短的管段施工。

（五）管沟开挖及下沟回填

① 管沟开挖采用PC20 等宽履带挖掘机进行，并配合人工清沟。开挖时，为增大承载力，可在履带下面铺设钢垫板，由挖掘机边挖边移动。

② 当地下水位较高时，采用明沟排水法或井点降水法，将水位降至沟底 0. 5m 处。

③ 地下水位在管沟底部以下的管沟开挖，可提前开挖或与组装同步开挖。

④ 地下水位较高的管沟开挖安排在下沟当天进行，多设备，突击挖沟，突击下沟回填。

⑤ 淤泥质土地段管沟开挖，采用超宽开挖法。如沟塌方严重无法开挖管沟时，则采取钢板桩、井点降水措施后，再进行管沟开挖。

⑥ 水田管沟回填时，一定要先回填生土，最后将熟土回填到管沟上部，并留出足够的沉降余量。余土较多时，将生土运至指定地点。

⑦ 当地下水位较高、土壤渗透系数较大时，管道下沟后，先在管沟内回填若干隔水墙，然后逐段抽净管沟内积水，并及时回填。

⑧ 采取从管道侧下方开挖管沟、沉管就位时，应注意保护管道，就位后立即回填。

⑨ 采取水力成沟、沉管就位法安装管道时，应根据现场情况、合理配置水力冲射机组。沟内泥浆通过泥浆泵排到指定场地沉淀。

（六）注意事项

水田地段管道施工的关键技术是排水清淤、作业带加固和管沟开挖。施工前，在作业带两侧先挖排水沟，并在排水沟外侧修筑拦水坝清除作业带内的淤泥。施工作业带加固采用土工布合成材料，管沟开挖采用钢板桩支护，以防塌方。

第五节　水网淤泥地区水敷光缆技术

一、概述

国内目前的管道工程和通信工程按照设计要求在丘陵和平原土方地段采取气吹普通光缆的敷设的施工方案；在水网、淤泥地带采用普通光缆敷设加硅芯管保护，采用气吹法施工，在硅芯管上压沙土袋回填固定；在特殊恶劣地段采用在硅芯管外再穿 PE 管或钢管保护。在管道工程中，有的地段地处水网、河流和鱼塘地段，有充沛的水利资源，而且在这些地段地势平缓，要充分利用这些条件，采用一种效率更高的吹缆施工方式。

水敷吹缆方式类似于普通气吹光缆敷设方式，不同的是水敷缆采用的是漂流技术，利用水做润滑剂，采用小功率气吹压缩机进行吹缆，这样就可以找到一种在一定的施工条件和施工环境下比气吹光缆法一次性吹缆距离更长、成本更低的新型施工方式。光缆水吹敷设操作现场如图 6-14 所示。

二、水敷试验过程

（一）施工设备、机具

包括水敷缆机、液压机、水压机、缆盘驱动支架和光缆盘举升架等。

图 6-14 光缆水吹敷设操作现场

（二）水敷缆施工技术准备

1. 缆盘驱动支架

缆盘架安装在距离水敷设机 5m 的地方，缆盘驱动支架下方的土地必须平整、坚实，保证缆盘架在提升光缆盘和光缆盘旋转时，缆盘驱动支架没有倾斜和晃动。

2. 水敷缆设备

水敷设机下方垫枕木或木板，枕木下方开挖排水沟，保证敷设点没有积水。水箱下方的土地必须平整、坚实，水箱四周开挖排水沟。液压机下方的土地必须平整，坚实，保证液压机工作时的平稳。

3. 敷设前的检查

按照设备操作指南检查液压机、抽水机和水敷缆机的机油和汽油。启动液压机，设置液压机的最大工作压力为 4MPa(40bar)。检查水敷缆机的无负载转动压力。启动抽水机将水灌满水箱，启动水压机，设置水压机的最大工作压力 12bar。连接液压机的液压油管到水敷设机的快速接头，连接 50/40mm 的白色硅芯管到敷设机头，用变径接头连接 50/40mm 和 40/33mm 的硅芯管，连接水压机的高压水管到敷设机的水密封室，除去光缆盘上的包装板，检查两边侧板上是否有尖锐物体并拔除。检查光缆的旋转方向是否正确。最后用举升架将光缆盘提起。旋转光缆盘，检查光缆是否有交叉穿越。将子弹头端帽拧紧在光缆端头上。光缆端头通过水敷缆机的驱动链条进入管道，调节驱动链条，使光缆被夹紧在驱动链条的中间。检查光缆在水敷缆机的入口和出口之间是否呈一条直线，如果不是，调节进水室的安装高度。检查压力筒是否在正确的位置。将润滑剂倒入光缆润滑室。

（三）水敷设光缆实施过程

① 从水敷设点到第一个开口点的距离是 3km，首先挖好工作坑，做好随时接续管道的准备。将上游(水敷设点)过来的管道用接头连接一根加长管，将排水口引到工作坑外的排水沟内，避免管道排出的水流进工作坑，影响下一步的管道接头。

② 通知开口点，准备水敷缆。确认排水口已经引伸到排水沟内且没有堵塞。启动水压机和液压机，根据流量与速度关系，调节回水阀门，使水流量和速度匹配。关闭紧急开关，调节光缆的前进速度符合流量和速度的关系。

③ 保证进入水敷缆机的光缆是松弛的和干净的，光缆盘至水敷缆机之间要铺设彩条布，

确保光缆的下垂长度没有沾上泥土和杂物。

④ 如果第一个开口点开始出水，表示光缆已经接近管道出口(水流出管口后的2~5min内，光缆便可出来)，通知敷缆点，降低敷缆速度或停止敷缆。施工人员可快速将加长管道卸除，连接开口点的上下游管道，然后通知敷缆点继续敷缆。现场设一台抽水泵，防止上游管道的流水灌满工作坑。

⑤ 如果光缆进入第二段管道后，由于摩擦阻力的影响，不能达到第二个开口点，可以在第一个开口点安装一个倒盘器，将下一段需要的光缆长度导入进倒盘器，或者人工倒盘。采用人工倒盘时，应注意保持光缆外护套的干净。

⑥ 光缆倒盘完毕后，留足光缆的接续余留，然后将盘上的光缆剪断。

⑦ 将设备转移到第一个开口点，重复上述的操作步骤，将第二段的3km光缆敷设完毕。

⑧ 最后，设备和光缆转移到第二个开口点，敷设光缆盘上剩余的6km光缆，操作步骤同上。

⑨ 如果在管道的开口点考虑采用保护箱，水敷设的管道连接和光缆倒盘将比较简单。首先将保护箱放入工作坑和上下游的管道进行箱外连接，然后用一根20m的加长管道和箱内的上游管道接头连接，然后将加长管道引入到排水沟。当光缆漂浮出管口后，直接将加长管和箱内的另一个接头连接，把光缆引入第二段管道。如果光缆不能漂浮到第二个开口点，用滑轮割刀将加长管从中切断，将连接上游管道的加长管引伸到倒盘器的入口。这种方式的好处是上游过来的水可以远离工作坑，设备的敷设点有较大的选择余地。否则工作坑和周围区域内将积满水，不利于光缆倒盘和设备进入敷缆。光缆敷设完毕后，用纵向剖刀开剥加长管，将光缆取出，盘入到倒盘器内。

⑩ 敷缆过程中的注意事项：随时观察敷缆速度、液压机的压力变化、水压机的压力变化；随时观察水箱内的储水量，进水口的过滤网是否畅通；随时观察润滑剂的使用情况，保证润滑者内的润滑剂是满的；随时检查水压机油杯内的储油量，确保水压机内有足够的润滑；随时观察水敷缆机前白色硅芯管内的光缆流动情况，如果发现光缆的节距缩短，马上降低光缆的输送速度。

三、水敷试验结果分析

(一) 水敷缆的技术优势

① 设备小巧、轻便，缩短了设备在工地转移的时间，同时设备也能到达空气压缩机所不能到达的任何敷设点。

② 水压机的油耗要大大低于空气压缩机的油耗。

③ 从试验段的水敷缆效果来看，敷设长度一般可以达到1000m以上。

④ 采用水敷缆可以减少大型车辆的使用，施工的灵活性和机动性大大提高。

(二) 水敷缆的局限性

① 采用水敷缆的地段必须能提供水源。

② 水敷缆对于障碍点的敏感度远远大于气吹法；如果管道内的水流之间有气体阻隔，将对光缆的水敷长度产生影响，特别是在有定向钻的地方，如果河流的底部管道内有水，就会起到堵塞的作用，当光缆敷设的水流进入到这段管道，管道内的空气就会压缩形成高压区域，光缆将很难通过这段区域。如果提高水压，气压也必然随之提高，如果水压不能将空气排除，管道就有爆裂的可能。

（三）结论

水敷设是一种比气吹法距离更长、成本更低的新型施工方式。水敷法和气吹法各有优势，主要取决于施工条件和施工环境；在可以采用气吹的线路上，气吹的速度要高于水敷缆的速度；在水源充足的地区，水敷缆设备由于其小巧和轻便，可以到达任何一个施工地点，燃油消耗远远低于大型空气压缩机。同时在同等条件下敷缆，水敷缆的敷设长度最少是气吹敷缆的2倍。

第六节　工程案例分析

一、工程概况

以甬沪宁进口原油管道工程过江段线路工程为例，长38.7km，其中与$\phi762$管线同沟敷设5.6km，管材规格为中$\phi508$螺旋焊接钢管，材质为L360，设计工作压力6.4MPa。全线穿越河流、鱼塘约124处，穿越公路18处，管线自石埠桥油库起跨越排污河、途经栖霞镇后沿龙潭港大道敷设至长江南岸。定向穿越长江，过青山镇、龙袍镇、玉带镇至扬子石化。此地段位于长江中下游平原，由河流淤积而成，虽地表坚硬，但地表处400~600mm处土质为淤泥黏土，地下水位高，地基承载力差，管沟不易成型。雨季时间较长，特别六、七月梅雨季节降水量大，对土地浸泡严重，土质疏松。

二、施工总体部署

长江南岸至石埠桥段，长15.4km，因与龙潭港疏港大道平行敷设，大型设备进场便利，安排一个机组进行机械化流水作业。

江北阀室至扬子石化段，长23.3km的线路近90多处鱼塘、河流顶管穿越公路8处。道路狭窄、拱桥多，作业面小，运布管困难，机械进出场难度大。鉴于此特点，根据当地水系的分布，采用小机组分段包干施工，将管线焊接、连头、河流穿越同时进行，灵活调配。

三、施工工序

（一）放线、作业带清理

由于施工期间正遭遇南京地区几十年不遇的暴雨，水稻田内汪洋一片，白灰撒线根本无法进行，因此根据测量记录，在作业带边线上每50m插竹竿挂标志旗以示边线。为了减少对农田和水系的破坏，沿作业带边线打起土埂，高40cm，将作业带内的水排往就近的河道内，横穿作业带的小型水沟暂时保留，待焊接设备进入后再用人工截断，焊接防腐结束后立即将水沟通开，以便农民灌溉。含水量大的地段，设备通过地面容易翻浆，作业带内用草垫、木排铺垫，设备通过后立即清理干净，尽量避免铺垫碎石等。河流鱼塘穿越段，根据进管、焊接的总体进度安排，进行围堰、排水措施，要做到围一个穿越一个，且尽量在雨季前施工。需要拆除的房屋、围坡等地上建筑物，及时进行协调、赔偿，提前进行障碍物拆除。

（二）管材运输及布管

利用当地的公路和乡间小路，将管材尽量运卸到作业带内，每500m一堆，以便布管。管车进不到的位置将管材运输到就近的临时堆管场，利用自制的拖车人工运输至作业带。运用T140宽履推土机牵引舟型爬犁，利用爬犁在泥泞的稻田上地表湿滑、摩擦系数小的条件滑行布管。用挖掘机配合人工在作业带内打管墩，其管墩高度不小于0.5m确保稳固。布管呈锯齿形分布，以便清扫、打磨破口及起吊。

（三）管道焊接

纤维素下向焊接工艺是国内外普遍采用的一种焊接工艺，其焊接速度快、根焊性能好、速度快、经济性能优良。本工程使用E6010ϕ3.2焊条打底，E7010ϕ4.0焊条填充盖面。水网密集区由于大型焊接设备无法进场，每个流水作业机组配备8台便拼式自发电焊机，使用内对口器对口，挖掘机配合吊管、工作坑开挖、排水、打土墩，一机多用。吊管时使用宽10mm的10t吊装装带起吊，加强对防腐层的保护。

焊接是保证工程质量的重要工序，除了严格遵守焊接工艺规程的同时，特别加强焊工正确焊接手法是其关键。焊接时因外界工作坑小、积水多的影响，易造成焊接用条不当、焊接速度控制不佳等，容易造成缺陷。针对这一现象，对焊接作了如下要求：

① 打底焊接时，运条采用短弧不摆动的运条方法，将焊条燃烧深入坡口底部并轻压坡口两侧，特别仰焊部位采用最短电弧，将熔池金属托起，避免根部内凹。焊工应根据自己的手法将焊接速度提高，速度过慢则熔孔大，熔池温度高产生烧穿或形成焊瘤；反之速度过快则熔孔小，容易造成未焊透。

② 填充焊接时的电弧长约在3~4mm，速度较根焊时稍快，保证根焊不能烧穿，同时避免电弧压得低或焊条角度不当造成铁水与熔渣分离不清，铁水与熔渣倒流，容易造成夹渣和未焊透等缺陷。填充仰焊处铁水容易凸出下坠，对此一定要"坡起磨平"，即凹陷处用焊条填满，下坠处则用砂轮机磨平。

③ 盖面层焊接时由于焊道宽，焊接时焊条后沿坡口两侧稍作横向或反月牙形摆动运条向下焊接。解决常见缺陷(表面气孔)的主要方法是在收弧容池前方10mm处引弧，然后拉长电弧到接头处预热1~2s，再压低电弧做轻微形成熔池后再正常焊接。仰焊处易出现下坠和咬边现象，焊条在此处应尽量垂直于管子平面，利用电弧吹力、电弧轮廓的覆盖作用，并结合适当的焊接速度和运条方式将铁水过渡上去，从而避免咬边和下坠产生。

（四）管道防腐

管线防腐是避免管道在地下氧化腐蚀、防止阴极保护电流流失，是保持管道运行年限的主要措施。本条管线采用聚乙烯热收缩套补口。泥泞地段采用小型爬犁拖运喷砂设备或加长空压机送风管进行喷砂除锈，补口过程中严格执行防腐补口作业指导书。为了减少管线防腐漏点，施行电火花三检制度，"布管前检查、焊接后检查、下沟前检查"，通过检查、补伤提高防腐质量，特备下沟前补伤时，加大补伤液与固化剂的配合比，使补伤液补伤后迅速固化，不影响下沟进度。

（五）管沟开挖与下沟作业

该段为淤泥质软土，地下水位高、管沟不易成型，必须采用分段下沟的方法，挖沟与下管同时进行。3台挖掘机为一组，联合作业，挖沟做到快挖、快清，一次成形。管沟成形差的地段适当加大坡度，且泥土远离管沟堆放，必要时加宽加深，对于严重塌方的地段沿管边打木桩，支护竹木档土板，管沟的一端设置排水坑，多台水泵集中抽水。根据现场实际情况，一般管沟挖至30m左右尽快下沟，管道下沟后用原土分段压管，防止管沟积水漂管。

（六）河流、鱼塘穿越

① 宽度小于20m的河流，采用设在两岸的长臂单头挖掘机进行水下成沟，成沟后将管拖运到指定位置后注水沉管就位，机械设备均在岸上作业，不需筑坝截流，此种方法效率

较高。

② 穿越宽度20m以上的河流，一般采用围堰法。在草袋内装土砌筑围堰截流，围堰侧打木桩支护，水量大的河流采用双排木桩围堰，考虑到坝的防渗功能，可在两条坝的迎水面上用厚塑料布作防渗层。将围堰内的水排干，用单斗挖掘机清淤、开挖管沟，淤泥层厚的塘内挖掘机在钢管管排上作业，在管沟开挖前，在岸上预制管段，进行防腐检测、水压通球，成沟段整体牵引下沟就位。大部分河流河岸与水面高差小，且河岸两边为稻田、旱地，但水流量较为稳定，需要导流，此类河流采用明沟导流，在河道一边的田地边缘挖导流渠，将水排往下游，人员、设备在河道内进行安装作业。

③ 小型鱼塘采用全塘排水法进行施工，而一些水深、面积大且连续性鱼塘，通常几个鱼塘连成一片，长约两三百米，中间只有小土埂隔离，此类鱼塘采用单围堰排水法，在排水面积小的一侧草袋围堰，将几个鱼塘连通，管道预制在岸上进行，设置发送道，利用水浮力漂管过塘，之后排水，挖掘机在管排上挖沟、下管回填。此类方法排水面积小、围堰量小、施工速度快，焊接工作在岸上完成，比管道沟下焊节约工期。江北段玉带镇永新村连续鱼塘采用此施工方法。

四、工程效果

水网地区管道施工的实践，对我国长输管道施工技术进步起到了极大的推动作用。从工程进度和效益角度出发，水网淤泥地区长输管道的施工，今后仍需做好以下几方面工作。

① 施工单位需完善配置水网施工所需的特殊机具。主要包括浮筒、钢板桩、打桩机、炮车(二次运管到现场)、快装钢架桥、挖泥船和其他运输船等。

② 准备工作是关键。为保证水网地区施工顺利进行，在密集水塘和河流施工时，应提前在作业带河流上建桥或架设浮桥，确保施工设备顺利通过。

③ 必须采用正确的施工方法。根据不同地区的地貌特点，必须采用合理的施工技术、施工工艺和相应的技术措施，以最低的成本投入，获得最大的经济效益。

④ 装备无线指挥装置，提升施工效率。采用无线语音指挥装置，克服了指挥操作中机械设备噪音大、指令不明确的难题，排除了安全隐患，提高了工作效率。

第七章　黄土地区输气管道施工

第一节　黄土地区地形地貌

我国黄土分布面积约 64 万平方公里，是世界上黄土分布面积最大的国家。黄土堆积厚度也远远超过欧洲、中亚和北美黄土的厚度。其中有湿陷性的黄土约占 27 万平方公里，在我国西北、华北、山东、内蒙及东北等地区均有分布，主要分布在黄河中游的陕西、甘肃、青海及山西、河南等地，这些地区黄土分布面积广、厚度大、地层发育全面而连续，有黄土高原之称。

随着我国西部地区天然气田的大规模开发与投产，长输管道的建设也进入了前所未有的新局面。我国天然气资源产地除四川气田外，近年来陆续开发了长庆、塔里木西部大气田。受资源产地和主要用户市场的影响，我国新建的天然气长输管道线路走向多呈东西向，如靖北输气管道、涩宁兰输气管道、西气东输输气管道等都途径黄土地区，因此，提高对黄土地区的认识，对长输管道的施工和安全维护具有重要意义。

一、黄土地区的地形地貌

黄土地区属大陆性干旱、半干旱季风气候，气候干旱，降雨稀少且集中，主要集中在 7、8、9 三个月，降雨过程短，加之区内独特复杂的地形地貌特征和植被稀少的自然条件，降水入渗率很低，大部分以洪水的形式沿沟谷排泄，对长输管道危害极大。

（一）黄土的地貌特征

据有关资料显示，我国黄土地貌是第四纪风积黄土作用和流水侵蚀作用共同塑造的。冰期时，风积黄土作用占优势，大量黄土一次又一次地堆积下来；而在间冰期，流水等外力的侵蚀作用占优势，堆积的黄土地貌遭到一次又一次的剥蚀和切割。冰期和间冰期多次交替，导致了黄土地貌的多次变化。随着上新世末、中更新世以及晚更新世时，黄土高原地区古地貌发生了多次较大变化，形成高达 1000m 以上的黄土高原地形。而后，经河流切割作用，形成雏形；以北地区，一边抬升，一边侵蚀，日益露出准平原基底面貌，即梁峁的雏形。全新世继续大面积抬升，河流溯源侵蚀加强，黄土流失严重，从而形成今日的梁、峁的组合地貌形态。冲沟发育、深切，表面支离破碎、植被稀疏，滑坡、错落、表面流坍及陷穴等不良地质分布密集，陷穴多呈串珠状，形成目前黄土地貌的复杂状态。

（二）黄土的力学特征

1. 黄土的压缩性

我国的湿陷性黄土的压缩系数介于 0.1~1.0MPa 之间。除受土的天然含水量影响外，形成的地质年代也是一个重要的影响因素。离石黄土和马兰早期黄土，其压缩性为中等偏低，或低压缩性；而马兰晚期黄土和全新世早期黄土，多为中等偏高压缩性；新近堆积黄土一般具有高压缩性。

2. 黄土的抗剪强度

不同地区、不同成因或同一地区不同层序也不同。对于湿陷性黄土，浸水过程中黄土湿陷处于发展过程，此时土的抗剪强度降低最多，但当黄土的湿陷压密过程已基本结束，此时土的含水量虽很高，但抗剪强度却高于湿陷过程。因此湿陷性黄土处于地下水位变动带时，其抗剪强度最低，而处于地下水位以下的黄土，其抗剪强度反而高些。

(三) 黄土的湿陷性

湿陷是指黄土在一定压力下受水浸湿后结构迅速破坏，并产生显著附加下沉的现象，浸水后产生湿陷的黄土称为湿陷性黄土。黄土厚度一般可达几十米到一二百米，并非所有的黄土都有湿陷性，湿陷性黄土公认为地表的那一部分，其厚度一般只有几米到几十米，具有湿陷性的黄土主要为晚更新世形成的马兰黄土和全新世形成的黄土。而中更新世形成的离石黄土一般仅在上部具有轻微的湿陷性。

对黄土湿陷的原因和机理各种学说见解不一，但总的说来可以归纳为内因和外因两个方面：内因主要指土本身的物质成分(指颗粒组成、矿物成分和化学成分)和其结构，外因则是水和压力的作用。根据黄土的性质，可以这样解释黄土的湿陷：湿陷性黄土在外因水的作用下逐渐浸入土体，破坏了原来土体力学结构，同时土体中的一些盐类受水浸湿后使易溶盐溶解，降低了土体的胶结力，加之湿陷性黄土在形成过程中具有一定的孔隙，所以黄土在外因水和压力作用下，压力强度超过了土体的抗压力强度而产生湿陷，形成黄土陷穴、黄土桥、河谷阶地等地形地貌，因此表现出地形破碎、沟壑纵横、黄土梁峁连绵、地貌种类繁多、地形起伏较大、水土流失严重的地形特征。

依据土遇水湿陷的难易程度的不同，可分为两类，分别是自重湿陷黄土和非自重湿陷性黄土。自重湿陷性黄土是指土层浸湿后，仅仅由于土的自重压力就发生陷落或沉陷；非自重湿陷性黄土则是在土的自重和外加的附加压力共同作用下才产生沉陷的黄土。对非自重湿陷性黄土地基，如基础下地基处理厚度达到压缩层下限，或达到饱和的自重压力与附加压力之和等于或小于该土层的湿陷起始压力，就可以认为地基的湿陷性全部消除。对自重湿陷性黄土地基，由于地基的湿陷量和湿陷变形与自重湿陷性土层的厚度、浸水面积有关，而与压缩层厚度无关，所以必须处理基础以下的全部自重湿陷性黄土层。

黄土湿陷性强弱与其微结构特征、颗粒组成、化学成分等因素有关，在同一地区，土的湿陷性又与其天然孔隙比和天然含水量有关，并取决于浸水程度和压力大小。根据对黄土细粒结构的研究，黄土中骨架颗粒的大小、含量和胶结物的聚集形式，对于黄土湿陷性的强弱有重要影响。骨架颗粒愈多，彼此接触，则粒间孔隙大，胶结物含量较少，成薄膜状包围颗粒，粒间连接脆弱，因而湿陷性愈强；相反，骨架颗粒较细，胶结物丰富，颗粒被完全胶结，则粒间联系牢固，结构致密，湿陷性弱或无湿陷性。黄土中乳土粒的含量愈多，并均匀分布在骨架颗粒之间，则具有较大的胶结作用，土的湿陷性愈弱；黄土中的盐类，如以较难溶解的碳酸钙为主而具有胶结作用时，湿陷性减弱；而石膏及易溶盐含量愈大，土的湿陷性愈强。

影响黄土湿陷性的主要物理性质指标为天然孔隙比和天然含水量。当其他条件相同时，黄土的天然孔隙比愈大，则湿陷性愈强。黄土的湿陷性随其天然含水量的增加而减弱。在一定的天然孔隙比和天然含水量情况下，黄土的湿陷变形量将随浸湿程度和压力的增加而增大，但当压力增加到某一个定值以后，湿陷变形量却又随着压力的增加而减少。

黄土的湿陷性与其堆积年代和成因也有密切关系。我国黄土按形成年代的早晚，有老黄土与新黄土之分。黄土形成年代愈久，由于盐分溶滤比较充分，固结成岩程度大，大孔结构退化，土质愈趋密实，强度高而压缩性小，湿陷性减弱甚至不具湿陷性。反之，形成年代愈短，其特性正好相反。

二、施工难点

由于受湿陷性黄土的特性和山地地貌的影响，当地长输管道有其特殊的施工特点。由于黄土地区地质不稳定，山区地形复杂，对长输管道的施工技术是一个很大的考验，且掩埋在地下的管道很容易被土壤中的腐蚀性物质所腐蚀，裸露在外面的管道受雨雪、高温、大风、潮湿等自然因素影响，容易造成管道开裂、老化等问题。湿陷性黄土地区山地长输管道受地形地貌和外界因素干扰较多，在施工技术和施工质量上必须严格把关，不能有任何疏漏之处。

长输管线经过黄土地段，施工遇到的主要难点是对湿陷性黄土地段的处理。因为湿陷性黄土地段有大量的冲沟、崾岘、梁峁等地段，给施工设备的运行和管道敷设带来了较大困难，尤其在雨季，设备出入困难。因此，对在洪讯期间的管道维护造成很大的困难，存在较大的隐患，所以在黄土地段，对地基的处理以及防冲刷、防滑坡、防塌方的水工保护占了相当大的比例。

三、施工要求

鉴于黄土地区的施工难点，在管道施工时，管道工程的临时防水措施和工程本身的防水措施相当重要，尤其在雨季施工时应做到完善一段、回填一段，施工开挖的沟槽和安装的管线应尽量缩短暴露时间。黄工该地区管道施工主要要求如下：

① 合理安排施工程序，管道施工应根据“先深后浅”的原则安排施工程序，以减少交叉施工。对于大型管道应尽量避开雨季施工，否则应采取措施，防止地面水流入基槽。

② 管底基槽底面应有一定的坡度，在低洼处设置排水井，以便及时排除积水。另外，当沟槽挖好后，因故不能马上铺管时，应保留沟槽基底设计标高以上 20cm 厚的土层不挖，待即将铺管时再挖至设计深度，防止雨水浸湿地基。

③ 准备回填的土壤也应防止被水浸泡，以保证回填土的质量。同时，也不得用有机物或砖石等块状体回填。回填土夯实后其干容重不得小于 $1.5g/cm^3$。在管顶上方 0.5m 以下回填土时应两侧对称同时回填，以防止管道发生位移和断裂。

④ 管道的试压水禁止无组织排放，应引至排水管道或明沟内及时排出。

⑤ 施工中遇到砂巷时，应根据其埋藏深浅、平面尺寸大小及对管道工程的影响程度妥善处理。

⑥ 管基经夯实或其他方法处理后，应迅速进行下一工序施工。若地基遇水浸湿呈可塑状态时，应进行换土或铺一层不小于湿土厚度 1/3 的碎砖或生石灰加以夯实。

⑦ 施工期间临时用的给水管道至建筑物的距离，在非自重湿陷性黄土场地不宜小于 7m；在自重湿陷性黄土场地，不宜小于 10m，并应做好排水设施，给水支管应装有阀门。在用水点处应有排水设施，并应将水引入排水系统。

⑧ 管道工程安装完毕必须进行压力试验。水压试验的要求除执行各种管道专业设计要求外，对黄土地区的压力管道应遵守下列规定：

a. 管道试压应逐段进行，在居民区和生产区不宜超过 400m，在空旷地区不得超过

1000m。分段试压合格后，两段之间管道连接处的接口应通入输送介质进行检查，接口不渗漏才可进行回填。

b. 在非自重湿陷性黄土场地，当管基检查合格后，才能敷管。沟槽回填至管顶上方0.5m以后(接口暂不回填)，应进行一次强度和严密性试验。

c. 在自重湿陷性黄土场地，对非金属管道，当管道安装完毕后，应进行2次强度和严密性试验。沟槽回填前，应分段进行强度和严密性的预先试验。沟槽回填后，应再进行强度和严密性的最后试验。对金属管道可结合当地的施工经验进行1次或2次强度和严密性试验。

d. 进行强度试验时，应先加压至强度试验压力，恒压时间不少于10min(为保持试验压力，允许向管内补水)，若未发现管材、接口破坏或漏水(允许表面有湿斑，但不得有水珠流淌现象)即认为合格。

e. 严密性试验应在强度试验合格后进行，将强度试验压力降至严密性试验压力(严密性试验压力应为工作压力加100kPa)。金属管道经2h不漏水，非金属管道经4h不漏水，则认为合格，并记录为保持试验压力所补充的水量。在严密性的最后试验中，为保持压力所补充的水量，不应超过先前强度试验时各分段补充水量及先前没有计及的阀件等渗水量的总和。

f. 埋地自流管道(包括检查井)的水压试验，应遵守下列规定：ⓐ水压应分段进行：一般以相邻两检查井间的管段为一分段。对每一分段应进行两次严密性试验。沟槽回填前进行预先试验，沟槽回填至管顶上方0.5m以后再进行复查试验。ⓑ水压试验的注水高度：室内自流管道应为一层楼的高度(以不超过8m为限)；对室外自流管道，应为上游检查井水位高度(以不超过管顶4m为限)；雨水管道，应为注满至立管上部雨水的水位高度。按上述注水高度进行的水压试验，经24h不漏水可认为合格，并记录在试验时间内保持注水高度所补充的水量。复查试验时，为保持注水高度所补充的水量不应超过预先试验的数值。

⑨ 在雨季施工时应遵循以下防汛要求。施工前，对参建人员进行预防山洪袭击的安全撤离、遇险求生训练；每个施工作业面设一名安全员，施工中严密观察气候情况，一旦有暴雨迹象，立即组织人员、机具撤离。易遭洪水冲刷的河道、冲沟地段，应准备充分后，进行突击施工，单管下沟与组焊的间隔不宜大于3天；下沟管段预留头应用临时盲板封死，防止泥、石等随洪水冲入管内；管道组焊及检测完毕后，及时组织回填及水工保护，防止洪水将管道冲出，造成损坏。山体边坡坡度不够，倾角过大，因自重及山洪雨水侵入，剪切应力增加，内聚力减弱，使山体失稳而滑坡。针对这部分地段应采取如下措施：

作好泄洪系统，在滑坡范围外设置多道环形截水沟，以拦截附近坡面的地表水。为防止截水沟被淤塞，还应作好截水沟上方坡面的整平和压实工作。

在滑坡区域内修设排水系统，疏导地表、地下水，阻止其大量渗入滑坡段内冲刷地基。主排水沟宜与滑坡滑动方向一致，沟底设防渗层，排水沟与滑坡呈30°~45°斜交，防止冲刷坡脚。无条件修筑正式排水工程时，应做好现场临时排水泄洪设施或保留原有场地自然排水系统，并进行必要的整修和加固。

应尽量保持边坡有足够的坡度，避免随意切割坡体的坡脚，土坡尽可能削成较平缓的坡度，或作成台阶形，使中间有1~2个平台以增加稳定。坡度角小于土的内摩擦角，将不稳定的陡坡部分削去，以减轻边坡负担，在坡脚处有弃土条件时，将土方填至坡脚筑挡土堆或修筑台地。削方时，将坡脚随自然坡度由上向下削坡，逐渐挖至要求的坡脚深度。

在斜坡地段挖方时，应遵守由上至下分层的开挖程序，在斜坡填方时，除应遵守由下往上层镇压的施工程序，还应在斜坡的坡脚处堆筑土体或岩体，使堆填的坡度不陡于原坡体的自然坡度，使之起反压作用，以阻挡坡体滑动，增加边坡稳定。

对可能出现的浅层滑坡，如破土方量不大时，最好将滑坡体全部挖除。如土方量较大不能全部挖除，且表层破碎含有滑坡表层时，可对滑坡体采取深翻、推压、打乱滑坡体表层、表面压实等措施，减少滑坡因素；发现施工作业面上滑坡裂缝，应及时填平夯实。排水沟渠开裂漏水应及时修复。

四、施工工序

根据黄土地区的地形地貌及施工难点、施工要求，可按如图 7-1 所示的施工流程图进行施工。

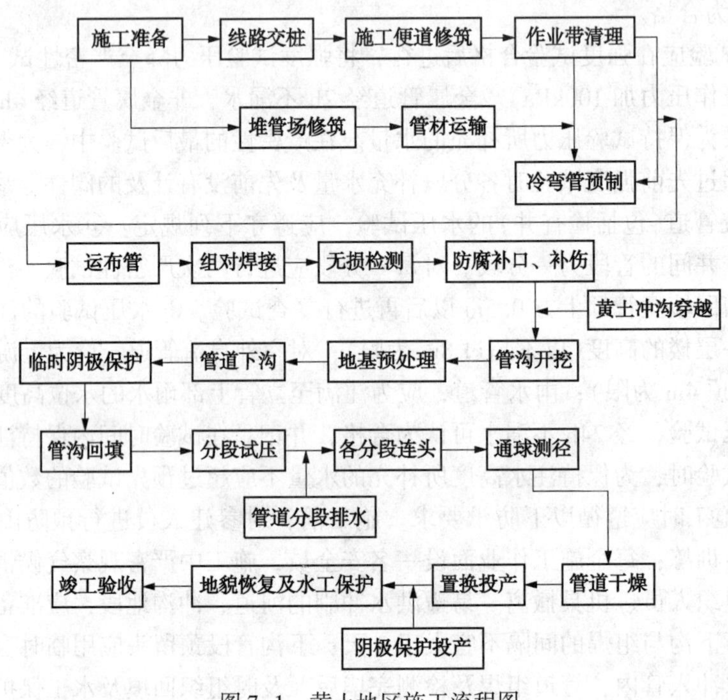

图 7-1　黄土地区施工流程图

第二节　黄土地区关键施工工序

一、施工便道修筑及作业带开拓

(一) 施工便道修筑

施工便道尽量利用原有的乡间道路，对原有道路用推土机进行拓宽、推平、洒水、压实以保证施工车辆安全通行。乡间道路转角较大时，视情况裁弯取直保证转变半径大于 18m，宽度大于 3.5m。若黄土梁上下坡坡度较大，施工便道可利用作业带修筑断头道，与施工作业带清理同步进行。在山脚下修筑施工便道采用放坡或设置打挡土墙。为防止山体滑坡，修筑完毕在施工中需经常平整、洒水、压实保护，且施工便道修筑与管道施工应同速进行，以免先期修筑的施工便道被雨水冲毁。

(二) 作业带开拓

在黄土平缓地段作业带采用推土机、挖掘机进行清理，清理原则：陡坡降为缓坡，缓坡降至平坡，同时考虑土方的控制。作业带连续通过梯田、较小陡坎时进行降坡处理，降至爬行设备可以行走，施工完毕后立即恢复，见图 7-2。

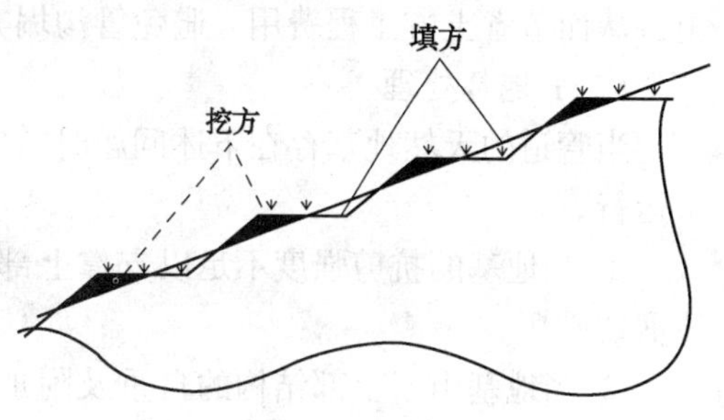

图 7-2　作业带开拓示意图

作业带穿过小型冲沟、水沟应设过水涵管，不得堵塞水沟，防止降水冲毁作业带。在黄土滑坡、滑塌和崩塌处施工考虑先治理再施工，治理需结合具体的地形、地貌和地质条件，可以采取削方降坡、挡土墙、护坡等措施，同时应做好导流排水措施。作业带清理同时洒水、压实，保证施工设备通行。作业带清理应与管道敷设同速进行。

二、管沟开挖和地基处理

(一) 管沟开挖

在施工组织上湿陷性黄土冲沟地段管沟开挖应与管道组装、下沟及回填等工序协调一致，尽量缩短管沟成型后的暴露时间。管沟开挖边坡坡度尽量缩小，以降低对原始地貌的破坏。且由于该地区土壤具有湿陷性，因此容易发生塌方与滑坡现象，所以在黄土陡坡和山区应优先采用人工开挖方式，尽可能地减少大型机械设备对原土质的强烈震动。

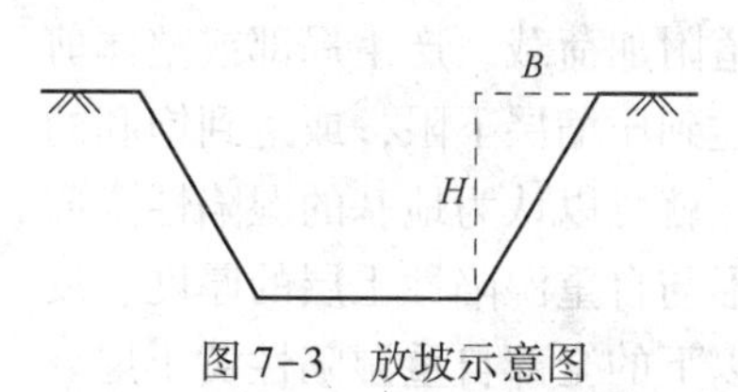

图 7-3　放坡示意图

(1) 管沟开挖对放坡的要求

放坡是指人工沟槽及基坑如果土层深度较深，土质较差，为了防止坍塌和保证安全，需要将沟槽或基坑边壁修成一定的倾斜坡度。沟槽边坡坡度以挖沟槽或基坑的深度 H 与边坡底宽 B 之比表示，即：土方边坡坡度 $(1:m)=H:B$，式中 m 称为放坡系数，如图 7-3 所示。

在湿陷性黄土地区，管沟的放坡随土壤类型和现场的具体施工条件而定。根据以往施工经验，在雨期，放坡都相应加大，遇有碎石层和砂土层时，如因条件限制不能立即下管通过，就应考虑防止塌方的措施，在现场经常用的较安全、较经济的方法是每隔 4~5m 左右打一钢桩，然后在钢桩之间加入挡板挡土。

管沟开挖时，放坡应该从垫层的上表面开始。管线土方工程对计算挖沟槽土方放坡系数规定如下：挖土深度在 1m 以内，不考虑放坡；挖土深度在 1.01~2m，按 1∶0.5 放坡；挖土深度在 2.01~4m，按 1∶0.7 放坡；挖土深度在 4.01~5m，按 1∶1 放坡；挖土深度大于 5m，按土体稳定理论计算后的边坡进行放坡。

(2) 放坡与土质的关系

根据《地基与基础验收规范》GB 50202 土方开挖要求，临时边坡值(高宽比)根据土质来确定：沙土(不含细沙和粉沙)为(1∶1.25)~(1∶1.5)；一般性黏土：硬性为(1∶0.75)~(1∶1)，硬塑性为 1∶(1~1.25)，软性为 1∶1.5；碎石类：充填坚硬及硬塑黏性土为(1∶0.5)~(1∶1)，充填沙土为(1∶1)~(1∶1.5)。根据以上要求，自重湿陷性黄土开挖最好不大于 4m，硬性土开挖不大于 8m。超过允许开挖深度的根据场地情况，可采取坡度放缓或进行支护。一般 1.5m 以内深的基坑为浅基坑，不计算放坡，可根据土质情况进行相应措施，从而节省土方工程费用，避免管沟塌方现象。

（二）地基处理

当管道的天然地基存在下述问题时，应采取适当的地基处理措施，以确保管道的安全正常运行。

① 当地基的抗剪强度不足以支撑上部结构的自重及附加荷载时，地基会产生局部或整体剪切破坏。

② 当地基由于上部结构的自重及附加荷载作用而产生过大的压缩变形时，特别是超过管道所能允许的不均匀沉降。

③ 地震造成地基土震陷及车辆的振动和爆破等动力荷载可能引起地基土失稳。

④ 地基渗漏量或水力比降超过容许值时，发生水量损失或因潜蚀和管涌而导致的管道破坏。

湿陷性黄土常见的失稳因素主要由黄土的结构特征、化学成分、含水量和上覆压力的大小决定。由于湿陷性黄土在上覆土层自重应力作用下，或者在自重应力和附加应力共同作用下，因浸水后土的结构破坏而发生显著附加变形，且由于变形具有突变性、非连续性和不可逆性，因此会对工程产生非常严重的危害。

管道地基应采取措施防止被水浸湿，沟槽挖好后，如不能马上铺管，应保留沟槽基低以上 20cm 厚的土层不挖，待铺管时再挖至设计深度。若地基浸湿处为可塑状态，应进行换土或铺一层不小于湿土厚度 1/3 的碎砖或生石灰加以夯实。

管道的地基处理不同于其他建筑物地基的处理，管道地基处理主要目的是全部或部分消除其湿陷性，同时提高地基的承重能力。在管道外力作用下，黄土胶结力遭到破坏，造成湿陷性黄土地基的抗剪强度降低，不足以支撑黄土的自重及管道附加荷载，产生局部或整体剪切破坏。对非自重湿陷性黄土地基，如基础下地基处理厚度达到压缩层下限，或达到饱和的自重压力与附加压力之和等于或小于该土层的湿陷起始压力，就可以认为地基的湿陷性全部消除。对自重湿陷性黄土地基，由于地基的湿陷量和湿陷变形与自重湿陷性土层的厚度、浸水面积有关，而与压缩层厚度无关，所以必须处理基础地面以下的全部自重湿陷性黄土层。

湿陷性黄土层的管道基础处理方法很多，常用的方法有垫层法、强夯法等。各种处理方法都有它的适用范围、局限性和优缺点。由于管线长，工程地质条件千变万化，且机具、材料等条件也会因地区不同而有较大差别。因此，对每一具体线段都要进行细致分析，需从地基条件、处理要求、处理范围、工程费用、材料、机具等诸多方面进行考虑，以确定合适的地基处理方法。

（1）垫层法

垫层法分为灰土垫层和素土垫层，以及砂和砂石垫层。

①灰土垫层。是将基础下面一定范围内的弱土层挖去，用一定体积比配合的灰土在最优含水量情况下分层夯实或压实。一般适用于处理 1~4m 厚的软弱土层。管道的基础是条形基础，作用于地基土的力也比其他建筑物小，而且是基槽开挖后埋入地下，表面的软弱土一部分已被去掉，所以在管道施工中常用灰土域素土塾层来处理湿陷性地区的管道基础，以提高承载力，减少沉降力。灰土中石灰用量在一定范围内，其强度随灰土用量的增大而提高，但当超过一定限值后，强度则增加很小，并且有逐渐减小的趋势。1∶9 灰土只能改善土和压实性能，2∶8 和 3∶7 灰土一般作为最优含灰率，但与石灰的等级有关，通常应以氧化钙和氧化镁所含总量达到 8%左右为最佳。灰土垫层的施工应严格按有关规程进行。灰土的质量检验一般采用环刀取样，测定其干土重度。质量标准可按压实系数确定，一般为 0.93 ~

0.95。管道基础压实系数一般采用0.95，不得小于0. 9。

$$\rho = \frac{\gamma}{\gamma_{max}}$$

式中 ρ——压实系数；

γ——实际土体干密度；

γ_{max}——最佳含水率对应土体最大干密度。

② 素土垫层。先挖去基坑下的部分或全部软弱土，然后回填素土分层夯实，常用于处理非自重湿陷性黄土且管径不大的管道基础。素土垫层的土料一般以黏性土为宜，填土必须在无水的管沟(基坑)中进行，夯(压)实施工时，应使土的含水量接近于最佳含水量，填土的夯(压)实应分层进行，多层虚铺的厚度可参照灰土垫层的虚铺层厚度。

③ 砂和砂石垫层。当管道的不透水性基础与软土层相接触时，在荷载的作用下，软弱土地基中的水被迫从基础两侧排出，基底下的软弱土不易固结，形成较大的孔隙水压力，还可能导致由于地基强度降低而产生塑性破坏的危险。由于砂垫层和砂石垫层材料透水性较大，软弱土层受压后，垫层可作为良好的排水面，可以使基础下面的孔隙水压力迅速消散，加速垫层下软弱土层的固结并提高其强度，从而避免地基土的塑性破坏。

砂垫层的厚度一般根据垫层底面处的自重应力与附加应力之和不大于同一标高处软弱土层的容许承载力来计算。具体计算时，一般可根据砂垫层的容许承载力确定垫层基础宽度，再根据下方土层的承载力确定出砂垫层的厚度。砂垫层的宽度除应满足应力扩散的要求外，还要根据垫层侧面的容许承载力来确定，防止垫层向两边挤动。如果垫层宽度不足，侧面土层又比较软弱时，垫层就有可能部分挤入侧面软弱土中，使基础沉降增大。

砂、砂土垫层的材料宜采用级配良好、质地坚硬的粒料，其颗粒的不均匀系数不小于10。管道基础砂垫层以中粗砂为宜，也可掺加一定数量的碎卵石。对于质量检查，用容积不小于200cm^3的环刀压入垫层土取样，测定其干土重度，以不小于砂料在中密状态时的干土重度数为合格。

(2) 夯实法

① 重锤表层夯实法。多用于非自重湿陷性黄土，可减少或消除黄土地基的湿陷变形。湿陷性黄土地基的饱和度尽量不大于60%。通常采用2.5~3.0t的重锤，落距4.0~4.5m，可消除基底以下1.2~1.8m黄土层的湿陷性。处理效果显著，可使土质密度增大、压缩性降低、透水性减弱，承载力明显提高。

② 强夯法。具有处理地基效果显著、设备简单、施工方便、适用范围广、经济易行和节省材料等优点，对湿陷性黄土地基的加固有较好的效果。在管道施工中，若遇到湿陷性黄土层厚、湿陷性变形大且管道自重大、对管道的安全性要求高的情况下，可用强夯法来处理基础。在湿陷性黄土地基土上进行强夯，当夯击能为1000~2000kN时，一般可消除夯面下5~8m深内黄土的湿陷性，5m深度内的土的压缩模量可提高到150MPa，容许承载力可提高到200kPa以上。

地基处理时先平整场地，预先估计强夯后可能产生的平均地面变形，并以此确定地面高程，然后用机械平整；再根据设计要求，沟槽开挖后对沟槽底层上进行夯实平整，按图纸布管，管线布好后在管道四周先用素土填埋30cm夯实，将夯坑填平，再用原土回填40cm夯实，取样做地基土密实检测，当压实系数达到规范要求后，逐次回填40cm厚的原土进行夯实处理，直至达到设计标高。

③ 挤密桩法。用冲击或振动方法，把圆柱形钢质桩管打入原地基，拔出后形成桩孔，然后将备好的素土或灰土(石灰和土体积比例2∶8或3∶7进行搅拌)在最优含水量下分层填入桩孔内，进而分层夯实至设计标高为止，并同原地基一起形成复合地基。适用于地下水位以上含水量14%~22%的湿陷性黄土、人工黄土和人工填土，处理深度可达5~10m。该方法的特点在于不取土，可挤压原地基成孔，回填物料时，夯实物料进一步扩孔。

④ 化学加固法和预浸水法。化学加固法多用于应急补救措施，可采用硅化加固法和碱液加固法。化学加固法是将硅酸钠溶液或氢氧化钠溶液注入黄土孔隙中，使其与土壤发生化学反应，从而提高土体承载力；预浸水法则是在施工前，将湿陷性黄土区域大面积浸水，使土体在饱和自重应力作用下，先发生湿陷产生压密，以消除全部黄土层的自重湿陷性和深部土层的外荷湿陷性。

(3) 回填土内管道的稳定支敦或间接固定法

运用该方法处理管道地基设备简单、施工方便、适用范围广、经济易行和牢固可靠，对湿陷性黄土地基以及在高位虚土回填地段的加固有较好的效果。该方法用支敦或支柱的方式将管道支撑，如果管道上没有可固定的地方，则就近选择附近可固定的地方，如挡墙、构筑物等，然后通过横撑或斜撑将管道支撑起来并牢固固定。运用该法施工时需要考虑地基与附近构筑物的不均匀沉降问题和管道自重问题。

管道基础形式应根据水文、地质、地面荷载、管径、管顶覆土厚度以及管道输送的介质和管道的重要性等情况决定。一般遵循以下规定：一般金属管道的地基只进行表面夯实即可；重要金属管道或大型金属压力管道埋地时，宜在夯土垫层上再增加一层灰土垫层；埋地非金属压力管道，宜在土垫层上设一层30cm的灰土垫层，最后再设一层10cm厚的混凝土垫层；凡埋地非金属自流管道，为增强管道的强度和刚性，防止发生不均匀沉陷，除设灰土垫层和混凝土垫层外，还应设一道部分包裹管道以增强其稳定性的混凝土条形基础。

三、管沟回填

湿陷性黄土地段的管沟开挖应与管道组装、下沟、回填等工序协调一致。回填时，建议将管沟两侧各6m内的陷穴、溶洞及动物洞穴等用2∶8灰土或灰土草袋回填夯实，防止聚水，引发陷穴、溶洞的继续发育而危及管道安全。

对于湿陷性较严重黄土层的管沟，回填前应将管沟内积水排净，建议超挖0.3m，并用3∶7或2∶8灰土垫层，回填并夯实，夯完垫层厚度0.3m，夯实系数不小于0.9。为了保证灰土夯实系数，管道现场应制作滚轮在垫层土进行来回碾压，直至达到夯实要求。对10°以上的陡坡，以及冲沟地段，可采用3∶7或者2∶8灰土垫层，在最优含水量条件下夯实做垫层。夯完垫层厚度0.3m，压实系数不小于0.9，分层夯实回填至管顶，压密系数不小于0.85，从而增强管沟顶部抗冲蚀能力。

为了保证在回填夯实该垫层过程中，沟上管子下滑对沟下人员的安全带来隐患，挖沟时应每隔50m处打一土堆，防止沉管时管子滑到沟里，待管沟具备整体下沟条件时，再把土堆挖开。施工过程中，应安排专人监护，以防管沟塌方。

四、黄土冲沟穿越措施

黄土地区地形复杂，地面支离破碎，梁峁、冲沟遍布，次生灾害较多，给管道建设带来巨大困难。特别是一些大型冲沟、高陡边坡的穿越，成为管道工程中的重点和难点。湿陷性黄土冲沟侵蚀严重，地形多呈 V 字形，给管道的建设施工及运营安全造成了极大的困难。结合具体的地形地貌，可采用直跨穿越、斜井穿越、单边定向钻、直埋式穿越等方式，并因地制宜采用合理的管道安装措施及冲沟水土保持与治理技术，以保证施工质量、运营安全及降低对环境的破坏。

现代黄土冲沟在平面展布上多呈树枝状，鸡爪状。汇入河流的主冲沟由数条支沟汇集，每条支沟又由次级支沟构成。主沟底部平缓，横断面多呈“U”形，坡脚常见有基岩出露，纵坡降小，沟坡基本稳定，基本上是古沟谷发育的延续。支沟尤其是次级支沟规模小，切割浅，横断面多呈“V”形；底部狭窄，纵坡降大，沟坡和沟底多由马兰黄土构成，其形成和发育与古地形无关。

黄土抗冲蚀能力极弱，黄土冲沟的发展主要受降水影响。降水汇集的地表径流是水力侵蚀的主要动力，冲蚀黄土形成泥流。泥流的行程越长，汇集量越大，冲蚀能力越强。当沟坡坡脚被冲蚀到一定程度，土体产生重力侵蚀(崩塌、泻溜甚至大规模滑坡)，被破坏土体随之被泥流向下游搬运，引起沟底下切，沟岸扩张和沟头向分水岭(线)上溯。扩张的速度取决于暴雨强度和冲沟的纵坡降。坡降平缓者以侧蚀为主，坡降大则以下蚀和溯源侵蚀为主。大流量的集中水流在很短的时间内即能冲蚀形成冲沟。冲沟地貌见图 7-4。

图 7-4　冲沟地貌

(一) 大开挖施工

大开挖施工工艺作为最传统的施工方法，在用于黄土冲沟地段施工时局限性较大。由于黄土冲沟陡而深、坡度较大，采用大开挖施工放坡大、土方量巨大，且在开挖及管道敷设完成后，需要沿坡面设置截水墙、排水沟或浆砌石护坡等水工保护措施。同时由于放坡量大、作业带宽，会使周围的一些农田遭到破坏，需要永久征地，增加了协调难度和征地费用。大开挖穿越施工通常适用于高差在 10m 左右、坡度不大、人烟稀少地区的冲沟穿越。

(二) 直跨式施工

对于窄而深的湿陷性黄土冲沟，当其边坡稳定且洪水影响不大时，穿越管道可采用复壁管形式直接跨越冲沟。管道在跨越段以外场地上整体预制，并通过吊车直接吊装或搭建脚手架方式将管道就位，距离较长时可采用空中拉索吊装方式就位。穿越时宜选择口径较大的钢套管，自跨能力强，并与加筋土挡墙相结合，提供必要的承载力并加强对黄土的水土保护。

(三) 人工竖井施工

人工竖井施工工艺利用洛阳铲在冲沟顶部进行掏土挖洞作业，掏出一个比管道外径大 300mm 的穿越竖井。在竖井挖至冲沟底部时，采用人工开挖，在底部挖出操作水平井，在水平井内完成管道连头作业。人工竖井施工示意图见图 7-5。

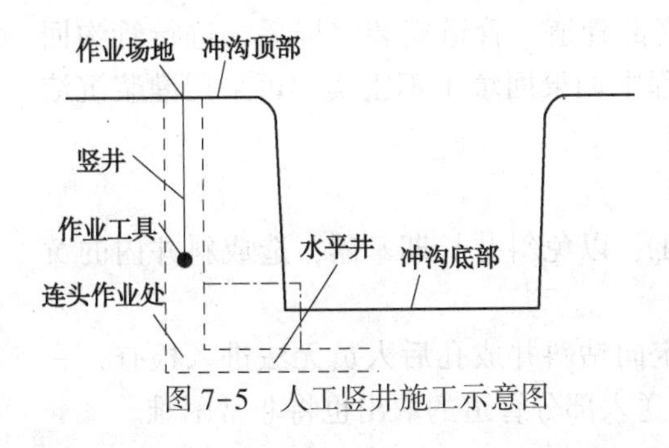

图 7-5　人工竖井施工示意图

(四) 单边定向钻斜井穿越法

1. 概述

传统的定向钻曲线一般为U形，包括入土段、水平段和出土段，针对大型黄土冲沟进行的单边定向钻，只进行入土段或出土段单侧的钻孔，通过两次钻孔来完成一个冲沟的穿越。

冲沟穿越施工流程图见图7-6。

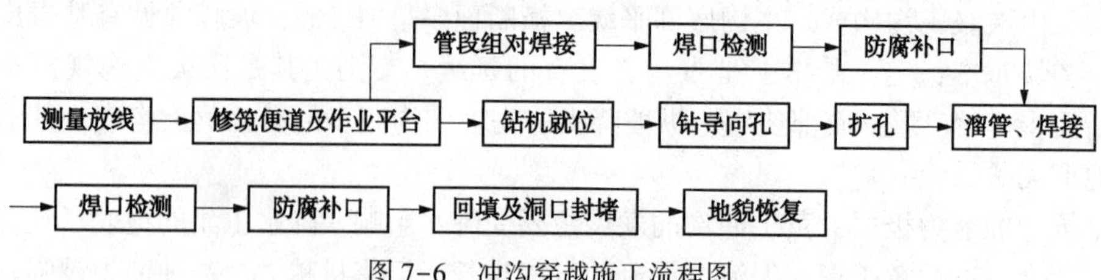

图7-6 冲沟穿越施工流程图

单边定向钻充分利用了小型定向钻机体积小、钻杆短、操作灵活、便于控向的特点，同时小型定向钻机转场方便、费用低、便于短距离内实施多次施工。单边定向钻斜井穿越只利用小型定向钻机(通常为50 t以下的钻机)的部分功能，只进行钻导向孔和扩孔作业，不进行管道回拖作业，在管道穿越导向孔完成以后，在孔洞底部开挖操作坑，连接扩孔器，进行扩孔作业。穿越孔洞完成以后，在冲沟顶部将管道发送进入斜井内，两侧进行连头作业。单边定向钻斜井穿越施工斜井坡度范围大，坡度控制难度小，穿越施工的泥浆量小，对环境影响小，施工安全性好，适合于单次较长距离的斜井穿越。

对于一般的黄土地段，不需要配置护壁泥浆，采用无污染的天然黏土细粉作为润滑剂，与喷入的清水混合后形成泥浆，即可满足导向孔钻进的需要，对于地质条件不好，可能出现塌方的地段或卵石地段，应按要求合理调配泥浆配比，并应采用环保型的膨润土，保证导向孔的成形。

为了保证穿越施工的安全性，施工前应首先查明黄土冲沟边缘松散土和稳定土的分布范围。定向钻机距离坡边的安全距离应该在10m以上，管道穿越路径距离坡边的稳定层安全距离应在3m以上，依据穿越处的地形地势、黄土层的稳定性等确定钻机的入土角。为了缩短穿越的距离，可通过人工造斜方法尽可能加大穿越的入土角，入土角最大可以达到40°。

施工时采取牢固的地锚措施，保证钻机稳定可靠、安全施工，严格按照设计的坡度钻导向孔和进行扩孔作业。由于黄土成孔比较稳定，所扩出的孔洞只需稍大于穿越管道的结构外径即可，对*DN* 355.6mm的管道，斜井孔洞直径在430mm即可。

管段预制和安装均在斜井顶部的作业平台上进行，可与斜井穿越同步进行。穿越距离较长时，应将管道按照二接一或三接一的方法分段预制，分段或整体发送进入斜井内。斜井管道安装就位后，先将斜井顶部与地面管道间的弯头连通，用柔性物将管道垫好，撤掉龙门架、倒链、尼龙带等辅助设施，然后再连接斜井底部管道。管道安装完毕后，进行管沟回填。可采用砂土、软土或3∶7灰土回填，回填过程中如果回填土不密实，可采用灌浆沉淀法分层进行。

2. 施工要求

① 斜井定向钻成孔后应及时进行主管道的施工，以免斜井长期暴露，造成斜井内的黄土风干硬化，不利于主管线防腐层的保护。

② 斜井内清孔的质量一定要做到万无一失，定向钻斜井成孔后人员无法进入检查，一但清孔不合格，主管道将无法顺利发送到斜井内，送入部分管道的取出也将非常困难。

③ 定向钻斜井的角度一般控制在 25°~35°之间即可，角度太小不利于主管道的发送，角度太大不能保证入土点距冲沟边缘的距离。

④ 对于大口径管线，随着主管道管径的增大，光缆硅管套管的固定难度和费用将增大，建议光缆硅管套管单独穿越，有利于主管道防腐层的保护。

⑤ 对于大口径管线斜井在扩孔过程中要尽量减少用水量，因为随着孔径的增大，塌孔的几率在增加，减少用水量可以保证黄土的强度，避免塌孔。

3. 工作原理

定向钻斜井施工工作原理为：利用小型定向钻机(通常为 50t 以下的钻机)的部分功能，只进行钻导向孔和扩孔作业，不进行管道回拖作业，即只进行冲沟两侧的钻孔，通过两次钻孔来完成一个冲沟的穿越。在管道穿越导向孔完成以后，在孔洞底部开挖操作坑，连接扩孔器，进行扩孔作业。穿越孔洞完成以后，在冲沟顶部将管道发送进入斜井内，两侧进行连头作业。

4. 关键施工方法

(1) 成孔方法

① 测量定位。根据设计斜井的长度和坡度，采用 RTK 或全站仪首先确定斜井的进出口位置，然后放出管道轴线，放线时要特别注意轴线的准确性，尽量减少误差，作为两边作业场地征用的依据。规划出设备停放场、泥浆池、管道预制场、斜井穿越的管道轴线，以及临时便道和施工用地边界。

② 安装调试钻机，根据管径和斜井长度来选择钻机型号，一般为 50t 以下的小型钻机，它具有体积小、能够自己行走等优点。一般情况下钻机可以直接停放在自然地坪上，通过钻机自身角度调整来满足斜井角度的需要，当斜井角度较大钻机调整角度不能满足要求时，开挖一个长方形与穿越斜度设计角度一致的簸箕形工作坑，钻机停放就位在工作坑旁，然后根据地势和设计的入钻角度，进行钻机的安装和调试，保证钻杆的中心线与斜井穿越轴线同心并保证入土角度，对控向系统程序进行校核，保证探头在地面上测得的磁方位角的精度符合要求。

③ 开挖蓄水池和泥浆池。在斜井进口附近位置开挖蓄水池，即可满足导向孔和扩孔需要。在斜井出口附近要挖一个泥浆沉淀池，以暂时储存、沉淀泥浆，避免泥浆任意流动，造成环境污染。因为所有泥浆最后都需流到出土点，所以出土点泥浆池的大小要根据斜井的长度和孔径来确定。

④ 钻导向孔。施工时，按照设计的钻孔斜度，由布置在沟顶的钻机先钻一个直线的导向孔，钻头内装置精确的导向及探测仪器(信号发射器)，当其在地下钻进时，地面上的接受器可由其电磁波显示钻头所在的位置及深度。同步显示器则将接收的信息传递给钻机控制台，操作员以此操控钻杆的角度和位置。钻孔过程中要严密监视控向系统，保证钻孔过程中的轴线位置偏差符合要求。

⑤ 扩孔。导向孔施工完毕经检查合格后方可进行扩孔作业，扩孔钻头需先运至冲沟、陡坡的底部，第一次扩孔时，首先把导向钻头换上大一级的扩孔钻头，该次扩孔完成后在冲沟、陡坡的顶部拆除扩孔钻头，然后把钻杆再次送入出土点，换上扩孔钻头进行第二次扩孔，依次完成各级扩孔工作。分级扩孔后成孔直径一般比主管管径大 350mm，见图 7-7。

(2) 溜管

图 7-7　扩孔后的斜井

溜管前首先将卸扣、钢丝绳等附件连接在第一根管子端部，用吊管机和吊车将第一根(用于斜井底部)管段送进斜井井口，然后吊管机、吊车、挖掘机相互配合使管子靠自重缓慢下滑，同时挖掘机牵引与管道连接的钢丝绳做为辅助，防止滑管。

定向钻成孔后孔壁比较光滑，管子能够依靠自身重量克服摩擦阻力，自行向下滑落，从而达到溜管的目的；但如果摩擦力较大，管子可能不会自行向下滑落，此时就可以通过改变下部吊点吊带的位置用吊管机通过吊带给管线施加外力，把管道直接送入斜井内。送入时要注意吊管机、挖沟机、吊车的同步协调，避免出现安全事故。为使固定管道的吊带不滑动，要加大吊带与管道的接触面积，避免吊带打滑。可在吊管机的吊点位置安装一个卡环，进一步起到防止吊带打滑的作用。

在将管道滑入斜井内上部管口外露 1.5~2.0m 方便管道对口时，停止下滑管道，松开吊管机，用挖掘机将管道拉住固定。从预制厂吊取下一个管段，在斜井洞口处进行组对焊接。组对时注意尽量保证无应力组对，吊装平稳后，预演对口，基本就位后，再使用外对口器对口；同时保持吊装设备稳定。为了保证管子的稳定，现场连头组对时在管端用两根拖拉绳进行临时固定，拖拉绳下段配置倒连，便于调整管线方向。

对于在斜向焊接的焊口(现场连头口)，为了保证施工的连续性，可在焊接完成焊口冷却到自然温度后，及时进行无损检测，检测结果合格后，按照规定程序进行焊道补口补伤，并对管道防腐层进行保护，检查无误后，用吊管机、吊车、挖掘机相互配合将管段缓慢送进斜井内就位。管道全部穿越完毕后，将斜井顶部管道与坡顶水平段管道进行连头碰死口，为保证安全上部连头完成后方可进行下部连头施工。组对、溜管施工现场图见图 7-8。

图 7-8　组对、溜管施工现场图

(3) 硅管套管施工

硅管套管采用钢管焊接而成，采用焊条电弧焊焊接方法，要做到焊道内部成型良好，保证光缆硅管顺利通过。套管的固定采用在每个套管焊道处用捆绑钢带与主管道绑扎，厚橡胶板对主管道防腐层进行保护，套管与主管接触部位放置双层橡胶板。套管的固定位置应符合设计图纸要求。

(4) 斜井回填和洞口封堵

定向钻斜井的中间部分，从高处采用人工溜土法回填。进行填土时要注意铁锹不要损伤管线的防腐层，洞口附近要求层层夯实。洞口外侧采用 3∶7 灰土夯实方式进行处理。灰土回填范围为洞口四周各 3m，灰土顶部在距地面 1m 左右的位置时进行原状土回填，满足植被生长的需要。灰土的配比符合要求，拌合均匀一致，现场可以用经验的方法控制含水率：洒水湿润，用手握能成团，用手指轻捏可碎，或“手握成团、落地开花”，这种情况相当于最适宜夯实的含水量。现场拌和好的灰土颜色应一致，并应当日铺填夯实，灰土夯实后 3 天内不得受水浸泡。斜井洞口封堵见图 7–9。

图 7–9　斜井洞口封堵

(五) 人工开挖斜井穿越法

1. 概述

在陕京二线输气管道工程 5B 标段的施工建设中，位于山西岚县境内的黄土施工段全长 11.5 km。该段地形复杂，共有近 700m 的施工难点段，主要由冲沟、黄土坡等组成。其中有大型冲沟 3 处，深度在 30m 以上，黑牛沟沟深 35m，黄岭沟沟深 56m，双井沟沟深 42m。黄土坡 2 处，坡长都在 60m 以上，由 4 ~ 5 个台地组成，每个台地高度都在 5m 以上，且都与冲沟相连(1 处与黄岭沟东岸相连，1 处与双井沟东岸相连)，使冲沟底与黄土坡顶垂直距离达 100m 以上。这些特殊的地形地貌给大口径管道施工带来许多困难。

由于该地段地形复杂，地势险峻，施工作业场地狭小，按照传统的大开挖法施工，不仅土方量大、需进行长距离的土方倒运，而且必须有一定面积的超占地。使更多的植被受到破坏；同时由于冲沟两侧地势陡峭，地貌恢复和水工保护也相当困难。为此，采取斜井开挖法开挖管沟和溜管穿越法安装管道相结合的斜井穿越法进行管道施工。

目前井式(如斜井、竖井)穿越法已成为管道穿越大中型冲沟、台地、黄土区域采用的方法之一。与传统埋地敷设法相比，井式穿越法不仅避免了对冲沟边坡周围自然生态环境与地表植被破坏大、施工土建工程量大等诸多问题，而且克服了地貌恢复和水工保护的困难，既有利于施工，也满足了环保的要求。与此同时，只要设计合理，还可以有效地避免由于开挖施工导致水土流失、山体滑坡、滑塌等次生地质灾害的发生，保证管道工程的安全稳定。斜井穿越法与竖井加横向水平巷道穿越法在空间结构上基本类似。竖井可视为是斜井的一种特殊情况，即竖井是斜井倾角等于 90°的极端情况。

斜井穿越的原理：在穿越初期，工作管自重产生的沿穿越方向的分向作用力大于摩擦阻力，在受控的情况下利用工作管自重分向力进行斜井穿越。在穿越后期，随着工作管穿越长度的增加及工作管与土壤接触面积的增大，摩擦阻力也随之增加，此时对工作管施加外力进行牵引，从而达到穿越目的。

2. 工艺流程

在黄土梁上不破坏地貌，顺坡在地面下由人工掏洞，同时进行管道预制，斜井洞完成后，将管道顺洞溜至预定位置。管道线路井式穿越结构形式见图 7–10。

斜井开挖流程：测量放线→施工便道修筑→作业坑开挖→斜井开挖。

管道穿越流程：溜管平台修筑→“二接一”管段预制→管道包裹→预制管段连头焊→管道安装就位。

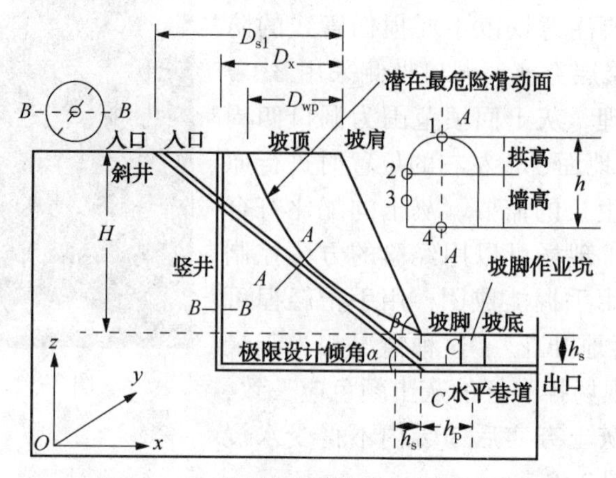

图 7-10　管道线路井式穿越结构形式

3. 施工技术措施

（1）测量放线

① 复测转角点，测放管道中心线、预制场地及施工便道占地边界线；

② 原始地面高程测量。管道中心线确定后，对斜井穿越段进行地面高程测量，以确定斜井坡度和作业坑位置。

③ 冲沟段斜井测量。对斜井两端点高程进行测量，确定斜井坡度。

④ 黄土梁地段斜井测量。对斜井两端高程进行测量，同时还要对台阶之间的接点(埋深最小的台阶底部)进行测量；这些关键点埋深都满足设计要求后，确定斜井坡度。

⑤ 井口位置确定。井口是挖斜井时人员进出和运输物料、土方的通道。井口尺寸为选择位置时保证周围有足够的场地用于堆放物料和弃土，还要根据斜井坡长确定竖井数量和位置，一般两个井口间距以不超过 80m 为宜。

（2）施工便道修筑

① 黄土梁地段。在黄土梁地段，施工设备不能直接进入施工现场，需修筑宽度为5~8m 的 Z 字形盘山道。该盘山道与管道中心线距离不小于坡度不大于 21°，且在管道中心线的一侧修筑，防止设备通过中心线后压塌斜井。

② 冲沟地段。在冲沟顶部，施工设备一般不能直接进入，可利用附近小型冲沟或山间小道修筑施工便道。

（3）斜井开挖

黄土的土质为黄土，除表层风化形成的沙土较松软外，底层比较坚硬，在采取一定的安全措施后，可进行斜井开挖。采用人工掏土、卷扬机(或推土机牵引头)牵引手推车、将土从洞内运往洞外堆土区的作业方式。斜井坡度为 10°~35°，单段斜井长度一般不大于 80m。斜井可从一端掘进或从两端同时相向掘进，斜井双向掘进如图 7-11所示。

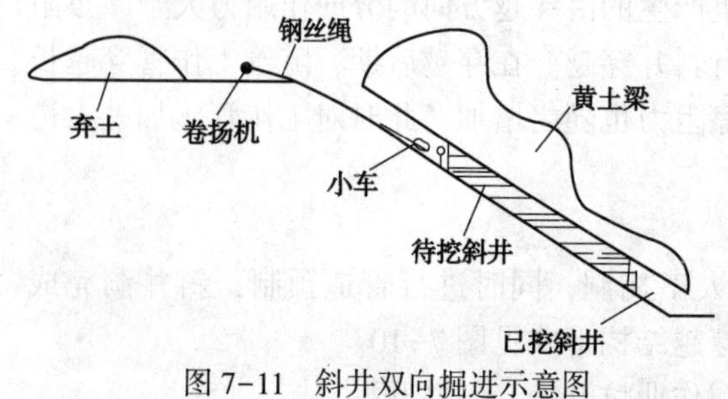

图 7-11　斜井双向掘进示意图

斜井方向控制：

① 管沟方向(水平方向)的控制。首先用仪器确定斜井的管沟方向，并在不需动土的洞顶上方(自然地面)打上木桩，洞口形成后，在洞口外边(管沟方向的延长线上)同样打上木桩，间距以 1m 为宜，并用工程线将木桩相连以控制管沟方向。洞挖到一定深度后，将洞外控制的管沟方向引到洞内，在洞壁上方，同样打上一排小木桩，用工程线相连以控制管沟方向；

② 管沟坡度(纵向方向)的控制。对最初掏挖的管沟直接用仪器控制其坡度，在以后的作业过程中，按照该坡度顺延下去，并在洞壁侧面打上一排小木桩，用工程线相连以控制管沟坡度，该工程线的坡度等同于管沟坡度，随时测量工程线与地面的垂直距离，以准确控制管沟坡度。

安全措施：

① 保证洞内照明。随着斜井的掘进，洞内光线越来越差，为便于施工人员作业并及时发现异常情况，洞内应保证照明，可在洞外配置一台小型柴油发电机(电压不超过 36V)。

② 确保信息畅通。随着斜井的掘进，洞内外人员之间的直接通话越来越困难，为确保安全施工，洞内外人员各配置一部对讲机，确保通讯畅通。

③ 防止斜井塌方。制作安全支撑架，其形状与洞相同，尺寸小一圈，每个安全支撑架长用钢管煨制成 4 个架子，架子间距 0.4m，通过焊接连成一体，并在表层覆盖一张钢板，钢板厚度为长 4m、宽 1.2m。随着洞的掘进，安全支撑架也随之增加跟进，支撑架的放置间距为 0.5m。

④ 洞内通风。为保证洞内工作人员呼吸畅通，在洞口放置一台鼓风机，通过一根尼龙管向洞内供气，随洞掘进一起向内延伸。

⑤ 风干。斜井挖完后，使洞自然风干 3～4 天，撤出安全支撑架。改用坑木支撑，坑木支撑的形状尺寸与安全支撑架相同。

斜井支护架示意图见图 7-12。

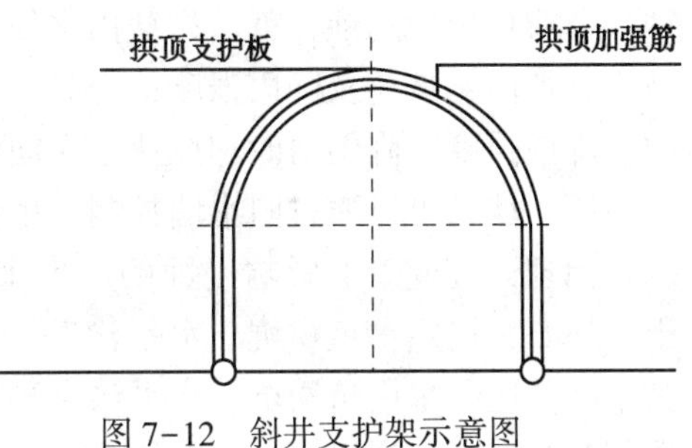

图 7-12　斜井支护架示意图

其他措施：

① 在洞口作业坑外搭设遮雨棚，防止雨水进入洞内。

② 遮雨棚外设置挡水墙，并沿墙挖排水沟。

③ 每天施工完后，盖住洞口，防止无关人员进入。

(4) 管道安装

① 平台修筑。在完成斜井施工后，即可进行溜管作业平台的修筑。对作业坑周围堆积的土方，用推土机和挖掘机进行清理、平整，保证溜管作业时管段预制、安装的顺利进行。

② 管段预制。在完成溜管平台的修筑后，进行二接一管段的预制，严格按照管道施工工艺进行管道焊接、检测和防腐，确保管道焊接和防腐质量。

③ 管道组装。组装前在管端(进入斜井端)焊接封头、吊耳，用钢丝绳将管道与推土机、卷扬机相连。溜管作业过程中，收缩套与防腐层最容易受到损伤，因此，对其保护是管道安装质量的关键控制点。在施工中，用柔性物(草袋、毛毡)将管道包裹，外表再用竹片保护，用铁丝捆扎牢固，以确保收缩套与防腐层不受到损伤。用吊管机(加长杆)直接将预制管段吊放到斜井内，当第一个预制管段尾端接近洞口时停止溜管，用设备吊装第二个二接一管

段，在作业坑内进行连头焊接作业。如果管道较长，在接完第二个二接一管段后还需焊接，可重复以上方法，直至达到要求长度。

(5) 回填

管道安装就位后(光缆敷设完成)，在斜井顶端井口将细土由上向下填入洞内，直至填满整个洞。如果回填土不密实，可向洞内注水加快沉降。斜井洞口向里5m范围内，自里向外人工砌筑灰土挡土墙(灰土比为2∶8)，洞口处砌筑毛石墙。

五、黄土地区水工保护

输气管道敷设在湿陷性黄土地区经过较大起伏地形时，由于施工过程中人为的扰动作用，对原始边坡地形地貌破坏较大。管道敷设于此类边坡时，由于管沟内回填土多处于松散状态，在降雨条件下，沟内回填土极易在坡面径流的冲刷下发生流失，严重时会造成管道裸露甚至悬空。因此采取砌筑护坡、挡土墙、截水墙、排水沟、护墙、锚固墩等水工保护措施是必要的。

对黄土地区管道及管道周边环境构成危害的主要是降雨所造成的水力侵蚀和重力侵蚀。其中对管道工程最具威胁力的破坏方式是沟蚀，主要表现为沟底下切、沟岸扩展和沟头前进；重力侵蚀主要表现为滑坡、滑塌和崩塌等。若管道所敷设的地段发生上述水害现象，土体或水流将会推动管道向地势低的方向移动，这样管道极易被破坏。

由于侵蚀不均在地貌上形成了黄土地区的丘陵沟壑密布，谷坡陡峭。要有效防治侵蚀，宜在侵蚀发生的初始阶段进行防治，起到事半功倍的作用。因此预防的重点在于避免形成沟蚀。要避免形成沟蚀，就需拦截雨水使其就地入渗。黄土的侵蚀除受黄土性质影响外，还受坡度、坡向、坡长及降雨强度、历时、风速、风向和植被种类、郁闭度等因素影响，其中坡向、降雨强度、降雨历时和风速、风向难以人为控制，但是坡度可以通过鱼鳞坑、水平沟局部控制，坡长可以通过阻水墙控制，植被种类、郁闭度可以通过人工植被控制。通过小区域综合治理，改变以上影响侵蚀的因素来优化护坡结构，管道两侧各3~5m内用灰土(固化土、块石、格室、鱼鳞坑、水平沟等)护坡，间隔10~15m设阻水墙，设排水沟、消能池；其余相关地段采用鱼鳞坑、水平沟套种草灌，通过对雨水截、排、引、消、渗、堵的方法，使其互为补充、互为依托、取长补短，共同维护管道的安全，以提高经济效益和环境效益。

(一) 基本要求

在黄土高原进行管道施工时，必须熟悉不同区域的土层、地貌特点，有针对性地采取合理的水工保护施工方法，有管道敷设的场地应采取通畅的排水措施。采用合理的施工工序，多雨季节管道焊接时以沟上组焊为宜，管沟开挖时最好每隔一定距离留一隔墙，宽约1~2m，管道下沟时再挖通，同时在低洼处设排水井。一般情况下不能轻易改变已固有的地貌和水系，在黄土高原，即使小地貌和水系的改变，也会形成新的冲沟，进而造成塌方和滑坡。

1. 弃渣处理措施

在管道建设中，产生大量的弃土、弃渣构成了新的水土流失源。这些弃渣的来源主要由修筑伴行路、隧道开挖、河(沟)道穿越、陡峻山坡开挖等产生形成。工程实施过程中，对这些弃渣采取的处理措施只是就地堆放，有些地方只是简单修筑了拦渣挡墙。如果一旦遇到暴雨洪水，势必造成泥石流、洪水泛滥和淹没农田等自然灾害。对于这种情况，可以采取两种办法予以解决：第一种办法就是在建设过程成中，借鉴最新的研究成果，对弃渣进行固化处理，主要采用碾压、造农田等办法，这是一种治本措施；第二种办法是补救措施，主要采用修建拦渣挡墙、淤积坝和堆积体工程护坡、生物护坡等措施。

2. 农田恢复

管道所经之处，施工扰动、微地貌的改变都对当地居民的农业生产带来了一定影响。虽然管道经过之处都对农耕地进行了不同程度的恢复，但恢复结果并不令人满意。多数只是简单进行了整平，并未完全恢复到原貌。由于排水设施被破坏，部分农耕地种植难度较大。同时，大多数地区都仅对作业带内的土地进行了平整，而对两侧弃土及掩埋压占区都未进行整治，当地农业生产和地质环境都受到一定影响。对于这些地区，主要还是要发挥农民的积极性。在大体恢复的情况下，要将农田恢复的主体下放到农民。在相应政策的激励下，采用资金补偿等有效方式，使农民成为土地的最大受益者，这样即可较为轻松地解决农耕地恢复的问题。

3. 生物治理措施

由于受冲刷斜坡本身的稳定性满足要求，但由于边坡常年暴露于自然环境中，承受着各种自然条件的影响，使边坡发生各种变形、病害甚至破坏。尤其是在水的冲刷作用下，由于水流对边坡的冲刷、浸润，使得边坡土体颗粒之间抗剪能力减小而造成失稳。

在无防护的坡面上，雨滴直接击打坡面引起风化物颗粒分散、飞溅，撞击地表薄层水流，增大水流紊动，使坡面侵蚀加剧。在薄层水流的作用下，逐渐形成地表径流，加剧侵蚀。水流在细小、轮廓清楚的沟槽或地表径流继续集中，形成了坡面的冲蚀，逐渐将坡面冲刷出具有一定宽度和深度的沟槽。沟槽进一步发展，就形成了一种高强度的坡面冲刷形式，即冲沟冲蚀。沟蚀发展到一定程度之后，沟槽两坡变陡，加之在水的作用下，土层力学性质明显变差，在重力的作用下就发生崩塌，崩塌物随之被水流冲走，如此反复循环，坡面就遭受到了剧烈的冲刷破坏。同时水流沿护坡工程与坡面的接触部位或护坡体裂缝破损处下渗灌入，掏蚀护坡体内的土体，还往往造成护坡工程的失效。

为了防止冲刷坡，根据冲刷坡的形成过程，就要尽量减少裸露的坡面，采用工程防护措施或生物防护措施封闭边坡坡面，减少降雨和水流对坡面的直接冲击影响。采用的具体措施通常有浆砌石护坡、拱形骨架护坡、菱形骨架护坡、草袋护坡和土工格室护坡等，配合以截排水沟。研究和工程实践表明：除浆砌石护面以外的防护工程措施，不管是哪一种，都必须与植草等生物防护措施相结合，才能达到最好的防护效果。一般情况下，坡面的生物防护都必须与工程防护措施相结合。在草种相同的情况下，防护能力从大到小依次为正方形网格护坡、六角形空心预制块、拱形护坡和草袋护坡。同时，边坡工程防冲刷的能力大小还与相结合的植被类型有很大的关系，植被类型不同，防冲刷的能力也相差很大。

（二）护坡

1. 概述

护坡分为灰土草袋护坡、素土草袋护、块石护坡以及加筋干打垒护坡防护方法。一般灰土草袋护坡或素土草袋护坡比较容易施工，且不容易出现裂缝，但外观没有块石护坡漂亮大方。在施工时，可将两种形式的护坡相结合，块石护坡做成垂裙式，高度不大，上部采用草袋护坡；部分护坡为整体块石护坡的分层将护坡做折形，使护坡内应力分解，以免使块石护坡拉裂，见图 7-13。

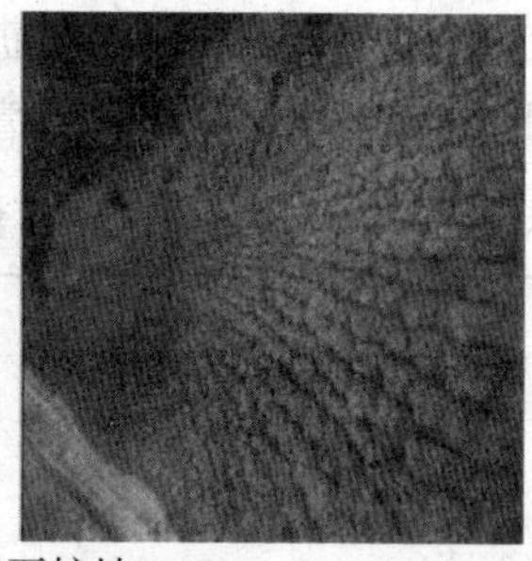

图 7-13　块石护坡

2. 加筋干打垒护坡

在坡脚设置护脚矮墙，坡面采用三七灰土添加草筋进行夯实，坡顶布设截排水沟。加筋干打垒护坡防护方法具体施工做法如下：

(1) 灰土拌置

在夯填土和石灰拌置前，需严格按照以下要求做好准备工作：

① 夯填土首选砂质黏土，可以采用新鲜黄土或黏土，不得采用含淤泥、腐植土、冻土、膨胀土及有机物质土作为填土材料。

② 夯填土含水率以15%~20%为宜。

③ 石灰需经过充分"消化"。

④ 采用人工或机械拌置方式，将夯填土和石灰以3∶7的体积比充分拌合，拌置后的灰土静置时间不得超过6h。将拌置好的三七灰土作为干打垒的夯填料可以有效改善黄土的大孔隙特性，并阻断坡体渗水；同时，黄土中含有易溶性碳酸盐，石灰中$Ca(OH)_2$缓慢与黄土中的CO_2进行作用后，形成坚硬的土体，可以提高土的力学性质，达到加固土层的作用。

(2) 护脚矮墙施工

为稳定干打垒夯实体，在坡脚设置护脚矮墙。矮墙基础埋深不小于0.5m，基底挖除原土并用三七灰土夯实换填，矮墙地面高度以0.5m为宜。墙身采用素混凝土、毛石混凝土或浆砌石砌筑，当墙身强度达到设计强度的70%后，方可进行干打垒夯筑。

(3) 干打垒夯筑

① 夯筑前需清除坡面上的植被，并根据拟处理边坡的高度H确定夯体级数、单级夯体高度以及夯体外侧坡度。

② 根据夯体级数、夯体厚度及夯体外侧坡度的情况来预留施工马道宽度，通常施工马道宽度不小于1.2m。

③ 为了增加夯体抗拉强度，夯筑过程中应加筋。筋体可以采用稻草编织的草绳，草绳具有一定的耐腐蚀性，其纤维组织能承受较大的拉力，在受拉过程中状态稳定，与素土夯体相比，其抗拉强度可提高30%。因此，草绳可以作为夯体的主要加筋材料，从而延长夯体使用寿命。在该结构中，由填土自重和外力产生的侧压力作用于面板，通过面板将此侧压力传给筋带，企图将筋带从土中拔出，而筋带材料具有足够的强度，并且与土产生足够的摩擦力，那么，加筋的土体就可以保持稳定，并且在满足了只产生摩擦力而不产生滑移的条件下，筋带改良提高了土的力学特性，成为能够支撑外力和自重的结构体。筋体应该沿干打垒斜坡顺向和纵向均匀布置，间距为50cm，每夯筑20~25cm布置一层。④夯体厚度一般为1.5~2m，采用机械或人工分层夯实，分层厚度宜为20cm，夯实后的夯体压实系数不小于0.93。黄土斜坡坡面加筋干打垒护坡方法施工剖面图见图7-14，夯体级数、单级夯体高度以及夯体外侧坡度取值情况见表7-1。

表7-1　夯体级数、单级夯体高度以及夯体外侧坡度取值情况

拟处理边坡的高度/m	夯体级数	单级夯体高度/m	夯体外侧坡度/(°)
$H<4$	1	H	70~80
$4<H\leq8$	2	$H/2$	60~70
$8<H\leq12$	3	$H/3$	55~60
$H>12$	3级以上	≤4	小于55

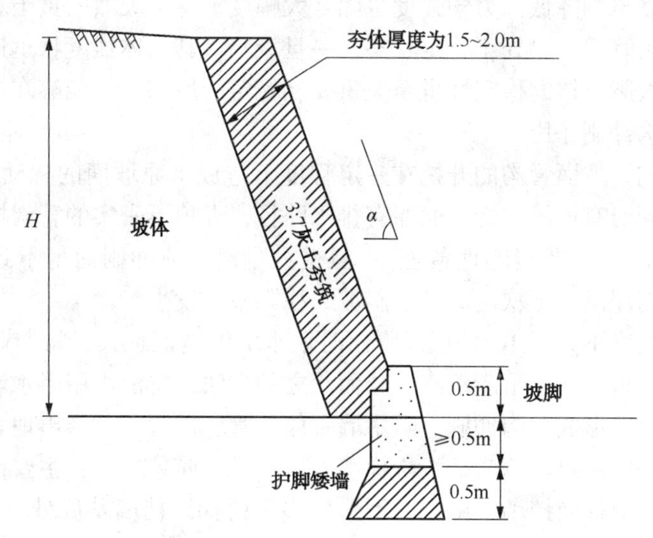

图 7-14　黄土斜坡坡面加筋干打垒护坡方法施工剖面图

(4) 截排水施工

在Ⅰ、Ⅱ级湿陷性黄土地区，若存在冲刷下切的软土地区或边坡坡比大于 1 的情况下，应在边坡坡顶布设截排水沟。为了保证加筋干打垒护坡效果，其施工质量控制要点如下：

① 控制夯填土含水率。由于含水率对灰土的强度影响极大，在施工中应尽量接近最优含水率(22%~23.5%)，现场简易试验方法是用手抓一把灰土，要求能捏成团，但又不黏手，将手松开，落地散开。

② 控制夯体密实度。夯体是否密实是加筋干打垒护坡效果好坏的关键，不密实的灰土极易流失，因此在夯填灰土过程中应严格控制夯填厚度和压实度。

③ 设置加筋体及护脚矮墙。灰土本身强度低，抗冲击能力弱，在夯体中均匀布置加筋体将极大提高夯体的整体强度。普通三七灰土和加筋三七灰土的对比试验表明，加筋后的三七灰土黏聚力和内摩擦角均有大幅度的提高，而护脚矮墙的设置则提高了夯体的整体稳定性。

加筋干打垒护坡方法具有适用范围广、施工便捷、成本低廉、防护效果持续时间长等优点，能够有效降低黄土区斜坡坡面水毁带来的管道安全风险。夯填土含水率、夯体压实度和加筋体及护脚矮墙设置是该技术质量控制的关键点，接近最优含水率的密实夯体阻止了水的渗入和土的流失，适当加筋提高了夯体的整体强度。

(三) 缓坡处理

1. 黄土斜坡水毁病害特征

① 斜坡高度大、坡度陡，对于斜长超过 100m 的冲沟斜坡，坡面往往上缓下陡，下部坡度超过 60°。

② 管道埋深一般小于 2m，部分管沟夯填欠密，易塌陷。

③ 建设期修建的草袋损坏殆尽，坡面水土流失严重；

④ 坡面降雨汇流通道一旦形成，发展迅速，尤其对于植被覆盖稀少的管沟部位，易成为坡面汇水冲刷的主路径。

2. 产生上述病害的原因

①黄土斜坡自身特性。黄土本身孔隙比大、天然含水量低、可塑性强、具有较高的黏聚强度，常呈硬可塑、坚硬状态，力学强度较高。但黄土被水浸泡后，土粒间的胶结作用立即

遭到破坏，黏聚强度急剧降低，力学强度也随之大幅度下降。天然的黄土斜坡以及斜坡上经原土回填夯实的黄土管沟一般处于稳定状态，一旦浸水，其土体强度将迅速降低。此外，对于高陡斜坡而言，坡脚土体的稳定性也至关重要，稳定的坡脚土体能够在一定程度上减缓坡面水土的流失和管沟冲刷作用。

②外部因素影响。坡面管沟的开挖在一定程度上造成了原坡面的扰动，如土体的松动、坡表植被的破坏；同时有可能改变坡面原有排水路径，夯填不密实的管沟极易发展成为新的坡面汇流通道。黄土(尤其是湿陷性黄土)一旦被大量浸水或冲刷而得不到有效遏制，那么坡面水土流失、管沟塌陷、土坎垮塌甚至斜坡失稳则极易发生。

所谓缓坡是指坡度不大于10°的坡。降雨时汇水沿坡越汇越大，将作业带冲刷，在这样的地方，采用结合当地地形、阻断汇流、分而治之的方法，将汇水用阻水墙隔断，以防止管沟回填土被雨水冲走，形成顺沟冲刷。阻水墙一般从管底做起，并露出地表适当高度，以将坡面汇水排离管道。常用阻水墙为地下阶梯墙，成本低，简单易行，主要做法是在坡顶处和坡中部的管沟中砌数道横向挡墙，由上而下形成多级阶梯。挡墙基底处于管沟底的原土层，顶部与地面持平，即墙高于管沟的深度。这样在管沟回填后，即使回填土有所沉降，由于挡墙的存在，能够阻止水流的形成和回填土的流失，起到保护管道的作用。由于挡墙不高于地面，所以不会对地面形态和植被产生影响。

1. 素土阻水梗

用素土在坡而上每隔10~20m做一道梯形土埂，底宽600m，高一般400~500mm，两侧边坡1∶0.5，素土阻水埂施工时必须夯实，阻水埂表面撒播草籽并定期洒水管护，形成植物护坡，保证阻水墙强度。

2. 灰土内胆阻水墙

施工时将传统做法的阻水墙做为内胆，外包500mm厚素土，夯实，在素黄土表面播撒在黄土气候下易成活的沙打旺等草籽或浅根系灌木树籽，草(树)籽播洒后定期洒水，在保持湿润的情况下可迅速成活。灰土内胆可保证整个构筑物的强度，表面所种植的草或浅根系灌木成活后，加固了阻水墙强度也保证达到环保要求，又造福当地，有效地改变了过去修建一条管线给当地留下一条“黄带”的历史。阻水墙将作业带分割成许多小区域，有效地防止了汇流的形成。阻水墙施工时应注意：灰土为气硬性土建材料，灰土墙打好后不能立即进行外包素土，需晾晒2~3天，中间如遇到雨天需采取防雨措施。灰土钙化后再进行外包素土，否则无法达到强度。

阻水墙高度设计应以发生设计暴雨时阻水墙之间的坡而不发生冲刷为原则，一般按10年一遇3~6h暴雨计算。若考虑一遇24h暴雨的情况，必须采用强度更高的灰土内胆阻水墙，一般情况下，阻水墙高度1m可满足降雨就地拦蓄要求，根据当地情况每隔20m做一道素土阻水墙，每隔40m做一道灰土内胆阻水墙间隔布置。阻水墙结构断面图如图7-15所示。

(四) 陡坡处理

黄土陡坡地区陡坡段与第三章高陡边坡不同的是，高陡边坡主要为石方段山区，而本章的陡坡段为黄土陡坡，水土极易流失。对于该段水工保护，可采用“三位一体”生态型水工保护体系。

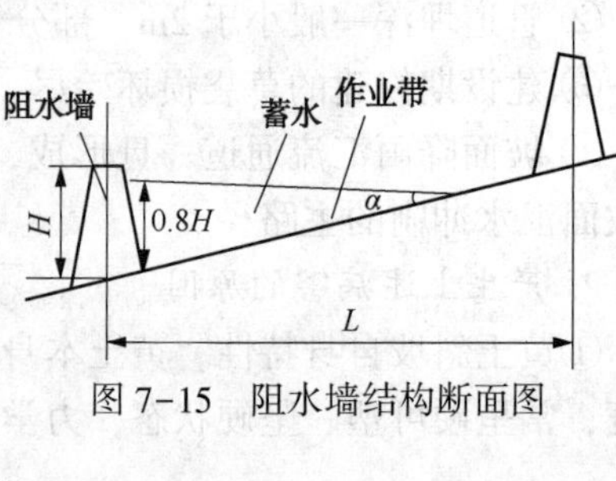

图7-15　阻水墙结构断面图

1. 管沟底部作灰土垫层

管道在陡坡段顺坡敷设时降雨径流易从管沟下渗，顺管沟底部流动，冲刷管沟底部致使管道悬空。为防止管沟底部土壤侵蚀，在管沟底做300mm厚的2∶8灰土垫层，以防管底侵蚀造成管道暗悬。

2. 管沟内做灰土截渗墙

在陡坡段顺坡敷设时，为防下渗的地表径流长距离顺管底流动，侵蚀管底，在管沟内垂直于管沟长度方向做3∶7灰土挡土墙，根据坡度的不同一般8~15m做一道，可有效防止汇水沿管沟侵蚀将管沟掏空形成土桥的情况。管沟内灰土垫层不影响地表植物生长，不需做特殊处理，但管沟内灰土挡土墙的传统做法是将挡土墙露出地面，从而影响地表植物生长，因此可将管沟内挡土墙高度降低。地基采用素土垫层并夯实，压实系数不小于0.93，再在地表增设阻水墙，在保证挡土墙质量的前提下，保证石灰土不露出地面伤害地表植被生长。管沟内灰土垫层及挡土墙有效地防止了汇水因黄土湿陷而造成的管沟上部或底部被水冲刷而形成管线暴露或悬空。

3. 地表做消能坑

消能坑为坑径为3m、深0.5m、坑边间距3m的半圆形，周边用素土夯实成土塄，土塄高200~300mm。降雨时作业带内汇水分别由消能坑划整为零，就地消化，不能在地表形成汇流，并在山坡顶做阻水墙或环形截水沟来配合，有效地解决了水土流失问题。每个消能坑坑体可蓄水体积为：$\pi\times3\times0.5/2=2.355\text{m}^3$，平均每$100\text{m}^2$面积作业带土可蓄水$11.755\text{m}^3$，加上土塄蓄水，降雨时可由消能坑将雨水自行消化，陕北地区的年平均降水量为444.8mm，对于作业带内的一般降雨，消能坑完全可以消化。当地百姓在消能坑内种植杏树等经济树种，既可以保证管道安全稳定运行，又可以为当地百姓造福，绿化山川，同时也有效地防止了水土流失。施工时应注意：管道土方两侧各500mm范围内不能种植深根系植物，以防伤及管道防腐层。消能坑剖面示意图见图7-16，消能坑冬天及夏天照片见图7-17。

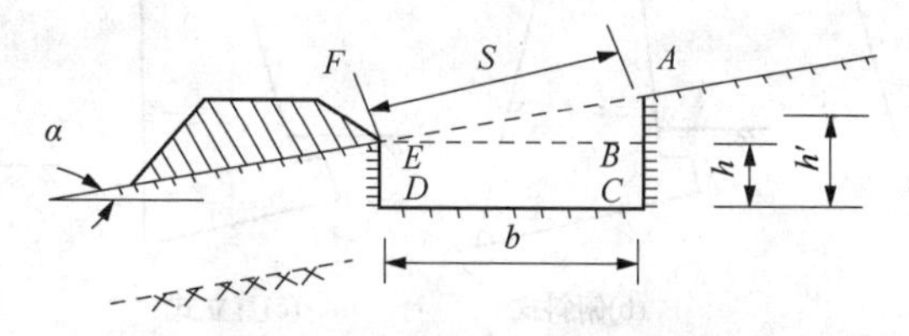

图7-16　消能坑剖面示意图

图7-17　消能坑冬天及夏天照片

4. 拦水坝、环形截水沟

在陡坡上分段做拦水坝或环形截水沟，与消能坑相互配合，当降雨量较大时，消能坑不能将雨水全部分储，拦水坝将其阻挡，防止形成汇流。具体的技术要求为：

① 沿长斜坡管道每间隔约 50m 设置一道垂直管道的截水沟，截水沟应将斜坡汇水引离管道中线两侧各 20m 外的稳定地点排放，排放点的选择应防止汇水集中排放对周边环境造成新的、更为严重的水土流失。

② 在黄土地区，由于标高较高处的土壤一般都不稳定，因此，斜坡设置的截水沟的汇水应修筑相应的引水沟，将汇水引至坡脚处，并修筑排水沟将水排至稳定的安全地带，以形成完善的截水、引水、排水体系，确保斜坡回填土的稳定和管道的安全。

③ 对于管道附近 10m 内的原公路排水沟，均应视具体情况进行修复，并修筑排水沟将汇水引至安全地带；除具体技术要求外，凡管道通过黄土地区高于 1m 的崖、坎、直立陡坡时，在管道施工中均应视陡坡的具体情况进行放坡，并应做挡土墙恢复原地表形态，挡土墙用水泥土草袋或水泥土加水夯实做成；管道通过黄土地区的非耕种地段的荒地(一般为斜坡地段)，管沟回填后，应在管道中线两侧各 5~10m 范围内播撒草籽或种植浅根植物等，防止水土流失，保护管道安全。

以上做法形成了“三位一体”生态型水工保护体系。

(五) 冲沟处理

1. 管道附近冲沟治理

对于管道中心距冲沟头较近(5m 左右)且填方量不大的小型冲沟，采取修筑挡土墙、灰土回填的措施；对于管道中心距冲沟头边缘 5m 以上、冲沟头平均深度大于 4m、填方工作量较大的冲沟，治理采取沿沟顶部边缘设置阻水墙或截水沟的处理方法，以防止地表径流侵入岸坡的节理，抑止冲沟继续发育。同时，在冲沟底部管道下游做漫水坝柳固防。挡土墙按其断面形式，可分为图 7-18 所示的 4 种形式。湿陷性黄土地区挡土墙主要有灰(素)土夯筑、加筋灰(素)土填筑、草袋装灰(素)土叠垒、浆砌块(毛、卵)石等形式。

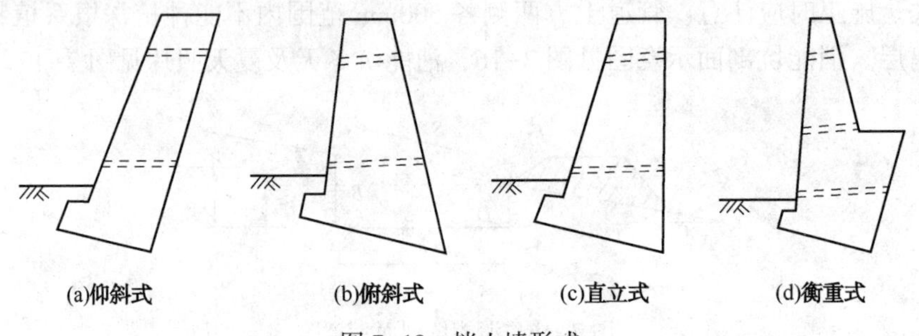

图 7-18 挡土墙形式

① 灰(素)土夯筑。多在一般地段和高差很小的地域作挡土墙，如耕种田的土埂。这种形式经济，取材方便，但技术含量较低，抗冲击、抗倒覆、抗山洪能力较弱。

② 加筋灰(素)土填筑。多在高差较大的地域作挡土墙，如管道通过陡峭的嵝岘时，支挡两侧的土体、高陡山坡上的挡土墙。特点是造价较低、强度较高、占地少、施工技术含量高、施工快捷，但在填筑时要加拉筋带。

③ 草袋装灰(素)土叠垒。多在一般地段和高差较大的地域作挡土墙，如阶地、山坡上。特点是取材方便，施工简单，但造价较高，技术含量低，强度较低。

④ 浆砌块(毛、卵)石。多用于高差较大、常年有水流或有季节性洪水地域及坡度较大的地段作挡土墙。特点是强度高，技术含量较高，抗冲击、抗倒覆、抗山洪冲刷能力较强，且坚固、持久，但造价高，施工复杂，受环境和气温影响较大，施工设备较多。滤水靠泄水孔，泄水孔施工工艺复杂。

2. 冲沟沟头防护工程形式

冲沟头侵蚀防护是沟壑治理的关键点，可以有效防治坡面径流下泄、侵蚀引起沟头前进、沟道下切和沟岸扩张，改善生态环境，保障管道运行安全。为防止冲沟沟头继续发育而危急管道安全，对于管道中线两侧各10m范围内的冲沟头部应进行处理，一般有以下处理方法：

(1) 沟埂式

沟埂式防护是一种沿沟头等高线布设的等高截水沟埂，视沟头坡面完整或破碎情况，做成连续围堰式(见图7-19)或断续围堰式(见图7-20)。连续围堰式沟埂大致平行，沿等高连续布设，在沟埂内侧每隔5~10m筑一截水横挡，避免因截水沟不水平造成拦蓄径流集中，出现冲刷、决口。断续围堰式沟埂沿沟头等高线布设上下两道互相错开的围堰(短沟埂)，每段围堰可长可短，视地形破碎程度而定。前者适用于沟头坡面较平缓(4°以下)的地面，后者适用于沟头地面破碎、坡度变化较大、平均坡度在15°左右的丘陵地带沟头。

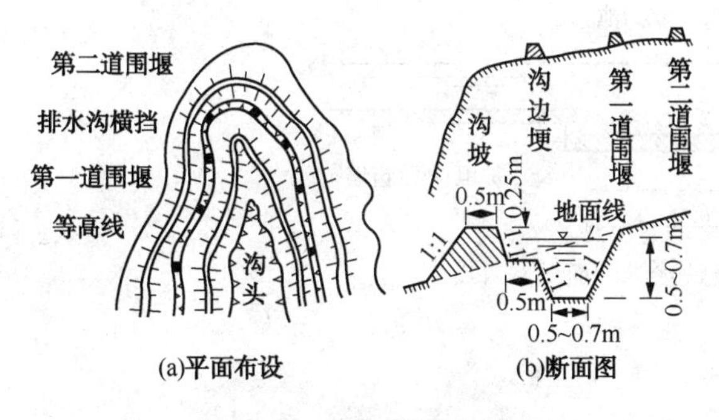

图7-19 连续围堰示意图

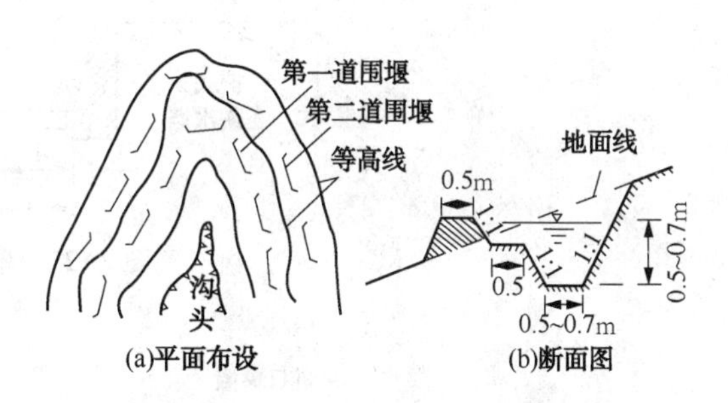

图7-20 断续围堰示意图

(2) 池埂结合式

这是一种在沟头附近设有蓄水池，与沿等高线布设的沟头围堰相结合的一种防护形式(见图7-21)。蓄水池可根据沟头附近地形，选择低洼处布设1~2个，也可布设水窖代替蓄水池。池埂结合式防护适用于集水面积较大、来水量较大的村头道路交叉的沟头地带。

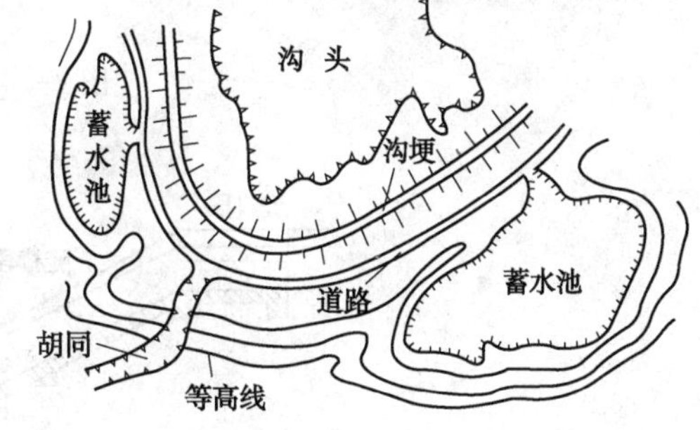

图7-21 池埂结合式沟头防护示意图

(3) 排水式

上述两种沟头防护形式主要以蓄拦为主，尽可能将沟头上部径流泥沙拦蓄利用，阻止其进入沟道。但当沟头上部集水区来水量大，又无适当洼地修建蓄水池或者可建蓄水池，危及管道、伴行道路或群众安全时，须采用排水式沟头防护。常见排水式沟头防护有悬臂管(槽)式以及台阶式。

① 悬臂管(槽)式是在沟头径流集中处用混凝土管将径流集中导向沟头下方的一种形式(见图7-22)。由于管出口悬于空中，故称悬臂式。为消除出口水流对下方的冲蚀，在下部须设消力池。悬臂管(槽)式排水一般适用于流量较小、沟头下方落差相对较大(数米至数十米)、沟底土质较好和沟头坡度较陡的情况。

② 台阶式排水适用于沟头坡度较缓、落差较小、流量较大的情况。台阶式排水又

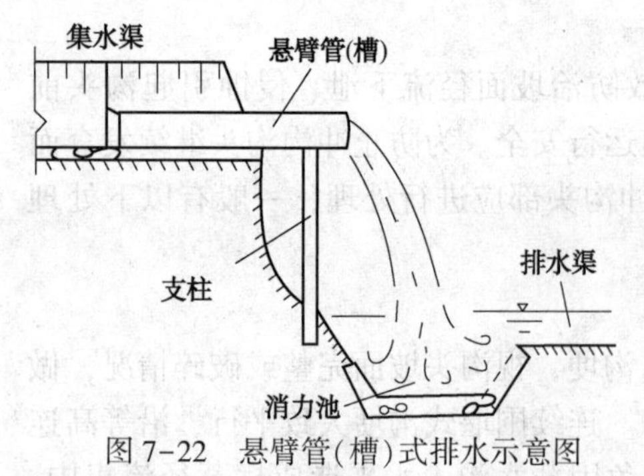

图 7-22　悬臂管(槽)式排水示意图

可分为三种形式：单级跌水、多级跌水、陡坡跌水。单级跌水特点是水流一次直接跌入消力池，通常用在沟头坡度相对较陡、落差较小(4~5m)、土质坚固的沟头；多级跌水特点是水流经多个台阶最后跌入消力池，在沟头落差较大、地面坡度较缓、土质不良的沟头选用较宜；陡坡跌水特点是水流由沟头经一陡槽下泄后跌入消力池，在沟头落差较大(大于 3~5m)、土质良好时选用较宜。见图 7-23~图 7-25。

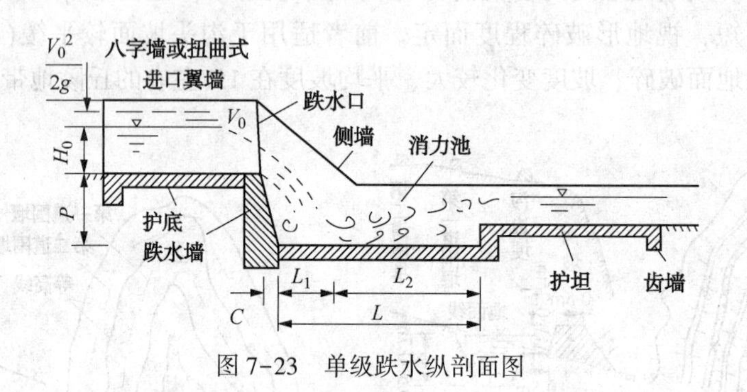

图 7-23　单级跌水纵剖面图

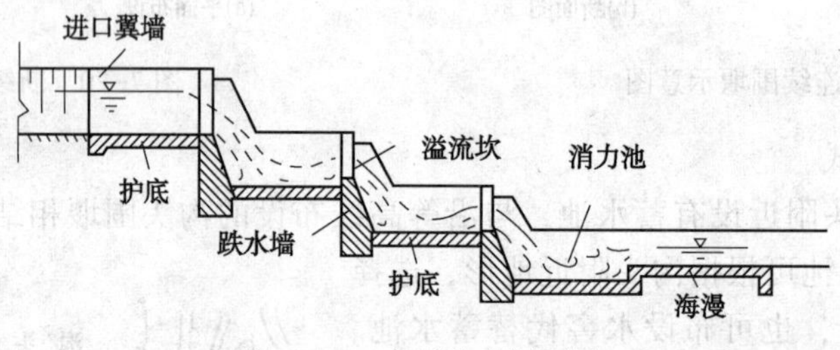

图 7-24　多级跌水剖面图

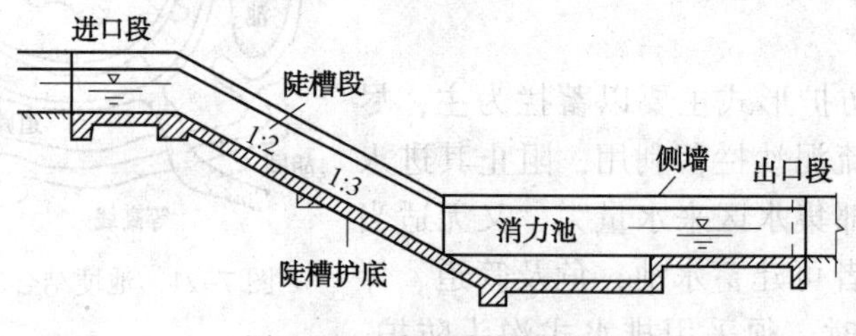

图 7-25　陡坡跌水剖面图

(4) 分段蓄水式

这是一种在沟头长而浅的沟段内分段筑堤拦蓄径流泥沙的防护措施。黄土高原地区沟头上的荒“胡同”或壕沟多用这种工程，其设计与沟头蓄水池相同。

采用灰土草袋护坡或素土草袋护坡，坡顶配合环形截水沟或包坎，见图 7-26。

采用浆砌石护坡，配合排水沟、消能池。

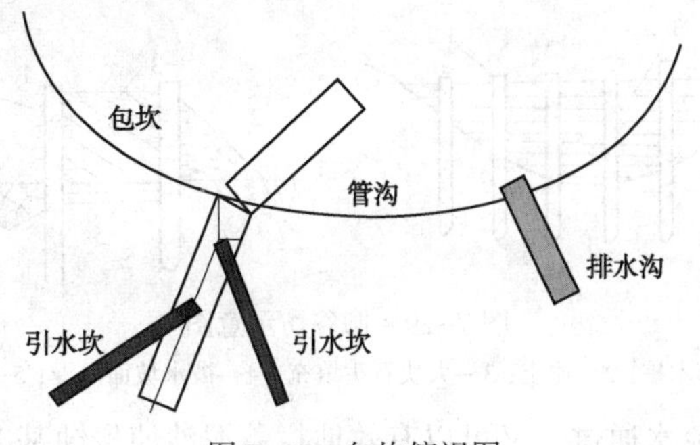

图 7-26　包坎俯视图

对于冲沟头植被条件较好、深度较小(<3m)、沟头稳定的冲沟，采取沿沟顶部边缘设置阻水墙或截水沟的处理方法，以抑止冲沟继续发育。对于冲沟边坡较稳定但沟底植被条件较差、冲沟深度有可能下切的情况，除了设置阻水墙或截水沟以外，还要在管线下游一定位置处设置地下防冲墙(浆砌石结构)、淤土坝(灰土夯实)等拦淤措施，抬高冲沟底部侵蚀基准面，防止冲沟底部深切发育。见图 7-27。

3. 冲沟沟头防护工程设计

防护沟埂与沟沿之间应保持一定的安全距离，其大小以埂坎内蓄水发生渗透时不致引起岸坡滑塌为原则。依经验，通常取 $L=(2\sim3)H$，H 为沟头深度。沟坡较陡时，要注意沟坡上是否存在陷穴或垂直裂缝。若存在，L 取值应适当放大，以确保安全。如果沟头深度 H 变大，应以引排为主更为安全。见图 7-28。

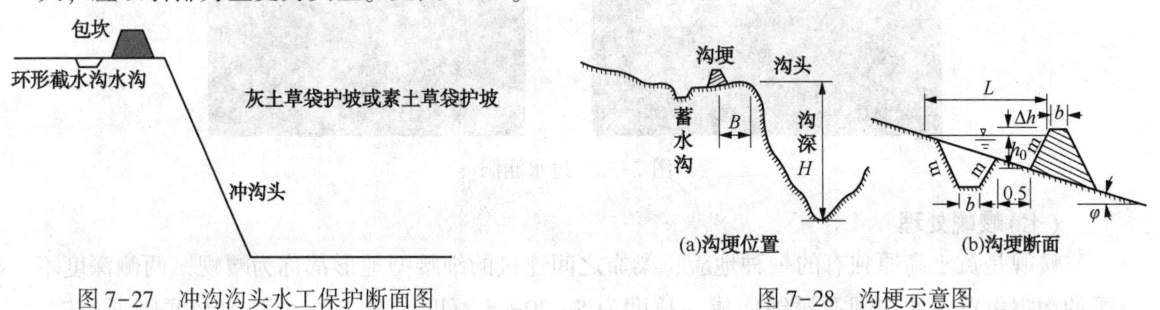

图 7-27　冲沟沟头水工保护断面图　　　　图 7-28　沟梗示意图

4. 冲沟边坡的处理

方式一：采用浆砌块石挡土墙和护坡的形式。挡墙高度应视边坡高度而定，一般在 3~5m 范围内，挡土墙以上边坡应采取夯实、削坡和做成阶梯台面，边坡可采用网格种草，阶梯台面一般性种草。作业带两边应设排水明渠，两侧裸露边坡应削坡、夯实、种草，也可以采用铁丝网格种草或穴状种草。

方式二：坡脚修挡高为 2~5m 不等的土墙(土坎)，挡土墙上部边坡夯实、削坡、修筑台阶(边坡较高时)，采用草袋土建筑，草袋土表层撒播草籽，作业带两侧裸露部分削坡、夯实、种植林草。

5. 横贯作业带冲沟处理

管道穿越沟壑、冲沟、小型冲刷性河流时，在管道下游冲沟底部做漫水坝(也称灰土谷坊或柳谷坊)，由于灰土谷坊具有强氧化性，故在施工中多采用生态型的柳谷坊。谷坊是在侵蚀沟中垂直沟向分段建筑的高度较小的坝，柳谷坊是由 2~3m 长、直径 100mm 以上的两排间距为 1m 的活柳木桩插入沟道内，中间用大块石头堆积填充而成，如图 7-29 所示。

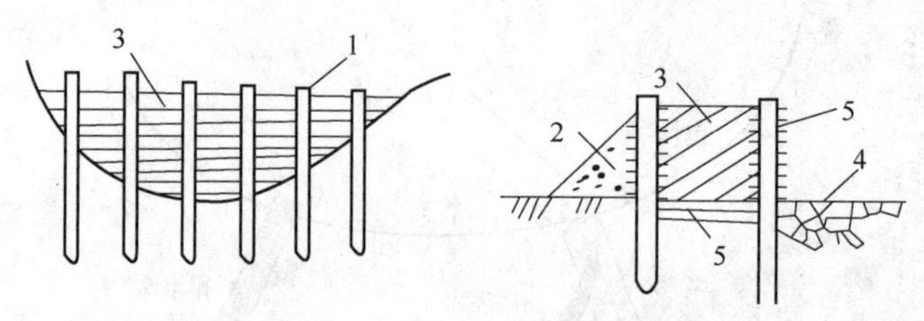

图 7-29　柳谷坊示意图

1—柳木桩；2—泥土；3—大块石头填充；4—被水坡面海漫；5—柳枝

采用柳谷坊既能让流水通过，又可以有效地拦蓄泥沙使侵蚀基准面升高，保护管道穿越处不被侵蚀。此外，柳木桩很容易成活，保证了谷坊的强度。因此，柳谷坊又被称为生物谷坊，是植物措施与工程措施有机结合的产物。

(六) 汇水处理

对于汇水，有以下三种处理方法：

① 做排水沟。对横贯作业带汇水、过水道，做排水沟将水引到附近山沟。

② 做过水面。为减少灰土对土壤的伤害，将过水面做成土工格室过水面。

③ 做过水涵洞。当水量较大时做过水涵洞。见图 7-30。

图 7-30　过水涵洞

(七) 崾岘处理

崾岘是黄土高原独有的一种地貌，梁峁之间连接的细腰型地形都称为崾岘，两侧深度不等的沟壑由黄土冲沟溯源浸蚀而成，长度为 5～20m，宽度为 3～10m。管道在崾岘通过时，因黄土被扰动，增加了水流的侵蚀程度，崾岘常被冲断，威胁管道的运行安全。传统崾岘处理是采用 2∶8 或 3∶7 灰土将崾岘部位加宽，再在其外侧采用浆砌石护坡，这样处理的崾岘工程量大，需永久性征地，投资大，且在施工完成后无法恢复植被和地貌。

为了既能保证崾岘护坡质量，又能节省投资，维护当地脆弱的生态环境，采用浆砌块石护坡与牧草护坡相结合的做法，做成拱形牧草护坡。做法是将浆砌块石护坡做成拱形，形成骨架，中间拱形而采用素土或种植土回填，种植牧草，保证护坡的质量。

第三节　工程案例分析

一、工程概况

该施工地段位于陕西省北部延川县境内，该路段内大小冲沟极为发育，地形由于受冲沟切割而比较破碎，冲沟形态各异、宽窄不一，由几米至几百米不等。该地段内冲沟切割深度大，且多数沟坡较陡，甚至近于直立，在数条宽缓冲沟内又有小冲沟发育。冲沟由季节性流水冲刷形成，一般上部呈“V”形，下部呈“U”形。本段黄土冲沟极其发育，冲沟坡降大，两岸陡峭，黄土抗冲蚀力差。本段内雨季集中，来势凶猛，冲沟的下切、侧蚀、溯源严重威胁管道安全。冲沟为季节性的自然泄洪通道，本段冲沟既有跨距大、陡、落差大的大冲沟，也有跨距小、落差小的小冲沟，而且大小冲沟交错。本段冲沟共有32处穿越，宽度由十几米至几十米不等，穿越方式均采用大开挖。对于本地段而言，施工作业带的修筑、运管、布管以及水工保护工作量极大。

二、施工难点

根据施工经验，管线在冲沟处施工及运行中经常出现的问题有：高边坡处塌方砸坏管线；管沟上部被水冲刷，管线暴露；管沟底部被水冲刷，管线悬空形成水桥；沟底管线被水冲出等。在施工中存在以下施工难点：作业带在冲沟、陡崖处中断，运、布管困难，尤其是陡崖处施工设备无法到达；陡壁运管、管沟开挖、布管、组焊；陡壁水工保护等。

三、施工技术措施

(一) 施工作业带清理和施工便道修筑

本段大小冲沟交错，在清理作业带时，对于落差小、跨距短的冲沟可采用机械清理；对于落差大、跨距大的冲沟，可采用人工清理。若冲沟内有水，则必须保证不能堵截原有沟渠，可根据现场实际情况设置足够流量的过水管后再回填或搭设临时便桥，确保泄洪通道畅通，见图7-31。

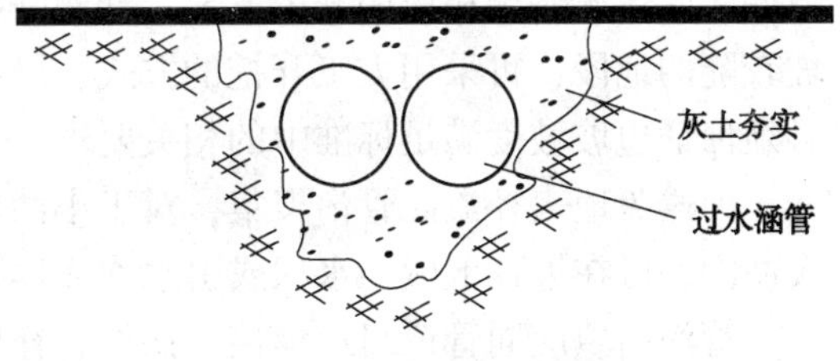

图7-31　作业带示意图

当冲沟或陡崖壁坡度较陡(大于30°)时，作业带修到冲沟两侧，冲沟两侧壁可做放坡处理，或先进行管沟开挖。放坡处理时土方量较大，必须有堆土场地，当陡坡长度较大时须做成阶梯形以降低荷载防止坍塌。

当冲沟坡度较缓(小于30°)、冲沟深度较浅且其底部可以进行组焊时，施工便道直接修筑在作业带内。当冲沟坡度较大(大于30°)、冲沟较深时，将施工便道分别通向冲沟顶部和底部，确保机械设备可以到达冲沟顶部和底部。由坡顶至坡底修筑施工便道，坡度不宜过大(可修筑“之”字形道路)，保证机械设备安全通行。见图7-32。作业带内的施工便道修筑与作业带清理同步进行。

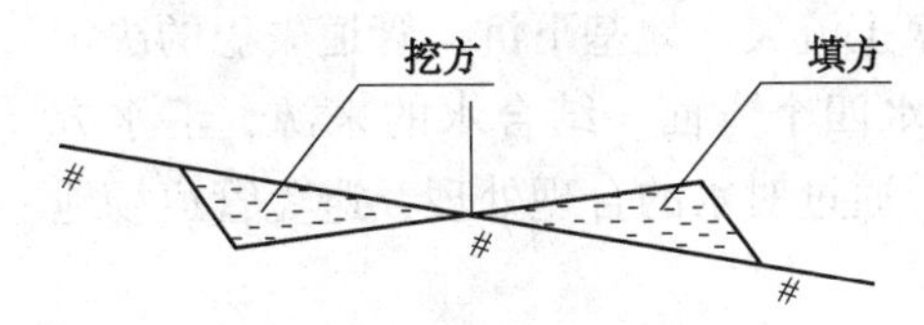

图7-32　坡度较缓时挖方示意图

施工便道的坡度、宽度及承载力要能保证车辆运管及设备的倒运。施工便道在施工中应洒水、压实维护。且为避免冲沟处施工便道被除数洪水冲毁，修筑施工便道应与后续工序紧密相接。

(二) 钢管运输及布管

在施工便道与公路连接点处修筑临时堆管场，用大型运输车辆由物资转运站将管道运至临时堆管场，再由临时堆管场运至冲沟两端堆管场地。

在冲沟坡度较缓的地段，用小型运管车辆将管道坡底的堆管场地，再用吊管机将管道逐根运至作业带。

当陡坡坡长长度大于50m、机械设备难以行走的地段，可卷扬机由坡顶向沟底沟下布管，沟下布管之前将管沟底部清理平整，在管子外表面必须做好保护层(如用厚10mm的胶皮、草绳缠绕等)。

在冲沟坡长小于50m、机械设备难以行走的地段，可以从沟底的组对平台组对、焊接完毕后整体由卷扬机牵引至冲沟顶，施工之前管沟必须清理平整，管道下用运管小车托起，在管道与小车之间用厚10mm橡胶板衬垫，以保护管道的外防腐层。

卷扬机布管应从沟顶由上至下，吊具应使用专用吊具，钩吊管子时，吊钩应有足够的强度且防止管道滑动，确保使用安全；吊钩应在与管口的接触面上衬橡胶，另在下坡管端设置支挡物，以防窜管。

(三) 管道组对焊接

当陡坡长度较大且坡度较陡地段，采用卷扬机沟下布管时，应在焊口处开挖出作业平坑以利管道组对焊接。在冲沟较陡处管道安装由下向上组对，若管道自重较大，则必须将底部固定墩安装后再安装管道，防止管道受压变形产生偏移。管道在陡坡处采用沟下组对，焊接采用手工焊打底、半自动焊接，局部陡崖采用手工焊接。管道焊接时防风可采用简易防风蓬。

(四) 管沟开挖及回填

由于本段冲沟形态各异、宽窄不一，地形比较破碎，故施工中应结合现场地质、水文地形的实际情况制定相应的开挖方案。冲沟开挖应尽量采用机械开挖，对于切割深度较大、沟坡较陡的地段，可采用人工开挖的方式，局部石方段采用爆破与人工开挖相结合的方法，但必须保证边坡坡度满足标准中的相关要求。

为避免地表径流向管沟聚集，对于小冲沟，可在冲沟上部设置环向截流排水沟，对于较大冲沟，可在坡顶上做挡水坝或引水坎或排水沟，将水集至对管道无危害处。

管沟回填应同管道组对焊接、探伤、补口、补伤、管沟开挖等工序紧密结合，尽量缩短工期，以免由于山洪爆发而造成不必要的损失。此外，管沟回填后应及时按设计要求做好水工保护工作。

(五) 水工保护

对于黄土区，水工保护工作的关键是：增大黄土的密实度，减小黄土孔隙比；做隔水层，隔断水下渗；将汇水阻断或引流，避免形成无组织汇流。

水工保护是围绕水的处理展开的，因为水是导致水土流失、地基下沉、管道失稳的决定因素。对水的处理集中表现在阻水、截水、疏水、排水四个方面。结合水的来源、汇水方式、汇水量的大小及设计依据进行水工保护单体施工，通过对水的合理处理，避免管道场地范围内的水土流失，确保管道基础的稳定。

在近年来施工的长输管道工程中，传统的水工保护做法主要是选用石灰土作为用于黄土地区水工保护构筑物的主要工程材料。各种不同比例的灰土已经广泛应用于不同土质条件的灰土护坡、灰土草袋护坡、挡土墙、挡土坎，灰土夯筑挡土墙、灰土排水沟等水工保护构筑物，另外还选用浆砌石(砖)等材料砌筑水工保护线路构筑物作为补充和辅助措施，工程实践证明，这些措施在工程中实用效果明显。但由于灰土构筑物的白灰具有强氧化性，可导致地表植被灼伤无法生长，并且雨水冲刷将白灰冲刷到构筑物周围，灰土构筑物周围地表植物也会被白灰灼伤而无法正常生长；而浆砌石构筑物地需永久性征地，而在黄土地区管道的施工地段多为林区、宜林区以及部分耕地，因此，提出了生态型水工保护工艺，并做了大量的试验，根据汇水形式的不同采用不同的施工原则：作业带内汇水，采取划整为零，就地消化的原则；作业带外汇水，采用传统的以疏导为主的原则；尽可能维护或恢复作业带原有的自然平衡。

冲沟、陡坡处的水工保护要在管回填之前做好，冲沟、陡坡处的灰土挡土坎必须加水分层夯实，挡土坎间距、长度必须符合设计要求。由于本段冲沟形态各异、宽窄不一，故水工保护时一定要及时、认真并切实按设计要求施工，以确保工程质量。

第八章　大型河流地区输气管道穿跨越施工

第一节　大型河流地区地形地貌

天然气长输管道穿越大型河流的施工，是目前长输管道施工中比较常见的一项穿越工程，也是一项系统工程。施工一般会受到当地地形地貌的影响，除了受水文地质条件、穿越长度及穿越位置的制约，还受到水利部门及季节因素的影响。

我国地形复杂，管道工程在设计施工中不可避免地要穿越大小型河流。油气输送管道穿越河流的安全可靠性对保证管网的安全平稳运行至关重要，而且大型河流的穿跨越往往成为制约工期的控制性工程。

一、大型河流地区地形地貌

大型河流地区水资源丰富，降水集中，降水变化率大，径流分配不均，江河水情变化大，汛期发生洪涝灾害的几率高。管道穿越河流、鱼塘工程量大，地质条件差，地基承载力小。这些特点增加了管道施工的难度，同时也对管道施工技术提出了更高的要求。大型河流地区地形特点如下：

（一）河道沉积地段

河道沉积地段主要特征有：砂子的硬度硬，密度大；砂子形状规则，对钻杆的摩擦力大；沙子为纯砂，含土量小，故较为松散。

含水量大时，很松软，承载力小，具有流沙特征，一般被视为水平定向钻的禁区。

（二）软土地段

软土一般指在静水或缓慢水环境中沉积而成的、以黏粒为主并伴有微生物作用的一种结构性土。从成因上看，江南地区大部分的软土属于湖泊沉积(太湖流域)和河滩沉积(长江中下游冲积平原)。软土具有天然含水量大、压缩性高、饱和度高、空隙比大、透水性低、灵敏度高和承载力低等特点，是一种呈软塑到流塑状态的饱和黏性土。由于抗剪强度低，具有明显的流变性，使得软土地基容易发生超量沉降和不均匀沉降。长输管道受到这些沉降的影响，会在局部地区产生应力集中生成裂纹，甚至断裂，这是软土地基造成的最大、最普遍的危害。浙江部分地区还存在山区软土，在倾斜表面的作用卜，会使软土蠕变滑移，导致地基失稳。江苏北部受到山东中部和渤海湾地震带的影响，浙江沿海和上海地区受到台湾地震带的影响。由于软土地基灵敏度高，当地基受到震动时结构发生变化，黏土颗粒松散，有效承载力降低，易发生土壤液化，威胁长输管道的安全运行。

（三）卵石土以及砂岩为主的地段

河床底部以卵石土以及砂岩为主，且卵石土厚度较大，砂岩硬度较大，两岸基岩出露明显。

（四）风化地段

松散砂岩风化裂隙较发育，岩石胶结性差，岩芯呈松散砂状为主，手捏可碎，部分柱状，手折易断，属极软岩。该松散层分布基本无规律。需注意施工中的垮塌现象。

二、施工难点

大型河流穿越是一项系统工程，除了受地质条件、穿越位置和穿越长度的制约，还受当地水利部门、施工季节等因素影响。目前我国大型河流的穿越技术逐渐由开挖敷设向非开挖敷设发展，其中定向穿越和隧道穿越是最为常用的两种施工技术。具体施工难度如下：

① 在河流穿越中时常遇到的中风化硬岩、砂卵石层中进行管线铺设作业难度较大。

② 施工成本较高。在河流穿越工程中，由于河流穿越时常遇到极为复杂的地层，如砂卵石层、硬岩地层、砂性土地层等，施工环境较差，施工成本巨大，穿越失败时常发生。

③ 大型设备、管材等的运输和进场困难。在河流穿越工程中，由于河流穿越时常遇到极为复杂的地层，地基承载力较低的地方大型设备、管材运输无法直接进场和进行正常作业。

④ 没有相应的行业标准与施工作业规程。

三、施工要求

输气管道穿跨越各种河流，已经形成了比较完整的设计、施工方法。对不同的河流，应对其所采用的穿跨越方案进行选择，以确定最经济、合理、可行的技术方案。河流穿跨越方案选择的总原则为：穿越为主，跨越为辅。具体要求如下。

① 施工单位需完善配置水网施工所需的特殊机具。水网施工的特殊机具主要包括浮筒、钢板桩、打桩机、炮车(二次运管到现场)、快装钢架桥、挖泥船和其他运输船等。

② 准备工作是关键。为保证水网地区的施工顺利进行，在密集水塘和河流施工时，应提前在作业带河流上建桥或架设浮桥，确保施工设备顺利通过。

③ 必须采用正确的施工方法。根据不同地区的地貌特点，必须采用合理的施工技术、施工工艺和相应的技术措施，以最低的成本投入，获得最大的经济效益。

④ 由于管道跨越工程投资大，施工较为复杂，建成后维护工作量较大，故管道通过河流时，宜优先采用穿越方式。

⑤ 在穿越方案的选择上，要针对本工程管道穿越江河的水面宽度、流量、流速、通航等级、河岸堤防等级等情况，根据河流形态、水文参数、工程地质等综合考虑，确定合理的穿越方式。对于大型河流，宜排除水上施工工作量大、影响通航的水下开挖穿越方式，尽量采用非开挖穿越方法。

⑥ 定向钻穿越是一种先进的非开挖管道穿越施工方法，施工时完全在水域两岸陆地上进行，具有不破坏河堤或水域堤防、不扰动河床、不影响通航、施工周期短、管道运营安全、综合造价低等优点，对于大中型河流在地质条件适宜的情况下，应优先考虑采用。

⑦ 在地质条件不符合定向钻穿越的情况下，对于大中型河流可考虑采用大开挖、隧道、盾构、顶管等穿越方式或跨越方式，并通过综合技术经济比选，确定最佳穿跨越方案。

⑧ 小型河流的穿越主要有开挖、横孔钻机(加套管)或小型定向钻等方式，可根据河流的水文、地质等具体情况来选择适当的穿越施工方法。

第二节　大型河流地区穿越方法

一、开挖穿越

大开挖穿越主要采用水力冲吸气举、挖泥船挖沟、爆破等方法进行挖沟，采用加平衡重稳管、重连续覆盖层稳管、复壁管注水泥浆稳管等方式稳管，是应用广泛、施工技术成熟的一种穿越方式。在实际施工中，常常将这各种施工技术配合采用来达到最好的施工效果。大开挖法适宜在河土壤松软(机械或人工开挖)、水流速度小、回淤量小及卵石层和土壤硬实的河床(爆破法)中应用，适用于可停航河段，在河床范围较广区域，可以进行电缆、光缆等设施的同沟敷设。缺点是工期长、施工受气候等条件限制，对河道航运和渔业部门影响大，水下作业牵涉部门多，各项赔偿费用高，穿越河流主槽不易达到设计深度。

(一) 开挖流程

大开挖沟渠、河流施工工艺流程图见图 8-1。

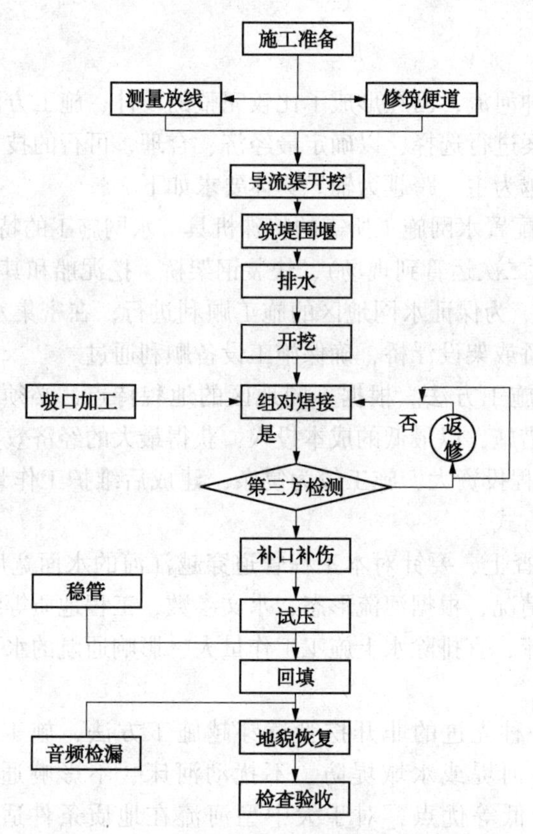

图 8-1　大开挖沟渠、河流施工工艺流程图

(二) 围堰施工

根据现场勘察情况，确定围堰平均高度，进而确定围堰范围。为满足放坡和堆方需求，确定围堰开口宽度和收口宽度。围堰方式：采取挖掘机填筑，上下游同时进行，围堰两侧用砂袋堆起，围堰外侧(接触河水面)采用双层防渗彩条布阻隔。

（三）堰间排水、清淤

在上、下游堰围好以后，用水泵进行抽水，将上、下游堰内的积水排到堰外。由于围堰用料是卵石及中粗砂，其渗水量很大，为了控制渗水，在上、下游堰之间围截水堰，截水堰与上（下）游堰间存水槽用土工布铺垫控制渗水，采用潜水泵排存水槽内的积水。

（四）管沟开挖

根据管道中心线位置放出管沟边线，根据土质结构确定管沟边坡坡度，管沟开挖采用分层开挖方式，在管沟开挖时先用挖掘机开挖砂层和砂卵石层，管沟的一端坡度不大于15°，而后修筑施工通道，以便下一步管道布管、组焊、防腐等施工作业的开展和作业车辆的进入。因河床段细砂和卵石在水的作用下流动性很大，极易坍塌，管沟开挖分层进行。强风化泥质砂岩和中等风化泥质砂岩采用液压镐开凿，挖掘机清理；河道的砂岩层具体深度和位置无法确定，具体石方开挖工程量根据现场开挖完成后的实际进行测量。

管沟开挖采用挖掘机开挖，由于管沟上开口宽度，所以必须用挖掘机倒土，管沟一侧倒土分三次倒到堆放地点。开挖至一定深时管沟一侧要留一条一定宽度的台阶，用来做施工便道，以保证车辆和设备的通行，另一侧则留一条一定宽度的台阶，以方便接下来的管沟开挖倒土。

管沟开挖过程中要经常检查管沟开挖尺寸，通过设置在两岸的水准点控制管沟的深度，保证管沟成型质量，避免多次回挖。施工时应实测管沟平面和纵、横断面尺寸，排除沟内石块等障碍物，管沟成型质量符合要求后方可进行下道工序施工。管沟开挖时，若管沟出现塌方情况，还需进行打桩码袋。

（五）管道试压

此穿越段试压用水拟选择该河流上游的河水，用潜水泵把水注入管线，为防止泥沙和杂物进入管道，在潜水泵入口处安装水过滤器，配备压差表，测量通过滤网的压差。

试压用水量：

$$V_t = \pi(D - 2t)2L/4 \tag{8-1}$$

式中 V_t——上水量，m^3；

D——钢管外径，m；

t——钢管壁厚，m；

L——试压段长度，m。

（六）混凝土浇筑稳管

混凝土浇筑在吹扫试压完成后进行。主河槽管段在组焊前，先每间隔5m垫装土编织袋；管道下沟前在管道外包绝缘橡胶板；无缝钢管敷设完成（为穿光缆）后，模筑现浇长混凝土（高于管顶约500mm），混凝土浇筑前用一定厚的橡胶板包裹管道，搭接包裹。其余的按正常的焊接、试压、防腐工序依次进行施工。

（七）围堰拆除

围堰拆除时，由河道中间向岸边拆除围堰，采取上下游同时拆除的方式，围堰拆除采用挖掘机。

二、水平定向钻穿越

1964年，美国的C. martin开发出第一台水平定向钻钻机，并于同年成立了Titan建筑公司，经营加利福尼亚州首府萨克拉门托市的公路穿越建设，图8-2展示了当时的施工现场。

图 8-2 世界首台水平定向钻钻机施工现场

1965 年，Titan 公司得到长足发展，业务范围扩展至电力线路的地下安装。1971 年，Titan 公司首次成功穿越河流障碍，在帕哈罗河安装了一条排污钢管，管径 *DN*100mm(4 in)，穿越长度为 220m(615 ft)。C. martin 于此年发表论文，公开了这一项新技术，从而为管道、电缆、光缆等穿越河流、建筑、公路、铁路和其他障碍物开辟了一条新的有效途径。此后，水平定向钻技术得到社会普遍认可并快速发展起来。

与传统的开挖施工的管道穿越技术相比，水平定向钻施工技术在提高工效、缩短工期、降低造价、工程质量保证和环境保护方面都有不可比拟的优越性，特别是在黏土类、粉土类、砂土类或混合地质条件下进行油气管道的穿越施工具有很好的经济效益和社会效益。在可比性相同的情况下，采用水平定向钻穿越技术进行河流的穿越施工可以节省大量的人力物力，综合成本大幅度降低，而且管径越大、埋深越深，效益越明显。所以，随后的发展异常迅猛。

水平定向钻技术主要用于穿越河流、湖泊、建筑物等障碍物铺设大口径、长距离的石油和天然气管道。水平定向钻进施工时，按设计的钻孔轨迹，采用水平定向钻进技术先施工一个导向孔，随后在钻杆柱端部换接大直径的扩孔钻头和直径小于扩孔钻头的待铺设管线，在回拉扩孔的同时，将待铺设的管线拉入钻孔，完成铺管作业。有时根据钻机的能力和待铺设管线的直径大小，可先专门进行一次或多次扩孔后再回拉管线。在水平定向钻进中，大多数工作是通过回转钻杆柱来完成的，钻机的扭矩与轴向给进力和回拉力同样重要。

水平定向钻技术在铺设新管线中所占有的市场比例在不断地增加。最近几年，设备能力得到了改进，非开挖铺设新管线的优点也逐渐显现出来。非开挖施工除了明显的环境上的优点外，水平定向钻的相对成本在许多应用场合也降到开挖施工成本以下，即使忽略干扰交通等社会成本也是如此。水平定向钻技术的优点为：对地表的干扰较小，施工速度快，可控制铺管方向，施工精度高；其不足之处在于对施工场地要求较大，在非黏性土层和砾石层中施工比较困难，一般不适用于含鹅卵石的各种地层，包括含水地层。另外，由于受到探测器的探测深度限制，水平定向钻施工的深度有限。

技术可行性分析是开展水平定向钻穿越工程的第一个环节，进行技术可行性分析涉及大量工作，其中穿越工程的实地勘察是必不可少的关键任务，内容主要包括穿越点的地表资料与穿越地层的地质资料。只有基于详实的现场资料，方可评估应用水平定向钻技术的可行性，并为穿越方案的设计提供基础材料。

(一) 地表概况

由于水平定向钻技术对施工场地与回拖管道的摆放场地有较高要求，穿越地点的地表状况对应用水平定向钻技术的可行性有重要影响。为评价所选穿越地点是否合适，需要绘制穿越地段的平面图，影响水平定向钻技术应用可行性的主要因素包括钻机摆放地、管道摆放地、施工场地的临时/永久使用权、已有地面建筑物与地下构筑物、是否临近矿区、土地使用限制、所选地域的远景规划等。与传统大开挖技术相比，水平定向钻技术对地表环境的影响大大降低，但并非没有影响，如果施工所需场地无法满足要求，只能考虑其他施工方式。

（二）施工场地

钻机及其配套设备的安放场地必须得到满足，通常情况下，设备的工作场地约为50m×50m，小型穿越工程20m×30m即可满足需求，大型穿越工程所需场地约为70m×100m；出土点处的施工场地一般为15m×30m，对于大型穿越工程约为30m×50m，除此之外，该侧场地还需一段狭长的布管场地，长度比穿越管道长度长100m左右，宽度约5m，需保证出土点后100~150m内布管线路为直线，线路弯曲时曲率半径应控制在800*D*以上。钻机安放场地与出土作业场地的布置图见图8-3和图8-4。

当穿越工程位于市区时，施工场地通常会遇到更多限制。为适应车道、巷道、人行道、景区、公用设施通道等对场地的制约，钻机及其配套设备可一字排开，在狭长地带内进行安置。此外，架空设施与施工时间段的限制也需考虑，如图8-5所示。

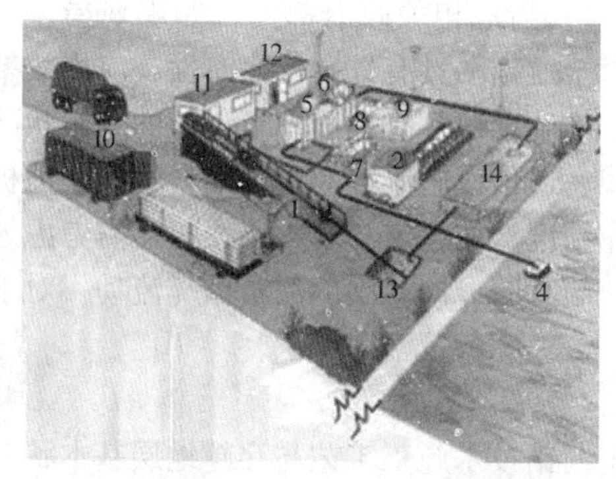

图8-3　水平定向钻机场地示意图

入土侧现场布置图：

1—钻机；2—控向室/动力源；3—钻杆；4—水渠；5—泥浆混合罐；6—钻屑分离设备；7—泥浆泵；8—湿润土堆；9—发电机；10—配件仓库；11—现场办公室；12—现场办公室；13—入土点容浆池；14—沉淀池

图8-4　出土作业场地示意图

出土点现场布置图：

1—沉淀池；2—出土点容浆池；3—成品管理；4—施工机械；5—钻杆；6—配件仓库

图8-5　南京支线长江穿越DD-1330钻机现场

（三）配制钻井液的场地需求

对于多数水平定向钻穿越工程，钻进液的配制、储存、泵送设备需要较大的施工场地。一般情况下，就地取水用于配制钻进液是首选，当施工场地无水源可用或水质达不到使用要求时，场地的安排还需考虑运水设备如卡车、输水软管等的场地要求。

水平定向钻穿越工程中，为减少钻进液的使用量，降低工程成本，施工中通常循环使用钻进液，这要求入土点与出土点两个场地之间应有快捷的钻进液运输手段，如卡车、驳船、泵送管线等等。此外，穿越工程会产生废弃泥浆，其总量在回拖管道体积的1~3倍之间，泥浆池的场地应予以保证。

（四）地形地貌

管道穿越地段的地形地貌是评估应用水平定向钻技术可行性的一项重要因素，关键内容是穿越地区的地表形态，需要明确给定障碍物的界线，为选择穿越方式的决策提供基础数据。需搜集的现场数据主要包括穿越区域内陆地、水域以及各种建筑物的分布情况，根据这些数据可初步拟定穿越中心线。在现场调研过程中，当地相关政府部门，如规划局、水利局、国土局等提供的地理信息有较大应用价值，由于航拍图具有较高的实时性，应用效果最佳，尤其对于市区陆基障碍物的穿越工程。此外，准确定位穿越地段地下设施的分布状况极有必要，如电缆、油气管线、输水管线、污水管线、通信设施等等，由于油气管线、地桩等构筑物的磁干扰较大，会严重影响定位设备的工作精度。在选定穿越中心线时还需考虑入土点与出土点之间的高程差，过大的高程差难以保证施工时导向孔中的泥浆循环流动，对于穿越工程的成功实施极为不利。

（五）地质勘探

是否采用水平定向钻技术的决策基于对水平定向钻技术施工工艺与穿越地层基本状况的了解，穿越区域内的各种自然、人工构筑物的分布状况则左右着水平定向钻穿越方案的设计。判断地表概况适宜进行水平定向钻施工后，下一步工作是调查穿越地段的地下情况，对于多数穿越工程而言，开展详细的地质勘探工作以确定所选地段的地层结构是水平定向钻穿越方案设计中必不可少的一环。

地质勘探的目的是判断地层是否适合水平定向钻施工以及哪条路径是最优穿越曲线。水平定向钻技术应用的可行性主要取决于穿越地段处的地层结构，进行详细的地质勘探工作是必要的，所得信息用于穿越方案设计（如确定管道路线、导向孔工艺参数、穿越曲线结构等）、施工工艺制定以及各种土地使用许可证的申请。

水平定向钻施工分三个阶段：导向孔钻进、扩孔、回拖。管道回拖能否成功，很大程度上取决于穿越地层的地质状况，适应水平定向钻穿越的地层包括岩层、黏土层以及部分土壤密度、粗颗粒含量、细颗粒内聚力适宜的砂层与淤泥层。松散无黏性的土层在施工中难以维持导向孔孔壁的稳定性，提高工程的潜在风险，但该种土层并非无法穿越，可通过合理设置扩孔器与钻进液降低土层的抗剪强度，当抗剪强度降至预期极限时，土壤以液态形式存在，从而允许回拖管道自由通过。从技术上讲，以上两种类型的地层均可采用水平定向钻技术进行穿越。

综合穿越长度、管道管径、穿越地层的地质状况判断水平定向钻技术应用受限时，地质状况通常是根本的限制因素，不利因素包括粗颗粒（如卵石、砾石）含量过高或岩层硬度过大。由于钻进液携带大颗粒的难度大，切削下的卵石、砾石会滞留导向孔内，阻碍钻头、扩孔器与管道的拖动，粗颗粒含量较高地层明显不适合水平定向钻穿越。但当穿越的不利地层范围较小时，扩孔时可通过将卵砾石挤压进导向孔周围土壤的方式加以清除，此种情况下需要预防卵砾石堆积于导向孔低洼处，形成不可穿越的障碍。

三、顶管施工法

（一）顶管施工法概况

顶管施工不需要开挖面层，并且能够穿越公路、铁路、河流、地面建筑物、地下构筑物以及各种地下管线等。按工作面的开挖方式，可将顶管法分为普通顶管(人工开挖)、机械顶管(机械开挖)、水射顶管(水射流冲蚀)、挤压顶管(挤压土柱)等。采用何种方法要根据管径、土层条件、管线长度以及施工环境等因素，经技术经济比较来确定。

在顶管施工中，为保持开挖面的稳定，最为流行的三种工作面平衡方式是气压平衡、泥水平衡和土压平衡。

气压平衡又有全气压平衡和局部气压平衡之分。全气压平衡使用的最早，它是在所顶进的管道中及挖掘面上都充满一定压力的空气，以空气的压力来平衡地下水的压力。而局部气压平衡则往往只有在掘进机的土仓内充以一定压力的空气，达到平衡地下水压力和疏干挖掘面土体中地下水的作用。

泥水平衡方式就是以含有一定量黏土且具有一定相对密度的泥浆水充满掘进机的泥水舱，并对它施加一定的压力，以平衡地下水压力和土压力的一种顶管施工理论。按照该理论，泥浆水在挖掘面上能形成泥膜，以防止地下水的渗透，然后再加上一定的压力就可平衡地下水压力，同时也可以平衡土压力。

土压平衡方式就是以掘进机土舱内泥土的压力来平衡掘进机所处土层的土压力和地下水压力的顶管理论。采用土压平衡理论设计的顶管掘进机比较普遍，原因是土压平衡顶管掘进机在施工过程中所排出的渣土要比泥水平衡掘进机所排出的泥浆容易处理。另外，土压平衡顶管掘进机的设备要比泥水平衡和气压平衡简单得多。

1. 顶管施工法与开挖施工法相比的优点

① 开挖部分仅仅只有工作坑和接收坑，而且安全、对交通影响小。

② 在管道顶进过程中，只挖去管道断面部分的土，挖土量少。

③ 作业人员少，工期短。

④ 建设公害少，文明施工程度高。

⑤ 在覆土深度大的情况下，施工成本低。

但是，与开挖施工法相比较，顶管施工曲率半径小，而且多种曲线组合在一起时，施工变得非常困难，故目前极少采用曲线顶管；在软土层中容易发生偏差，而且纠正这种偏差比较困难，管道容易产生不均匀下沉；推进过程中如果遇到障碍物时，处理这些障碍物非常困难；在覆土浅的条件下显得不很经济。

2. 顶管施工法的适用条件

① 管径一般在 200~3500mm。

② 管材一般为混凝土管、钢管、陶土管、玻璃钢管等。

③ 管线长度一般为 50~300m，最长可达 1500m。

④ 各种地层，包括含水层。

（二）顶管施工法分类

顶管施工的分类方法很多，每一种分类方法都是从某一个侧面强调某一方面，不能也无法涵盖全。所以，每一种分类方法都有其局限性。

① 第一种分类方式是以顶进管前的工具管或顶管掘进机的作业形式来分。顶进管前只有一个钢制的带刃口的管子，具有挖土保护和纠偏功能，称为工具管。人在工具管内挖土，这种顶管则被称为手掘式顶管。如果工具管内的土是被挤进来再做处理的就被称为挤压式顶管。这两种顶管方式在工具管内部都没有掘进机械。如果在顶进管前的钢制壳体内有掘进机械的，则称为半机械式或机械式顶管。在钢制壳体中没有反铲之类的机械手进行挖土的，则称为半机械式。为了稳定挖掘工作面，这类顶管往往需要采用降水、注浆或采用气压等辅助施工手段。在机械式顶管中都可看到顶进管前有一台掘进机，按掘进机的种类又可把机械式顶管分成泥水式、泥浆式、土压式和岩石式顶管等。这四种机械式顶管中，又以泥水式和土压式使用得最为普遍，顶管掘进机的结构形式也最为多样。

② 第二种分类方法最为简单，就是按所顶进管子的口径大小来分，分为大口径、中口径、小口径顶管三种。大口径多指口径在2000mm以上的顶管，最大口径可达5000mm，人能在这样口径的管道中站立和自由行走。大口径的顶管设备也比较庞大，管子自重也较大，顶进时比较复杂。中口径是指人弯着腰可以在其内行走的管子，口径在900~2000mm之间，在顶管中占大多数。小口径是指人只能在管内爬行，有时甚至于爬行也比较困难的管子。这种管子的口径在900mm以下。

③ 第三种分类方法是以顶进管的管材来分类的，可分为钢筋混凝土管顶管和钢管顶管以及其他管材的顶管。

④ 第四种分类方法是按顶进轨迹的曲直来分的，可分为直线顶管和曲线顶管。曲线顶管技术相当复杂，是顶管施工的难点之一。

⑤ 第五种分类方法是按工作坑和接收坑之间距离的长短来分，可分为普通顶管和长距离顶管。而长距离顶管是随顶管技术不断发展而发展的，以前把100m左右的顶管就称为长距离顶管，而现在随着注浆减摩技术水平的提高，中继间的使用和顶进设备的不断改进，百米已不能称之为长距离了，而是把一次顶进300m以上距离的顶管才称为长距离顶管。

顶管施工有一个最突出的特点就是适应性问题。针对不同的土质、不同的施工条件和不同的要求，必须选用与之适应的顶管施工方式，这样才能达到事半功倍的效果；反之则可能使顶管施工出现问题，严重的会使顶管施工失败，给工程造成巨大损失。挤压式顶管只适用于软黏土中，而且覆土深度要求比较深，通常条件下，不用任何辅助施工措施。手掘式只适用于开挖面能自立的土中，如果在含水量较大的砂土中，则需要采用降水等辅助施工措施。如果是比较软的黏土则可采用注浆以改善土质，或者在工具管前加网格，以稳定挖掘面。手掘式的最大特点是在地下障碍较多且较大的条件下，排除障碍的可能性最大、最好。半机械式的适用范围与手掘式差不多，如果采用局部气压等辅助施工措施，则适用范围会较广些。土压式的适用范围较广，尤其是加泥式土压平衡顶管掘进机，可以称得上是全土质型，即从淤泥质上到砂砾层都能适应（N值在0~50之间、含水量在20%~150%之间的土都能适应），通常也不用辅助施工措施。泥水式顶管适用的范围最广，而且在许多条件下不需要采用辅助施工措施，施工速度快，施工精度以及施工质量在所有顶管类别中是最高的，目前在国外已经是主流施工工艺。

（三）顶管施工的基本原理

顶管施工就是借助于主顶油缸以及中继间的顶进力，把工具管或顶管掘进机从工作坑内穿过土层一直顶进到接收坑内吊起。与此同时，把紧随在工具管或掘进机后的管道埋设在两个工作坑之间。一个完整的顶管施工主要包括以下几个部分(如图8-6所示)。

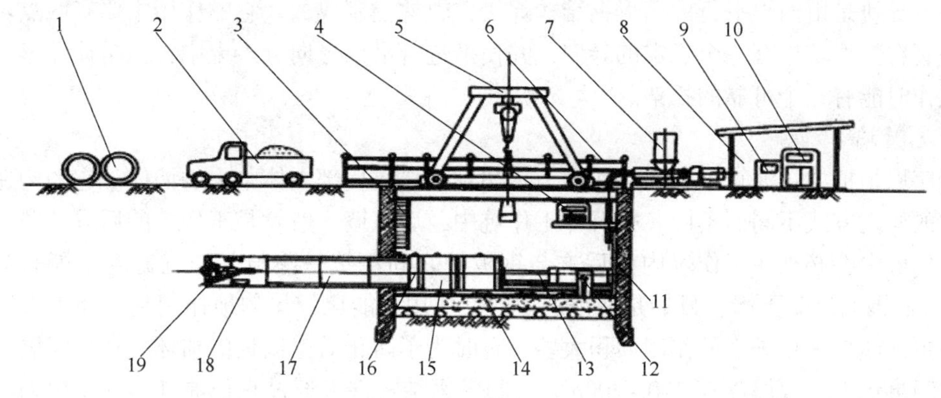

图8-6　顶管施工法

1—混凝土管；2—运输车；3—扶梯；4—主顶油泵；5—行车；6—安全扶栏；7—润滑注浆系统；8—操纵房；9—配电系统；10—操纵系统；11—后座；12—测量系统；13—主顶油缸；14—导轨；15—弧形顶铁；16—环形顶铁；17—混凝土管；18—运土车；19—机头

1. 工作坑和接收坑

工作坑是安放所有顶进设备的场所，也是顶管掘进机的始发场所，工作坑还是承受主顶油缸顶进力的反作用力的构筑物。接收坑是接收掘进机的场所。通常，管子从工作坑中一节节顶进，到接收坑中把掘进机吊起以后，再把第一节管子顶出一定长度后，整个顶管工程才基本结束。有时在多段连续顶管的情况下，工作坑也可当接收坑用，但反过来则不行，因为一般情况下接收坑比工作坑小许多，顶管设备是无法安放的。

2. 顶管掘进机

顶管掘进机是顶管用的主要设备，是决定顶管成败的关键所在，它总是安放在所顶管道最前端。在手掘式顶管施工中是不用顶管掘进机的，而只用一只工具管。不管哪种形式，顶管掘进机的功能都是取土和确保管道顶进方向的正确性。

3. 主顶装置和中继间

主顶装置由主顶油缸、主顶油泵和操纵台及油管等四部分构成。主顶油缸是管子顶进的动力，多呈对称状布置在管壁周边，在大多数情况下都成双数，且左右对称。主顶油缸的压力油由主顶油泵通过高压油管供给。常用的压力在32~42MPa之间，最高可达50MPa。主顶油缸的顶进和回缩是通过操纵台控制的。操纵方式有电动和手动两种，前者使用电磁阀或电液阀，后者使用手动换向阀。

中继间是长距离顶管中不可缺少的设备。中继间内均匀地安装有多个油缸，这些油缸把它们前面的一段管子顶进一定长度以后，再让它后面的中继间或主顶油缸把该中继间油缸缩回。这样一只连一只，一次连一次就可以把很长的一段管子分几段顶进，最终依次把由前到后的中继间油缸拆除，多个中继间合拢即可。

4. 顶铁

顶铁有环形、弧形或马蹄形三种。环形顶铁的主要作用是把主顶油缸的顶进力较均匀地分布在所顶管子的端面上；弧形或马蹄形顶铁是为了弥补主顶油缸行程与管节长度之间的不足。弧形顶铁用于手掘式、土压平衡式等许多方式的顶管中，它的开口是向上的，便于管道内出土；而马蹄形顶铁则是倒扣在基坑导轨上的，开口方向与弧形顶铁相反，它只用于泥水平衡式顶管中。

5. 基坑导轨

基坑导轨是由两根平行的箱形钢结构焊接在轨枕上制成的。它的作用主要有两点：一是使推进管在工作坑中有一个稳定的导向，并使推进管沿该导向进入土中；二是让环形、弧形顶铁工作时能有一个可靠的托架。

6. 后座墙

后座墙是把主顶油缸推力的反作用力传递到工作坑后部土体中去的墙体。它的构造会因工作坑的构筑方式不同而不同。在沉井工作坑中，后座墙一般就是工作井的后方井壁。在钢板桩工作坑中，必须在工作坑内的后方与钢板桩之间浇筑一座与工作坑宽度相等的厚度为0.5~1m的钢筋混凝土墙，目的是使顶进力的反作用力能比较均匀地作用到土体中去，尽可能地使主顶油缸总顶进力的作用面积大些。有时为了防止后座墙板的损坏，在后座墙与主顶油缸之间再垫上一块厚度在200~300mm之间的钢结构件，通过它把油缸的反作用力较均匀地传递到后座墙上。

7. 顶进用管

顶进用管分为多管节和单管节两大类。

① 多管节顶进管大多为钢筋混凝土管，管节长度在2~3m之间。这类管都必须采用可靠的管接口，该接口必须在施工时和施工完成以后的使用过程中都不会渗漏。钢筋混凝土管是顶管中使用最多的一种管材，按生产工艺可分为离心管、立式振捣管和悬辊管三大类，按其接口形式可分为企口(丹麦管)、平接口(T形)和F形接口等三种。在钢筋混凝土管中，还有采用玻璃纤维进行加强的管子和用钢板进行加强的管子。

② 单管节顶进管是钢管，它的接口都是焊接成的，施工完工以后变成一根刚性较大的管子。它的优点是焊接接口不易渗漏，缺点是只能用于直线顶管，而不能用于曲线顶管。

8. 输土装置

输土装置随顶进方式的不同而不同。在手掘式顶管中，大多采用手推车出土；在土压平衡式顶管中，有蓄电池拖车、砂泵等方式出土；在泥水平衡式顶管中，都采用泥浆泵和管道输送泥水。

9. 地面起吊设备

地面起吊设备最常用的是门式行车，它操作简便、工作可靠，不同口径的管子应配不同吨位的行车。它的缺点是转移过程中拆装比较困难。汽车式起重机和履带式起重机也是常用的地面起吊设备，它们的优点是转移方便、灵活。

10. 测量和校正系统

顶管过程中，每隔一定间距(一般是每顶进1m)应测量标高和中心线一次。发现偏差时，除及时校正外，还应每顶进一个行程后正式测量校正一次。

使用得最普遍的测量装置是经纬仪和水准仪。经纬仪用来测量管子的左右偏差，水准仪用来测量管子的高低偏差。在机械式顶管中，大多使用激光经纬仪，即在普通经纬仪上加装一个激光发射器，激光束打在掘进机的光靶上，观察光靶上光点的位置就可判断管子的上下和左右偏差。当管子的偏差超过允许值时，应根据实际情况采用下述方法进行校正。

(1) 挖土校正法

当首节管发生偏差，而其余的管节尚符合要求时，可用此法，即通过增减不同部位的挖土方量进行校正。如管头部抬高时，则多挖位于管前方下半圆的土；当管的头部下垂时，则多挖管前方上半圆的土。这样，当继续顶进时管的头部自然得到校正。

(2) 强制校正法

这是强迫管节向正确方向偏移的方法，有以下几种：

① 衬垫法：在首节管的外侧局部管口位置垫上钢板或木板，迫使管子转向。

② 支顶法：应用支柱或千斤顶在管前设支撑，斜支于管口内的一侧，以强顶校正。

③ 主压千斤顶校正法：当顶进长度较短(15m 以内)时，如发现管中心有偏差，可利用主压千斤顶进行校正。如管中心向左偏时，可将管外左侧的顶铁比右侧的顶铁加长 10~15mm，这样，当千斤顶顶进时，左侧的顶进力大于右侧的顶进力，可校正左偏的误差。

④ 校正千斤顶校正法：在首节工具管之后安装校正环，在校正环内的上下左右安装 4 个校正千斤顶。当发现首节工具管的位置偏斜时，开动相应的千斤顶即可实现校正。

11. 注浆系统

注浆系统由拌浆、注浆和管道三部分组成。拌浆是把注浆材料兑水以后再搅拌成所需的浆液；注浆是通过注浆泵来进行的，它可以控制注浆的压力和注浆量；管道分为总管和支管，总管安装在管道内的一侧，支管则把总管内压送过来的浆液输送到每个注浆孔中去。

12. 供电及照明系统

顶管施工中常用的供电方式有两种：在距离较短和口径较小的顶管中，一般采用直接供电，如动力电用 380V，则由电缆直接把 380V 电输送到掘进机的电源箱中；另一种是在口径比较大而且顶进距离又比较长的情况下，把高压电输送到掘进机后的管子中，然后由管子中的变压器进行降压，降至 380V 后再把 380V 的电送到掘进机的电源箱中去。高压供电的好处是损耗少，但高压供电危险性大，要做好用电安全工作和采取各种有效的防触电、漏电措施。照明也有低压和高压两种，若管径大时，照明灯固定时一般采用 220V 电源。

13. 通风与换气系统

通风与换气是长距离顶管中不可缺少的一环，否则可能发生缺氧或气体中毒现象。顶管中的换气应采用专用的抽风机或者鼓风机。通风管道一直通到掘进机内，把混浊的空气抽离工作井，然后让新鲜空气自然地补充。

14. 辅助施工

顶管施工有时离不开一些辅助的施工方法，不同的顶管方式以及不同的土质条件应采用不同的辅助施工方法。顶管常用的辅助施工方法有井点降水、高压旋喷、注剂、搅拌桩、冻结法等多种，都要因地制宜地使用才能达到事半功倍的效果。顶管施工的流程如图 8-7 所示。

在施工过程中应注意以下主要问题：

① 注意工作井与接收井的布设，特别是在河中部设有工作井时，要考虑洪水的影响，尽可能避开洪水施工。

② 顶管控向是关键，必须在施工过程中严密监测，防止反复偏离设计曲线形成多道 S 弯，影响穿越管段的安装。

③ 分析土层的自稳性，确定施工开挖方法，防止人身或机械事故的发生。

④ 完成顶管施工并安装完穿越管段，检查合格后，尽快进行封井，防止洪水或人为造成的破坏。

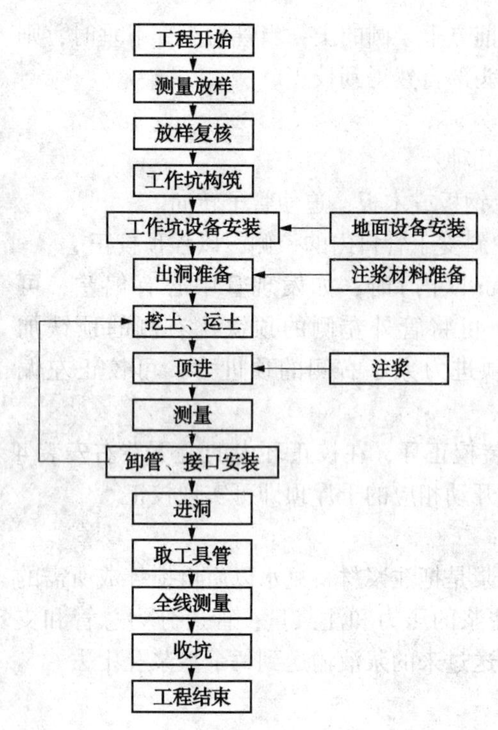

图 8-7　顶管施工的流程图

（四）顶管施工的有关力学计算

1. 工作坑的尺寸计算

（1）工作坑的平面尺寸

工作坑(包括顶进工作坑和接收工作坑)的位置根据地形、管线设计、障碍物的种类等因素确定。工作坑的平面尺寸取决于管径和管节的长度、顶管掘进机的类型、排土的方式、操作工具以及后座墙等因素，一般按下列公式计算确定：

① 工作坑宽度 B：

$$B=D_1+2b+2c \tag{8-2}$$

式中　B——工作坑宽度，m；

D_1——顶进管的结构外径，m；

b——管两侧的操作空间，根据管径大小及操作工具而定，一般取 1.2~1.6m；

c——撑板的厚度，一般为 0.2m。

② 工作坑的长度 L：

$$L=L_1+L_2+L_3+L_4+L_5+L_6 \tag{8-3}$$

式中　L——工作坑长度，m；

L_1——管节的长度，一般为 2~4m；

L_2——千斤顶的长度，一般为 0.9~1.1m；

L_3——后座墙的厚度，约为 1m；

L_4——前一节已顶进管节留在导轨上的最小长度，通常为 0.3~0.5m；

L_5——管尾出土所留的工作长度，根据出土工具而定，用小车时为 0.6m，用手推车时为 1.2m；

L_6——调头顶进时的附加长度，m。

工作坑的施工成本，尤其是当埋深较大时，在总成本中占有较大的比重。因此，国外的厂商都试图最大限度地减少顶进设备的尺寸，以减少工作坑的尺寸，最终降低工作坑的施工成本。

③ 坑导轨间内距 A：

$$A=2\sqrt{(D+2t)(h-c)-(h-c)^2} \tag{8-4}$$

式中　A——坑导轨间内距，m；

D——管道内径，m；

t——管道壁厚，m；

h——导轨高度，m；

c——管外壁与基础面垂直净距，一般为 0.01~0.03m。

（2）后座墙的计算

后座墙在顶进过程中承受全部的阻力，故应有足够的稳定性。为了保证顶进质量和施工安全，应进行后座墙承载能力的计算。计算公式为：

$$F_c=K_r\times B_0\times H\times(h+H/2)\gamma\times K_p \tag{8-5}$$

式中 F_c——后座墙的承载能力，kN；

B_0——后座墙的宽度，m；

H——后座墙的高度，m；

h——后座墙顶至地面的高度，m；

γ——土的容重，kN/m^3；

K_p——被动土压力系数，与土的内摩擦角 ϕ 有关，其计算公式为：

$$K_p = \tan^2(45° + \phi/2) \tag{8-6}$$

K_r——后座墙的土坑系数，当埋深浅、不需打钢板桩、墙与土直接接触时，K_r = 0.85；当埋深较大、打入钢板桩时，$K_r = 0.9 + 5h/H$。

在一般情况下，顶管工作坑所能承受的最大顶进力应以顶进管所能承受的最大顶进力为先决条件，然后再反过来验算工作坑后座墙是否能承受最大顶进力的反作用力。如果工作坑能承受，那么就把这个最大顶进力作为总顶进力；如果不能承受，则必须以后座所能承受的最大顶进力作为总顶进力。不管采用何种顶进力作为总顶进力，一旦总顶进力确定了，在顶管施工的全过程中决不允许有超过总顶进力的情况发生。否则，如果管子被顶坏了，或是后座被顶翻了，都将是非常麻烦的事，有时还会造成相当严重的后果，这一点在顶管施工中必须引起足够的重视。

2. 顶管受力分析和顶进力计算

(1) 顶管受力分析

对于顶管受力状态的研究，必须把管道周围一定范围内的土体作为结构的一部分加以考虑。从结构力学观点，即是管道与管周土壤介质构成了一个异性体的超静定结构体系，称为管土体系。在管土体系内，由于管道与土壤的相对刚度不同，在外载荷(如土体压力、油缸推力)作用下，管壳与土体之间从作用力的关系来看，将发生主动力(外载荷)与被动力(如土壤抗力)之间的相互作用。

① 顶管管体受载分析。管路的敷设无论采用哪种施工方式，其横跨管轴的载荷基本相同，但顶进管毕竟由于敷设方法的不同而与地面埋入的管子有着很大的区别，顶管是在一段或长或短的距离上借助一个很大的推力来克服所有各种阻力，从而将它压入土层中去。因此，顶进管在敷设过程中总是既要在横跨管轴的方向上承受载荷，也要在管轴本身的方向上承受载荷。

顶管在横跨管轴方向上承受的载荷主要有管子自重、土载荷、交通载荷、临时附加载荷等，所有这些载荷都按照横跨管轴的方向起作用。

顶进管的轴向载荷有管前的前壁阻力、管与土的摩擦阻力、控制力以及有时出现的强制力组成的推顶阻力，顶进管将通过主千斤顶、中继间和装于管前端的纠偏千斤顶的推力而在轴线方向上受到载荷。作用于顶管的各种载荷中，土压力与地面载荷可占总作用力的60%左右，因此在管土体系内弄清土压力性质和力求准确地列出其作用的规律性公式，对于顶力的分析是至关重要的。土壤物理力学指标的不稳定性以及管土体系的超静定性，都会给土压力分析带来困难，以致迄今为止无法建立能包罗如此复杂因素的数学解析式，但要想用实测值来代替理论分析用以指导设计，仍存在一定的困难，所以应先从理论的角度对土压力进行分析。

② 顶管施工中的土压力分析。在挖土与管道顶进土层中时，周围的土层会受到一定程度的扰动，挖土总要或多或少地擦松土层，两次扰动合在一起，共同对土层的应力状态和顶管的载荷产生影响，原来作用在受扰动土体的载荷总有一部分要由置入的顶管来承受，另一

部分则由周围的土层所承受。随着时间的推移和土层业已沉降的程度，土层中因受扰动而松动的松动区两侧形成的较高应力将要部分地逐渐衰减。周围土层的载荷部分会有所减轻，而管子的载荷则以同样的程序加重。

a. 顶管载荷分布状况分析。顶管工程中，在管顶和管底上起作用的是方向相反而大小相等的垂直载荷 $P_{直}$和 $P'_{直}$，在管子两侧起作用的是两个方向相反的平行载荷 $P_{平}=\lambda \cdot P_{直}$，假定从 $P_{直}$到 $P_{平}$以及从 $P_{平}$又到 $P_{直}$的过渡是一个连续而又均匀的过程。$P_{直}$、$P_{平}$、$P'_{直}$均为向心的，因此可断定，从垂直方向到水平方向，然后又从水平方向到垂直方向的改变必然包含一个连续的过渡，由此可推断，所有其他载荷成分的方向都是向心的，即全部为径向，与马夸特规定的支承状态相似，即为任意角度的支承，其中土层反压呈径向起作用，数值大小与 $\cos\phi$ 成正比，在最终顶管施工结束后或使用状态下，土层—管子体系恢复静止状态，土壤从周围压紧在管子上，当土壤固结之后，可以设想支承角有可能达到 $180°$。

b. 土压力的计算。根据前面载荷分布状况，为便于分析与计算，计算时可只考虑垂直载荷引起的垂直土压力与平行载荷引起的水平侧土压力。

(a) 垂直土压力的计算：顶管法施工有别于其他施工法，它是在原状(未扰动)土体中凿挖成孔，仅破坏孔洞周围局部范围的土体的应力，而极大地扰动远处土体的应力。因此，顶管垂直土压力计算将小于洞顶上的土(岩)柱重量。根据管道埋深的不同，可采取不同的计算方式。

对于埋深较大的管子，可采用卸荷拱理论：当填土达一定高度时，土体将形成一个抛物线形的“天然拱结构”。在这条拱线上面的土压力不会传递给管子，而管子只承担拱线下面应力状态被破坏了的土体压力，其范围只包括高度为 h 的卸力拱以内的土体。超出这拱圈范围的土体呈自平衡应力状态。因此，作用于管顶的土压力将小于管上土柱的重量，起到了卸荷的效果。但采用的前提条件都是土体必须具有一定的抗剪强度，即必须是稳定土层。在管顶以上土体下沉时，其抗剪强度发生作用而将作用于管顶上的土体重限定在一定高度的范围内。因此，当覆土深度大于限定高度时，则此高度以上的土体重不由管道承担。传递到管顶的土压力仅是拱圈下方所包围的土体有效重量，而与填土高度无关。

若土层为不稳定土，抗剪强度没有或很小，就没有稳定土所具有的减荷作用，也就不能采用隧道土压力公式，一般可采用土柱公式计算，即管道上的竖向土压力等于其宽度为外径范围内的土柱重。这一公式可看作是非稳定土层中顶管土压力的计算公式，同样也适用于覆土高度与管外径的比值较小、土质松软的顶管和砂卵石地层中顶管及在排距较近的平行顶进中顶进一排之后邻近一排的顶管。

在我国现行的几种规程中，将土柱公式作为首选公式，土柱公式计算的土压力一般偏大，尤其是对稳定土层偏大更多。但由于在顶管期间出现的特殊情况，例如附近管道渗水、施工操作因素等，其土压力虽未达到土柱土压力，但已明显增大。在砂卵石地层中顶管，有时由于被石子卡住，可能出现大于土柱的计算顶力。基于安全方面考虑，计算结果偏大应是允许的。规范中工具管迎面阻力的计算公式，也是以土柱公式为基础导出的。虽然很多研究者在计算确定管顶垂直土压力值时所采用的基本假定，实验依据各不相同，但他们都一致采用了一种简洁易算的表示式来表达：

$$G=K\gamma HD \tag{8-7}$$

式中 K——考虑管道埋深土坡特性等综合系数；

G——管道单位长度上的垂直土压力，kN/m。

(b) 水平侧土压力的计算：作用于管道上的水平侧土压力，以对称形式作用于管侧，一般按其垂直土压力乘以水平侧土压力系数 λ 计算。其中土压系数 λ 是水平侧土压力对垂直土压力的比值，对于圆形管，管侧水平土压力可视作均匀分布，只计算管中心高程处的数值。就一般情况而言，当顶管路线呈直线形状或只是稍有弯曲，而且控制运动也保持在适度的范围之内时，对没有黏聚力的松土来说，可认为水平方向上的主动土压力是与垂直土压力一并产生的。这一设想也已通过观察和经验得到证实，故对于典型的非黏性土壤，可以采用主动土压力系数 $\lambda_{主动}$ 计算；对于有黏聚力的土壤则必须考虑到，水平土压力的产生比较缓慢，有时甚至比垂直土压力慢得多，这就是说，无论在施工状态下或使用状态下，都必须将 $\lambda_{主动}$ 的数值降低下来。

(c) 地面载荷对埋管的附加压力：埋置于地下的管道，除了承受土壤的自重压力外，还受地面上各种载荷(如车辆轮压力或静载荷等)经土体传递作用在管道上的压力(称为附加压力)。由土坡的自重压力和地面的附加压力相叠加，构成了作用于管周的外压力(若有地下水压力，则另外考虑)。土坡自重压力随管顶复土深度而增加，而地面载荷所引起的附加压力则随管道埋深而减少，因此两种压力的叠加在距地面某一深度处可达最小值。

需要指出的是，顶进力中管道摩擦阻力是重要的组成部分，它的大小直接关系到顶进力的大小。沿着管道的摩擦阻力取决于土壤特性和管与土之间的接触应力，而后者又和隧洞的稳定性、地层的初始应力及土壤的硬度等有关。当管道沿着稳定的隧洞孔顶进、方向控制得好并且超挖部分保持通透时，滑动阻力仅与管自重有关，其值较小。但对于黏性土壤，由于地层对管道的挤压因转弯校正产生极大的局部接触应力的共同影响，尽管摩擦角较小，滑动阻力要大得多，管道对中不良通常引起管道被压向隧洞侧壁，使局部接触应力增加，摩擦阻力增大；如果遇到松土层，土层便会紧贴着管体四周，这种情况下的土压过程极其复杂，掘进机进入土层时，管子上面会形成一个圆拱，最初压在管子上的只是周围土层的有限部分，而不是直至地面为止的全部土层，土层全压力只有经过一定时间之后才能起作用，这一时间的长短则与推顶运动、交通振动、地下水运动等有关。对于具体某种土坡来说，管外壁每一单位面积上的摩擦阻力在起初几乎与管顶上存在的覆土厚度无关，而保持为常数。

(2) 顶进力计算

顶进力的计算是顶管施工中最常用的、最基本的计算之一。

① 顶进力为初始顶进力与各种阻力之和：

$$F=F_0+[(\pi B_c q+W)\mu'+\pi B_c C']L \tag{8-8}$$

式中 F——顶进力，kN；

F_0——初始顶进力，kN；

B_c——顶进管外径，m；

q——顶进管周边的均布载荷，kPa；

W——每米顶进管的重力，kN/m；

μ'——顶进管与土之间的摩擦系数，$\mu'=\tan\phi/2$；

C'——顶进管与土之间的黏着力，kPa；

L——顶进长度，m。

在手掘顶管中，其初始顶进力为：

$$F_0=13.2\pi B_c N \tag{8-9}$$

式中 N——标准贯入值。

为了求出顶进管周边的均布载荷，可先求出顶进管管顶上方土的垂直载荷与地面的动载荷，然后把两者加起来作为顶进管周边的均布载荷。即：

$$q=W_e+p \tag{8-10}$$

式中 W_e——顶进管管顶上方土的垂直载荷，kPa；

p——地面的动载荷，kPa。

$$W_e=(\gamma-2c/B_e)C_e \tag{8-11}$$

式中 γ——土的重度，kN/m^3；

c——土的内聚力，kPa；

B_e——顶进管顶土的扰动宽度，m；

C_e——土的太沙基载荷系数。

$$C_e=B_e[1-e^{-2K\mu H/B_e}]/(2K\mu) \tag{8-12}$$

式中 K——土的太沙基侧向土压系数，$K=1$；

μ——土的摩擦系数，$\mu=\tan\phi$；

H——顶进管管顶以上覆土深度，m。

而

$$B_e=B_t[1+\sin(45°-\phi/2)]/[\cos(45°-\phi/2)] \tag{8-13}$$

式中 B_t——挖掘的直径，m。

$$B_t=B_c+0.1 \tag{8-14}$$

$$p=2P'(1+i)/[B(\alpha+2H\tan\theta)] \tag{8-15}$$

式中 p'——汽车单只后轮载荷，通常取 100kN；

i——冲击系数，见表 8-1；

表 8-1 冲击系数 i

H/m	$H\leqslant1.5$	$1.5\leqslant H\leqslant6.5$	$H\geqslant6.5$
i	0.5	0.65~0.1	0

H——顶进管管顶以上覆土深度，m。

B——车身宽度，m，一般取 2.75m；

α——车轮接地宽度，m，一般取 0.2m；

θ——车轮分布角度，$\theta=45°$。

②在泥水顶管法中，顶进力也可以采用下述方法求出：

$$F=F_0+\pi B_c\tau_a L \tag{8-16}$$

式中 F——总顶进力，kN；

F_0——初始顶进力，kN；

B_c——顶进管外径，m；

τ_a——顶进管与土之间的剪切应力，kPa；

L——顶进长度，m。

而

$$F_0=(p_e+p_w+\Delta p)B_c^2/4 \tag{8-17}$$

式中 p_e——挖掘面前土压力，一般为 150kPa；

p_w——地下水压力，kPa；

Δp——附加压力，一般为 20kPa。

又

$$\tau_a = C' + \sigma'\mu' \tag{8-18}$$

式中 C'——顶进管与土之间的黏着力，kPa；

σ'——顶进管法向土压力，kPa；

μ'——顶进管与土的摩擦系数，$\mu = \tan\phi/2$。

$$\sigma' = aq + 2W/[2(B_c - t)] \tag{8-19}$$

式中 a——顶进管法向土压力取值范围；

q——顶进管管顶上的垂直均布载荷，kPa；

W——每米顶进管的重力，kN/m；

t——顶进管的管壁厚度，m。

在一般的泥水式所适应的土质中，根据经验，a 和 C'的取值见表 8-2。

表 8-2　a 和 C′值

土质及地面载荷情况	a	C'	土质及地面载荷情况	a	C'
砂性土，一般载荷情况下	0.75~1.10	0	砂砾土，较大载荷情况下	1.50~2.70	0
砂砾土，一般载荷隋况下	0.75	0	黏性土，一般载荷情况下	0.50~0.80	0.2~0.7
砂性土，较大载荷情况下	1.50~2.70	0	黏性土，较大载荷情况下	0.80~1.50	0.5~1.0

有时，为了简化计算程序，也可用下述简易的公式计算出总顶进力：

$$F = F_0 + f_0 L \tag{8-20}$$

式中 F——初始顶进力，kN；

f_0——每米顶进管的综合阻力，kN/m，可按下式计算：

$$f_0 = RS + Wf \tag{8-21}$$

式中 R——综合摩擦阻力，kPa，见表 8-3；

S——顶进管的外周长，m；

f——管子重力在土中的摩擦系数，f=0.2。

表 8-3　综合摩擦阻力 R

土质	粉砂夹砂	砂层	砂砾	黏土
R/kPa	5~10	7~16	8~20	5~30

③ 在土压平衡顶管中，顶进力可以采用下述方法求得：

$$F = F_0 + f_0 L \tag{8-22}$$

式中 f_0——每米顶进管与土层之间的综合摩擦阻力，kN/m。

$$f_0 = (\pi B_e q + W)\mu' + \pi B_c C' \tag{8-23}$$

而

$$F_0 = \pi a p_e B_c^2/4 \tag{8-24}$$

式中 a——综合系数，参见表 8-4；

p_e——土仓的压力，kPa。

表 8-4　综合系数 a

土质	a	土质	a	土质	a
软土	1.5	砂性土	2.0	砾石土	3.0

在不同土质条件下，p_e 的计算方法是不相同的。

在渗透系数大，水和土能各自分离的砂质土条件下，土仓内压力 p_e 为：

$$p_e = p_A + p_w + \Delta p \tag{8-25}$$

式中　p_e——土仓内的压力，kPa；

p_A——顶管掘进机处土层的主动土压力，kPa；

p_w——顶管掘进机所处土层的地下水压力，kPa；

Δp——给土仓的预加压力。

而

$$p_A = \gamma_t H \tan^2(45° - \phi/2) - 2\cos(45° - \phi/2) \tag{8-26}$$

因为是砂性土，$c=0$，所以上式可简化为：

$$p_A = \gamma_t H \tan^2(45° - \phi/2) \tag{8-27}$$

式中　γ_t——土的重度，kN/m^3；

H——地面至顶管掘进机中心的高度，m；

ϕ——土的内摩擦角。

因为在上述条件下土砂是分为浸在地下水中和不浸在地下水中两部分，不浸在地下水部分为 H_1，浸在地下水部分为 H_2，则：

$$H = H_1 + H_2 \tag{8-28}$$

所以，在计算土的重度时，也应分为两部分，即不浸在地下水部分的重度和浸在地下水部分的重度。显然，浸在地下水部分的重度受水的浮力的影响，故应取其浮重度 γ'_t。所以，正确的 p_A 为：

$$p_A = (\gamma_t H_1 + \gamma'_t H_2)\tan^2(45° - \phi/2) \tag{8-29}$$

在一般情况下，土仓的预加压力 Δp 为 20kPa，并且在实际操作过程中，土仓内土压力的变化也不应大于 20kPa。

如果在渗透系数较小的黏性土中，水和土不容易分离开来，这时，土仓内压力 p_e 为：

$$p_e = K_0 \gamma_t H \tag{8-30}$$

式中　p_e——土仓内的土压力，kPa；

K_0——静止土压系数，与土的性质有密切关系，在沙性土中，$K_0=0.25\sim0.33$；在黏性土中，$K_0=0.33\sim0.70$；

γ_t——土的重度，kN/m^3；

H——地面到顶管掘进机中心的深度，m。

（五）不同地质条件下主管道穿越技术及施工措施

1. 土压平衡顶管

土压平衡顶管是机械式顶管施工中的一种。它的主要特征是在顶进过程中，利用土仓内的压力和螺旋输送机排土来平衡地下水压力和土压力，排出的土可以是含水量很少的干土或含水量较多的泥浆。它与泥水平衡顶管相比，最大的特点是排出的土或泥浆一般都不需要再进行泥水分离等二次处理。

(1) 土压平衡顶管掘进机的分类

① 按土仓中的泥土类型，分为泥土式、泥浆式和混合式三种。其中，泥土式又可分为压力保持式和泥土加压式两种。压力保持式就是使土仓内保持有一定的压力，以阻止挖掘面产生塌方或受到压力过高的破坏；泥土加压式就是使土仓内的压力在顶管掘进机所处土层的主动土压力上再加上一个 Δp，以防止挖掘面产生塌方。泥浆式是指排出的土中含水量较大，可能是由于地下水丰富，也可能是人为地加入添加剂所造成的，后者大多用于砾石或卵石层。由于砾石或卵石在挖掘过程中不具有塑性、流动性和止水性，在加入添加剂以后就可使它具有较好的塑性、流动性和止水性特征。它与泥水平衡顶管掘进机的区别在于前者采用的是管道及泵排送泥浆，而后者则是采用螺旋输送机排土。混合式则是指以上两种方式都有。

② 按顶管掘进机的刀盘形式，分为有面板刀盘和无面板刀盘两种。有面板的掘进机土仓内的土压力与面板前挖掘面上的土压力之间存在有一定的压力差，且这个压力差的大小是与刀盘开口大小成反比的，即面板面积越大，开口越小，则压力差也就越大；反之亦然。无面板刀盘就不存在上述问题，其土仓内的土压力就是挖掘面上的土压力。

③ 根据土压平衡顶管掘进机有无加泥功能分为普通土压式和加泥式两种。所谓加泥式就是具有改善土质这一功能的顶管掘进机。它可以通过设置在掘进机刀盘及面板上的加泥孔，把黏土及其他添加剂的浆液加到挖掘面上，然后再与切削下来的土一起搅拌，使原来流动性和塑性较差的土变得流动性和塑性都较好，还可使原来止水性差的土变成止水性好的土，这样可大大扩大土压平衡顶管掘进机适应土质的范围。

④根据刀盘的机械传动方式来分，将土压平衡顶管掘进机分为三种。图 8-8 所示的是中心传动形式。刀盘安装在主轴上，主轴用轴承和轴承座安装在壳体的中心。驱动刀盘可以是单台电动机及减速器，也可以是多台电动机和减速器，或者采用液压马达驱动。中心传动方式的优点是传动形式结构简单、可靠、造价低，主轴密封比较容易；缺点是掘进机的口径越大，主轴必须越粗，使它的加工、联接等更麻烦。因此，这种传动方式适宜在中小口径和一部分刀盘转矩较小的大口径顶管掘进机中使用。

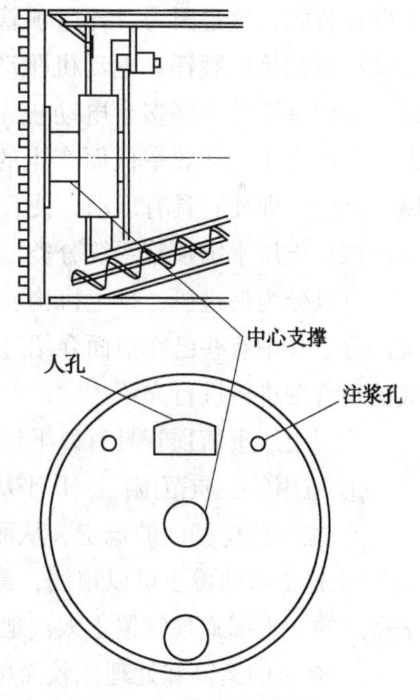

图 8-8　中心传动形式

图 8-9 中所示的是中间传动形式。它把原来安装在中心的主轴，换成由多根联接梁组成的联接支承架把动力输出的转盘与刀盘联接成一体，以改变中心传动时主轴的强度无法满足刀盘转矩要求这一状况。这种传动方式可比中心传动传递更大的转矩。但是，它的结构和密封形式也较复杂，造价较高，适用于大、中口径中刀盘转矩较大的顶管掘进机。

图 8-10 所示的是周边传动形式。其结构与中间传动形式基本相同，动力输出转盘更大，已接近壳体，因此，它的优点是传递的转矩最大；缺点是结构更为复杂，造价也十分昂贵。另外，它还必须把螺旋输送机安装部位提高，才能正常出土。在设计这种形式的掘进机时，壳体必须有足够的刚度和强度。

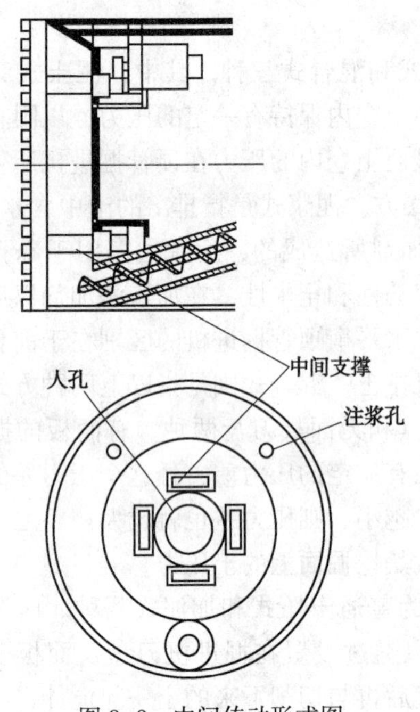

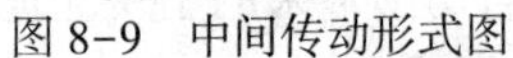

图 8-9　中间传动形式图

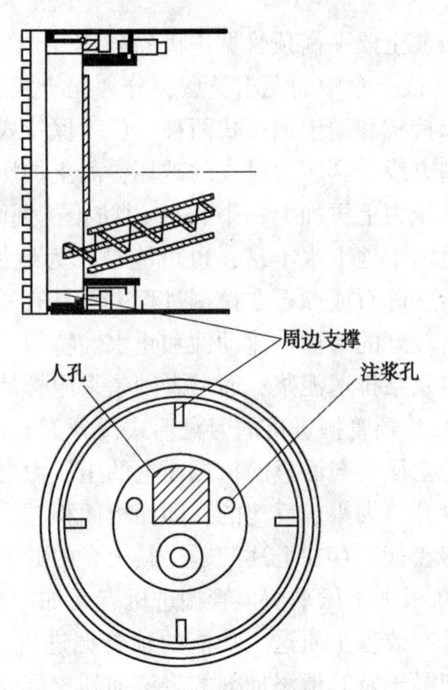

图 8-10　周边传动形式图

以上三种传动形式都可以采用电动机驱动和液压马达驱动两种动力驱动，一般采用电动机驱动方式，这是因为：普通顶管掘进机的口径一般不会超过 4m，驱动功率也不会很大，电动机驱动足以胜任。电动机驱动的效率高、噪声小、体积小、启动方便，机内环境比较好。关键是要处理好多台电动机先后启动这个难题。液压传动效率低、噪声大、体积也庞大。机内由于传动效率低而产生的热量大，大量发热又使液压油易蒸发，污染机内操作环境。因此，即使它具有启动方便、可靠的优点也不足以抵消它的缺点。

（2）土压平衡顶管系统分类

可以分为掘进机、排土机构、输土系统、土质改良系统、操纵控制系统和主顶系统等六大部分。其中有些已在前面介绍过，且无多少区别，这里不再重复，另外一些则结合各种形式的顶管掘进机进行介绍。

采用土压平衡顶管具有以下优点：

① 适用的土质范围广。几乎从 $N=0$ 的软黏土到 $N=50$ 的砂砾土都能适用。

② 能保持挖掘面的稳定，从而可以使地面变形极小。

③ 施工时的覆土可以很浅，最浅为 0.8 倍管外径。这是其他任何形式的顶管施工所无法做到的。手掘式顶管覆土太浅地面易塌陷；泥水和气压式易冒顶、跑气。

④ 弃土的运输和处理比较简单。

⑤ 作业环境好，如果采用土砂泵输土，则作业环境更好。

⑥ 操作方便、安全。

土压平衡顶管的缺点：在砂砾层和黏粒含量少的砂层中施工时，必须采用添加剂对土体进行改良。

（3）基本原理

土压平衡式顶管的基本原理是通过机头前方的刀盘切削土体并搅拌，同时由螺旋输土机输出挖掘的土体。在土压顶管掘进机的机头前方面板上装有压力感应装置，操作人员通过控制螺旋输土机的出土量以及顶进速度来控制顶进面的压力，和前方土体静止土压力保持一致，以防止地面沉降和隆起。

土压平衡顶管施工有两方面的基本内容：第一，顶管掘进机在顶进过程中与它所处土层的地下水压力和土压力处于一种平衡状态；第二，它的排土量与掘进机顶进所占去的土的体积也处于一种平衡状态。只有同时满足以上两个条件，才能算是真正的土压平衡。

从理论上讲，顶管掘进机在顶进过程中，其土仓的压力 p 如果小于掘进机所处土层的主动土压力 p_A 时，即 $p<p_A$，地面就会产生沉降；反之，如果在掘进机顶进过程中，其土仓的压力大于掘进机所处土层的被动土压力 p_p 时，即 $p>p_p$，地面就会产生隆起。并且，上述施工过程的沉降是一个逐渐演变的过程，尤其是在黏性土中，要达到最终的沉降所经历的时间会比较长。然而，隆起却是一个立即会反映出来的迅速变化的过程。隆起的最高点是沿土体的滑裂面上升，最终反映到距掘进机前方一定距离的地面上，裂缝自最高点呈放射状延伸。如果把土压力控制在 $p_A<p<p_p$ 范围内，就能达到土压平衡。

从实际操作来看，在覆土比较深时，从 p_A 到 p_p 变化范围较大，再加上理论计算与实际之间有一定误差，所以必须进一步限定控制土压力的范围。一般常把控制土压力 p 设置在静止土压力 $p\pm20$kPa 范围之内，其中 p_0 由下式计算：

$$p_0=K_0\gamma h \tag{8-31}$$

式中 K_0——静止土压系数，一般可在 0.33~0.7 之间取值；

γ——土的重度，kN/m^3；

h——深度，m。

但是，土压平衡的一个最大特点是能在覆土较浅的状态下正常工作，最浅覆土深度仅为顶管掘进机外径 0.8 倍时也可以进行施工。每当遇到这种施工条件时，除了计算出静止土压力 p_0 以外，还要把控制土压力的上限与 p_p 比较，如果 $p_{max}>p_p$，就必须调整；同时还要把 p_{min} 与 p_A 比较，如果 $p_{min}<p_A$，同样要调整。如果对以上的计算觉得还没有较大的把握，就必须对土压力进行实测。

另外，从实际操作来看，土质条件不同时，控制土压力的计算方法也不尽相同。例如，在黏性软土中，若黏土成分比较大(占 50%左右)、ϕ 角很小(有时接近于 0)、N 值也很小(只有 2~3 之间)、土的空隙比又较大、容重较小的情况下，水压力的影响比较小，可以忽略。若在内摩擦角较大，砾石成分占 50%以上时，控制土压力可以用地下水压力代替，因为这时土仓内的土还必须加黏土等进行改良，以增加其止水性。对土仓内起决定性作用的压力是地下水压力。以上情况若是在砂的成分大于 80%的粗砂层也是适用的。

在河川下顶进时，计算控制土压力可以分两步进行：首先计算出水压力，然后再计算出河床至管中心的土压力，最后把两者相加即得到控制土压力。

顶管掘进机的土压管理完全依据于土压力的理论计算。有时，在一节顶管中会有几种不同的土质条件。最典型的是在河川下顶管，它有岸上和河下之分。这时应采取分段土压管理的方式，把岸上顶管的控制土压力和水下顶管的控制土压力分开来管理。因此，在顶进到一定距离以后控制土压力应有所更改。顶管掘进机土压力大小的控制与以下几个条件有关：

① 与顶进速度有关。如果螺旋输送机的输土量不变，顶进速度与土压力成正比。因此，要保持机内控制土压力不变，就必须把顶进速度调节在一个合适的范围以内。

② 与螺旋输送机的排土量有关。如果推进速度恒定，那么控制土压力与螺旋输送机的排土量成反比。

③ 顶进速度和排土量同时改变，也可以保持控制土压力在规定的范围内。当推进速度提高时，土压力随之上升，与此同时，可以提高螺旋输送机的排土量。

上述三种控制土压力的方法中，以第三种控制方法最为理想，第一种控制方法特性变化比较陡，第二种控制方法特性变化比较平缓。在初始顶进时，必须反复试验，只有当初始顶进比较正常了，才可对掘进机进尺时所占的空间及排出土的质量之间进行比较。一般情况下，在排土量达进尺空间土质量的95%～100%时，都应视为正常。为了进一步检验排土是否标准，还可以根据地面沉降量来确定是否需要增加或减少排土量。如果地面出现隆起，就应增大排土量；如果地面出现沉降，就应减少排土量。只有在上述数据都正常的情况下，才可以进行正常的顶进。

(4) 施工措施

土压平衡顶管施工可分为工作井(坑)制作、顶进、出土、吊装、注浆、测量纠偏等工序，其施工流程如图 8-11 所示。

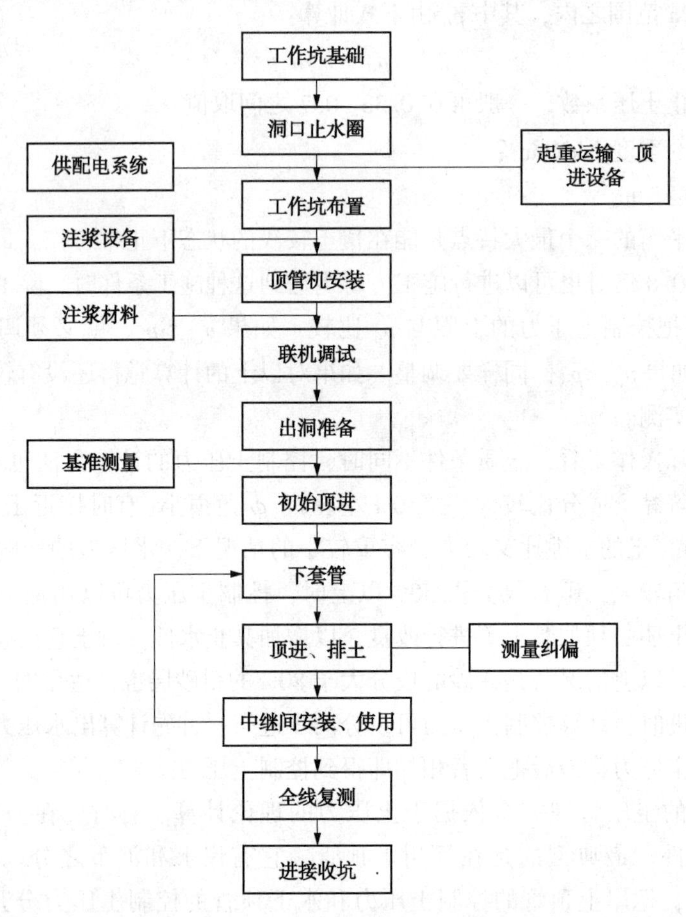

图 8-11　土压平衡顶管施工的作业程序

① 工作井制作。工作井分为出发井和接收井。一般地质条件下，竖井施工可采用人工开挖、土钉支护等技术形式；对于河道等特殊地质条件下竖井的制作，可采用后面介绍的制作方法。

为了防止砂卵石层坍塌，需要对掘进面注浆。因此，在出发井设置洞口止水圈，如图8-12所示。

② 顶管掘进施工：

a. 轨道铺设。导轨应选用钢质材料制作，其安装应符合有关规范规定。导轨在工作坑内的固定方法：在工作坑底部预埋2条钢板，方向、长度和导轨一致，导轨焊接到预埋钢板上来固定导轨。同时在左右两侧的水平面上用方木支撑加以固定，保证导轨绝对不能移动。为防止机头出洞以后而产生偏低的情况发生，还须在沉井的洞口内安装一副延长导轨，其导轨面与基坑导轨相一致，延长导轨用砖块和水泥浆砌成一个圆弧形托即可，如图8-13所示。

图8-12 竖井与止水圈

图8-13 导轨铺设

b. 顶管机安装和初始顶进。顶管机在导轨上要放正，偏转仪显示的偏转角度不应大于0.5°。刀盘距洞口600mm左右，以利于破洞。顶管机安装好以后可通电进行联机调试，试运转正常后可准备破洞口。从顶管机推进洞内开始，一直到第一节套管全部推进土中的全过程称为初始顶进。在顶管施工中，初始顶进是一个至关重要的阶段，尤其是顶进方向一定要保持水平，不能让顶管机爬高，也不能让顶管机太低。初始顶进是顶管机及其附属设备调试、走合的过程，同时也是设备带负载调试的过程。初始顶进也是核对本段顶管一些数据的计算与实际有无误差的阶段。当顶管机推进到可以下第二节套管的最小距离时，把第二节套管下到基坑中，使它与第一节套管联成一体，此时，初始顶进就完成，以后的各节套管的顶进与此相同。

c. 出土处理。土压平衡式顶管机采用螺旋出土器进行出土，采用皮带传送机传送到适当高度，经出土小车运出管外，小车牵引采用卷扬机完成，由吊车吊出竖井。

d. 水泥管处理及顶进过程中管线的续接。若采用钢筋混凝土管作为套管，为了防止地下水向管道内渗漏，两节混凝土管之间采用密封条进行密封。同时在两个混凝土管对接面处放置一层纤维板，在顶进过程中起到缓冲作用，防止混凝土管被压碎。顶进过程中，当更换混凝土管时要续接进水、排泥、注浆管和电缆电线。电缆电线在工作井内采用快速接头连接，在洞口的进水、排泥、注浆管采用带快装接头的软管，方便完成续接工作。顶进与顶管设备布置见图8-14。

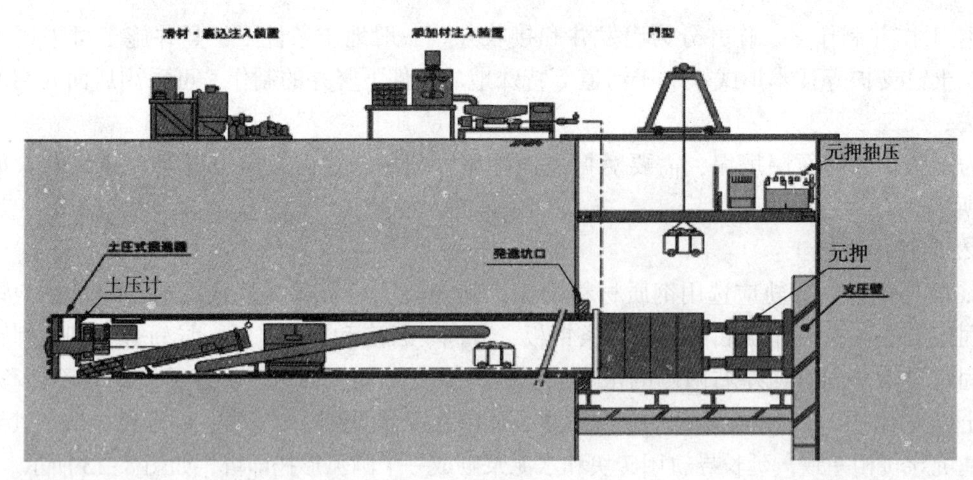

图 8-14　顶进与顶管设备布置

e. 土压力控制。土压力根据 Rankine 土压力理论进行计算，施工时要将土压力控制在设计范围内。如果土压力过高，则适当降低顶进速度和增加出土量；反之，要增加顶进速度和减少出土量。液压千斤顶的顶力依据顶进长度、地层与套管的摩擦力、顶进速度等的不同而不同。在顶进过程中，要实测土压力和主动土压力，对理论值进行修正，使之符合实际情况。

f. 中继间的使用。中继间是为了克服顶进系统顶力的不足而设置的中间推力装置，要根据施工经验和计算，确定中继间的个数和位置。

g. 测量、纠偏。顶管测量仪器主要使用激光经纬仪。在工作井中安装激光经纬仪，在机头安装激光靶，用于激光经纬仪进行轴线的跟踪测量。其测量安装示意图如图 8-15 所示。

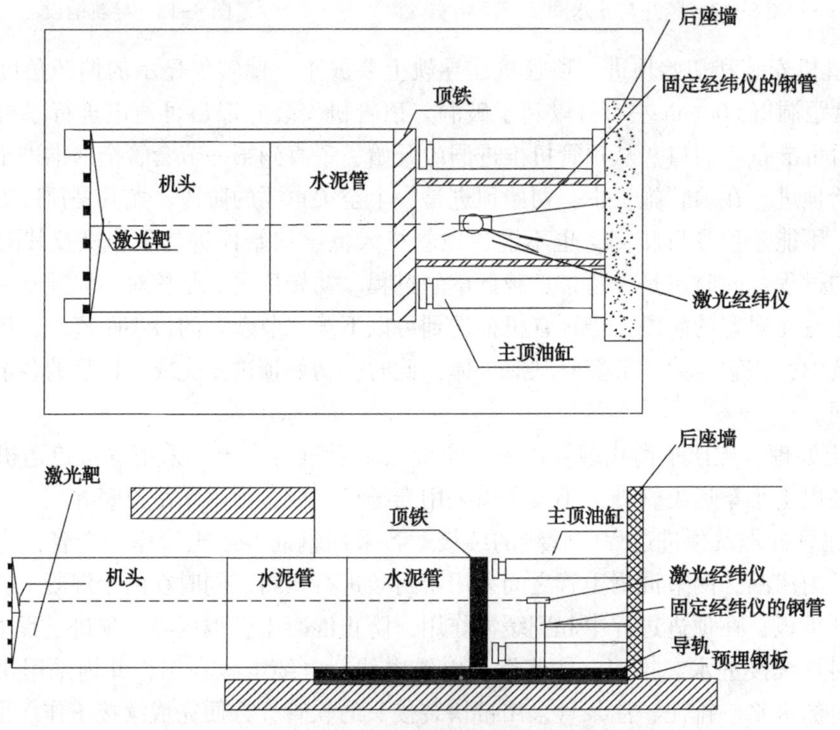

图 8-15　测量、纠偏系统示意图

在整个顶管过程中，方向校正遵循“小幅度纠、勤纠、看趋势纠”的三纠原则。在纠偏过程中，高低偏差要比左右偏差难纠。这是因为左右两边的土压力呈对称形态，而上下的土压力不仅不等，还会受到顶管机自重等因素影响。当高低和左右都出现偏差时，一般应以高低偏差的纠正为重点，或者先纠高低偏差，后纠左右偏差。

h. 注浆系统。顶管过程中通过压浆系统从机头、套管中的注浆孔压入触变泥浆，形成一定厚度的泥浆套，使顶管在泥浆套中滑行，减少摩阻力。如图 8-16 所示。

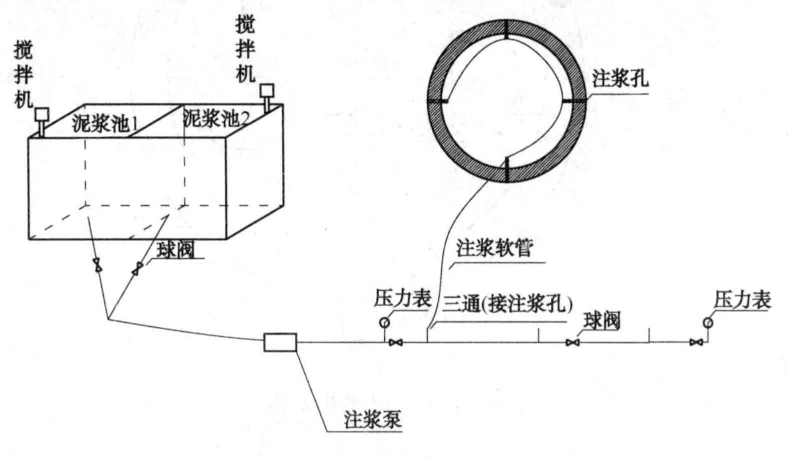

图 8-16　注浆系统示意图

触变泥浆是由膨润土、CMC(粉末化学浆糊)、纯碱和水按一定比例配方组成。要使减阻泥浆的性能稳定，就要求施工期间泥浆不失水、不沉淀、不固结，既要有良好的流动性，又要有一定的稠度。触变泥浆的压浆泵可采用螺杆泵。

i. 顶进过程中容易出现的问题以及应急预案。在顶进过程中，液压站与机头协调不一致，会造成地表土隆起或塌陷。解决方法为：增加地面检测系统，随时对地表进行测量检测，一旦发现问题立即处理(采用注浆和注沙方法对塌陷地段处理)。

注浆过程中压力控制不准，造成地面冒浆。解决方法：在施工过程中，时刻注意机头土压力及液压站主顶推进力。在正常情况下，减少每次的注浆量，增加注浆次数，可减少冒浆的发生概率。另外，在冒浆处已经形成区域破坏，泥浆套破坏严重，此处需增大补浆量。遇到砂层等渗透系数比较大的地层，应增加注浆稠度，减小泥浆的流动性，易于形成泥浆套，把砂层阻挡在泥浆套之外，防止砂土抱住套管而增加摩擦力和造成地面沉降。

③ 管道的安装。在套管内每隔一定距离铺设一个钢筋混凝土支墩，混凝土支墩与管线之间加绝缘橡胶垫板。为了防止将来套管内进水漂管，在钢筋混凝土支墩上预埋螺栓，连接 U 形钢带固定油气管道。管线就位方案：在出土端沿水平方向开挖一定长度的管沟，管沟形式与线路相同，管沟内表面铺设塑料薄膜，管沟内放水，将预制完的管道放入沟内(管线两端封堵)，人工漂管，到位后排水就位。

管道在接收井外进行预制，完成检测、补口补伤、试压等工序，利用出发井的地锚和卷扬机，用钢丝绳将管线牵引到出发井，然后进行连头作业，完成套管内的管道安装任务，如图 8-17 所示。

为了保障油气管道顺利漂浮就位，套管顶进时应加强控制，确保纵向基本水平。若在套管内安装多根钢管，需要采取措施严格控制两管之间的间距。可以在一根管线就位后，采用装沙土的编织袋对其位置固定，然后完成另一根管线的安装，穿越完毕按照程序文件要求对管线压实，对混凝土套管两端进行封口。

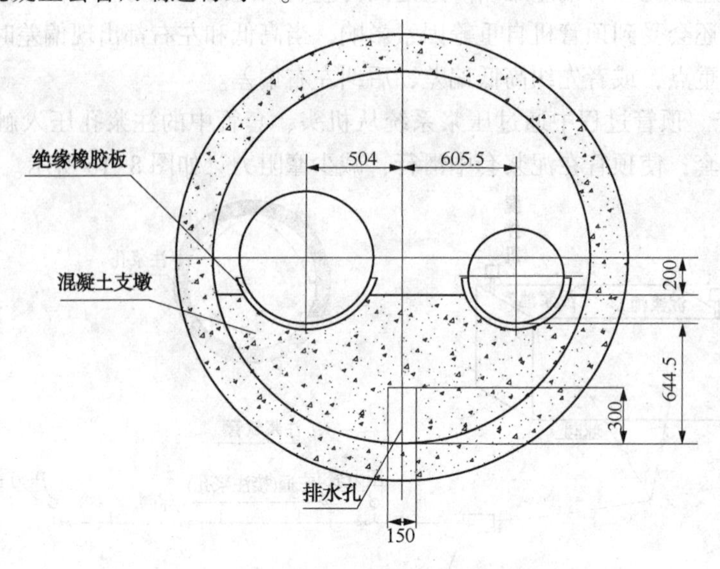

图 8-17　套管内管道安装

2. 泥水平衡顶管

(1) 概述

在顶管施工分类中，通常把用水力切削泥土以及虽然采用机械切削泥土而采用水力输送弃土，同时有的利用泥水压力来平衡地下水压力和土压力的这一类顶管形式都称为泥水平衡顶管施工。在泥水平衡顶管施工中，要使挖掘面上保持稳定，就必须在泥水仓中充满一定压力的泥水，泥水在挖掘面上可以形成一层不透水的泥膜，以阻止泥水向挖掘面里面渗透。同时，该泥水本身又有一定的压力，因此它就可以用来平衡地下水压力和土压力。这就是泥水平衡顶管最基本的原理。

如果从输土泥浆的浓度来区分，又可把泥水平衡顶管分为普通泥水顶管、浓泥水顶管和泥浆式顶管三种。普通泥水顶管的输土泥水相对密度为 1. 03~1. 30，而且完全呈液体状态。浓泥水顶管的泥水相对密度为 1. 30~1. 80，多呈泥浆状态，流动性好。泥浆式顶管则是介于泥水式和土压式顶管施工之间，是由泥水式向土压式过渡的一种顶管施工。又由于它大多数采用螺旋输送机排土，多被列入土压式顶管施工的范畴。

完整的泥水平衡顶管系统分为八大部分，如图 8-18 所示。第一部分是泥水平衡顶管掘进机，它有各种形式，因而是区分各种泥水平衡顶管施工的主要依据。第二部分为进排泥系统，普通泥水顶管施工的进排泥系统大体相同。第三部分是泥水处理系统，不同成分的泥水有不同的处理方式：含砂成分多的可以用自然沉淀法；含有黏土成分多的泥水处理是件比较困难的事。第四部分是主顶系统，包括主顶油泵、油缸、顶铁等。第五部分是测量系统。第六部分是起吊系统。第七部分是供电系统。第八部分是洞口止水圈、基坑导轨等附属系统。

泥水平衡顶管施工的主要优点如下：

① 适用的土质范围较广，在地下水压力很高以及变化范围较大的条件下也能适用。

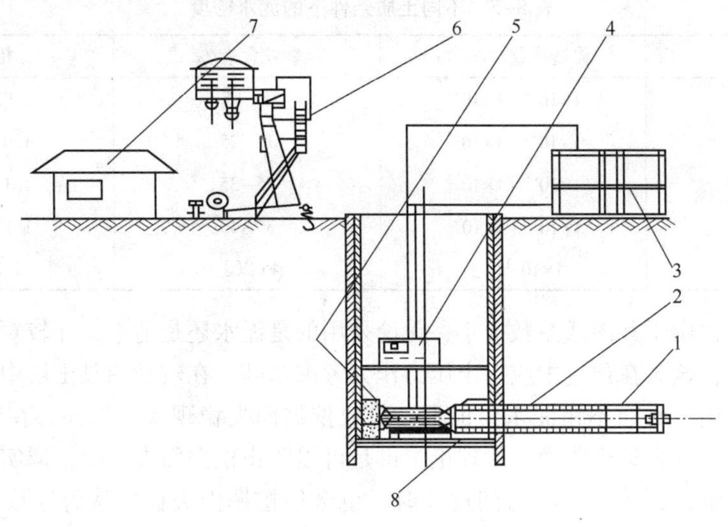

图 8-18　泥水平衡顶管系统

1—掘进机；2—进排泥管路；3—泥水处理装置；4—主顶油泵；5—激光经纬仪；
6—行车；7—配电间；8—洞口止水圈

② 可有效地保持挖掘面的稳定，对所顶管子周围的土体扰动比较小。因此，采用泥水平衡顶管施工引起的地面沉降量较小。

③ 所需的总顶进力较小，尤其是在黏土层，适宜于长距离顶管。

④ 作业环境较好，也较安全。由于采用泥水管道输送弃土，因此不存在吊土、搬运土方等容易发生危险的作业。由于是在大气常压下作业，也不存在采用气压顶管带来的各种问题及危及作业人员健康等问题。

⑤ 由于泥水输送弃土的作业是连续不断进行的，所以作业时进度较快。

泥水平衡顶管的缺点如下：

①弃土的运输和存放都比较困难。如果采用泥浆式运输，则运输成本高，且用水量也会增加；如果采用二次处理方法来把泥水分离，或使其自然沉淀、晾晒等，则处理起来不仅麻烦，而且处理周期也比较长。

② 所需的作业场地大，设备成本高。

③ 口径越大，泥水处理量也就越多。因此，在闹市区进行大口径的泥水顶管施工是件非常困难的事。而且，泥水一旦流入下水道以后极易造成下水道堵塞。因此，在小口径顶管中采用泥水式是比较理想的。

④ 采用泥水处理设备时噪声很大，对环境会造成污染。

⑤ 由于设备比较复杂，一旦有哪个部分出现了故障，就得全面停止施工作业。因而相互联系、相互制约的程度较高。

⑥ 如果遇到覆土层过薄或者遇上渗透系数特别大的砂砾、卵石层，作业就会因此受阻。因为在这样的土层中，泥水要么溢到地面上，要么很快渗透到地下水中去，致使泥水压力无法建立起来。

泥水的相对密度必须大于 1.03，即必须是含有一定黏土成分的泥浆。但是，在泥水平衡顶管施工过程中，应针对各种不同的土质条件来控制不同的泥水。详细情况见表 8-5。

表 8-5　不同土质条件下的泥水密度

土质名称	渗透系数/(cm/s)	颗粒含量/%	相对密度
黏土及粉土	$1\times10^{-9}\sim1\times10^{-7}$	5~15	1.025~1.075
粉砂及细砂	$1\times10^{-7}\sim1\times10^{-5}$	15~25	1.075~1.125
砂	$1\times10^{-5}\sim1\times10^{-3}$	25~35	1.125~1.175
粗砂及砂砾	$1\times10^{-3}\sim1\times10^{-1}$	35~45	1.175~1.225
砾石	1×10^{-1}以上	45 以上	1.225 以上

在黏土层中，由于其渗透系数极小，无论采用的是泥水还是清水，在较短的时间内都不会产生不良状况，这时在顶进中应以土压力作为考虑基础。在较硬的黏土层中，土层相当稳定，这时即使采用清水而不用泥水，也不会造成挖掘面失稳现象。然而，在较软的黏土层中，泥水压力大于其主动土压力，从理论上讲是可以防止挖掘面失稳的。但实际上，即使在静止土压力的范围内，顶进停止时间过长时，也会使挖掘面失稳，从而导致地面下陷。这时，应适当提高泥水压力。

在渗透系数较小，如 $K<1\times10^{-3}$cm/s 的砂土中，泥浆密度应适当增加。这样，在挖掘面上在较短的时间内就能形成泥膜，从而泥水压力就能有效地控制住挖掘面的失稳状态。

在渗透系数适中，如 1×10^{-3}cm/s$<K<1\times10^{-2}$cm/s 的砂土中，挖掘面容易失稳。这就需要注意，必须保持泥水的稳定，即进入掘进机泥水仓的泥水中必须含有一定比例的黏土和保持足够的密度。为此，在泥水中除了加入一定的黏土以外，还需再加一定比例的膨润土及 CMC 作为增黏剂，以保持泥水性质的稳定，从而达到保持挖掘面稳定的目的。

在砂砾层中施工，泥水管理尤为重要，稍有不慎，就可能使挖掘面失稳。由于这种土层中一般自身的黏土成分含量极少，所以在泥水的反复循环利用中就会不断地损失一些黏土，这就需要不断地向循环用泥水中加入一些黏土，才能保持住泥水的较高黏度和较大密度，只有这样，才可使挖掘面不会产生失稳现象。

在泥水平衡顶管施工过程中，还应注意以下几个问题：

① 当掘进机停止工作时，一定要防止泥水从土层中或洞口及其他地方流失，否则挖掘面就会失稳，尤其是在出洞这一段时间内更应防止洞口止水圈漏水。

② 在顶进过程中，应注意观察地下水压力的变化，并及时采取相应的措施和对策，以保持挖掘面的稳定。

③ 在顶进过程中，要随时注意挖掘面是否稳定，随时检查泥水的浓度和相对密度是否正常，还要注意进排泥泵的流量及压力是否正常。应防止排泥泵的排量过小而造成排泥管的淤积和堵塞现象。

(2) 基本原理

泥水平衡式顶管掘进机有两种形式：一种是单一的泥水平衡式，即以泥水压力来平衡地下水压力，同时它也平衡掘进机所处土层的土压力；另一种是泥水仅起到平衡地下水的作用，而土压力则用机械方式来平衡。

单一的泥水平衡顶管掘进机在施工过程中的基本原理如图 8-19 所示。当顶管掘进机正常工作时，阀门 1 和阀门 2 均打开，而阀门 3 则关闭。这时，泥水从进泥管经过阀门 1 进入顶管掘进机的泥水仓。泥水仓中的泥水则通过阀门 2 由排泥管排出。只要调节好进、排泥水的流量，就可以在顶管掘进机的泥水仓中建立起一定的压力。图 8-19 中，p_1 为顶管掘进机上部的地下水压力，p_3 为顶管掘进机底部的地下水压力，p_2 为顶管掘进机上部的泥水压力，p_5 为顶管掘进机底部的泥水压力。由于泥水平衡顶管掘进机在施工过程中泥水仓的泥水压力必须比地下水高出一个 Δp，即在图中高出的 Δp 水头部分，这个 Δp 一般取 10~20kPa 之间。这时，在顶管掘进机底部被增加一个 Δp 后的地下水压应为 p_4，在上部的大小均为 p_2。因为增加的这个 Δp 是泥水压力，所以它同地下水有不同的密度，因而当顶管掘进机上部的压力相同时，顶管掘进机底部的压力是不相同的。此时，顶管掘进机底部的泥水压力为 p_5。

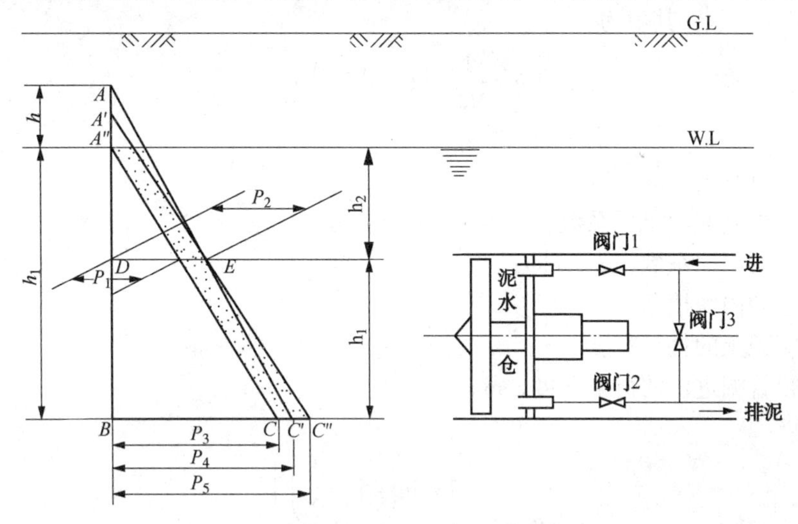

图 8-19　泥水平衡的基本原理

如果 γ_w 为水的密度，γ_m 为泥水的密度，则：

$$p_1=\gamma_w h_2 \tag{8-32}$$

$$p_2=\gamma_w(h_2+\Delta h) \tag{8-33}$$

$$p_3=\gamma_w h_1 \tag{8-34}$$

$$p_4=\gamma_w(h_1+\Delta h) \tag{8-35}$$

$$p_5=p_4+\gamma_m h_3=\gamma_w(h_1+\Delta h)+\gamma_m h_3 \tag{8-36}$$

实际上，泥水平衡顶管掘进机泥水仓内是在 *BDEC″*这个梯形压力区内工作的。如果把 *BD* 作为理想的挖掘面，那么泥膜就在该面上形成。这层泥膜可防止泥水仓内的泥水向地下渗透，同时也阻隔了地下水向泥水仓内渗透。而泥水仓内的 *BDEC″*梯形压力同时也平衡了土压力，从而保持了挖掘面的稳定。所以，当停止顶进前，不仅要关闭阀门 1 和 2，同时还要保持 *BDEC″*这个压力梯度。如果在停止顶进过程中，由于渗漏或其他原因使这个压力梯度起变化，那么挖掘面就会失稳。通常，在设定泥水压力 p_m 时，一般取其中间值，即取 $p_m=(p_2+p_5)/2$。

另一种泥水平衡顶管掘进机是以泥水压力来平衡地下水压力，而以机械方式平衡土压力的具有双重平衡功能的顶管掘进机。它的泥水平衡原理与前述相同，其机械平衡土压力的方式也非常简单，见图 8-20。当土压力 p 作用在刀盘上时，刀盘会往后缩。然而刀盘的主轴是一个油缸的活塞杆，当刀盘后缩时，只要把油缸后腔的油压提高到一定的高度，p' 就能使油缸不至于后缩而达到

图 8-20　机械平衡的基本原理

平衡。

这样，当 $p>p'$ 时，油缸就往后缩；当 $p=p'$ 时，油缸处于平衡状态；当 $p<p'$ 时，油缸就会向前伸。因此，只要把油缸的压力调到与土压力处于平衡状态时，就能使其达到平衡土压力的作用。

土压力的大小可以通过下述两种方法计算。第一种是假设在一个有效高度以内的土是对刀盘起作用的，超过这个高度以上由于土拱的作用，土压力就不会直接对刀盘起作用。这个有效高度可用 h 表示，其值为：

$$h=\frac{1}{\frac{2K\mu}{B_e}}\left[1-e^{-\left(\frac{2K\mu}{B_e}H\right)}\right] \tag{8-37}$$

式中 h——土拱高度，m；

K——太沙基侧向土压系数，一般取 1；

μ——土的摩擦系数，$\mu=\tan\phi$；

ϕ——土的内摩擦角，°；

B_e——管顶土的扰动宽度，m；

H——顶管掘进机的覆土深度，m。

而

$$B_t=B_c\left[\frac{1+\sin\left(45°-\frac{\phi}{2}\right)}{\cos\left(45°-\frac{\phi}{2}\right)}\right] \tag{8-38}$$

式中 B_t——隧洞的直径，m，一般取 $B_t=B_c+0.1$；

B_c——管子或顶管掘进机的外径，m。

土压力 p 可由下式求出：

$$p=K_0\gamma_t h \tag{8-39}$$

式中 K_0——静止土压系数；

γ_t——土的重度，kN/m³。

第二种是以全部覆土深度的垂直土压力作为控制目标，这时：

$$p=p_1+p_2 \tag{8-40}$$

式中 p——垂直土压力，kPa；

p_1——地下水位以上的土压力，kPa；

p_2——地下水位以下的土压力，kPa。

$$p_1=\frac{B_e\left(\gamma_t-\frac{2c}{B_e}\right)}{2K_a\tan\varphi}\left(1-e^{-2k_a\frac{Z_1}{B_e}\tan\varphi}\right) \tag{8-41}$$

式中 c——土的内聚力，kPa；

K_a——主动土压系数；

Z_1——地面至地下水位间的深度，m。

$$p_2=\frac{B_e\left(\gamma_s-\frac{2K_a p_1\tan\varphi}{B_e}\right)}{2K_a\tan\varphi}\left(1-e^{-\tan\varphi\frac{Z_2}{B_e}}\right) \tag{8-42}$$

式中　γ_s——土的浮重度，kN/m^3；

Z_2——地下水位到顶管掘进机中心的高度，m。

(3) 施工措施

泥水平衡顶管施工方法与土压平衡顶管施工方法基本相同，这里不再进行详细描述。下面仅结合西气东输郑州黄河顶管工程实例，介绍其开挖工作井和接收井的特殊处理方法——沉井施工方法。

西气东输郑州黄河顶管工程位于河南郑州黄河大桥上游30km处，穿越的主河槽位于黄河孤柏渡至官庄峪河段，顶管穿越长度3600m，其自然条件呈南高北低状，黄河南岸岸坡为Ⅱ级阶地前缘，坡度约为30°~40°，高差60~70m，河道及河北岸漫滩开阔，穿越场地地形较为平坦，地面标高介于100.76~102.85之间，地貌单元属河谷地貌。

顶管穿越断面40n深度以内的地层主要由第四系全新统冲积的粉土、粉砂、硬质黏土、砾砂、坡积黄土状土以及第四系上更新纪冲积黄土状土、中更新纪残积粉质黏土(古土壤)、冲积粉质黏土组成。由于黄河是淤积而成，历史上无数次改道，古老的黄河河床下30多米深处，地质条件变幻莫测，孤石、漂石、古建筑、古树等横七竖八，给顶管穿越带来较大困难。稳定水位深度0.30~4.00m，稳定水位标高98.82~101.50m。地下水属潜水类型，主要受河水补给。顶管设计长度3600m，设三座工作井(1号、3号、5号井，内径为15m，壁厚为1.5m)及一座接收井(4号井，内径为8m，壁厚1.2m)间距分别为1~3号井为1175m、3~4号为1166m、4~5号为1259m。

① 沉井施工方法：采用顶管法穿越公路、铁路，一般情况下地质条件良好，工作坑的开挖与混凝土浇注施工并不困难，但对于西气东输郑州黄河顶管工程这样的黄河漫滩来讲，采用传统的开挖施工方法是不可能的。因此，工作井和接收井采用沉井法施工。在岸上预制完成工作井和接收井，运到设计位置后，采用一定方法使工作井和接收井下沉到设计深度，然后对井底进行处理。郑州黄河顶管工程采用干挖下沉(地面以下5m内)和不排水下沉(5m以下)相结合的办法、冷冻施工技术以及旋喷“井中井”施工技术。井内除土方式采用人工开挖、机械吊装及专用设备(吸泥泵、空气吸泥机等)吸泥等方式。

a. 干挖下沉和不排水下沉。挖土时注意开挖顺序，先开挖中间，再开挖井内四周，具体开挖工法要根据测量结果来确定。沉井内挖土依次、均匀、对称，严禁偏除土、偏堆土，防止沉井倾斜；出土要及时远运，禁止沉井外侧偏压土；先挖出锅底，从沉井中间均匀向刃脚边扩散，离刃脚1m时，集中劳力快速、均匀挖除刃脚下一层土，使沉井减少受力面积而下沉，待刃脚处土面与锅底基本持平时，再开始挖出锅底并依此类推，逐步除土，注意锅底不能超过刃脚底下1.5m。

首先开挖沉井中间的筑岛填砂，形成锅底以促下沉。再破除砂浆抹面，开挖沉井中间土体。当沉井下沉到5m左右时，沉井的刃脚已经位于地下水位以下，下沉施工由开挖下沉转入不排水下沉。不排水下沉主要是通过吸泥泵和空气吸泥机实现，同时加强测控，随时掌握水下吸砂情况，根据测量的沉井高差及扭转方向确定吸泥方位和顺序。井内吸泥时，容易造成井外水位比井内水位高的现象，由于水位差的压力作用，极可能产生涌砂现象，导致井外地面过量沉陷，地面施工设备等倾斜甚至倒塌等危害现象的发生，对施工极为不利。因此，在井内吸泥的全过程中，必须不断向井内补充水量，保证井内水位高于井外地下水位2m以上，形成水位反差，禁止在刃脚底下直接吸土从而掏空刃脚，避免形成泥砂通道，防止上述危害现象的发生。

b. 冷冻施工技术。对砂卵石层、钙质结核层和硬质黏土层等复杂的地质情况，水下吸泥出土困难，沉井采用常规施工方法无法继续下沉，这时可以采用冷冻法加固地层的施工方案。即在沉井壁外侧四周布置环形冻结孔，并在冻结孔中循环低温盐水，使冻结孔附近的含水地层结冰，形成强度高、封闭性好的冻土墙，在冻土墙的保护下掏挖沉井井壁下土层，使沉井下沉至设计深度。冻结法加固地层的主要施工顺序为：施工准备→冻结孔施工(同时安装冻结制冷系统)→安装冻结盐水系统和检测系统→冻结运转→沉井施工→停止冻结→拔冻结管。

c. 旋喷“井中井”施工技术。

旋喷体在沉井结构外，其目的是通过使用旋喷技术，在地下先建造成一个凹圆筒形结构，然后制作沉井，实现沉井干挖下沉，以降低沉井施工难度，缩短施工工期。旋喷凹圆体和沉井结构如图 8-21 所示。旋喷凹圆体部分采用三重管高压旋喷法，封底部分采用双高压旋喷法。施工程序为：定孔位→铺设钻机平台→导孔钻机就位→钻机打导孔→三重管钻机(或双高压钻机)就位→下旋喷管→喷射成桩→回灌。

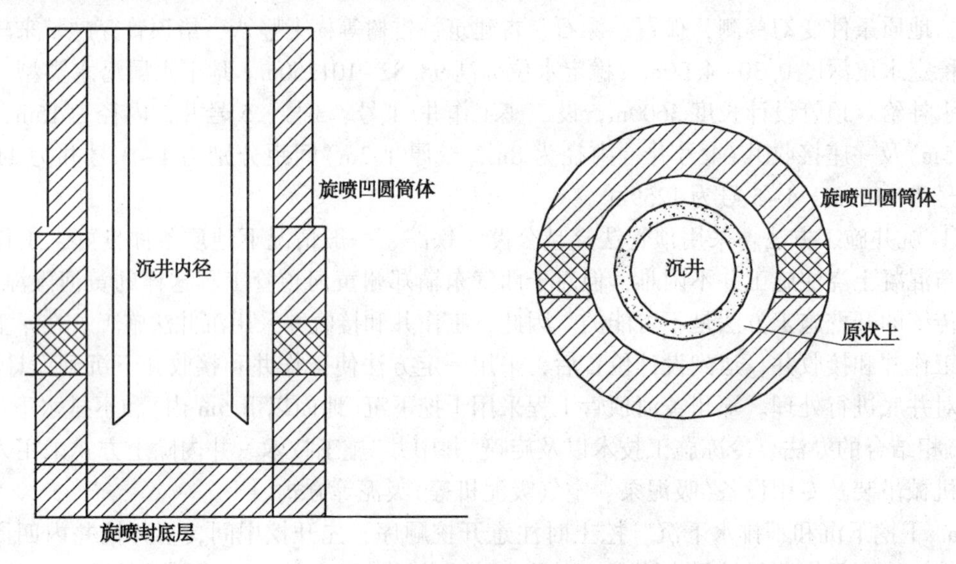

图 8-21　旋喷凹圆体和沉井结构

d. 水下混凝土封底技术。该施工技术可分三步完成：

第一步：封底前沉井内水下准备工作。沉井下沉至设计标高后，沉井外停止降水，卸除沉井上部砂袋载荷。然后吸泥井内形成锅底(深约 1m)，同时向井内补水，在吸泥的全过程中，始终要保持井内水位比井外水位高，以维持平衡。

锅底形成后，清洗刷净沉井刃脚斜面，防止因有泥土污物而使封底混凝土渗漏水。可以采用高压水枪冲刷刃脚斜面的方法进行清洗，高压水枪先沿着沉井内壁，在一个断面上下左右进行冲洗，冲洗完一个断面后，移动 50cm 左右，进行下一个断面的冲洗；当整个刃脚内壁缓慢地冲洗一遍后，在反方向以快约一倍的速度再冲洗一遍。当刃脚用高压水枪冲洗完成后，由潜水员进行摸底检查，井上人员做好记录，记录好沉井各位置处刃脚斜面的清洗情况，对未清洗干净的刃脚斜面要有针对性地进行高压射水冲洗。

在锅底和刃脚清理满足要求后，即可进行铺设缓冲层的施工。其目的是避免泥砂夹层冲入封底混凝土层内，形成夹碴层，影响水下混凝土施工质量。缓冲层厚约 50cm，采用块石和碎石抛填，如图 8-22 所示。抛填前在井上先用绳子将沉井分区，抛填工作采用塔吊、料斗进行作业，料斗到达指定分区后，由船上的工人将料斗打开，使石头落入水中，逐区作业。抛填完成后，由潜水员下水将个别堆积的块石进行平整，抛填尽量不要漏铺。

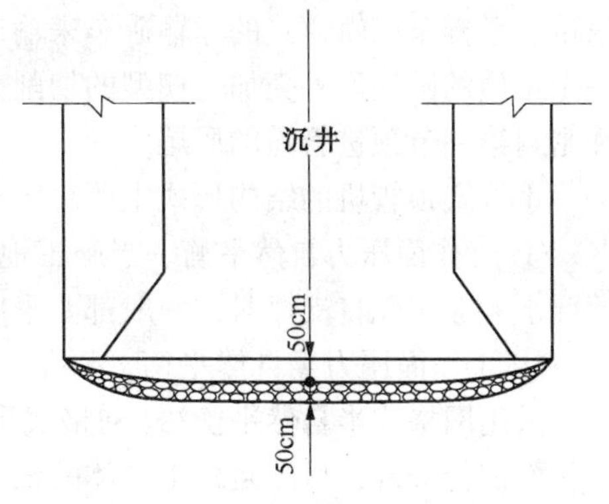

图 8-22　缓冲层结构示意图

第二步：钢筋笼的制作、起吊、定位及抗浮加强。按设计图制作好钢筋笼，焊接好每层钢筋的交叉点，垂直架立角钢与钢筋接触面要满焊牢固。用吊车吊运下井。

第三步：混凝土浇灌。采用垂直导管法灌注水下混凝土，即在井孔内垂直放入钢制导管，管底距基底面约 30~40cm，在导管顶端接好储料漏斗，漏斗满盛混凝土，用砍球法灌注，割断绳索，同时迅速不断地向漏斗内灌注混凝土，此时导管内球塞，空气和水受混凝土挤压由管底排出，瞬间混凝土在管底周围堆筑成一圆锥体，将导管下端埋入混凝土堆内至少 1m，使水不能流入管内，将以后再灌注的混凝土在无水的导管内源源不断地灌入混凝土堆内，随灌随向周围挤动，摊开升高，如图8-23所示。

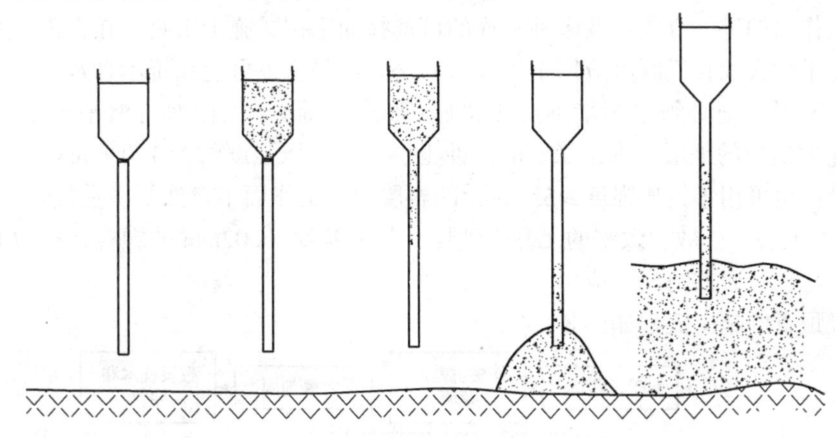

图 8-23　灌注示意图

混凝土灌注程序按照先周边、后中间的灌注原则进行。混凝土的封底厚度由封底混凝土的顶部标高控制。为保证测量精度，测量工具采用皮尺或钢尺，不采用测绳，考虑浮渣及确保混凝土强度的因素，混凝土灌注以超过设计封底顶部标高 30cm 为宜。

混凝土浇注完成后，养生时间在 7 天以上，开始井内降水。井内降水总高约 28m，分两天三次降水，第一次降水 14m 左右，第二次降水 10m 左右，第三次降完井内全部存水。分级降水的主要目的有二：一是使封底混凝土逐渐受力至最大状态；二是检验是否渗漏水。降水完成后凿除超灌混凝土与清底封底顶面的浮渣，为后序工作创造施工条件。

3. 手掘式顶管

手掘式顶管设备简单，但由于施工人员在管内的工作环境较差且安全隐患大，工作效率也低，所以现在手掘式顶管方法一般很少采用。下面仅简单介绍下其基本原理和施工流程。

手掘式顶管机即非机械的开放式（或敞口式）顶管机，在施工时，采用手工方法来破碎工作面的土层，破碎辅助工具主要有镐、锹及冲击锤等。破碎下来的泥土或岩石可以通过传送带、手推车或轨道式的运输矿车来输送。最简单的手掘式顶管机只有顶进工具管，即只有一个钢质的圆柱形外壳加上楔型的切削刃口、液压纠偏油缸、一个传压环以及一个用来导正和密封第一节顶进管道的盾尾。

手掘式顶管机的结构形式主要决定于对土压力的平衡方法，一般可分为4种类型：

① 工作面压力自然平衡。当施工地层不含地下水，并且工作面比较稳定或土体在自然情况下能够实现自支撑时，一般都要采用压力自然平衡方式。

② 工作面压力半自然平衡。对于工作面压力半自然平衡法，工作面被分成几个部分，可以采用网格式半自然平衡法(网格式顶管机)，或通过挡板采用机械方式平衡工作面，将工作面进行分割，目的是减小土体的长度，亦即减小滑移基面的大小。根据顶管机直径的大小，网格可以作为工作人员的工作平台，对于直径较小的顶管机，可以作为所谓的"沙板"。隔板的宽度 b 至少应等于隔板之间的距离 m 和土体的自然滑移角的余切的乘积(对于干的无黏性地层，其自然滑移角等于摩擦角)，即 $b=m\cdot \mathrm{ctg}\phi$。另外，工作平台还必须能够提供一个合适的工作空间。当顶管机的直径大于2500mm时，无论地层稳定与否，都推荐建立工作台板(或网格)，以便在许多不同的位置可以同时开展工作，提高施工效率和施工的经济性。

③ 工作面压力机械方式平衡。

④ 工作面自然和机械联合平衡法。

根据工作面的进入方式以及多种多样的可选择的手掘式施工工具，在无需采用辅助措施的情况下，手掘式顶管机既可应用于不含水的松软地层，也可应用于不含水的硬地层。在含水地层中施工时，则必须采用辅助施工措施(如降水等)。工作面自然平衡手掘式顶管机(SM-T1)主要适用的地层范围是稳定的黏性土层，其抗压强度约为1.0N/mm^2；另外，这种手掘式顶管机也可用于抗压强度≥5N/mm^{2}的岩层中。工作面半自然平衡手掘式顶管机(SM-T2)最适用的地层是松散、致密的无黏性地层，其中粒度<0.02mm的颗粒含量为10%，但很少在地层变化较频繁的情况下应用。

手掘式顶管的施工流程如图8-24所示。

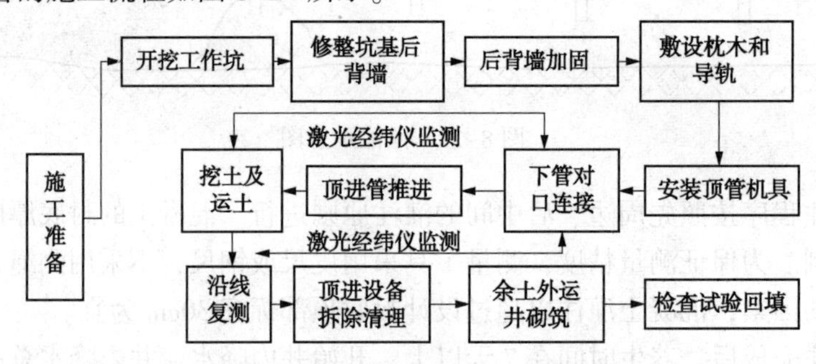

图8-24　手掘式顶管施工流程

(六) 顶管法管道穿越的关键技术

1. 顶管工程导向技术

在长距离、大深度的顶管工程中，必须为掘进机提供准确的掘进方向，否则将无法保证顶进精度，并导致因蛇行顶进而引起的阻力突增、顶进困难、工期延误等问题，因此，精密的导向技术是确保顶进成功的关键。

顶管工程定位导向施工技术有别于隧洞及其他地下工程的导向测量，顶进是一个动态过程，顶管整体在三维空间运动，包括前进、水平、竖直、旋转运动，因此在管子内没有稳定的固定点，给测量作业带来了更大的困难。顶进施工中必须针对管节不断运动的特点，合理进行误差分配，并采用有效的技术措施，才能确保顶管工程高质量的完成。

（1）地面控制测量

根据批准的测量成果书，由测量队以最近的控制点为基点，引测3个导线点至每个沉井附近，布设成三角形，形成闭合导线网。按国家2级水准要求建立该工程的首级高程控制。每个沉井附近至少布设2个测点，以便相互校核。

（2）竖井联系测量

用全站仪和1/200000投点仪配合，用极坐标法，将地面坐标及方向传递到出发井中。用高精度全站仪测出井下三角形边角并与理论值计算比较，达到规范后定出顶管设计中心线。用鉴定后的钢尺、挂重锤和水准仪在井上井下同步观测，将高程传至井下固定点，整个管段施工过程中，高程传递至少进行3次。

（3）井下控制测量

以沉井联系测量的井下起始边为支导线的起始边，沿顶管设计方向布设控制中线，每9m做一标志点，顶管每顶进100m时，用陀螺定向提高一次中线定向精度。在顶管顶进时用全站仪测出距离和偏角，计算出偏移值。也可以用支柱法通过中心线量出上下左右偏移值。用水准仪测出点与点之间的高差，根据距离和高差算出顶管倾斜坡度，随时调整钢管周边压浆压力和压浆数量来修正顶管中心线直到达到设计要求为止。

以沉井传递的水准点为基点，每100m设一固定水准点，每次停止顶进后沿顶管直线往返测设标高，测量精度要满足有关规定。

（4）顶管机顶进测量

在机械式顶管顶进测量中，使用最广泛的就是激光经纬仪，即在普通经纬仪上加装一个激光发射器，激光束打在掘进机的光靶上，观察光靶上光点的位置就可判断管子的上下和左右偏差。而顶管内接收激光束的光靶传感器和数据处理系统则组成了顶进测量控制系统，用来测量以激光导向点为参照的顶管机切削舱的测量板的垂直和水平位移、激光入射水平角及顶管机切削舱的仰角及滚动角。操作人员通过远距离摄像监控及微机系统，对测量数据进行处理计算并将处理出来的顶管机位置偏差显示在操作室屏幕上，指导操作人员对顶管机进行修正纠偏作业。

将顶管机切削舱的测量板的仰角、滚动角、水平角3个数据测出，并将激光基准点相对于顶管机的位置（X、Y）测出并输入控制系统。直线段每50m左右安装一个接口系统，使发射的激光束能够被目标系统有效接收。同时，人工测量出经纬仪的坐标（X、Y、Z），输入控制系统，作为计算顶管机位置的基准。导向系统以安装在顶管壁上的激光经纬仪发出的激光为基准点。然后，测量系统把激光束的方向精度、距离、经纬仪的坐标（X、Y、Z）等数据测出，输入到控制系统。激光束发射到测量板上以后，测出光点在测量板上的位置（X、Y），计算出顶管机轴线与激光束轴线的关系、顶管机的仰角和滚动角，通过电缆把数据传输给控制系统，控制系统中的微机计算出测量系统与顶管机轴线的安装误差，同时计算出测量板对应的顶管机轴线与顶管设计轴线偏差值（X、Y），通过顶管机实际轴线与顶管设计轴线夹角，预测出顶管机切削舱的（X、Y）偏差趋势。通过这些显示在顶管机操作屏上的数据，施工人员可以调整顶管机顶进方向，使顶管机沿设计轴线顶进，从而确保顶管顶进方向的精度符合要求。

近来使用较多的是 TUMA 自动导向测量系统。TUMA 自动导向系统是长距离曲线顶管的高新技术。本工程在国内首次采用自动经纬仪计算机程序自动导向测量系统，如图 8-25 所示。

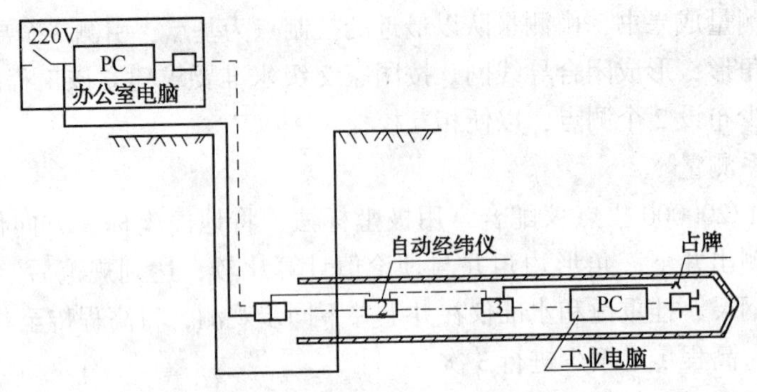

图 8-25　TUMA 自动导向测量示意图

这一系统由德国 TUMA 公司专门为盾构和顶管施工创建。基本原理是通过自动经纬仪瞄准机头上的占牌，由事先根据两个洞口实际位置和管轴线设计好的程序，即时计算出机头在此时所处位置与设计位置之间的偏差，并在计算机显示屏上以图形显示出机头的上下偏差值和发层趋势。机头操作人员可以直观地通过调整纠偏千斤顶来调整机头的方向。在全程顶进时共安装 3~4 台自动经纬仪；井底 1 台，曲线段 2~3 台。井底经纬仪自动瞄准设在前方井壁上的两个基点占牌，然后瞄准管道内机头上的占牌，测得的角度和视距通过信息电缆输入安装在机头的计算机。进入曲线顶进时，安装在管道上的带占牌的自动经纬仪按照计算机程序指令，在随管道移动状态下作转点测量。由于整个系统是自动进行并由计算机计算，测量在动态下连续进行，机头操作人员可以随时看到方向偏差来控制顶进。联网到井上办公室的计算机，使工程管理人员也可以随时监视顶进状况，向井下发出必要的指示。

(5) 贯通后的联测

两出发井贯通后，联测地上、井下导线网、水准网，用两井定向，减少一井定向短边的误差，并进行平差，确保顶管过黄河方向的高精度。

2. 注浆减阻技术

降低顶进摩阻力要在三个方面下功夫：一是管壁外减阻注浆技术；二是采用先进的注浆润滑材料；三是研究先进的施工工艺。

对于长距离、复杂地质条件下的顶管作业，注浆减摩是顶管成功与否的一个极其重要的关键环节。若顶管过程中任何时间都有浆液压入，顶管中的摩擦就属于湿润滑动摩擦。湿润摩擦的前提是滑动面必须是非浸透性材料，也即该材料有不吸水性。如果该材料吸水以后得不到及时补充，那么湿润摩擦就向干摩擦转化。湿润摩擦的摩擦系数通常要比干摩擦小许多。

郑州黄河顶管施工过程中，采用了 IMC 润滑注浆减阻技术，注入的是日本生产的润滑浆，该润滑浆专门用于砂层中顶进，为粉状一体型润滑材料，名称为 BiosEXCEED，能在管子的外周形成一个比较完整的浆套，可达到满意的减摩效果。该专供长距离顶管用的 IMC 减摩材料是由一种高分子的吸水材料制成，在没有吸水前，它是一种微小的颗粒，在吸水以后，直径可膨胀到 0.5~2mm。吸入的水是原来质量的数百倍。在放大镜下观察，类似于鱼籽。这种润滑浆有以下特点：

① 该鱼籽状的颗粒具有一定的弹性，其减摩作用犹如管子在无数个滚珠上推进，减摩效果非常显著。

② 与膨润土系浆液比较，随着时间的变化，黏性提高，在停止较长时间后再推进时，起动的推力增加不太明显，不像膨润土系浆液起动时推力增加较大。

③ 由于这种减摩剂中主要由颗粒状物体组成，吸水以后直径又较大，所以它不易在土中扩散，能有效地防止其向土层中渗透，即使在渗透系数比较大的土中它的减摩作用也相当明显。

④ 这种浆液的配制十分简单，只需加水搅拌即可，操作也十分方便。

⑤ 含有 NaCl 等电解质，对土质有较好的润滑效果。

注浆材料的选择是由工程特殊的地质条件决定的，当然也可以使用主要成分是膨润土的触变泥浆。由于黄河顶管穿越的地层为透水性较强的中砂地层，沉井附近地质存在卵石层，泥浆容易在这些地层里渗透及析水，这些都会给钢管周围泥浆套的形成带来较大的难度，特别是在卵石层中难度更大，超长距离顶管顶力控制关键是最大限度地降低顶进阻力，而降低顶进阻力的有效方法是在钢管外壁与土层之间形成一条完整的环状泥浆套，变原来的干摩擦状态为液体摩擦状态，就可以大大降低顶进阻力。

注浆时，注浆压力若大于地下水压力，泥浆会以溶胶状渗入土层，静止后会以凝胶状封住土层孔隙；注浆压力若大于主动土压力，润滑泥浆会托住土层；注浆压力若大于被动土压力，土层会破坏。因此，润滑泥浆注浆压力设定在主动土压力加水压与被动土压力加水压之间。

3. 纠偏技术

方向纠偏是顶管中非常重要的一个环节，尤其是在长距离顶管中，它是顶管成功与否的一个极其重要的关键性环节。同时纠偏好坏直接影响工期，如果纠偏顺利，管线中折角少、曲线度好，顶力就小，中继间启用较少，会大大加快施工进度，节省工期。

(1) 偏差原因分析

开挖撑子面顶进的反力由竖井后背墙提供。刀盘切削土体的扭矩主要是由顶管机壳体与土层之间的摩擦力矩来平衡。当摩擦力矩无法平衡刀盘切削土体产生的扭矩时，顶管机将形成滚动偏差。过大的滚动会使测量板、纠偏油缸、螺旋出土机偏离正常位置，造成测量、纠偏及出土困难，对顶管轴线偏斜也有一定影响。

在顶管机顶进过程中，不同部位顶进千斤顶参数的设定偏差会使顶进方向产生偏差。由于顶管机表面与地层间的摩擦阻力不均匀、开挖撑子面上的土压力的差异以及切削刀口切削欠挖时引起的地层阻力不同，也会引起一定的偏差。开挖撑子面砂层与砂砾层分界起伏较大，致使撑子面软硬不均，也易引起方向偏差。即使在开挖的撑子面砂层的力学性质十分均匀的情况下，受顶管机刀盘自重的影响，顶管机也有下扎的趋势。因此，在顶进过程中，须对竖直方向的误差进行严密监测控制，随时修正各项偏差值，把顶进方向偏差控制在允许范围内。

(2) 顶管姿态监测

采用经纬仪、水准仪等测量仪器测量顶管机的轴线偏差，监测顶管机的姿态。用电子水准仪测量高差，推算顶管机的滚动圆心角，监测顶管机的滚动偏差。方法是在切削舱隔墙后方对称设置两个测量点，二点处于同一水平线上，且距离为一定值。测量两点的高程差，即可算出滚动角。电子水准仪可直接测量顶管机的俯仰角变化，上仰或下俯的角度增量变化方向相反。电子经纬仪直接测量顶管机的左右摆动，左摆或右摆水平方向角的变化方向也相反。

(3) 纠偏施工技术

有些顶管机带自动纠偏功能，纠偏原理是：全站仪发出不可见光，到机头中心光靶，光靶把偏移反映到计算机，计算机控制纠偏千斤顶工作。就顶管机本身而言，高程、中心控制在一定精度范围内是没问题的。但由于顶进时易产生机头走机头线路、管子走管子线路的状态，即机头与前进方向倾斜前进，尤其顶钢管，这种现象更为严重。这时可采取如下措施：机头外径比管径大 60mm，即管外与土体有 30mm 的触变泥浆膜。当机头纠偏时，机头前进产生的侧向压力的分力要克服土体对管子的约束力，如土体是原状土，约束力会很大，土体被触变泥浆置换，触变泥浆是胶体，约束力很小，管子比较容易纠偏。

(4) 不同状态的纠偏方法

① 由于刀盘正反向均可以旋转，因此通过反转顶管机刀盘，就可以纠正滚动偏差。当滚动偏差超过设定值时，顶管机自动控制系统会报警，提示操作者切换刀盘旋转方向，进行反转纠偏。

② 控制顶进方向的主要方法是改变单侧千斤顶的顶力，但它与顶管机姿态变化量间的关系没有固定规律，需要靠人的经验灵活掌握。

③ 当顶管机机头出现下俯时，可加大下侧千斤顶的顶力，当顶管机机头出现上仰时，可加大上侧千斤顶的顶力，来进行纠偏。

④ 与竖直方向纠偏的原理一样，左偏时加大左侧千斤顶的顶力，右偏时则加大右侧千斤顶的顶力。

(5) 不同过程的纠偏方法

① 对初始顶进纠偏，在顶管机头没有全部入洞，机头中心、高程偏差不大于±20mm 时，不考虑纠偏，因此时轨道在控制前进方向，另外因机头没有全进管，此时纠偏没效果，反而使第一节管偏离轨道。如中心、高程偏差大于±20mm，要停止顶进，由技术负责人主持研究是否纠偏及纠偏方案，此时纠偏高程时，轨道上管要加配重，纠偏中心时，轨道管要加两侧支撑。

② 机头全部入土后，高程、中心偏差大于±10mm 时要进行纠偏，此时纠偏用机头纠偏设备。

③ 顶进中纠偏是影响顶力和管道竣工质量的关键操作。纠偏操作方案是顶管技术人员及交接班研究的重点，方案的依据是测量提供的机头的折角、倾斜仪基数和走动趋势、前后尺读数比较等。对于 0.5°大动作纠偏尽量避免。

④ 若纠偏动作已经做出，但显示屏上的光靶没有动作或纠偏千斤顶没有动作时应停止顶进，会同电工、机修工检查电路和液压管路，尽早排除故障，严防轴线偏差。

⑤ 纠偏在下管后尽早进行，注意观察倾斜仪读数的纠后姿势及光点滞后变化，同时通知地面和地下压浆人员加大同步注浆量。机头折角尽量减小，严防机头大折角平推。

⑥ 轴线纠偏主要是通过纠偏系统来进行的，顶进轴线发生偏差后，先计算出纠偏的量，然后调节纠偏千斤顶的伸缩量至纠偏需要的位置，再锁定纠偏系统。纠偏一定要按照“勤测、勤纠、缓纠、动态小幅度纠、看趋势纠”的原则进行。

⑦ 出洞阶段的纠偏既可以用纠偏系统也可以用主顶装置来进行。利用主顶装置纠偏是通过对主顶的油缸进行合理的编组，利用主顶的合力的作用点的变化对工具管进行纠偏。

4. 防水技术

对于埋深大、地下水压力高、砂砾石层渗水系数大且砂砾石层对防水结构的磨损严重的顶管工程，如果止水不好，不仅设备安全无法保障，还会造成施工的安全隐患。所以要针对不同部位、不同的止水需要，采取不同的止水技术，构成多道复合止水结构，达到防止地下水涌入顶管作业空间，保证顶管施工安全的目的，顶进中的管道可能发生漏水事故的薄弱环节有三处：管缝、中继间和洞口。

纠偏部分前后筒体间可采用K形止水圈双层密封，也可采用F形接口钢筋混凝土管橡胶圈止水，为了防止安装橡胶圈不当带来的管接缝渗漏水，二条管道均设置了五组以上的应急胀圈，以便在渗漏时内部止水，并可加强接缝的刚度，足以保证完成长距离的顶管工程。

考虑到在超长距离的砂砾地层中顶进，每个中继间的一伸一缩，使每个止水圈的受摩擦距离是该止水圈最终能达到距离的2倍，这时可采用“复合式密封中继间”技术。中继间止水密封设两道橡胶密封圈，橡胶密封圈可用螺栓局部调整压密度，正常工作时只用外侧密封圈，外侧密封圈寿命3000m左右，施工中途可不换，如万一外侧密封漏水，压紧内侧密封圈，可更换外侧密封圈，这时更换不会影响顶进，也不会漏水。

设置洞口密封止水结构，对止水结构的技术要求为：洞口密封材料要能耐长距离的顶进磨损；钢管焊口凸出密封不能卡阻；能防止钢管加工椭圆度误差产生的漏水因素；在顶进过程中，要能防止管道下沉造成洞口与管子造成相对位移产生的漏水；机头与管子半径差28mm，要求洞口密封有较大的弹性，能够调整。采用两道可调密封，在顶进过程中保证挡板压力大于润滑泥浆的压力，推动密封圈向管外面压紧从而达到密封止水，可完全满足顶进的需要。采用耐摩性较高的钢丝刷作为第一道止水带，设置可更换的橡胶瓦套作为第二道止水带。

顶管机进出洞时的防水主要由以下几个方面组成：洞口密封装置安装；洞口周围井点降水；洞口周围土体固化(旋喷)；在穿墙管内填充微膨胀混凝土，增大穿墙管闷板拆除后对出洞周围水土压力的抵抗能力；在穿墙管内机头轮廓外周注浆止水。

5. 主管道穿越套管技术

对于长距离顶管施工来讲，选择合适的主管道穿越方案尤为重要。目前可采用的主管道穿越套管的方法有滚轮托架法、全位置管道托架发送法、固定滚轮牵引发送法、轨道小车牵引发送法和水浮管道顶推牵引发送法等，下面分别介绍各种主管道穿越管道方法。

(1) 滚轮托架法

沿输气管道每隔一定距离设置两排钢质管箍，固定于穿越管道上，每个管箍上半部为聚乙烯支撑板，下半部设若干个滚轮，滚轮通过轮架焊接在管箍上。发送时，滚轮在套管内运动，实现主管道在套管内穿越。该方法对于大管径、长距离管道穿越容易在顶进时压坏小滚轮，致使穿越失败。

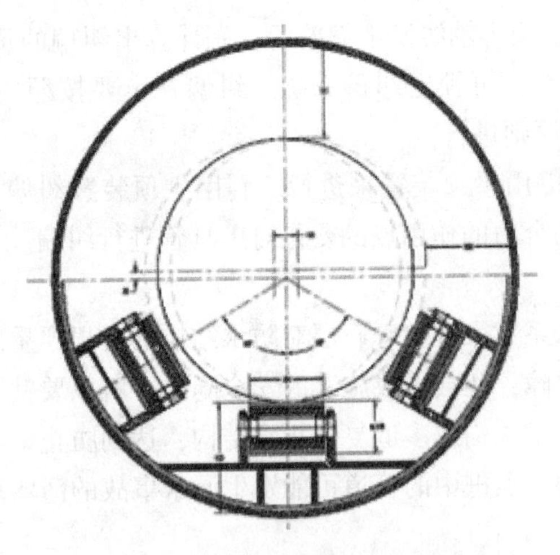
图 8-26　固定滚轮牵引发送法滚轮结构示意图

(2) 全位置管道托架发送法

与滚轮托架法基本相似，不同之处为：

① 在管道托架上均匀放置 6~8 个滚轮，以保证在托架旋转时管道仍在托架上运送。

② 对托架进行加固，防止托架的破坏。此方案不能克服滚轮托架法存在的问题，一旦一组滚轮发生破坏，就会造成工程的失败。

(3) 固定滚轮牵引发送法

滚轮架是由一个水平主承重轮和两侧各一个辅助的定位轮组成，安装在套管的下半部能防止主管道对套管的碰撞。如图 8-26 所示，前端用穿心千斤顶作为牵引的动力，如图 8-27 所示，可保证钢管以较均匀的速度发送。在套管中以适当的间隔(5~10m)放置一组滚轮架，预发送的管道前端焊接一个形似子弹头的变径端头，如图 8-28 所示，以保证可以“穿针引线”的形式穿入滚轮架，不受套管是否通视的影响。在滚轮架的安装中，一是要保证滚轮的转动，以防止磨擦对管道防腐层破坏。二是在套管内轴线相对偏移较大处，在滚轮的安装中要尽量安装在偏差较小处，保证穿入管道在通视的通径内穿入。三是要考虑滚轮架安装和管道的安装要交叉施工。考虑滚轮加工周期，滚轮架的制造安装要分开进行，以缩短工期。

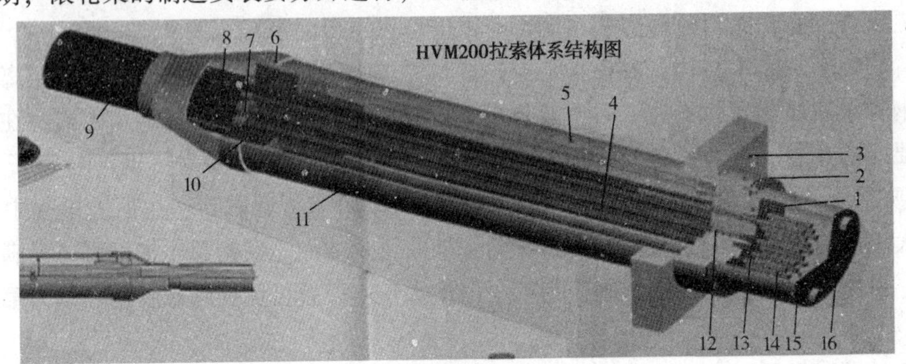

图 8-27　牵引时所用的穿心千斤顶

1—锚板；2—螺母；3—钢垫板；4—PE 导管；5—钢导管；6—防护壳；7—密封环；8—PE 防护钢绞线；9—HDPE 外护套；10—减振器；11—预埋管；12—密封件；13—夹片；14—钢绞线；15—防护油脂；16—保护罩

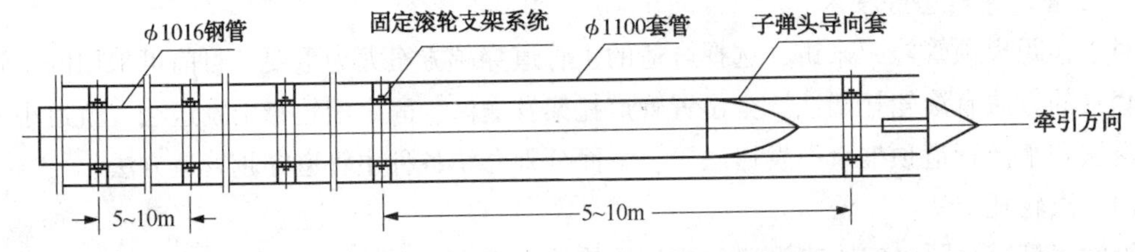

图 8-28 固定滚轮牵引发送法托管滚轮纵向布置平面示意图

(4) 轨道小车牵引发送法

采用此法首先要保证套管通视，且通视直径不小于 1.6m。在套管内铺设钢轨，钢轨上安装四轮小车，穿越管线安放在小车上，进行发送。要求钢轨铺设在同一水平直线上，不能有弯曲。小车和小车之间的连接采用连杆硬连接，连杆两头用销子固定在小车上，使小车有一定的活动量，不至于从钢轨上掉下来。轨道以工字钢为轨枕，铺设在隧道钢管的底部，钢轨通过扣件固定在工字钢上，钢轨与工字钢通过垫块进行调整其高程，用轨道尺来控制其间距。每隔一定距离放一辆小车，小车上面安装和尚头或采用龙门支架安装尼龙吊带。导向轮做成锥体状，使托架与钢轨进行点接触，这样可以很好地克服托架前进过程中左右偏移引起附加阻力，防止钢管脱轨，如图 8-29 所示。

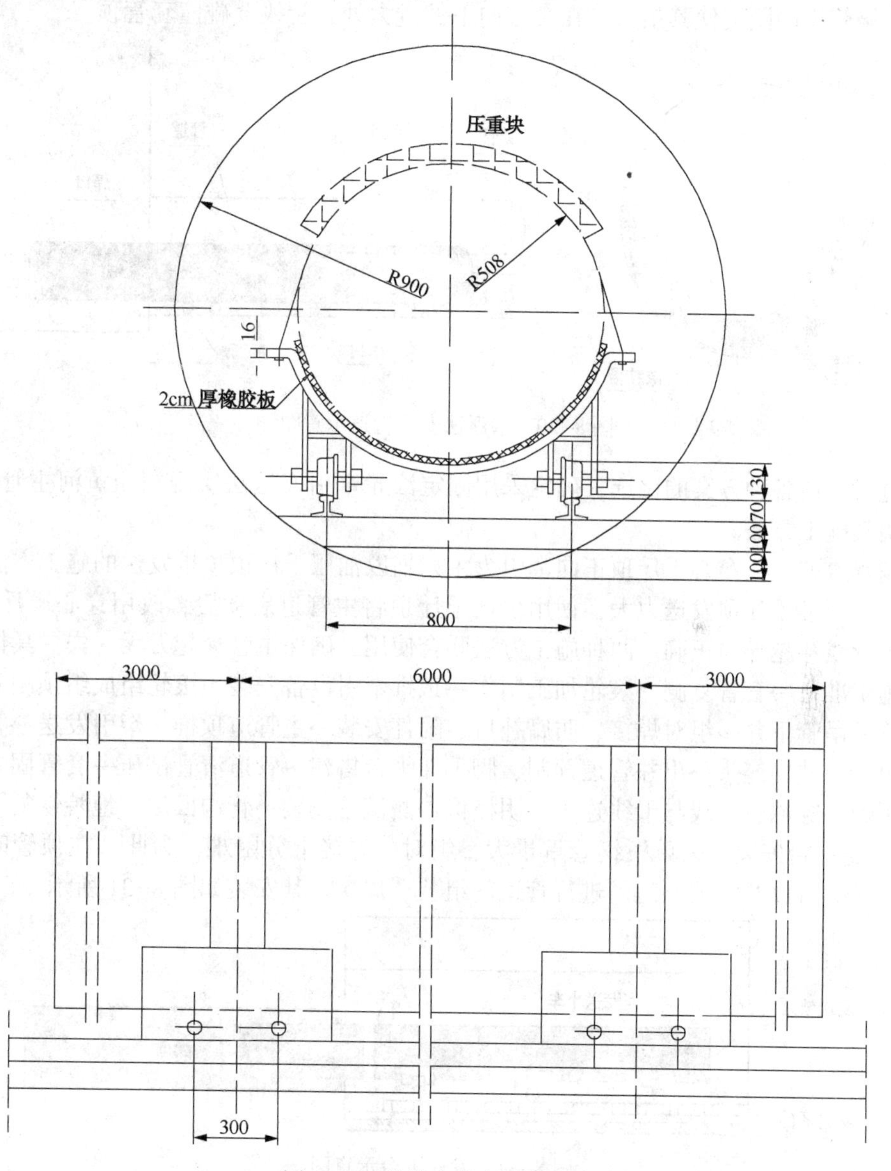

图 8-29　轨道小车牵引发送法

此方法的优点是可以进行交叉施工，即可以在管道焊接的同时也可进行铺轨铺设作业。由于管道是平稳地固结在小车上，可以同步进行牺牲阳极安装和保护防腐补口带作业。

在管道发送过程中，由于管道的轴线、轨道的轴线、小车的轴线不可能重合，存在有小车掉轨的可能，大型管道穿越实施的风险较大。

（5）水浮管道顶推牵引发送法

如图 8-30 所示，封闭主管道悬浮在套管内的水中，通过牵引实现管道的发送。此方案的优点是可以节约投资，且管道的牺牲阳极可以加装在管道的上部，可加强对管道和管道防腐补口带的保护。与滚轮发送法相结合，可以解决管道在水中振动的问题，由于滚轮存在有摩擦力，可以解决管道定位的问题，以保证焊接位置准确。对套管的标高问题，虽用滚轮进行了补偿，但可能仍存在有管道的刚度与套管的弯曲有相互干涉的问题，需要进行仔细的计算。虽然套管内置有配重用的橡胶水袋，但在套管向上偏斜过大处管线就会拖底，使牵引力不足以克服管道的刚度使其抬头。在套管向下偏过大处，管线会碰撞套管顶。

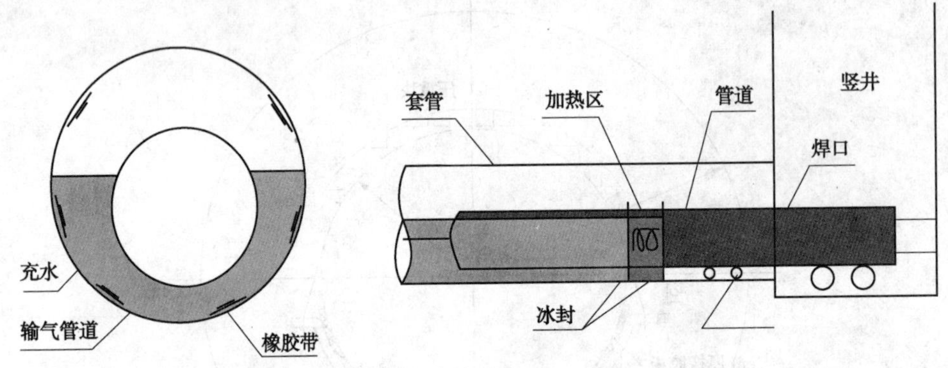

图 8-30　水浮法安装管道示意图

通过对上述各种方案的比选，确定采用固定滚轮牵引发送法实现郑州黄河主管道穿越，下面介绍其施工方法。

穿越管道就位以穿心千斤顶正向牵引为主，辅以油压千斤顶顶推发送的施工方法进行主管线穿越。顶推千斤顶发送力大，使用顶推千斤顶将主管道启动后，改用穿心千斤顶牵引，可保证主管线穿越导向正确。两种施工方法联合使用，确保主管穿越万无一失。具体施工程序为：施工准备→套管复测→滚轮加工制作→顶推牵引设备安装→滚轮组成组预制安装→选管及清管→吊管下井→组对焊接、防腐补口、附件安装→主管道顶推、牵引发送→管线就位→套管封堵→井内连头→出井管道预制、脚手架平台搭建→管道清管试压→套管固井→管道吹扫、干燥→穿越主管线与干线连头→阴极保护测试桩安装→管沟回填、地貌恢复。

① 发送平台安装。因单根钢管重量大，组对、焊接十分困难，为此，在顶管时，采用自制的发送平台以及安装龙门吊进行管道的组装、焊接。其安装如图 8-31 所示。

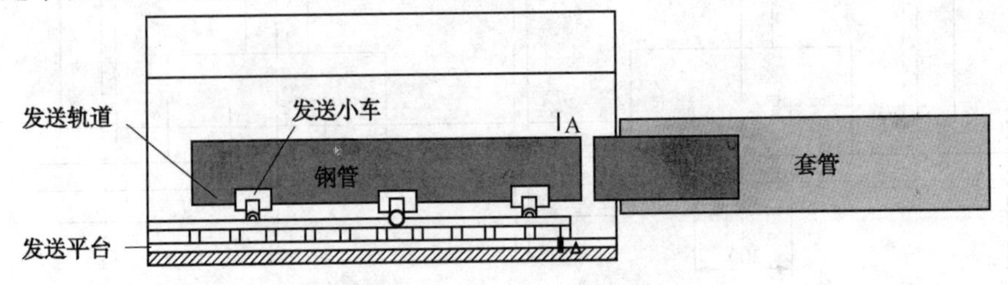

图 8-31　发送平台示意图

② 牵引设备的安装。在穿越管道的发送推进过程中，管道用正向顶推千斤顶启动，然后采用穿心千斤顶牵引，如图 8-32 所示，每 100m 设一个牵引段，由于穿心千斤顶需在套管内安装，因此，使用穿心千斤顶前必须对套管中继间进行加固，套管加固用槽钢将中继间连接为一体，避免中继间受拉损坏，如图 8-33 所示。

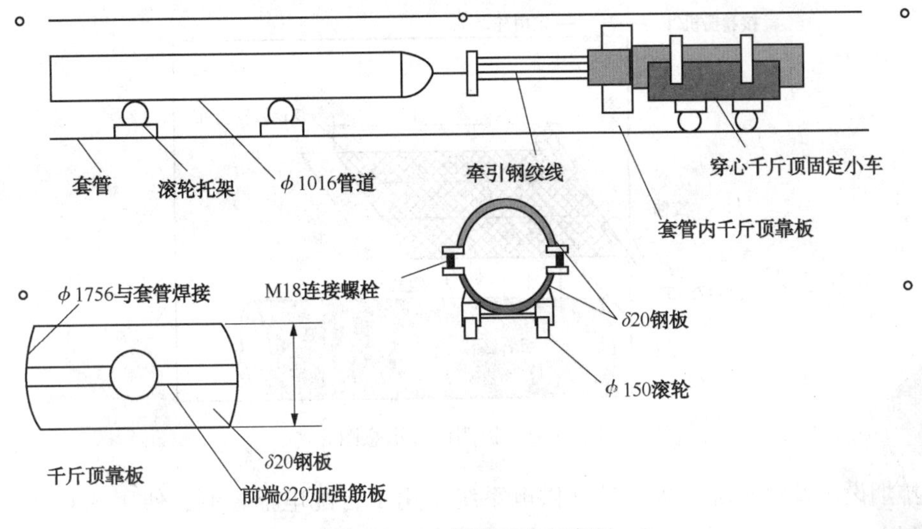

图 8-32　主管道正牵示意图

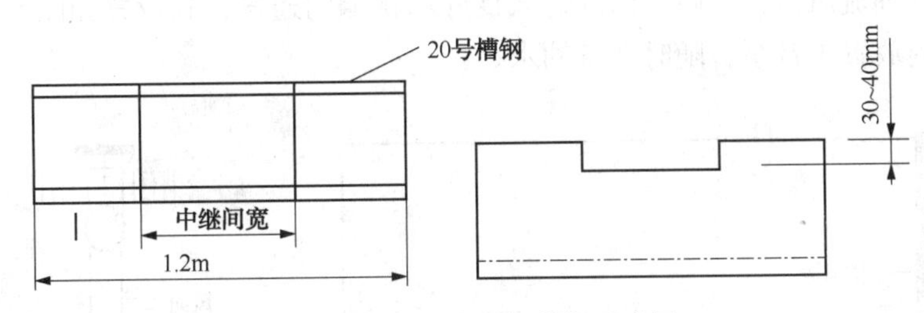

图 8-33　处理中继间槽钢示意图

③ 顶铁安装及制作。顶铁包括顶铁头和中间顶铁。顶铁头安放在顶管最前端，由一定厚度的钢板制作而成，按设计形状制作出顶铁头心轴，在顶铁心轴后部端面加工出一个与管道坡口相吻合的内坡口，顶管时，两管口为坡口面接触。同时，在顶铁接触面处衬垫铝板，铆接在顶铁头内坡口上，以有效地保护管口。中间顶铁位于顶铁头和液压镐之间，传递顶力，如图 8-34 所示。

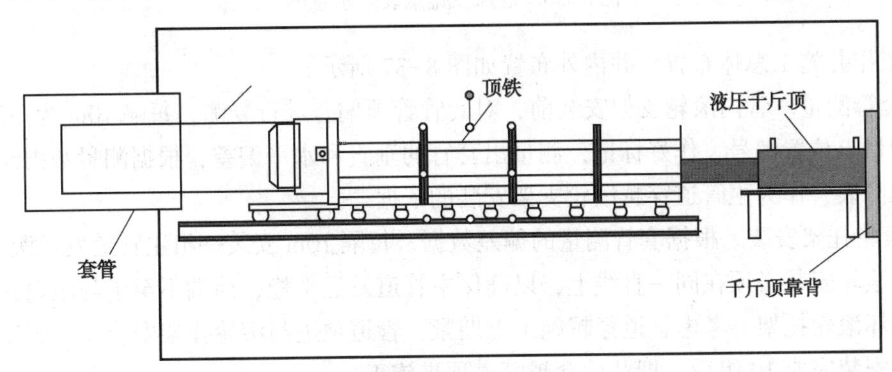

图 8-34　顶进示意图

④ 防护设施。井内作业主要集中在组焊作业区，为防止高空落物伤及施工人员，以及在雨天能够连续作业，在焊接区设置防护棚，使用时用卷扬机放下，支腿支在预埋钢筋引出的拖板上，不用时卷扬机收回，贴在井壁上，具体做法如图 8-35 所示。

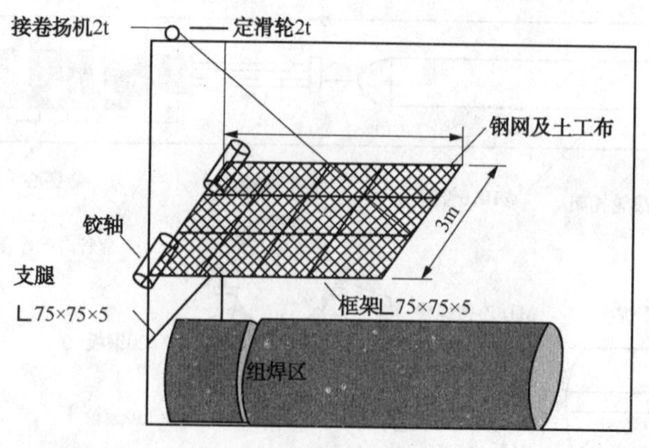

图 8-35　护棚设置示意图

⑤ 排烟设施及集水坑设置。排烟供电系统采用 1 台配电盘控制，使用现有供电系统，发电机备用，为使井内的焊接烟尘等及时排出，保证职工身心健康，在每个井内分别设置 1 台鼓风机和 1 台轴流风机，保障井内的通风良好和排烟的通畅，其设置如图 8-36 所示，在底板的集水坑内放置 1 台泵，随时准备抽水。

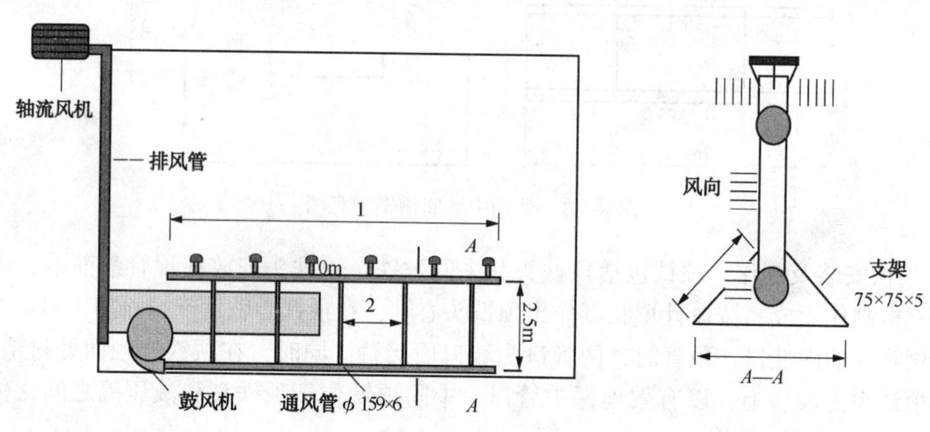

图 8-36　通风及排烟装置示意图

⑥ 工作井施工总体布置。井内外布置如图 8-37 所示。

⑦ 套管测量。管内滚轮支架安装前，对套管管顶偏差进行复测，每隔 10m 为一测量点，并对各测量点位置编号、作好标记，测量出套管的垂直和水平偏差，根据测量数据绘制套管安装复测图表，作为主管道穿越滚轮支架安装的依据。

⑧ 滚轮托架安装。根据套管测量的偏差数据，每隔 10m 安装一组主管道发送滚轮托架，保证所有滚轮安装必须在同一直线上，以确保主管道发送平稳，前端不至于与滚轮托架发生碰撞而损坏滚轮托架。考虑管道穿越施工工期紧，管道顶进与滚轮托架安装交叉施工，即在滚轮托架安装完成 10 组后，即开始穿越管道顶进施工。

⑨ 穿越管道安装。

a. 选管、吊管下井。工作内容包括钢管级配、钢管井上检漏、补伤、清管、管口修口、洗口、找圆及吊装到位。施工人员在井下的施工准备和井口人员进行管段的长度挑选、管口级配后，用清管器将所选管段内外清洁，随后用履带吊将防腐管吊至井口边进行井上初步检

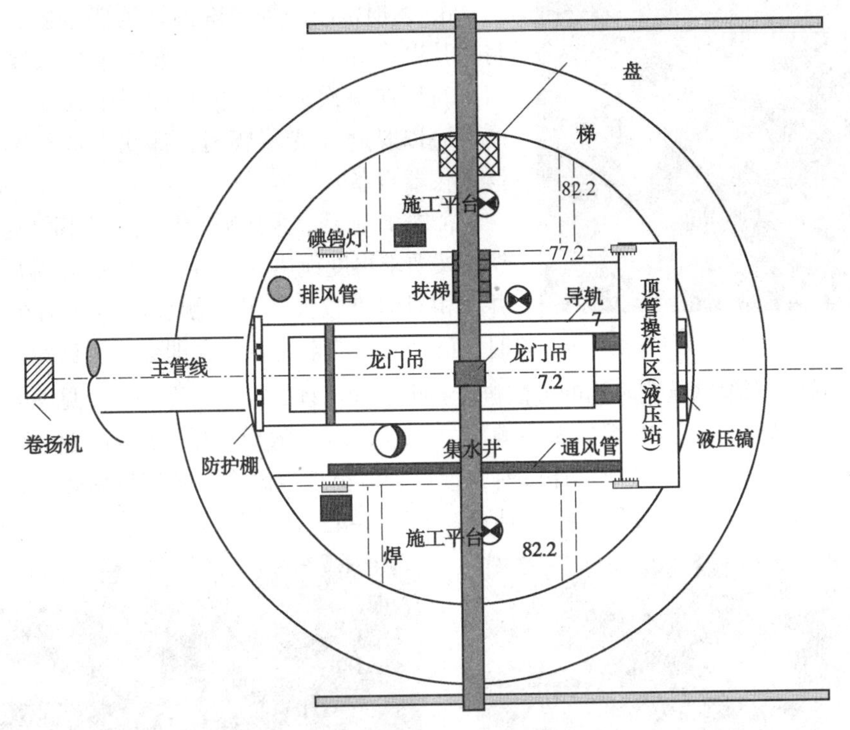

图 8-37　井内外布置示意图

漏补伤，检验合格后再用吊车吊管下井，置于组焊平台上。为确保吊管下井的安全，施工单位采用两根吊管带单股将管子锁死。下井过程中，管子转动易使吊管带损伤，为进一步确保安全施工，在吊装 40 根左右时更换一次吊管带，如图 8-38 所示。

b. 钢管组对。由于是在井下，并且有对口人员、机械难以展开并且钢管壁厚较厚、管重较大、井下指挥井口的巨型吊车做精细动作等困难因素，故采用外对口器进行组对。对口时履带吊吊住钢管完成对口，对口细微偏差可通过千斤顶进行调整，见图 8-39。

图 8-38　下管

图 8-39　组对

c. 焊接。工作内容包括焊前预热、焊接、层间打磨及焊后冷却。首先采用环形火焰加热器将管口表面预热至 100~120℃，然后采用纤维素焊条进行根焊，并进行接头和第一层焊道的打磨。焊接采用纤维素焊条+药芯焊丝半自动全位置下向焊的焊接方式。焊接时需 4 名电焊工对称同时施焊。焊接完毕后，焊口必须降至常温后才可保证管口探伤贴片不被灼伤。见图 8-40。

图 8-40　焊接

d. 无损检测。焊口降温达到要求后，射线人员将底片贴在焊口表面，然后采用 X 射线爬行器对焊口进行周向一次成像。拍片过程中其他人员需要撤离井底以躲避 X 光线辐射，探伤人员再度下井取片清理仪器设备。

e. 管口除锈。采用喷砂与钢丝刷相结合的方法除锈。按要求再度预热的焊口一侧喷砂除锈后，由于深井下相对湿度较大，另一侧表面温度仍在 80℃ 左右时，已经除锈的金属表面立即会产生微锈。经实践摸索，需要在喷砂后采取钢丝刷除锈的方法进行再度表面清理，而后立即补口。见图 8-41。

f. 补口。涂刷底漆，先在焊口对称缠绕一个补口带，随后相错 100mm 叠加第二个补口带，最后在前端安装牺牲阳极带。补口前先预热管口至规定温度，随后烘烤热缩带，沿焊口贴好后，对称均匀加热使其收缩，完成补口。见图 8-42。

图 8-41　除锈

图 8-42　补口

g. 井下电火花检漏。在补口结束后，用履带吊吊起钢管，再次用火花检漏仪对补口处及管体进行检漏，发现漏点及时进行修补。

h. 井下场地清理。喷砂除锈的现场砂尘清理包括套管内挡隔帆布间隙泄漏沙尘的掏抠清理和井下飞溅、飘落沙尘的刮扫清理。渗漏积水视积水量多少随时用污水泵抽排，但顶牵施工前需抽排一次。

i. 主管穿进。采用前牵后推的方法穿越主管，即在前端每 200m 安拆一次 100t 穿心千斤顶牵引管道，后端通过两台 320t 顶推千斤顶顶进管道，顶铁吊装时采用架设在操作平台上的天车来完成。由于补口后短时间内立即穿管，在穿管时补口套内层熔融状态的胶层还未完全固化，因此要绝对避免碾压。见图 8-43。

图 8-43　主管穿进

j. 附件施工。套管内要进行多项作业，需解决照明问题。因此，沿套管内壁铺设照明电缆，照明电缆上每隔10m接100W灯泡一个，施工完毕后不再拆除。铺设动力电缆一条，解决施工用电问题，动力线每100m接配电箱一个，随着施工的进行而逐渐拆除。

阴极保护：施工首先铺设汇流电缆，然后阴保施工人员从套管另一端进入，将锌阳极（50m一组）运送到位。采用钎焊的方法将锌阳极与汇流电缆连接。

钢构件及挂胶滚轮：钢构件及挂胶滚轮到达施工现场后，先在穿越入口段安装一小部分，在主管穿入后，其余大部分材料则必须从套管另一侧进入，并将钢构件和滚轮运送摆放到位。安装前，测量人员使用全站仪提前对套管进行复测，安装时测量人员再次对钢构件和滚轮进行测量，控制其安装精度。见图8-44。

6. 中继间技术

中继间在长距离顶管中起到至关重要的作用。它不再使整个管道同时向前推进，而是将管道分段向前推顶。这样，管外壁摩擦每次只发生在正向前移动的一部分管道上，如图8-45所示。

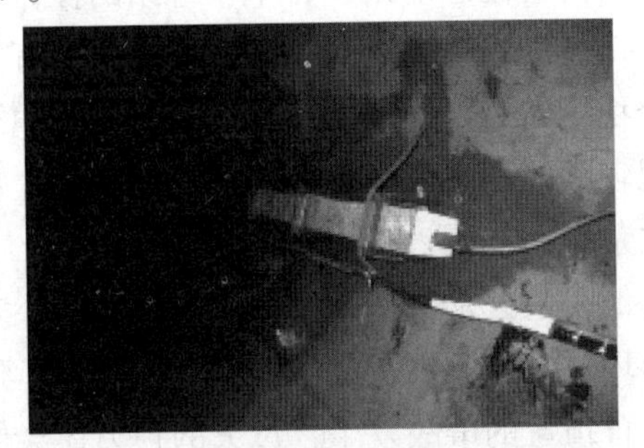

图8-44　附件施工

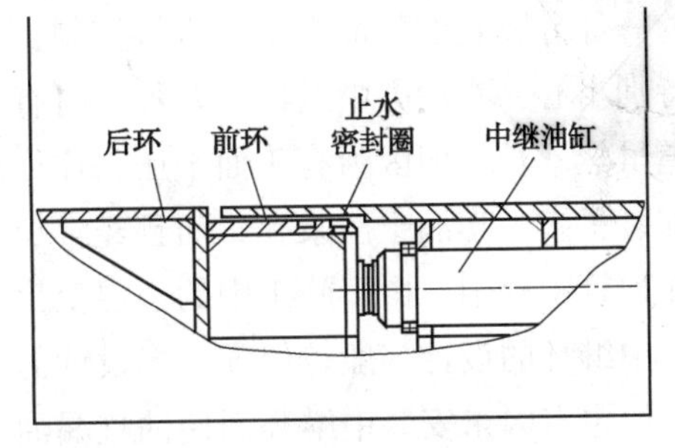

图8-45　中继间结构示意图

中继间由一些短行程的中继油缸构成，这些油缸共同产生的推顶力必须达到为推动该中继间前方的管道段所需的数值。中继间的工作方式如下：首先借助最前面的中继环，将其前方的管道连同工具头一起向前顶出一个该中继间的顶程。后面的中继间和工作井内的主千斤顶保持不动。这时最前面的中继间便支撑在次一级的中继间上，该中继间又支撑在其后面的管道上，直至最后整个管道支撑在主千斤顶上。最前面的中继间完全顶出后，最前面的管道便停止不动。第二个中中继间将第二段管道向前顶出该中继间的顶程，同时闭合第一个中继间，这时第二个中继间支撑在其后的管道上，与此同时，后面所有的中继间和主千斤顶保持不动。第二段管道向前推进了一个行程之后，第三个中继间环又重复进行同样的动作，如此继续，直至最后再用主千斤顶把最后一段管道推顶上去。然后，同样的过程重新由第一个中继间开始，借以再次将最前面的管道连同工具头一起向前推进。接着，所有其余的中继间相继顶出，直至主千斤顶顶出为止。理论上是按照这个原理工作的，但在实际顶进施工中，为了提高工作效率，按摩阻力的大小，分别可采用二段管子靠拢顶进前面一段管子或三段管子靠拢顶进前面二段管子的方式，这两种顶进方式一般都能确保前段向前顶进而不后退。正面阻力的大小取决于土层性质，取决于工具头的刃脚的结构、状态和磨损程度，同时也取决于掘土和推顶技术，估计为300~600kN/m^2，在很硬的土层中也可能增大到1000kN/m^2。如果是在地下水中或在水下进行顶管，而且是用压缩空气来排除周围的水，那么在工作面上未设有气压闸门的情况下，正面阻力还会升高一个相当于空气压力的数值。单位面积摩阻力与很多因素有关，在干滑动摩擦情况下，摩阻力最大可达 $50kN/m^2$。如果通过选择材料、制管工艺、机械加工或涂敷表层等方法，使顶进管表面特别平整而光滑，单位面积摩阻力数值即可降到 $12kN/m^2$。在干燥土层中，通过使用膨润土悬浮作支承润滑介质，可使单位面积摩阻力达到 $20\sim10kN/m^2$，甚至还可以更低一些。在地下水中和在水下顶管，单位面积摩阻力可望达到 $15\sim5kN/m^2$。根据该工程的有关地质资料，管道穿越的土层主要是灰色淤泥质黏土，局部为灰色粉质黏土夹粉砂。该土质流动性好，单位面积摩阻力小。无论前壁单位面积阻力还是外壁单位面积摩阻力，变动范围可能都很大，由此可见，预先准确地计算出推顶阻力和推顶力是不可能的。任何预测都必须以某些估计值和经验数据为前提，至于这些数据是否切合实际，则只能在推顶过程中加以验证。

在有中继间推顶的情况下，整个管段要分三种情况：位于第一个中继间前方的管道；位于第一个中继间后方而各以两个中继间为界限的管道；位于最后一个中继间与主千斤顶之间的管道。对于第一种情况，推顶力为正面阻力与管道的管外壁摩阻力之和；对于第二、三种情况，推顶力应为推顶中的管道的管外壁摩阻力。需要注意的是，首个中继站的操作是机头操作的一部分，它的供油由机头直接控制，顶进快慢和顶力大小与控制正面土压力有关，因此应特别小心，在后方中继站开始加压时有一个稳压然后再回油的短暂过程。首个中继站前的管道虽然不长，但因为有正面土压，往往出现较高的顶力，因此在它前面的管节上每节管子都安装了多个膨润土注浆孔，而且经常加大注浆量。

在顶管工程中，由于施工中的土层变化及其他因素，常会使顶力发生突变，为了安全的需要，中继环的设计一般较保守。当设计的中继环过多，不仅造成了浪费，还降低了顶管的效率。但也有因未安装中继环而使油缸漏油、后背顶弯的事故发生，过大的顶力还会使管节上产生裂纹，可能使其损坏。所以中继环的设计必须考虑到以下两方面因素：

① 从技术角度，启用中继环可以延长顶进距离，节约沉井费用，减少主顶力；

但同时因后面管段向前推进而最前面的管路和工具管却停止推进，从而使顶管总效率大为降低。同时也影响了顶管的进度。另外，顶管管节接头处为了避免管端混凝土之间的点状压力，在每节管子间都配置了弹性垫圈。它们在受压时压缩，卸压后便回弹，加上中继油缸本身的部分回弹，将会浪费中继环很大一部分行程，降低了顶管效率。

② 从经济角度，设置中继环后，除了其本身的费用外，还要考虑到人工费、机械费、折旧费，同时，使用中继环时注浆量增加，也将增加工程费用。

在综合考虑以上两方面因素的基础上，当出现下列情况时，则需考虑设置中继环：总顶力超过了主千斤顶的最大顶力；总顶力超过了管道的强度；总顶力超过了后背的强度。一般，主千斤顶所能顶推的长度按最大设计顶力的80%计算，第一个中继环设置位置按中继环设计顶力的60%计算，其余按80%计算。

四、盾构法

（一）盾构施工概论

进入21世纪，世界经济的迅猛发展促进了对能源的大力需求，带动了长输管线的建设。长输管线连绵成百上千公里，难免要经过各种人工或天然障碍物（如山川沟谷河流、湖塘公路铁路等）。由于交通繁忙，除了一些乡间小路可以采用挖沟敷设外，大部分都必须在不影响交通运输的条件下实现其穿跨越的目的。由于盾构法穿越施工所具有的一些优势，有越来越多的管线开始选用盾构穿越施工方法。而且随着城市地下空间的高度开发利用，隧道间相互交叉、与其他地下结构物的穿插重叠、施工场地的小规模化，使得常规盾构技术不得不向着特殊化、多元化的方向发展。因此，在国外出现了大量的新型盾构技术。在此，我们在回顾盾构技术发展历史的基础上，对国内外的新技术进行介绍，以开阔我们发展盾构技术的思路，以期将这些技术应用于大型穿越管线的施工。

1. 盾构技术的起源及发展

盾构法问世至今已有180多年。1825年，英国人布鲁洛(M. I. Brunel)在蛀虫钻孔的启示下，最早提出了盾构法建设隧道的方法，并于1825年在穿越泰晤士河的隧道中首次使用了盾构技术。1830年，Lord Cochrance发明了施加压缩空气的压气法，以解决盾构穿越饱和含水地层时涌水的问题。10年后，Greathead首创了在盾尾衬砌外部盾尾空隙中注浆以控制地基变形的壁后注浆方法，进一步推动了盾构法在城市隧道建设中的应用。1865年，巴尔劳首次采用圆形断面盾构技术，使这种断面成为盾构隧道的基本断面。20世纪60年代以后，继法国研制了泥水加压式盾构技术后，日本也研究开发了土压平衡式盾构技术——这种闭胸式头部、刀盘机械开挖的技术结合管片衬砌、壁后注浆及防水技术逐渐成为近四十年来盾构技术的主流。

我国使用盾构技术的历史过程：1952年，首次在东北阜新煤矿采用盾构法修建了直径2.6m的输水巷道；1957年，“北京市政”第一次成功运用自行设计的盾构机头进行地下管线施工，开创了新中国历史上盾构施工的先河；1966年，在上海采用网格式挤压盾构技术修建了直径达10m的打浦路越江隧道；80年代初期，在上海开始使用土压平衡式盾构技术进行地铁隧道的修建工程；80年代末期，我国开始使用泥水加压式盾构，并在1994年成功地修建了上海延安东路南线越江隧道工程。四十多年来我国在盾构施工技术和技术装备上都取得了长足的进步，目前在各地的地铁隧道工程中已经普遍使用土压平衡式盾构技术；2001年，首台国产地铁隧道盾构机由广州广重集团交付使用，表明我国已经基本掌握了闭胸式盾构的施工技术。

随着我国国民经济的不断发展，西气东输管线三江口长江盾构穿越工程2001年9月开工，2003年7月完工；忠武管线红花套长江盾构穿越工程2002年9月开工，2004年3月完工，开创了盾构技术在管道穿越领域应用的新篇章。由于红花套长江盾构穿越是由中国石油集团首次引进德国盾构机并由中方施工队伍独立施工，被称为“中国石油第一盾”。

2. 盾构施工的基本原理及主要优点

盾构施工的基本工作原理就是用一个盾构体的钢组件沿隧洞轴线，边向前推进边对土壤进行挖掘。该盾构体组件的壳体即护盾，它对挖掘出的还未衬砌的隧洞段起着临时支撑的作用，承受周围土层的压力，有时还承受地下水压以及将地下水挡在外面。挖掘、排土、衬砌拼装等作业在护盾的掩护下进行。

盾构法施工作业均在地下进行，既不影响地面交通，又可减少对附近居民的噪音和震动影响，避免因地上、地下拆迁中断交通所带来的经济损失。同时，它还具备自动化程度高、施工安全、易于管理、节省人力、工作效率高、施工进度快、开挖时可控制地面沉降、减少对地面建筑物的影响等特点，最大限度地保护地面人文自然景观。特别是其不受气候影响、可控制地面沉降等技术优越性，使其在地质条件差、地下水位高、隧道长、直径大、埋深较大的工程中，质量、安全得到有效的保障，具有经济、技术、安全、军事等方面的优越性。

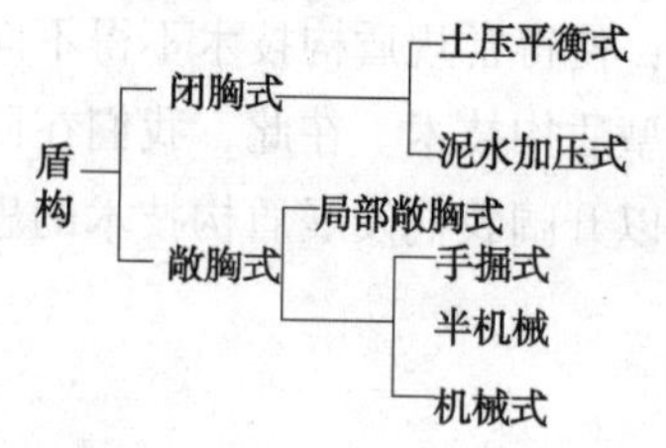

图 8-46　盾构的类型

3. 盾构的种类

按结构特点和开挖方法，盾构可以归纳为两大类：闭胸式和敞胸式。具体还可以细分，见图 8-46。

4. 新型盾构施工技术的发展

从 20 世纪 80 年代开始，以日本为代表，为了满足在城市繁华地区及一些特殊工程的施工，以土压平衡式盾构和泥水加压式盾构为基础，开发出大量的新型盾构施工技术。随着这些新型技术的不断涌现，使得盾构的效率、精度和安全性都得以大大提高，并且完成了大量的常规技术难以解决的施工工程。新技术的发展表现为断面上的多元化，从常规的圆形到二圆形、三圆形及方形等断面的使用；从施工线路上满足急转弯及 90°转弯的施工；从衬砌上也出现了压注混凝土及各种管片接头型式。

（1）压注混凝土衬砌法

20 世纪 70 年代中后期，德国开发了挤压素混凝土整体衬砌法。素混凝土结构的施工方法是随着盾构的推进，在盾构尾部进行浇筑混凝土和加压，衬砌的修筑与盾尾的填充同时进行。

日本、法国在素混凝土结构基础上发展了浇筑钢筋混凝土衬砌法，施工方法是在盾构内部绑扎钢筋，浇筑混凝土后与掘进一起压注混凝土，使填充盾尾空隙与混凝土加压同时进行。这种施工方法的主要优点是施工一体化、进度快、成本低、隧道结构整体性及防水性能好；其缺点是盾构纠偏余地小，衬砌钢筋连接困难。

压注混凝土衬砌施工法是随着盾构的推进，在移动盾尾空隙的时候，通过混凝土加压千斤顶的加压压力及用混凝土浇筑泵的压送力，配合盾构推进量挤压新浇混凝土，修筑与围岩贴紧的牢固衬砌。因此，对推进速度而言，加压速度太快会使混凝土因脱水压密而破坏其流动性，导致不能压注混凝土；加压速度太慢则不能达到混凝土与围岩的密合效果。因此，在此法中必须配合盾构的推进速度，控制混凝土加压千斤顶的挤压速度；其次要注意混凝土的质量管理，力求保证其流动性和脱模时所需强度。

（2）扩径盾构施工法

扩径盾构施工法是对原有盾构隧道上的部分区间进行直径扩展，以满足修建地铁车站和安装其他设备之需要。施工时，先依次撤除原有部分衬砌和挖去部分围岩，修建能够设置扩径盾构机的空间作为其出发基地。随着衬砌的撤除，原有隧道的结构、作用载荷和应力将发生变化，所以必须在原有隧道开孔部及附近采取加固措施。

扩径盾构在撤除衬砌后的空间里组装完成后便可进行掘进，为使推力均匀作用于机体尾部的围岩，需要设置合适的反力支承装置。当尾部围岩抗力不足时，需要采用增加围岩强度的措施，也可设置将推力转移到原有管片上的装置。

（3）球体盾构施工法

此施工法又称直角方向连续掘进施工法，根据变换方法可分为纵、横连续掘进和横、横连续掘进施工，均只使用一台盾构机。其中纵横方向连续掘进施工是从地面开始，连续沿直角方向进行竖井开挖和隧道掘进的施工方法（见图 8-47）；横、横方向连续掘进则指不需旋转竖井，在地面下朝直角方向进行连续掘进的施工法。球体盾构在所使用的主盾构里设有内装次盾构的球体，在施工中必须慎重研究盾构自重、开挖反力、推进反力的平衡关系。尤其在采用纵横掘进盾构进行竖井施工时，在进行方向改变的过程中，次盾构的球体需要旋转90°，此时极易发生涌水和涌砂现象。要充分考虑球体部的防水结构，防止土砂及地下水涌入隧道内。

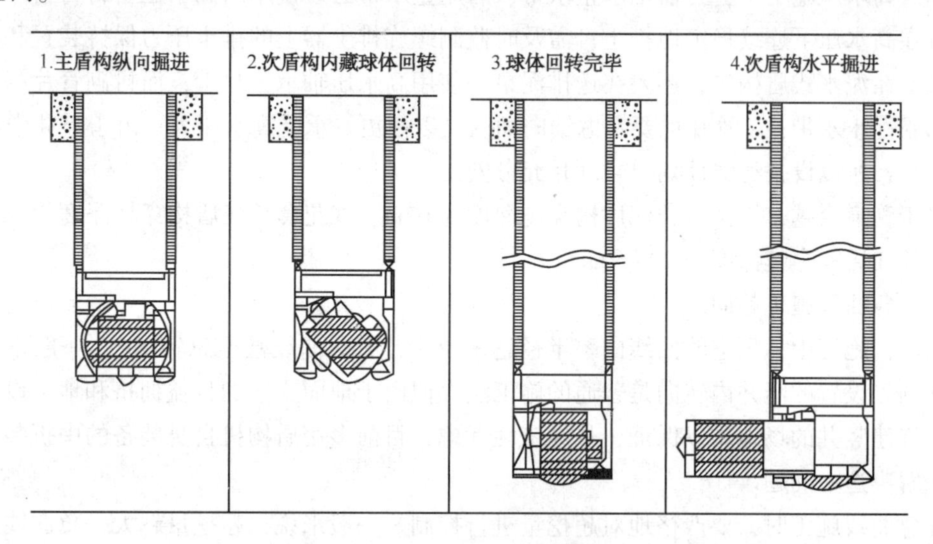

图 8-47　球体盾构纵横连续掘进施工顺序

使用球体盾构，可以在狭窄的施工场地上直接进行地下隧道的掘进，省去了构筑竖井所需要的场地、时间，因此采用球体盾构掘进可以缩短修筑工期，是一种应用前景很广的新型盾构施工技术。但如果将球体盾构施工方法应用于管道穿越，可能会导致工程投资过高。

（4）特殊断面盾构施工法

特殊断面盾构施法分为复圆形盾构和非圆形盾构两大类(见图 8-48)。其中双圆形盾构可用于一次修建双线地铁隧道、下水道、共同沟等；三圆形盾构则用于修建地铁车站。非圆形盾构有椭圆形、矩形盾构等，根据隧道用途可分别加以采用。虽然普通圆形盾构从结构构成上较稳定，但圆截面有较多未利用空间而显得不经济，需开挖较多土方，所以非圆形盾构技术得到了快速发展。

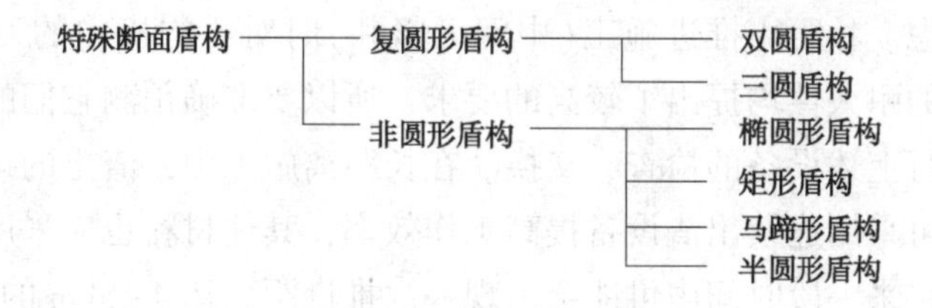

图 8-48　特殊断面盾构的分类

5. 盾构技术发展新动向

在盾构施工中，由于各种条件的制约，对盾构隧道的埋深、线路、一次推进长度等的技术要求越来越高。对应于深覆土、急转弯、长距离的施工问题，在国外已有了相当多的工程实例。由于城市设施的不断集中，对施工的要求越来越高，这些盾构技术发展的新动向也将成为我们将面临的技术问题。

（1）大深度施工趋向

由于城市市区地下浅层已埋设有各种水电管线，或者已被其他隧道占用，所以有时盾构隧道需要在更深的地下空间施工。一般来说，覆土厚度超过6倍盾构直径时可称为大深度盾构。随着深度增加，大多数工程处在高水压之下，所以最显著的困难就是高水压给施工带来的问题。高水压施工中，刀盘轴承止水带、盾尾止水带必须使用耐高水压密封材料。为使排土装置在高水压下连续稳定地排土，需及时监测螺旋排土器上的排土压力保持装置和紧急止水装置。在泥水式盾构中，还要在送排泥泵中使用高水压轴承密封带，而衬砌管片一般应使用水膨胀性止水带，K管片也要考虑轴向插入式以便更好承受高水压力。由于竖井中的运输距离增长，所以设备运输计划要合理且充分安全。

对于管道穿越，三江口长江盾构穿越深度为62m、红花套长江盾构穿越深度为32m，而城陵矶长江盾构穿越深度为28~60m。

（2）急曲线施工趋向

当盾构施工中，顶进的曲线曲率半径越来越小，有时曲线甚至急转90°。一般来说，盾构机在预先设置的竖井内转向是普通的施工法。但由于地面交通的日益拥挤和地下设施的密集化，修建竖井的场地难以保证，从经济性考虑，目前多用盾构机自身装备的中折装置和超挖刀来解决这一问题。

在急曲线施工时，要严格地对超挖量进行控制。一般来说，超挖量越大，急曲线施工越容易。但另一方面，超挖量过大又会扩大盾尾空隙，使周围地基的变形变大。但是由于实际施工时的盾构蛇行前进，实际推进的曲率半径往往比设计值要大，所以最好使盾构具有较大的超挖能力，在计划时就要留有充分的富裕量。由于过大超挖引起的地基松动可能导致有害变形时，可预先用化学加固或高压喷射搅拌等辅助措施进行处理。急曲线施工的壁后注浆材料应选用早期强度很快就能达到围岩强度以上的材料，以便管片脱出盾尾后能立即与围岩形成一体，从而提供充分的反力并防止隧道变形。不过，对于管道穿越而言，盾构的急曲线施工将会比较少见。

（3）长距离施工趋向

在人口特别稠密的城市中心处，工程用地不易确保，地下结构物的存在使得在施工深度加大的同时长度也有增加的趋势。一般来说，一台盾构机的推进距离超过1.5km时就要按长距离盾构进行考虑。长距离推进施工（中间无竖井）时对盾构机中的刀盘、刀头及轴承止水带、盾尾止水带的耐久性均提出了较高的要求，所以要准确预测它们的损耗量，以便在预先计划好的地点进行上述设备的检查、交换。在长距离施工中，渣土的运出往往制约推进的速度，所以施工时可采用连续出渣设备提高工作效率，其他材料也应采用自动化运输以提高施工效率。估计在将来一段时间内可能会出现一次推进距离达4~5km的快速施工盾构机。

对于管道穿越也是如此，2001年西气东输管线三江口长江盾构穿越长度为1992m；2002年忠武管线红花套长江盾构穿越长度为1400m；2003年城陵矶长江盾构穿越部分的长度达到2012m。

（4）大直径施工趋向

盾构机外径超过9m时称为大直径盾构。引人注目的日本东京湾海底公路隧道，直径达14.14m，为目前世界上最大断面盾构施工工程。大直径盾构施工目前遇到了一些新的技术难题：如盾构机的制作及现场组装技术；开挖泥土的运输及处理技术；管片拼装的精度问题等。最近由于盾构轴承寿命的增加及刀头更换技术的进步，10m以上直径的盾构工程已为数不少。

对于管道穿越，黄石长江盾构穿越和安庆长江盾构穿越内径均为2.44m，而宜昌长江盾构穿越和武汉长江盾构穿越内径达到3.8m。

6. 盾构施工的主要缺点

虽然盾构隧道施工具有很多优点，但也存在许多缺点，其主要缺点如下：

① 盾构机械造价较昂贵，隧道的衬砌、运输、拼装、机械安装等工艺较复杂；在饱和含水的松软地层中施工，地表沉陷风险较大。

② 需要设备制造、气压设备供应、衬砌管片预制、衬砌结构防水及堵漏、施工测量、场地布置、盾构转移等施工技术的配合，系统工程协调复杂。

③ 建造小于750m的隧道经济性较差；对隧道曲线半径过小或隧道埋深较浅时，施工难度较大。

（二）不同地质条件下盾构穿越技术及施工措施

1. 盾构选型

由于不同盾构机的工作原理及构造不同，因而不同地质条件下盾构的穿越设备、穿越技术及施工措施也会有所不同。盾构选型是根据不同的工程地质、水文地质条件与施工环境的要求，合理地选择盾构掘进机，对保证施工质量、保护地面与建(构)筑物和加快施工进度是至关重要的。例如，对于开挖区含有难以稳定的渗水砂层、黏土层、砂砾层等地质条件，或隧道上方有河流经过的地域，就比较适合采用泥水加压平衡盾构法；对于开挖区不含渗水砂层、含较多中粗砾石的砂砾层、卵石层等地质条件，且隧道上方没有河流经过的地域，就比较适合采用泥土加压平衡盾构法。不过，用盾构法施工的地层往往都是复杂多变的，因此，对于复杂的地层要选定较为经济的盾构是当前的一个难题。

实际上，在选定盾构时，不仅要考虑到地质情况，还要考虑到盾构的外径、隧道的长度、工程的施工程序、劳动力情况等，而且还要综合研究工程施工环境、地基面积、施工对环境的影响程度等。选择盾构的种类一般要求掌握不同盾构的特征。同时，还要逐个研究以下几个项目：开挖面有无障碍物；气压施工时开挖面能否自立稳定；气压施工并用其他辅助施工法后开挖面能否稳定；挤压推进、切削土加压推进中，开挖面能否自立稳定；开挖面在加入水压、泥压、泥水压作用下，能否自立稳定。盾构选型时通常需要判别盾构工作面是否稳定，布诺姆氏试验法是一种较为实用的判别方法。

（1）盾构掘进机选型依据

盾构掘进机选型依据按其重要性排列如下：土质条件、岩性(抗压、抗拉、粒径、成层等各参数)；开挖面稳定(自立性能)；隧道埋深、地下水位；设计隧道的断面；环境条件、沿线场地(附近管线和建筑物及其结构特性)；衬砌类型；工期；造价；宜用的辅助工法；设计路线、线形、坡度；电气等其他设备条件。

（2）盾构掘进机选型的一般程序

综合盾构掘进机的特性与选型的依据，盾构掘进机选型的一般程序可用流程图来描述(图8-49)。从图8-49可以看出，盾构掘进机选型首先要看该盾构掘进机是否有利于开挖面的稳定，其次才考虑环境、工期、造价等限制因素，同时，还必须将宜用的辅助工法加以考虑，只有这样，才能选择，出一种较为合适的盾构掘进机。

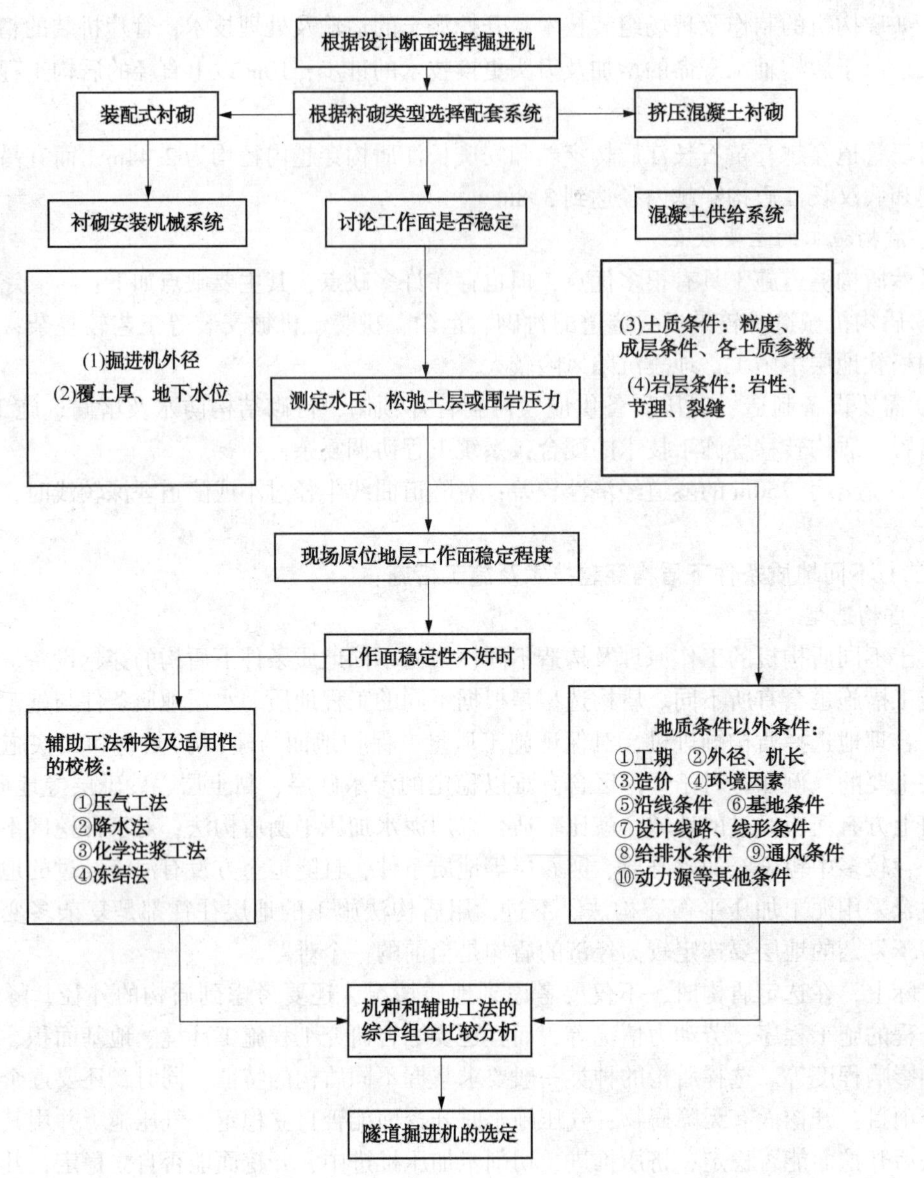

图 8-49 盾构掘进机选型程序流程

① 根据地质条件选择盾构掘进机类型(见表 8-6)。

表 8-6 不同地质条件下的盾构选型

黏 土	粉 土	细	粗	细	中	粗	卵 石
		砂		砾 石			

如图 8-50 所示，对砂质土类等自立性能较差的地层，应尽量使用闭胸式的盾构施工；若为地下水较丰富且透水性较好的砂质土，则应优先考虑使用泥水平衡盾构；对黏性土，则可首先考虑土压平衡盾构；砂砾和软岩等强度较高的地层自立性能较好，应考虑半机械式或敞胸机械式盾构施工。在相同条件下，盾构复杂，操作困难，造价高；反之，盾构简单，制造使用方便，造价低。

针对地下水条件，若压力值较高(大于 0.1MPa)，就应优先考虑使用闭胸式的盾构，以保证工程的安全，条件许可也可采用降水或气压等辅助方法。

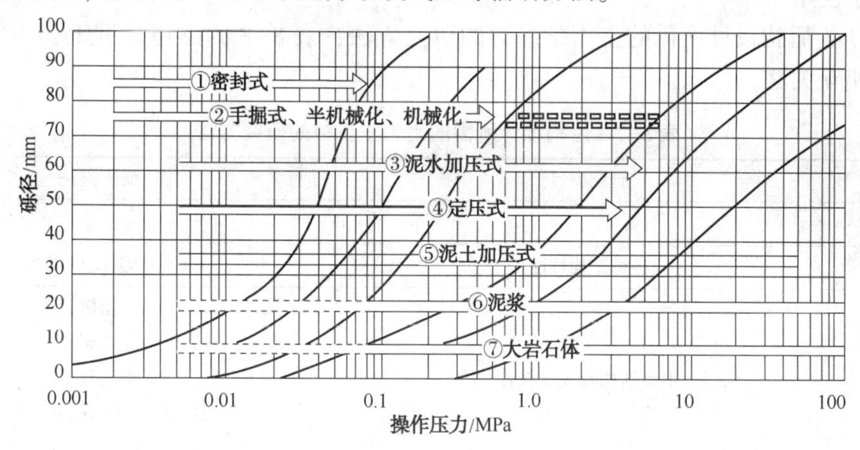

图 8-50　供盾构掘进要选择使用的土壤粒度分布曲线

对于砾径较小的地层，可以考虑各种盾构的使用。若砾径较大，除自立性能较好的地层可考虑采用手掘式或半机械式盾构外，一般应使用土压平衡盾构；若需采用泥水平衡盾构的话，须增加一个碎石机，在输出泥浆前，先将大石块粉碎。

② 盾构掘进机选型的其他条件。除了地质条件以外，盾构掘进机选型的制约条件还很多，如工期、造价、环境因素、地面施工场地等：

a. 工期条件的制约。因为手掘式与半机械式盾构掘进机使用人工较多，机械化程度低，所以施工进度慢。其余各类型盾构掘进机因为都是机械化掘进和运输，平均掘进速度比前者快。

b. 造价因素的制约。一般敞胸式盾构掘进机的造价比闭胸式盾构掘进机低，主要原因是敞胸式盾构掘进机不像闭胸式盾构掘进机那样有复杂的后配套系统。在地质条件允许的情况下，从降低造价考虑，宜优先选用敞胸式盾构掘进机。

c. 环境因素的制约。敞胸式盾构掘进机引起的地表沉降大于网格式盾构掘进机，更大于闭胸式盾构掘进机。

d. 地面施工场地的制约。泥水平衡式盾构掘进机必须配套大型的泥浆处理和循环系统，若需使用泥水平衡盾构开挖隧道，就必须具备较大的地面空间。

e. 设计线路、平面竖向曲线形状的制约。若隧道转弯曲率半径太小，就需考虑使用中间铰接的盾构。例如直径为 6m 的盾构，其长度为 6～7m，如将其分为前后铰接的两段，显然增加了施工转弯的灵活性。

（3）辅助工法的使用

盾构掘进机施工隧道的辅助工法一般有压气法、降水法、冻结法、注浆法等。前三种属于物理方法，注浆法属于化学方法。这些方法主要是用于保证隧道开挖面的稳定，注浆法还能减少盾构掘进机开挖过程中引起的地表沉降。闭胸式盾构掘进机使用最多的一般是注浆法。盾尾注浆用以填补建筑间隙，以减少地面沉降。在地层自立性能差的情况下，若采用手掘进、半机械式或网格式掘进机施工，就需采用压气法辅助施工，以高气压保证开挖面的稳定；但在这一辅助工法下，施工人员易患气压职业病。当盾构掘进机在砂质土或砂砾层中施工时，可考虑使用降水法改变地层的物理力学指标，增加其自立性能，确保开挖面的稳定。冻结法的施工成本较高，对地面建构筑物影响较大，一般情况下不采用，只在长距离隧道的盾构对接中使用。

表 8-7 为盾构设计所需的土力学参数的研究方法；表 8-8 为隧道掘进工程中的各种关键因素的相互关联。

表 8-7　盾构设计所需的土力学参数的研究方法

序号	研究项目	研究方法
	土力学	
1	区域结构性能	X 射线照片
2	中央结构及土层特性	摄影 光电照片 微观分析 整体的土力学研究及图示 详细的土力学研究及图示
3	岩石、土的类型	详细的土力学研究及图示、钻探
4	岩石、土的结构(构造、分层、岩层断裂)	详细的土力学研究及图示、钻探
5	超载和土层厚度	详细的土力学研究及图示、钻探
6	风化程度及深度	详细的土力学研究及图示 地质学方法 钻探
7	地质结构的非连续性(缺陷、分层区、裂隙、主要连接)	详细的土力学研究及图示 地质学方法 钻探
8	特殊结构(盐、碱、石膏、有机物等)	详细的土力学研究及图示、钻探
9	石灰岩区：空洞位置、石灰岩化程度、起源和时间、空洞程度和石灰岩溶液	详细的土力学研究及图示 地质学方法 钻探 微观地质研究
10	常规岩土工程条件	X 射线照片 摄影 光电照片 微观分析 整体的土力学研究及图示 详细的土力学研究及图示
11	活性或潜在的活性因素	详细的土力学研究及图示
	水文学和水文地质学	
12	水文条件	X 射线照片 摄影 光电照片 微观分析 整体的土力学研究及图示 详细的十力学研究及图示
13	地下水特性(沼泽区域、源头位置、关于地下水特性应注意的问题)	详细的土力学研究及图示 详细的水文地质学研究及图示

续表

序号	研究项目	研究方法
14	地下水的层位及地下水位(包括潜在的地下水位)	详细的水文地质学研究及图示 钻探
15	土和岩石的渗透特性	详细的水文地质学研究及图示
地热效应		
16	供水条件	整体地质学研究
17	通风条件(气体散发)	整体地质学研究及图示 详细地质学研究及图示 钻探
防震		
18	地震	整体的地质学研究

表 8-8　隧道掘进工程中的各种关键因素的相互关联

资金	资金不足影响工期	—	资金足则环境保护措施得力	资金不足会限制隧道尺寸	资金足则掘进机先进	资金足则施工方法先进	资金足有利优秀人员参与； 影响劳动态度
工期紧则资金大	时间	—	时间足则环境保护措施得力	—	—	—	—
地层复杂则资金多	地层复杂则工期长	水文地质条件	地下水位高加大环境保护难度； 土体软弱加大环境保护难度； 粉砂地层加大环境保护难度	地层条件影响隧道受力条件	黏土适合土压平衡盾构； 砂土适合泥水平衡盾构； 砾石地层适合反铲盾构； 岩层适合双护盾盾构	软弱地层要求同步注浆； 坚硬地层可以壁后注浆； 地层条件影响加固方法	地层均匀有利人员控制
环境保护严则资金多	环境保护严则工期长	减少对地层扰动	环境	会影响隧道线路和尺寸	会影响掘进机选型	会影响辅助技术措施	环境保护严对人力要求高
尺寸大则资金多	尺寸大则工期长	大隧道对地层扰动较大	尺寸越大对环境影响越大	隧道尺寸	影响掘进机部件尺寸； 会影响掘进机选型	大直径允许路面同步施工； 长隧道会影响施工方法	隧道尺寸小不利人员进入
掘进机选型不当导致资金浪费	双护盾最快； 反铲盾构最慢	泥水平衡盾构对地层扰动最小； 土压平衡盾构对地层扰动很小； 反铲盾构对地层扰动较大	网格盾构对保护环境不利	反铲盾构不适合大直径隧道	掘进机类型	泥水平衡和网格盾构要求泵送土渣； 土压平衡和反铲盾构要求土箱或皮带机出土	先进盾构要求科技人员多

续表

施工方法不当导致资金浪费	技术适当应用有利工期	掘进机均匀快速掘进有利于减少对地层扰动	泵送出渣对环境影响大	土箱运输不适合小直径隧道	技术适当应用有利提高盾构效率	施工方法	不同方法要求不同人员
优秀人才要求较高工资；人员素质差使资金浪费	经验和态度会影响工期	缺乏经验对地层扰动大；劳动态度不好对地层扰动大	缺乏经验对环境保护不利；劳动态度不好对环境保护不利	—	缺乏人力会影响盾构选择	经验和态度会影响施工方法	人力

2. 泥水加压平衡盾构

(1) 泥水加压平衡盾构机的工作原理

泥水加压平衡盾构机(见图8-51)是在刀盘后侧设置隔板，它与刀盘之间形成泥水压力室(土仓)，将已调整适合土质状态的泥水从送泥泵经送泥管压送至泥水压力室形成泥水压力，通过此压力将泥水与土层间形成泥膜来保持开挖面的稳定，盾构机掘进时由旋转刀盘切削下来的土砂经土仓内搅拌装置搅拌后形成高浓度的泥浆，再由排泥泵经排泥管输送至地面的泥水分离设备进行土砂与泥水分离处理，分离后，土砂运至弃渣场存放，泥水则送入调整槽进行密度与黏度调整，使其达到要求后再循环至开挖面使用，此一连贯动作称之为泥水环流。在维持开挖面稳定状态下，配合泥水环流进行盾构开挖、推进和环片支撑等循环作业，依次进行至完成隧道施工。泥水加压平衡盾构机如图8-51所示。

图8-51　泥水加压平衡盾构机

(2) 泥水加压平衡盾构法的特点

① 在不稳定的地段中，当盾构开挖受阻时，采用泥水加压盾构能使开挖面保持稳定，减少地表的沉降。

② 挖土及出土全部机械化，并可在地面上控制，从而改善了隧道内作业条件，具有安全、高效的特点。

③ 因采用管路排泥，能使隧道内保持清洁。

④ 对于大直径砾石层，只需增加破碎装置和取砾石的分离装置便能施工。

⑤ 泥水加压平衡盾构能适应较广的土层条件，可在不同覆土深度及恶劣的地质条件下进行施工，特别适用于地下水位高的不稳定软弱地层及江河底下的隧道施工。

⑥ 需要泥水环流及分离设备，施工费用昂贵，排放水要符合严格的环保标准。

⑦ 如果泥水压力控制不合理，会造成地表隆起或下陷。

⑧ 设备复杂，技术要求高，占地面积较大，专业维修人员多。

(3) 泥水加压平衡盾构机的主要组成结构

① 盾构机主要构件：

a. 盾构机主体。盾构机主体是圆形断面，由切口环、支承环(图8-52)、盾尾环(图

8-53)三部分组成，其强度足以承受土压、水压、盾构千斤顶的反推力及挖掘反作用力，支承环的前部装有挖掘装置的驱动部件，与切口环一壁相隔，中部有人孔，上部有送泥管，下部配有排泥管，用来推进盾构机主体的千斤顶沿圆周方向均匀排列在支承环后部的外围，在盾尾部用来拼装环片的拼装装置与用来作脚手架的后方作业台都由支承环后部支承，支承环通过竖梁、横梁加以强化稳固。

图 8-52　切口环、支承环

图 8-53　盾尾环

b. 盾构推进千斤顶。盾构推进千斤顶安装在盾构机主体的环梁部、外板的内侧，沿圆周均匀排列，从盾尾刷看推进千斤顶，自其上部起，按顺时针方向附有编码，编码盘安装于主机上易于查看的位置，通过操作盘上的把手，改变可变油压的流量，可以调整千斤顶的伸出速度。盾构推进千斤顶如图 8-54 所示。

c. 盾尾刷。盾尾刷密封件安装于盾构机主体的最后端(如图 8-55 所示)，其作用是防止地下水、砂土、壁后注浆等从环片与主体外板的缝隙间进入。盾尾刷密封件由于盾构位置的千变万化，极易损坏，因此要求材料富有弹性，并耐磨损、耐撕扯。

图 8-54　盾构推进千斤顶

图 8-55　盾尾刷

d. 刀盘装置。刀盘装置由掘进装置(切削刀头)、超挖装置(外刀盘)、驱动盘装置(带减速机的驱动马达、轴承、密封件类)组成。超挖装置安装在刀头内。刀盘装置如图 8-56 所示。

i. 掘进装置。切削头由辐条和面板构成，作为挖掘类装备有下列配件：

圆盘切刀：用于破碎砾石的切削圆盘，还对以下所述的刀头起到保护作用。

图 8-56　刀盘装置

刀盘切削刀：切削刀用销子安装在刀盘面切口的前面，从而使挖掘下来的土流动十分顺畅。

先行刀：设置在切削刀的背部，从而改善切削性能和切削持久性。

辅助切削刀、堆焊：辅助切削刀通过焊接安装在刀盘的外围前方，为了提高刀盘面的切削性能，在刀盘面的外围前方、侧面和切口实施堆焊。

ii. 驱动装置。刀盘装置是通过带减速机的驱动马达、小齿轮、带齿轮的轴承、切刀圆筒、切削刀头的顺序来传送旋转力，轴承周围通过齿轮油进行润滑，以减轻摩擦阻力，防止烧结。这些旋转体都装有密封垫以防止地下水或砂土进入，为提高润滑密封的性能，要经常加注润滑油(由润滑油泵供油)。驱动装置如图 8-57 所示。

iii. 超挖装置(超挖刀)

在切削头第一根辐条向右 33.75°的位置处，装有油压式超挖刀，操作时先用油压千斤顶伸出至设定位置，然后将超挖刀伸出至盾构机外径以外，旋转切削刀盘进行挖掘，左右双向旋转都可以进行挖掘。伸缩量可以通过带分压器的流量计检测得知，并可在操作盘上显示行程。超挖刀千斤顶的油压管路需要把切削头停止在设定的位置，用自封闭管接头进行连接，连接时液压油内可能会混入一些空气，这样会降低超挖刀伸长量的测定值精度，建议在每次连接时进行几次操作。超挖装置如图 8-58 所示。

图 8-57　驱动装置

图 8-58　超挖装置

e. 搅拌装置。为了搅拌土仓内的泥浆防止泥砂沉淀，在切削头背面最外围附近装有 T 字形断面的搅拌棒，在稍微内侧一点的位置装有圆形断面的搅拌棒，这些搅拌棒利用切削刀头的旋转力进行搅拌。

f. 环片拼装机。环片拼装机安装在盾尾部，为环形齿轮门形式，由滚柱支承，透过油压马达驱动旋转，环片拼装机升降千斤顶进行环片吊入及贴压，环片拼装机滑动千斤顶用来进行轴向(盾构机的推进方向)移动，支护千斤顶有两组，一组用来防止环片的偏移并进行压平修正，另一组用在拼装 K 片时对已拼装的 B 片的倾斜加以修正，以使 K 片能够顺利拼装。环片拼装机如图 8-59 所示。

g. 送泥、排泥管。配置如下：送泥管、排泥管、排泥备用管、旁通管、排气管、注水管(外圈下部)、注水管(排泥管内)、注水管(内圈)、开挖面水压计。

h. 后方伸出台。作为拼装上部环片人员的站立台，是从盾构机主体的竖梁向后方伸出的台架，考虑拼装上部环片的方便性，在主台架的左右装备有移动式平台，移动式平台需通过手动进行移动，移动到所设定位置后，旋转把手可以使平台固定。后方伸出台如图 8-60 所示。

图 8-59 环片拼装

图 8-60 后方伸出台

i. 药液注入管。面向盾构机主体前方的外围处及主体支撑环后方的外围处沿圆周方向各配置有药液注入管。

j. 后续台车。后续台车是专为盾构机运载动力、环流和相关阀组等配套的设备，并随盾构机的推进同步向前移动。后续台车的侧视图如图 8-61 所示。

② 环流系统。

a. 泥水中央操作盘设置在中央操作室，它用来监视、操作泥水输送设备，控制切口水压和排泥水的流量等参数。泥水输送设备的信号通过中央监视盘内程序器的专用通信而入网，通过程序器进行控制。

b. 送泥部分由调浆设备、送泥泵、送泥流量计、送泥密度计等几部分组成。流量计和密度计分别测量泥水的流量和密度。调浆设备由皂土搅拌罐、调浆池、沉淀池组成。

图 8-61 后续台车

c. 排泥部分由破碎机、分流器、排泥泵、排泥流量计、排泥密度计、泥水处理系统等组成。破碎机的作用是破碎直径较大的石块，避免大的石块打伤泵的叶轮以及堵塞排泥管线。分流器是与循环部分配套使用的。地面上的泥水处理系统是把由泥水带出来的砂土分离出来，通过两级过筛处理，一级是粗筛，二级是细筛。这样分离出来的砂土就能够直接运出现场，分离掉砂土的泥浆经过沉沙、调浆处理后，继续使用。

d. 循环部分由循环泵、循环流量计等组成。通过调整泵的转速来控制循环流量。

为了确保盾构机掘进时维持开挖面的稳定，必须对以下方面进行正确管理：送泥水；排泥水；开挖面泥水压力；盾构机推进速度；送、排泥泵的转速；泥水处理设备的运转；掘削土量；壁后注浆。

(4) 泥水加压平衡盾构施工

① 施工流程。泥水加压平衡盾构施工主要流程如图 8-62 所示。

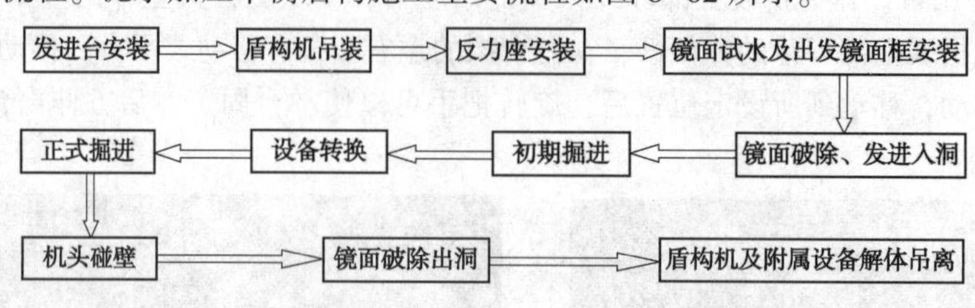

图 8-62　泥水加压平衡盾构施工工序

② 入坑准备作业。

a. 发进台安装。利用发进台组装盾构机及试车校正盾构机的方向及高程，因此发进台安装时要精确控制其高程及方向，各构件之间的螺栓或焊接连接必须牢固可靠。发进台安装如图 8-63 所示。

b. 反力座安装。反力座是盾构机初期推进时反力传递的支墩。反力座的拆除须待盾构机全部推进土中，并且环片摩擦力足以承受盾构机最大推力时才可拆除。因此，反力座在安装时垂直方向必须与发进台的水平方向成直角，反力座安装如图 8-64 所示。反力座与连续壁间的空隙必须用混凝土浇注，以确保抵抗千斤顶产生的推力及防止反力座的位移或错动；反力座各型钢间的接合处必须焊接牢固。

图 8-63　发进台安装

图 8-64　反力座安装

c. 假隧道及发进止水封圈。在盾构机发进前端，首先安装镜面框圈(按设计的中心及高程)，其次用钢筋混凝土浇置一假隧道，然后安装橡胶止水圈防止水砂外涌。假隧道施工时，其中心及高程的放样必须与设计的盾构机发进中心及高程完全吻合，并且能与井壁结合稳固。假隧道及发进止水封圈如图 8-65 所示。

d. 盾构机吊装。盾构机运至工地，待发进台安装完成后，用 200~300t 吊车吊入工作井安装及试车，但必须注意：起重机械作业半径内严禁人员进入；吊挂作业前认真计算载荷和选用钢丝索、吊扣，以免发生危险；盾构机吊入时需加强吊车操作与吊挂人员的联系，设专人指挥。盾构机吊装如图 8-66 所示。

图 8-65　假隧道及发进止水封圈

图 8-66　盾构机吊装

e. 环片假组立。假组立是指将环片临时安装到反力座至镜面之间，目的在于将盾构机反作用力传递于反力座上。一般采用钢筋混凝土环片进行假组立，因此环片组立后必须保持其真圆度，同时要用三角楔木打入环片与发进台间的间隙垫高环片，以保持环片的高程。假组立如图 8-67 所示。

f. 镜面破除。在上述准备工作完成后，检查镜面底盘改良段止封水效果和断面大小，清除镜面前的所有杂物，备齐足够的补强、堵漏材料及抽水机等后，即可由下往上凿除镜面。镜面破除如图 8-68 所示。

图 8-67　环片假组立

图 8-68　镜面破除

③ 初期掘进。盾构机进洞后，为了放置后续台车等附属设备，需先进行一段距离的掘进，然后再进行设备转换，这段距离的掘进称为初期掘进。从施工管理角度而言，初期掘进这段距离应尽可能缩短，但是初期掘进距离的最终确定取决于以下距离较长的一段：盾构机进洞后，环片摩擦力足以承受盾构机最大推力的距离；能放置后续台车等附属设备的距离。

图 8-69　设备转换

④ 设备转换。初期掘进完成后，为方便隧道材料（环片、轨道、送排泥管等）吊运，提高施工效率，将坑口假组立环片、反力座等

予以拆除，把后续台车转入坑内，此阶段工作称为设备转换。设备转换如图 8-69 所示。

⑤ 盾构开挖作业(正式掘进)。开启刀盘驱动液压马达，带动切削刀盘转动。开启送、排泥浆泵、空压机，建立起泥浆循环与泥水平衡系统。将一定浓度的泥浆泵送入泥水室中。此时，开启盾构顶进油缸组，使盾构向前推进。盾构切削刀盘的刀具切入岩土中，切下的岩块和土渣与泥浆经过锥形粉碎腔进入泥水泵送管道。在盾构掘进过程中，必须随时检查泥水平衡系统各项参数，并根据实际情况进行调整。使用泥水平衡系统保持开挖面稳，即保持掘进切削量与排泥量相对平衡，防止出现超挖、欠挖。当盾构向前推进到比环片稍宽的宽度，进行环片拼装。整个衬砌环形成后，通过千斤顶提供动力，进行下一次掘进。掘进同时，对已安装的环片进行背填注浆，以填补其后的空隙。

⑥ 出洞准备作业。盾构机出洞是盾构施工最后阶段的重要作业，为确保盾构机能顺利出洞，需做好出洞准备作业。盾构机在出洞前的准备，原则上与进洞相类似，只是镜面框及止水胶圈安装须待盾构机进入井壁的一半后才能安装，以确保出洞的安全，盾构机出洞如图 8-70 所示；当安装完隧道内最后一环环片时，以空推方式将盾构机与环片脱离，如图 8-71 所示。

图 8-70　盾构机出洞图

图 8-71　盾构机空推

(5) 环流系统操作

泥水加压式盾构的特征是将调整好的具有一定黏度和密度的泥水由调整槽通过送泥泵送往土仓，在盾构机头之前的开挖面形成泥膜，支撑正面土体，通过泥水加压作用使盾构机与开挖面之间的土层保持稳定。掘进时切削下来的土砂和泥水一起由排泥泵用流体方式输送到地面进行处理，经过离心震动分离装置将土砂和泥水分离，泥水经过处理后返回调整槽循环使用。

① 切口水压。在盾构机推进过程中，环流系统最重要的参数之一是切口水压，即土仓和切削面之间开挖面的压力。在推进过程和推进结束时的停机过程中，都要保持切口水压，一般应该保证切口水压比外部的土压大 0. 02～0. 03MPa。

② 泥浆性能。泥浆性能是另一个至关重要的参数，要使泥浆的黏度和密度保持在一定范围内，才能保证切削面的稳定和排泥的均匀顺畅。具体参数要根据不同的地质条件进行调整。例如：在黏土土质的条件下，需要降低泥浆黏度，以不至于因为排泥管内黏度过高造成堵管，从而保护设备；在卵石层的地质条件下，则需要提高泥浆的黏度和密度，保证切削面的稳定，也可使卵砾石在排泥管路中比较均匀，不容易造成堵管。所以，在掘进隧道的过程中，要注意分离设备的出渣状况，随时了解地质条件的变化，采取相应的调浆措施。

③ 排泥管路及设备。在地层改良区和卵砾石层经常发生堵管状况，此时除密切注意切口水压外，还要注意观察排泥泵进、出口处的压力值，根据压力值的变化来判断堵管的大概位置，采取相应的措施。在拆管之前一定要先释放管内压力。堵管发生时，会引起切口水压和管内压力的急速上升。切口水压过高可能会使泥水冲破盾尾油脂，从盾尾刷处流入盾构机头；管内压力过高，则是很危险的隐患，严重时会使管路跳动甚至爆管，对设备及人身安全造成危害。所以在有可能堵管的土层掘进时，要注意观察管路内各处的压力变化，一旦发生堵管，需尽快采取相应措施，以免引起严重后果。

④ 排泥流速。泥水循环水管内要满足一定的流速，以避免泥沙在管中沉淀。泥沙在管中沉淀的临界流速见表 8-9。

表 8-9　泥沙在管中的临界流速　m/s

管径 d/mm	砂	砂　砾
150	3.0	3.5~4.0
200	3.5	4.0

排泥管流速，一般用杜朗德公式(Durand)计算：

$$\nu_L = F_L\sqrt{2gd(G/G_0-1)} \tag{8-43}$$

式中　ν_L——管中沉淀临界流速，m/s；

F_L——根据颗粒直径和泥水浓度所决定的系数，当颗粒直径大于 1mm 时约为 1.34；

g——重力加速度，9.8m/s^2；

G——颗粒相对密度，砂土为 2.65；

G_0——母液的相对密度，用水时为 1.0。

上式可变为：

$$\nu_L = 7.62\sqrt{d} \tag{8-44}$$

实际工程中所用流速应比公式求得的增大 10%~20%，但也有文献报道，当流速比杜朗德公式求得的流速小时，排泥管中也未出现堵塞现象。

一般在中小型泥水加压盾构中，进泥水管用 ϕ200 钢管，排泥水管用 ϕ150 钢管。所有管子应做成标准长度，并采用快速接头连接，以利装卸。管道中间应设置一段伸缩管，其活动长度要与每节固定管长度相适应；当盾构掘进至一根伸缩管长度后，拆去接头换装一根标准管，如此循环，直至整条隧道掘进结束。

一般来说，每个盾构径都相应地规定了一个标准的排泥管径，如表 8-10 所示。

表 8-10　盾构配管径与外径间的关系

盾构外径/m	配排泥管径/mm(in)	盾构外径/m	配排泥管径 mm/(in)
Φ1.9 以下	80(3)	Φ6.2 以下	200(8)
Φ2.7 以下	100(4)	Φ6.2 以上	250(10 以上)
Φ4.4 以下	150(6)		

⑤ 掘削量。泥水循环，开挖面的泥膜因受刀盘的切削而处在形成-破坏-形成的过程中。保持开挖面的稳定直接影响到隧道施工质量，所以合理进行泥水管理和切口水压管理，控制每环掘削量，保证开挖面稳定是必要的。根据盾构机的直径可以计算出每掘进一环时的理论掘削量，作为实际掘削量的大致目标。

a. 理论掘削量：按掘削外径计算。

$$W_1=\frac{\pi D^2}{4}\cdot L \tag{8-45}$$

式中 W_1——理论掘削量，m^3；

D——掘削外径，m；

L——掘进长度，m。

b. 实际掘削量：按送、排泥流量计算。

$$W_2=(Q_2-Q_1)\cdot t \tag{8-46}$$

式中 W_2——实际掘削量，m^3；

Q_2——排泥流量，m^3/s；

Q_1——送泥流量，m^3/s；

t——掘进时间，s。

c. 偏差流量。

$$\Delta Q=Q_2-\left(\frac{\pi d^2}{4}\cdot V_s+Q_1\right) \tag{8-47}$$

式中 ΔQ——偏差流量，m^3/s；

V_s——掘进速度，m/s。

由此可见，实际掘削量 W_2 与偏差流量 ΔQ 的关系：当偏差流量为正值时，盾构机处于“超挖”状态；偏差量为负值时，盾构机处于“溢水”状态。在掘进过程中，应尽量控制偏差流量 ΔQ 为零值。

(6) 泥水加压平衡盾构法的主要问题

① 在渗透性很强的地层中施工时，泥水损失较大，为此要研究改善泥水性质和对地层处理的措施。

② 地层中如遇到大的块石及地桩等障碍物，以及遇到突发性大量涌水需要处理时；或泥水隔舱内机械故障需要修理时；或盾尾刷损坏需要调换时；在短时间内需使用气压，因而仍要配备气压施工的全套设备。

③ 在覆土很浅的软弱地层中施工时，如不注意泥水压力的调节，就有可能造成从盾构顶部喷出泥水及造成地面高低不平的危险。特别是在穿越江河海底时两岸要设观察站，如发现泥水喷出就应停止推进，并增加泥浆量，以防发生江水倒灌事故。

④ 造价昂贵，根据国外经验，泥水加压盾构的造价为同直径手掘式盾构的 2.5 倍，施工费用也高 20%左右；此外存在泥水处理设备较庞大复杂、控制系统的技术要求较高等问题。

(7) 一种新型的带有储气室的水力盾构机

泥水加压盾构的基础上德国巴德公司制造了一种带有储气室的水力盾构(图 8-72)，这种盾构在泥水支护开挖面、大刀盘切削地层、水力管道排泥等方面的原理与泥水加压盾构相同，不同点主要是在开挖面泥水隔舱内增设了一个储气室，储气室与人行闸相连，其下端是泥水的液面，引入压缩空气后储气室犹如一个倒扣的气筒，利用空气的压缩来平衡泥水隔舱中压力的微小波动。储气室好象是一个空气弹簧有效地调节着隔舱中的压力，其压力波动可控制在 20kPa 范围内。当正面遇到障碍或机械发生故障时，可以稍微提高空气压力将隔舱内的支护液全部排出，人员可由人行闸经储气室进入隔舱内排除障碍或机器故障。

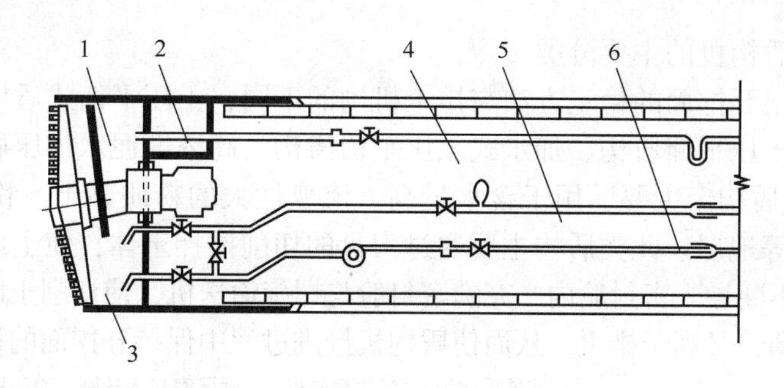

图 8-72　巴德气压式泥水盾构原理图

1—储气室；2—人行闸；3—泥水舱；4—压缩空气管；5—进泥水管；6—排泥水管

3. 土压平衡盾构

(1) 土压平衡盾构机的工作原理

土压平衡式盾构又称削土密闭式盾构或泥土加压式盾构，是在局部气压及泥水加压盾构基础上发展起来的一种适用于含水饱和软弱地层中施工的新型盾构。它的头部装有全断面切削刀盘，在切口环与支承环间设有密封隔板，使前面切口环部分形成密封隔舱，称为开挖面泥土室；在刀盘切削下来的土砂中压注一种具有流动性和不透水性的"作泥材料"，然后用刀盘后面的搅拌叶进行强制搅拌，使切削下来的土变成具有流动性与不透水性的特殊土，并使这种土充满开挖面泥土室及相联接的长筒形螺旋输送机中。盾构推进时，土室内泥土便产生压力作用于开挖面上，对应平衡开挖面土体的侧向压力。为了使掘进过程中不发生地层变位，必须控制掘进量与排土量的平衡，其控制方法是：首先把开挖面泥土室的泥土压力调节成等于地层静止土压力和地下水压力之和，以达到地层的稳定；然后根据螺旋输送机的形状特点、旋转数、土质等特性决定排土效率，以得到每一环衬砌的排土量及排土速度；最后用保持开挖面稳定的土压力来调节推进速度与千斤顶总推力，调节刀盘的切削速度来控制开挖泥土量，以开挖泥土量来调节螺旋输送机的转速，使螺旋输送机泥土排出量等于泥土开挖量。反过来用保持开挖面稳定的土压力来控制螺旋输送机转速，调节出土速度，用出土速度来调节盾构推进速度及刀盘切削土的速度，以保持开挖面泥土室始终充满泥土，并具有稳定开挖面的泥土压力，但又不致过密而影响刀盘的转动。这种盾构既避免了局部气压盾构的主要缺点，又省略了泥水盾构中的泥水处理设备，故土压平衡式盾构(图 8-73)是正在发展的最有前途的地下掘进设备之一。

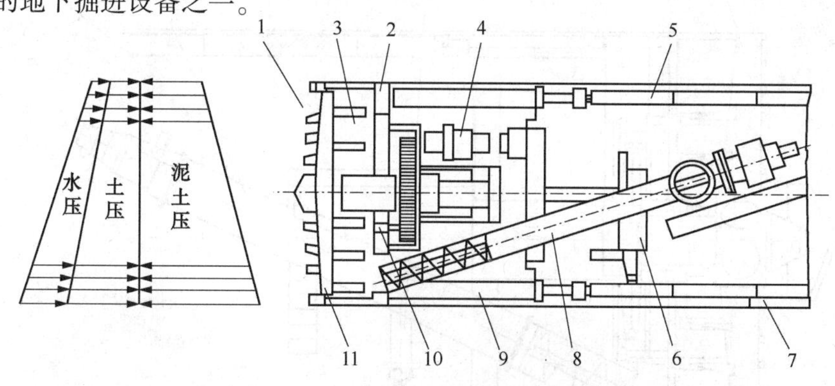

图 8-73　土压平衡式盾构原理

1—泥土；2—泥土压力测定计；3—泥水搅拌室；4—大刀盘回转用油马达；5—衬砌；6—衬砌拼装机；7—衬砌背面压入浆液；8—螺旋输送机；9—盾构千斤顶；10—作泥材料注入口；11—大刀盘

(2) 土压平衡盾构机的主要分类

根据对各种土层开挖面的稳定方法与排土机构的不同，土压平衡式盾构又可分为削土加压式盾构、加泥式土压平衡盾构、加水式土压平衡盾构、高浓度泥水加压盾构等四种。

① 削土加压式盾构。主要适用于含水量高、流变性大的粉质黏土、粉质砂土和砂质粉土以及淤泥质黏土等地层。此类盾构主要通过刀盘的切削搅拌土体，使土体强度降低、流动性增大，并将土体不断导入密封舱内，充满密封舱与螺旋输送机，使切削土的土压既与开挖面的水土压力保持平衡，又利于排土，从而使盾构机掘进过程中保持开挖面的稳定(图 8-74)。

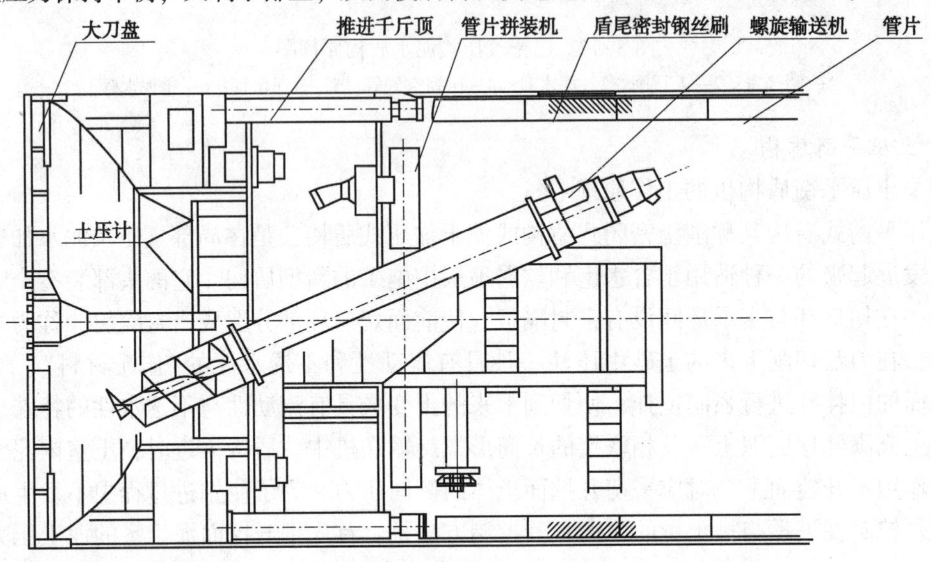

图 8-74 削土加压式盾构

② 加泥式土压平衡盾构。此类盾构主要用于软弱黏土层、易坍塌的含水砂层及混有卵石的砾层等地层中的掘进施工。加泥式土压平衡盾构掘进时，是靠向开挖面注入泥水、泥浆和高浓度泥水等润滑材料，由搅拌翼在密封土舱内将其与切削土搅拌混合，使之成为塑流性能较好的不透水泥状土，以利于开挖面稳定与排土。在盾构掘进过程中可随时调整施工参数，使开挖面的掘削土量与排土量达到基本平衡。盾构机仍可由螺旋输送机排土，渣土由出土车运输。加泥式土压平衡盾构的构造见图 8-75。

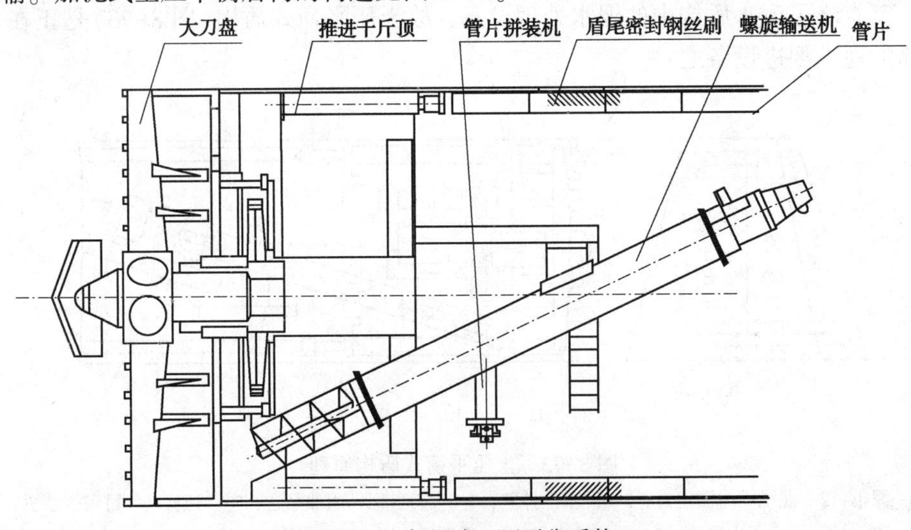

图 8-75 加泥式土压平衡盾构

③ 加水式土压平衡盾构。如图 8-76 所示，主要适用于在含水砂砾和砂土地层中进行隧道掘进。这种盾构的开挖面设有排土调整槽，工作时注入压力水，靠密封舱内切削土的土压及注入排土调整槽的压力水的水压与开挖面的水土压力平衡，使开挖面保持稳定。排土方式由螺旋输送机将密封舱内的切削土运至排土调整槽，在排土调整槽内使土和水混合成泥水，然后用管道排送至地面，再用泥水分离设备将土砂与水分离，分离出来的水循环使用，弃土用车运走。

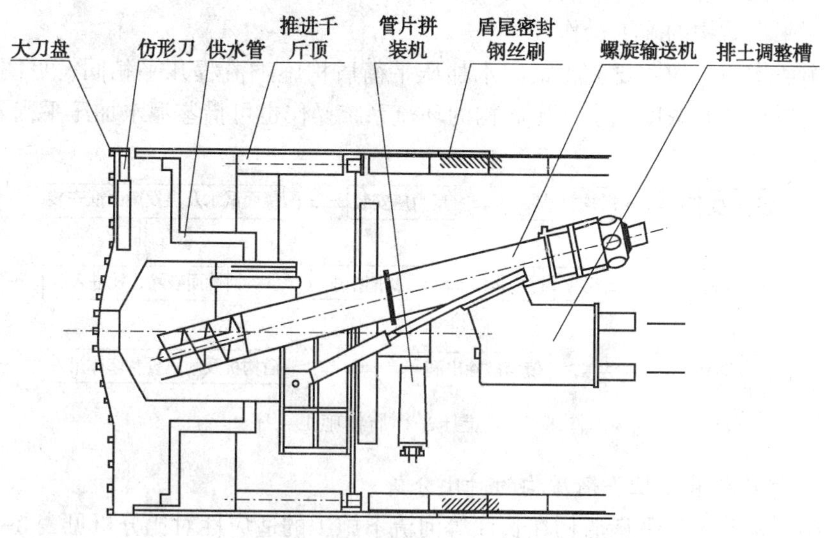

图 8-76　加水式土压平衡盾构

④ 高浓度泥水加压盾构。高浓度泥水加压盾构见图 8-77，这是一种介于泥水加压式盾构和削土加压式盾构之间的中间形式，是一种在刀盘上装有面板的密闭型盾构。主要适用于松软的、渗透系数大的含水砂土及砂砾等易坍塌的地层，也可在覆土浅、易引起冒顶或难以控制地表沉降的地层中掘进隧道时使用。此类盾构进行隧道掘进时将泥水注入开挖面，在密封舱内与切削下来的开挖土混合成高浓度泥水，以平衡开挖面的水土压力。泥水压力的保持是通过调节安装在螺旋输送机排土口的转斗排土器来实施。高浓度泥水由转斗排土器排出后储存在隧道内的泥水槽中，用水稀释后由管道输送至地面进行泥水分离，分离出的土砂用车运走，分离出的泥水进行黏度和密度调整后，进行循环使用。

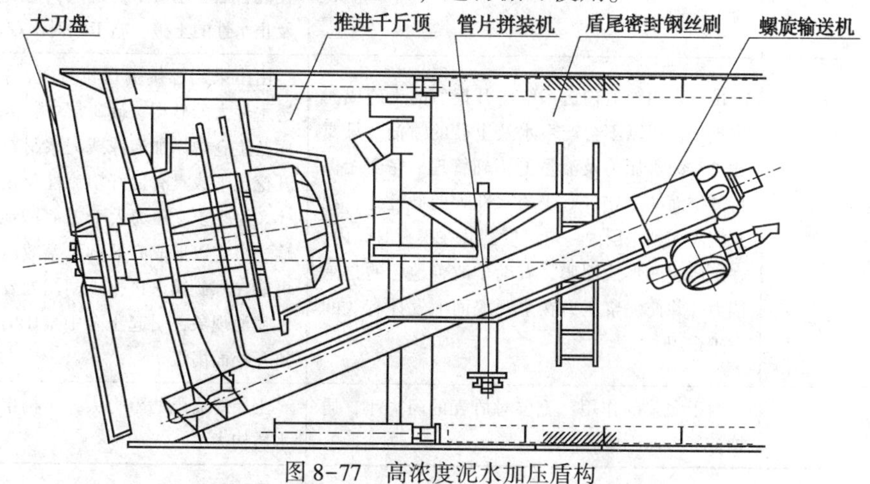

图 8-77　高浓度泥水加压盾构

（3）土压平衡盾构机的主要结构

土压平衡盾构机的主要结构与泥水加压平衡盾构机基本相同，都有盾构机主体、盾构推进千斤顶、盾尾刷、刀盘装置、搅拌装置、环片拼装机、后方伸出台、药液注入管、后续台车等。不太相同的地方是泥水加压平衡盾构机有送泥、排泥管在内的环流系统，而土压平衡盾构机有螺旋输送机用于往外排土；加水式土压平衡盾构和高浓度泥水加压盾构有加水管、排土调整槽和排泥水管。

（4）土压平衡盾构的施工操作

土压平衡盾构施工的主要流程跟泥水加压平衡盾构施工流程几乎相同，见图 8-78。加水式土压平衡盾构和高浓度泥水加压盾构的环流系统操作也可借鉴泥水加压平衡盾构的环流系统操作。

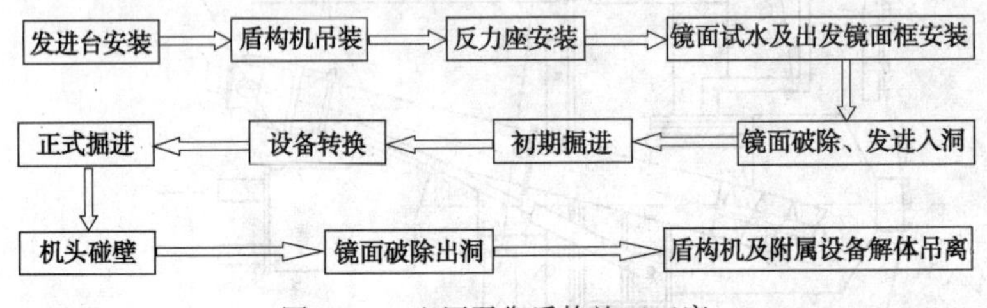

图 8-78　土压平衡盾构施工工序

4. 泥水平衡盾构和土压平衡盾构的对比分析

泥水平衡盾构和土压平衡盾构在长江等河流下施工的适应性对比分析见表 8-11。

表 8-11　泥水平衡盾构和土压平衡盾构对比分析表

项　目	泥水平衡盾构	土压平衡盾构
中等风化钙质粉砂岩 中等风化钙质细砂岩 强风化钙质粉砂岩 卵石、粉砂、细砂 淤泥质粉质黏土	能适应黏土、砂土、砂砾、岩层等各种地质。需向开挖仓中注入泥浆，适合开挖面难以稳定、滞水砂层、砂砾层、含水量高的地层及隧道上方有水体的场合	能适应黏土、砂土、砂砾、岩石等各种地质。需要向开挖仓中注添加剂，来改善土渣的性能，使其成为具有良好塑流性及止水性的土体
地下水丰富、水压高、渗透系数大（$K>1\times10^{-3}$）	如果渗透系数大，在掘进时需要对各种掘进参数进行加强管理，特别是泥水质量、压力及流量管理	根据盾构施工的经验，当 $K>1\times10^{-2}$ 时，开挖仓中添加剂被稀释，水、砂、砂砾相互混合后，土渣不易形成具有良好塑流性及止水性的土碴，施工相对困难。
开挖面稳定及止水性（水、土砂的喷涌）	由于采用管道输送系统将开挖后的土碴成泥水排出，所以不会产生水及土砂的喷涌。只要通过对泥水压力及流量的正确管理，完全能保持开挖面的稳定。对于透水性大的砂性土，泥浆能渗入到土层内一定深度，并在很短时间内，在土层表面形成泥膜，有助于改善地层的自承能力，并使泥浆压力在全开挖面上发挥有效的支护作用	由于采用螺旋输送机排土，在富含水、透水性大的砂层、砂砾层中，需要向开挖面及土仓中添加泡沫或泥浆材料，才能使开挖土形成具有良好塑流性及止水性的土体。对于土仓压力大于 3bar 的地层，螺旋输送机难以形成有效的土塞效应，从而有可能在螺旋输送机排土闸门处发生水、土砂喷涌现象，引起土仓中土压力下降，导致开挖面坍塌
盾构推力	由于泥浆的作用，土层对盾壳的阻力小，盾构推进力比土压盾构小	土层对盾壳的阻力大，盾构推进力比泥水盾构大

续表

项目	泥水平衡盾构	土压平衡盾构
刀盘 刀具寿命 刀盘扭矩	切削面及土仓中充满泥水，对刀具、刀盘起到一定的润滑作用，摩擦阻力与土压盾构相比要小，泥浆搅拌阻力小，因而相对土压盾构而言，其刀具、刀盘的寿命要长，刀盘驱动扭矩小	刀盘与开挖面的摩擦力大，土仓中土碴与添加材料搅拌阻力也大，故其刀具、刀盘的寿命比泥水盾构要短，刀盘驱动扭矩比泥水盾构大
推进效率	掘削下来的碴土转换成泥水通过管道输送，并且施工性能良好，辅助工作少，故效率比土压盾构高	开挖土的输送随着掘进距离的增加，其施工效率也降低，辅助工作多
隧道内环境	由于采用封闭管道输送废土，没有出渣矿车，无渣土散落，环境良好	需矿车运送碴土，渣土有可能散落，相对而言，环境较差
施工场地	由于在施工地面需配置必要的泥水处理设备，所以占地面积较大	渣土呈泥状，无需进行任何处理即可运送，所以占地面积较小
经济性	整套设备购置费用高	整套设备购置费用低

综上所述，从隧道施工的安全、高效考虑，为保证隧道开挖面稳定，从地质适应性、高水压、高透水性、深覆土、在江河下施工等方面综合考虑，采用泥水平衡盾构比较适合长江等河流的水下盾构隧道工程。

（三）竖井设计、施工方法及技术措施

1. 竖井设计

（1）概述

根据地质条件和竖井的规模，竖井可以采用多种形式，如软土地基中采用无支撑(或锚碇)的自立式挡墙基坑支护结构，目前在软土地区应用较多的主要有四种：水泥土搅拌墙、注浆土钉加固挡墙、格形地下连续墙挡墙、SMW 法地下连续墙和连续沉井挡墙。本文主要介绍实际应用较多、规模较大、深度较深的沉井施工形式。

沉井是在地面制作、井内取土下沉至预定标高的建筑物。沉井在深基础施工中具有独特的优点：占地面积小，不需要基坑围护，技术上较稳妥可靠；与大开挖相比，挖土量少，能节省投资；无需特殊的专业设备，而且操作简便；在各类地下建筑物中，沉井结构又可作为地下构筑物的围护结构，沉井内部结构空间亦可得到充分利用。近．来，随着施工技术和施工机械的不断革新，沉井在国内外都得到了更加广泛的应用和发展。

为了降低井壁侧面摩擦阻力，在 20 世纪 40~70 年代，日本采用壁外喷射高压空气(即气囊法)的方法降低井壁与土之间的摩擦阻力，使沉井的下沉深度达到了 200 多米。但该法构造比较复杂，高压空气消耗量大，而且下沉速度不易控制，因而并未推广开来。与此同时，欧洲国家普遍采用向井壁与土之间压入触变泥浆降低侧面摩擦阻力的方法，施工了数以千计的沉井。国外沉井的施工不但深度大，而且规模也大。如前苏联施工过长 78m、宽 29m、深 26m 的矩形沉井；瑞士施工过直径 57m、深 28m 的沉井；其他大型沉井也很常见。

我国在沉井施工技术上也取得了很大成绩。很多大型深埋基础和地下构筑物的围壁，均采用沉井法施工。采用的技术有气幕助沉、连续沉井、双壁沉井、震动沉井、浮运沉井等，这些施工方法都是比较成功的。某圆形沉井直径达 68m、深 28m；某矩形沉井 48m×21m×20m 采用无承垫木施工；矿用沉井的深度超过 100m；江阴长江大桥桥墩沉井 69m×51m×

58m，采用气幕助沉技术施工等等。

（2）沉井分类

沉井的类型较多，用途也不相同，设计时应根据沉井的用途和具体条件选择合适的沉井形式。按用途分类，沉井分为构筑物类、基础类、基坑支护类(如软土地基中的深柱基施工，顶管工程中的临时工作井、接收工作井等，施工时都可以采用沉井技术挡土)；按材料分类，沉井分为混凝土沉井、钢筋混凝土沉井(最常见，适合作各种用途的沉井)、钢沉井、圬工沉井；按平面形状分类，沉井分为圆形沉井(受力较好、适合较深的沉井)、矩形沉井、圆端沉井和尖端沉井、多格沉井；按场地分类，沉井分为陆地沉井(是常见的形式)、筑岛沉井、浮运沉井；按施工方法分类，沉井分为不排水施工沉井、排水施工沉井。

（3）沉井结构上的载荷

① 载荷分类及大小。沉井结构上的载荷可分为永久载荷和可变载荷两类。永久载荷包括结构自重、土的侧向压力、沉井内的静水压力；可变载荷包括沉井顶板和平台活载荷、地面活载荷、地下水压力(侧压力、浮托力)、顶管的顶力、流水压力等。沉井结构设计时，对不同的载荷采用不同的计算值：对永久载荷，采用标准值作为计算值；对可变载荷，根据设计要求采用标准值、组合值或准永久值作为计算值；当结构承受两种或两种以上可变载荷时，承载能力极限状态设计或正常使用极限状态验算按短期效应组合设计，采用组合值作为可变载荷计算值。可变载荷组合值为可变载荷的标准值乘以载荷组合系数。

当正常使用极限状态验算按长期效应组合设计时，采用准永久值作为可变载荷计算值。可变载荷永久值为可变载荷的标准值乘以准永久值系数。

② 永久载荷。结构自重的大小，按结构构件的设计尺寸与相应材料的重度计算确定，钢筋混凝土重度一般取 $25kN/m^3$，素混凝土重度一般取 $23kN/m^3$。永久设备的自重大小，可按设备样本提供的数据采用。

a. 作用在沉井壁上的侧向主动土压强标准值。当地面水平，地下水位以上的主动土压强标准值按下式计算：

$$p_{ak}=k_a\gamma_s H \tag{8-48}$$

$$k_a=\tan^2(45°-\varphi/2) \tag{8-49}$$

式中 p_{ak}——地下水位以上的主动土压强标准值，kPa；

k_a——主动土压力系数；

φ——对于砂性土，取土体的内摩擦角；对黏性土，可采用下式将其黏聚力 c(kPa)和内摩擦角 φ(°)折算成等效内摩擦系数 φ_D(°)：

$$\tan(40°-\varphi_D/2)=\tan(45°-\varphi/2)-\frac{2c}{\gamma_s H} \tag{8-50}$$

式中 γ_s——土的重度，kN/m^3；

H——自地面至计算截面处的地层深度，m。

b. 当地面水平，地下水位以下的主动土压强标准值按下式计算：

$$p'_{ak}=k_a[\gamma_s H_w+\gamma'_s(H-H_w)] \tag{8-51}$$

式中 p'_{ak}——地下水位以上的主动土压强标准值，kPa；

γ'_s——地下水位以下土的有效重度，kN/m^3，可按 $10kN/m^3$ 采用；

H_w——自地面至地下水位的距离，m。

c. 当地面水平，多层土层的主动土压强标准值按下式计算：

$$p_{\mathrm{akn}} = k_{\mathrm{an}} \sum_{i=1}^{n-1} \gamma_{\mathrm{si}} h_{\mathrm{i}} + k_{\mathrm{an}} \gamma_{\mathrm{sn}} \left(H_{\mathrm{n}} - \sum_{i=1}^{n-1} h_{\mathrm{i}} \right) \tag{8-52}$$

式中 p_{akn}——第 n 土层中，距地面 H_{n} 深度处的主动土压强标准值，kPa；

k_{an}——第 n 层土的主动土压力系数；

γ_{si}——第 i 层土的重度，kN/m^3，当位于地下水位以下时取有效重度；

γ_{sn}——第 n 层土的重度，kN/m^3，当位于地下水位以下时取有效重度；

h_{i}——第 i 层土的厚度，m；

H_{n}——自地面至第 n 土层计算截面处的深度，m。

③ 计算顶管井时作用在沉井壁上的侧向被动土压强标准值：

a. 当地面水平，地下水位以上的被动土压强标准值按下式计算：

$$p_{\mathrm{pk}} = k_{\mathrm{p}} \gamma_{\mathrm{s}} H \tag{8-53}$$

$$k_{\mathrm{p}} = \tan^2(45° + \varphi/2) \tag{8-54}$$

式中 p_{pk}——地下水位以上的主动土压强标准值，kPa；

k_{p}——主动土压力系数。

b. 当地面水平，地下水位以下的被动土压强标准值按下式计算：

$$p'_{\mathrm{pk}} = k_{\mathrm{p}} [\gamma_{\mathrm{s}} H_{\mathrm{w}} + \gamma'_{\mathrm{s}} (H - H_{\mathrm{w}})] \tag{8-55}$$

式中 p'_{pk}——地下水位以上的被动土压强标准值，kPa。

c. 当地面水平，多层土层的被动土压强标准值按下式计算：

$$p_{\mathrm{pkn}} = k_{\mathrm{p}n} \sum_{i=1}^{n-1} \gamma_{\mathrm{si}} h_{\mathrm{i}} + k_{\mathrm{p}n} \gamma_{\mathrm{sn}} \left(H_{n} - \sum_{i=1}^{n-1} h_{i} \right) \tag{8-56}$$

式中 p_{pkn}——第 n 土层中，距地面 H_n 深度处的被动土压强标准值，kPa；

k_{pn}——第 n 层土的被动土压力系数。

沉井内的静水压强应按设计水位计算，水的重度取 $10kN/m^3$。

④ 可变载荷和准永久值系数：

a. 沉井顶板和平台的活载荷标准值根据实际情况确定，当无特殊要求时可取 $4.0kN/m^2$，准永久值系数取 0.4。

b. 地面活载荷作用在沉井壁上的侧压强标准值按下列规定确定：地面活载荷可分为地面堆积载荷和地面车辆载荷；地面堆积载荷作用在沉井壁上的侧压强标准值，可将该载荷折算为等效的土层厚度进行计算，当无明确要求时，地面堆积载荷取 $10kN/m^2$；地面车辆载荷作用在沉井壁上的侧压强标准值，为该载荷传递到计算深度处的竖向压强乘以计算深度处土层的主动土压力系数进行计算；地面堆积载荷和地面车辆载荷作用在沉井井壁上的侧压强标准值取二者中的大值，准永久值系数可取 0。

⑤ 地下水（包括上层滞水）对沉井的压强标准值和准永久值系数：

a. 沉井侧壁上的水压强标准值按静水压强计算；

b. 计算地下水压强标准值的设计水位，按施工阶段和使用阶段当地可能出现的最高和最低水位采用；

c. 水压强标准值的设计水位，根据对结构的载荷效应确定取最低水位或最高水位。当取最低水位时，相应的准永久值系数取 1.0；当取最高水位时，相应的准永久值系数可取平均水位与最高水位的比值。

d. 地下水对沉井的浮托力标准值，按最高水位乘以浮托力折减系数确定。浮托力折减系数，对非岩质地基取 1.0；对岩石地基按其破碎程度确定，当基岩面设置滑动层时取 1.0。

当沉井位于江心时，作用在沉井上的流水压强标准值，根据设计水位按式(8-57)计算确定，流水压强分布如图 8-79 所示。

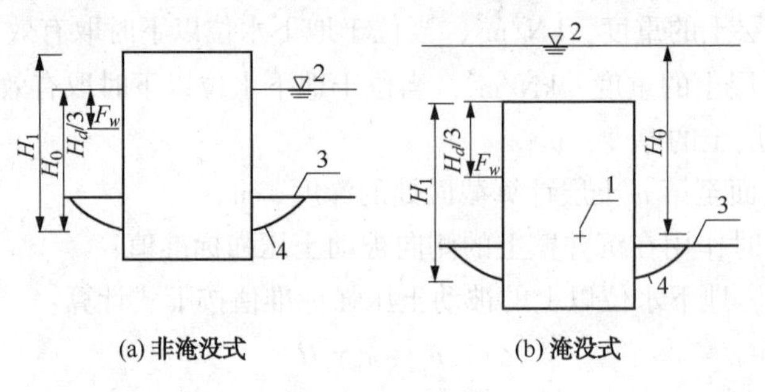

图 8-79　作用在沉井上的流水压力图

1—沉井中心；2—设计水位；3—河床线；4—最低冲刷线

$$F_{\mathrm{wk}}=\eta_{\mathrm{d}}k_{\mathrm{f}}\frac{\gamma_{\mathrm{w}}V_{\mathrm{w}}^2}{2g}A \tag{8-57}$$

式中　F_{wk}——流水压强标准值，kN；

η_{d}——淹没影响系数，按表 8-13 采用，对于非淹没式应为 1.0；

k_{f}——作用在沉井上的水流力体型系数，可按表 8-12 采用；

V_{w}——水流最大设计流速沿井垂直面的平均流速，m/s；

g——重力加速度，m/s^2；

A——沉井的阻水面积，m^2，深度计算至最低冲刷线处。

表 8-12　水流力体型系数

沉井体型	方形	矩形	圆形	尖端形	长圆形
k_{f}	1.47	1.28	0.78	0.69	0.59

表 8-13　淹没影响系数

H_0/H_{d}	0.50	1.00	1.50	2.00	2.25	2.50	3.00	3.50	4.0	5.00	≥6.0
η_{d}	0.70	0.89	0.96	0.99	1.00	0.99	0.99	0.97	0.95	0.88	0.84

注：H_0为沉井中心至水面的距离；H_{d}为沉井最低冲刷线以上高度。

（4）沉井设计

① 设计规定和工作特征系数。沉井结构构件均按承载能力极限状态设计，采用以分项系数描述设计表达式进行。各类沉井结构构件在使用阶段均按正常使用极限状态验算。对轴心受拉或小偏心受拉的构件按短期效应组合进行抗裂度验算，对受弯构件和大偏心受拉构件按长期效应组合进行裂缝宽度验算，对需要控制变形的结构构件按长期效应组合进行变形验算。

各种形式的沉井均进行沉井下沉、下沉稳定性及抗浮稳定性验算，在必要时还要进行沉井结构的倾覆和滑移验算。验算时，抵抗力只计入永久载荷(可变载荷不计)，所有组合载荷均采用标准值。沉井设计的工作特征系数要符合表 8-14 要求。

表 8-14　沉井工作特征系数

工作特征	特征系数	工作特征	特征系数
下沉	1.05	抗倾覆	1.50
下沉稳定	0.8~0.9	抗上浮	1.0(不计侧壁阻力)
抗滑动	1.30		

② 载荷效应组合和沉井下沉工况：

a. 沉井按承载能力极限状态进行强度计算。强度计算的载荷效应组合，按下式确定：

$$S = \sum_{i=1}^{m} \gamma_{Gi} C_{Gi} G_{ki} + \gamma_{Q1} C_{Q1} Q_{k1} + \sum_{j=2}^{n} \gamma_{Qj} C_{Qj} \psi_{cj} Q_{kj} \tag{8-58}$$

式中　γ_{Gi}——第 i 个永久载荷的分项系数；

γ_{Q1}、γ_{Qj}——分别为第 1 个和第 j 个可变载荷的分项系数；

G_{ki}——第 i 个永久载荷的标准值；

Q_{k1}——第 1 个可变载荷，该载荷的效应 $\gamma_{G1} C_{Q1} Q_{k1}$ 大于任意第 j 个可变载荷的效应 $\gamma_{Qj} C_{Qj} Q_{kj}$；

Q_{kj}——第 j 个可变载荷；

C_{Gi}、C_{Q1}、C_{Qj}——分别为第 i 个永久载荷、第 1 个可变载荷和第 j 个可变载荷的载荷效应系数；

ψ_{cj}——第 j 个可变载荷的组合值系数，一般情况下取 0.6。

对于一般情况下，列不出主导载荷的沉井结构，可采用下列公式：

$$S = \sum_{i=1}^{m} \gamma_{Gi} C_{Gi} G_{ki} + \psi \sum_{j=1}^{n} \gamma_{Qj} C_{Qj} Q_{kj} \tag{8-59}$$

式中　ψ——可变载荷的组合系数，一般情况下取 0.85。

永久载荷分项系数，按表 8-15 采用：

8-15　永久载荷分项系数

永久载荷类别	分项系数	永久载荷类别	分项系数
结构自重	1.20；当对结构有利时取 1.00	沉井外土压	1.27；当对结构有利时取 1.00
沉井内水压	1.27；当对结构有利时取 1.00		

可变载荷分项系数，按表 8-16 采用：

表 8-16　变载荷分项系数

可变载荷类别	分项系数	可变载荷类别	分项系数
顶板和平台活载荷	1.40	顶管的顶力	1.30
地面活载荷	1.40	流水压力	1.40
地下水压力	1.27		

强度计算的载荷效应组合设计值，根据沉井所处不同环境及其工况取不同载荷项目，不同项目组合可参照表 8-17 确定。

表 8-17　不同工况的载荷组合

沉井环境及工况			载荷项目						
			永久载荷			可变载荷			
			结构自重 G_{k1}	沉井内水压 G_{k2}	沉井外土压 G_{k3}	顶板活载荷 Q_{k1}	沉井外水压 Q_{k2}	顶管顶力 Q_{k3}	流水压力 Q_{k4}
陆地沉井	施工期间	工作井	√	△	√		√	√	
		非工作井	√	△	√		√		
	使用期间	沉井内无水	√		√	√	√		
		沉井内有水	√	√	√	√	√		
江心沉井	施工期间	工作井	√	△	√		√	√	
		非工作井	√	△	√		√		√
	使用期间	沉井内无水	√		√	√	√		√
		沉井内有水	√	√	√	√	√		√

注：符号"√"表示适用于该沉井的载荷项目；符号"△"表示带水下沉的工况。

b. 正常使用极限状态验算。正常使用极限状态下结构构件分别按载荷的短期效应组合或长期效应组合进行验算，保证构件的变形、抗裂度及裂缝宽度满足相应的规定值。在组合载荷下，构件截面处于轴心受拉或小偏心受拉状态时，应按抗裂度控制。正常使用极限状态验算，载荷效应组合设计值按下式计算：

$$S_{S} = \sum_{i=1}^{m} C_{Gi} G_{ki} + \sum_{j=1}^{n} C_{Qj} Q_{kj} \tag{8-60}$$

在组合载荷下，构件截面处于受弯、大偏心受压或大偏心受抗状态时，应按抗裂缝宽度控制，取载荷的长期效应组合，并按以下规定确定。

正常使用极限状态验算，按长期效应组合的载荷效应组合设计值，应按下式计算：

$$S_{L} = \sum_{i=1}^{m} C_{Gi} G_{ki} + \sum_{j=1}^{n} C_{Qj} \psi_{cj} Q_{kj} \tag{8-61}$$

式中　S_S——长期效应组合设计值；

ψ_{cj}——第 i 个可变载荷的准永久值系数。

钢筋混凝土沉井构件在使用阶段处于受弯、大偏心受拉或大偏心受压状态时最大裂缝宽度允许值 W_{max} 应按表 8-18 确定。沉井下沉阶段最大裂缝允许宽度一般可取 0.30mm。

表 8-18　沉井的最大裂缝允许值

类　别	W_{max}/mm	类　别	W_{max}/mm
污水构筑物	0.20	净水构筑物	0.25

(5) 沉井下沉计算

① 沉井与土的摩阻力。沉井井壁外侧与土层间的摩阻力及其沿井壁高度的分布图形，根据工程地质条件、井壁外形和施工方法等，通过试验或对比积累的经验资料确定。当无试验条件或无可靠资料时，按下列规定确定：

a. 井壁外侧与土层间的单位摩阻力标准值 f_k，一般可根据土层类别按表 8-19 的规定选用。

表 8-19　单位摩阻力标准值

土层类别	f_k/kPa	土层类别	f_k/kPa
流塑状态黏性土	10~15	砂性土	12~25
可塑~软塑状态黏性土	10~25	砂砾石	15~20
硬塑状态黏性土	95~50	卵石	18~30
泥浆套	3~5		

注：当井壁外侧为阶梯形并采用灌砂助沉时，灌砂段的单位摩阻力标准值可取 7~10kPa。

b. 当沿沉井深度范围内的土层为多种类别时，单位摩阻力取各层土的单位摩阻力标准值的加权平均值，即按下式计算：

$$f_{kj} = \sum_{i=1}^{n} f_{ki} h_{si} / \sum_{i=1}^{n} h_{si} \tag{8-62}$$

式中 f_{kj}——多土层的单位摩擦阻力标准值的加权平均值，kPa；

f_{ki}——第 i 土层的单位摩擦阻力标准值，kPa，可按表 8-19 选用；

h_{si}——第 i 层土的厚度，m；

n——沿沉井下沉深度不同类别土层的层数。

c. 摩阻力沿沉井井壁外侧的分布图形。当沉井井壁外侧为直壁时，按图 8-80(a)采用；当井壁外侧为阶梯形时，按图 8-80(b)采用。

② 沉井下沉。沉井下沉系数按式(8-63)计算：

$$k_{st} = (G_k - B_k)/T_{kj} \geq 1.05 \tag{8-63}$$

式中 k_{st}——下沉系数；

G_k——井自重标准值(包括外加助沉重量的标准值)，kN；

B_k——下沉过程中水的浮力标准值，kN；

T_{kj}——井壁总摩阻力标准值，kN。

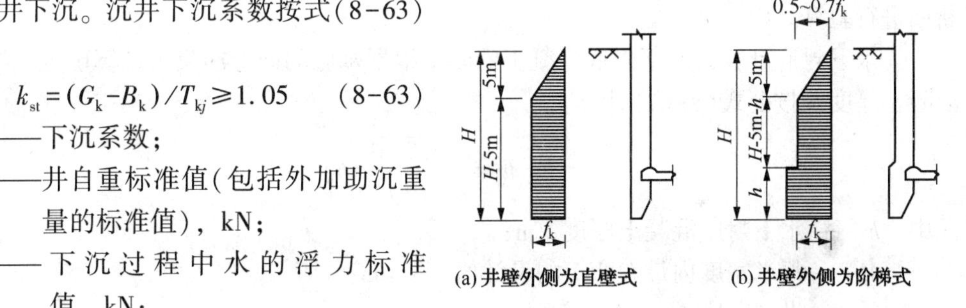

(a) 井壁外侧为直壁式　(b) 井壁外侧为阶梯式

图 8-80　摩阻力沿井壁外侧分布图

当下沉系数较大，或在下沉过程中遇有软弱土层时，要根据实际情况按式(8-64)进行沉井的下沉稳定验算：

$$k_{st,s} = (G_k - B'_k)/(T'_{kf} + R) \tag{8-64}$$

式中 $k_{st,s}$——下沉稳定系数，可取 0.8~0.9；

B'_k——验算状态下水的浮力标准值，kN；

T'_{kf}——验算状态下井壁总摩阻力标准值，kN；

R——沉井刃脚、隔墙和底梁下地基土的极限承载力之和，kN，可参照表 8-20 选用。

表 8-20　地基土的极限承载力

土的种类	极限承载力/kPa	土的种类	极限承载力/kPa
淤泥	100~200	软可塑状态粉质黏土	200~300
淤泥质黏性土	200~300	坚硬、硬塑状态粉质黏土	300~400

续表

土的种类	极限承载力/kPa	土的种类	极限承载力/kPa
细砂	200~400	软可塑状态黏性土	200~400
中砂	300~500	坚硬、硬塑状态黏性土	300~500
粗砂	400~600		

③ 沉井抗浮。沉井抗浮应按沉井封底和使用两阶段，分别根据实际可能出现的最高水位验算：

$$k_{fw}=G_k/B_w\geqslant 1.0 \tag{8-65}$$

式中 k_{fw}——沉井抗浮系数；

B_w——水浮托力标准值，kN。

当封底混凝土与底板间有拉结钢筋等可靠连接时，封底混凝土的自重可作为沉井抗浮重量的一部分。

④ 施工阶段的井壁竖向抗拉计算。

a. 在土质较好、下沉系数接近 1.05 时，等截面井壁的最大拉断力为：

$$N_{max}=G/4 \tag{8-66}$$

式中 G——沉井下沉时的总重量设计值，kN，自重分项系数取 1.27。

b. 在土质均匀的软土地基，沉井下沉系数较大(≥1.5)时，可不进行竖向拉断计算，但竖向配筋不应小于最小配筋率及使用阶段的设计要求。当井壁上有预留洞时，要对孔洞削弱断面进行验算。

⑤水下封底计算。水下封底混凝土的厚度根据基底的向上净反力计算确定。沉井的封底混凝土厚度，按公式(8-67)计算：

$$h_t=\sqrt{\frac{5.72M}{b\cdot f_t}}+h_u \tag{8-67}$$

式中 h_t——水下封底混凝土厚度，m；

M——每米宽度内最大弯矩的设计值，N·m；

b——设计宽度，m，取 1.0mm；

f_t——混凝土抗拉强度设计值，N/m^2；

h_u——附加厚度，m，可取 0.3mm。

封底混凝土板边缘厚度可以减薄，但应进行冲剪验算，冲剪处封底厚度在设计图中注明，计算厚度必须扣除封底的附加厚度。

⑥ 施工阶段结构计算。沉井可按空间体系进行结构分析，也可简化为平面体系进行结构分析。

在沉井下沉阶段，不带内框架的井壁结构进行内力计算时，可在垂直方向截取单位高度的井段，按水平闭合结构进行计算，对带内框架的井壁结构，则应根据框架的布置情况，按连续的平板或拱板计算。计算一般采用下列假定：

a. 在同一深度处的侧压强可按均匀分布考虑；

b. 井壁上设置竖向框架或水平框架时，若框架梁与板的刚度比不小于 4 时，框架可视为井壁的不动铰支承；

c. 刃脚根部以上高度等于该处井壁厚度 1.5 倍的一段井壁，施工阶段计算时除考虑作用在该段上的水土压力外，还应考虑由刃脚传来的水土压力载荷。

e. 不带隔墙下沉的圆形沉井在下沉过程中，井壁的水平内力按不同高度截取闭合圆环计算。假定在互成90°的两点处其土内摩擦角差值为5°~10°，内力可按下列公式计算(图8-81)：

$$\omega'=p_B/p_A-1 \tag{8-68}$$

$$N_A=p_A r_c(1+0.7854\omega') \tag{8-69}$$

$$N_B=p_A r_c(1+0.5\omega') \tag{8-70}$$

$$M_A=-0.1488p_A r_c^2\omega' \tag{8-71}$$

$$M_B=0.1366p_A r_c^2\omega' \tag{8-72}$$

式中 N_A——A 截面上的轴力，kN/m；

M_A——A 截面上的弯矩，kN·m/m，以井壁外侧受拉取负值；

N_B——B 截面上的轴力，kN·m；

M_B——B 截面上的弯矩，kN·m/m；

p_B、p_A——A、B 点井壁外侧的水平土压强，kN/m²；

r_c——沉井井壁的中心半径，m。

⑦ 刃脚计算。

a. 刃脚竖向的向外弯曲受力，按沉井开始下沉、刃脚已嵌入土中工况计算(忽略刃脚外侧水土压力，图8-82a)。

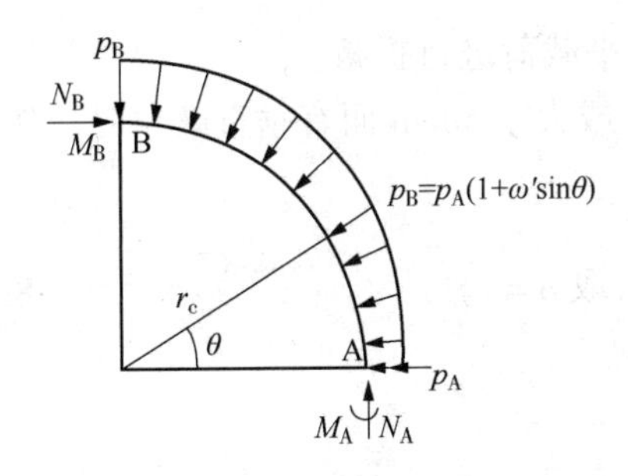

图8-81 圆形沉井井壁计算图

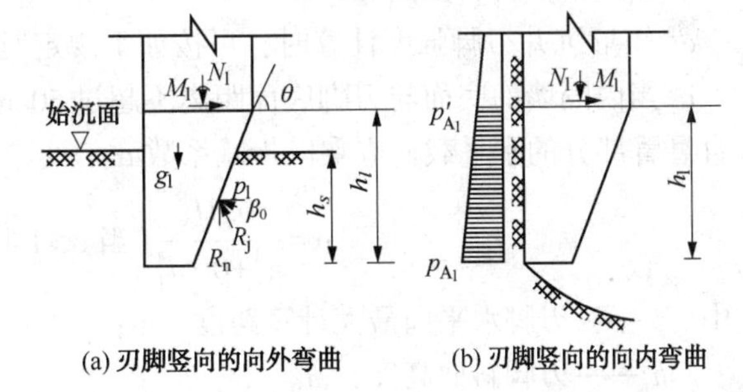

图8-82 刃脚计算简图

当沉井高度较大时，可使用分节浇筑、多次下沉的方法减小刃脚向外弯曲受力。弯曲力矩按下列公式计算：

$$M_1=p_1(h_1-h_s/3)+R_j d_1 \tag{8-73}$$

$$N_1=R_j-g_1 \tag{8-74}$$

$$P_1=\frac{R_j h_s}{h_s+2\alpha\tan\theta}\tan(\theta-\beta_0) \tag{8-75}$$

$$d_1=\frac{h_1}{2\tan\theta}-\frac{h_s}{6h_s+12\alpha\tan\theta}(3a+2b) \tag{8-76}$$

式中 N_θ——刃脚承受的环向拉力，kN；

p_1——刃脚内侧的水平推力之和，kN/m；

M_1——刃脚根部的竖向弯矩，kN·m/m；

N_1——刃脚根部的竖向轴力，kN/m；

p_1——刃脚内侧的水平推力之和，kN/m；

R_j——刃脚底端的竖向地基反力，kN/m；

h_1——刃脚的斜面高度，m；

h_s——沉井开始下沉时刃脚的入土深度，m，可按刃脚的斜面高度 h_l 计算；当 h_l > 1.0m 时，h_s 可按 1.0m 计算；

g_1——刃脚的结构自重，kN/m；

a——刃脚的底面宽度，m；

b——刃脚斜面的入土深度的水平投影宽度，m；

θ——刃脚斜面的水平夹角；

β_0——刃脚斜面与土的外摩擦角，可取等于土的内摩擦角，硬土一般可取 30°，软土一般可取 20°；

d_1——刃脚底面地基反力的合力作用点至刃脚根部截面的中心的距离，m；

b. 刃脚竖向的向内弯曲受力，按沉井已沉至设计标高、刃脚下的土已被全部掏空工况计算(图 8-82b)：

$$M_1=(2p_{A_1}+p'_{A_1})h_1^2/6 \tag{8-77}$$

式中 M_1——刃脚根部的竖向弯矩，kN · m/m；

p_{A_1}——沉井下沉到设计标高时，沉井刃脚底端处的水、土侧压强，kN/m²；

p'_{A_1}——沉井下沉到设计标高时，沉井刃脚根部处的水、土侧压强，kN/m²；

h_1——刃脚斜面高度，m。

c. 矩形沉井刃脚强度计算时，可按如下规定对水平载荷进行折减：

i. 当内隔墙的底面与刃脚底面距离不超过 50cm，或大于 50cm 而有垂直腋角时，作用于垂直悬臂部分的水平载荷应乘以折减系数 α：

$$\alpha=\frac{0.1l_1^4}{h_1^4+0.5l_1^4}(\text{当 }\alpha>1\text{ 时，取 }\alpha=1) \tag{8-78}$$

式中 l_1——刃脚水平向最大计算跨度，m；

h_1——刃脚斜面高度，m。

ii. 刃脚水平方向按水平闭合框架计算，作用于框架的水平载荷应乘以折减系数 β：

$$\beta=\frac{h_1^4}{h_1^4+0.05l_2^4} \tag{8-79}$$

式中 l_2——刃脚水平向最小计算跨度，m。

d. 圆形沉井刃脚的环向拉力，按下式计算：

$$N_\theta=p_1 \cdot r_c \tag{8-80}$$

(6) 沉井施工问题探讨

① 沉井施工时各种外力的分析。在沉井(特别是分节下沉)的设计与施工中，可根据沉井各节的下沉力及各阶段的下沉阻力，绘成沉井下沉各种外力分析图，此图对检验沉井下沉系数从而校核井墙厚度很方便。在沉井下沉施工时，亦可按图示情况，随时分析下沉系数的变化情况，以此确定相应的下沉施工措施。

② 沉井的制作方案与接高措施。

a. 沉井制作时的分节高度。沉井井墙制作的各节竖向中轴线，应与前一节中轴线重合或平行。沉井分节制作的高度，首先应保证沉井稳定性的要求，一般不应大于井宽，并有适当重量使其顺利下沉。在沉井混凝土浇筑前，应先确定沉井的制作方案。目前沉井的制作方案有三种：一次制作，一次下沉；分节制作，多次下沉；分节制作，一次下沉。因此，要根据具体施工情况进行选择。

(a) 一次制作、一次下沉方案

一般中、小型沉井，沉井高度不大，地基又很好，或者地基虽然不好，但进行人工加固后，也可以得到较大的地基承载力时，最好是采用一次制作，一次下沉的施工方案。该方案工期短、施工简单方便。但随着现代化工业的发展，各种深埋地下、水下的构筑物往往深度很大，有很多沉井高达 20~30m，因此，这时就要进行方案比较：采用分节制作、多次下沉，还是采用分节制作、一次下沉。

(b) 分节制作、多次下沉方案

即将井墙沿高度方向分为几段，每段称为一节。第一节沉井的浇制高度一般约 6~10m，先在地面上进行浇制，待第一节混凝土达到设计强度的 100%后，然后挖除井内土体使沉井下沉。在井墙顶面露出地面尚余 1~2m 时，应停止下沉，再继续浇制沉井第二节井墙混凝土，但其混凝土强度只需达到设计强度的 70%，即可挖土继续下沉。如此，制作一节，下沉一节，依此循环进行。该方案的优点为：沉井分段高度小，重量较小，对地基要求不高，施工操作方便；其缺点为：不仅工序多、工期长，而且沉井在下沉过程中要浇制接高井壁，易产生倾斜和突然下沉而造成质量事故。

(c) 分节制作、一次下沉方案

分节制作、一次下沉的特点是在沉井下沉处分节制作井墙，待沉井全高浇筑完毕，各节达到所要求的强度后，连续不断挖土下沉，直到设计标高。我国目前采用分节制作、一次下沉的沉井，全高已达 30m 以上。其优点为：沉井浇筑混凝土的脚手架、模板等不必每段拆除，可连续接高至沉井顶部全高，而且避免了沉井下沉设备(如水力机械等)的多次拆除安装，因此，大大缩短了工期；可消除多工种交叉作业施工现场拥挤混乱情况，工种交接比较清楚，沉井制作完成后，木工、钢筋、混凝土、架子工等工种可撤离现场，改由下沉工进行沉井下沉工作；有利于推广滑动模板施工，因为一次制作到井墙顶面，可大大节约滑模及千斤顶的安装和拆除时间；缺点：因沉井自重大，对地基承载力要求较高，而且高空作业多，需要大型起重设备，对高空安全工作应特别注意。

b. 沉井接高时的稳定措施。当沉井井墙接高时，如果下沉稳定系数大于 1，应验算地基稳定性，为此常采用井内灌水或填砂等临时措施，以提高地基的承载力，如图 8-83 所示。此时，地基土的承载力计算，可取 $0.8Q_u$(Q_u 为土的极限承载力)，而不应取土的容许承载力。但土的极限承载力计算公式较多，现举一式以便计算时参考。此公式的特点是推导过程简单，而且容易理解，但是不够精确。虽然现在已有了更新更好的理论，但在工程实践中此公式却仍较多采用。其计算简图，如图 8-84 所示。

$$Q_u=\gamma_1 \cdot h \cdot k_1^2+\gamma \cdot b \cdot \sqrt{k}(k^2-1)/2+2c \cdot \sqrt{k}(k+1) \tag{8-81}$$

式中 γ_1——井内回填砂或土的重度，kN/m^3；

h——井内刃脚踏面以上砂或土的高度，m；

k_1——为$\tan^2(45°+\varphi_1/2)$，其中 φ_1 为回填砂或土的内摩擦角(°)；

γ——原地基土的重度，kN/m^3；

b——井墙厚度，m；

k——为$\tan^2(45°+\varphi/2)$，其中 φ 为原地基土的内摩擦角(°)；

c——原地基土的黏聚力，kN/m^2。

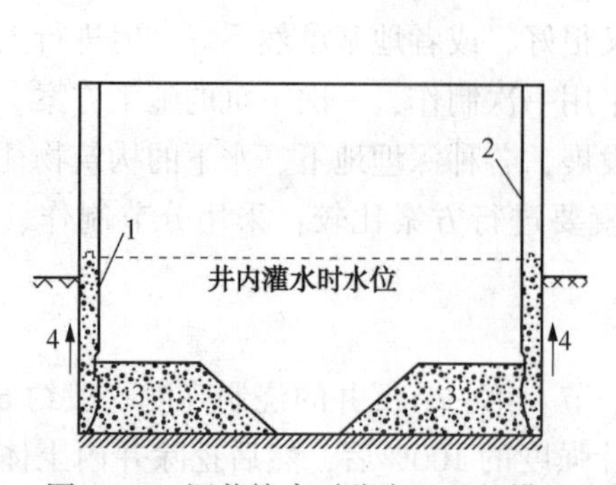

图 8-83 沉井接高时稳定地基的措施
1—井壁已浇段；2—井壁未浇段；3—回填砂；4—摩阻力

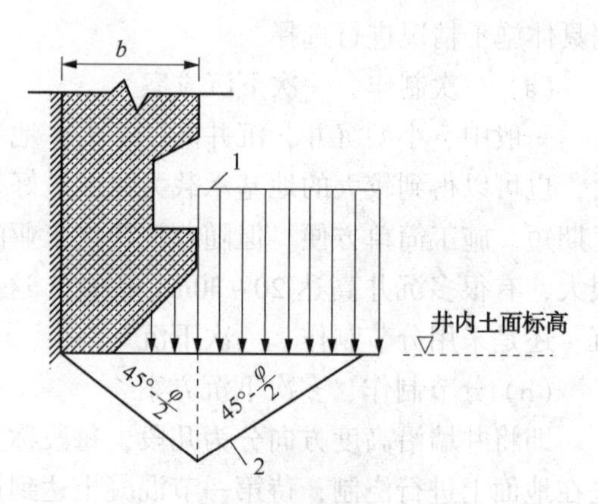

图 8-84 土体破坏的滑动面
1—回填砂土载荷；2—滑移面

③ 触变泥浆在沉井工程中的应用。触变泥浆润滑套是近代沉井施工中的一种下沉辅助措施，使用触变泥浆润滑套下沉沉井的方法是：在沉井外墙周围与土壁之间设置触变泥浆隔离层，以减少土与井墙之间的摩擦阻力，保证沉井顺利下沉并能减轻沉井结构自重，节省建筑材料，使沉井获得结构设计上理想的经济效果。关于触变泥浆隔离层的厚度，一般采用15~20cm 为宜。隔离层过厚，则泥浆消耗量大，沉井容易倾斜造成偏差；隔离层太窄，则泥浆置换有困难。

a. 触变泥浆的特性：沉井在挖土下沉过程中，因破坏了土体原状构造，使土体失去原来的自然平衡状态。触变泥浆压入隔离层内后，产生液柱压力，支撑和泥化土壁，稳定和平衡地层压力的性能，称为固壁性。触变泥浆静置时为凝胶状态，足以防止土体坍塌，搅拌和触动后又恢复其流动性，便于泥浆生产和压送，即所谓“静则冻，动则流”的性能，称为触变性。触变泥浆在长期静置时，应不发生聚沉和离析，在沉井下沉通过不同地层时，不致发生过多的失水或为地下水所稀释的性能，称为胶体稳定性。

b. 触变泥浆的指标：触变泥浆的物理力学指标，根据沉井下沉通过的不同土层，可参照表 8-21 选用。

表 8-21 触变泥浆的物理力学指标指标

指标		土层			
		砂	砾石、卵石	粉质黏土	黏土
相对密度		1.20~1.25	1.10~1.15	1.10~1.20	1.10~1.15
失水量/(mL/30min)		12~15	10~12	15~20	12~15
泥皮/mm		2~4	1	2~3	2~5
黏度/s		25~35	40~50	22~30	20~25
静切力/(N/m²)	1min	3~6	7.5~15	3~5	2~4
	10min	6~8	15~20	5~8	4~8
胶体率/%		99~97	100~98	100~98	98~97
稳定性/(g/cm³)		0.01~0.02	0.01~0.02	0.0~0.03	0.02~0.03
pH 值		≥8	≥8	≥8	≥8
含砂率/%		≤4	≤1~2	≤3	≤4

c. 对触变泥浆的认识。采用触变泥浆后，下沉时发生的剪切面是在隔离层的泥浆内，但存在于隔离层内的极限摩阻力也就是隔离层内泥浆的静切力值。这个数值在施工过程中与实验室的数据将有所不同，但根据在现场深层取样分析，靠近土壁的泥浆，由于泥浆失水，相对密度有所增加(d_s=1.13~1.16)时，静切力值约为1000~2000μN/cm²(即10~20N/m²)，约为上海地区井壁与土之间摩擦阻力的1%。但考虑到在施工中可能发生泥浆漏失和土体塌方等因素，故目前推荐采用触变泥浆助沉时，摩擦阻力可取3~5kN/m²。下面列举两个施工实例：

实例一　某试验沉井外径为6.28m、内径为5.40m、高度为7.00m、下沉深度为6.83m，沉井壁厚仅12cm，台阶以下壁厚24cm，台阶高度为80cm，如图8-85所示。

对下沉情况的分析：沉井自重490kN，台阶以上泥浆自重为157kN，台阶部分摩阻力为282kN(单位摩阻力取18kN/m²)，台阶以上摩阻力为344kN(单位摩阻力取3kN/m²)，在不计刃脚反力的情况下，沉井下沉系数仅等于1.03。从实际下沉情况来看，在较软土层中刃脚并不需要掏空，沉井即能顺利下沉，因此说明触变泥浆摩擦阻力远小于3kN/m²。

实例二　某煤矿沉井内径为8m、台阶高度为5.3m、台阶以下井墙厚90cm、沉井外径为9.8m、台阶以上井墙厚60cm、沉井外径为9.2m、实际下沉深度为80.2m，台阶以上并压入触变泥浆，如图8-86所示。从沉井下沉情况分析：沉井自重(扣除浮力)为22600kN，如不采用触变泥浆助沉，则井壁的摩擦阻力约为90000kN(摩阻力平均按40kN/m²计算)，该沉井的下沉系数仅0.25，根本也不可能下沉至80m。

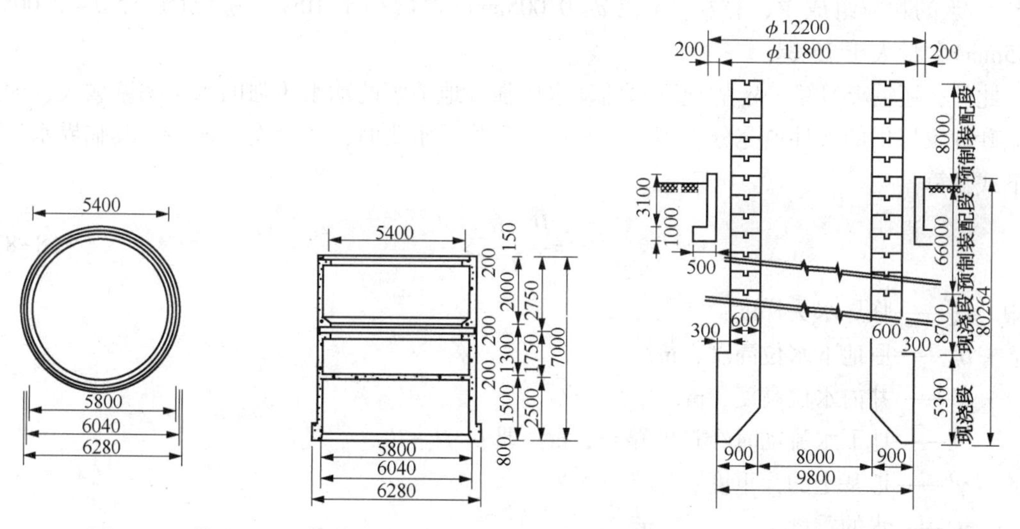

图8-85　某试验沉井构造图(单位：mm)　　图8-86　某煤矿沉井剖面图(单位：mm)

总之，触变泥浆在沉井工程中的作用，使井墙与土壁之间的摩擦阻力大为减小，因此，使沉井可以下沉到很大的深度，为我国地下建筑和深基础施工开辟了一条新途径。但有些问题，如泥浆的漏失和置换等，还有待进一步研究与改进。

d. 流砂问题及处理。在粉细砂层中下沉沉井，经常会遇到流砂现象，对施工影响很大，有时因设计和施工单位事先未采取适当的措施，结果在下沉过程中造成沉井严重倾斜。如图8-87所示，该沉井长28.1m、深9.73m，外井壁厚0.8m。其中有三道隔墙共分四仓，为一重2000t的椭圆形结构。当沉井下沉3m深度以后已到流砂层，由于地下水量不大，亦未采

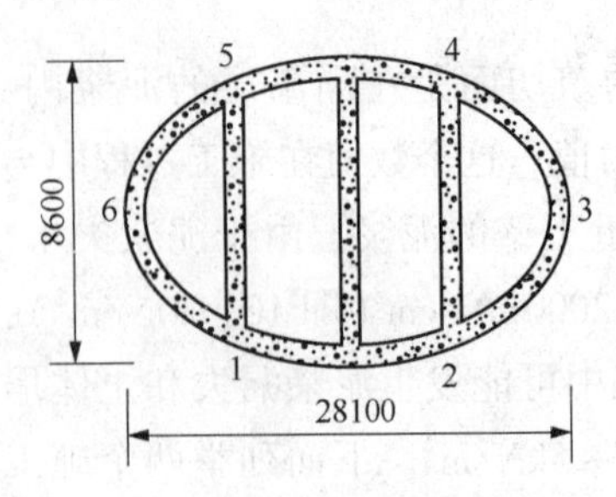

图 8-87　某沉井平面示意图

取井点降水。由于措施不当，沉井产生了倾斜，后经多次纠偏均未达到目的。最后造成沉井大量超沉：最大超沉量(6 点)为 2. 862m；最小超沉量(3 点)为 1. 635m；最大高差(3 点与 6 点)为 1. 227m。

某些沉井虽未产生严重倾斜，但由于井内大量抽水，流砂将随地下水大量流入井内。然后，井内的涌砂量由井外的砂土来补充，一般在出现流砂现象以后，井内土面将始终保持在一定高度，随挖随涌，而井外地面却出现大量坍塌现象。如某沉井下沉深度约 30m，而井外坍塌范围却达 70m 以上，大大超过了上述土坡稳定计算。

(a) 产生流砂的条件

为了沉井顺利下沉，需了解在什么情况下产生流砂现象。首先应根据土的物理力学特性指标判别。产生流砂条件如下：

a) 在地下水位以下的土层，如砂质粉土或粉、细砂层的厚度大于 25cm 以上者；

b) 颗粒级配中不均匀系数 $K_u = d_{60}/d_{10}$时(d_{60}相当于粒度成分累积曲线上 60%含量的直径；d10 相当于同一曲线 10%含量的直径)；

c) 含水量>30%~40%；

d) 土的孔隙率>43%；

e) 土的颗粒组成中，黏粒(粒径 $d<0.005$mm)含量小于 10%，粉粒(粒径 $d=0.005\sim0.05$mm)含量大于 75%。

此外，还需要具备一定的地下水的动水压强。地下水的动水压强的水头梯度愈大，为产生流砂现象提供的条件愈充分，当水头梯度达到临界水头时，才会发生涌砂。其临界水头可按下式计算：

$$I_{kp} = \frac{H_1 - H_2}{L} > \frac{\gamma'}{\gamma_w} \tag{8-82}$$

式中 I_{kp}——临界水头梯度；

H_1——原地下水位高度，m；

H_2——井内水位高度，m；

L——地下水流动时经过的路程，m，即 $L=H_1+H_2$；

γ'——地基土的浮重度；

γ_w——水的重度。

(b) 防止发生流砂现象的措施。稳定土层，通常采用的措施是改变水头梯度的大小或方向。

减小水头梯度，改变 $I_{kp} > \frac{\gamma'}{\gamma_w}$的条件，从而稳定土层。具体做法是沉井排水下沉时，如发生流砂现象应向井内灌水，使 $I_{kp} = \frac{H_1 - H_2}{L}$中的 H_2 增加，L 加长，达到减小水头梯度的目的，破坏产生流砂现象的条件。

在井内灌水后，可采用水下挖土(即用吊车水中抓土或水下空气吸泥等方法)。改变水头梯度的方向使土层稳定。当动水压强向上，对土就产生浮托力，使土颗粒处于悬浮状态，土就容易失去稳定，在井内抽水时砂就会随水流入井内；如设法创造条件使地下水位下降，土颗粒就不再处于悬浮状态，可防止产生流砂现象。根据目前的经验可采用喷射井点，降水深度可达20m左右。如采用深井和深井泵降水，还可争取达到更大的降水深度。

⑤ 连续沉井的施工方法。当构筑物的长度较长时，可将一个大沉井分成数段或将一些单独沉井连接起来，形成一条通道或连续基础，这样就产生了沉井之间的接缝处理。相邻两沉井间的连接方法和预留的接缝间距，还与沉井下沉的倾斜角及接头处的清渣量有关，应根据具体情况确定。

a. 沉井的下沉次序。见图8-88。连续沉井下沉时，要保持土压力的均衡对称。如图8-89所示，为一排单独沉井，假设沉井①已经下沉，当沉井②下沉时，由于间距很近，沉井②两侧所受的土压强必然相差很大，使井身难以保持垂直，而且沉井的平面位移也比较大。例如，某沉井三面承受土压强，下沉仅9m，平面位移就达到1m左右；另一个沉井同样三面承受土压强，下沉仅8m，平面位移亦达到50cm。三面承受土压强沉井的平面位移，除与沉井的下沉深度有关外，还与沉井下沉地点土的物理特性指标和沉井的倾斜有关。所以，连续沉井可采用间隔下沉的方法，即先下沉沉井①和③，然后再下沉沉井②，其优点为：沉井所承受的土压强和载荷对称，下沉过程中沉井倾斜的可能性小，且便于纠偏，因此，沉井的平面位移也小；沉井间隔下沉，施工场地间隙大，便于材料堆放和大型机械行走，减少沉井下沉和浇筑混凝土的相互干扰；沉井受力对称，结构计算方便。

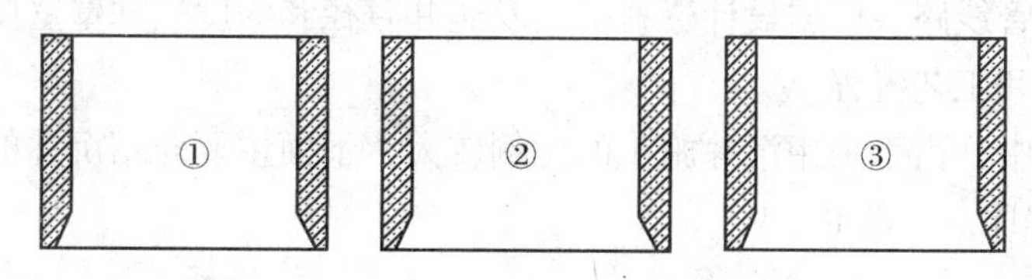

图8-88　连续沉井的下沉次序

b. 沉井的形式。连续沉井可分为圆形和矩形两种。这里介绍圆形连续沉井。

法国敦克尔克市（DUNKERGUE）的矿业码头采用连续沉井修建，圆形沉井的直径为19m，相邻沉井在直径的端部（即切点处）略作伸长，如图8-89所示，组成一个直径为60cm的直井。当沉井下沉到设计标高以后，用锤式抓斗清除直井内的泥土，并同时向井内灌入触变泥浆，防止流砂挤入，接缝直井内泥土清除完毕后，再用导管法向触变泥浆内灌水下混凝土，填满直井井筒。

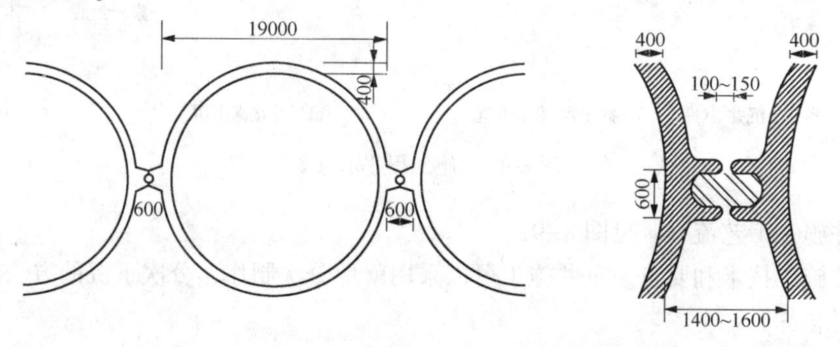

图8-89　敦克尔克港码头的连续沉井（单位：mm）

哈佛港(Havre)某码头采用直径 11m 的圆形连续沉井建造，接缝宽度为 1.5m，接缝由两个钢筋混凝土桩组成，如图 8-90 所示。桩体外部预留两个空槽，以形成一个直径为 70cm 的中孔和两个断面为 20cm×40cm 的侧孔。利用空气吸泥机清除这些孔道中泥土，中孔用导管法浇筑水下混凝土进行回填，两侧孔用装在塑料袋中的混凝土填充。

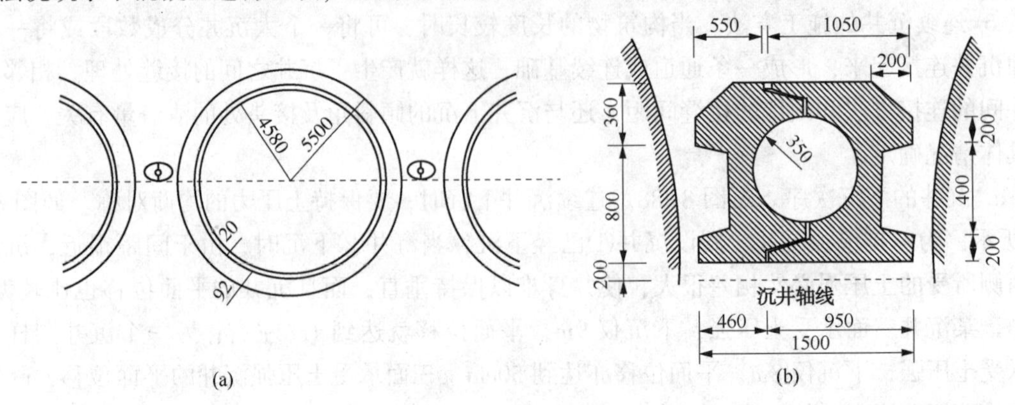

图 8-90 哈佛港码头的圆形连续沉井(单位：mm)

2. 始发竖井施工

(1) 工程资料收集

收集穿越隧道所在的地质资料，如各土层的土质、土壤性质、厚度、渗透系数等，地表及地下无障碍物和管线路。依据设计资料确定发送井直径和深度、井壁壁厚及材质等。

(2) 施工程序和工艺流程

在竖井的施工中，由于采用沉井施工的比例较大，下面主要介绍沉井的施工。

① 沉井施工程序。见图 8-91。

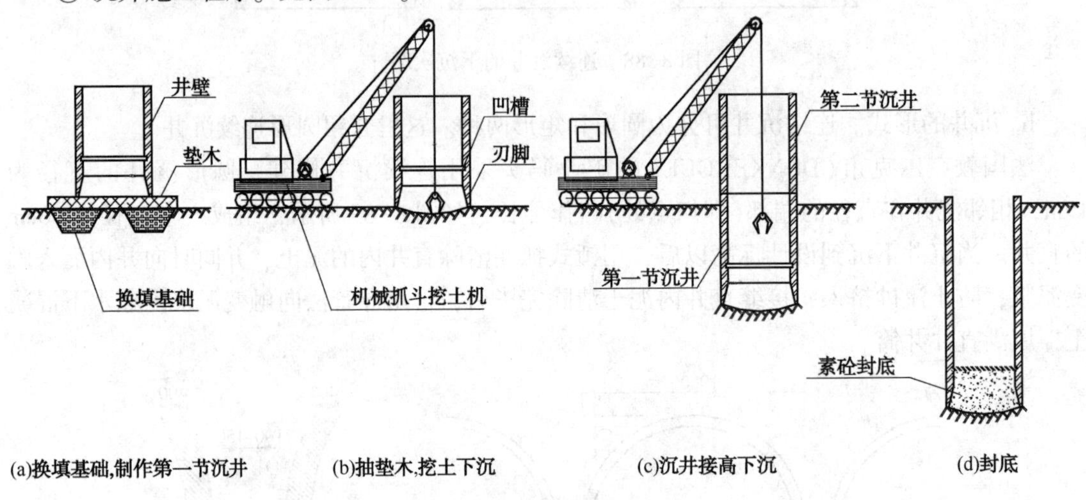

图 8-91 施工程序示意图

② 沉井施工工艺流程。见图 8-92。

③ 沉井施工技术和要点。沉井施工可以采用就地分次制作、分次下沉的方法施工。

a. 施工准备

(a) 平整场地，井孔定位。根据设计文件和控制测量资料进行测量控制，设置沉井平面布置测量控制网，抄平放线，精确测设出井孔位置，并布置平面、高程控制桩点和沉降观测点，对井位及其施工情况可随时进行监控，确保沉井严格按设计施工。井孔定位测量数据报监理工程师批准后，清除井孔周围现场内的孤石、杂草、树根、淤泥及其他杂物，将场地整平。修建排水系统，做好消防设施。

(b) 施工设备、机具准备。

各种施工设备及机具有序进场，并按要求就位，确保工作状态良好。

(c) 水、电供应。施工用水、用电按要求接到施工现场。

(d) 材料供应。砂、碎石、水泥、钢筋、木材等主要材料按生产需要存(堆)放于施工现场，各项材料存储方便施工，满足储量要求。

b. 刃脚垫层

根据现场的地质情况，表层土为粉质黏土，承载力低，需对井孔周围表层软土进行土体置换和夯实处理。刃脚垫层采用砂垫层加承垫木。

(a)换填挖基尺寸

挖基深度：根据既有的地质资料，确定换填深度，施工时根据实际地质情况进行计算调整。

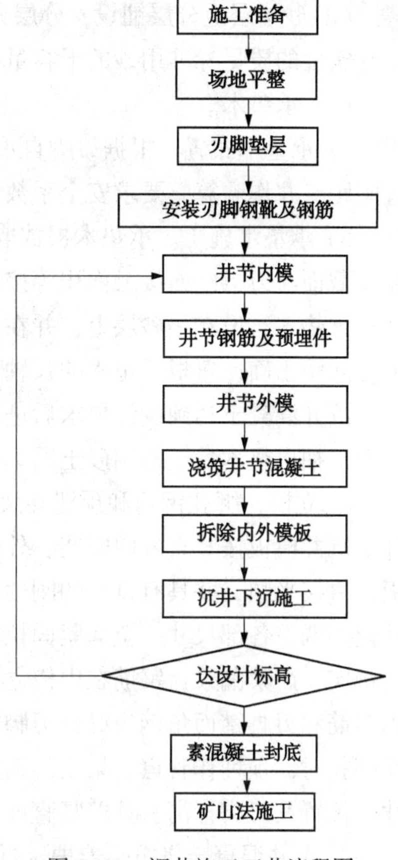

图 8-92　沉井施工工艺流程图

挖基坡度：1∶1。

基坑底平面尺寸：为便于换填的受力扩散，基坑底尺寸如图 8-93 所示。

(b) 基坑开挖。采用反铲挖掘机挖装，自卸汽车运输，人工修整边坡和基底。

(c)砂垫层(见图 8-94)分布刃脚中心线两侧范围内，其厚度和宽度除按计算外，还应考虑抽承垫木的施工，总厚度不宜小于 60cm。

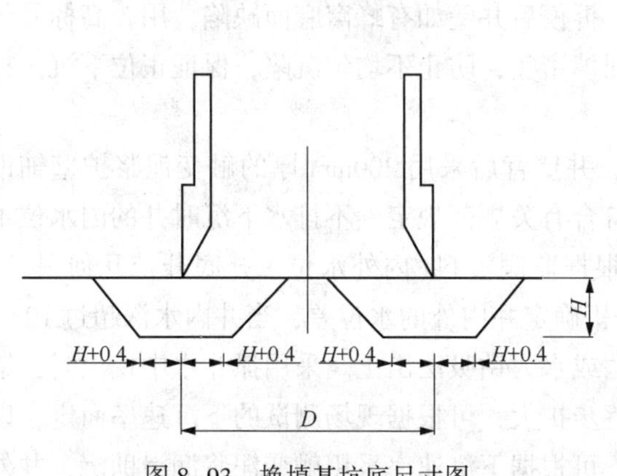

图 8-93　换填基坑底尺寸图

D—套井刃脚外径；*H*—换填深度

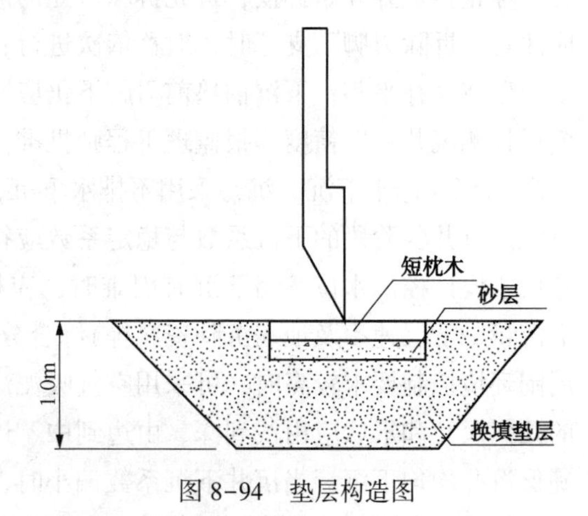

图 8-94　垫层构造图

(d)砂垫层应分层铺设，分层夯实，采用平板式振捣器时，分层厚度取 20~25cm，砂垫层密实度的质量标准用砂的干容量控制，中粗砂取 15.6~16kN/m^3，粗砂可适当提高。

(e) 承垫木。

a) 承垫木布置。根据刃脚自重、承垫木实际尺寸和砂垫层实际承载力确定承垫木的布置间距，并作验算，要求安全系数大于 1.1。

b) 承垫木施工。承垫木根数取决于沉井第一次浇筑重量和垫层的承载力，承垫木的根数、截面与刃脚踏面接触面积等按计算定，基底载荷可按 20kN/m^2计算。

承垫木布设在垫砂层上，并在承垫木间用砂填充，垫木的铺设使刃脚踏面在同一水平面上，间距正确，每根承垫木的长轴中心和刃脚踏面的中线相重合。

沉井混凝土达到设计要求后进行承垫木的抽出，抽出时必须分区、依次、对称、同步地进行，抽出垫木后随即用砂土回填捣实；定位支承处垫木最后同时抽出。

c. 立模、绑扎钢筋和预埋支架。沉井立模和绑扎钢筋前，必须先搭好脚手架及平台栏杆。沉井模板按竖直方向安装，外侧应尽量平滑，以利下沉，外侧模板的板面刨光或贴 PE 板，拼接平顺，并具有良好的刚性。施工顺序为：井孔内模→绑扎钢筋→预埋件安装→井孔外模→调整各部尺寸→全面紧固拉杆、拉箍、支撑等。模板与刃脚相接处凹凸不平的空隙填塞密实，严禁漏浆；钢筋在内模立好后而外模尚未安装时进行安装、绑扎或焊接，事先将锚固钢筋和刃脚踏面角钢焊好，刃脚钢筋应在立外模前就位；输气管道采用钢支架固定，在钢筋绑扎时，预埋作管道支架用的钢筋和钢板。沉井模板、钢筋、预埋件安设好后，复核其尺寸、位置及刃脚标高、井壁竖直度后，进行混凝土浇筑施工。

d. 沉井混凝土浇筑、养护及拆模。浇筑沉井混凝土前，应搭设浇筑平台，并在平台周围设置栏杆，安装梯子及扶手。

混凝土浇筑沿着井壁四周对称进行，避免混凝土面高低相差悬殊、压强不均而产生基底或沉井不均匀沉降，沉井混凝土分层、均匀浇筑，一次连续灌完，振捣混凝土时，振捣器禁止接触模板，不得扰动预埋件，混凝土浇筑层厚不超过规范规定；混凝土浇筑完 2h 后，即进行遮盖浇水养护，防止烈日直接暴晒，养护时细水匀浇，混凝土强度达到设计强度 70% 方可停止养护并开始拆模，首先拆除直立的侧面模板，然后拆除刃脚斜面支撑及模板。拆模应注意：拆除刃脚下支撑时，对称依次进行；拆模后井壁如有蜂窝麻面缺陷，用较高标号的水泥砂浆修补平整；下沉抽垫前刃脚下仍应回填密实，防止不均匀沉陷，保证正位下沉。拆模后检测沉井井壁精度，报监理工程师批准。

e. 沉井挖土下沉。沉井采用不排水下沉，井壁背后采用 200mm 厚的触变泥浆护壁辅助下沉。沉井各阶段的下沉系数与稳定系数应符合有关规范规定。不排水下沉时井的内水位不宜低于设计控制水位，当下沉有困难时，应根据监测资料(内外水位、井底开挖几何尺寸、下沉量、下沉速率及地表沉降资料等)综合分析确定井内外的水位差，当井内水深超过 10m、周围环境控制要求较高时，可采用空气吸泥法或水力钻吸法出土。采用抓斗水中挖土时，锅的几何尺寸和形状应由浅到深、由边到中、逐步扩大，可根据现场测试的下沉速率而定，以确保沉井均匀下沉，当沉井下沉系数偏小时，可根据下沉速率采用触变泥浆润滑助沉，井外壁应做成台阶形的泥浆槽，泥浆管应竖埋于井壁内，输浆要及时，防止堵塞，泥浆槽内的液面应接近沉井基坑面。沉井下沉通过挖除井孔内土，清除刃脚正面阻力，依靠沉井自重下沉。沉井下沉时，加强监控量测，以防止涌砂、流砂等现象的发生。

底节混凝土达到设计强度的70%后，开始挖除井内土体使沉井下沉。挖土采用机械抓斗挖土机，局部配合人工挖土处理，以防止沉井下沉中遇到的意外情况。初始开挖时，除土从中间开始，再逐步向四周均匀、对称扩挖。下沉中随时监测沉井倾斜和位移，防止沉井在下沉中产生较大倾斜和位移，并根据土质、沉井入土深度控制井孔内除土深度，保证沉井均匀下沉，防止偏斜。

f. 沉井接高及下沉。沉井每次下沉的总高度不应超过沉井短边或沉井直径的长度，也不宜超过2m。

准备浇筑次节混凝土，前节必须对刃脚地基承载力进行验算，并采取必要的确保地基稳定的措施和及时作好纠偏工作，在下沉偏差允许范围内进行接高。接高时各节的竖向中轴线与底节重合。立模时模板与支撑和底节相同，但支撑不直接支撑于地面上，而且在下沉过程中模板支撑不接触地面；浇筑混凝土前在施工缝处设接缝槽，将前节顶面凿毛并用水冲洗干净以增加各节混凝土间的结合，同时作好防水处理。此外在每节混凝土浇筑完成时，以连接钢筋半埋于混凝土中，作为节间连接，保证节间连接良好。沉井接高时，混凝土按与底节相同的方法进行养护，混凝土强度达到设计强度的70%后继续挖土下沉，下沉过程中随时监测和纠偏。井内有精度要求较高的内部结构阀门槽时，应在沉井封底后再做，阀门槽上下必须垂直。

g. 素混凝土封底。沉井下沉至设计位置后，复测就位后的标高，报监理工程师批准后进行封底作业。分层、对称挖除刃脚下土体，并于刃脚底部安设沉井止沉轨防止超量下沉，止沉轨为22kg/m轻轨，止沉轨横向插入岩层的深度不小于井壁厚度1.5倍，出露端埋于井筒壁座内并不得侵入井孔内。止沉轨安设完毕后按设计施作素混凝土封底，封底时，用编织物等封住沉井刃脚下的出水后进行素混凝土浇筑，沉井中央积水坑最后在静水中封堵。

④ 沉井分节。根据发送井沉井长度要求，分成若干节制作下沉，每节长度4.5~5.0m。如果设计要求剩余竖井采用矿山法施工，就需要待封底混凝土达到设计强度后，抽排井内水，细骨料膨胀混凝土换填沉井背后触变泥浆，注浆加固井底土体，加固土体达设计强度后，破除封底混凝土，采用矿山法施工竖井余下部分：

a. 采用矿山法施工，光面爆破，震动波速不大于3cm/s，加速度不大于0.05g。开挖长度要能保证掌子面的稳定，开挖应遵循“短进尺、多循环”的原则，开挖面应尽可能一次封闭成环，以保持掌子面的稳定，周边经人工修整后形成不小于设计要求直径的断面。

b. 初期支护由锚、网、钢架和湿喷混凝土组成。喷射湿混凝土厚25cm，循环开挖支护至井底。

c. 临时提升。弃土装入吊桶，用多临时提升架提升至地面倒入手推车运到临时弃渣场。

d. 井位控制

孔位轴线采取在地面设十字控制网、基准点控制。应将井孔控制轴线和高程引到第一段护壁上，每段以十字线对中，吊大垂球作中心控制，用尺杆找出圆周，以基准点测量孔深，以保证桩孔垂直度和几何尺寸的正确。

e. 通风、排水和照明。

通风：开挖过程中要经常检查有害气体浓度，超过规定标准就要进行通风，通风采用压缩空气，用软管通入孔底，以保证孔底作业面空气新鲜。

排水：孔内渗水量较小时，采用随挖随用吊桶将泥水一起吊出的方法排水；当孔内渗水量较大时，在孔中心挖集水坑，用潜水泵将水抽至地面沉淀池内。

照明：孔内采用36V/100W低压防水带罩灯泡照明。

f. 井位检查。开挖达到设计深度后，应对井位、井深、井身垂直度进行检查，并填写挖记录表。

g. 衬砌。当安全孔开挖支护到井底后，自下而上分段立模，浇筑40cm厚的素混凝土。模板采用钢模拼组而成，每次浇筑高度2m。在井底按设计施工混凝土封底和井底水窝。

(3) 沉井施工质量控制和质量标准

① 质量控制：

a. 沉井标高控制。沉井位置标高的控制，是在沉井外部地面及井壁顶部四面设置纵横十字中心控制线、水准基点，以控制位置和标高。

b. 沉井垂直度控制。在井筒外一对垂直直径端点处画出4条垂直轴线，挖土时，随时观察垂直度，当轴线垂偏离垂直方向达50mm或四面标高不一致时，进行纠正。

c. 沉井下沉控制。在沉井外壁两侧画出标尺，用水准仪观测沉降。沉井下沉过程中，加强位置、垂直度和标高的观测，并做好记录，使偏差控制在容许范围之内。

② 质量标准：

a. 沉井制作尺寸容许偏差。井筒尺寸：±0.5%，最大不超过10cm；井壁厚不超过±1.5cm；每节沉井平面尺寸不应大于刃脚处平面尺寸，井壁表面做到不向外凸出或向外倾斜。

b. 沉井清基后位置容许偏差。沉井底面平均高程应符合设计要求；最大倾斜度不得大于沉井高度的1%；沉井顶、底面中心与设计中心在平面纵横向的位移(包括因倾斜而产生的位移)均不大于沉井高度的1%。

c. 沉井下沉完毕后的容许偏差。刃脚底面平均标高与设计标高的偏差不超过100mm；刃脚平面中心的水平位移不超过总深度的1%；沉井任何直径上的两端点间的刃脚底面高差，不超过沉井直径的1%。

(4) 沉井施工主要技术措施

① 施工测量

a. 在河流两岸设立导线或三角网观测基线；在井孔周围建立沉井下沉观测基准面。

b. 沉井在现场浇筑后，在其内外侧标定出通过沉井中心线的十字交叉垂线，便于下沉深度计量和对位工作。

c. 细化沉井施工各项测量工作，主要测量项目有：沉井顶面中心测量、偏斜测量、刃脚位移测量、刃脚标高测量、接高测量、下沉深度测量。

d. 按要求及时、清楚填写沉井下沉施工记录。

② 减少沉井对四周土体破坏的措施：

a. 增大沉井的下沉系数，土质较软时，可使沉井刃脚埋入土中1.5~3.0m，形成一个沿刃脚四周的土堤，以阻碍土体从井外向井内涌入，这样对稳定井外的土体有利。

b. 在沉井四周如坍陷较严重时，应及时进行回填。特别对四周不均匀坍陷更要注意，以免由于沉井四周土压强不均匀，而引起沉井发生过大的倾斜。

（5）沉井施工常见问题的预防及处理措施

① 沉井下沉偏斜预防措施。

a. 隔开、平均、对称的拆除垫木，及时用砂回填夯实；井内除土必须从中间开始，均匀对称地逐步向刃脚处分层取土。

b. 下沉时应根据土质情况控制井内除土深度。

c. 下沉中应随时掌握土层变化情况，分析和检验土壤阻力与沉井重量的关系，选用适宜的除土下沉方法，控制其除土部位及除土量，使沉井均匀平稳地下沉。严格控制刃脚下除土量，刃脚处应适当留有土台，不宜挖通。

d. 沉井下沉中，加强观测和资料分析，经常做好土面标高、下沉量、倾斜和位移测量工作。

e. 弃土尽量远弃，防止弃土堆在沉井一侧，造成偏土压使沉井偏斜。

f. 当每节沉井下沉接近至预定标高时，应注意调平沉井，准备接高。此时应注意除土部位及深度，防止沉井下沉量过大或产生较大偏斜。

g. 沉井下沉至设计标高以上 2m 前，应控制井内除土量，注意调平沉井，防止因除土量过大及除土不均，使沉井下沉及产生较大偏斜。

② 沉井下沉严重倾斜的处理措施。

a. 偏挖土纠偏法：纠正偏斜时，在刃脚较高一侧挖土，在刃脚较低少挖、不挖或一侧加撑支垫(轨枕或方木)，随着沉井下沉而纠正。

b. 井顶施加水平力，刃脚底低的一侧加设支垫纠偏法：在井顶偏低侧支撑与井壁成 30°夹角圆木，并在偏高侧向井顶施以水平拉力，从而使沉井在逐渐下沉中纠偏。

c. 井顶施加水平力，井外射水，井内偏除土纠偏法：在沉井偏高一侧施以水平力，并在井内靠偏高一侧偏除土，同时在其外部冲射高压水，从而纠正偏差。

e. 增偏土压纠偏法：在沉井偏斜的一侧适当回填砂石，使该侧土压强较另一侧为大，纠正沉井偏斜。

f. 洞门所处沉井节段下沉倾斜处理：盾构始发时，洞门处沉井曲壁需填充混凝土处理，但这会造成沉井中心偏移，对下沉不利。这节沉井下沉时，在沉井井节填充混凝土对面加重载，使沉井重心位于沉井中心线上。

③ 沉井偏移的处理措施。加强测量检查复核工作；控制沉井不再向偏移方向倾斜；有意使沉井向偏位相反的方向倾斜，当恢复到正确位置后，再把倾斜纠正。

④ 沉井急速下沉的预防及处理措施。沉井下沉如遇软弱土层，土体耐压强度小，下沉速度会急速加快，可用木垛在定位架处予以支承，并重新调整挖土；或在刃脚处不挖或少挖土；在沉井外壁与土壁间填粗糙材料，或将井筒外部的土体夯实，增加摩阻力；如沉井外部的土液化发生虚坑时，填碎石进行处理。

⑤ 沉井下沉很慢或停沉的处理措施。检查是否有障碍物，如果有则清除障碍物；挖除刃脚下的土；浇灌混凝土增加自重或在井顶加荷；如此时地下水位较浅，井内渗水量很大，可在井筒周围 1m 范围内设降水井若干，采用井点降水降低水位以利沉井下沉。

⑥ 下沉遇流砂的预防及处理措施。变排水下沉为不排水下沉，保持井内水位高于井外

水位，井内水位高于井外水位控制在1.0~2m；挖土避免在刃脚下掏挖，中间挖土也应避免挖成“锅底”状。

⑦ 沉井下沉超量的预防处理措施。为了确保沉井下沉到设计位置后不再下沉(防止下沉超量，同时确保洞门预埋件标高准确)，当沉井下沉至设计标高以上1.5~2.0m的终沉阶段时，加大监测频率，控制沉降速率。待8h的累计下沉量不大于8mm时，沉井趋于稳定，复测标高后方可进行封底。同时，注意监测点和测量点的复核。

(6) 施工监测

盾构发送井施工采用沉井法，沉井施工监测项目见表8-22。

表8-22　井施工监测项目表

序号	监测项目	监测目的	监测仪器	备　注
1	沉井下沉速率及标高	控制适合于地层的沉井下沉速率和沉井下沉标高	水准仪、秒表	井外布设水准基点、下沉控制点
2	沉井倾斜(垂直度)	控制沉井下沉方向，减少偏位	经纬仪	井壁画垂直轴线
3	沉井四周土层下沉	观测沉井四周土体位移，控制沉井下沉对周边环境及建筑物的影响	水准仪	沉井外影响范围内布设沉降观测点
4	沉井偏移	控制沉井下沉水平位置准确达到设计位置	经纬仪、钢卷尺	井外布设中心线控制点
5	沉井内外水位监测	防止井内流砂及涌水、突泥	钢卷尺	井外布设水位监测井

(7) 沉井施工质量保证措施

① 建立完善、可靠的质量保证体系和切实可行的质量保证措施。

② 施工前做好施工准备，制定详细的质量计划和施工作业指导书，并报业主、监理和公司上级主管部门审批。

③ 加强测量复核工作，确保沉井中线、标高位置正确，几何尺寸符合精度要求。

④ 制定详细的施工监测计划，经常复核测量控制点和监测点位置，确保沉井施工精度和施工、周边环境安全。

⑤ 特殊施工过程如焊接等，施工前检查资源配置是否满足施工要求，确保施工过程能力。

⑥ 隐蔽工程必须经监理工程师检查签认后方可进行下一道工序的施工。

⑦ 严格按ISO 9000标准进行进货检验和试验、工程检验和试验。

⑧ 沉井防排水严把质量关，确保符合设计要求。

五、钻爆法

钻爆法是指在河床底下通过人工钻孔、爆破掘进、模筑混凝土等一系列工序暗挖隧道实现管道穿越的方法。与其他隧道穿越方法相比，该方法不需要使用专门的盾构机或顶管机等复杂且价格较高的设备，能够形成较大直径、多条管道通过的隧道，工程质量易于控制。但是，相比较来说，钻爆法施工工期长，穿越地层必须是岩石层，隧道往往位于河床以下的较高深度，造成了管道施工和运行的复杂性和艰巨性。

这种穿越方法在国外多用于石质河床，在我国却广泛用于土质河床的穿越工程，如穿越黄河3次、辽河3次、滦河1次，都是采用的爆破法。其中2次河床为卵石夹砂，5次为粉砂夹黏土。爆破法起初用于中小型河流，裸露爆破，沟深2m左右，用药量也大。后来有所发展，改为用打桩机将钢管桩打入河床，内装硝铵炸药，按穿越管段布置桩位，间距约5~6m。桩径、桩深和装药量均须经计算确定，一次爆破成沟。在上述7次大型穿越爆破施工中没有发生一个瞎炮或一起事故。

爆破法施工优点很多：

① 省人工、省设备。例如施工规模仅次于穿越长江的第三次辽河穿越，施工高峰不过400人，施工设备仅有两艘小汽艇，组70t槽渡门桥、两台打桩机。

② 省投资。山东黄河穿越总决算仅264万元；宁夏黄河穿越总决算仅185万元；第三次下辽河同时穿越两组管线和一根缆管也不过490万元。

③ 工期短。山东黄河穿越工期120天，宁夏黄河45天，第三次穿越下辽河，包括设计在内120天。上述7次穿越中有5次当天爆破，当天将管段牵引过江；有1次3天；最不顺利的一次为8天。

爆破法的致命缺点是管段埋深达不到设计要求。因为爆破成沟的边坡角度大于上壤的安息角，由于流水和牵引过程中的扰动，必然使管沟的边坡坍塌回淤。目前爆破法埋深一般为2m左右，最深可达4m。

地震效应对堤防和建筑物的影响是爆破法另一个较大的问题。常用的两个公式是：

$$\text{安全距离公式：} R_c = K_c \alpha \sqrt[3]{Q} \quad (8-83)$$

$$\text{质点震速公式：} V = K\left(\frac{\sqrt[3]{Q}}{R}\right)^{\alpha} \quad (8-84)$$

式中 K_c——土壤的土质系数；

α——药物指数所决定的系数，可查表；

K——系数，须经试爆后测算；

α——系数，须经试爆后测算；

Q——爆破总装药量；

R——建(构)筑物距爆破中心距离，m。

实际施工证明两式计算在工程上是偏于保守的，如在济南黄河穿越中，总药量为19.86t，距黄河大堤675m，且在爆破线下游50m打入三根桩，均安然无恙。宁夏黄河穿越总药量60.5t，距一条高压输电线370m；河南淮阳黄河穿越总药量62t，距离爆破中心60m处是堤；滦河穿越总药量37.86t，距京山公路大桥230m；第三次下辽河穿越总药量42.3t，下游500m处有一条在水上悬空的高压输气管道。以上爆破施工均未发生问题。

六、穿越施工方法的技术比较

通过以上分析，对上述几种穿越技术进行了比较，见表8-23。

表 8-23 大型河流穿越常用技术比较

穿越方式	适宜的地形地质	穿越长度	工期	施工与运营维护	环境影响
定向穿越	适合黏土、软岩，需要管道预制场地	穿越长度和管径受钻机和钻具设备的制约	较短	施工方便、维修费用较低	较小
顶管法	黏性土质	适合于长度在 1000m 之内的穿越	较短	施工界面小，安全性高，维修方便	较小
盾构法	介于松软黏土到岩石均可	穿越长度基本不受限制	较长	施工机械复杂，安全性较高，维修方便	一般，隧道内渣土需要堆放
钻爆法	可用于岩石层的穿越	穿越长度基本不受限制	较长	省去复杂的施工机械，安全性高，日常维修费较高	一般，隧道内渣土需要堆放

第三节 大型河流穿越施工工程案例分析

一、工程概况

嘉陵江定向钻穿越施工

穿越场地属山区成形河谷地貌，漫滩较窄，发育Ⅰ、Ⅱ级阶地，沿河流呈带状展布，两岸阶地不对称。左岸Ⅰ级阶地较宽，约 400~500m，高出水面 5~20m，阶面微有起伏，阶坎不明显，地形坡度 5°~10°，倾向河床，由第四系冲积层构成，属堆积阶地；Ⅱ级阶地高出水面 30~50m，阶面起伏，阶坎明显，阶面残存第四系冲积层，阶坎处基岩出露，属基座阶地。东岸定向钻入土点位于Ⅰ级阶地后缘，地形平坦。右岸Ⅰ级阶地较窄，约 100~300m，高出水面 20~30m，阶面流水、风化剥蚀作用强烈，起伏较大，沟槽发育，阶坎明显，地形坡度 10°~25°，倾向河床，阶面残存第四系冲积层，阶坎处基岩出露，属基座阶地。西岸定向钻出土点位于Ⅰ级阶地中部槽田，地形较平广元市位于西北高原过渡地带，属低山丘陵地区，以内陆盆地季节气候为主，气候温和湿润，雨水丰富。据广元气象资料，区内多年平均气温 17℃，7~9 月为高温季节，最高温度达 4℃，12 月至次年 2 月为低温季节，最低温度 -10℃。6~9 月为雨水季节，占年降雨量的 75%，多年平均降雨量为 1058. 40mm，最大达 1587. 20mm。由于受西北高原大陆气候的影响，区内高寒多风。四季多风，最大风速可达 28. 70m/s。管道组焊场地位于Ⅰ级阶地中部，后缘槽田，地形较平坦。穿越断面河床主槽靠东岸，水深约 2m，平水、枯水期两侧漫滩出露，洪期被淹没；岸坡为Ⅰ级阶地前缘阶坎，坡度 10°~20°左右，为土质岸坡。

二、施工组织设计

（一）穿越施工工艺流程

穿越施工工艺流程见图 8-95。

（二）测量放线

根据设计交底(桩)与施工图纸，利用 GPS 定位系统结合全站仪，放出钻机场地控制线及设备摆放位置线，确保钻机中心线与入土点、出土点成一条直线，沿途做好标志桩。在入土点端测量并确定钻机安装位置、施工场地边界及泥浆池的占地边界线，测量放线时依据：

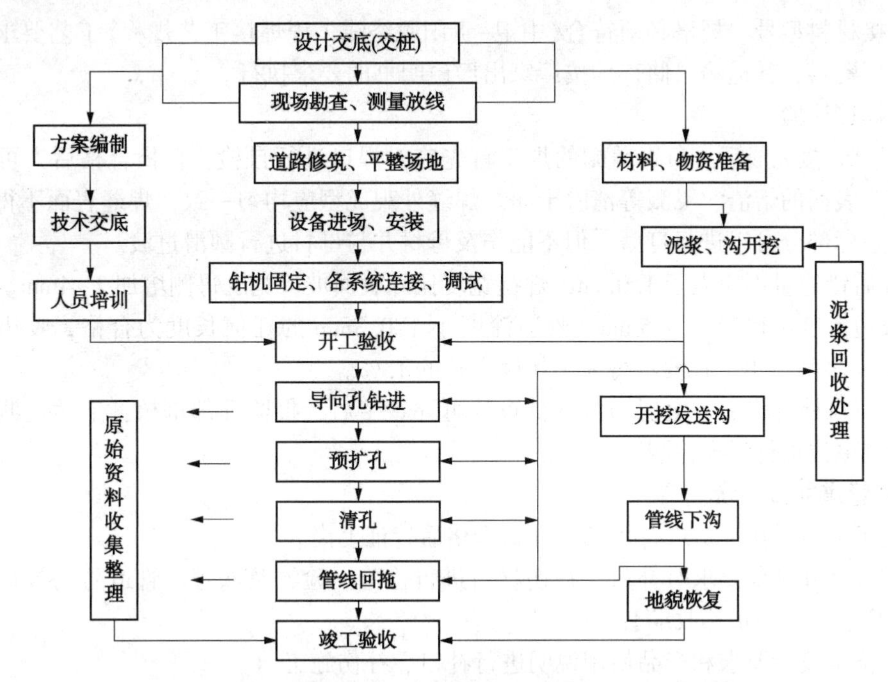

图 8-95　穿越施工流程框图

钻机施工现场平面图。在出土点一端，根据管线中心轴线和占地宽度及长度，放出管线组装焊接预制场地边界线及出土点作业场地边界线，受地形地貌的限制，管道焊接作业带可以弯曲，但出土点后作业带中心线需要保持不小于 250m 的直线段。焊接管道弯曲曲率半径不小于 900*DN*。

在放线过程中，当穿越管线经过村庄、经济作物区、地下隐蔽物地段时，应及时向监理、业主反映，积极与地方各相关部门取得联系，通过勘察、登记、现场确认。

(三) 管道安装

1. 主要施工工序

施工准备→测量放线→扫线→布管→组对、焊接→试压、清管。

2. 施工方案

(1) 管道组对、焊接

管口组对前用自制柔性清管器清除防腐管内杂物。管端 25mm 范围内用清洗剂清除油污，用磨光机清除铁锈、毛刺等，钝边、坡口及盖面焊压边部分要打磨露出金属光泽。由管工对管口坡口质量进行检查和验收，并办理工序交接手续。穿越管于沟上预制。采用 2 台单斗配合吊管、组对、焊接。管口组对的错边量应均匀分布在整个圆周上。根焊焊接后，禁止校正管子接口的错边量。严禁采用锤击的方法强行组对管口。管口组对完毕，由管工依据本标准的规定进行对口质量自检，填写管口组对记录，并与焊工进行互检，检查合格后管工与焊工应办理工序交接手续。经监理复查，确认合格后方可进行焊接。

(2) 管道焊接和检验

① 焊接工序流程：焊前准备→根焊、填充、盖面→焊后检验→焊缝返修及复检。

② 焊前准备：严格检查上道工序管口清理及管口组对的质量；检查焊机，保证各项性能完备；严格监察施焊环境，确保焊接环境在工艺要求范围之内；施焊焊工持证率达 100%，且持有由业主、监理主持的焊工上岗考试操作证，由驻地监理工程师确认后，方能

上岗；焊接材料型号、规格必须符合《中卫-贵阳联络线工程焊接工艺规程》工艺要求，且有齐全的出厂资料，其运输、储存均按厂家出厂说明书的要求执行。

(3) 焊接检验

① 焊口焊接完成后，负责盖帽的焊工首先应对焊口进行自检，自检合格后方可交给打磨工将接头表面的熔渣、飞溅等清除干净。焊缝外观成型应均匀一致，焊缝表面不得低于母材表面，超标部分可以进行打磨，但不能伤及母材并与母材进行圆滑过渡。

② 焊后错边量不应大于1.0mm，焊缝宽度比外表面坡口宽度每侧增加2~4mm。

③ 咬边深度不得超出0.5mm，咬边深度小于0.3mm的任何长度为合格，咬边深度在0.3~0.5mm之间，单个长度不得大于焊缝全长的15%。

④ 焊口自检合格后，由现场监理复查认可并签字后，报监理部审核，下达监测指令给第三方检测单位进行无损检测。

(四) 管道补口补伤

① 施工前对操作人员进行培训，考试合格后持证上岗。

② 按设计和规范要求对补口、补伤材料进行检验、验收及保管。管道防腐补口采用双组分液态环氧涂料外加热收缩套。

③ 严格按设计要求和产品使用说明进行补口、补伤施工。

④ 采用喷砂方法对管口露铁表面进行除锈，并达到规范要求的Sa2.5级。按要求将管口两侧防腐涂层200mm范围内的油污、泥土及其他污物清理干净。

⑤ 喷砂除锈时，喷枪与管道轴线基本垂直，喷枪匀速沿管道轴线往复移动。

⑥ 用火焰喷枪对管口部位加热，并用数字测温仪测温，按生产厂家使用说明对管子表面预热温度进行检测。加热温度达到要求后，才可涂刷底漆，绝对禁止钢管未达到规定的预热温度就进行补口作业。

⑦ 安装收缩套时，先将套内外防晒、防砂保护层拽掉，调整收缩套(带)两端搭接长度，使其均匀搭接，然后安装固定片。

⑧ 加热时，先进行轴向接缝及固定片加热，火焰轴向摆动，并挤出空气。然后由两人对称从中间沿环向快速摆动火焰，逐渐向端部移动。整体收缩后再用辊轮按压焊道，防腐层与母材接合处，挤出气泡。所有接缝处都有黏胶均匀溢出。

⑨ 加热火焰不能对准一点长时间喷烤，以免烧坏聚乙烯基层发生碳化现象。

⑩ 热收缩套补口施工结束后，按设计和规范要求进行外观、厚度、黏接力、针孔漏点检查，并对焊口总数按1%比例进行补口带的剥离试验，比例不足的按每条定向钻抽查一道进行，防腐补口施工按SY/T 0413—2002《埋地钢质管聚乙烯防腐层技术标准》执行，对不合格的口，按要求进行返修。

⑪ 做好施工环境的控制，补口补伤尽量安排在天气良好的情况下进行。对于一般的风天、雨天在采取有效措施的情况下进行施工，以保证补口补伤质量。

(五) 穿越管道试压及清管

① 穿越管道回拖前试压及清管：穿越预制管段试压前上水应在上水端管道内放置橡胶清管球，启动上水泵清管排气，当试压另一端排气口冒水时及代表试压管段水已充满，这时可关闭排气阀，启动试压活塞泵打压，试压时首先进行15MPa的强度试压，稳压4h。管道强度试压合格后，打开放空阀，泄压至管道10MPa的严密性试验压力，稳压24h后，如果没有出现压降，则证明管道严密性试验合格。随后泄压，开动压风机推球排水清管。清管

时，可设置临时清管设施，清管次数不少于2次，以排除无污物为清管合格。

②管道清管合格完毕，进行管道内测径。管道测径可利用清管器中部安装测径板来检验管道内径是否存在凹坑、变形等缺陷。测径板一般采用铝制，厚度12~15mm，其直径为管道内径的90%。测径清管器到达收球筒后，拆下清管器上的测径板，若测径板无变形、无褶皱，测径合格，试压。

三、施工机具

主要施工机具见表8-24~表8-26。

表8-24 主要设备

序号	设备名称	型号	数量/台	生产厂家	备注
1	水平定向钻机	FDP-400	1	黄海机械	—
2	水平定向钻机	GD-1500	1	谷登	出土点
3	泥浆系统	SH-5	1	胜利胜华	—
4	泥浆净化系统		1	任丘球墨铸件厂	—
5	挖掘机	PC-220	1	大宇	—
6	控向系统	Sawerll	1	Sawerll	—
7	发电机组	150kW	2	潍柴	—
8	泥浆泵	SJ-400	1	第四石油机械厂	—
9	吊车	16T	1	徐工	—

表8-25 定向钻机性能表

FDP-400钻机	
发动机功率	552kW×2
最大扭矩	98000N·m
最高转速	84r/min
入土角调节范围	8°~16°
最大推拉力	400t
最大扩孔直径	2000mm
钻机结构	履带式
钻机总重量	52t
主机尺寸	17170mm×3250mm×3750mm

表8-26 主要材料和特殊材料情况

名称及型号	数量	名称及型号	数量
膨润土/t	1200	丝扣油/t	1
工业纯碱/t	12	D325×10mm无缝钢管/m	50
非开挖用泥浆复合剂HL-1/t	100	电源线95mm²/m	300
聚丙烯酰胺/t	2	6mm²信号线/m	4000
非开挖用泥浆润滑剂HLRH-1/t	5	100mm(4″)水龙带/m	300
柴油/t	120	20号角钢/m	60
汽油/t	2		

四、定向钻施工步骤

（一）钻机选取及配套设备就位

① 将钻机就位在穿越中心线位置上，钻机就位完成后，进行系统连接、试运转，保证设备正常工作。

② 根据规范要求，钻机吨位选取应符合以下公式：

$$F_{拉}=\pi Lf\left[\frac{D^2}{4}-(D-\delta)\delta\times7.85\right]+k\pi DL \tag{8-85}$$

式中 $F_{拉}$——计算的拉力，t；

L——穿越管段的长度，m，$L=1002$；

f——摩擦系数范围为 0.1~0.3，一般取 0.3；

D——管子的直径，m，一般取 1.016；

δ——管子的壁厚，m，一般取 0.0229；

k——黏滞系数，范围为 0.01~0.03；一般取 0.03。

经计算得 $F_{拉}=148$t，按规范要求，钻机宜选取 $F_{拉}$ 的 1.5~3 倍，取 2.5 倍。即：$F\geqslant$ 370t，因此 FDP-400 钻机（回拖力为 400t）完全满足规范要求。

（二）泥浆配制

泥浆是定向穿越中的关键因素，穿越经过地层有砂岩、泥质砂岩、中粗砂层及表层根植土。按本次穿越泥浆工艺要求及地质情况编写配制方案，确定正确的混合次序，按不同的地质层配制出符合要求的泥浆。由于穿越地段地质情况比较复杂，对泥浆的要求较高，为克服这种不利因素，将采取以下措施：针对地层特点，选用优质的定向钻专用土粉，配合加一定比例的添加剂。确定泥浆配制方案。（这些泥浆配制方案都是针对地质预告得出的，若地质条件改变，其配制方案也随之改变）：

① 将施工用水存入水罐，在水中加入纯碱，加速黏土颗粒分散，提高水的 pH 值为 10 左右；

② 钻导向孔阶段要求尽可能将孔内的物质携带出孔外，同时维持孔壁稳定较长的时间，保持孔内泥浆面，减少钻杆摩阻，保证导向孔顺利完成。其基本配方是：膨润土 4%；高聚物 0.2%；润滑剂 0.2%。

③ 预扩孔阶段要求泥浆一定的动切力和良好的流动性，提高泥浆携带能力，同时具有降失水能力，其基本配方为：膨润土 4%，高聚物 0.2%；

④ 清孔和回拖阶段要求泥浆具有很好的护壁、携带能力、降失水能力；同时还有很好的润滑能力，减少摩阻；其基本配方如下：膨润土 4%，高聚物 0.2%；润滑剂 0.3%；

⑤ 各阶段泥浆性能总体应符合表 8-27 要求。

表 8-27 各阶段泥浆总体要求

漏斗黏度/(s/L)	表观黏度/(s/L)	动切力/MPa	中压失水/m^3	备 注
40~70	12~15	≥20	≤6	

为了便于泥浆工操作，根据上述泥浆配比要求，结合现场配浆设备制定现场施工泥浆配比方案。配置方法不是固定不变的，施工中要根据地层及工艺状况随时调整泥浆配比，各阶段现场配泥浆配比见表 8-28。

表 8-28　各阶段现场配泥浆配比

阶　段	每罐泥浆材料用量(35m³)			
	彭润土/袋	高分子聚合物/kg	润滑剂/kg	SD-3/kg
导向孔	20~25	7~8	70~90	
扩孔	25~30	6~8		
回拖	20~25	8~10	80~100	

⑥ 根据地质资料情况，适时调正泥浆配制方案，在施工过程中根据不同的地层断面及时平稳调整泥浆性能。砂岩层阶段泥浆黏度在 50~70s/L。

⑦ 废泥浆的处理。在焊接场地挖一个废浆收集池，收集废泥浆，经沉淀之后处理；在钻机场地也挖一个泥浆回收池，泥浆经过回收池沉淀后，再经过泥浆回收系统回收；回收不了的泥浆排送到指定地点。如图 8-96 所示。

图 8-96　泥浆回收装置

⑧ 剩余泥浆的计算与处理

a. 根据以往施工经验，钻导向孔有 28%左右的剩余泥浆，预扩孔有 67%左右的剩余泥浆，回拖管线有 44%左右的剩余泥浆。即：

$$剩余泥浆=(\pi R_1^2+\pi R_2^2+\cdots\cdots+\pi R_{10}^2)\times L\times 67\%+\pi R_{钻头}^2\times L\times 28\%+\pi R_{10}^2\times L\times 44\%=1600\text{m}^3$$

b. 与当地环卫处协商，按当地环保部门的要求将施工剩余泥浆进行处理。

（三）钻机试钻

开钻前做好钻机的安装和调试等一切准备工作，确定系统运转正常。钻杆和钻头吹扫完毕并连接后，严格按照设计图纸和施工验收规范进行试钻，当钻进 20m 左右时(即钻头入土约两根钻杆)检查各部位运行情况，如各种参数正常即可正常钻进。

（四）钻导向孔

钻具组合：9⅝″牙轮钻头+7″无磁钻铤+Φ172 泥浆马达+5½″S-135 钻杆。

控向对穿越精度及工程成功至关重要，并直接关系到主管穿越。开钻前仔细分析地质资料，确定控向方案，泥浆与司钻重视每一个环节，认真分析各项参数，互相配合，钻出符合要求的导向孔，钻导向孔要随时对照地质资料及仪表参数分析成孔情况，达到出土准确，成孔良好。具体见图 8-97。

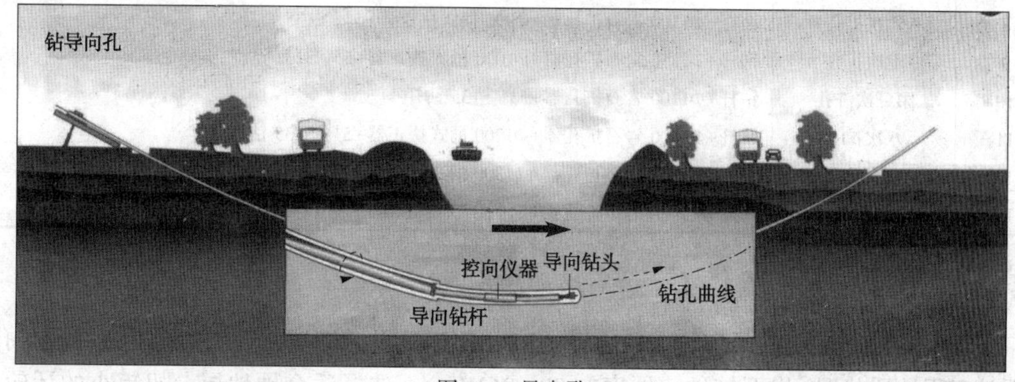

图 8-97 导向孔

（五）扩孔

1. 钻具组合

钻头准确出土后，拆卸钻具并连接扩孔器。扩孔器入洞前喷射泥浆，以检查水嘴是否畅通，一切无误后开始扩孔作业。见图 8-98。

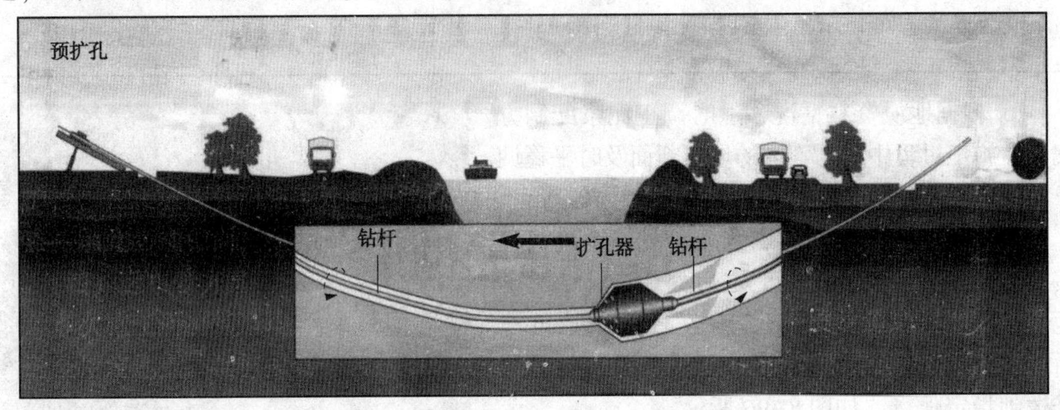

图 8-98　扩孔

① 本次穿越采用 9 级扩孔+4 级洗孔（根据实际情况可增加扩孔次数及洗孔次数），选用 14cm（5½″）S-135 加厚钻杆；每次预扩孔都进行钻杆和钻具的倒运及钻具连接。

② 在每级扩孔施工中，要认真观察扩孔情况。如果发生扩孔不顺畅等，要进行一次洗孔。

③ 根据地质情况及上一级扩孔情况，合理确定下一级的扩孔尺寸和扩孔器水嘴的数量和直径，保证泥浆的压力和流速，从而提高携带能力，减少岩屑床的生成。

表 8-29　钻具组合

序号	施工段	钻具组合
1	一次预扩孔	钻杆+Φ400 岩石扩孔器+Φ200 扶正器+5½″S135 钻杆
2	二次预扩孔	钻杆+Φ500 岩石扩孔器+5½″S135 钻杆
3	三次扩孔	钻杆+Φ650 岩石扩孔器+Φ400 桶式扶正器+5½″S135 钻杆
4	第一次洗孔	钻杆+Φ650 岩石扩孔器 5½″S135 钻杆
5	四次扩孔	钻杆+Φ800 岩石扩孔器+Φ600 桶式扶正器+5½″S135 钻杆
6	五次扩孔	钻杆+Φ950 岩石扩孔器+Φ700 桶式扶正器+5½″S135 钻杆
7	第二次洗孔	钻杆+Φ800 岩石扩孔器+5½″S135 钻杆
8	六次扩孔	钻杆+Φ1100 岩石扩孔器+Φ900 桶式扶正器+5½″S135 钻杆
9	七次扩孔	钻杆+Φ1250 岩石扩孔器+Φ1000 桶式扶正器+5½″S135 钻杆
10	第三次洗孔	钻杆+Φ1100 岩石扩孔器+5½″S135 钻杆
11	八次扩孔	钻杆+Φ1400 岩石扩孔器+Φ1200 桶式扶正器+5½″S135 钻杆
12	九次扩孔	钻杆+Φ1500 岩石扩孔器+Φ1300 桶式扶正器+5½″S135 钻杆
13	第四次洗孔	钻杆+Φ1400 岩石扩孔器+5½″S135 钻杆

注：1″=25.4mm。

2. 确保扩孔顺利的措施

① 导向孔完成，钻头及蒙乃尔管（无磁铤）出土后要及时卸掉，装上扩孔器进行预扩孔。根据该工程地质状况（岩石较硬，硬度在 30～96MPa）。选择适合硬地层、扭矩小的牙轮式

(HJ517G)扩孔器或滚轮式扩孔器，购置两种小直径扩孔器进行试验扩孔，取好参数进行对比，优选更适合该地层的扩孔器。

② 扩孔时按照设计要求适当，控制回拖速度，随着扩孔器的增大，降低转速，使扩孔器边沿线速度控制在一个合理的水平上。扩孔扭矩要平稳控制在 25MPa 以内，按照设计扩孔参数平稳扩孔，操作员密切注意泵压、扭矩、回拖力的变化，严禁憋泵、憋钻、强行回扩。扩孔完成后，分析成孔情况。

③ 扩孔和清孔时，要保持足够的排量，保证泥浆流速达到携带岩屑的能力，为此，配备 1 台大功率泥浆泵，单泵排量 1.5~2.0m^3/分。

④ 扩孔时密切注意扩孔器的扭矩变化和扩进速度的变化，发生不明原因的钻速突然下降或提高，应立即停止扩孔，分析扩孔器磨损情况，准确记录纯扩孔时间，正常使用情况下，在达到厂家推荐寿命的 80%时就推出更换扩孔器。

⑤ 出土点计划安装一台 80t 以上的钻机，在更换扩孔器时从出土点拉钻杆，以提高时效，防止外推钻杆断裂事故(视现场扩孔情况定)。

(六) 管线回拖

1. 钻具组合

回拖是定向穿越的最后一步，也是最为关键的一步。回拖采用的钻具组合为：5½″S-135 钻杆+ϕ1250 岩石扩孔器+500t 万向节+ϕ1016 穿越管线。

在回拖时进行连续作业，避免因停工造成阻力增大，管线回拖前要仔细检查各连接部位的牢固。见图 8-99。

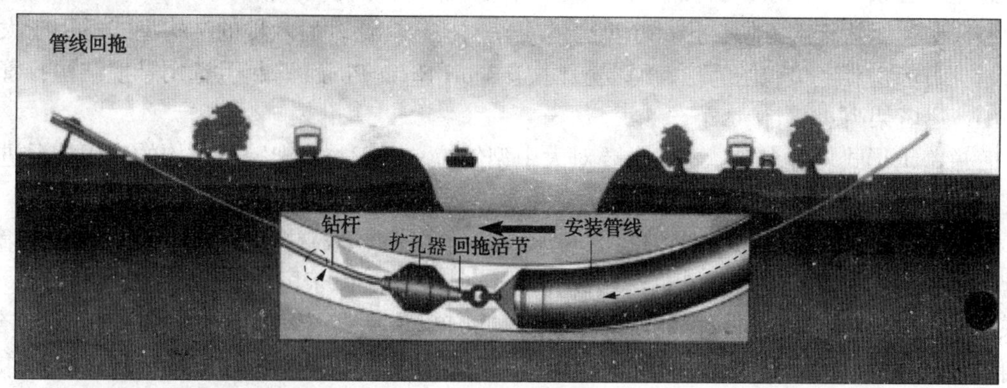

图 8-99　管线回拖

2. 管道发送沟

① 发送沟开挖前先尽可能找平作业带，发送沟经过地段削高填地，回填部位压实，防止开挖时坍塌；沿管线的一侧开挖发送沟，开沟断面尺寸如图 8-100 所示，土翻至管线的另一侧。开挖时根据地面起伏状况分段开挖，开沟沟底分段找平，最浅部位不小于 1m。

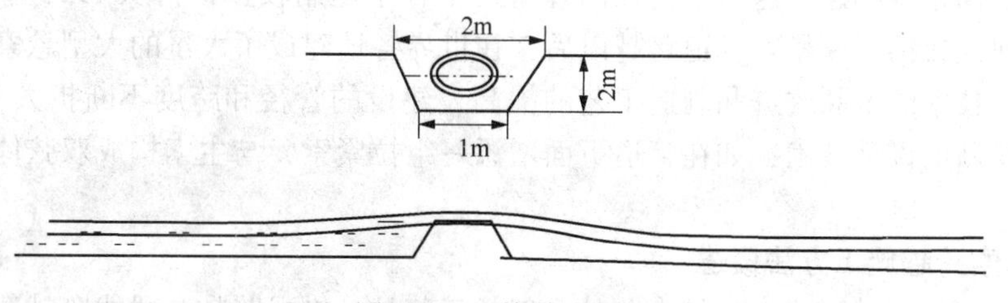

图 8-100　管道放送沟

② 管道下沟执行线路施工管道下沟标准，准备好足够的设备和机具，管道下沟前，对沟底及边沿进行检查，发现硬物及时清理。管道下沟时对封堵(支点)部位进行处理。

③ 管线吊装必须使用标准的呢绒吊带，吊装间距要满足规范(<20m)，减少管线弯曲；

④ 管线回拖前必须检查两端盲板封闭情况，管线回拖就位后，仍然保持管线两端密封，确保管线内干净。

第四节　大型河流地区跨越方法

一、国内外大中型跨越结构应用情况

在管道建设中常常遇到河流、沼泽、湖泊以及山谷等自然障碍物或人工构筑物，不得不采用水下穿越或空中跨越等敷设方式。但由于河床稳定性差、河床或边坡冲刷严重、开挖管沟十分困难等情况下，采用空中跨越往往要比水下穿越更为经济合理。管道跨越工程是我国一项新兴的特殊工程，我国的大中型管道跨越建设发展较晚，1961 年我国建成第一座管道跨越工程，百节河跨越，跨度 300m，管径 $\Phi426\times6$；1965 年建成第一座大跨度悬缆式跨越——长江茄子溪长江跨越，总跨长 1056m，主跨 472m；悬索结构发展最晚，1997 年国内第一座大型悬索结构管道跨越建成，陕京管线黄河跨越，主跨 270m，管径 $\Phi660\times14.3$。

跨越的结构型式有多跨梁式、“Π”形刚架、桁架、轻型托架、单管拱及组合管拱、悬缆、悬垂、悬索、斜拉索、斜拉索-悬索组合、索托管桥等型式。前六种型式由于单跨跨越能力有限，但因为施工方便，因此小型跨越中使用比较广泛。后六种的结构型式适用于大中型跨越，目前世界上最长的管道跨越是美国 Missouri River Ponca 跨越，选用悬揽结构，管径 152mm，主塔架高 44m。

管道跨越形式多种多样，本书主要对大中型斜拉、悬索、桁架跨越结构的应用情况进行研究。

悬索结构跨越是目前采用较多的跨越型式之一，并且越来越多地受到重视。历史上第一座管道悬索跨越是美国红河悬索管道跨越，建于 1926 年。由于国内悬索结构发展较晚，过去采用斜拉索结构比采用悬索结构更广泛。但是，自第一座悬索管道跨越竣工已历经 10 年，国内的悬索管道结构设计经验日渐成熟，且悬索结构更能适应各种施工环境，所以我国未来的管道悬索跨越结构数量将会超过斜拉索结构，这也证明了在各种大中型管道跨越设计结构选型中悬索结构的优势日渐明显。

二、悬索跨越

悬索式跨越是由两根主索作为主要受力构件，承担结构体系的垂直荷载，采用均布的吊索与管道及桥面系统相连。这种结构在国外管道工程中运用较多，自从 1926 年美国德克萨斯公司在红河建成第一座悬索管道跨越以后，在世界各地建成了大量的大型悬索管道跨越工程。随着设计技术的不断改进和制造工艺的提高，建设的管径和跨度不断扩大。与此同时，也出现了一些新的设计技术，如在管道下面增添一组拉紧索，与主索构成双弦体系，以增强结构刚度。

(一) 悬索跨越施工方法概述

长输管道河流跨越形式包括悬索跨越、斜拉索跨越、拱式跨越和梁式跨越等几种。长输管道大型跨越一般为悬索跨越，主要由塔架、管桥管道、主悬索、吊索、风索、风系索、共轭索、共轭吊索、基础等组成。跨越基础由 2 座塔架基础、2 座主索锚固墩、4 座风索锚固墩和 8 座独立钢筋混凝土基础组成。

1. 悬索跨越施工程序

预制→塔架安装→施工索发送安装→主索及其吊索发送安装→管桥安装→抗风索及其风系索安装→共轭及其吊索安装→管道发送安装→结构调整。

2. 测量放线

依据设计图纸和相应的精度要求，采用 TC-1010 全站仪利用三角网法定位。悬索跨越施工主要包括预制、基础施工、钢结构施工、塔架安装、管桥安装、管道防腐等。目前，悬索跨越施工普遍采用空中发送的施工方法。

（二）钢结构预制施工

为确保塔架和跨越管桥的预制精度，对于所有钢结构件采取统一下料，分别组拼焊接的施工方法。为保证塔架预制精度，在跨越两岸施工现场分别搭设钢结构预制平台，用水平尺找平，并用水准仪检测其平整度，使平台在一个平面内。

1. 下料

施工放样前首先要熟悉图纸，一方面了解设计意图，另外核对图纸安装尺寸，掌握各构件数量。对于所有构件进行统一编号。在平台上按设计尺寸进行 1：1 的比例进行放样，放样时要考虑加工、焊接变形的影响，复测审核无误后取得样板并进行编号标识。两座塔架同时下料，并按结构部位和数量编号，在左右两岸分别组拼预制，组拼时按编号对号入座。对钢丝绳进行预拉和下料。

2. 组拼焊接

塔架在组拼时着重控制 4 根立柱主肢的挠曲度和塔架轴线的中心偏差。除 4 根主立柱对接焊缝一次焊接完后，其余水平腹杆、节点板及斜腹杆全部采取点焊的形式，待塔架整体组拼完成后，再进行焊接。焊接时采取分段、分层、对称焊接方法，以防止焊接变形和焊接内应力。桥面钢结构的放样下料、组拼焊接与塔架施工方法相同。

（三）塔架安装

塔架制作防腐完成后，由吊车将两岸塔架平移吊到塔架基础一侧，首先将塔头放在河岸边缘的钢结构支架上，该支架上面设有可旋转的圆盘和滚轮，塔架既可沿圆盘转动又可沿滚轮移动，以便调节塔架的位置。在支架两侧设有护耳，以保护塔架在支架上的稳固，防止侧滑。然后再用吊车将塔脚吊放在塔架基础上，对正塔脚与铰支座的位置，使塔架中心线与跨越轴线重合，为塔架与铰支座连接作好准备。塔架的组立主要采用吊车与起重千斤顶配合立起法。两岸塔架起吊单独进行。首先进行塔脚板与铰支座间的过度联结。当塔架扳起到约 75°角时，停止扳起，将塔架前后左右用封绳锚固。当大型吊车无法进场时，采用两根独杆桁架桅杆辅吊立塔。

（四）管桥和管道安装

管桥安装采用空中发送法。空中发送法施工是目前既经济又比较成熟的一种施工方法。索具和管桥的安装全部采用索道来完成。包括架设空中索道、主索发送、吊索安装、管桥发送安装、抗风索发送安装、共轭索及其吊索安装、管道发送安装等。

1. 架设空中索道

利用两岸塔架在塔顶架设平衡滑轮和两条施工索，以及配套的滑轮组、滑车、牵引绳等，构成空中索道发送系统。为满足施工要求，需在塔顶加设一定高度的施工索支架。施工索的架设应保证索道之间垂度一致，并与主索之间保持一定的净空高度。滑车为自制加工的四轮走线滑车，在滑车下面配置相应的升降系统。滑车沿索道在两岸转扬机的控制下，可沿施工索道自由行走和提升物体，在管桥的整体安装过程中起到吊装、发送和调整的作用。

2. 主索发送安装

为保证钢索在发送过程中不出现弯曲、扭结，首先将缠绕在木滚轮上预制张拉好的主索，在预制的发送架上沿河岸展开。钢索展开时应保证钢索的顺直，并在钢索的下部支撑上相应的滚动垫块，以防止钢索直接与地面接触，损伤钢索的外表层。钢索发送沿浮桥在自制的滚轮支架上进行，靠转扬机由一岸向另一岸牵引，支架按钢索的挠度等距离摆放。当钢索发送到位后，在船上完成索夹板和垂直吊索与主索的连接。

3. 吊索安装

主索发送安装完成后，按照预先在主索上标识的轴线和吊索位置编号，在浮船上依次安装上索夹板和吊索。吊索安装完毕后，由施工索和塔顶的牵引系统将两岸主索头吊起，在塔顶平台上完成索头与连接板的安装。最后进行主索的锚固。

4. 管桥发送安装

管桥吊栏的安装采用施工索进行空中发送的施工方法。吊栏事先组拼成单体结构，按照每节吊栏的安装顺序位置由施工索道从一岸发送到另一岸。管桥吊栏之间先进行软连接。

5. 抗风索发送安装

抗风索发送采用与主索同样的滚轮支架形式，沿管桥吊栏两侧由一岸发送到另一岸，对号入座连接。最后完成抗风索的锚固头与基础内锚杆的预连接。

6. 共轭索及其吊索安装

共轭索的发送及其索夹板的安装与风索相同。最后将共轭索锚固头用卷扬机牵引就位，完成与塔架基础内锚杆的连接，形成空间结构体系。在施工索的配合下，安装管道滚动支架。紧固桥面结构螺栓，调整桥面结构的安全护栏。

7. 管道发送安装

用吊车将防腐好的管段吊放到管桥的一端滚道上，利用施工索和牵引设备向另一端发送。为保证管桥的受力平衡，在对岸管桥上放置配重钢管，随着管道的发送逐渐拿掉配重钢管。

（五）跨越结构整体调整

① 为满足跨越的整体结构形式，保证各类钢索的受力均匀，管桥整体空间结构和管道安装施工完成后，利用施工索、牵引千斤顶、全站仪等，分别对塔架、管桥、主索、锚固索、风索和共轭索进行测量、受力调整和测试，使塔架、管桥达到设计精度和拱高，所有索具受力均匀平衡。

② 主索调整在 ZLD 千斤顶的配合下，将塔架调成垂直方向，测量塔架角度和管桥的预起拱高度是否达到设计要求，边测量边调整，直至达到要求为止。

③ 抗风索调整时，先将索头按设计位置紧固在基础上的锚杆上(其中一岸的 2 个锚头达到设计位置)，在基础施工时事先预埋锚点，然后由连接锚固头的牵引绳和滑轮组在一岸同时对两侧索头沿锚杆方向相向施加预拉力。牵引靠 2 台同吨位千斤顶和 1 台液压泵站供油，使 2 台千斤顶拉力始终保持平衡，当拉力达到钢丝绳的使用拉力时，靠千斤顶的自锁系统将牵引绳锁住，将索头锚杆螺母按安装要求旋紧。共扼索的调整与抗风索调整方法原理相同。

目前大型悬索跨越施工普遍采用空中发送的施工方法，是施工技术比较成熟又比较经济合理的一种较佳的施工方法，且空中发送的施工方法不受周围环境条件因素的影响。

三、桁架跨越

（一）大跨度钢桁架拱桥国内外技术进展

1. 钢桁架拱桥国外技术进展

18 世纪英国工业革命中，炼铁技术得到了极大的发展，铸铁产量呈几何级数增长。随着铸铁产量的增加，大量的铁被用于桥梁结构中。著名的铁拱桥 MariaPia 桥就是这个时期修建的，该桥是双铰镰刀形内倾双肋桁架拱桥，主跨径为 160.13m。但是由于铸铁材料强度不足，限制了桥梁跨径的增长。伴随着平炉炼钢法的推广，桥梁结构进入了钢桥时代，美国伊兹(Eads)桥首次大量使用钢材建造，该桥为三跨(153m+158m+153m)的钢桁架拱桥。在 Eads 桥成功基础上，后续又修建了许多著名的钢桁架拱桥，比如美国的狱门(HellGate)桥，跨径为 297m，澳大利亚的悉尼港湾大桥等，这些拱桥的修建为大跨度钢術架拱桥的发展起到了重要作用，在钢拱桥历史上具有极其重要的意义。在国外的大跨径钢桁架拱桥中，跨径超过 500m 的有三座，分别是美国建于 1931 年的贝永(Bayonne)桥(504m)，澳大利亚修建于 1932 年的悉尼港大桥(主跨 503m)，美国建于 1977 年的新河谷(New River Gorge)桥(跨径 518m)。但在近些年来，国外的大跨径钢桁架拱桥的修建趋于减少，国外在大跨度钢桁架拱桥的设计和建造技术的突破也比较少。表 8-30 为国外大跨度钢桁架拱桥一览表。

表 8-30　国外大跨度(>300m)钢桁架拱桥一览表

序号	桥梁名称	国家	跨径	建造年份
1	新河谷大桥(New River GorgeBridge)	美国	518m	1977
2	贝永大桥(Bayonne Bridge)	美国	504m	1931
3	悉尼港桥(Sydney Bridge)	澳大利亚	503m	1932
4	广岛空港大桥(Hiroshima Airport Bridge)	日本	380m	2011
5	曼港桥(Port Mann Bridge)	加拿大	366m	1964
6	兹达科夫桥(Mazda CoveBridge)	捷克	362m	1967
7	美洲大桥(Thatcher Bridge)	巴拿马	344m	1962
8	拉维蒙特桥(Laviolette Bridge)	加拿大	335m	1967
9	朗科恩桥(Runcorn Bridge)	英国	330m	1961
10	伯奇纳夫桥(Burchnaf Bridge)	津巴布韦	329m	1990
11	罗斯福湖桥(Roosevelt Lake Bridge)	美国	329m	1990
12	格伦峡谷桥(Glen Canyon Bridge)	美国	313m	1964
13	皮瑞尼大桥(PiRuini Bridge)	美国	303m	1974

2. 钢桁架拱桥国内技术进展

我国从 1888 年就开始了钢桥的修建，距今已经有 100 多年的历史了。建国以前，由于我国钢桥建造技术落后，施工工艺简陋，炼钢水平低下，桥梁用钢基本都是进口，所修建的桥梁跨度一般都比较小，规模稍微大一点的桥梁多为外国人修建。但在 1937 年由本国技术人员修建的浙赣铁路钱塘江公铁两用钢桁架梁桥，主跨径为 16×65.84m，为我国钢桥技术的发展打下了坚实基础。建国以后，钢铁技术得到了极大的提高，1957 年依靠原苏联的技术支持和国内专家的力量，建成了武汉长江大桥(主跨 9×128m，总长 1670m)。20 世纪 60 年代中期，因铁路建设的需要，系统研究了栓焊钢新技术，并取得了重大突破，为我国栓焊钢技术的发展开创了新篇章，依靠栓挥新技术修建了 44 座不同结构形式的钢桥。在这些技术基础上，20 世纪末采用国产高强度钢材修建了九江长江大桥和芜湖长江大桥。通过这些桥梁的修建与技术积累，我国钢材制造技术和桥梁技术得到了很大的发展和提高，为以后大跨度钢桁架桥梁的修建奠定了坚实的基础。

进入 21 世纪以后，我国掀起了大跨度钢桁架拱桥的建设高潮，2008 年建成的新光大桥（见图 8-101），主跨径 428m，该桥采用三跨连续钢術架拱；2010 年修建的大宁河特大桥，主跨径 400m，上承式钢桁架拱桥；2010 年建成宜万铁路万州长江大桥（见图 8-102），主跨径 360m，中承式连续钢桁系杆拱桥；2011 年建成大胜关长江大桥（见图 8-103），六跨连续钢桁拱布置，主跨 2×336m 连拱；最具代表意义的是 2009 年建成的重庆朝天门大桥（见图 8-104），中承式钢桁架系杆拱桥，主跨长 552m，超越了 2003 年建成的钢箱拱桥上海卢浦大桥，主跨径 550m，成为“世界第一拱”。通过这些桥梁的设计与建造，我国建造大跨度钢相架拱桥的技术有了巨大进步，大跨度钢桁架拱桥的修建处于世界领先水平。

图 8-101　新光大桥

图 8-102　宜万铁路万州长江大桥

图 8-103　大胜关长江大桥

图 8-104　重庆朝天门大桥

（二）拱桥施工方法概述

大跨度桥梁建设中，设计和施工共同决定着桥梁的桥式与跨度。著名的预应力混凝土创始人费莱西奈氏曾说过：“100m 和 1000m 的桥梁在设计方面难度相差不大，而施工方面的难度差别就非常悬殊”，大跨度钢桁架拱桥亦是如此。施工技术已经成为大跨度钢桁架拱桥跨径发展的关键因素，甚至是决定因素，因此需要解决大跨度拱桥施工方法与施工控制方面的技术难题，为钢桁架拱桥跨径的跨越打下技术基础。拱桥施工需要根据不同的桥型、施工条件和施工环境，选择合理的施工方法与施工技术。拱桥的主要施工方法有支架施工法、悬臂施工法、大件转移法，根据实际施工情况，同一座桥梁的施工过程中也会综合使用几种方法。下面对这几种方法作简要的介绍。

1. 支架施工法

支架施工法临时支承梁体结构重量，由常备式钢构件等组成，在支架上现浇或者拼装结构的方法。大跨度钢桁架拱桥的支架法施工就是在桥位处根据桥梁的施工线形拼装架设临时支架，桥梁结构(比如拱肋、梁)在支架上进行组装就位的施工方法。拱桥的支架法施工可采用满堂式拱架和分立式拱架，或者两者相结合。支架分为落地支架、移动支架、移动模架等类别。支架施工法通常在拱肋施工条件较好的情况下采用，比如离地而不高、桥下无水或水位不深、通航要求低等。这种方法的优点是：不需要大型吊装设备吊装供肋拱肋段较短，杆件安装难度小，拱肋线形易控制。其不足之处是：支架用料和拱肋杆件较多，安装较为繁琐，接头焊接量大，施工周期长；对施工地形、地基等条件要求较高；不适合于深水或通航情况。采用支架法施工时，为了保证成桥线形满足设计要求，需要计算支架地基的沉降、支架结构的位移，并计入支架预拱度。

在拱肋浇筑过程中应时刻监控支架控制点，确保结构安全和拱肋线形满足设计要求。一般采用支架法进行施工的拱桥，拱肋线形不易控制，结构体系的受力比较复杂，需要对结构和支架进行整体计算和局部验算，比如拱肋与支架的强度、整体稳定性、拱肋局部应力、支架支撑点的沉降等，同时还需要对拱肋的脱架、系杆、吊杆、梁的安装顺序进行优化分析。

2. 悬臂施工法

悬臂施工法起源十钢桥的架设，属于结构自架设的一种施工方法，适用于大跨度的梁、拱和斜拉桥。悬臂施工法分为两类：悬臂浇筑施工法和悬臂拼装施工法。悬臂浇筑施工采用挂篮悬臂接长梁段，在桥位处就地浇筑节段混凝土、张拉力筋、前移挂篮、继续下一梁段的浇筑。拱桥悬臂浇筑是利用挂篮悬臂浇筑混凝土，用临时斜杆和上拉杆将浇筑部分组成桁架，并用拉杆或者缆索将其锚固于台后，边浇筑变构建成桁架结构逐步向跨中推进。悬臂浇筑有以下优点：施工支架和临时设备少，施工时不影响桥下通航、通车，也不受季节、河道水位的影响。悬臂拼装法通常指在桥位或工厂附近预制拱肋或劲性骨架节段，运输至施工现场后进行逐节拼装的施工方法。对于钢桁架拱桥，悬臂拼装法常与斜拉扣挂法一起使用。斜拉扣挂法是大跨径拱桥常用的施工方法，主要利扣索将悬臂端的拱肋扣挂在扣塔上，主拱圈利用自身结构和扣挂系统分段从拱脚向拱顶悬臂架设。

对采用斜拉扣挂法施工的钢桁架拱桥，在施工中需要注意以下几点：

① 钢绞线扣。锚索的索力一定要张拉准确，施工中尽量减少索力的张拉次数，最好一次张拉到位；

② 拱肋拼装过程中应及时修正拼装线形，确保拼装线形符合控制要求；

③ 拱肋节段控制点的安装高程要计算准确，确保合龙精度；

④ 扣塔的偏位需要严格控制在容许范围内，避免扣塔偏位过大影响拱肋线形，同时需要控制扣塔塔底的应力。

3. 大件转移法

大件转移法是将桥跨整体或者部分结构大件转移就位的方法，大件的拼装一般在桥址之外完成。大件转移法包括大件吊装法、架桥机法、转体法、浮运法、纵移法、横移法等。大件吊装法是以已经形成的部分桥梁结构作为支撑，在其端部设置提升装置如绞车、滑轮组、钢丝绳或者液压连续提升设备等，来吊装其余的桥梁构件，或者使用大小浮吊或吊机将全桥分为若干大件吊装完成施工。架桥机法即是通过铁路架桥机或公路架桥机在待架桥跨上就位安装桥梁部件。转体施工法是利用桥梁结构本身及结构用钢作为施工设施，在非设计轴线位置浇注或拼装成形后，通过转体就位的一种施工方法。转体施工包括平转法、竖转法和平竖转结合法，后两者通常不适合于混凝土梁。转体施工中需要注意的关键问题是转动设备与转动能力的大小，施工过程中的结构稳定和强度保证，结构的合龙与体系的转换。浮运法是采用大吨位的浮吊安装钢梁或者混凝土梁。纵移法是将岸边沿桥纵向拼好的梁段在纵向上移动，前端悬臂而出，后端继续浇筑或拼装梁段，直至梁前端达到前方设定的位置。横移法是将平行于桥的梁部结构横向移运至设计位置。

（三）大跨度钢桁架拱桥的基本结构

根据系梁和拱肋刚度的比例关系，钢桁架拱桥结构型式分为洛泽拱系、系杆拱、蓝格尔拱和其他组合体系。洛泽拱是由竖直吊杆组成的刚性系梁刚性拱，梁的刚度与拱的刚度与比例适中。系杆拱是由竖直吊杆组成的柔性系杆刚性拱，梁的刚度远小于拱的刚度，拱承担了所有的弯矩，拱的推力由系杆来全程接受，系杆承担全部活载所产生的水平力，拱承担的全部弯矩由拱的推力来平衡，因系杆属于柔性的牵制，拱容易产生垂直抖动。蓝格尔拱是刚性系梁柔性拱，其重要组成就是竖直吊杆，吊杆与拱肋为铰接，保持稳定的形状主要是采用加劲梁，拱肋只承担轴向力。

其他组合体系主要是指悬臂梁、拱、桁架的组合结构，中央的主跨的结构往往是系杆拱桥，支承在有伸臂梁的边跨上。钢桁架拱桥的上部结构主要有拱肋、系杆、吊杆、桥面系和联结系。拱肋拱桥结构是以受压为主的主要偏心受压承重构件，承受的轴向压力较大，荷载变化时，还承受较小弯矩。析式拱肋能够发挥材料的特性，杆件主要承受轴向压力，材料截面较小，纵横向抗弯刚度大，比箱形拱肋的自重轻，拱桥的跨越能力更大，桁式拱肋节间杆件的钢种和截面能够灵活改变。系杆承担拱桥拱的全部推力，承受的轴向拉力较大。刚性系杆为桁式加劲梁的弦杆，用型钢制成，主桁拱间的连接受力明确、构造简单，能增加结构的竖向刚度，减少拱脚水平变位。柔性系杆施工安装方便，但增加了主桁上的锚固构造设计难度，一般由平行钢丝束制成。吊杆是轴心受拉构件，桥面上的恒载和活载都由它传递至拱肋。根据其受力特性，钢桁架拱桥的吊杆主要分为刚性和柔性吊杆两种，刚性吊杆一般情况下承受拉力，但根据现场负载压力下也可能出现压力，因此多考虑用型钢或钢管制作；柔性吊杆只能承受拉力，采用高强平行钢绞线或钢丝束制成。使用刚性吊杆对增强拱肋的横向刚度有利，但施工程序多，工艺较复杂。使用柔性吊杆可以部分消除拱肋和桥面系之间的相互影响，施工方便、外形较好。桥面系是指横梁、纵梁及纵梁之间的联结系，纵梁之间的联结系将两片纵梁连成整体。纵梁首先承担桥面传下来的荷载，再将该荷载传给横梁，最后经横梁传给主桁架节点。联结系的作用是将主術架连接起来，使桥跨结构成为稳定的空间结构，有横向联结系和纵向联结系。横向联结系在桥跨结构横向平面内；端横联位于桥梁端部，对于承式桁架桥又叫桥门架，架设在主桁架端斜杆平面内；中横联在桥跨结构中部，在主桁架竖杆平面内，主桁架没有竖杆时，则设在主桁架中间斜杆平面，间距一般不大于两个节间，其作用是增强钢術梁的抗扭刚度，桥跨结构受到不对称横向或竖向荷载时，它可以适当调节两片纵联或两片主桁的受力不均。设在主桁架的上、下弦杆的平面内的为纵向联结系，上弦杆的平面内叫上平纵联，下弦杆的平面内叫下平纵联，它们的主要作用是承受作用于桥跨结构上的桥面、桥面系、主桁架和车上横向摇摆力、车上的横向风力及曲线梁上的离心力等横向水平荷载。平纵联对横向的自振频率和桥梁的横向刚度有较大影响，它的另一个作用是横向支撑弦杆，减少弦杆平面以外的自由长度。

大跨度钢桁架拱桥结构体系特点：

① 每个节间杆件都能够根据受力大小而灵活改变截面和钢种，经济性能良好。具有较好的竖向刚度，能满足受力和高速行车的需要。杆件多为承受轴向力构件，能充分发挥材料的力学性能。桥型雄伟壮观，外形轮廓柔和，与周边景观易于协调搭配，能够体现现代工业

化的风貌。桁架拱桥的单根杆件相对较轻，不需要大型的起吊设备，施工迅速，便于施工高空作业。

② 要考虑材料的长期防腐性能，节点构造复杂，设计时需重点考虑其抗疲劳性能。大的弦杆和腹杆自由长度较大，杆件设计时要充分考虑稳定性要求。水平推力较大，增加了下部结构的工程量，对地基要求较高，大跨度钢桁架拱桥在施工中的整体稳定性能较弱。

四、斜拉索跨越

斜拉桥是一种桥面体系受压支撑体系的桥梁。斜拉索是斜拉桥的一个重要组成部分，并显示了斜拉桥的特点。斜拉桥桥跨结构的重量和桥上活载，绝大部分或全部通过斜拉索传到塔柱上。因此斜拉索的设计和施工对整个桥梁而言是一个非常重要的环节。

（一）斜拉索索型

在斜拉索的设计过程中，斜拉索索型的选择是最具决定性的因素。斜拉索索型以及拉索数量应根据斜拉桥的跨度、载荷类型、桥宽和塔高等因素综合确定，一般分为：辐射形、扇形、竖琴形(见图 8-105)。拉索的索面一般选择双索面或单索面，索面为垂直于水平面的平面。

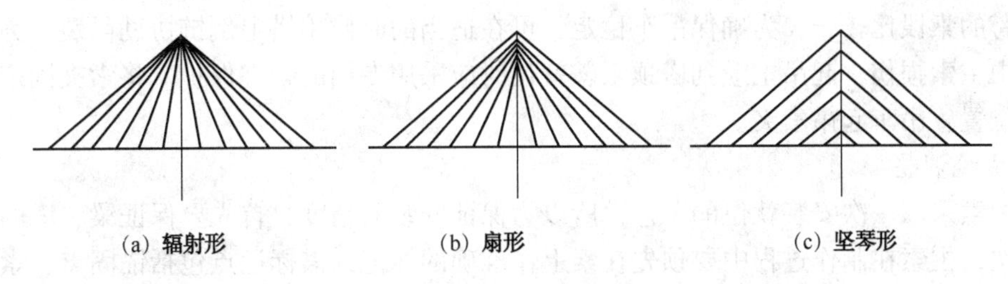

图 8-105　拉索索面形式

（二）斜拉桥拉索施工概述

斜拉索的构造主要有三部分：索、锚具、防护层。拉索线材一般采用高强钢丝束、钢绞线束和封闭式钢索。斜拉索的锚具一般由镦头锚、冷铸锚、群锚、热铸锚等。其中冷铸锚运用最普遍，因为它具有较好的抗疲劳性能。目前国内的大型斜拉桥施工对索的防护方法采用较多的有：钢丝涂防锈漆或镀锌、索外套聚氯乙烯管或钢管，管内压浆、紧密挤裹聚乙烯护套等方法。

斜拉索一般与梁、塔之间都是通过锚具连接。锚固的构造图如图 8-106 及图 8-107 所示。

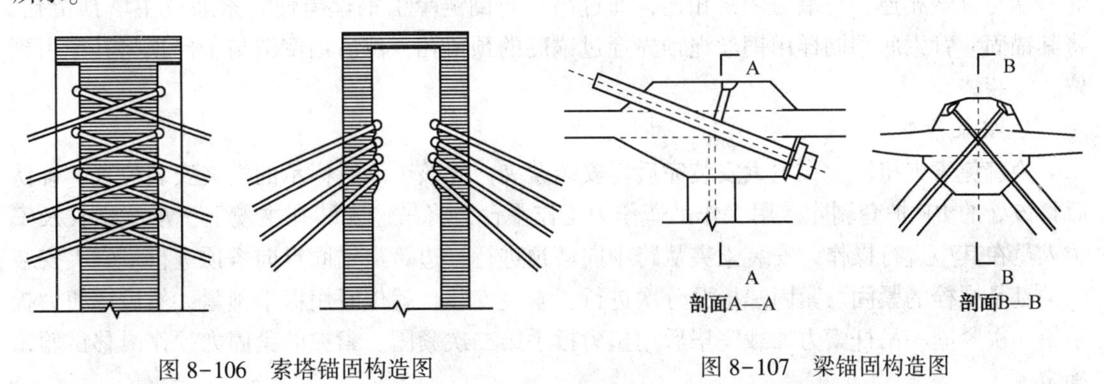

图 8-106　索塔锚固构造图　　图 8-107　梁锚固构造图

（三）缆索施工

1. 主缆架设

（1）布设展索设施

主缆成圈包装，为避免在展开时主缆弹开伤及工作人员或形成扭劲，在放索前应将成圈展索放在可以旋转的展索盘上。在桥面每 4~5m 处设置索托辊（或敷设草包等柔性材料），以保证主缆纵向移动时不会与桥面直接摩擦损坏索护套。因锚头重量较大，在牵引过程中要用小车承载索锚端。

（2）牵引

主索牵引用 2 台 50kN 的卷扬机。为避免牵引钢丝绳过长，索的纵向移动可分段进行，将一台卷扬机置于主梁主跨中部，另一台置于主桥另一端端横梁处。

（3）起吊

安装主索时，可以在桥侧配置 2 台吊车起吊：先用钢丝绳穿过主塔预留孔道，钢丝绳一端与主缆锚头相接，另一端与一台吊车和倒链相连，当吊车将主缆起吊至主塔预留孔处，用另一台吊车和倒链牵引钢丝绳将主缆穿过预留孔，再安装主索锚具，并一次锚固到设计位置。吊机起重力在 400kN 以上，安装完一侧后再安装另一侧塔柱主缆。主索提升到塔顶时，由于主跨的索段比较长，为确保吊车稳定，可在适当的时候用塔上倒链协助吊装。为避免起吊过程中主索损伤，起吊主缆到塔顶索鞍就位时应采用专用的索夹保护。将索夹固定于主缆的起吊位置，吊车起吊索夹。

2. 主缆调整

因主索采取一次安装就位的工艺，所以为保证安装的精度，首先要保证梁、塔的施工质量；其次，主索在制作过程中要预先在索上作准确的标记，需标记点包括锚固点、索夹位置及跨中位置等。安装前按照设计图的要求准确核对各项控制值的误差，首先是测定跨长、锚固区高程、主索垂直度高程以及外界温度，然后计算出各控制点高程。主缆调整时最重要的一项是检查主索上对应索夹位置的标记是否与主梁上的吊索预留孔对应，如有较大偏差应重新计算索夹间的主索长度，准确标记吊索位置，然后经设计单位同意后进行调整，最后按照调整后的控制值进行安装。调整一般在早晚温度比较稳定的时段进行。主缆的调整采用大于 2200kN 的千斤顶在锚固区张拉。调整主跨跨中缆的垂直高程，完成锚固处固定。调整时应参照主缆上的标记以保证索的调整范围。

3. 安装背索

背索要先安装塔顶部分，用吊车将背索吊至塔顶，先在塔顶预留孔处穿插钢丝绳，钢丝绳一端与背索相连，一端与倒链相连，通过吊车与倒链牵引钢丝绳使背索通过主塔预留孔，将其锚固。背索底端同样用钢丝绳预先穿过锚碇的预留孔，然后用倒链与千斤顶将其牵引到位，安装锚头。

4. 安装索夹

为避免索夹扭转，在主索安装完后再安装索夹。复核工厂所标示的索夹安装位置，确认后将该处的 PE 护套剥除。用工作吊篮作为工作平台，将吊篮安装在主缆上，承载索夹及安装人员在其中进行操作。安装索夹从跨中向塔顶进行，边跨从锚固点向塔顶进行。索夹安装的关键是螺栓的紧固。紧固螺栓要分次进行，索夹安装、就位时用扳手预紧，然后用扭力扳手第一次紧固，吊杆索力加载完毕后用扭力扳手第二次紧固。索夹的紧固力须作滑移试验来确定。

5. 安装吊杆

小型吊杆用人工安装。首先搭一个活动支架，高度可以根据需要调整。小吊杆用 4~6 人抬起后先将下端伸入主梁的预留孔内，上端穿入连接销便可。大型吊杆要用吊车配合安装。

6. 张拉背索、吊杆

悬索桥在力的作用下呈现出明显的几何非线性，所以吊杆的加载是一个复杂的过程。主缆相对于主梁而言刚度很小，如果吊杆一次直接锚固到位，无论是张拉设备的行程还是张拉力都很难控制。而全桥吊杆同时张拉调整在经济上是不可行的，为了解决这个问题，就必须根据主梁和主缆的刚度、自重采用计算机模拟的办法，得出最佳加载程序，并在施工过程中，通过观测，对张拉力加以修正。施工过程中背索不可能一次张拉到位，要分次进行，吊杆每张拉一次背索也相应张拉一次，不断调整索力，最终使索力达到设计要求。张拉吊索用 8 台千斤顶同时对称作业。由于主缆在自重状态高程较高，导致吊杆在加载之前下锚头处于主梁梁体之内，因此在张拉时需配备临时工作撑脚和连接杆(如图 8-108 所示)。

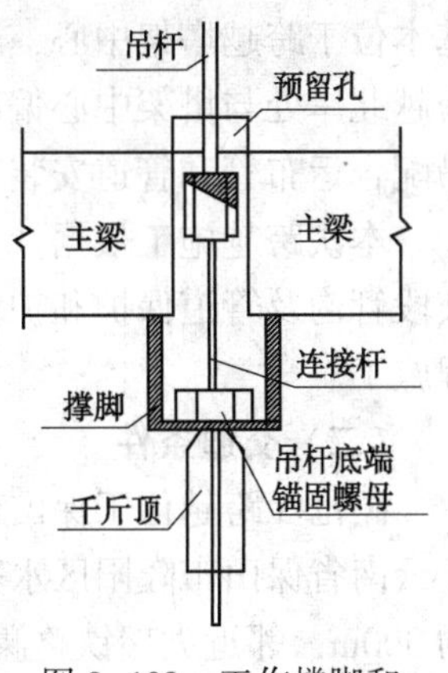

图 8-108 工作撑脚和连接杆示意图

五、三种跨越结构型式比较

由于国内悬索结构发展较晚，早期采用的斜拉索结构比采用悬索结构更广泛。但是，自第一座悬索管道跨越竣工已历经 10 年，国内的悬索管道结构设计经验渐渐成熟，且悬索结构更能适应各种施工环境，所以我国未来的管道悬索跨越结构数量将会超过斜拉索结构，这也证明了在各种大中型管道跨越设计结构选型中悬索结构的优势日渐明显，悬索结构跨越是目前采用较多的跨越型式之一，且越来越受到重视。

第五节 大型河流跨越施工工程案例分析

一、工程概况

(一) 工程概况

中缅油气管道及云南成品油管道工程第 1 合同项澜沧江跨越工程，位于云南省保山市隆阳区和大理州永平县交界处，跨越处天然气管道桩号为 QAD304~QAF000，原油管道桩号为 YAD304~YAF000，成品油管道桩号为 CAK001~CAJ279，为三管共用悬索跨越，跨度设计为 280m。

跨越南岸(右岸)连接岩鹰山隧道出口，北岸(左岸)连接江顶寺隧道入口，隧道出入口至跨越桥墩管道采用埋地敷设，跨越桩之间天然气管道水平长度为 455.3m，实长 520.2m，原油管道水平长度为 462.9m，实长 528.9m；成品油管道水平长度为 446m，实长 523.5m。其中右岸爬坡段管道与隧道管道之间存在 47°18′叠加角，爬坡段管道存在一纵向角(该处弯头度数需管沟开挖完成后进行实际测量确定)。

岩鹰山隧道出口底板高程 1437.14m，江顶寺隧道进口底板高程为 1403.00m，跨越桥底高程为 1360m，桥面高程为 1363m。顺气流方向，跨越桥面从右到左 3 条管线依次为天然气、原油、成品油，天然气管道设计压力为 10MPa，采用 D1016mm×22.9mm 直缝管，材质为 X80；原油管道设计压力为 15MPa，采用 D813mm×28.6mm 直缝管，材质为 X70；成品油管道设计压力为 13.2MPa，采用 D219.1mm×9.5mm 直缝管，材质为 L360。

本次施工在跨越段运布管将利用中铁大桥局 80t 缆索吊，该缆索吊走线在岩鹰山隧道侧基本位于跨越塔架中心，与跨越中心线成一定夹角向江顶寺隧道侧延伸(方向北偏东)，在跨越北岸处与塔架中心偏离约 6~7m，偏向施工便道进口。两岸爬坡段管道拟架设 20t 缆索吊配合运布管和管道安装。

本次跨越施工根据业主、EPC 和中铁一局之间的协商结果，跨越两岸连接段管道的爬坡段管沟及管道保护和护坡处理由中铁一局负责施工，我部主要负责管道安装及线路附属工程施工。

(二) 交通条件

澜沧江跨越位于保山市和大理州交界处，距永平县直线距离约 22km。跨越位置右岸位于云南省保山市隆阳区水寨乡，左岸位于云南省大理白族自治州永平县阳镇，在霁虹桥上游约 300m，邻近大瑞铁路澜沧江特大桥，两岸地形陡峻，目前从澜沧江特大桥施工工地到施工现场的临时施工道路已经修通，施工机具及人员可以到达本工程跨越平台位置，但是右岸道路条件较差，只能满足一般车辆进出，运管炮车因高度问题不能通过，管道运输困难，因此管道均考虑从左岸运送。左岸道路目前基本具备管道运输条件，但需进行整修才能满足管材和大型设备进场条件。

(三) 地形地貌

澜沧江跨越位于古霁虹桥附近澜沧江峡谷内，河床狭窄，地势险峻，水流湍急，河谷呈“V”形，地面标高 1210~2110m 左右，相对高差约 900m。左岸塔基位于博南山山坡，坡角约 53°，右岸塔基位于罗岷山陡崖上，坡角约 60°，局部达 80°。澜沧江在跨越附近呈“之”字形展布，跨越处河床顺直，与管线位近正交，谷底宽约 120~130m，谷底高程约 1165~1175m，水面宽 80~120m，最大水深约 20~30m。跨越区地表横向冲沟较发育，横坡 40°~90°不等。坡面植被较发育，以灌木、零星松树林为主。

(四) 气象条件

跨越位于澜沧江峡谷内，昼夜温差较大，夏秋多雨，冬季干旱，无严寒酷暑，紫外线强，偶有暴雨袭击，蒸发量、气温随高程增加而降低，降雨量则随高程增加而增大，属南亚热带河谷型亚湿润气候。

跨越施工受风影响较大，跨越处年平均风速 1.6m/s，年最大风速 17m/s，风向有 3 个，但多近于南风或北风，即多顺江风向。据中铁大桥局大瑞铁路澜沧江特大桥项目部气象台资料，跨越处极大风力达 10~12 级，极大风速可达 30.7m/s，存在较大安全隐患，施工时应尽量避开。

二、施工组织设计

(一) 施工方案概述

本次跨越施工，根据施工流程，大致可分为图 8-109 所示的阶段。

跨越两岸目前均有中铁大桥局的施工便道可通向跨越桥头，但右岸便道较狭窄，路基承载力较差，且因大瑞铁路澜沧江大桥基础影响，运管炮车无法通过，管材运输不便，因此本

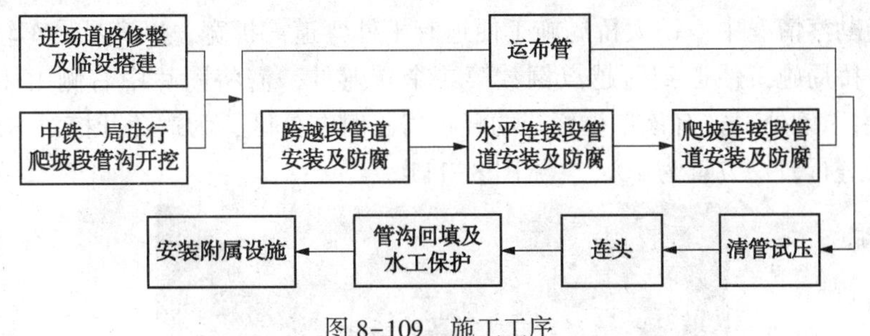

图 8-109　施工工序

次施工按以下原则进行：

① 所有管道均从跨越左岸(江顶寺隧道侧)进管，其中跨越段及右岸隧跨连接水平段管道通过中铁大桥局 80t 悬索吊运送至桥面和右岸。跨越段管道通过 80t 悬索吊就位于桥面管道中心线上，同时利用该悬索吊辅助管道安装，桥面管道需在堆管场完成除锈和底漆、中间漆涂刷后再通过运管炮车运送到桥头。右岸水平段管道拟安排 12t 吊车将管道从右岸桥头运送至水平段安装位置并配合安装；左岸水平段管道拟安排 50t 吊车进场配合安装。

② 跨越爬坡段管道拟通过架设 20t 缆索吊进行运、布管以及辅助安装。两岸爬坡段管道需在隧道管道完成一定安装长度后再进行安装，安装顺序从上至下，均从隧道口管道开始进行。右岸爬坡段管道同时利用 12t 吊车配合缆索吊进行安装，左岸爬坡段管道同时利用 50t 吊车配合缆索吊进行安装。

③ 右岸爬坡段管道清管试压与岩鹰山隧道管道一并进行；右岸水平段、跨越段和左岸水平段管道单独试压；左岸爬坡段管道清管试压与江顶寺隧道管道一并进行。

(二) 进场道路修整及临设搭建

1. 进场道路修整

左岸进场道路除中铁大桥局的部分混凝土施工便道可以利用外，其余道路由于澜沧江跨越和江顶寺隧道施工，已被载重汽车反复碾压，路面凹凸不平，且部分地段存在坑洞，需进行整修后才能满足设备进场需要。见图 8-110。

图 8-110　需整修道路现场情况

整修的路面从 QAF007 号桩堆管场至中铁大桥局施工场所混凝土便道起点，长度约 4.1km。通过铺垫碎石加强路基承载力同时将路面坑洞用片石填满，使其达到机具设备进场条件。预计使用碎石 1500m^3，片石 500m^3。

根据现场勘察情况中，铁大桥局施工便道有1处弯道需扩宽，以满足吊车转弯半径。该处位于中铁大桥局施工便道到跨越点倒数第二个转弯处，需将图片中右侧山体向外侧扩宽0.5~1.0m。由于该处上方有该单位修建的轻板房临时办公区，为避免开挖对房屋造成影响，必须采用人工进行，挖方量为20m³。见图8-111。

图8-111　需扩宽处现场情况

2. 堆管场选取

鉴于QAF007号桩堆管场距跨越点距离较远，我部拟利用中铁大桥局目前的砂石堆场作为二级堆管场，方便炮车倒运管材。在二级堆管场用枕木搭建临时管墩，作为桥面管道的除锈和刷漆平台。见图8-112。

图8-112　堆管场现场情况

3. 20t缆索吊设置

根据施工图要求，爬坡段管沟底部需浇筑细混凝土垫层，并且管沟内需先安装锚杆，因此为保证管道在布管过程中不损坏垫层，同时也为了最大限度地保护管道防腐层，以及避开爬坡段纵向角的布管难点，经我部与中铁大桥局前期协商，请对方在两岸隧道口上方架设20t缆索吊1组辅助施工，在缆索吊两侧各设置2台卷扬机分别作为吊具行走牵引和管道起吊牵引。该缆索吊主要作为右岸爬坡段管道的运管和两侧爬坡段管道就位及辅助对口安装。见图8-113、图8-114。

该缆索吊架设应满足以下条件：

① 该缆索吊机在澜沧江隧道出口、江顶寺隧道进口及相应爬坡段管沟所涵盖的范围内

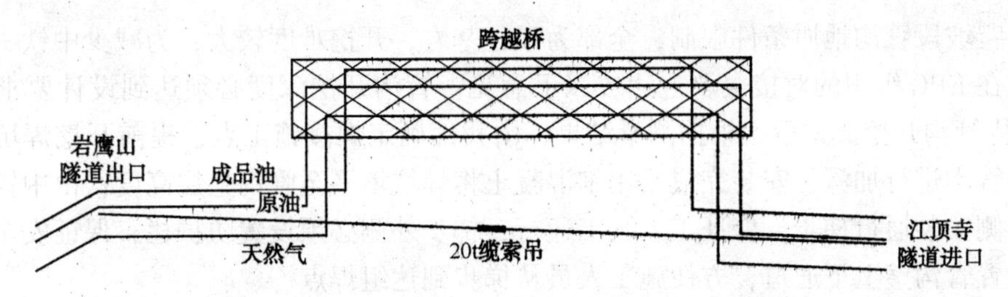

图 8-113　澜沧江跨越 20t 缆索吊架设平面示意图

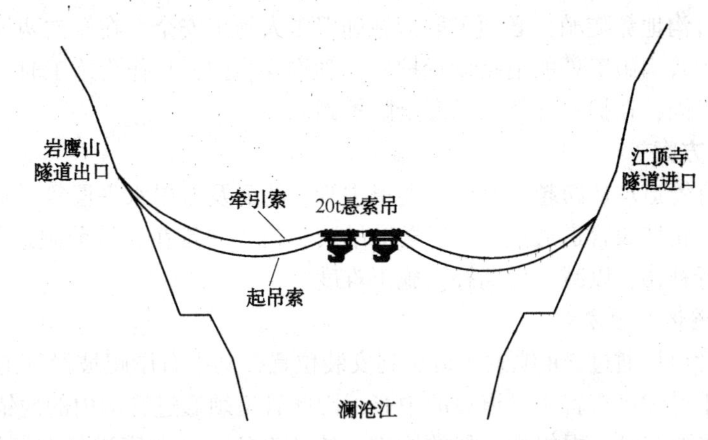

图 8-114　澜沧江跨越 20t 缆索吊架设纵向示意图

不能有吊装盲区。

② 该缆索吊在岩鹰山隧道出口一侧的吊装末端必须位于天然气和原油管道两管中心，并保证管道在管沟左右位置进行调整时能平稳位移，该位移必须至少保证左右各 1.0m 以上。

③ 该缆索吊必须设置 2 组吊装行车，方便管道就位时调整姿态。

由于缆索吊与爬坡段管沟存在一定夹角，因此管道不能一次性就位，需在管沟内设置牵引装置，对管道进行轴线调整。根据现场情况，拟利用管沟内的锚杆作为牵引装置的地锚。为保证该地锚的可靠性，须用钢丝绳将锚杆连成整体。但是，由于设计要求每间隔 5m 需利用该锚杆安装管夹，因此不能利用需安装管夹的锚杆作地锚。

（三）爬坡段管沟开挖要求

1. 管沟开挖要求

根据施工图要求，爬坡段天然气、原油、成品油三管同沟敷设。按天然气顺气流方向，*D*1016 天然气管道埋设在右侧，*D*813 原油管道埋设在左侧，两管中心间距 1.62m，净间距 0.7m，*D*219.1 成品油管道在原油管道左侧，两管中心间距 1.22m，净间距 0.7m。爬坡段管沟挖深 1.57m，管沟底部采用 150mm 高度的细混凝土浇筑垫层，其余部分采用 C30 混凝土进行浇筑。

考虑管道组焊的实际情况，为保证焊接时有足够的操作空间，爬坡段管沟沟底宽度理论值应为 1.016m+0.813m+0.219m+0.7m+0.7m+1.6m=5.048m（公式中 1.6m 为管沟焊接加宽余量）。

根据设计施工图，管沟开挖的 1.57m 仅仅为管道的埋设最低深度，根据现场施工实际情况，由于隧道内管道已安装，因此爬坡段管道的安装高度也已确定，所以为保证管道的正常焊接，管沟需在设计的开挖深度上再超挖 300mm，即管沟开挖的最小深度为 1.87m。

由于爬坡段管沟地质条件限制，全部为孤立基岩，开挖难度较大，为减少中铁一局的施工难度，在EPC组织的对接会议上达成以下意见：管沟开挖深度必须达到设计要求的最低1.57m，待管沟开挖成型后，根据测量结果，由我部确定焊接施工点，提前开挖焊坑，在焊坑位置对管沟进行加深，安装完成后用细混凝土将焊坑填平至管沟垫层高度；由中铁大桥局在管沟两侧安装通行梯步，保证工人施工通行，梯步外侧必须设置防护栏，保证安全，在焊坑位置设置管沟壁上下通道，方便施工人员从梯步到达组焊点。

2. 管沟防护措施搭建

由于爬坡段管沟地势陡峭，必须采取措施确保工人施工安全。在管沟两侧的梯步外侧设置护栏，在爬坡段管沟施工处的道路设置护栏；管沟梯步护栏将作为施工时工人安全绳的悬挂点，因此必须稳固；在护栏外侧设置安全防护网。

（四）运布管方案

本次施工所有管道均从跨越左岸施工便道进管，桥面及右岸水平段管道通过80t悬索吊运送至指定地点。爬坡段管道通过20t缆索吊吊装到位，并且在布管前须进行防腐层检查，发现破损立即进行补伤，以减小后期补伤施工难度。

1. 爬坡段管道运布管方案

两岸爬坡段管道均通过20t缆索吊运送到安装位置，其中右岸爬坡段管道也通过该缆索吊运送过江。由于缆索吊布置于隧道口的中心，因此管道须通过管沟内的地锚进行管道左右位置调整。施工采取布管一根组焊一根的原则，按从上往下的顺序进行布管组焊，天然气、原油、成品油三根管道依次进行，保证组焊进度一致。本段管道必须在隧道内管道安装长度达到100m以上后才能进行施工，以保证管道安装后有可靠的承重支持。考虑到设备的摆放，本段管道的水平段施工将安排在爬坡段低端叠加弯头施工前进行，以保证设备顺利退场。

2. 桥面管道布管

桥面管道通过80t缆索吊吊装到位。根据现场勘察情况，由于大桥主缆索的高度较高，管道从大桥上方通过的难度较大，安全风险较高，因此管道将通过吊索间的空隙运送至桥面上。如图8-115所示。

图8-115　桥面管道布管示意图

施工时采用50t吊车，在左岸桥头将管道从运管炮车上卸下后，直接通过吊索间的空隙，运送只桥面，再使用80t缆索吊将管道吊装到安装位置。因桥面管道支座到货时间较晚，并且该支座最低点距桥面底板仅100mm高，不能满足焊接需要，因此需要在桥面上搭建临时管墩。临时管墩分为两种：枕木组管墩，此类管墩均从两侧桥头的第一个管墩开始，以后每间隔30m设置1组；砂袋组管墩，此类管墩设置在枕木组管墩之间，每间隔5m设置1组，砂袋内填装河砂，以确保拆除时不污染环境。临时管墩设置于大桥“米”字形梁架处。

因桥面管道支座最宽构件是支座底板，宽度为300mm，因此为保证管道焊接完成后能进行支座安装，临时管墩高度需为400mm。管道支座安装完成后拆除临时管墩。利用千斤顶先拆除枕木管墩，砂袋管墩通过戳破编织袋，将河砂漏出的方式拆除，管道由此自然沉降到位。在拆除临时管墩前，需对支座前后1m范围内的管道进行面漆喷涂，通过厚度检测后再进行拆除施工。管道就位于支座上后再进行剩余管道的面漆喷涂。

桥面管道布管从大桥中间开始向两侧布置，确保大桥承重处于平衡状态。每天天黑前对桥面管道的布管进度进行检查，若两侧管道不一致，必须增补或撤下一根管道。

3. 水平连接段管道运布管方案

右岸水平段管道通过80t缆索吊运送至右岸桥头后，通过12t吊车通过吊索间隙将管道吊出，并运送至安装位置。左岸水平段管道通过50t吊车直接卸下后运送至安装位置。水平段管道从跨越塔架开始边后退、边布管、边组焊，确保设备退场。

（五）管道安装方案

1. 爬坡段管道安装

两岸爬坡段管道安装均利用20t缆索吊辅助进行对口，安装顺序从上至下，均从隧道口开始向下，布管一根、安装一根。在管道组焊处搭建组焊平台，平台架管必须嵌入管沟的基岩内，同时跳板必须用铁丝捆扎于架管上。天然气、原油、成品油管道交替安装，以保证安装进度一致，减少平台搭建工作量，焊接后检测及防腐均利用该平台。

2. 桥面管道安装

桥面管道安装全部在桥面进行，不再搭建桥头安装平台。安装时使用80t缆索吊对管道进行起吊，辅助进行管道组对工作，桥面直管段管道对口使用内对口器进行，桥头弯头组焊使用外对口器。

影响桥面管道安装的主要因素是峡谷顺江风，因此做好防风措施是保证管道焊接质量的关键：在防风棚的4根立柱上焊接4组吊耳，利用白棕绳将防风棚与大桥栏杆捆绑在一起，确保防风棚不被吹翻；在管道焊接处满铺木板，将防风棚立于木板之上，确保桥下无风进入到防风棚内；在防风棚两端用枕木将门帘压在木板上，减少风对焊接的影响。

3. 水平段管道安装

两岸水平段连接管道均从跨越桥面开始向后逐一进行安装。右岸水平段管道利用12t吊车辅助管道组对，左岸水平段管道利用50t吊车配合。两岸水平段管道考虑到清管试压需要，不能与爬坡段管道直接连通，需预留10m以上距离用以安装清管器收发装置。

4. 管道焊接及检测

管道组焊要求与线路一致，采用与线路一致的组焊和连头施工工艺，做好焊前预热、层间温度控制以及防风、防雨措施，保证焊接质量。

(1) 天然气管道焊接

① 天然气管道焊接根据焊接工艺规程，根焊采用AWSA5.18 ER80C-Ni1(ϕ1.2mm)熔化极气体保护焊工艺，填充/盖面采用AWSA5.29 E81T8-Ni2/E81T8-G(ϕ2.0mm)自保护药

芯焊丝半自动焊工艺。保护气体采用混合气，80% CO_2（气体纯度≥99.5%，含水量≤0.005%）+20%Ar（气体纯度≥99.96%）。

② 连头焊接根焊采用 AWSA5.1E7016（ϕ3.2mm）焊条电弧焊工艺，填充/盖面采用 AWSA5.29E81T8-Ni2/E81T8-G（ϕ2.0mm）自保护药芯焊丝半自动焊工艺。

③ 管口预热采用火焰加热，保证管口加热均匀，加热宽度为坡口两侧各 50mm，预热温度为 100~200℃，温度测量采用红外线测温仪，在距管口 25mm 处均匀测量。层间温度控制在 60~150℃。

（2）原油管道焊接

① 原油管道焊接根据焊接工艺规程，根焊采用 AWS5.1E6010（ϕ4.0mm）纤维素焊条手工电弧焊下行；填充/盖面采用 AWSA5.29E81T8-Ni2/E81T8-G（ϕ2.0mm）自保护药芯焊丝半自动焊工艺。

② 连头焊接根焊采用 AWS5.1E6010（ϕ3.2mm）纤维素焊条手工电弧焊上行；填充/盖面采用 AWSA5.29E81T8-Ni2/E81T8-G（ϕ2.0mm）自保护药芯焊丝半自动焊工艺。

③ 管口预热采用火焰加热，保证管口加热均匀，加热宽度为坡口两侧各 50mm，预热温度为 80~150℃，温度测量采用测温笔或测温仪，并在距管口 25mm 处均匀测量。层间温度控制在 60~150℃。

（3）成品油管道焊接

① 成品油管道焊接根据焊接工艺规程，根焊采用 GB/T 8110ER50-6（ϕ2.5mm）焊丝，钨极氩弧焊工艺；填充/盖面采用 GB/T 5117E5015（ϕ3.2mm）低氢型焊条，手工焊工艺。氩气纯度要求>99.96%。

② 连头焊接根焊采用 GB/T 8110ER50-6（ϕ2.5mm）焊丝，钨极氩弧焊工艺；填充/盖面采用 GB/T 5117E5015（ϕ3.2mm）低氢型焊条，手工焊工艺。

③ 采用本焊接工艺不需要进行管口预热，但需要保证层间温度≥80℃，因此需配备火焰加热设备，对层间温度进行控制。

（4）焊口检测

根据设计要求，本跨越段全部环向焊缝及与两侧隧道连接的管道及碰死口焊缝均进行100%射线照相和 100%超声波探伤检验。其检测应符合《石油天然气钢质管道无损检测》（SY/T 4109—2005）的相关规定，射线照相达到Ⅱ级为合格，手动超声波检测，合格级别为Ⅰ级。

5. 管道防腐及涂色

根据设计要求，本段管道防腐分为跨越桁架及悬索段和埋地段，埋地段管道即是水平段和爬坡段。

对于跨越桁架及悬索段管道的外防腐层，采用环氧富锌底漆（100μm）+环氧云铁中间漆（150μm）+氟碳面漆（100μm）的防腐结构，焊口防腐采用无溶剂环氧底漆（230μm）+氟碳面漆（100μm）。埋地段采用和隧道内管道相同的防腐形式，即低温固化型环氧粉末高温型 3LPE 加强级防腐层。

埋地段管道防腐施工要求与一般线路一致。

跨越桁架及悬索段管道防腐在管道运管前先进行底漆和中间漆涂刷，待全部安装完成以后再进行面漆施工，底漆及中间漆涂刷在堆管场进行。管道除锈采用喷砂工艺，以达到 Sa2.5 级为合格。管道涂漆采用喷漆的施工工艺，确保外观均匀、无气泡、无裂痕等缺陷。

干膜厚度大于或等于设计厚度值的检测点应占检测点总数的 90%以上；其余检测点厚度不低于设计厚度值得 90%。涂层针孔检测应执行 SY/T 0063《管道防腐层检测试验方法》，使用电火花检漏仪，电压 1000V，发现针孔应立即修补。

根据设计文件要求，露空管道及设备涂漆按表 8-31 进行。

表 8-31　露空管道及设备涂漆

构件名	类型	颜色	备注
天然气管道	管道	中黄色	SY/T 0043—2006
原油管线	管道	中灰色	SY/T 0043—2006
成品油管线	管道	银白色	SY/T 0043—2006
管道支架		中灰色	SY/T 0043—2006
其余钢结构		银白	

(六) 清管试压及干燥方案

1. 天然气管道试压要求

本段管道根据设计要求需进行单体试压。强度试验压力为 1.5 倍设计压力(设计压力 10.0MPa)即 15.0MPa，稳压 4h，以在稳压时间内压降不大于 1%的试验压力和无泄漏为合格；强度试压结束后将试压压力降至设计压力进行严密性试压，严密性试验压力为 1.0 倍设计压力即 10.0MPa，稳压 24h，以在稳压时间内压降不大于试验压力的 1%且不大于 0.1MPa 为合格。

2. 原油管道试压要求

本段管道根据设计要求需进行单体试压。强度试验压力为 1.5 倍设计压力(设计压力 15MPa)即 22.5MPa，稳压 4h，以在稳压时间内压降不大于 1%的试验压力和无泄漏为合格；强度试压结束后将试压压力降至设计压力进行严密性试压，严密性试验压力为 1.0 倍设计压力即 15.0MPa，稳压 24h，以在稳压时间内压降不大于试验压力的 1%且不大于 0.1MPa 为合格。

3. 成品油管道试压要求

本段管道根据设计要求需进行单体试压。强度试验压力为 1.5 倍设计压力(设计压力 13.2MPa)即 19.8MPa，稳压 4h，以在稳压时间内压降不大于 1%的试验压力和无泄漏为合格；强度试压结束后将试压压力降至设计压力进行严密性试压，严密性试验压力为 1.0 倍设计压力即 13.2MPa，稳压 24h，以在稳压时间内压降不大于试验压力的 1%且不大于 0.1MPa 为合格。

4. 试压头制作与安装

试压头根据图 8-116 和图 8-117 进行制作(三管一致)。试压头主管材采用与穿越段同壁厚的钢管，材质与穿越段管道相同。上水管线、放空泄压管线、接空压机管线、排水管线的管材使用 Φ57mm×6mm 的 B 级无缝钢管。(1)、(2)、(3)、(4)号阀门的压力规格不低于 25.0MPa。压力表为弹簧管型，表盘直径为 150mm，精度不低于 1.0 级，量程为 0～30MPa，最小刻度不大于每格 0.1MPa。温度计量程范围为 0～100℃。温度计要精确到 0.5℃。试压头制作完成后应单独进行水压试验，其压力不低于各管线设计压力的 1.5 倍，稳压时间为 4h。以压力无下降、管道、连接管道不变形为合格。

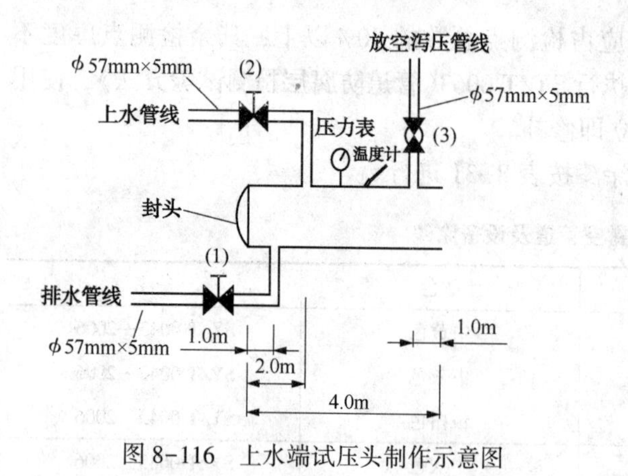

图 8-116　上水端试压头制作示意图

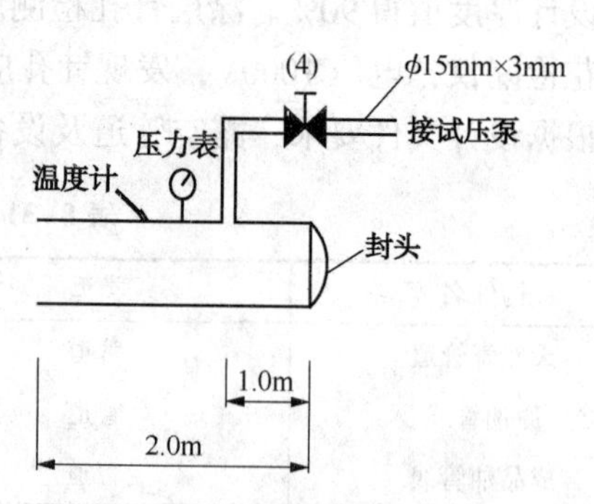

图 8-117　打压端试压头制作示意图

5. 上水

试验用的水为无腐蚀性洁净水。注水前，在现场监理的见证下对将要使用的每个水源进行水样采集，并送有相关资质的实验室化验分析，确认试压用水的 pH 值、悬浮物、含盐量，达到要求才能使用。其要求如下：pH 值：6~9；悬浮物量：≤50mg/L；含盐量：≤2000mg/L。

装水样的瓶子将标注如下内容：注明管道桩号的水源地点；取水日期；取样人员的姓名。根据现场勘察，本次试压取水均从澜沧江中抽取，上水点均设置在右岸水平段，并在取水口设置过滤网。

上水过程中关闭(1)、(3)号阀门，打开(2)、(4)号阀门(强度试验过程中 4 号阀门应连接试压泵)，当(4)号阀门均匀地流出成股的水且无气体时，认为水已经充满整个试压管段。此时，停止上水并关闭(2)号阀门，开启试压泵对穿越段管道加压。

6. 强度试压

强度试验使用试压泵对管道加压。压力泵采用撬装型，型号为 3NY-300/70，能够将管道压力升到最高试验压力。压力泵在运行过程中应当维持稳定的加压速度。

开启试压泵后应缓慢地增加试验压力(每分钟不大于 75kPa 的均匀速率增加试验压力)，当管道远端压力达到强度试验压力的 30%时(天然气 4.5MPa，原油 6.75MPa，成品油 5.94MPa)停泵检查所有的管件和连接段，看是否有漏水和系统是否保持完整性。在无泄漏和系统保持完整的情况下则继续增大压力至试验压力的 60%(天然气 9.0MPa，原油 13.5MPa，成品油 11.88MPa)，再次检查有无漏水和系统的完整性情况，检查合格后，根据试压计划，继续增加压力到强度试验压力(天然气 15MPa，原油 22.5MPa，成品油 19.8MPa)。当压力达到强度试验压力后关闭(4)号阀门，停止试压泵。保持压力稳定 4h，压降不大于 1%且无泄漏即为合格。

强度试压应以最高点的压力读数为准。试验过程中应做好相应记录。

7. 排水

强度试验合格后，排除部分管道内的水，以便降压后进行严密性试验。缓慢打开排水阀，采取自然泄流，排除部分管道内的水，待管道内压力降为设计压力时停止排水(天然气 10MPa，原油 15MPa，成品油 13.2MPa)。

8. 严密性试压

当管内水排除部分后，如果压力低于设计压力(天然气 10MPa，原油 15MPa，成品油 13.2MPa)，则采用试压泵进行补压。严密性试验稳压时间为 24h，以压降不大于 1%(天然气 0.1MPa，原油 0.15MPa，成品油 0.13MPa）且不大于 0.1MPa 为合格。严密性试验过程中要做好相关记录。

9. 泄压排水及连头

严密性试验合格后，排除管道内所有试压水，应缓慢开启（1）号阀门，以排除管道内的试压用水。管道泄压排水后，拆除试压头附属管件、阀门等进行连头施工。

10. 管道干燥

根据设计要求，只有天然气管道才进行干燥施工，本段管道干燥可以和线路一并进行。管道干燥应使被干燥的管道内的空气露点低于-20℃（常压下的露点），空气中的水含量低于 0.822g/m^3。管道干燥程度可用电子露点仪测定，达到设计规定的露点为合格。

（七）管沟回填及水工保护工程

1. 天然气及原油水平段管沟回填

天然气及原油管道水平段管沟根据设计要求为同沟敷设，需在外侧砌筑钢筋混凝土挡墙作为管沟沟壁，挡墙至少高出天然气管顶 200mm。

水平段管道采用钢筋混凝土盖板涵进行防护，盖板采用过车盖板。当原油管道距离岩壁净距≤2m 时，盖板直接嵌入岩壁；当距离>2m 时，在原油管道内侧打边墙，边墙与岩壁之间的空隙采用混凝土浇筑。天然气、原油管道之间采用混凝土挡墙进行隔离，高出天然气管道管顶 200mm，管道安装前用 10mm 厚的橡胶板包裹管道，包裹时搭接 200mm。管沟内采用细土进行回填，并分层夯实。

当水平段管道埋地挖方敷设时，管沟回填采用满管沟混凝土连续浇筑的方式进行施工，并且每隔 10m 设伸缩缝 1 道，缝中填塞沥青麻筋，沿内外顶三方填塞深沥青度不小于 150mm。

2. 成品油水平段管沟回填

成品油水平段管道为单独敷设，管沟开挖深度为 1019mm，宽度为 1191mm，沟底与沟口同宽。管沟采用 C30 现浇混凝土方式进行回填，浇筑前用 10mm 厚的橡胶板包裹管道，包裹时搭接 200mm，并且每隔 10m 设伸缩缝 1 道，缝中填塞沥青麻筋，沿内外顶三方填塞深沥青度不小于 150mm。

3. 爬坡段管沟回填

管道为三管同沟敷设，根据设计要求使用 C30 混凝土连续覆盖至原始地貌高度 300mm 以上，每间隔 10m 设置伸缩缝 1 道，缝中填塞沥青麻筋，沿内外顶三方填塞深沥青度不小于 150mm。施工前先用 $\delta=10$mm 胶皮对管道进行包裹，包裹时搭接 200mm，在管道防腐完成后立即进行。

根据设计要求，在管沟回填前需安装管夹，第 1 个管夹为距离爬坡段坡顶弯头 5m 处，自起点按照 5m 距离均布，避开弯头弯曲部位，管夹利用管沟内预埋锚杆作为地脚螺栓。除管夹处锚杆外，其余锚杆与管沟上方钢筋网焊接为一体。

爬坡段管沟开挖成形后，应清除沟壁松动石块，以确保混凝土与周边岩石的结合。

图 8-118 为中缅管线澜沧江跨越。

图 8-118　中缅管线澜沧江跨越

三、施工机具

主要施工机具、设备、材料需求计划见表 8-32。

表 8-32　主要施工机具、设备、材料需求计划

序号	机械或设备名称	型号规格	单位	数量	用于施工部位	备注
(一)	起重、运输设备					
1	吊车					
		50t	台	1		
		25t	台	2		
2	发电机	100kW	台	3		
3	小型运输车	双排座	辆	1	材料运输	
4	运输车	10t	台	8	管材运输	
5	拖车	40T 平板拖车	台	1	设备的倒运	
6	小型客车	9 座	辆	2	人员乘坐	
7	皮卡	0.5t	辆	1	人员乘坐	
8	指挥车	丰田	辆	1	人员乘坐	
9	指挥车	越野车	辆	1	人员乘坐	
10	指挥车	普桑或捷达	辆	1	人员乘坐	
(二)	焊接设备					
1	焊机	米勒 450	台	6	天然气管道打底	
		zx7-400	台	12	原油管道打底及成品油管道打底和填盖	
		mps500	台	16	填充、盖面	
2	磁力切割机		台	1		
(三)	工程、施工设备					
1	挖掘机	卡特 320 以上	台	1		
2	喷砂除锈设备	英格索兰	套	1		
3	内对口器	Φ1016	套	1	组对	
4		Φ813	套	1	组对	
	RTK 测量仪	莱卡	套	1		
5	电火花检漏仪	DJ-6	台	1		
6	超声波测厚仪	AR850	台	1		
7	涂层测厚仪	CM-8820	台	1		
8	测温仪		台	3		
9	干湿温度计		台	3		
10	拉力计		台	1		
(四)	试压设备					
1	试压泵	31.5MPa 56.4kPa/min	台	1		
2	空压机	$2m^3/min$	台	1		

参考文献

[1] 蒲明. 中国油气管道发展现状及展望[J]. 国际石油经济，2009，(03)：40-47，86.

[2] 刘银春，刘祎，王登海，等. 天然气输送管道选材分析[J]. 石油规划设计，2007，(04)：44-48.

[3] 冯耀荣，李鹤林. 管道钢及管道钢管的研究进展与发展方向(上)[J]. 石油规划设计，2005，(05)：1-7，51.

[4] 江勇，张宝强，陈娟，等. 特殊地形地貌对管道施工的影响[J]. 管道技术与设备，2011，(03)：40-41.

[5] 雷礼斌，尹番，廖福林，等. 山区陡坡段大口径管道的施工技术[J]. 油气储运，2011，(04)：273-275，235.

[6] 李均峰，吕宏庆，李著信. 国外多年冻土区管道建设的经验与启示[J]. 石油工程建设，2006，(06)：1-5.

[7] 吕宏庆，蒲小波，薛洪江. 多年冻土区管道的设计技术研究[J]. 后勤工程学院学报，2010，(02)：25-28，81.

[8] 李文东. 西气东输沙漠地段的大口径管道施工[J]. 石油工程建设，2002，(03)：16-17，1.

[9] 蔡柏松，朱建华，杨晓宁. 黄土陷穴对陕京输气管道的危害及处理[J]. 油气储运，2002，(04)：35-36.

[10] 李佳坤，马啸. 天然气长输管道穿越大型河流大开挖质量施工技术研究[J]. 中国石油和化工标准与质量，2016，(14)：97-98.

[11] 吕彦民. 特殊地带管道施工技术应用研究[J]. 硅谷，2010，(02)：100.

[12] 乔建宽，楚洁璞. 天然气管道施工中的焊接技术分析[J]. 科学之友，2013，(10)：50-51.

[13] 张日森. 天然气管道施工中的焊接技术应用实践[J]. 中国新技术新产品，2016，(09)：71-72.

[14] 罗志强. 油气管道手工焊接工艺[J]. 管道技术与设备，2001，(02)：25-27.

[15] 陈杨，杨兴. 长输天然气管道焊接方法综述[J]. 管道技术与设备，2010，(06)：37-39.

[16] 樊学华，庄贵涛，李向阳，等. 长输油气管道焊接方法选用原则[J]. 油气储运，2014，(08)：885-890.

[17] 万新强，孙碧君. 长距离天然气管道干空气干燥技术及应用[J]. 油气储运，2007，(04)：26-32.

[18] 刘炀. 天然气长输管道常用干燥方法比选(Ⅰ)[J]. 清洗世界，2006，(10)：36-38.

[19] Tubb，Rita. Pipeline & Gas Journal′s 2014 International Construction Report[J]. Pipeline & Gas Journal，2014，241(8)：38-45.

[20] 刘炀. 天然气长输管道常用干燥方法比选(续)[J]. 清洗世界，2006，(11)：22-28.

[21] 倪洪源，孙树山. 天然气长输管道干燥技术[J]. 石油工程建设，2004，(06)：13-16，4.

[22] 孙碧君. 天然气长输管道干燥技术研究[D]. 天津大学，2007.

[23] Permenter，Kate. Sheehan Touts 110 Years Of Success In Pipeline Construction[J]. Pipeline & Gas Journal，2013，240(6)：53-56.

[24] 陈耕. 科技创新[M]. 北京：石油工业出版社，2007.

[25] Anonymous. Companies and Markets：Pipeline Construction in the US[J]. M2 Presswire，2009，12(4)：123-126.

[26] Cosford J，Zeyl D V，Penner L. Terrain analysis for pipeline design，construction，and operation[J]. Journal of Pipeline Engineering，2014，13(3)：149-165.

[27] 何利民，高祁. 油气储运工程施工[M]. 北京：石油工业出版社，2015.

[28] 仪孝建，祁志江，李洪河. 浅谈 HSE 管理在川气东送管道工程上的应用[J]. 石油化工建设，2010，(02)：48-50.

[29] 刘永生. 浅谈长输管道山区施工的 HSE 管理[J]. 安全、健康和环境，2003，(07)：26-27.

[30] 刘晓光. HSE 管理在长输管道山区施工中的应用[J]. 建筑, 2011, (13): 38-39.

[31] 朱怀德, 王岩. 水网地区施工风险识别和风险应对策略[J]. 交通企业管理, 2012, (02): 67-68.

[32] Anonymous. $ 2 billion Turkmenistan-Pakistan pipeline project announced(J). Pipeline & Gas Journal, 1996, 223(9): 12-12.

[33] Glenn A. Wininger. Pipeline Construction[M]. Elsevier Inc.: 2011.

[34] 高祁. 长输管道施工作业技术[M]. 西安: 陕西科学技术出版社, 1999.

[35] GB 50235—2010 工业金属管道工程施工规范[M]. 北京: 中国计划出版社, 2012.

[36] GB 50236—2011 现场设备、工业管道焊接工程施工规范[M]. 北京: 中国计划出版社, 2011.

[37] GB 50251—2003 输气管道工程设计规范[M]. 北京: 中国计划出版社, 2007.

[38] GB 50369—2006 油气长输管道工程施工及验收规范[M]. 北京: 中国计划出版社, 2012.

[39] GB 50424—2007 油气输送管道穿越工程施工规范[M]. 北京: 中国计划出版社, 2008.

[40] GB/T 51132—2015 工业有色金属管道工程施工及质量验收规范[M]. 北京: 中国计划出版社, 2016.

[41] 石朝洋, 张晓阳, 刘相如. 长输油气管道山区陡坡地段施工技术的探讨[J]. 化工管理, 2016, (28): 192.

[42] 毛云龙. 输气工程施工技术[J]. 天然气与石油, 2001, (02): 7-11, 3.

[43] 宋龙进, 彭建国, 耿劲松. 山区管道施工通道修筑及管沟开挖技术[J]. 石油工程建设, 2012, (05): 86-88, 1.

[44] 王立飞, 郭洪生, 张亭亭. 山区陡坡段管沟沟槽+台阶法开挖施工新技术[J]. 科技传播, 2012, (17): 180-181.

[45] 庞伯贤. 油气长输管道管沟开挖技术[J]. 管道技术与设备, 2003, (05): 19-21.

[46] 孟凡新, 魏存煌. 大口径油气管道山区敷设布管方法简述[J]. 化工设计通讯, 2016, (09): 23, 61.

[47] 秦文宇. 山区陡坡地段管道布管技术[J]. 油气田地面工程, 2008, (08): 34, 38.

[48] 薛大帅. 山区陡坡地段管道布管技术的探索[J]. 中国石油和化工标准与质量, 2014, (07): 48.

[49] 沙俊飞. 山区大口径管道运布管技术[J]. 中国石油和化工标准与质量, 2012, (07): 77-78.

[50] 张俊, 郝光彬. 山区轻轨布管施工技术[J]. 科技创新与应用, 2012, (05): 15-16.

[51] 王召民. 山区长输管道陡坡地段施工技术[J]. 石油工程建设, 2005, (04): 38-40+2.

[52] 朱健, 孙力浩. 长输油气管道山区陡坡地段施工技术[J]. 管道技术与设备, 2003, (01): 30-32.

[53] 李冬, 崔太娟. 隧道内长输管道施工技术[J]. 中国石油和化工标准与质量, 2014, (01): 72-75.

[54] 朱绍平, 韩清国, 王峰. 大口径管道在山体隧道内的运布管技术[J]. 中国科技信息, 2008, (22): 85-87.

[55] 张放, 高平, 黄战明, 等. 山体隧道穿越管道安装施工方法[J]. 石油化工建设, 2014, (05): 78-80.

[56] 王录林. 输气管道工程小断面山岭隧道施工技术[J]. 工程技术: 全文版, 2016(6): 00124-00125.

[57] Zhang L, Yan X, Yang X. X70 Steel Tunnel Pipeline Design Construction Mechanical Parameters Optimization Analysis and Application[C]// International Conference on Pipelines and Trenchless Technology. 2009: 759-768.

[58] 武炜, 张晓玲. 谈天然气管道工程山体隧道穿越设计[J]. 山西建筑, 2012, (20): 180-181.

[59] 叶明. 山体隧道内大口径管道施工技术[J]. 石油工程建设, 2010, (02): 69-71, 11.

[60] 魏广起. 大口径天然气管道高落差清管试压技术探讨[J]. 中国石油和化工标准与质量, 2012, (13): 211-212.

[61] Liu S J, Hao N, Wang L, et al. Pipeline Design Principle and Construction Method of the Liupan Mountain Area[J]. Pipeline Technique & Equipment, 2013, (04): 43-45.

[62] Troy T. Meinke, Tad L. Wesley, Dean E. Wesley. Deep Compaction Resulting from Pipeline Construction—Potential Causes and Solutions[M]. Elsevier Inc.: 2008: 623-636.

[63] Sahota B S, Ragupathy P, Wilkins R. Critical aspects of Shell ETAP HP/HT pipe-in-pipe pipeline design and construction[C]//Ninth International Offshore and Polar Engineering Conference, 1999.
[64] 郑光明，徐振芳. 高寒地区的长输管道施工技术[J]. 国外油田工程，1998，(09)：35-41.
[65] 李均峰，吕宏庆，李著信. 国外多年冻土区管道建设的经验与启示[J]. 石油工程建设，2006，(06)：1-5.
[66] 李开彬，李兰生. 极寒地区长输管道高效施工方法[J]. 化工管理，2015，(09)：148.
[67] 冯大永. 永冻土、季节性冻土、冻土沼泽地段长输管道大开挖施工[J]. 石油工程建设，2012，(06)：93-95，111.
[68] 王茗，马丞，陈绪雨，等. 东北冻土地带油田原油与天然气长输管道施工关键技术的研发[C]// 全国天然气学术年会. 2014.
[69] GB 50251—2003 输气管道工程设计规范[S]. 北京：中国计划出版社，2003.
[70] GB 50369—2006 油气长输管道工程施工及验收规范[S]. 北京：中国计划出版社，2006.
[71] GB 50424—2015 油气输送管道穿越工程施工规范[S]. 北京：中国计划出版社，2015.
[72] GB 50819—2013 油气田集输管道施工规范[S]. 北京：中国计划出版社，2013.
[73] GB/T 28708—2012 管道工程用无缝及焊接钢管尺寸选用规定[S]. 北京：中国计划出版社，2012.
[74] GB/T 30818—2014 石油和天然气工业管线输送系统用全焊接球阀[S]. 北京：中国计划出版社，2012.
[75] SY/T 0452—2012 石油天然气金属管道焊接工艺评定[S]. 北京：中国计划出版社，2012.
[76] SY/T 6423. 5—1999 石油天然气工业承压钢管无损检测方法焊接钢管制造用钢带钢板分层缺欠的超声波检[S]. 北京：中国计划出版社，2012.
[77] 柳金海，陈百诚. 金属管道焊接工艺便携手册[M]. 北京：机械工业出版社，2005.
[78] 扎依采夫，什麦列娃，李荣恩. 长输管道焊接安装工程手册[M]. 北京：石油工业出版社，1991.
[79] 徐至钧. 管道工程设计与施工手册[M]. 北京：中国石化出版社，2005.
[80] 黄春芳. 油气管道设计与施工[M]. 北京：中国石化出版社，2008.
[81] 郝加前，何瑞霞. 中俄原油管道沿线多年冻土环境及管道施工技术探讨[J]. 冰川冻土，2013，35(5)：1224-1231.
[82] 杨利华. 对于高寒地区长输管道施工的技术保障措施浅析[J]. 中国石油和化工标准与质量，2013(11)：105-105.
[83] 李林，李静，王彦锋，等. 高寒地区管道施工的 HSE 管理[J]. 油气田地面工程，2012，31(8)：7-8.
[84] 孙树山. 中俄原油管道漠河-大庆段工程的 HSE 管理[J]. 石油工程建设，2010，36(3)：139-141.
[85] 雷阳. 高寒地区长输管道施工技术浅析[J]. 城市建设理论研究：电子版，2012(35).
[86] 张福全. 高寒地区永冻土段大口径原油管道防腐保温预制施工技术研究[D]. 吉林大学，2011.
[87] Mathews A C. Natural Gas Pipeline Design And Construction In Permafrost And Discontinuous Permafrost [C]//Jurnal Natur Indonesia，1977.
[88] 李超. 中俄东线天然气管道中国段开工[J]. 焊管，2015(7)：50-50.
[89] Oswell J M. Geotechnical Aspects of Northern Pipeline Design and Construction[C]// International Pipeline Conference. 2002：555-562.
[90] 王竞红，蔡体久，葛树生，等. 中俄输油管道工程建设对大兴安岭典型森林生态系统的影响[J]. 北京林业大学学报，2015，37(10)：58-66.
[91] Spradbery C. Aspects of pipeline design and construction in areas of boggy ground[J]. 2001，46(5)：13-18.
[92] Ratnayaka D D, Brandt M J, Johnson K M. Pipeline Design and Construction[M]// Water Supply. Elsevier Ltd，2009：561-598.
[93] 张文江，冯柏军，钟继斌，等. 沙漠管道的施工组织与方法[J]. 石油工程建设，2009，(S2)：38-40，7.
[94] 杨爱刚. 大口径长输管道沙漠段施工技术[J]. 石油工程建设，2010，(S1)：218-220，308.

[95] 高秋华. 浅析沙漠戈壁地区的管道施工技术[J]. 中国机械，2015(5)：153-154.

[96] 张力，李道德，彭顺斌. 单侧沉管在沙漠地段长输管道施工中的应用[J]. 天然气与石油，2011，(04)：23-25，92.

[97] 朱国承，夏政，郄海霞，张小龙. 毛乌素沙漠油气管道的工程机械防护措施[J]. 天然气与石油，2011，(04)：20-22+92.

[98] 黄朝晖. 沙漠地区管道敷设沿线固沙措施[J]. 油气田地面工程，2004，(08)：46.

[99] Anonymous. U. S. imposes new conditions on Keystone XL pipeline construction[J]. Daily Commercial News，2014，87(104)：147-156.

[100] 胡国强，熊新强，尚增辉，等. 沙漠地段天然气管道施工技术[J]. 石油规划设计，2005，16(6)：19-21.

[101] Gilbert，Richard. TransCanada takes next step in process for construction of Ontario pipeline[J]. Daily Commercial News，2014，87(99)：79-91.

[102] 陶世祯. 沙漠地区管道施工的特点[J]. 世界沙漠研究，1993(1)：39-43.

[103] 姚敏. 沙漠地区管道施工工艺[J]. 中华建设，2016(4)：136-137.

[104] Rita Tubb. P& GJ's 2017 Worldwide Pipeline Construction Report[J]. Pipeline & Gas Journal，2017，244(1)：22-24.

[105] Welford M R，Yarbrough R A. Serendipitous conservation：Impacts of oil pipeline construction in rural northwestern Ecuador[J]. Extractive Industries & Society，2015，2(4)：766-774.

[106] 李艳华. 西气东输管道江南水网地区的施工方法[J]. 油气储运，2003，(05)：27-29+61-64.

[107] 范德华. 大口径长输管道水网段施工技术的探讨[J]. 黑龙江科技信息，2008，(14)：249-250.

[108] 朱全. 大口径长输管道沼泽地段施工技术研究与应用[J]. 化工管理，2016，(03)：118.

[109] 严红江. 浅谈管道工程施工作业带在水网地区的加固技术[J]. 科技致富向导，2015(12)：74-74.

[110] 李广远，丁信东. 西气东输水网地段管道施工系列方法和技术[J]. 石油工程建设，2004，(04)：6-10，1.

[111] 张强，王品毅，牟宗元. 大口径长输管道在沼泽地段的施工[J]. 石油工程建设，2004，(06)：33-35，2.

[112] 刘长江. 大口径长输管道水网施工技术探索[J]. 石油天然气学报，2008，(02)：372-374.

[113] 张雪宝. 江浙沪水网地区的大管径施工[J]. 科技与企业，2011，(04)：73-74.

[114] 魏振伟. 关于大口径管道工程在水网地区如何解决无土围堰施工技术的探讨[J]. 中国信息化，2013(10).

[115] 纪延涛. 浅析无土围堰技术在中小型河流水塘穿越中的应用[J]. 中国高新技术企业，2008，(12)：193-194，196.

[116] Mohitpour M，Mcmanus M. Pipeline system design，construction and operation rationalization C/11 Proceedings of the International Conference on Offshore Mechanics and Arctic Engineering 14th. 1995.

[116] 邢治国，刘大宇. 西气东输管道工程水网地带施工技术[J]. 石油规划设计，2006，(02)：37-39.

[117] 宁博. 长输管道工程水网地段施工方法[J]. 科技资讯，2007，(09)：132-133.

[118] 康宝. 输油气管道水网地带施工方法分析[J]. 中国石油大学胜利学院学报，2011，(03)：18-21.

[119] Garfield D E，Ashline C E，Haynes F D，et al. Haines-Fairbanks Pipeline：Design，Construction and Operation[J]. Haines-Fairbanks Pipeline：Design，Construction and Operation. 1977.

[120] 任金岭. 水网地区长输管道敷设施工设计[J]. 鸡西大学学报，2007，(02)：46-47.

[121] 许怀丽. 水网地段大口径输水管网施工方法的研究[J]. 工程建设与设计，2013，(11)：120-122.

[122] Cottingham J，Thomas R，Petrasek A C. Design and Construction of the Lake Fork Pipeline[C]// Pipeline Division Specialty Conference. 2010：1401-1410.

[123] 张俊华. 试论特殊地段管道敷设施工技术[J]. 中国石油和化工标准与质量，2011，(09)：79.

[124] 宋文，翟沛．油气管道施工应对湿陷性黄土地质的基本措施[J]．科技创新导报，2014，(32)：114-116.
[125] 杜志伟，王治军，何军，等．黄土地区输油(气)管道建设研究[J]．石油规划设计，2006，(05)：40-41，53，61.
[126] 张海燕，马霖，杨辉荣，等．定向钻斜井在兰郑长管道施工中的应用[J]．石油化工建设，2009，(05)：71-74.
[127] 赵文明，侯学瑞，周西顺．单边定向钻在大型黄土冲沟管道施工中的应用[J]．石油工程建设，2008，(01)：62-63，1.
[128] 梁国俭．黄土塬地区管道施工方法——斜井穿越法[J]．石油工程建设，2007，(03)：23-25，6.
[129] 王芝银，袁鸿鹄，王怡，等．管道穿越土质边坡斜竖井设计参数的确定方法[J]．中国石油大学学报(自然科学版)，2010，(01)：105-108，113.
[130] 吴德胜．对湿陷性黄土地质中长输管道水工保护类型的介绍[J]．石油工程建设，2003，(05)：7-10，3.
[131] 王林，李亮亮，陶志刚，等．黄土区管道加筋干打垒护坡防护方法[J]．油气储运，2016，(11)：1226-1229.
[132] 马明来，张会武，郝景波，等．西气东输管道黄土塬陡坡施工的几点做法[J]．石油工程建设，2003，(06)：11-13.
[133] 郝世英，苏勇，常宏，等．黄土高原长输管道生态型水工保护技术[J]．石油工程建设，2004，(01)：31-34，65.
[134] 郭存杰，尹文柱，朱喜平．油气管道工程黄土高原地区冲沟头及其防护[J]．天然气与石油，2009，(04)：47-51.
[135] GB 50025—2014 湿陷性黄土地区建筑规范[S]．北京：中国建筑工业出版社，2004.
[136] 王斌，金淑贤，赵少华．黄土高原天然气管道施工组织与管理初探[J]．青岛理工大学学报，2012，33(5)：122-126.
[137] 杨楠．湿陷性黄土地区山地长输管道的施工技术研究[J]．科技与企业，2014(1)：220-220.
[138] 王惠智，杜景水，徐卫中．黄土高原油气管道的水工保护[J]．石油工程建设，1996(03)：31-33.
[139] Hopper T. PIPELINE DESIGN AND CONSTRUCTION IN SENSITIVE SETTINGS[J]. Water Resources Impact, 2012, 14(3)：10-11.
[140] 李永军，张小龙．靖边—咸阳输油管道水工保护技术措施[J]．油气储运，2002(08)：29-30.
[141] 姜英硕，刘永健，汪东华，等．湿陷性黄土地区输气管道的水工保护[J]．煤气与热力，2006(11)：15-17.
[142] Hengesh J V, Angell M, Lettis W R, et al. A Systematic Approach for Mitigating Geohazards in Pipeline Design and Construction[C]// International Pipeline Conference. 2004：2567-2576.
[143] 胡晓梅．水工保护在黄土高坡上的应用[J]．天然气与石油，2005(04)：61-64.
[144] 吴克信，刘阳．黄土地区油气管道工程线路水工保护措施探讨[J]．天然气与石油，2003，21(4)：58-62.
[145] 胡道华．大直径管道通过大型冲沟的一种新方法[J]．天然气与石油，2002(02)：65-67.
[146] Antaki G A. Piping and Pipeline Engineering：Design, Construction, Maintenance, Integrity, and Repair[J]. Marcel Dekker Inc, 2014, 10(13)：564.
[147] 史航．西气东输工程管道通过长江方案研究[D]．天津大学，2004.
[148] 张兴盛．长宁输气管道水平定向穿越黄河工程[J]．天然气工业，2002，(03)：84-86+2.
[149] 郑津洋．江南水网地区软土环境长输管道风险评价[A]．中国石油和石化工程研究会．中国国际石油天然气安全技术管理高层研讨会论文集[C]．中国石油和石化工程研究会，2005，6.
[150] 辛田军，颜山羊．大型河流穿越岩土工程勘察中穿越方式的选择[J]．西部探矿工程，2011，(06)：

14-16+20.
[151] 张雪宝. 江浙沪水网地区的大管径施工[J]. 科技与企业，2011(4)：73-74.
[152] 阎庆华，孙玉杰，付超，等. 长输管道河流穿跨越方案选择[J]. 石油工程建设，2011，(03)：1-5+83.
[153] Brauer R, Catalano L. Project Management Information Systems for Pipeline Design and Construction — PrairieNet[C]// Pipeline Division Specialty Conference. 2010：192-202.
[154] 李佳坤，马啸. 天然气长输管道穿越大型河流大开挖质量施工技术研究[J]. 中国石油和化工标准与质量，2016，36(14).
[155] 陈国彬. 大型河流穿越施工技术综述[J]. 石油工程建设，1988，(01)：3-9，4.
[156] 叶观清. 大型河流长输管道穿越施工技术及展望[J]. 中国高新技术企业，2012，(06)：84-86.
[157] Henderson J, Bowman M, Morrissey J. The Geophysical Toolbox：A Practical Approach to Pipeline Design and Construction[C]// International Pipeline Conference. 2004：283-290.
[158] 董新. 长输管道悬索跨越施工方法和施工技术[J]. 石油规划设计，2002，(06)：110-111.
[159] 郭玉龙. 大跨度钢桁架拱桥施工控制技术研究[D]. 西南交通大学，2015.
[160] Hausken K B. TECHNICAL PROGRESS IN PIPELINE DESIGN AND CONSTRUCTION[C]// International Symposium on the Operation of Gas Transport Systems. 1995.
[161] 王德洪. 大跨度钢桁架拱桥施工技术研究[D]. 西南交通大学，2012.
[162] Mohammad A. Ammar, Mohammad Samy. Learning curve modelling of gas pipeline construction in Egypt [J]. International Journal of Construction Management, 2015, 15(3)：229-238.